“十三五”国家重点图书重大出版工程规划项目

中国农业科学院科技创新工程资助出版

草本纤维生物精制科学与工程

Science and Engineering of Herbaceous Fiber Biorefinery

刘正初　孙庆祥 ◎ **主著**

中国农业科学技术出版社

图书在版编目（CIP）数据

草本纤维生物精制科学与工程／刘正初，孙庆祥主著．—北京：中国农业科学技术出版社，2018.11

ISBN 978-7-5116-3091-9

Ⅰ.①草…　Ⅱ.①刘…　Ⅲ.①草本植物-植物纤维-精制处理　Ⅳ.①Q949.4

中国版本图书馆 CIP 数据核字（2017）第 113802 号

责任编辑	闫庆健　陶　莲
文字加工	段道怀
责任校对	李向荣

出 版 者	中国农业科学技术出版社
	北京市中关村南大街 12 号　邮编：100081
电　　话	（010）82106632（编辑室）　　（010）82109702（发行部）
	（010）82109709（读者服务部）
传　　真	（010）82106625
网　　址	http://www.castp.cn
经 销 者	各地新华书店
印 刷 者	北京科信印刷有限公司
开　　本	787 mm×1 092 mm　1/16
印　　张	34
字　　数	607 千字
版　　次	2018 年 11 月第 1 版　2018 年 11 月第 1 次印刷
定　　价	298.00 元

《草本纤维生物精制科学与工程》
编 委 会

主　著：刘正初　孙庆祥

参　著*：

彭源德	冯湘沅	段盛文	郑　科	成莉凤
邹冬生	张运雄	胡镇修	李兴高	金关荣
张黎云	戴小阳	彭克勤	吕江南	贺德意
郑　霞	杨喜爱	邓硕苹	罗才安	杨瑞林
徐君飞	王溪森	李　琦	程　毅	王瑞君
刘向华	杨礼富	周裔彬	谭秀山	李宝坤
顾佳佳	石　君	李　斌	石　岩	李　炫
殷莹莹	高海友	张居作	曾　洁	郭　刚
严　理	马　兰	龙超海	杨　政	

---

　　* 排序按以下规定列出：①列入科研项目计划任务书的主要成员、未列入计划任务书的研究生及其他人员；②列入计划任务书的主要成员，按参加科研项目的角色、数量和取得阶段性成果的等级、数量综合排序；③未列入计划任务书的研究生，按学位类别、从事科学研究的工作量、入学时间综合排序；④未列入计划任务书的其他人员，按从事相关研究工作取得阶段性成果的等级、数量综合排序

前　言

本书以刘正初连续 25 年带领创新团队成员和研究生不断努力，围绕"草本纤维生物精制科学与工程"开展研究的历程，总结所创"农产品加工微生物遗传改良与应用"这个新兴、交叉学科的学术思路和研究方法，描绘和打造"草本纤维生物质产业"这个未来人类生活必需品支柱产业的发展蓝图、主攻方向，为进一步选育广谱性高效菌株、更加广泛开展草本纤维生物精制工艺研究，提供原始创新平台；为推动我国生物质产业的技术创新和产业创新，缓解我国森林和石油资源短缺矛盾，保护生态环境，促进国民经济和社会可持续发展提供重大科学依据。

纤维是仅次于食物的第二大人类生活必需品，涉及"衣、食、住、行、知、信、康、乐"等人类生活要素的方方面面。例如，用于护体、保暖、打扮的服饰及家纺产品，是纤维制作的。食品的包装、储运以及卫生餐具离不开纤维。纤维在建筑材料、室内装饰材料、清洁卫生用品等方面的用途不胜枚举。人们出行所携带的晴雨伞、箱包等用品，乘坐用的交通工具（包括飞机、火车、汽车、自行车、轮船），使用的劳动工具（从象征体力劳动的鱼网到象征脑力劳动的电脑），无一不含有纤维制品。人们赖以获取知识和信息的书籍、报刊、通信工具多以纤维制品为主要载体。维护国家和个人信仰与尊严的国防装备、宣传舆论工具不乏纤维制品。保护人类健康的环保设施、消防器材、抢险物资、医疗器械或用品中纤维成分也很普遍。各类娱乐设施几乎都含有纤维，甚至用的是完整的纤维制品。

伴随人类社会发展与石油、森林及土地资源短缺矛盾日益突出，世界各国越来越关注草本纤维产业的发展。草本纤维来自以收获纤维素纤维为主的苎麻、红麻、黄麻、大麻、亚麻、剑麻、蕉麻、菠萝麻、罗布麻、芦苇、芒草、龙须草等草本纤维作物农产品（如经过农机具初加工的苎麻、红麻、黄麻、大麻韧皮，未经初加工的亚麻原茎、芦苇茎秆）以及纤维素含量超过 25% 的农作物秸秆（如麦秆）或类似废弃物（如蔗渣）。草本纤维作物适应性强（可利用荒山、山坡地、盐碱地、滩头、沙漠等边际土地种植，不与粮食作物争地）、纤维产量高（$\geq 4.5t/hm^2$，尤其是可通过遗传改良提高营养体产量的潜力大），兼有防止水土流失（如苎麻、龙须草等多年生植物）、净化空气（消耗

1

$CO_2 \geq 25t/hm^2$）等环保功能，被认为是极具发展潜力的速生、高产天然纤维资源。近 30 年，全球迅速掀起"生物质降解"研究的热潮，草本纤维生物质加工业已发展成为覆盖传统轻纺工业和现代生物质产业的制造业集群，利用草本纤维开发出许多替代石油、森林资源的新产品，包括各类纺织品、纸品、环保型纤维质材料、纤维质燃料等。有鉴于此，可以预测，草本纤维生物质产业可能成为人类生活和社会发展必需，类似于现行石油、钢材行业等支柱产业。

草本纤维伴生着 25% 以上的非纤维素，必须采用适当方法予以剥离，方可获得天然纤维素纤维，广泛用作纺织、造纸、生物质材料、生物质能源等制造业的基础材料。其中，部分组织型非纤维素（如苎麻、红麻、黄麻、大麻的麻骨，剑麻的叶肉）可以通过农机具初加工予以剥离；水溶型非纤维素（蛋白质、各种单糖及淀粉类多糖）可以通过吸水溶胀方式除去；以化学键直接或间接与纤维素相连的键合型非纤维素（包括果胶、半纤维素、木质素等），必须通过十分复杂的化学或生物化学反应过程方可剥离。本书作者将"剥离草本纤维生物质中非纤维素而获得直接用作纤维类制造业基础材料"的加工过程统称为草本纤维精制。包括纺织行业所称的"脱胶"，造纸行业的"制浆"，生物质材料产业的"预处理"，生物质能源产业的"糖化"等。草本纤维精制方法是推动或制约产业发展的技术瓶颈。早在数千年以前，我们的祖先发明了以"天然菌群随机性降解非纤维素"为本质的沤麻方法。考古发现，苎麻织物是我国秦、汉时期的主要日常衣料。江苏六合东周墓（约 2800 年前）出土的苎麻布，经纱密度 24 根/cm，纬纱密度 20 根/cm。湖南长沙马王堆 1 号西汉墓（2 200 多年前）出土的苎麻布，经纱密度 37 根/cm，纬纱密度 44 根/cm，可与丝帛媲美。这些史料至少可以说明：沤麻这种古老的草本纤维精制方法，是以"作坊"生产方式把草本纤维变成了重要纺织、造纸原料，对于人类利用草本植物纤维开发生活必需品具有不可磨灭的历史性贡献。然而，由于存在不适宜工业化生产、产品质量不稳定、与水产养殖业争夺水资源等问题，天然水沤制方法面临被时代淘汰的危险。

鄸云鹤先生（1935）发明了以"化学试剂差异化水解非纤维素"为中心的化学脱胶方法，现已延伸到造纸行业的化学制浆、生物质产业的化学精炼或化学糖化。在改革开放浪潮推动和化学脱胶技术支撑下，我国苎麻加工企业由解放前的几家小厂和几十个作坊发展到高峰期的 580 多家，其中，脱胶能力在 1 000t/年以上的大、中型苎麻加工企业达到 175 家，纺纱能力达到 120 万锭。苎麻纤维制品达到九大系列 300 多个品种，除了闻名世界流传了数千年之久的"夏布"之外，多为苎麻纤维纯纺或与其他纤维混纺、交织产品，包括纱（线）、带、绳、机织物、无纺布和针织物。不仅如此，造纸行业、新兴生物质产业通过借用或改良类似方法，使我国草本纤维制造业获得了同步发展与壮大。毋庸置疑，化学脱胶方法的发明是一项涉及产业技术革命的成果，实现了草本纤维制造业由作坊式向工厂化生产的转变。但是，存在消耗大量化学试剂和能源、环境污染严重，对纤维产生"淬火"变性而影响产品升级等负作用，该方法的应用前景受到严峻挑战，我国目前数以百计的中小企业因化学脱胶、化学制浆方法的"污染"问题而被迫关闭。近30年，美国、韩国、日本等国家发明了一些物理—化学耦合精炼专利技术，可以剥离部分组织型非纤维素和键合型非纤维素，但是，所获得的产品仅能满足生产可降解生物质材料的需要。

Hauman等（1902）从浸渍亚麻茎上分离到一些细菌以及英国牛津大学A. C. Thayson和H. J. Bunker（1927）提出"纤维素半纤维素果胶及胶质的微生物学"这个概念以后，国内外科学家前赴后继致力于菌种选育或复合酶制剂研究，试图找到一种以生物降解为特征的快速、高效草本纤维精制方法，摆脱沤麻这种落后的生产方式。环境友好、资源节约型草本纤维精制方法已成为全球共同关注的重大课题。直到1985年，孙庆祥等才发明过渡型苎麻细菌化学联合脱胶技术，后拓展为生物—化学联合脱胶/制浆/糖化方法（生物处理所剥离的键合型非纤维素不足50%，没有成为草本纤维精制的主体）。可以肯定，发明生物—化学联合脱胶方法的重大贡献，在于把现代生物技术引入草本纤维精制方法的研究与应用领域，为实现草本纤维精制方法由化学领域向现代生物技术领域的跨越，奠定了坚实基础。因两种作用机制并存，除不同程度存在污染严重等问题以外，还有工艺复杂、菌剂制备流程长或酶制剂成本高等弊端，以至于该方法难以转化为大规模生产力。综合分析110多年有关以生物降解为特征的快速、高效草本纤维精制方法的研究历程，发现一个制约其研究进展的关键科学问题，即缺乏功能齐全的菌株和怎样阐明复合酶剥离非纤维素的作用机理，以至于菌种选育和酶制剂复配缺乏科学依据。

在前人工作基础上，以刘正初为主持人、课题项目组长、首席专家的创新团队，针对上述关键科学问题，围绕"高效菌株→复合酶协同作用机理→工厂化应用生物精制工艺与设备"这条主线，经过25年连续不断的创新与完善，在国内外率先创立了以"关键酶专一性裂解非纤维素"为特征的高效节能清洁型工厂化草本纤维生物精制方法（不添加化学试剂），取得了现代生物技术在草本纤维精制方法上应用的突破性进展。从整体学术思路来看，刘正初主持承担的39项科研任务，紧扣"草本纤维生物精制方法"这个目标，全方位开展了微生物资源、微生物遗传改良、生物制剂制备、复合酶催化多底物降解机理、草本纤维生物精制工艺技术与装备、工业"三废"综合利用及其污染治理方法、生物精制纤维性能评价与利用等创新性研究。这些科研任务涵盖了国际合作、国家级（除"973"以外的各类科技计划）、省部级、企业委托4个层面以及基础、应用基础和应用研究三大领域的科技计划。在基础研究领域，主持了国家自然科学基金面上项目"红麻微生物脱胶机理研究"，科技资源平台专项课题"草本纤维作物脱胶与草类制浆微生物资源整理整合与共享"。在应用基础和应用研究领域，主持了国家"863"计划目标导向课题"天然可降解草本纤维生物提取及其新产品开发技术研究"，科技支撑计划专题"清洁型草本纤维作物生物脱胶酶制剂研制与开发利用"，"948"专项计划重点项目"黄麻和红麻快速脱胶技术引进与消化"，高技术产业化专项课题"苎麻生物脱胶新工艺新设备研究"，公益性行业专项课题"草本纤维作物生物加工技术研究与示范"等。为实现这些研究目标，在麻类研究所历届领导关心和支持下，刘正初为首席科学家（专家），组建了 2 个创新团队：国家农业科技创新工程"农产品加工微生物遗传改良与应用"创新团队、中国农业科学院"麻产品加工"重点创新团队；构建了 6 个相关创新平台：农业部草本纤维作物生物学与加工重点开放实验室、湖南省草本纤维作物工程技术研究中心、湖南省草本纤维作物作物遗传育种与麻产品生物加工重点实验室、中国农业科学院农产品加工微生物资源保藏中心、草本纤维作物工程技术研究中心、草本纤维作物加工酶制剂中试车间。

通过高效菌株选育、复合酶协同作用机理和生物脱胶工艺技术与设备等一系列创新性研究，形成了整体技术发明成果——高效节能清洁型麻类工厂化生物脱胶技术。2014年 11 月，农业部科技发展中心，组织以中国工程院副院长刘旭院士为组长、罗锡文院士为副组长的专家组对该技术发明成果进行评价认定：该成果在生物脱胶技术原理、工艺流程、技术参数和工艺装备等方面取得了重大突破，实现了脱胶生产方式的重大转变，从根本上解决了产业发展的技术难题，对于我国以草本纤维为原料的纺织、造纸、生物质材料等产业具有重大推动或借鉴作用；经济、社会、生态效益显著；高效菌株的选育、复合酶催化机理等方面处于同类研究国际领先水平。该成果评价标志着刘正初带领创新团队开展草本纤维生物精制科学与工程研究取得了划时代意义的阶段性成果。

本书写作经历了一个艰苦而漫长的过程。20 世纪 90 年代中后期，刘正初为申请中国农业科学院出版基金（院长基金之一），草拟了一份与孙庆祥先生合著一书的编写提纲，因为专著的名称和素材等难以取舍，几乎没有形成整章整节的书稿，结果是不了了之。2004 年，为申请国家出版基金，在冯湘沅、郑科、段盛文协助（收集部分文字材料和图片）下，刘正初突击编写了拟出版专著 80% 以上文稿，按要求提交给分子生物学家范云六院士、复合材料学家黄伯云院士和土壤肥料植物营养学家 刘更另 院士审阅。3 位院士审阅书稿后，出具了建议出版"草本纤维生物提取科学与工程"的推荐意见。因出版基金项目竞争激烈，未能获准。近十几年，刘正初指导团队成员和研究生做了大量有关生物化学与分子生物学、酶学等研究方面的补充和完善，充实了"科学"的分量；同时，已设计并驻厂指导建成了 5 个"高效节能清洁型草本纤维作物工厂化生物脱胶技术"示范工程，加速成果转化，扩大了"工程"的影响力。此外，在国际天然纤维组织（International Natural Fiber Organization，FAO 下设机构）秘书长 Dilip Tambyrajah

先生考察本实验室期间，作者与其进行专题学术交流，并决定采用 Biorefinery（生物精制）国际专业术语来替代 Bio-extracting（生物提取）。以此为基础，刘正初调整思路、确立科技内涵、修订专著文本，历时 10 个月，形成了《草本纤维生物精制科学与工程》初稿。

本书的合作著者——孙庆祥先生（本书主笔刘正初的硕士学位导师）自 1971 年在国内率先启动"麻类微生物脱胶技术"全方位研究，发明了"苎麻细菌化学联合脱胶技术"（1990 年度国家发明三等奖），形成了"黄麻红麻陆地湿润脱胶技术"（1994 年度中国农业科学院科学技术成果奖二等奖）等成果。虽然出于严格的"生物精制"概念要求没有把这些成果作为本书重点内容进行详细介绍或描述，但是，孙先生 20 多年的工作积累，为本书研究奠定了坚实基础，同时，孙先生开拓进取的创业精神，求真务实的科研态度及对本专著的贡献也是显而易见的。

此外，本着集思广益、确保专著质量的愿望，作为主笔经过广泛征求意见，才确定了本书参加撰写的人员名单，按学科专业，将初稿分章节提交撰写人员，进行认真修订，并整理成正稿。

刘正初

2016 年 5 月

目　　录

上篇　概论

中篇　科学

下篇　工程

上篇　概　论

第一章　草本纤维及其伴生物

纤维是人类赖以生存和发展的重要物资。纤维可以分为两大类，即天然纤维（图 1-1）和化学纤维，前者来自于种植、养殖业农产品，后者来自于石化产品。根据纤维组成成分的性质以及生产纤维物种的类别，可以把天然纤维分为纤维素纤维（植物纤维）和蛋白质纤维（动物纤维）。植物纤维来自于种植业，根据纤维发育的规律，人们进一步把纤维素纤维分为木本纤维（木材）、草本纤维（如草本纤维作物）和子实纤维（如棉花）；动物纤维来自于养殖业，人们同样可以进一步把蛋白质纤维分为皮、毛（含绒）和丝。草本纤维泛指来自于草本纤维质农产品（包括来自苎麻、红麻、龙须草、芦苇等农作物的纤维质农产品和玉米秸秆、麦秆等禾本科农作物秸秆及其类似废弃物）的一类纤维素纤维。

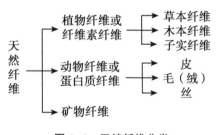

图 1-1　天然纤维分类

在自然界，植物属于物质世界这个大家族中的一员。利用植物生产的产品是多种多样的，纤维只是众多植物产品中的一种。根据习惯，可以把收获纤维为主要产品的植物统称为纤维植物。纤维植物可以分为草本纤维植物和木本纤维植物。草本纤维植物是指以收获韧皮纤维（包裹在植株韧皮部）或叶纤维（叶片中）为主要产品的一类草本植物。目前已经查明，可以提取纤维素纤维（韧皮纤维和叶纤维的总称）的草本植物涉及 19 科 37 属 300 多种。然而，作为草本纤维农作物大面积种植、收获的草本植物不足 100 种，如苎麻（荨麻科）、黄麻（椴树科）、红麻（锦葵科）、亚麻（亚麻科）、罗布麻（夹竹桃科）、大麻（大麻科）、龙须草（禾本科）、芦苇，等等。

伴随人类生活质量的提高以及石油、森林资源的短缺，世界各国都在寻求新的纤维资源，尤其是高效利用草本纤维资源。近几十年来，俄罗斯、埃及等亚麻主产国正在推动亚麻产业发展；美国、日本、法国、比利时、意大利等发达国家正在发展红麻、大麻产业；印度尼西亚、马来西亚等国纷纷引种苎麻；菲律宾、巴西、新西兰等热带国家正在大力开发龙舌兰麻、菠萝麻等草本纤维的新用途；印度、孟加拉国正在加快黄麻服饰的研制。除此以外，国际上还兴起了利用纤维质农产品生产能源——燃料酒精的研究热潮。由此可见，国际上基本形成了"以麻补棉"和"以草代木"的态势。也就是说，人们清醒地认识到，苎麻、红麻、龙须草等草本纤维既是传统纺织、造纸工业原料，也是现代生物质产业最具发展潜力的基础材料。

人们之所以越来越重视草本纤维产业的发展，是因为：①草本纤维植物种类多、纤维形态和性质各异，能满足社会发展和人类生活必需品天然化、多样化的要求。②草本纤维植物适应性强，可以利用边际土地种植，不与粮食、棉花等大宗农作物争地，是种植业高效利用土地资源、确保粮食和生态环境安全的重要措施。例如，在荒山坡地种植苎麻、利用滩涂和沙漠种植红麻、在石灰岩和紫色岩荒山上种植龙须草不仅可以获得理想的经济效益，还有重大的恢复植被、改良土壤、防止水土流失等生态效益。③草本纤维植物增产潜力大，其产品来自植物营养体要比生殖体更容易获得丰产（即纤维产量高），成熟周期短（如第二季苎麻工艺成熟期 50 天左右），具有速生丰产的特点，生产成本低廉，农药化肥投入少，多年生植物的种子、种苗投入更小。

我国是苎麻等多种草本纤维植物起源并盛产的国家，也是石油、森林资源奇缺的国家，历来非常重视草本纤维资源的开发利用。我国大面积种植、收获的草本纤维农作物涉及苎麻、红麻、亚麻、龙须草、芦苇等 18 种，总体收获面积约 500 万 hm^2，不仅开发出十几个系列、上百个品种的草本纤维产品，形成了国际知名的草本纤维产业，而且率先发明了一系列草本纤维农产品生物脱胶、生物制浆工艺技术。

第一节　草本纤维农作物的主要生物学特性及其农产品特征

草本纤维农作物的种类很多，其生物学特性及其农产品的特征千差万别。本章简要介绍多年生草本纤维农作物（苎麻、罗布麻、龙须草）和一年生草本纤维农作物（红麻）的主要生物学特性及其农产品特征。

一、苎麻

苎麻的起源　苎麻（Ramie），*Bcelmevia nivea*（L.）Gand 属于荨麻科、苎麻属的多年生宿根性草本植物。它起源于我国，盛产于我国，是人类历史上最早用作服饰纤维的纺织原料之一，距今有 6 000 多年的历史。

苎麻的分布　苎麻种植区域分布在我国秦岭以南地区，主产区集中在长江中下游及其南部地区，包括湖南、湖北、江西、四川、重庆、广西壮族自治区、贵州、江苏、安徽、河南、浙江等省（市）。常年种植面积在 30 万 hm^2 左右，高峰期达到 55 万 hm^2。

苎麻的形态与结构　苎麻地下部是由根和地下茎组成，统称麻蔸。用种子繁殖的苎麻，种子萌芽时，胚根突破种皮和果皮，向下生长成为主根（初生根），幼芽出土成为地上茎。苗期主根生长比地上部快，当主根伸长到 2cm 左右，根基部开始产生侧根，此后随着根的生长，侧根上再长出支根，最后长出细根，形成完整的根系。由实生苗形成的根系应属直根系，当地上部生长出 7~8 片真叶时，根系入土 4cm 左右，此时主根开始肥大，发展成为营养根（萝卜根）。随后部分侧根亦膨大，发展成为输导根或营养根。生产上把直径 0.5mm 以下称为吸收根，直径 0.5~3.0mm 称为输导根，直径在 3mm 以上为营养根。营养根内贮藏养分的多少，对地上部的产量、下季麻的多少、芽的粗细、幼芽出土的快慢均有影响。而营养根的增大增重，又直接受地上部积累到根部养分的多少所支配。当主根和侧根肥大的同时，实生苗颈部（下胚轴）开始产生不定芽，这些不定芽可以发育成为地下茎。从而由细根、侧根、萝卜根和地下茎组成了生活力强大的麻蔸。用地下茎繁殖的没有主根，是由地下茎上产生的不定根构成，部分不定根肥大生长成萝卜根。苎麻根群一般分布在 30cm 左右的耕作层内，但较粗的侧根可深入地下 1.0m 左右，少数侧根可达地下 1.5~2.0m。

苎麻的茎分地上茎和地下茎，地下茎是茎的一种变态。地下茎与地上茎是同源器官，在形态上颇为类似，它具有许多节，多数节上有退化鳞叶，叶腋内产生侧芽，它的顶芽或侧芽可发育成为地上茎或分枝。地下茎常发生不定根的不定芽，它是良好的繁殖器官，而且能够发育成为和母体相同的个体。由于地下茎与地上茎长期所处外界环境不同，因此它的内部结构和功能发生差异。按地下茎的形态特征和生长习性，麻区群众习惯地把它称为龙头根、扁担根和跑马根 3 种。龙头根和扁担根实际是同一地下茎不同部位的称呼。年龄较大的地下茎的顶端，节间短，节部膨大，好像龙头那样，常斜向伸出表土层，因此称为龙头根。由于龙头根靠近地面，侧芽密集，故出苗早，出苗多。年龄较大的地下茎的中段和后段较细，形像扁担，通称扁担根，扁担根节间较长，侧芽潜伏，离地面较远，故出苗较迟，出苗较少。从扁担根和龙头根上的侧芽或不定芽，以及由主根的根茎部分发生细小的地下茎称为跑马根。跑马根鳞叶多，节间短、长得快，更有利于繁殖。

苎麻地上茎为丛生，茎上具皮孔。茎色自浅绿到深绿，密生表皮毛，成熟时茎色由下向上逐渐变褐色，出现木栓组织。茎心（木质部）有浅黄、浅绿等色，有些品种幼苗基部呈红色或紫红色。茎上有节，下部节间较短，中间较长，梢部最短。节上生叶，并具腋芽，腋芽可发育成分枝。苎麻茎一般有 30~60 个节，节间长度 2~6cm。节间长短对苎麻单纤维长度影响较大，节间长，单纤维也较长。每个麻蔸丛生的苎麻茎一般为 10~20 株，麻龄愈老，丛生株数也愈多，5~6 年生的浅根型品种可达 50~60 株。

苎麻茎的初生结构：横切面从外向内可分为表皮、皮层、中柱鞘、维管束、髓和髓射线。表皮是麻茎的最外面一层细胞，属初生保护组织，由表皮细胞和表皮毛构成。表皮细胞壁厚，角质化。表皮毛有腺毛、刺毛、钩毛、螯毛和斑毛等，其中腺毛和螯毛在幼茎上才有，在茎成熟时遭到破坏，而刺毛和斑毛是宿存毛，与表皮细胞同时存在于茎的外表。多数表皮毛成熟后，里面含蓄空气，对日光折射强，可增强抗旱性；同时表皮毛的尖端极锐利，有些还含有毒液，可增强抵抗动物侵害能力。

皮层是由基本分生组织演化而来，位于表皮与中柱鞘之间，最初皮层细胞都是薄壁细胞，以后皮层分化为厚角组织、周皮和皮层薄壁组织。厚角组织由多层角细胞构成。皮层最外面的一层细胞，即靠表皮下面的一层厚角细胞，以后演化为木栓形成层，它属于次生分生组织，向外产生木栓层，三者合称为周皮。表皮细胞随着周皮形成后死亡、枯萎，但不脱落，皮层薄壁细胞位于厚角组织以内，细胞较大，内含叶绿体较多，有少数品种含有草酸钙结晶体。也有少数品种皮层薄壁细胞还含有单宁，与土壤中含铁物质作用生成单宁铁化合物，使茎基部纤维带红色，通称锈脚或红要，不利苎麻脱胶和纺织、印染工艺。

中柱鞘位于皮层以内，分布着经济值最高的纤维，最初中柱鞘由单一的并且具有单核的薄壁细胞组成，不含叶绿体。因此容易与皮层组织区别。中柱鞘的薄壁细胞随着茎的生长，分化为两种不同类型的薄壁细胞，大的薄壁细胞常为多核，以后发育成为纤维细胞，小的薄壁细胞分布于纤维细胞间，常为单核，以后随着纤维细胞的伸长、增厚、遭受压制和破坏。

维管束位于中柱鞘以内，初生维管束的前身是原形成层，原形成层从苎麻茎尖的 2mm 处在基本分生组织中出现，原形成层初生维管束组织，最先出现的是韧皮部，以后又出现木质部，最初形成的韧皮部和木质部在麻茎开始延伸生长的部位中已经形成，这时期形成的韧皮部和木质部叫原生韧皮部和原生木质部，原生韧皮部由较长的、直径较小的筛管和薄壁细胞组成，原生木质部由直径较小的环纹导管和薄壁细胞组成。初生维管束后来又形成次生韧皮部和次生木质部。次生韧皮部是复合组织，包含筛管、伴胞和薄细胞，次生木质部也是复合组织，包含管胞、环纹导管和木质部薄壁细胞。

髓位于麻茎中心，由薄壁细胞组成，初生薄壁细胞具单核，随着茎的生长，成为具 2~3 核的细胞，麻茎成熟时成为无核，仅作为贮藏营养物质的场所。少数品种在麻茎成熟期，髓部细胞遭受破坏而中空，形成髓腔。

髓射线位于初生维管之间，内连髓部，外通中柱鞘，它起着横向联系的作用，木质部运输来的水分可经髓射线外运到形成层、韧皮部和中柱鞘。韧皮部养分可经髓射线，内运到木质部和髓部。髓射线也是构成内外气体交换的通道。

芒麻茎的次生构造包括周皮和次生维管束。木栓形成层、木栓层和栓内层三者统称为周皮。木栓形成后，表皮细胞枯萎，但不脱落。次生维管包括次生木质部和次生韧皮部，这是由于形成层不断向内向外分裂的结果，给予植株以强大的支持力。因此凡是次生木质部发达的品种，抗风能力较强。同时木质部的薄壁细胞也是贮藏营养物质的场所。次生韧皮部比次生木质部在数量上要少得多，它包含筛管和伴胞，以及韧皮薄壁细胞，韧皮射线和韧皮纤维。芒麻次生韧皮部纤维在形态上和中柱鞘纤维差异很大。中柱鞘纤维可达 500mm，而次生韧皮部纤维仅为 6mm。次生韧皮部纤维在麻茎基部分布较多。

苎麻的生长发育 实生苗或用地下茎繁殖的芒麻，生长到一定时期，由它的根茎处或地下茎侧芽上生出许多幼苗，发育成为丛生的植株，称为"分株"，株高可达 2~3m，茎粗 1~2cm。芒麻的分株习性具有显著的规律性。它是影响芒麻产量的重要因素之一。根据湖南农学院历年来在湖南长沙以及中国农业科学院草本纤维作物研究所在湖南沅江、湖北阳新等地观察结果：头麻、二麻、三麻分株动态基本一致。头麻分株期长达 40~50d，而有效分株期仅 20 多天；二麻、三麻分株期 20 多天，而有效分株期仅 10 多天。由于头麻、二麻成熟前"空山亮脚"时一部分催菟芽已经开始出土，这些催菟芽多数成为有效株，如果把这一部分催菟芽出土时计算在内，那么二麻、三麻实际有效分株期要比上述天数增加 10 多天。一般每公顷芒麻总出苗数在 75 万株以上。收获时株数仅 45 万株左右，有效株则在 30 万株以内，在各季麻中有 50%以上要死亡，20%成为无效株。

苎麻的收获 我国大部分地区的芒麻可以收获 3 次/年，即每年 6 月中旬收获头麻、8 月上旬收获二麻、10 月下旬收获三麻。芒麻的收获属于物理加工过程。根据收获机具的进化程度，芒麻的收获可以分为机械收获和手工收获。目前，机械收获在生产上还没有大面积推广。手工收获一般分为剥皮和刮制两道工序。生产上采用的剥皮方式有两种，即砍剥和扯剥，无论是砍剥还是扯剥都是先去叶，然后采用手工办法将芒麻茎秆从形成层分开，丢弃形成层以内部分（俗称"麻骨"），收集形成层以外部分。刮制，一般说来就是采用被称为"刮麻器"的工具将内皮层以外的各类组织以及形成层以外与内皮层以内部分组织中比较容易去除的部分物质一并刮去，留下由中柱鞘和初生韧皮部发育而来的韧皮纤维束（即农产品——苎麻）。

苎麻的特征 苎麻是一种由中柱鞘和初生韧皮部发育而来的韧皮纤维束，是经过初级加工、纤维素含量在 70%以上、主要用作纺织工业原料的农产品，由于它是中国的特产，所以，中国拥有专门的国家标准（GB/T 7699—1999）对苎麻的内在品质和外观品质进行描述与规定。

二、罗布麻

罗布麻属夹竹桃科（Apocynaceae），分布在欧亚与北美等地，种类很多都是野生，在我国从形态、花色、习性等区别，已发现十种之多，因杂交变形很多，今后还可能有新的发现，究竟分为几个种，每种再分为若干品种，尚待进一步的深入研究。根据董正钧在野外调查，与国内及欧美、中亚等地的标本初步比较，并参照我国群众习惯的分类法以及苏联的分类法等，暂分为红麻与白麻两种。红麻学名 *Apocynum lancifolium* Rus. 我国以前皆名 *Apocynum venetum* L.，其主要特征是花小，紫红色或粉红色，株高分枝少，茎向阳部分紫红色，耐旱与耐盐性较弱。此种已发现有三四种不同的类型。白麻学名 *Apocynum Hendersonii* Hook. 其主要特征是花大，粉红色，株形矮而分枝多，茎绿色，耐旱耐盐力均极强，此种在西北已发现有 7 种不同的类型。白麻在我国主要分布在新疆维吾尔自治区（以下简称新疆）南疆、柴达木盆地、河西与额济纳旗等地，苏联中亚靠我国边境地处也有少量分布。红麻分布在昆仑山、巴颜喀拉山、秦岭及淮河以北各地，蒙古国与西伯利亚也有。红麻与白麻可以杂交，所生新种，花形也较大（比白麻花稍少），耐旱及耐盐性更强。

罗布麻的根　罗布麻是多年生宿根草本植物，根粗壮，暗褐色，储存大量的养分，其入土深度一般为 0.5~3.0m，最深可达 4.0m，最浅的 0.3m，依地下水位的高低、土壤层次的质地、结持力和湿度等而定，其至接近地下水位或黏硬板结的土层时，即横向水平生长，在水平根与垂直根茎的上端 15cm（最深不过 30cm）的部分，有不定芽，随处可以长出新株。因此罗布麻多密集群生，成大片状纯罗布麻群落。根茎的大小和粗度，依植株年龄的大小和生长环境的好坏而不同，在各地观察结果，二龄直径达 1cm 左右，五龄直径 2cm 左右，12 龄时直径 4~5cm 左右，30 龄时直径 8cm 左右。根的皮层很厚，以 12 龄的为例，皮层厚 1cm，皮内有乳白色黏液，木质部较坚硬，直径 3cm，髓部实心，年轮明显可数。粗壮的根茎上生出很多侧根，从侧根上又可分生许多细根，吸取养分。这些横向生长的枝根也可以生出新株。根茎的上端，在头一年秋初形成许多休眠芽（在库尔勒 7 月底，在山东 8 月中旬以前即可形成休眠芽），次年春季 4 月中旬地温 10cm 深处达 12℃时，即开始萌发出苗（阿克苏在 4 月 20 日，焉耆在 4 月底，柴达木盆地在 5 月中旬，山东在 4 月初），以后半个月内大量出苗，5 月以后出苗数量减少，直到 6 月中旬，仍可见有少量出苗者。幼苗初出土时具 3~6 片真叶，白麻幼苗为浅绿色或浮白色，在长后为青绿色。红麻幼苗为紫红色或淡红色，成长后向阳部分为紫红色，背阴部分为绿色。若干枯后表皮皆变为褐色至暗色。

罗布麻的茎　罗布麻的茎直立（种子繁殖的第一年伏生地表不能直立），白麻株高

1.0~2.5m，一般 1.5m 左右，矮的还不到 1.0m。红麻高 1.5~3.0m，一般 2.0m 左右，在孔雀河下游与地山中最高的可达 4.0m 以上，山东文饶最高的达 3.0m 以上。皮层厚而坚韧，含大量胶质，妨碍脱胶，皮层下有大量乳白色质液。茎中的髓部，干后与木质部分离，类似中空，脆而易碎，便于机器剥麻，直径 0.5~1.0cm，有节，节间一般 7~10cm，最短的 1.0~1.5cm，最长的 18cm；白麻的节不明显（红麻的节明显），每节有两枚对生叶，从叶腋间发生分枝，分枝对生不甚规则，每分枝还可形成再分枝，顶端形成花序，白麻分枝较多而且长，每株 18~27 个，一般 20 个左右，分枝最长的能超过主茎达 150cm 以上，分枝与主茎形成 25°~30° 的夹角。红麻分枝较少而短，一般 12~22 个，分枝与主茎成 40°~50° 的夹角（山东红麻夹角为 60°~70°）。开始形成分枝的部位，一般在地面上 10~15cm 处，生长稀疏在地面上 3.0cm 即开始形成分枝，而且节间较短，分枝很多，植株也较矮；生长密集者，阳光不足，在地面上 80cm 处才形成分枝，而且节间长，分枝数也较少，植株也较高；生长最密的混生在茂密的芦苇丛以内者，在 1.5m 以下的部分几乎没有分枝，株高而且直。既便于机器剥麻，其纤维也可能长，由此可知密植不但可增加产量，也可提高品质。

罗布麻的叶　红麻的叶披针形，深绿色，背面颜色稍淡，背面叶脉凸出明显，叶缘有不明显的细锯，成长的叶，长 5cm 左右，基部宽 1cm 左右，叶柄长 5mm 左右，对生而规则。叶柄基部两侧有一对褐色小托叶，肉眼仔细可以看出，由对生的叶柄基部与托叶延生的细膜围绕茎部结合成一个圆环，形成明显的节。白麻的叶，椭圆形，淡绿色，背面灰绿色，背面叶脉不如红麻明显，正面叶脉也不显著，叶缘有不明显的细锯齿。成长的叶长 3cm 左右，中间宽 8mm 左右，叶柄长 4mm 左右，托叶极小，用放大镜才能看见，叶对生不甚规则，故茎部的节也不甚明显。叶子中含大量乳白色黏液，内部构造在显微镜下可见有极细的绒毛，表皮细胞层以下两面共有 3 层栅状组织，海绵组织不发达，能减少蒸发，是耐旱的重要构造。

罗布麻的收获及其农产品特征　罗布麻的收获多数都是将成熟的茎秆平地砍下，拉到加工场地，采用机械破碎麻骨，然后抓住韧皮抖落麻骨，获得韧皮纤维原料，即初级加工的农产品；也有一些地方的企业或农民将罗布麻茎秆浸泡在天然水体中处理数小时，然后采用手工撕扯的办法从茎秆上剥出韧皮。为了减轻脱胶的负荷，有些企业还要求农民采用木椎捶打的办法去除一些非键合型表皮组织（俗称"麻壳"）或成分。到目前为止，罗布麻作为一种农产品、主要用作纺织原料还没有形成统一的标准产品。

三、龙须草

龙须草（*Eulaliopsis binata*）系禾本科拟金芽属（*Eulaliopsis*）植物，俗称拟金芽、蓑草或羊胡子草，是多年生纤维植物，中国主要分布于四川、陕西、云南、贵州、湖南、湖北、广西、福建、河南、江西、甘肃和台湾等省区，集中在海拔 600m 以下的向阳荒山坡和干热河谷。

龙须草的生活习性及其生态作用 龙须草不择土壤，在多种类型土壤上和在缓坡地、陡坡地（甚至陡峭）及非积水地等多种类型的地形上生长良好。龙须草具有独特的形态结构和生理特性，能耐受高温、干旱、瘠薄、病虫害，并耐割、耐山火等，因而有较强抗逆性和适应性。龙须草由于蓄水固土能力强，被水保部门称为水土保持的先锋草种。一方面，龙须草是一种 C_4 植物，生长速度快，分蘖能力强，一年内可产生上百个蘖，能迅速覆盖地表，阻挡暴雨对地面的直接冲刷，并截留大量雨水，继而减缓地表径流；另一方面，龙须草为须根系植物，根系发达，根长可达 $1\sim1.5$m，分布在活土层内，根系交织成网，固土能力强。已有试验结果表明，在同等坡度。同等降水条件下，两年生龙须草覆盖率在 60% 以上的龙须草坡面其年侵蚀模数平均下降到 $500\sim1\,000t/km^2$ 以下，大面积草坡平均保土效率达到 74.4%，每公顷 2 年生的龙须草至少可固定 $1\,500\sim9\,000m^3$ 的土，可蓄水 $750m^3$。对 20° 坡度单纯种龙须草、龙须草-林复合、自然野生草与裸露地的水土流失、养分流失和水分状况的研究结果表明，种植龙须草能显著降低紫色土荒坡地的水土流失。纯种龙须草后的紫色土荒坡地的年径流量和年侵蚀模数仅 $18\,558.64t/km^2$ 和 $84.22t/km^2$，防治效果分别为 72.57% 和 95.86%；而龙须草-林复合处理的防治效果则分别为 80.25% 和 97.89%，基本做到了没有水土流失。此外，从各处理水土流失月变化动态可知，龙须草在雨季来临前得到了旺盛生长，形成了厚密的草垫，雨季时能有效防治水土流失，也可涵养较多的水分，提高抗旱能力。龙须草根系发达，固土能力强，能较好地防止土壤冲刷而沙化。种植龙须草的各处理也能有效地减少各营养物质的流失。纯种龙须草和龙须草-林复合能有效地防止速效氮、磷、钾的流失，增加土壤养分含量，培肥土壤。总之，种植龙须草对改变南方紫色土地区严重的水土流失现状，促进南方紫色土地区的农业生产，提高当地农民的收入具有重大的意义。

龙须草的形态与结构 龙须草收获部分无茎无节，全草可用于造纸。从各种理化性质看，它都是堪与木材媲美的优质造纸原料，远为其他草类纤维所不及。它纤维含量高达 56.78%、灰分含量低、杂细胞少、多戊糖含量较多，因而制浆收获率高，打浆比较容易；其木质素含量比木材低，使制浆过程更显简单，漂白容易；其纤维细而长，长宽比高达 20∶2，有利于增加纸张的抗张强度、耐破度和耐折度；而且其纤维细胞壁的初生壁呈网状排列、次生壁中层不分层、外层较厚有 8~9 层，故具有厚薄不匀，层次多少不一的特征，进而在厚薄相间之处出现类似于皱纹的折纹，使之用于生产手工用纸也能产生一些"润墨"效果。故龙须草既可作为机制纸又可作为手工纸的原料。如湖北汉阳造纸厂 1960 年就用龙须草生产凸版印刷纸、复写原纸，近年来又在陕西洋县投资50 万元以扶持洋县龙须草生产基地、帮助建厂，并每年从洋县购进 6 000t 原料以生产高档出口纸。丹江口市是湖北省的龙须草主要产地之一，市委市政府将开发利用龙须草作为全市农村脱贫、财政过亿的支柱产业来抓。四川、湖北的一些手工纸厂早就用龙须草配以麻浆抄制供书画用的传统手工纸。其他如云南大理、下关、河口，贵州凯里、贵阳、都匀、兴义、惠水、河南中牟、四川成都、重庆等造纸厂都以龙须草或部分以龙须草为原料依托，产生了很好的经济效益。

龙须草的收获及其农产品特征　龙须草每年收获 1~2 次，收获方法比较简单，一般农民采用镰刀平地或高出地面 1cm 左右割下地上部分，就地晾晒至风干。因此，用作造纸工业原料的龙须草（农产品）就是茎秆与叶片连在一起的龙须草地上部分。龙须草的纤维素含量 50%左右，主要用作造纸工业原料。

四、红麻

红麻（Kenaf）。学名 *Hibiscus cannabinus* L.，别名洋麻、槿麻、钟麻。锦葵科（Malvaceae），木槿属（*Hibiscus*）。红麻在我国大面积种植是 20 世纪 70 年代的事。从引种到大面积生产只经历了短短的十几年，我国一跃成为世界第二大红麻生产国。红麻种植面积（高峰期）达到 40 多万 hm^2，单位面积产量排行第一位。

红麻的根　红麻为圆锥形直根系，由主根和多级侧根组成。主根较粗入土深达 2m 左右。侧根分布在土壤耕层内密生根毛。根毛离主根愈远愈少，离表土层愈深愈稀。根毛量多少随株不同生育阶段和生长季节而变化。春季幼苗期，根毛发育较旺盛，夏季旺长阶段，根毛大量增生，尤其是土壤湿润下，根毛能长出地面；秋季麻株衰老或盛夏遇旱生长受到抑制时，根毛衰退死亡。红麻根的生长过程是种子发芽后第二天，主根伸长到 3cm 左右，约为幼苗主茎高度的 3 倍；发芽后第四天为主茎高度的 6 倍多；发芽后 25 天为 8.6 倍。表明根在苗期伸长速度较茎为快。苗期以后，根与地上部的生长速度协调发育，麻株出现七裂叶，根占茎重的 12%左右；8 月中旬以后，由于麻株落叶量增多，地上部所占比重减轻，根重比例提高到 14%左右。红麻生长期间遇到淹水，麻茎在淹水部位，长出不定根，漂浮在水中。这类不定根与水生植物根系相似，起新陈代谢作用，是红麻耐淹的主要原因。退水后不定根暴露在空气中失水枯死。由于不定根是起源于形成层维管组织，它穿透韧皮长出茎外，使纤维束松散，以致沤洗出来的纤维强力，比没经过淹水的纤维弱。

红麻的茎　红麻茎直立，圆筒形。茎色分红、绿两大类。红茎品种又有紫、红及微红几种颜色。绿茎品种由于表皮含花青素，有随不同发育阶段或环境条件变化而发生改变的现象，幼苗一般胚轴为红或绿色，生长旺盛时期品种的固有颜色显现出来，生育后期麻茎的向阳部位，在低温影响下为红色，愈接近晚秋色愈红。紫茎或红茎类型品种在自然条件下，茎褐色。红麻植株的高度为 1~5m，一般早熟种为 250~310cm；中熟种为

310~350cm；晚熟种为 320~400cm；极晚熟品种为 380cm 以上。同一品种在不同条件下，株高有明显差异，华北农业科学研究所将华农一号品种，分别在不同纬度下，株高随纬度南移逐渐降低。但南种北植的晚熟品种在不同纬度下，麻株高矮变化，没有北种南移植株高度降低那么显著，也有随纬度北移，而降低的趋势。红麻茎粗早熟种为 1.2~1.4cm，中熟种为 1.2~1.6cm，晚熟及极晚熟种为 1.4~1.8cm。同一类型品种的不同部位间，子叶节茎粗为 2.1~2.3cm，株高 1/4 处为 2.0~2.1cm，1/2 处为 1.3~1.6cm，3/4 处为 0.8~0.9cm，梢下 30cm 处为 0.6~0.7cm。另外，茎粗大小还与栽培条件有关，在多肥稀植下，子叶节茎粗可达 3.5cm，而在少肥密植下，子叶节茎粗仅 1.5cm，两者相差 2.0cm。

红麻主茎上的节数极早熟种为 35 节左右，早熟种 50~60 节，中熟种 65~80 节，晚熟或极晚熟种为 80~105 节。节间长度，子叶节比子叶节至第一节长为 2~4cm，子叶节向上至 10 节的平均长度为 4~5cm，从 15 节向上逐渐缩短，始蕾后又延伸增长，梢部再缩短。红麻茎节叶痕处长有腋芽原基，腋芽极易长成分枝。分枝出现的部位早熟种为 15 节左右，晚熟种为 70~90 节。红麻的分枝习性是品种本身的遗传表型，选种时应注意选择和培育分枝习性弱的品种；在栽培管理上，采用适当密植，能有效地控制腋芽的伸长。红麻分枝颜色与主茎相同。主茎与分枝均生有疏落的锐刺。

红麻茎横切面为圆形有凹凸隆起，茎组织由外向内顺序为表皮、皮层、韧皮部、形成层、木质部和髓。表皮由一层扁平细胞组成，被有腊质。皮层在表皮内为薄壁细胞层。韧皮部中有韧皮纤维细胞和薄壁细胞。形成层向外缘形成次生韧皮部，向内分生次生木质部。木质部内有导管、管胞、木薄壁组织细胞和木纤维。髓位于茎中心。

红麻的收获及其农产品特征 传统意义上的红麻农产品，是指通过沤制而获得的红麻束纤维（即熟红麻），其产品特征在国家标准《熟红麻》中描述得非常清楚和具体。伴随科学技术进步和人类环保意识增强，作为农产品提供给工业的原料除熟红麻以外，还有红麻韧皮。农民将成熟的红麻地上部分砍倒并去叶以后，从红麻茎秆形成层分开为麻骨和韧皮两部分，分别晒干以后，前者可作他用，后者就是主要农产品——红麻韧皮。它的纤维素含量为 60% 左右，可以用作生产建材、装饰材料、生物质膜、生物质能源以及纺织、造纸工业的原料。

第二节　草本纤维及其键合型伴生物的组成与性质

草本纤维原料（农产品）大多为韧皮纤维（bast fiber），其化学成分主要包括脂蜡质、水溶物、果胶物质、半纤维素、木质素、纤维素和灰分等。不同麻种类的化学成分有较大的差异（表1-1）。同一种麻的不同品种、部位和产地，其化学组成有一定的差异（表1-2）。

表1-1　主要草本纤维工业原料的化学成分　（%）

原料名称	纤维素	半纤维素	果胶质	木质素	水溶物	脂蜡	水分
苎麻	65.6	13.1	1.9	0.6	5.5	0.3	10
熟红麻	64.4	12.0	0.2	11.8	1.1	0.5	10
大麻	67.0	16.1	0.8	3.3	2.1	0.7	10
龙须草	42.1	22.1	2.7	15.8	6.0	1.3	10

注：韧皮纤维根据英国亚麻研究所分析；叶纤维根据 A. J. Juvnes 分析。龙须草由笔者按照 GB 5889—86 分析。

表1-2　我国不同产地苎麻的化学成分含量　（%）

产地	脂蜡质	水溶物	果胶	半纤维素	木质素	纤维素	灰分	总胶质
湖南4个品种	0.51	7.08	4.32	13.13	1.43	73.58	3.64	23.95
湖北2个品种	0.70	7.55	3.76	13.15	2.05	72.78	3.23	23.09
江西2个品种	0.47	7.16	3.84	12.62	0.70	75.53	3.09	22.81
四川	0.43	6.85	3.34	12.74	0.83	75.81	2.94	22.25
广西	0.48	7.78	4.34	14.36	0.89	72.14	4.27	25.25
安徽	0.92	8.68	4.07	14.87	1.03	70.44	4.08	25.95

一、纤维

纤维的形态和构造　草本纤维作物作物单纤维的形态和大小，随麻的种类而异，多数为线形或纺锤形，先端尖细或钝圆，有的先端有分枝。纤维细胞的横断面为不整齐圆形、椭圆形、卵形或不整齐多角形。表面平，或有纵向或有横向的纹痕、节和屈折点。

苎麻的单纤维最长，大麻、亚麻次之，黄麻、红麻和剑麻较短。细胞的直径，苎麻最大，红麻、大麻、剑麻次之，亚麻和黄麻较小。

草本纤维的主要成分是纤维素。纤维素是由 1 000 个以上的葡萄糖分子脱水缩合而成的细长链状的高分子化合物。少量存在于纤维细胞的初生壁中，大量沉积在初生壁的内面，形成次生壁。纤维成熟时，原生质消失，只有胞壁和中腔。因此，所谓草本纤维的组织构造，主要就是细胞壁的组织构造。

由纤维素分子到组成细胞壁，其间存在多级的微观结构，即由约 100 个纤维素链状分子集合成束，构成微晶体（micell），多数微晶体集合成束，构成微纤维（microfibril），再由多数微纤维构成微细膜（lamela），多层微细膜构成细胞壁，但辛格（Siegel，1962）主张加一级，即由 250 根微纤维构成在显微镜下可见的细纤维（bilvil）。微纤维的长度往往超过 1mm，其直径因植物而异，各人测定的结果也不一样。

例如亚麻为 70~100Å（Muhlethales and Waldlop 1950、1954）、黄麻为 28Å（Heyn，1966）、苎麻为 80~100Å（Welgin，1942）、100~200Å（Eisenhent and Huleen，1942）、250Å（Muhlertaes，1954），但在湿润和干燥状态下 Hyn（1966）测定分别为 48Å 和 36Å。在细胞壁中，纤维素链状分子的排列有疏有密，密的部分互相紧密有秩序地平行排列为结晶状束，即微晶体，疏的部分为无定形排列成疏松的非结晶区，因而微晶体之间存在孔隙。

纤维素的化学组成　纤维素是植物中含量最广泛、最普遍的物质之一，它是构成植物细胞壁的基础物质。它常和半纤维素（hemicellulose）、果胶物质（pectin material，pectic substances）、木质素（lignin）等混合在一起构成植物纤维的主体。草本纤维素纤维有的来自韧皮，如苎麻、亚麻、黄麻、红麻和大麻，有的则来自植物的叶，如龙舌兰麻（agave）。尽管各种不同来源的纤维素纤维中，所含纤维素的量不同，但它们的化学组成和结构都是一样的。实验证明，纤维素属于多糖类物质（polyose），在纤维素的基本组成中，含碳量为 44.44%，含氢量为 6.17%，含氧量为 49.39%。一般认为，纤维素是由 D-葡萄糖（β 型）单元，通过 1-4 糖苷键，互相连接而成的直链型高分子化合物，其分子细长、链状，可简化表示为（$C_6H_{10}O_5$）n。式中的 n 为聚合度，随植物种类而异，通常为 3 000~10 000，一般而言，聚合度高、链状分子较长的，纤维的强度、弹性等物理性能好。

纤维素的物理结构　关于纤维素的物理结构目前仍无统一的看法，但归纳起来有如下基本一致的观点。麻纤维属于天然纤维素纤维。当用 X 射线照射苎麻纤维试样时，会清晰地观察到纤维细胞具有结晶结构（crystalline structure）。相邻的葡萄糖基相互成 180°角，具有两次旋转，属单斜晶系晶格，其晶格参数为 a = 0.83nm，b = 1.03nm，c = 0.79nm，β = 84°；亚麻纤维 X 射线衍射曲线也证明亚麻纤维的结晶度较高，且结晶区较规整。亚麻纤维的取向度在 92%左右，结晶度为 66%左右。纤维素的结构模型如图 1-2。在纤维素结晶中除了有晶格作用力外，在相互接近的 OH 基之间可以有氢键存在，在晶胞的 ab 面上相邻分子的 OH 基间氧原子的最短距离为 0.25nm。这一数值显然不是含氧化合物以范德华力所能达到的氧原子间的最短距离，而是相当于形成氢键的距离。

纤维素除有结晶构造外，还有非结晶构造，它们分布在纤维的各个部位上，前者称为结晶区（crystalline region），后者称为非结晶区或无定形区（amorphous region）。至于结晶区和无定形区在纤维上的分布状态，各种说法不一。罗果文（3. A. РОГОВИН）认为：纤维素的结构是由许多纤维素大分子形成的连续结构。在大分子分布最紧密的地方它们平行排列，取向度（orientation）良好，构成了纤维素的定向部分，大分子间的结合力随着分子间距离的缩小而增大，在这些距离最小的地方，大分子间的结合力最大，因而在定向区上可以显示出清晰的 X 射线衍射图谱，表现出结晶构造的特征。当大分子的密度较小时，大分子之间的结合程度亦减弱，有较多的空隙，大分子的分布不平行，较为混乱，这就形成了纤维素的非结晶部分或无定形部分。由于纤维素在长度方向具有连续的结构，因此，一个单独的大分子一部分可能处于纤维素的结晶区域，另一部分可能处于纤维素的无定形区域，或者穿过无定形区再进入其他结晶区域。

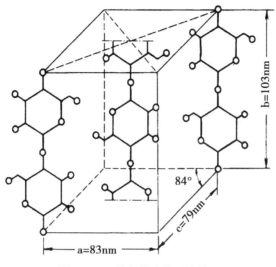

图 1-2　天然纤维素的结构模型

表示纤维素大分子结晶区含量大小的指标为结晶度（crystallinity），所谓结晶度就是纤维素中结晶区的重量对纤维素总重量的百分比。测定纤维素结晶度的方法很多，主要有 X 射线衍射法、密度法、酸水解法以及重氢取代法等。应用不同的测定方法，得到的结果可能各不相同，有的甚至差异很大。表 1-3 为不同方法测定的苎麻纤维的结晶度数值。

纤维的许多性质与其结晶度有关。纤维的强度、弹性等性质决定于结晶区的大小，纤维对溶剂的渗透性，纤维湿润膨能力，反应性能和柔韧性大小则取决于无定形区域的大小。

表 1-3　不同方法测定的苎麻纤维的结晶度

方法	X 射线衍射法	密度法	酸水解法
结晶度（%）	70	60	95

二、果胶

果胶（pectic）是自然界中分布很广的物质之一。在各种植物的果实、汁液、根块以及棉草本纤维作物植物的韧皮组织中都有。据推测，果胶物质是植物产生纤维素、半纤维素等成分的营养物质。例如，多缩戊糖的分子就是由果胶物质脱去其中的羧基而形成的。果胶在植物生长过程中起到了调节植物有机体内水分的作用。

果胶物质是由含有糖醛酸基环的一种混杂链构成的高分子物质，是一种具有酸性的混杂糖，主要组成成分是果胶酸（pectic acid）及其衍生物。此外，还有与之共生的其他许多多糖类物质。这些糖类物质与果胶物质之间形成一定的结合，既有化学的结合，也有机械物理的混合。对于不同植物或同一植物处于不同地位或不同生长期中，果胶物质的含量均不相同。苎麻中的果胶物质含量随生长期的增加而逐步下降。

据张宏书等的研究结果，苎麻原麻中果胶物质的组成成分如表1-4。苎麻果胶物质中所含的糖基以半乳糖醛酸（即果胶酸）和半乳糖醛酸甲为主，占其总量的70%以上。其次为鼠李糖、半乳糖和阿拉伯糖，尚含有少量的岩藻糖、甘露糖和木糖。不同的品种各种糖的含量也有差别。

表1-4　苎麻果胶水解产物的组成　　　　　　　　　　　　　　　　（%）

品种	鼠李糖	岩藻糖	阿拉伯糖	木糖	甘露糖	葡萄糖	半乳糖	半乳糖醛酸甲酯	半乳糖醛酸	酸性糖总量
卢竹青（1）	8.37	0.70	4.37	微	微	1.01	4.75	44.84	35.89	80.73
卢竹青（2）	9.24	0.40	6.74	微	0.29	0.67	7.57	31.52	43.57	75.10
黑皮兜	7.48	0.18	7.82	—	微	1.51	8.10	9.86	65.04	74.90

对照上述两表不难发现，不同来源的果胶物质水解后得的糖基，无论是种类还是数量都不同，各种糖基之间不存在严格的数量比例关系。

表1-5为果胶物质在不同水解条件下糖基的组成情况。可见，当酸液浓度较低时，果胶物质的水解产物以半乳糖和阿拉伯糖的含量较高，随着酸浓度的增加，水解产物中的半乳糖醛酸和半乳糖醛酸甲酯的含量明显增加，鼠李糖的含量也较多。当硫酸的浓度增加到1.00mol/L时，水解产物中的半乳糖醛酸甲酯和半乳糖醛酸成分占了绝大多数，其次为鼠李糖。说明果胶物质的主链是由半乳糖醛酸基构成的，与其主链相连的还是鼠李糖单元。

表1-5　苎麻果胶物质在不同水解条件下糖基的组成　　　　　　　　（%）

硫酸浓度（mol/L）	鼠李糖	岩藻糖	阿拉伯糖	木糖	甘露糖	葡萄糖	半乳糖	半乳糖醛酸甲酯	半乳糖醛酸	酸性糖总量
1.00	8.37	0.70	4.37	微	微	1.01	4.75	44.84	35.89	80.70
0.50	9.92	—	8.43	微	—	0.59	7.00	39.51	33.91	73.42
0.32	16.14	0.83	28.93	0.68	微	4.62	20.30	12.00	16.50	28.50

注：试样为芦竹青品种样品。

果胶酸甲酯，即半乳糖醛酸甲酯是果胶酸中的羧基被甲基化而形成的，其酯化程度视麻的品种而不同，甲氧基的含量一般为 9% ~ 12%。果胶酸甲酯的特点是对水具有良好的可溶性，甲氧基含量越高，其水溶性越大，因此这种果胶又称可溶性果胶。可溶性果胶的形成过程大致如图 1-3。

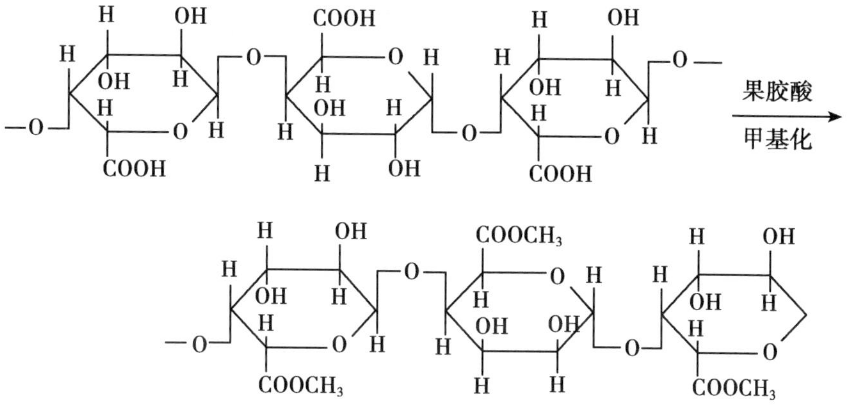

图 1-3　果胶酸甲酯化过程

此外，果胶酸中的羧基还可与钙离子、镁离子结合生成果胶酸的钙镁盐。果胶酸钙镁盐的特点是不溶于水，故这种果胶又称为不溶性果胶，俗称生果胶。对果胶酸钙镁盐不溶于水的原因有以下几种观点。

一是果胶羧基（—COOH）中的 H^+ 被 Ca^{2+}、Mg^{2+} 取代的结果，使生成的果胶酸钙、镁盐具有网状结构特点，增加了果胶物质分子间内部的联系力量，因此，表现出对水的难溶性，也增加了化学加工工艺处理的难度。

但应该指出，果胶酸甲酯与果胶酸钙、镁盐之间并不是各自单独存在的。这是因为果胶酸中的羧基对甲基化及 Ca^{2+}、Mg^{2+} 离子的作用并没有什么专一性的关系。所以，果胶物质中，果胶酸、果胶酸甲酯和果胶酸钙镁盐之间有的是互相独立存在的，有的可能混联在一起，其结构大致可能为图 1-4。

果胶物质的这种网状结构是平面的还是立体的需作进一步的研究。

果胶物质不是均匀态的物质，有几种不同的形态。以苎麻植物为例，在幼苗期，果胶物质绝大部分是可溶性果胶。随着植物的生长，果胶物质中的一部分转化为纤维素、半纤维素，使其在植物组织中的含量不断下降，另一部分可能转化为不溶性果胶。随着植物的成熟，不溶性果胶的含量不断增加。当苎麻经收获、剥制、刮青并放置一定时间以后，果胶物质中的可溶性成分将绝大部分转化为不溶性果胶。原麻放置时间越长，不溶性果胶含量越多，脱胶工艺处理的难度亦越大。

二是果胶物质的相对分子量很大，其对溶剂的溶解性均较低。经研究，草本纤维作

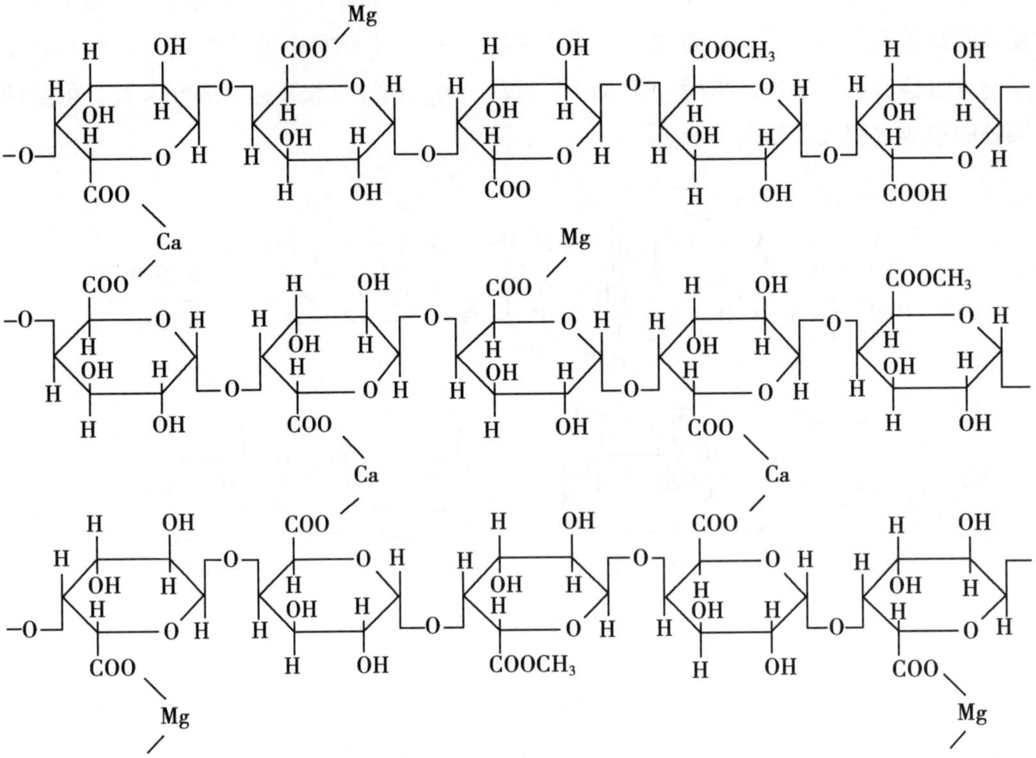

图1-4　果胶分子的网状结构

物植物中不同部位所含果胶物质的相对分子量不同。根据亚麻的研究结果，在韧皮中的果胶物质相对分子量为128 900~221 300，在保护组织中的相对分子量为117 400~136 600，在纤维中的相对分子量为12 540~33 070。亚麻韧皮中果胶酸甲酯含量在5%以上，而在纤维中则含约2%左右。果胶物质的相对分子量远远高于半纤维素成分的相对分子量。

三是果胶物质大分子中还存在有未被酯化的羧基，这些游离的羧基可能与纤维素中的羟基结成酯键，即 R—COOH+HO-R′→R—COO R′+H$_2$O。

式中：R为果胶酸基环；R′为纤维素中葡萄糖基环。

尽管生果胶不溶于水，但它对碱和酸作用的稳定性还是比较低的。经过稀酸溶液的处理，或在较高温度下用碱液煮炼即可使果胶物质的长分子链发生水解而断裂。果胶物质的存在对纤维的毛细管性能和吸附性能有很大影响。果胶物质含量越少，则纤维的毛细管性能和吸附性能就越好。

三、半纤维素

在天然植物纤维中，存在一些与纤维素结构相似的多糖类物质，但其相对分子质量却比纤维素低得多。它们首先区别于纤维素的是在一些试剂中的溶解度大，很容易深解于热的或冷的稀碱溶液中，甚至在水中也能部分溶解。其次是水解成单糖的条件比水解纤维素的条件要简单得多。在工业上往往就把这些结构近似于纤维素但能溶解于稀碱溶液（热的或冷的氢氧化钠）中的物质称为半纤维素（hemicellulose）。但是，碱液浓度究竟稀到什么程度，在不同工业部门中有不同的标准。在纺织工业部门中（如麻纺织工业）将能溶于2%的热的氢氧化钠溶液中的多糖类物质称为半纤维素。而在有的工业部门中则规定能溶于17.5%的热的氢氧化钠溶液中的多糖类物质称为半纤维素，按照这个标准，有一些采用高浓度烧碱水解方法检测出来的这种半纤维素成分中实际上也包含了一部分低聚合度的纤维素。可见，半纤维素这一概念是不十分确切的，所以，一些学者建议不用半纤维素这一概念，而将除纤维素、淀粉之外的高聚糖类物质称为多糖（polysaccharide，polysaccharose）。此外，我们沿用半纤维素一词主要是习惯问题。

不同来源的半纤维素水解时，可生成不同糖基的单糖。以苎麻原麻为例，据张宏书等人研究的结果，原麻在不同的水解条件下，其半纤维素内所含的单糖成分和数量如表1-6和表1-7所示。

表1-6的数据表明，在苎麻的半纤维素中，以葡萄糖（glucose）、半乳糖（galactose）及甘露糖（mannose）糖基含量最高，其次为鼠李糖（rhamnose），其中也可能存在葡萄甘露聚糖。随着抽提碱液浓度的增加，葡萄糖、甘露糖的提取量逐步增加，葡萄糖和甘露糖多以葡萄酒甘露聚糖素成分之一。

表1-6 苎麻半纤维素水解产物糖的成分和含量 （%）

提取条件	鼠李糖	岩藻糖	阿拉伯糖	木糖	甘露糖	葡萄糖	半乳糖	半乳糖醛酸甲酯	半乳糖醛酸	抽取率
2%KOH 25℃/48h	16.12	0.19	2.45	5.86	0.63	7.54	41.30	3.83	22.03	2.49
5%KOH 25℃/48h	4.92	0.33	2.67	19.58	5.66	36.42	23.70	—	6.72	2.12
10%KOH 25℃/48h	3.59	0.26	1.87	11.75	8.64	47.45	20.02		6.35	2.87
17.5%KOH 25℃/48h	2.68	—	4.12	9.75	3.67	38.12	38.70		2.96	1.99
17.5% NaOH + 4% 硼酸/25℃/48h（1）	0.74	—	0.88	0.83	25.37	67.61	4.57	—	—	4.14
17.5% NaOH + 4% 硼酸/25℃/48h（2）	微	—	微	—	21.28	69.92	8.80	—	—	0.95

注：品种为黑皮苑，抽取率是指抽取物质重量对精干麻的比例

表 1-7　不同水解条件下半纤维素中糖的成分和含量　　　　　　（%）

硫酸浓度（mol/K）	鼠李糖	岩藻糖	阿拉伯糖	木糖	甘露糖	葡萄糖	半乳糖	半乳糖醛酸甲酯	半乳糖醛酸
1.00	28.48	微	2.63	0.81	微	1.37	26.91	4.30	35.72
0.05	21.44	微	4.95	2.09	微	3.10	54.41	1.64	14.02
0.32	15.92	—	5.77	2.65	—	3.11	61.90	1.42	10.60

注：1. 品种为卢竹青；2. 半纤维素由 5%NaOH 溶液抽提

表 1-7 的数据表明，采用较低浓度的酸水解，其水解产物以半乳糖为主。随着水解条件加剧，被水解的鼠李糖和半乳糖醛酸（galacturonic acid）的数量逐步增加。说明，在半纤维素中，较易水解的是阿拉伯糖和半乳糖，较难水解的是鼠李糖和半乳糖醛酸。因而，鼠李糖和半乳糖醛酸这两种糖在麻纤维脱胶工程中较难用酸解脱除。

总之，不同来源的半纤维素水解时都能生成下面的各种糖类物质，包括：

（1）五碳糖——戊糖（pentose）　分子式为 $C_5H_{10}O_5$，包括阿拉伯糖（arabinose）、木糖（xylose）和鼠李糖等。

（2）六碳糖——己糖（hexose）　分子式为 $C_6H_{12}O_6$，包括半乳糖、甘露糖、葡萄糖等。

（3）糖醛酸（uronic acid）　这是一类酸性糖，如半乳糖醛酸（galacturonic acid）、葡萄糖醛酸（glucuronic acid）等。

根据水解时所生成的这些单糖糖基，半纤维素可分为以下几种。

（1）多缩戊糖类半纤维素　由五碳糖构成的高分子糖类物质。包括有多缩阿拉伯糖、多缩鼠李糖、多缩木糖等。

（2）多缩己糖类半纤维素　由六碳糖构成的高分子糖类物质。包括有多缩半乳糖、多缩甘露糖、多缩葡萄糖等。

（3）多缩糖醛酸类半纤维素　是由糖醛酸聚合而成的多糖类物质，如半乳糖醛酸（即果胶酸）、葡萄糖醛酸等。

各种半纤维素的性质彼此相差很大。例如，同样对酸液的水解作用而言，有的极易水解，有的就较难（如鼠李糖、果胶酸）。对于稀碱溶液的作用同样有的易溶于稀碱溶液中，有的则较难（如葡萄甘露聚糖）。这是由于半纤维素成分及其结构的多样性而造成的。

半纤维素是天然纤维素纤维原料的主要成分之一，大量地存在于草本纤维原料中，它是随着植物的生长而形成的，其含量和成分与麻的品种、地区、生长季节、初加工方法等因素有关。一般半纤维素成分的含量为 12%~17%。

多缩戊糖类半纤维素　据研究，在苎麻及亚麻韧皮的半纤维素成分中以多缩戊糖

（pentosan）类半纤维素的含量为最多，其中主要为多缩木糖、多缩鼠李糖和多缩阿拉伯糖。多缩戊糖可溶于稀碱溶液中，再用酸式醇溶液处理使其沉淀出来。

多缩戊糖与适当浓度的酸（12%的盐酸或 36% ~ 40%的硫酸）加热时，先水解成单糖，再与酸继续作用，则每个单糖分子脱去 3 个水分子，生成糠醛（furfural）。其反应式为：

$$(C_5H_8O_4)_n + nH_2O \xrightarrow{\ [H^+]\ } (C_5H_{10}O_5)_n$$

测定生成糠醛的数量（用容量法、重量法或比色法）即可求得多缩戊糖的含量，这就是多缩戊糖含量的测定原理。糠醛是工业上很有价值的化合物，是有机合成的原料，同量又是一个很好的溶剂。这也给麻纤维化学脱胶废液的综合利用提供了途径。

在苎麻中多缩戊糖的含量约占整个半纤维素成分的一半左右。而且随着麻季的不同以及测定部位的不同而不同。苎麻原麻中多缩戊糖的含量及其分布如表 1-8。

表 1-8　多缩戊糖在苎麻不同部位的分布　　　　　　　　　　　（%）

苎麻来源	半纤维素含量	多缩戊糖含量			
		根	中	梢	平均
沅江（乙级）	9.97	4.51	5.09	5.42	5.01
郴县（丙级）	13.71	4.35	4.73	5.76	4.95

由表 1-8 可见，多缩戊糖在苎麻不同分布的数量是不同的，以根部最少，梢部最多。

（1）多缩木糖（xylan）　主要存在于多年生和一年生的植物组织中。多缩木糖的分子结构和纤维素大分子的结构相似，是由 d-木糖（1.5-β 型），按 1-4 苷键连接而成，具有线型大分子形式（图 1-5）。

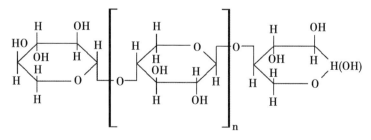

图 1-5　多缩木糖的分子结构

可见，多缩木糖的基环为六环结构，在每一环中的第二和第三碳原子上有两个自由羟基，六环木糖基环间存在有 1，4 苷键。在多缩木糖碱液中有较大的左比旋光度（-109°），这表明，多缩木糖大分子中有-β 键存在。

多缩木糖结构与纤维素不同之处在于纤维素大分子基环上有一个伯羟基，而多缩木糖大分子基环上则没有。据一些资料介绍，多缩木糖大分子中还含有微量的糖醛酸残基。

多缩木糖的聚合度，用渗透压法测得 n = 120~150，用黏度法测定为 n = 100 左右。

提纯的多缩木糖是白色无定形粉末，易溶于碱溶液和热水中，但不溶于酒精和其他有机溶剂中。其碱溶液具有较大的左旋性。对酸作用不稳定，用 4%~6% 的硫酸溶液在 100℃ 下或者仅用水在高温、高压下处理，多缩木糖就会水解成 d-木糖。但是在植物原料中也有一部分多缩木糖对酸和碱的作用表现出一定的稳定性，这可能是由于多缩木糖与植物原料组织中的其他成分发生了物理或化学作用的关系，而增加了对试剂作用的稳定性。

（2）多缩阿拉伯糖（araban）　存在于多年生及一年生的植物组织中。与多缩木糖相比，多缩阿拉伯糖更易被所水解，也更易溶于水中。根据苏联学者罗果文的观点，多缩阿拉伯糖为 L-阿拉伯糖（1，4）以 1-3、1-5 键连接而成，在其大分子中带有短的支链（图 1-6）。

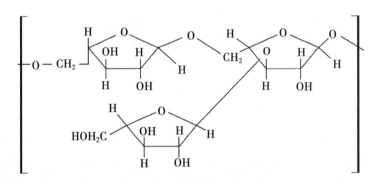

图 1-6　多缩阿拉伯糖的分子结构

可见，阿拉伯糖基环是一五结构，其平均聚合度为 50。不过也有一些学者认为，多缩阿拉伯糖的结构与多缩木糖相似，也是由六环构成的。但是由于阿拉伯糖基环中间有 a-键，因此，多缩阿拉伯糖中即使有部分六环构造也容易发生水解。因为从研究淀粉和纤维素的水解条件中得出，淀粉中存在 a-键，故较纤维素容易水解得多。

多缩阿拉伯糖外观系白色粉末，易溶于水和碱溶液中，易为酸溶液所水解。多缩阿拉伯糖和碱相互作用能生成碱化合物，这点与纤维素相似。但多缩阿拉伯糖不溶于大多数的有机溶剂中。

上述的两种糖都是单一的多糖，而在多年生和一年生植物组织中还存在有多缩阿拉伯糖木糖，这是一种混杂多糖，它是由 L-五环阿拉伯糖和 D-六环木糖两种不同的单糖混杂组成的多糖，其环间以 1，3 或者说，4-β 键连接而成具有分支的高分子物质，其聚合度为 100~160。

（3）多缩鼠李糖 大多存在于植物的黏液中（例如草本纤维作物作物韧皮组织的胶质中），此外也存在于树胶中。

多缩鼠李糖的基本构造单元为鼠李糖。鼠李糖是甲基戊糖中的一种，是甘露糖甲基化的结果，具有六环构造。鼠李糖在植物组织中一般不单独存在，而是和糖醛酸类物质在一起组成混杂多糖。

由于多缩戊糖的成分及组成的复杂性，因此，多缩戊糖的性质也具有一定的多样性。这点可从苎麻脱胶前后多缩戊糖含量的变化上反映出来。

表 1-9 为苎麻经碱溶液处理前后多缩戊糖含量的变化情况。可见，经过精炼以后在苎麻纤维中仍含有近 1% 的多缩戊糖，相当于原麻中多缩戊糖含量的 19%，多未被去除。说明在苎麻原麻的多缩戊糖组成中含有一部分对碱作用较为稳定的多糖类物质。

表 1-9 湖南郴县丙级重胶麻经脱胶主要工序处理后多缩戊糖含量的变化 （%）

项 目	多缩戊糖含量				脱除效果
	根	中	梢	平均	
原麻	4.347	4.733	5.755	4.945	—
浸碱后	3.994	4.637	4.692	4.441	10.19
煮炼后	0.956	0.898	1.752	1.202	75.69
精炼后	0.831	0.996	1.028	0.952	80.75

表 1-10 为苎麻原麻经硫酸处理后多缩戊糖含量的变化情况。可见，苎麻原麻经预酸处理并经氢氧化钠煮炼后，纤维中仍残留有 0.828% 的多缩戊糖，对照原麻的含量脱除效果仅为 78.04%，即尚有近 22% 的多缩戊糖没有去除，构成了精干麻残胶成分之一。

表 1-10 沅江乙级轻胶麻酸处理前后多缩戊糖含量的变化 （%）

项 目	多缩戊糖含量	脱除效果
原 麻	3.771	—
水浸后煮炼	1.028	72.74
酸浸后煮炼	0.828	78.04

上述情况表明，在多缩戊糖的成分中确实存在着某些对酸、碱作用较为稳定成分，即不易被酸、碱溶液作用而脱除的成分，从结构上看可能是多缩木糖和多缩鼠李糖。与酸、碱作用比较，鼠李糖对酸作用的稳定性可能高些，而多缩木糖对碱作用的稳定性可

能高些。

多缩己糖类半纤维素 多缩己糖（hexosan）类半纤维素包含有多缩甘露糖、多缩半乳糖、多缩葡萄糖等多糖类物质。和多缩戊糖的性质相似，多缩己糖类半纤维素易酸的作用而水解，同样，也易溶于碱液中。但不同的多缩己糖对酸碱作用的稳定性是各不相同的，主要是因为它们的结构各不相同的缘故。

（1）多缩甘露糖（mannan） 多缩甘露糖常常伴随着纤维而包含在许多植物组织的组成中。在草本纤维作物韧皮中的含量相当多，在其他植物材料中的含量也很多。

多缩甘露糖是由六环结构的甘露糖基环以 1-4 苷键连接而成的高分子糖类物质。其结构式如图 1-7。

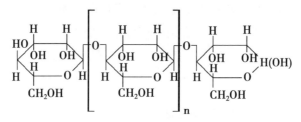

图 1-7 多缩甘露糖的分子结构

多缩甘露糖的结构式，是用一般方法鉴定甲基化多缩甘露糖的水解产物来确定的。多缩甘露糖的大分子是线型的，聚合度（按四甲基甘露糖的产率）n＝70～86。

但是，各种植物中所含多缩甘露糖的结构是有差异的。因此，它们的物理、化学性质也有一定差异，有的成分较易溶于稀碱溶液，有的成分则难溶。

（2）多缩半乳糖（galactan） 多缩半乳糖在草本纤维作物韧皮的多缩己糖类半纤维素的组成中占有相当大的比例。对多缩半乳糖的大分子结构目前研究的还较少，主要是不易得到纯净的多缩半乳糖样品。但有一点可以肯定，不同来源的多缩半乳糖的结构都不相同。

一般认为，多缩半乳糖的结构也是按纤维素、多缩甘露糖一样的原理构成的，是一种线型的高分子化合物，其中的某些部分可能带有分枝。

研究得最早、最成功的是羽扇豆种籽的多缩半乳糖。其结构单元为六环的半乳糖，其环之间以 β-1，4 苷键连接，构成了多缩半乳糖的大分子。结构式如图 1-8。

它的平均聚合度按渗透压法测定的结果，大约 n＝120。

提纯多缩半乳糖为白色无定形粉末，在冷水中溶胀，在热水中溶解。在硝酸作用下，多缩半乳糖被水解成 d-半乳糖，再受硝酸氧化可转变成黏液酸。黏液酸是固体物质，不溶于水、乙醇和甲醚，但易溶于稀碱和硼酸溶液中。

（3）多缩葡萄糖（polyglucosan） 除纤维素和淀粉外，已经知道还有其他的一些

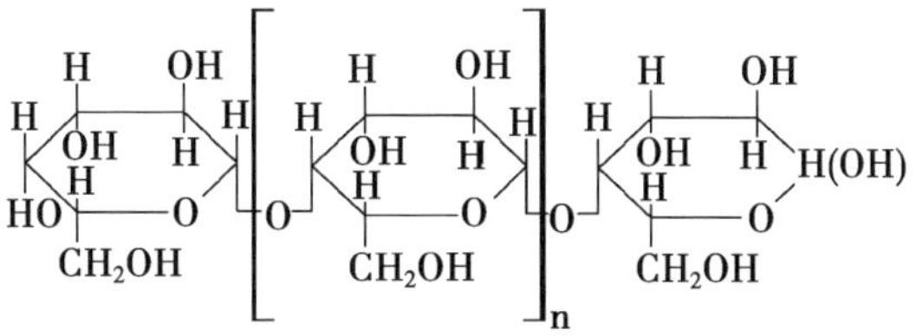

图1-8　多缩半乳糖的分子结构

多缩己糖是由葡萄糖构成的，即多缩葡萄糖，在草本纤维作物植物韧皮中也有不少存在。

多缩葡萄糖的结构及性质研究得比较少，主要是因为迄今还得不到多缩葡萄糖的纯样品，在其水解产物中混有其他单糖而难以分离。多缩葡萄糖与纤维素性质不同，主要是由于两者基环间键的类型不同及多样性引起的。多缩葡萄糖的聚合度低，因而易溶于水溶液中。

同样，在多缩己糖中也存在着一些诸如多缩半乳糖、甘露糖等混杂多糖。

多缩糖醛类半纤维素　在草本纤维作物植物韧皮组织中还存在相当数量的多缩糖醛（polyuronic acid）类半纤维素，这是一些酸性糖。其中大多为d-半乳糖醛酸的聚合物，即果胶酸的聚合物。此外，还有多缩葡萄糖醛酸、多缩甘露糖醛酸等成分。

糖醛酸是单糖基环中的伯羟基被氧化成羧基的结果。在自然界中发现的糖醛酸的单糖及其结构式主要有：D-半乳糖醛酸（D-galacturonic acid）、D-葡萄糖醛酸（D-glucuronic acid）和D-甘露糖醛酸（D-mannuronic acid）等。多缩糖醛类纤维素一般较难被酸水解，对氢氧化钠溶液的作用也较为稳定。

四、木质素

木质素是植物细胞壁的重要组成部分，在自然界中含量仅次于纤维素，约占植物体干质量的20%。植物中的木质素基本上存在于细胞的胞间膜及细胞壁的内部。其中，一部分木质素与半纤维素成化学结合而紧紧地联系在一起，但与纤维素间未发现有化学结合。草本纤维作物植物的木质素主要存在于麻茎的木质部组织及韧皮组织中。苎麻原麻中木质素的含量为1%左右，亚麻打成麻中为2%~5%，在黄麻中木质素的含量则高达12%左右。

麻纤维中木质素含量的多少是影响麻纤维品质的重要因素之一。木质素含量少的纤维，光泽好，柔软并富有弹性，可纺性能和印染的着色性能均好。反之，纤维光泽差，柔软性、弹性及纤维的可纺性能均低下。因此，从使用角度及纺纱工艺角度出发，总希望纤维中的木质素含量越低越好。对苎麻原料而言，在脱胶工艺中应尽量去除纤维中的木质素。而对亚麻、黄麻和红麻而言，虽然也希望脱胶工程中尽量脱除木质素，但要掌握适度，不可过分，否则易使工艺纤维解体，从而降低亚麻、黄麻和红麻工艺纤维的纺纱性能。

木质素在植物体内不是和多糖类物质（如纤维素、半纤维素和果胶物质）同时形成的。在植物的幼枝中和刚形成的形成层细胞内部是没有木质素的，它是随着植物生长而逐步形成和增加的。在不同的生长期，木质素的含量不同。在过期收获的麻纤维中木质素的含量最高，而在同一麻束中，木质素含量分布也各不相同。

苎麻的木质素含量与生长期的关系见表1-11。随着生长期的增加，苎麻韧皮中木质素的含量稍有下降。但由于苎麻韧皮中纤维素等干物质含量大量增加的结果，木质素的绝对量不仅不少，反而更多。在生长的末期木质素含量又增加，也就是说，苎麻韧皮中的木质素绝对量总是与苎麻茎秆的生长发育成正比的，即苎麻韧皮越发育木质素的含量越高。一般来说，苎麻韧皮中的木质素含量可以达到农产品苎麻重量的1%以上。

表1-11　苎麻韧皮中木质素的含量与生长期的关系

生长天数（d）	42	52	62	72	82
木质素含量（%）	1.2	1.0	0.8	0.5	0.8

（一）木质素的结构

木质素的基本结构是由苯丙烷 ⬡C—C—C 通过醚键和碳碳键联结而成的复杂的、无定形的三维空间结构，依苯丙烷的侧链取代基不同，它又可分为松柏醇、芥子醇和对香豆素3种不同形式，其结构式如下：

松柏醇　　　　　　　　香豆素　　　　　　　　芥子醇

(conrgl alcohol)　　　(coumargl alcohol)　　　(sinapyl alcohol)

各基本单元连接的方式主要有β-O-4，β-5，β-1等，图1-9为木质素局部结构。

不同的植物种类，植物不同的生长阶段，其木质素的含量和成分是不同的，由于重复单元间缺乏规律性和有序性，迄今为止，人们仍没能把整个木质素分子以其完整的状态分离出来，因此，它是天然高聚物中结构最难搞清楚的物质。

麻茎上韧皮组织和木质部中的木质素在化学成分和结构上有本质的不同。木质部中的木质素成分是比较单一的，仅含有松柏醇和香豆素两种构造，而韧皮组织中的木质素，其成分和构造则比较复杂，包括全部三种类型苯丙烷构造，具有草本植物木质素的

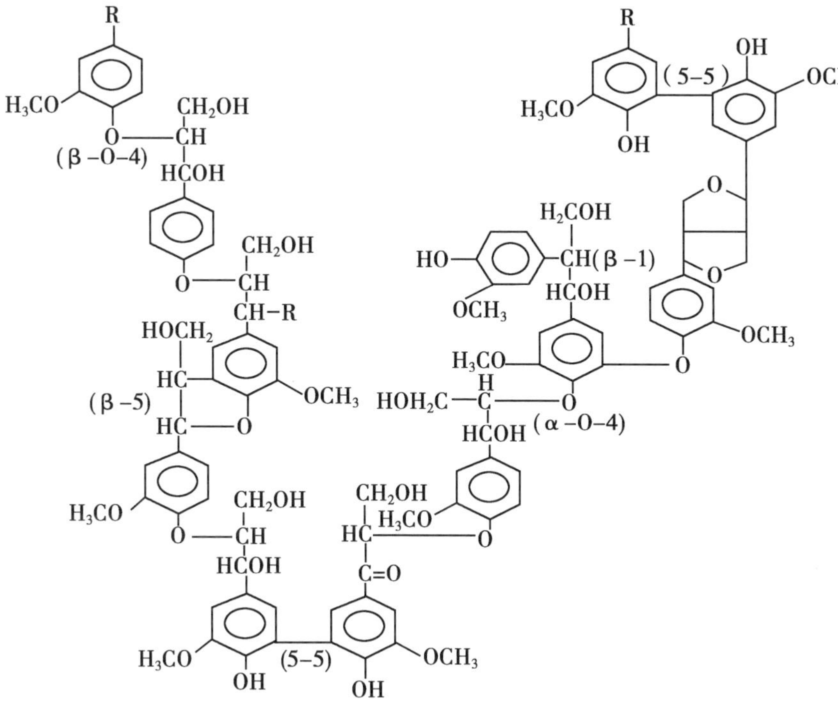

图中包含木质素分子结构式，标注有 R、H₃CO、CH₂OH、OCH₃、OH、(β–O–4)、(5–5)、(β–1)、(α–O–4)、(β–5) 等基团和连接方式。

图 1-9 一段木质素的分子结构

特征。

麻茎木质部中对二氧己环木质素是以含有大量甲氧基（-OCH₃）成分为其特征（量达 16.44%），一般根据甲氧基含量的多少可以判断出木质素成分的纯净程度。

韧皮组织中的对二氧己环木质素成分中所含的甲氧基数量则很少（仅 4.27%）。这种差别首先就在于韧皮组织中木质素的成分是未甲基化的苯丙烷结构，以及含有大量结构不同于木质素的混合物。处于未成熟植物生长过程中的木质素还含有一定形式的氨基酸。

在韧皮的木质素中还含有相当多的糖类物质，说明，韧皮的木质素与其他非纤维素类多糖物质间有着紧密的联系，因此，从这些成分中分离出纯净的木质素是十分困难的。

在木质素的基环中除含有相当量的甲氧基之外，还有羧基、羟基、羰基以及双键等。

（二）木质素的性质

木质素是无定形的粉末状物质，其颜色随分离方法的不同而不同，有的呈淡奶油色、有的呈灰黄色，还有的呈褐色乃至黑褐色。木质素的热值约为 26.13J/g，折光系数很高，约为 1.61，这表明木质素具芳香类化合物的性质。木质素的大分子上除含有由酚羟基形成的甲氧基外，还有羟基、羰基等特性功能团，因此，木质素的化学性质表现出多样性的特点。

1. 氯化作用

木质素易与氯起反应，无论是把氯气通入干燥的木质素，还是用氯水、四氯化碳溶液直接作用都会与木质素发生氯化反应，生成氯化木质素（chlorinated lignin）。氯化反应可在冷的、暗的条件下完成，亦可在加热、光照的条件下完成。氯化木质素呈红褐色，易溶于碱溶液中（如氢氧化钠和碳酸盐、亚硫酸盐等碱性盐溶液）。其中以在氢氧化钠溶液中的溶解度最好，在氢氧化钙溶液中的溶解度最差。氯化木质素也溶于乙醇和冰醋酸溶液中。

氯化木质素最初是在氯化黄麻时得到的。氯与木质素的反应机制有两种观点：

（1）认为氯与木质素相互作用时有大量的氯化氢发生　这就表明了在氯化木质素时，发生了氢的置换反应，这是氯化木质素的反应特征之一。其反应式为：

$$RH_2 + Cl_2 \longrightarrow RHCl + HCl$$

（2）认为木质素大分子结构中存在着双键　因此，氯与木质素相互作用时除了有置换反应外，还有加成反应。

一般认为，氯与木质素相互作用时，这两种反应都可能存在，但置换反应更主要些。

但也应指出，当氯与木质素相互反应时除发生氯化作用外，还有氧化作用。在有水存在时，氯分子与水反应生成次氯酸，而次氯酸是一种良好的氧化剂，对木质素有氧化作用。

木质素虽易氧化，但欲将韧皮组织内的木质素用一次氯化法将其去除也是不可能的，须经多次的氯化-碱煮处理方有可能将其除尽。这是因为氯化木质素时，首先使表层的木质素发生氯化，这层氯化木质素阻止了氯化过程向内层木质素进行。处于内层的木质素不易被氧化，因此，必须用氢氧化钠溶液煮炼，使表层氯化木质素溶解，如此反复地氯化，反复地碱液煮炼才能将木质素除尽。氢氧化钠溶液溶解氯化木质素的反应式大致为：

$$R—Cl + 2NaOH \longrightarrow R—ONa + NaCl + H_2O$$

在进行纤维材料中木质素成分含量的定量分析时，常用的方法之一就是氯化法。其过程就是通氯气于待测样品中，而后用亚硫酸钠溶液洗涤，如此反复若干次，直至将木质素除尽为止。按去除木质素的重量计算出纤维材料中木质素的含量（%）。

苎麻纤维及其织物在进行精制加工时，也可用氯和碱液作交替处理，以达到去除木质素的目的。有人曾用次氯酸钙溶液处理苎麻织物，织物上残留的木质素因受氯化和氧化作用，再经碱液处理，使其含量大为降低，获得了良好的漂白效果并提高了印染性能。因而，在加工高级苎麻织物时，在脱胶工程中往往采用次氯酸钠漂白工艺，甚至采用漂白-精炼工艺，其原理即基于此。

木质素被氯化后，其自由羟基消失了，这可由氯化木质素既不能乙酰化、也不能甲基化所证明。

氯化木质素时，不是全部的氯都能与木质素起反应。与木质素起反应的氯只占其总量的 25%~30%，其余的 70%~75%的氯生成了氯化氢。生成的氯化氢溶解于水中时放出热量，据研究，每克木质素氯化时放出的热量高达 2 510.4~3 347.2J/g。因此，采用氯化木质素工艺时，由于盐酸的生成及温度的升高而对纤维素造成的水解作用会损伤纤维素的机械性质。

2. 氧化作用

木质素对氧化剂的作用不如纤维素那样稳定，易受氧化剂的作用而裂解。在水或醋酸介质中，臭氧与木质素发生强烈的氧化作用而形成碳酸、甲酸、草酸和醋酸。臭氧对纤维素和其他多糖类物质的影响则较小。

在碱性介质中卤素能氧化条件下，能强烈地氧化木质素，而形成碳酸、甲酸、醋酸、草酸、琥珀酸和腐植酸等。若增加温度，则氧化作用将加速进行。

其他，如过氧化氢、高锰酸钾等氧化剂氧化木质素时，都可得到草酸、甲酸及醋酸等化合物。

利用稀的亚氯酸盐、二氧化氯水溶液处理木质素，则木质素可被氧化而溶解在亚硫酸钠溶液中。

应该指出，不论采用何种氧化剂氧化木质素时，都必须注意采取一定的措施，保护纤维以防受到氧化破坏。

3. 碱液的作用

在纺织加工化学范围内，例如，在麻纤维化学脱胶工程中，都是用氢氧化钠溶液煮炼原麻进行脱胶。煮炼的结果，大部化木质素都能溶解在碱液中。木质素的碱作用的机理至今尚未清楚。

一般认为，碱液煮炼去除木质素的过程大致分为 3 个阶段：

①碱液与木质素表面接触时，由于木质素中酸性酚羟基对碱液的吸附作用，在相当长的时间内木质素表面与碱液处于饱和平衡状态。②随着碱液的吸附，碱与木质素间发生化学反应，生成碱木质素（alkali lignin）。③最后发生化学水解作用，使碱木质素自木质素表面上脱落而溶于碱液中。

碱木质素溶解在碱溶液中与碱木质素的结构变化有关。碱木质素中增加了新的酸性酚羟基，而甲氧基的数量减少，这可能是由于脱去甲氧基生成甲醇的结果。其反应过程为：

$$R—OCH_2+H_2O \longrightarrow R—OH+CH_3OH$$

反应时，氧桥发生断裂，生成钠盐，而以盐的形式转入到溶液中。

在碱液中加入一定量的硫化钠对去除木质素有利。硫化钠是含有硫元素的强碱性还原剂，在水溶液中水解，产生硫氢化钠（NaSH），其中的SH-是比较活泼的阴离子，可与木质素起反应。

影响碱与木质素作用的因素主要有：

（1）碱液浓度　碱液溶除木质素的能力阻随碱液浓度的增加而提高。例如，浓度为 2.9mol/L 的氢氧化钠溶液，在 160℃ 条件下溶除木质素的能力为 1.4mol/L 的氢氧化钠溶除效果的 2 倍。又以苎麻脱胶工艺为例，随着煮炼碱液浓度（用 NaOH 用量表示）的增加，溶除木质素的量越多，精干麻中含有的木质素量越低。

（2）碱液的温度　影响碱液去除木质素效果的最主要因素是温度，而压力的影响甚微。表 1-12 为硫酸木质素在 10% 氢氧化钠溶液中煮炼的温度与压力对其溶解量的影响。

表中数据清楚地说明了硫酸木质素在氢氧化钠溶液中的溶解度以温度的影响最为显著，而压力的影响则较小。

（3）碱液的种类　在比较氢氧化钠、氢氧化钾及氢氧化锂 3 种碱液去除木质素的效能时发现，氢氧化钾的作用效果最好，氢氧化锂的作用效果最差。在它们的浓度为 2.9~4.5mol/L 时，其间活性相差不大，但当浓度超出这一上限时，各种碱液对木质素的溶除效果就会有较大的差异。

表 1-12　碱液温度与压力对硫酸木质素溶解量的影响（煮炼时间 2h）

煮炼温度（℃）	初始压力（×10²kPa）	煮炼压力（×10²kPa）	未溶物（%）	溶解物（%）
130	31.41	43.57	86.9	13.1
120~124	1.01	7.09	56.0	44.0
130~134	30.40	45.60	51.5	49.5

4. 无机酸的作用

木质素对无机酸作用的稳定性是相当高的，无论在冷却还是在加热情况下，无机酸（包括强无机酸）都不能使木质素裂解为低分子物质。木质素在无机酸的作用下可能发生相反的化学变化过程，即木质素的缩聚化。

木质素与稀酸一起沸煮时，会使甲氧基逐步裂解。在封闭管内用 5% 的盐酸反复加热木质素，可使木质素中的甲氧基全部裂解，用 12% 的盐酸溶液沸煮时，则使甲氧基转化成甲醛。

在木质素的定量分析中，使用的方法之一就是以溶解试样中的纤维素及其伴生物为基础的酸溶解法。其基本原理就是利用一定浓度的强无机酸（65%～95%的硫酸，35%～44%的盐酸）处理试样，使纤维素及其伴生物溶解，剩下的未溶部分即为木质素。过滤后得到酸木质素样品，再称重，计算出试样中木质素的含量，用百分数表示。

在麻纺工业中应用酸溶解法测定试样中木质素的含量时，使用的硫酸浓度为72%，使用的盐酸浓度为42%，即纤维试样经72%的硫酸或42%的盐酸处理后不溶解的部分物质就称为木质素。虽然这种定义并不确切，但在实用上比较方便，仍为广大有关科技人员所接受。

五、脂蜡质

在天然植物纤维原料中可以为有机溶剂所提取的成分称为蜡质（waxy substances），在有的文献中又称为脂肪蜡质，实际上脂肪在天然植物纤维原料中的含量并不多。这类物质不溶于水，其组成很复杂。蜡质的主要成分是高级饱和脂肪酸和高级一元醇所组成的酯。此外，尚含有游离的高级羟酸以及烃类物质。其水解产物主要有：

一是虫蜡醇（$C_{26}H_{53}OH$）、山蜡醇（$C_{28}H_{57}OH$）、棉蜡醇（$C_{30}H_{61}OH$）等高级一元醇类。

二是软脂酸（$C_{15}H_{31}COOH$）、硬脂酸（$C_{17}H_{35}COOH$）、山脂酸（$C_{27}H_{55}COOH$）等游离的高级羟酸类。

三是二十四酸酯、软脂酸酯、硬脂酸酯等高级脂肪酸酯类。

四是三十烷烃（$C_{30}H_{62}$）、三十一烷烃（$C_{31}H_{64}$）等烃类。

上述物质中，脂肪酸和脂肪酸酯类经碱液处理时很容易皂化。这部分约占蜡质总量的20%。其他成分，如高级一元醇和烃类物质则完全不能皂化。

在天然植物纤维原料中，蜡质主要分布在纤维的外表，在植物生长过程中起到防止水分剧烈蒸发和浸入的作用。一般含量为0.5%～2%。其中，棉纤维中含量为0.5%左右，苎麻原麻中的含量为0.5%～1.0%，亚麻打成麻中的含量约为1.2%～1.8%……由有机溶剂所提取出的蜡质有的呈黄褐色，有的呈墨绿色，视原料种类及品种不同而不同。提取物燃烧时发出强烈的烟焰。体积质量为0.9～0.98g/cm³，熔点为61～81℃。

在定量分析上，用的有机溶剂为苯乙醇的混合液，其混合比为，苯：乙醇＝2：1。

在麻纤维脱胶工程中，蜡质不是脱除对象，因为它能赋予纤维以光泽、柔软、弹性及松散，这是所需要的。但在化学脱胶过程中，麻纤维原料经酸、碱、氧化剂等化学药品处理的结果，蜡质被清除殆尽，使脱胶后的纤维变得粗糙、板结和硬脆。为了改善这种状态，在化学脱胶的工艺过程中均配有给油工序，而在梳纺工程之前还有一道给湿、加油过程，目的是使纤维柔软、松散，以减少梳纺工程中纤维的损伤程度。

六、灰分及其他

将纤维材料试样在空气中充分灼烧，则试样中的纤维素及其伴生物等物质被氧化成二氧化碳和水分散出，而残留的白色或灰白色的粉末即为灰分（ash）。

天然植物纤维原料中含的灰分大多为金属或非金属元素的氧化物及无机盐类等物质，如 SiO_2、P_2O_3、Fe_2O_3、CaO、MgO、K_2O 以及钙盐、镁盐及钾盐等。在棉纤维中含 1%左右，苎麻原麻中含 2%~2.5%，亚麻打成麻中含 0.8%~1.3%，黄麻中含 0.1%~1.0%。纤维中灰分含量的多少，影响纤维化学加工的质量及织物后整理、染整加工的质量。

各种麻纤维中灰分的含量及分布各不相同，影响因素很多。如麻束的部位、生长期、农作条件、初加工方法等。

农作条件中，施肥与否对灰分的含量亦有影响。如不施肥，灰分的平均含量为 0.898%。正常施肥，其平均含量为 1.040%。充分施肥并加 5%的磷酸钙，其平均含量为 1.266%。

灰分在麻茎上的分布也不同。在亚麻韧皮组织中平均含量为 3.025%，在木质部为 1.290%。

在麻纤维中 Ca^{2+} 和 Mg^{2+} 常与果胶酸结合，生成不溶性的果胶酸钙、镁盐。灰分中的钙、镁离子成分大都来自于果胶酸的钙、镁盐。经化学脱胶后，麻纤维中的灰分含量变化不多，但其成分却发生一系列变化。这是因为麻纤维经化学脱胶后，纤维中纤维素的含量及纯度大大增加，吸附能力改善，能充分地吸附脱胶碱液中的盐类物质，故脱胶麻的灰分中往往含有较多的钠盐。

在天然植物纤维原料中除含有纤维素、半纤维素、果胶物质等成分外，还有少量的含氮物质、色素、鞣质等，这部分物质一般不为人们所注意。

1. 含氮物质（nitrogenous matter）

这是任何植物组织中都含氮成分，是构成细胞蛋白质的组成部分之一。在细胞衰亡时，蛋白质的残余就留在植物组织之内。此外，植物体内的含氮物质还来自某些无机盐类，如铵盐、硝酸盐和亚硝酸盐等物质。含氮物质在纤维中的分布，如亚麻，梢部含量最多，为 0.54%，中部为 0.33%，根部含量最少，为 0.26%。含氮物质能溶于冷水或热水中，这就构成了麻纤维微生物脱胶的氮素营养来源。

2. 鞣质

鞣质也称丹宁（tanning matter），其特点是能溶于水中，并形成淡黄色溶液，味涩而黏。亦可溶于乙醇、丙酮和吡啶溶液中。

多数鞣质与三氯化铁作用呈蓝色。亚麻纤维中鞣质的含量达 1.5%。在麻纤维微生物脱胶中，浸渍液内鞣质成分量过高会影响到微生物的生物活性，甚至能阻止微生物的繁殖，影响微生物脱胶产品的质量。

3. 色素（colouring matter，colour，color）

其性质与鞣质相似，它的特点是能溶于水及有机溶剂中。溶解色素的水溶液呈黄橙色，与铁盐作用变成绿色。经过化学脱胶以后，麻纤维中就不再含有色素了。

第二章　草本纤维生物质加工业

草本纤维生物质产业包括以获取草本纤维农产品为主要目标的种植业、以草本纤维生物质为基础材料的加工业以及相关产品的贸易业。所谓草本纤维农产品，就是农民通过种植苎麻、红麻、黄麻、大麻、亚麻、剑麻、蕉麻、菠萝麻、罗布麻、芦苇、芒草、龙须草等草本纤维农作物而获得的纤维质农产品（如经过类似于粮食脱粒或脱壳/皮和棉花脱籽或轧花的初加工而获得的苎麻、红麻、黄麻、大麻韧皮，未经初加工的亚麻原茎、芦苇茎秆，剑麻叶）和非纤维质农产品（如种子、麻骨、嫩梢和叶片、麻屑等副产物）。草本纤维生物质既包括来自草本纤维农作物的草本纤维农产品（纤维质农产品和非纤维质农产品），也包括纤维素含量超过25%的农作物秸秆（如麦秆）或类似废弃物（如蔗渣）。草本纤维质农产品（简称为纤维质农产品）是指来自草本纤维农作物的纤维质农产品以及纤维素含量超过25%且用于获取纤维素纤维的农作物秸秆或类似废弃物。草本纤维生物质加工业是指以草本纤维生物质为基础材料开发社会发展和人类生活必需品的制造业集群。草本纤维（约占草本纤维农作物成熟期可收获生物学产量的15%~64%）包裹在植物茎秆和叶片中，伴生着大量可通过机具剥离的组织型非纤维素（种子、麻骨、嫩梢和叶片或叶肉，占可收获生物学产量60%左右）和键合型非纤维素（果胶、半纤维素、木质素等，苎麻、红麻、黄麻、大麻等纤维质农产品中占25%~35%）。纤维质农产品只有采用化学或生物方法（如纺织行业的"脱胶"——独特而复杂的加工过程）剥离键合型非纤维素，才能获得天然纤维素纤维用作深加工的基础材料。由于草本纤维种类多而且纤维形态结构、性能各具特色，同时，非纤维质农产品中有效成分极为丰富，可以开发的社会发展和人类生活必需品多如牛毛，与粮食和棉花加工比较，草本纤维生物质加工业是一个涉及面宽、加工环节多、工艺技术复杂、产业结构庞大的农产品加工产业体系。因此，可以肯定，本章阐述内容不是草本纤维生物质加工业的全貌。

草本纤维生物质具有十分宽广的开发价值（图2-1）。例如，罗布麻叶可以开发治疗心脏病、高血压、哮喘、感冒等多种疾病的中成药和保健品，苎麻根开发安胎、消炎药物，等等，这些与本书关系不甚密切且相关内容已有其他书籍、文献报道，此处不再赘述。

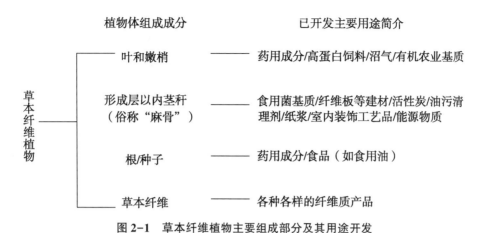

图 2-1 草本纤维植物主要组成部分及其用途开发

纤维是人类赖以生存和发展的重要物资。基于石油和森林资源短缺的趋势不可逆转，人类日益重视来自于种植业的植物纤维，尤其是草本纤维资源的开发利用。美国、日本、法国、意大利、比利时等发达国家以及印度、孟加拉国和我国等草本纤维作物主产国都在加紧草本纤维产业的打造，利用草本纤维开发可替代森林和石油基产品的产业态势正在蓬勃兴起，草本纤维极有可能成为第一大非棉天然纤维。例如，美国和泰国生产出高档红麻纸品；印度、孟加拉国利用黄麻生产各类高档服饰；日本利用红麻生产高强度建筑型（板）材及机械零部件。我国的森林和石油资源人均占有量不到全球人均占有量的 1/10，早已形成了草本纤维作物纺织和草类造纸产业，而今又利用草本纤维开发出可降解麻地膜、苎麻纤维燃料乙醇、环保型天然纤维墙纸等新产品。

根据我国石油、森林和土地资源短缺的国情分析，苎麻、红麻等草本纤维有可能成为我国纤维产业的主要原料。这不仅因为棉花等子实纤维生产受自然条件制约，来自于养殖业动物纤维单位面积和单位时间的转化效率相对偏低；而且因为草本纤维种类繁多，生物学性状独特——适应性强（不与粮食和棉花等大宗农作物争地）、速生（农艺成熟周期短）、丰产（植物营养体比生殖体更容易获得高产）、生产成本低廉、纤维用途广泛。

国内外利用草本纤维开发出了许多产品，形成了"以麻补棉""以草代木"和"以草本纤维为生物质产业主要原料"的产业态势（图 2-2）。我国是多种草本纤维作物作物的起源地，草本纤维作物纤维用作纺织原料的历史比棉花和蚕丝早，苎麻、红麻等草本纤维产业在国民经济中的地位相对较高。20 世纪中叶，我国草本纤维占纺织原料总量的比重超过了 10%，在种植业 12 类农作物中排列第四位（粮棉油麻丝茶糖菜烟果药杂）。90 年代以来，尽管化纤占据了我国纺织原料 50% 以上的份额，但草本纤维的年消费总量依然保持在 40 万 t 左右，草本纤维制品以及草本纤维与其他纤维混纺、交织产品的出口创汇额由 70 年代的 2 000 多万美元猛增到 2005 年的 20 亿美元（图 2-3）。改革开放不到 30 年，我国草本纤维纺织品的出口创汇额增长了近 1 000 倍。

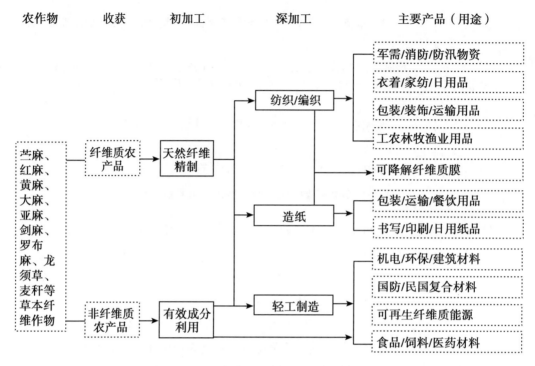

图 2-2　草本纤维生物质产业链

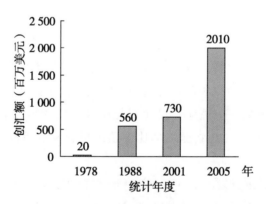

图 2-3　我国草本纤维制品出口创汇情况

我国是森林资源奇缺的国家，也是纸品消费大国。草料在造纸原料中所占比重接近 30%。虽然行业提出了"林—纸一体化"的发展战略，但是，基于"十年树木、百年树人"的观点分析，草料作为我国造纸行业重要原料的现状一时还难以改变，也就是说，草本纤维用作制浆造纸原料依然存在一定的发展空间。

伴随科学技术进步，不断解决制约草本纤维产业发展的关键技术问题和深入挖掘草本纤维开发新产品的潜在价值，可以肯定，我国的草本纤维产业一定会得到迅速发展。

第一节 草本纤维生物质加工业的发展历程

麻是人类史上最古老的服饰纤维之一。Kvavadze 等人（2012）报道，他们对格鲁吉亚（Dzudzuana Cave）上旧石器时代遗址（Upper Paleolithic layers）考古发现 3 万年以前的亚麻纤维样品和现代亚麻纤维的形态结构进行了比较研究。我国湖南澧县城头山古文化遗址发现的苎麻织物已有 6 000 多年历史（图 2-4）。1981 年，郑州青台遗址出土的黏附在红陶片上的苎麻和大麻布纹，距今约 5 500 年。浙江余姚河姆渡和吴兴钱山漾新石器遗址都发现过苎麻织物残片及绳子，距今至少 4 800 年。1978 年，在福建崇安武夷山岩墓船棺发现公元前约 1400 年的苎麻布。1970 年，江西贵溪仙岩战国早期墓出土的纺织品中包括苎麻和大麻织品，距今约 2 500 年。

图 2-4 洞庭湖城头山遗址出土 6 000 年前的苎麻麻布

秦汉以后，我们的祖先发明了"东门之池，可以沤苎"的方法（即"沤麻"方法），草本纤维作物加工业在我国得到了快速发展，苎麻织物业已成为我国主要的日常衣料。江苏六合东周墓（约 2 800 年前）出土的苎麻布，经纱密度 24 根/cm，纬纱密度 20 根/cm。湖南长沙马王堆 1 号西汉墓（2 200 多年前）出土的苎麻布，经纱密度 37 根/cm，纬纱密度 44 根/cm，可与丝帛媲美。除了苎麻之外，大麻和苘麻织物在古代生活中应用也比较广泛，极盛于隋唐时代，织工也很精细，因其织物较为粗糙而限制了发展进程。直到元、明时代，我国引种棉花获得成功，棉织物才普及全国，苎麻织物市场逐渐为棉布所取代。

第二次世界大战期间，鄮云鹤先生（1935）发明"以烧碱蒸煮为中心"的化学脱胶方法，摆脱了作坊式生产模式，使苎麻加工业走上了工厂化生产道路。

新中国成立以后，党和国家把"麻"作为关乎国计民生的重要战略物资（列于粮、棉、油之后的第四位）给予了高度重视，使我国的草本纤维作物纺织业得到了前所未有的发展。改革开放以后，国际市场对"纺织王国"价廉物美的纺织品情有独钟，给我国草本纤维作物纺织业的发展起到了推波助澜的重要作用。与此同时，伴随科学技术进步，草本纤维作物副产物资源化利用加工产业也得到了相应的发展。

草本纤维生物质加工业因加工深度不同而分布在不同地区。一般来说，初加工企业几乎分布在原料生产基地，深加工企业大部分集中在浙江、江苏、广东、湖南（以苎麻为主）、黑龙江（以亚麻为主）等地。草本纤维作物农产品种类繁多、性能各异，其加工业的发展进程因其工艺技术与装备水平、产品市场容量等诸多因素不同而有所区别。

苎麻是中国的特产，其加工业的发展进程与我国经济发展步伐基本一致。20 世纪50 年代，在"自力更生，奋发图强"的国策指引下，我国建成了世界上第一个现代化苎麻加工企业——株洲苎麻纺织厂，同时，派生出了一个隶属于株洲苎麻纺织厂的"苎麻纺织技术研究所"。经过不断改进鄮云鹤先生发明的化学脱胶方法，该厂不仅保持着我国苎麻加工业"领头羊"的地位，而且发展成为中国乃至世界"化学脱胶"的技术摇篮。在改革开放浪潮推动和化学脱胶技术支撑下，我国苎麻加工企业由解放前的几家小厂和几十个作坊发展到高峰期的 580 多家，其中，脱胶能力在 1 000t/年以上的大、中型苎麻加工企业达到 175 家，纺纱能力达到 120 万锭。苎麻纤维制品达到 9 大系列300 多个品种，除了闻名于世流传了数千年之久的"夏布"之外，多为苎麻纤维纯纺或与其他纤维混纺、交织产品，包括纱（线）、带、绳、机织物、无纺布和针织物。苎麻纤维制品主要是服饰用纺织品，如各种服装面料，针织成衣、手套、袜子、窗帘、台布、毛巾、床罩、床单、被面、被套、枕套等家纺产品；也有国防、工农业生产及环保用纺织品，如飞机翼布、枪炮衣、帆布、卷烟带、麻纤维膜（麻地膜）等。除此而外，国家草本纤维作物产业技术体系首席科学家熊和平研究员组织部分科学家广泛而深入进行了苎麻等纤维质开发燃料乙醇、苎麻非纤维质农产品资源化利用等研究，形成了一系列有关纤维质燃料乙醇、苎麻高蛋白饲料、苎麻副产物栽培食用菌的技术成果。因此，可以肯定，苎麻加工业正在沿着工业化、规模化、特色化的道路健康发展。

亚麻源产于欧洲，其加工业发展进程与中国和欧洲的国际关系紧密偶联。新中国成立初期，在苏联"老大哥"的支持下，我国建成了当时工业化水平很高的"哈尔滨亚麻纺织厂"。改革开放以后，我国的亚麻加工业迅速发展，纺纱能力飙升至 100 多万锭。产品结构以服装面料为主。亚麻加工企业多以"来料加工"方式经营，几乎没有自主原料基地、涉及加工技术的核心知识产权，发展前景变幻莫测。此外，近年来国内外利用亚麻籽开发出了具有一定保健功能的"亚麻油"等产品。

黄麻、红麻加工业变化幅度比较大。20世纪70—80年代，我国黄麻、红麻加工业曾一度出现过辉煌的历史。黄麻、红麻加工业的主要产品是包装、运输材料，如麻袋、麻绳。高峰期，麻袋的加工能力达到10亿条/年，消耗黄麻、红麻纤维约150万 t/年。受到集装箱、化纤编织袋的冲击之后，我国的黄麻、红麻加工业濒临崩溃。随着"石油、森林资源短缺""治理白色污染""加速可再生天然纤维开发利用"等呼声的高涨，业内人士跟踪国际潮流，积极而广泛开展了"红麻全杆造纸""环保型红麻墙纸""红麻黏胶纤维""环保型黄麻购物袋""黄麻家纺织物"等黄麻、红麻纤维新用途的探索与尝试。由于加工技术储备不足、新产品性价比缺乏显著性优势等原因，我国黄麻、红麻加工业仍在起死回生的道路上徘徊，尚未完全走出低谷，纤维消耗量维持在高峰期的10%左右。也就是说，我国黄麻、红麻加工业实现产业转型，恢复到历史上黄麻、红麻纤维消耗量150万 t/年的水平，还有一段距离。在黄麻、红麻副产物综合利用方面成效比较突出，利用麻骨替代木屑生产麻塑复合材料（KPC）在马来西亚已形成畅销欧美市场的环保型装饰材料，生产活性炭在我国河南、安徽等黄麻、红麻产区形成小规模生产力，生产油污清理剂、隔音门芯等特色产品早已成为印度民间企业；利用麻骨开发重金属和有机污染物吸附剂，利用嫩梢和麻叶开发饲料以及利用麻骨、嫩梢和麻叶混合物栽培食用菌或生产沼气的试验显示出良好发展前景。

工业大麻加工业发展比较平稳。20世纪80—90年代，借用苎麻化学脱胶方法，基本解决了大麻工厂化脱胶生产技术问题，使大麻加工业摆脱了作坊式生产模式。大麻加工业的产品结构以服饰类纺织品为主。尽管大麻纤维制品深受人们喜爱，但由于"禁毒"法规等因素制约，我国工业大麻加工业一直没有形成大规模生产力，即大麻纤维消耗量尚未突破5万 t。值得关注的是，国内外利用工业大麻籽开发出了一系列保健食品。此外，法国等欧洲发达国家利用工业大麻嫩梢和叶等副产物开发出了具有天然成分保健功能的高附加值化妆品。

剑麻加工业平稳发展。剑麻纤维历来用于生产航海用品及海上渔具。近年来，国内外利用剑麻纤维开发出了地毯、钢丝绳芯等新产品。近年来，正在探索麻渣提取有效成分的可行性。

罗布麻加工业正式成为一种产业还是20世纪80年代以后的事。罗布麻加工业主要是利用罗布麻嫩梢和麻叶开发治疗心血管病的药物——罗布麻胶囊以及辅助治疗心脑血管疾病的罗布麻茶等功能饮料。其纤维加工同工业大麻一样，20世纪90年代，借用苎麻化学脱胶方法，基本解决了大麻工厂化脱胶生产技术问题，由于纤维产量低（450kg/hm²），收获机械问题没有解决，一直没有形成大规模生产力，即罗布麻纤维加工量尚未突破 2 万 t。

我国麻纤维制品主要用于出口创汇。改革开放 30 多年，我国草本纤维制品出口创汇额由 2000 万美元猛增到 20 亿美元以上，增长幅度超过了 100 倍（图 2-3）。近几年，我国草本纤维制品虽然出口到欧美市场的容量受到国际金融风暴的影响，但是出口到非洲市场的容量却在大幅度增加，其出口创汇额仍以年度 10% 以上的幅度递增。截至 2012 年年底，我国草本纤维制品（含与其他纤维混纺、交织产品及其服饰，如棉麻、毛麻、丝麻等麻混纺、麻交织产品）出口创汇额已经突破 100 亿美元。根据性价比测算，我国以 2% 的纺织原料（麻纤维占纺织原料总量不足 2%）带来了 5% 的创汇额（以麻纤维为主的纺织品出口创汇额占纺织品出口创汇总额的比重超过了 5%）。

伴随科学技术发展和人类生活质量提高，全球草本纤维生物质加工业（包括纤维质农产品和非纤维质农产品加工）已发展成为覆盖传统轻纺工业和现代生物质产业的产业集群。纤维质农产品加工主要是麻纺织业，其他纤维质农产品加工业呈现出发展态势。全球麻纤维年加工量约为 550 万 t，我国麻纤维年加工量接近 70 万 t（高峰期超过 200 万 t），占全球加工量的 12.7%（高峰期近 30%）。我国麻纤维纺纱能力已突破 240 万锭，其中，苎麻纺纱能力已突破 120 万锭，亚麻纺纱能力已发展到 110 万锭，此外，工业大麻、剑麻和罗布麻的纺纱能力接近 10 万锭。按照可比价格估算，我国草本纤维作物加工产业的国内生产总值（GDP）已经超过孟加拉国，成为全球草本纤维作物主产国仅次于印度的第二大经济体。草本纤维作物非纤维质农产品加工尚处起步阶段，产业发展态势还不十分明显。

第二节　草本纤维生物质加工业的现状

一、纤维质农产品加工现状

（一）麻纤维纺织业

苎麻等草本纤维用作纺织原料在我国已经有 6 000 多年的历史了。新中国成立以后，我国的麻纺织工业得到了飞速发展。草本纤维作物加工企业由原来的十几家作坊发展到 600 多家麻纺织厂或麻纤维加工厂，其中，专门从事苎麻纺织而且纺织能力在 5 000 纱锭以上的大中型纺织厂有 80 多家。麻纺企业固定资产总值已突破 100 亿元，纺织能力突破了 200 万纱锭（包括混纺）。麻纺新产品层出不穷，其中，苎麻纺织产品由原来的单一"夏布"系列发展到 9 大系列 200 多个品种，如苎麻纱和苎麻亚麻、苎麻棉、苎麻羊毛、苎麻化纤混纺纱，纯麻、交织、色织、提花布及其各类服饰。草本纤维纺织品除了满足国内部分消费者需求以外，主要用于出口创汇。草本纤维纺织品主要出口欧洲、中东、东南亚、西非等国家和地区。20 世纪 80 年代，国家机关有调研报告预测："我国的苎麻将有可能达到甚至超过棉、毛、丝和化纤，成为我国出口创汇不亚于机电产品的大宗拳头产品"。这种预测至少说明苎麻作为一种古老的纺织原料，经过几千年的变故而没有被淘汰，必定有其存在与发展的优势和潜质，一旦突破其制约因子，其发展前景必将无法限量。

目前，全球纤维质农产品加工产业虽然已经形成覆盖传统轻纺工业和现代生物质产业的产业集群，但仍以麻纺织业为主，其他纤维质农产品加工业只呈现出强劲发展态势，尚未形成规模化生产力。

2009 年（FAO 天然纤维年）统计，2008 年全球纤维加工总量约 8 500 万 t，其中棉花约为 2 800 万 t，麻纤维是仅次于棉纤维的第二大天然纤维。全球麻纤维年加工量为535.6 万 t，我国麻纤维年加工量为 65 万 t（表 2-1），占全球加工量的 12%。我国麻纤维纺纱能力为 230 万锭，其中，苎麻 95 万锭（部分企业因污染达标治理、国际金融风暴等原因而没有满负荷投产），亚麻 110 万锭。我国草本纤维作物纺织、印染企业已达800 余家，固定资产总值已突破 30 亿元。随着"崇尚自然""绿色消费"理念的回归，我国麻纺织行业呈现出生产稳步增长、产业链向下游延伸、加工企业向规模化发展的局面。

表 2-1　世界草本纤维纺织加工统计数据　　　　　　　（万 t）

类别	世界	中国
草本纤维纺织	535.6	65
苎麻纺织	26.5	25
亚麻纺织	75.1	15
黄麻/红麻纺织	317.9	12
大麻纺织	8.3	5
剑麻纺织	30.7	4
椰壳纤维	64.2	

FAO "2009 国际天然纤维年"会议收集相关信息初步统计。

按照原料、工艺技术与装备特点，麻纺织业主要分为苎麻纺织、亚麻纺织、黄麻/红麻纺织三大类。我国苎麻纤维加工量占世界的 90% 以上，苎麻纺织品产量占世界的80% 以上，居世界第一；亚麻纺织已经超过俄罗斯（约 60 万锭）居世界首位；黄麻/红麻纺织是继印度和孟加拉国之后的第三大主产国。

苎麻纺织　按照纺织工艺类别可以进一步细分为长纺、短纺和交织、针织、无纺等加工过程。其中,长纺是苎麻长纤维(80~120mm)纺织加工的简称。长纺工艺一般是将脱胶形成的精干麻经过软麻、堆仓养生、开松等10个或20个工段(图2-5)分别形成苎麻纱、苎麻坯布等半制品;延长产业链,经过漂整、印染等加工过程可形成苎麻成品布(面料),继续延长产业链,经过裁剪、缝纫可形成服装;同时,可以将苎麻纱用作经纱或纬纱与其他纤维纱进行不同比例的交织,形成各种交织产品,也可以采用针织工艺将苎麻纱加工成各类服装、袜子等针织产品。短纺工艺一般是将精干麻切断至40mm左右并开松以后,与棉、毛、化纤等其他纤维一起梳理、纺纱、织布的加工过程。短纺工艺形成的产品多为苎麻混纺织品。此外,长纺工艺过程中经过梳理分离出来的落麻(80mm以下),可以采用气流纺或无纺工艺加工成短纺苎麻纱、牛仔布(服装)、帆布、无纺布(如麻地膜)等苎麻纤维制品。苎麻混纺、交织、针织加工及苎麻织物漂整、印染加工大多借用棉纺织业工艺装备,专用工艺装备极为少见。苎麻长纤维梳理、纺纱工艺大多还在沿用20世纪70—80年代开发的机械设备,如CZ141软麻机、C111B开松机、CZ191梳麻机、B311B精梳机、CZ304A(B)并条机、CZ411/421粗纱机、DJ562细纱机等。苎麻纤维制品的加工和销售在我国国民经济中占有重要地位。我国苎麻纤维制品(长纺或短纺苎麻纱和各类苎麻坯布、面料、服饰、家纺产品等)主要出口意大利、比利时、土耳其、美国、韩国、日本、利比亚、南非、安哥拉、摩洛哥和中国香港、中国台湾等国家或地区。

原料苎麻(农产品)——→ 脱胶(精干麻)——→ 软麻
——→ 堆仓养生——→开松——→ 梳麻——→预并——→精梳——→
并条——→ 头粗 ——→ 二粗——→ 细纱(苎麻纱)——→ 络
筒——→ 整经——→ 浆纱——→ 穿经/卷纬——→织造——→ 验
布——→ 折布——→ 修布——→ 复查——→拼布——→苎麻坯布

图2-5 苎麻长纤维纺织加工过程

亚麻纺织 从事亚麻纺织加工主要有:中国、俄罗斯、法国、意大利、德国、英国、比利时、波兰、瑞士、捷克、罗马尼亚、保加利亚、匈牙利等国家。全球亚麻纤维加工量约80万t/年,中国接近20万t/年,占全球1/4左右。我国亚麻加工企业多以"来料加工"(FAO "2009国际天然纤维年"会议收集相关信息初步统计)方式经营。原料主要是来自法国、比利时等国出产的优质亚麻纤维(打成麻),因为那里拥有得天独厚的"天然温室"(适宜雨露沤麻的温度、湿度等气候条件);多数亚麻产品返销欧洲,因为亚麻纺织品是欧洲人经久不衰、经典流行的健康生活用品。亚麻纺织品主要包括:纯亚麻纱、亚麻混纺纱、纯亚麻面料、亚麻混纺或交织面料、亚麻染色成品布、亚麻服饰、亚麻针织品、亚麻家纺产品等。国内外纯亚麻纺织品一般都需要经过图2-6描述的主要加工过程。在这个加工过程中,我国纯亚麻纺织加工的关键性工艺装备主要来自欧洲，例如，英国 MACKIE 细纱机和德国赐来福自动络筒机（AUTOCONER-338）。我国的亚麻混纺、交织、针织加工大多借用棉纺织业工艺装备，很少自主开发专用工艺装备；亚麻织物漂整、印染加工也没有专用工艺装备，其关键性工艺装备一般是采用从韩国进口的 Yesstak 光电整纬器和理禾拉幅定型机等设备。亚麻加工业的"来料加工"方式不仅使我国亚麻加工产能得到了大幅度提升，同时也促进了我国亚麻纤维制品在品种和品质上的快速膨胀。目前，中国制造亚麻布的品种至少达到 32 个之多（表2-2）。中国制造的亚麻纤维制品不仅在西欧发达国家拥有稳定的市场，而且在国内也深受追求健康、高质量生活的人群越来越多的关注和亲睐。

亚麻原茎（农产品）→ 温水或雨露沤麻 → 打纤
→ 打成麻 → 栉梳 → 成条→ 并条→ 粗纱 →
煮漂→ 细纱 → 烘干 → 络筒→ 检验（亚麻纱）
→ 整经 → 浆纱 → 穿筘/卷纬 → 织造→ 验布 →
折布 → 修布 → 复查 → 整理→ 亚麻坯布

图 2-6 亚麻纺织加工过程

表 2-2 中国现行市场流通亚麻布品种（部分）

品号	品名	纱支	密度	幅宽	品号	品名	纱支	密度	幅宽
101	亚麻半漂布	24×24	50×54		317	亚麻棉坯布	21×14	54×52	63"
101	亚麻坯布	24×24	50×54	54"	317	亚麻棉漂布	21×14	54×52	60"
101	亚麻半漂布	24×24	50×54		317	亚麻棉坯布	21×14	54×52	54"
101	亚麻坯布	24×24	50×54	63"	317	亚麻棉漂布	21×14	54×52	50"
2001	亚麻半漂布	10.5×10.5	41×35	60"	3001	亚麻棉坯布	32×17	56×54	63"
2001	亚麻坯布	10.5×10.5	41×35	63"	3001	亚麻棉漂布	32×17	56×54	60"
2011	亚麻半漂布	13.5×13.5	39×35	60"	3001	亚麻棉坯布	32×17	56×54	54"
2011	亚麻坯布	13.5×13.5	39×35	63"	3001	亚麻棉漂布	32×17	56×54	50"
2011	亚麻半漂布	13.5×13.5	39×35	50"	3024	亚麻粘坯布	30/2×24	47×58	63"
2011	亚麻坯布	13.5×13.5	39×35	54"	3024	亚麻粘漂布	30/2×24	47×58	60"
2008	亚麻半漂布	15×15	44×40	60"	5147	亚麻棉坯布	11×11	51×47	63"
2008	亚麻坯布	15×15	44×40	63"	5147	亚麻棉坯布	11×11	51×47	54"
2008	亚麻半漂布	15×15	44×40	50"	4438	亚麻粘坯布	10×10	44×38	63"
2008	亚麻坯布	15×15	44×40	54"	4238	亚麻棉坯布	8×8	42×38	63"
2828	亚麻半漂布	28×28	52×53	60"	1515	亚麻棉坯布	15×15	56×54	63"
2828	亚麻坯布	28×28	52×53	63"	2020	亚麻棉坯布	20×20	60×58	63"

黄麻/红麻纺织 受化纤编织袋和集装箱产业的冲击，以麻袋为主要产品的黄麻/红麻纺织业，在国际上已呈现出大幅度萎缩的趋势；在国内，传统意义上的黄麻/红麻纺织业与高峰期比较，至少"缩水"了90%，也就是说，麻袋及类似包装材料加工业对

黄麻/红麻纤维的消耗量已不足 15 万 t/年。尽管如此，国内外并未放弃黄麻/红麻纤维产业的发展，都在加强黄麻/红麻纤维新用途的开发。在可持续发展战略指引下，以黄麻和红麻纤维为主要原料生产工艺制品（麻边鞋、麻质工艺墙纸）、精细纺织品、精细包装材料的企业在我国已迅速崛起。目前，该类企业已超过 120 家，几乎集中分布在浙江、江苏等地，年纤维加工量接近 12 万 t。黄麻精细纺织的加工过程如图 2-7 所示，整个加工过程的工艺装备几乎没有形成专用的定型设备。编制工艺鞋（图 2-8A）及生产环保型工艺壁纸的前期工段几乎都是手工操作，如熟麻除杂、手工梳理、接头等，中期的编制、修整也是半机械化，只有后期的定型、漂整、印染才使用机械化程度比较高的工厂化设备。江苏紫荆花纺织科技股份有限公司是黄麻精细纺织的典型代表，麻纤维制品涉及国防用品、制造业基础材料（如汽车内装饰材料）、环保型包装材料和民用纺织品等 5 大系列 1 000 多个品种（图 2-8B、C 和 D）。其产品销售额由 2004 年的 200 万元猛增到 2008 年 1 亿元，短短 4 年猛增 50 倍。

熟黄麻（农产品）→ 除杂 → 浸酸 → 碱氧一浴 → 拷麻 → 水洗 → 酸洗 → 水洗 → 晾/烘干 → 堆仓养生 → 开松 → 梳理 → 并条（2~3道）→ 精纱 → 细纱 → 络筒（黄麻纱）→ 织造 → 验布 → 整理 → 黄麻坯布

图 2-7　黄麻精细纺织加工过程

（二）草本纤维造纸业

造纸工业是一个与国民经济发展和社会文明建设息息相关的重要产业。世界各国已将纸及纸板的生产和消费水平，作为衡量一个国家现代化水平和文明程度的重要标志之一。我国 2005 年纸品消费量在 5 000 万 t 左右，业已成为世界上第二大消费国，但人均消费量还不到发达国家的 1/10。专家预计，到 2020 年我国纸品消费量将会突破 1 亿 t。其发展空间很大。

草本纤维，包括麦草、芦苇、稻草、龙须草、蔗渣、红麻等草本植物纤维原料，在我国造纸原料总量中约占 30%。这是我国人类生活质量的提高以及森林、石油资源短缺的国情所决定的现状，也是短期内无法改变的事实。

红麻具有生育期短、单产高、适应性广、纤维长、韧性好等特点，而且兼有改良土壤、防止水土流失的生态作用，是国内外普遍追求的能替代木材的草本纤维资源，被 IJO 等国际组织推荐为 21 世纪可持续发展的高档造纸原料。美国、泰国的红麻造纸已进入工厂化生产阶段。我国先后有山东、河南、安徽、湖南和新疆等省（区）开展了红麻造纸生产试验。

A 红麻纤维工艺鞋

B 黄麻纤维无纺工艺品

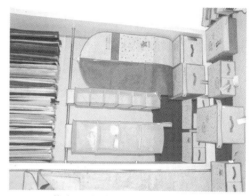

C 黄麻纤维家纺产品

D 黄麻纤维精纺面料及装饰材料

图 2-8　红麻/黄麻纤维制品代表性样品照片

　　龙须草在湖南、湖北、重庆、贵州等丘陵山区大量野生，现被湖南省列为西部开发首选造纸原料。中国农业科学院草本纤维作物研究所承担国家"863"计划课题，开展高效节能清洁型草本纤维生物制浆工艺研究取得了可喜进展，经过检测，采用生物方法生产的红麻韧皮纸浆和龙须草纸浆、麦草纸浆的品质指标分别达到或超过了针叶木浆和阔叶木浆。由此可见，在造纸行业强调"林—纸一体化"发展方向的同时，人们提出造纸原料"以草代木"的发展战略是符合我国国情的。

　　红麻曾被联合国粮农组织（FAO）和国际黄麻组织（IJO）推荐为"21世纪最具发展潜力的造纸原料"。20世纪70年代，美国率先建成了世界上第一个红麻造纸厂。为推进红麻造纸业发展，将红麻纸强制性列为农业部系统办公用纸指定产品。80年代初，泰国相继建成了多个红麻制浆造纸厂。80年代中后期，我国将红麻制浆造纸列入国家科技攻关重大项目予以研究，在湖南、河南、江苏、山东等地30余家造纸厂进行了红麻全秆制浆代替木浆生产牛皮箱板纸、打字纸、新闻纸等品种的小试、中试和批量生产，初步形成了从原料生产、收获、储藏一体化配套技术，选育的红麻造纸专用品种，制浆率已高达 48%，其品质已达到阔叶林木浆水平。这一切都未能实现 FAO 的设想——将红麻造纸打造成新兴产业。究其主要缘由之一是采用烧碱-蒽醌法、碱性亚钠法和烧碱法等工厂化生产技术处理整秆红麻，既没有根据红麻纤维原料特点设计行之有效的生产工艺，也摆脱化学制浆方法存在的 3 个突出问题：一是成本、能耗高（2000元/t 纸浆），即用碱量（以 Na_2O 计）14%~16%、硫化度 20%~25%、最高温度 165℃，二是纸浆得率低，因高浓度烧碱的高温作用，在分、降解半纤维素、果胶和木质素的同时，降解了部分纤维素，三是环境污染严重，由于化学原料的大量投入和胶杂物质的脱落，使制浆造纸所排废液和废水量大、COD 排放量高。90 年代以后，澳大利亚、巴西等国家开展"皮骨分离"制浆方法研究，即采用草本纤维制浆工艺处理红麻韧皮、采用木本纤维制浆工艺处理麻骨，获得了红麻韧皮浆超过针叶木浆、麻骨化机浆达到阔叶木浆品质指标的优良结果。21 世纪初，中国农业科学院草本纤维作物研究所发明生物制浆方法处理红麻韧皮，获得红麻韧皮生物浆的品质指标远远超过针叶木浆的水平。这就是说，红麻造纸业经过 40 年的磨砺，虽然尚未形成具有影响力的产业，但制约产业发展的关键技术已经取得重大突破，只要产业发展战略引导得当，红麻造纸业可以得到空前的发展。

（三）草本纤维生物质材料与能源

生物质产业是以可再生的生物质为原料生产能源、材料等产品的一门新兴产业，是当今社会推动可持续发展的重要途径之一。可再生的生物质源自动物、植物和微生物，其中，纤维素是植物界的主要产品，占光合作用产物的 60% 以上，远远超过了淀粉、蛋白质、脂肪的总量。基于植物界的纤维素可再生能力强，而淀粉、蛋白质和脂肪是人类的主要食物，人们预测，将来充当生物能源、生物材料等生物质产业的大宗原料可能是纤维素。国际上业已形成"纤维质能源""可降解纤维质膜"等研究热点。

中国农业科学院草本纤维作物工程技术研究中心以苎麻纤维为原料采用生物降解方法试制成了燃料乙醇，并形成了发明专利技术"酶法降解苎麻韧皮纤维生产燃料乙醇的方法"；同时，以苎麻纤维为原料研制成"环保型麻地膜"，同样形成了发明专利技术"环保型麻地膜制造工艺"。此外，该中心还利用现有微生物资源构建了甘露聚糖酶高效表达基因工程菌株，形成了甘露聚糖酶生产工艺的发明专利技术，为我国酶制剂产业的壮大与发展提供了技术储备。

事实上，在生物质产业范畴里，国内外利用草本纤维及其伴生物开发新产品已经做了大量工作。例如，我国和美国利用红麻骨栽培食用菌、生产活性炭、生产油污吸附剂；印度和孟加拉国利用草本纤维初步提取过程——剥麻的废弃物（麻骨与麻叶混合物）生产沼气；日本电子电气厂家 NEC 公司日前宣布开发出电子应用规格的生物降解塑料，材料中含聚乳酸（PLA）和 20% 名为 Kenaf（红麻）的天然纤维，等等。

草本纤维建材 众所周知，黄麻和红麻的传统用途主要是编织麻袋、拧成绳索。而今，麻袋和绳索的部分功能分别被集装箱或化纤编织袋和化纤绳索或钢丝绳所替代。因此，人们根据这些纤维的特点正在或已经开发出来许多涉及建材与包装/装饰材料制造业的新用途。

浙江志成工艺墙纸有限公司等十几家企业利用红麻、草、芦苇、藤、竹等农产品为原料，经手工精心编织成天然纤维工艺墙纸已有十几年的历史。其中，"三一牌" "GREEN ART"牌天然纤维墙纸，具有无毒、无污染、吸潮、吸音等其他墙纸无法比拟的优点而深受消费者的喜爱，产品远销美国、比利时、法国、意大利、日本等国家。

日本东理公司研制的红麻墙纸不使用可塑剂、稳定剂、发泡剂等化学材料，在生产、使用和废旧处理过程中，均不产生对人体和环境有害的物质。该墙纸表面采用高安全性树脂涂层，污脏时易擦洗，花样丰富、美观大方、色彩柔和，高雅时尚。其专用东理壁纸胶黏结力强，干燥不收缩，施工方便，品质均一。东理红麻墙纸、黏结剂获得了世界公认的德国安全品质 RAL 的检测标准，被中国建筑装饰装修材料协会认定为"绿色环保室内装饰装修材料"。

利用红麻、黄麻、大麻、亚麻等草本纤维开发的建筑材料种类很多，包括替代木质材料的纤维质板材、线材，替代化学合成涂料的环保型工艺壁纸（图2-9A）、保温隔音材料（图2-9B），用于建筑护坡和建筑垃圾转运的土工布等。

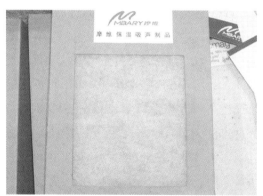

A 浙江亚马孙麻纤维工艺壁纸　　　　　B 江苏紫金花麻纤维保温隔音材料

图 2-9　草本纤维制装饰材料代表性样品照片

由于建筑材料用途不同，利用草本纤维质原料制作草本纤维建材的加工方法和工艺千差万别。欧盟成员国多采用高压技术直接将大麻、亚麻等草本纤维作物作物茎秆（无须剥离组织型和键合型非纤维素）压制成中密度纤维板。日本采用高压和黏胶技术将红麻纤维（经过"沤麻"的熟麻）压制成高密度纤维板。浙江亚马逊工艺壁纸有限公司采用传统编织工艺与现代黏胶技术相结合的方法生产环保型工艺壁纸。江苏紫荆花纺织科技股份有限公司采用无纺工艺与现代真空技术相结合的方法生产保温隔音材料。印度、孟加拉国采用传统手工编织工艺生产土工布。我国原有黄麻、红麻纺织企业采用麻袋加工工艺生产建筑护坡和建筑垃圾转运的土工布及类似产品。

可降解草本纤维复合材料　据 NEC 公司声称，以前没有一种生物降解塑料能达到电子包封要求的耐热性和刚性，采用添加红麻纤维合成的新材料用于电子产品包装，即包封硅芯片。而这种新材料的热变形温度为 120℃，几乎比不增强的 PLA（67℃）高一倍，弯曲模量 7.6GPa，也高于不增强 PLA 的 4.5GPa。新材料将替代 ABS 和玻纤增强 ABS，NEC 公司预计 2 年内将实现工业化应用这种生物降解塑料。据日本 NEC 公司介绍，目前该公司用许多不同材料公司生产的 PLA 配混制备 PLA/Kenaf 生物降解塑料，但在不久的将来，将与固定的 PLA 材料生产厂合作生产 PLA/Kenaf 复合材料。

日本松下电工株式会社于 2005 年 8 月 20 日宣布：该公司开发出一种新型的以红麻为原料的人造板材。这种绿色产品面世时该电器公司一举进入了环境材料领域。近年来，日本众多环保机构和人士发现其不但成长迅速，而且在生长期间会大量吸收 CO_2，对抑制地球温暖化极其有利，因此主张大力种植，广泛应用。红麻热在日本各地持续升温，红麻制成的纸张、衣料等产品炙手可热。以经营电工产品著称的松下电工即是在这种形势之下，进入这种绿色材料领域的。

由日本京都大学和中国南京林业大学共同开发的新技术，可将红麻韧皮纤维经多层层压加工成板材。2003 年 5 月开始委托位于安徽省的日本独资企业——安徽省山中木业有限公司进行试生产，据说这是世界上第一家利用红麻为原料正式生产这种建筑材料的工厂。红麻板材具有重量轻、透气性好、强度大等优点。其强度是目前强化木结构墙壁的 3.2 倍，抗震强度是其 2 倍。厚度为针叶树合成板一半的红麻板材强度仍比针叶树合成板高，易搬运、加工，具有很强的市场竞争力。尺寸为（mm）3030×910×4 的红麻板材售价 2 400 日元左右。比同类产品高出 2 成。除了在中国生产红麻板外，松下电工计划明年在马来西亚也开始生产。这种现在用于木质住宅和木结构墙壁的板材，将来还可扩大用途，如用作汽车车顶材、家具板材、玻璃钢的强化材料。马来西亚将红麻作为一种可持续种植并替代木材和石油基产品的新资源来发展，创建环境友好资源、加工及其终端产品开发于一体的全球知名的红麻产业品牌，计划到 2020 年建成高附加值天然纤维制品中心。而今，马来西亚形成了整秆红麻综合利用技术体系。研制出集收割、剥皮于一体的大型收获机械并投入规模化生产应用。农民不需要从事沤麻这样的初加工活动，因此，节省了成本和劳动力资源。红麻进入工厂加工之前，即可在农场进行切断和打捆、打包，减少了运输困难。工厂直接利用农产品红麻生产麻塑复合材料的工艺技术已经成熟，适用于各道工序的机械设备已经定型，并形成市场商品。成功地开发出红麻复合材料（KPC）是一种生机勃勃的麻塑二合一材料。KPC（Kenaf Polymer Composite）

是马来西亚利用红麻开发众多新产品之一。红麻纤维在热塑材料中扮演着独特的加固填料，同时，在注塑材料中可以替代玻璃纤维。在耐用性复合材料产品中，红麻的用量已成功地达到KPC型材重量的50%~80%。伴随燃油价格上涨，可以肯定，复合材料中天然纤维含量越高，其产品的价格将会越低。

红麻复合材料（Kenaf Polymer Composite，以下简称KPC）主要技术路线是：①备料，红麻粉、热塑和添加剂。②混合，根据需要确定红麻粉和热塑材料的比例。③挤压成型，控制温度是KPC生产技术的关键。④后处理，冷却、裁剪、表面抛光处理等工序。与木塑材料（FPC）相比，KPC具有明显优势。在KPC型材和产品成功地利用红麻替代了木材粉末的前提下，红麻之所以能够替代木材，是因为红麻是一种生育期短的纤维作物，不必因为需要木材而砍伐森林，因此，可以防止环境退化。与木塑材料比较，KPC产品的强度和硬度都有优势，因为红麻纤维比木材纤维长。因为红麻只有一种作物，而木材的种类很多，其组成成分千差万别，所以KPC的产品质量一致性更好。KPC生产可以借用木塑材料生产工艺与设备。此外，从抗腐蚀角度分析，KPC产品的使用寿命更长。KPC材料可适用性强、生产流程短、安装方便、生产全成本低，防水性能好，制作用具用品的款式可以随心所欲，可以在型材生产过程中添加长效色素，或者安装以后涂上彩色油漆。现已将红麻茎秆整体烘干、粉碎以后的粉末与热塑材料混合，开发出了墙体镶嵌型材（图2-10A）、天花板、地板、房屋装饰吊顶板材（图2-10B）、户外游泳池或码头甲板、花园护栏、广告牌、日用电器零部件等新产品。

中国农业科学院草本纤维作物研究所发明"一种环保型麻地膜的制造工艺及其制备的麻地膜"，其关键技术是麻地膜的制造工艺，利用该技术生产的麻地膜产品填补了国内空白，与国外同类产品相比，性能更优，成本更低，具有很大的推广应用价值。试制出RW型、R型、RC型、RCW型、JC型、JCW型等不同配套的环保型麻地膜销往浙江、湖南、湖北和江苏等省，推广应用效果良好，部分样品还在日本东京都农业试验场、意大利西西里科技园进行了蔬菜覆盖试验。中国农业科学院草本纤维作物研究所与生产企业合作，试制$30~50g/m^2$的环保型麻地膜应用于湖南、浙江、江苏、湖北和日本东京的蔬菜覆盖。企业对麻地膜产品的开发表现出极大的兴趣，多次表示草本纤维作物所以技术入股、企业以固定资产和现金入股的方式组建有限责任公司，这对麻地膜产品尽早进入市场极其有利。同时引起国际风险投资公司的关注和外商的兴趣。日本东京都农业试验场、日本爱知县近藤农庄、日本群马县甘乐富岗农协、日本农山渔村文化协会、意大利Agriplast农膜公司等外国企业提出要求进行国外市场的产品开发合作，共同开拓国际市场。这些对行业技术发展和竞争力的提升有极大的促进作用。

草本纤维质燃料乙醇 中国农业科学院草本纤维作物研究所首次采用微生物发酵技术、化学和CO_2超临界酶催化等方法破坏木质素含量低的苎麻、玉米芯和芦苇纤维束间

A 马来西亚KPC型材样品

B 马来西亚KPC装饰材料专店

图 2-10 可降解草本纤维复合材料代表性样品照片

的果胶、木质素、半纤维素等非纤维素物质的结构，再用高活性纤维素酶和木聚糖酶在适宜的酶配比、温度、pH 和搅拌等酶解条件下将纤维素和半纤维素降解糖化为单糖或寡糖，然后通过酵母发酵产生乙醇，率先形成了"草本纤维作物等纤维质酶降解生产燃料乙醇技术"。研究结果表明，苎麻、玉米芯和芦苇的木质素含量较低，总糖转化率高达 40%~73.55%，是酶降解生产燃料乙醇较理想的原料。将微生物发酵技术应用于苎麻、芦苇和玉米芯纤维质生成燃料乙醇的预处理，结合超临界 CO_2 介质中酶处理方法，可完成糖化过程。苎麻韧皮、麻秆、玉米芯和芦苇生产燃料乙醇的总糖转化率达到 44.39%~67.03%，糖醇转化率达 29.11%~43.82%（$\frac{W}{W}$）。该成果现已完成中试，工厂化应用前景十分乐观。

(四) 草本纤维机电产品

草本纤维作物等草本纤维用于机电产品制造业的原料或辅料在我国至少拥有半个世纪的历史了。诸如草本纤维可以用于制作飞机翼布、车船蓬布、车辆轮胎底布、机械传动带、电缆加强线等机电产品的研究与生产报告，比比皆是。事实上，这些用途还是比较原始的。而今，人们通过改进生产工艺，草本纤维用于机电产品制造业的前景看好。例如，利用红麻纤维制作高强度、高密度纤维板生产机车的刹车片、电器产品的线路板等关键性零部件。

作为丰田汽车部件制造商的 Araco 利用能吸收大量二氧化碳的新型植物资源红麻作为车身原料，试制出了一款新的小型车。该车于 2005 年在东京国际汽车展上展出。这是世界上首次使用红麻制作有一定强度要求的汽车车身，该种车身比铁制的车身更为轻便。

可以预计，草本纤维在机电产品制造业中的用途将会伴随科学技术进步和人们环保意识增强以及矿产和森林资源短缺而与日俱增。

二、非纤维质农产品资源化利用现状

草本纤维作物非纤维质农产品加工是指利用草本纤维作物种子、麻骨、嫩梢和叶片、麻屑等副产物（非纤维质农产品）开发人类生活及生态安全必需物资的生产环节。目前，国内外利用草本纤维作物非纤维质农产品开发的人类生活必需物资主要涉及如下用途。

食品（如食用菌、食用油、保健品）　埃塞俄比亚、孟加拉国等国直接利用黄麻嫩梢和叶片做蔬菜。我国将黄麻嫩梢和叶片作为环保型蔬菜在不少餐馆累见不鲜。利用麻骨、麻屑栽培食用菌（包括杏鲍菇、金针菇等高品位食用菌）在我国形成产业化规模指日可待。国内外利用大麻、亚麻籽开发食用油（提取脂肪）和保健品（高蛋白功能食品）都在小规模生产经营，产品附加值不菲。此外，法国等欧盟成员国利用大麻籽开发出天然成分化妆品，市场前景看好。

饲料（如高蛋白苎麻饲料）　孟加拉国、印度等国直接利用黄麻、红麻嫩梢和叶片做饲料养牛养羊。我国安徽六安地区素有利用红麻嫩梢和叶片做饲料养猪的习惯。中国农业科学院草本纤维作物研究所通过青储等方法加工，将苎麻、红麻嫩梢和叶片开发高蛋白饲料正在向产业化道路迈进。

医药材料（如罗布麻胶囊）　利用罗布麻嫩梢和叶片开发药品在我国已形成小规模产业。罗布麻胶囊已成为高血压、高脂血症、动脉粥样硬化、心血管内科等临床应用的常用药品。利用草本纤维作物副产物开发其他疾病治疗药物的研究，硕果累累，形成相关医药产业的可能性很大。

环保材料（如麻骨活性炭、麻骨油污清理剂、重金属吸附剂）　印度、孟加拉国利用麻骨生产油污清理剂的产业已经形成。麻骨油污清理剂已经成为国际市场畅销产品。我国利用麻骨生产活性炭在安徽阜阳和河南信阳红麻产区已有将近 20 年的历史。尽管产业规模不大，但市场发展规模空前。日本索尼公司正在利用黄麻骨开发重金属吸附剂，从试验结果来看，潜力巨大。

第三节　草本纤维生物质加工业的发展趋势

一、草本纤维生物质产品的市场前景

（一）纤维质农产品加工

纤维质农产品是传统轻纺工业和现代生物质产业的基础材料，应用范围十分广泛。

纺织：苎麻是我国特产的单细胞纤维。苎麻纤维具有长短不一、粗细不匀，结构致密、表面活性基团少等特点，可以用作长纺原料，生产经久耐用、体现苎麻纤维特点的纯苎麻纺织品，如苎麻床单或凉席、袜子、渔网、传动带、皮卷尺、电线包皮、帆布、飞机翼布、降落伞、炮衣、轮胎底布等。也可以经过预处理以后（如切断），与棉、毛、丝和化学纤维混纺交织成的麻涤布、麻棉、麻毛、麻丝、麻毛涤布等衣料，开发中长纺、短纺多种花色品种。这些衣料既可以用作夏季理想的高级衣料，也可以用作优良的西服面料，还能用作卫生保健用品、旅游产品、装饰用纺织品、工业产业纺织品。

黄麻、红麻纤维的传统用途是制成的麻袋包装粮食、砂糖、食盐、化肥等，能很好地保持内含物的干燥和清洁，而且经久耐用；编制地毯、贴墙布、窗帘、购物袋等。经过精细化处理后，黄麻、红麻纤维可精纺加工成高档服饰。日本从我国进口红麻原料后，对红麻进行特殊加工处理，用70%的棉与30%的红麻混纺纱后生产棉/红麻混纺毛巾，既容易吸收、释放水分，又具有很强的吸污或吸附人体气味的功能。

大麻韧皮纤维比苎麻和亚麻细、洁白、柔软、强力高、吸湿性好、散水散热快、耐腐蚀、具有抑菌保健的特殊功能，纤维强度比棉花高、与苎麻接近，纤维平均长度略长于棉花；织物回潮率变化大，吸湿散热敏感，手感挺括、滑爽，具有麻的风格，棉的舒适，丝的光泽。大麻纤维可与棉、毛、涤等混纺多种花色品种的纺织品，织出的高档服装面料，畅销国际市场，是国际公认和推崇的绿色环保型纤维。用大麻纤维织成多种风格的台布、窗帘、床罩、贴墙布等装饰用布。大麻纤维还可代替亚麻、苎麻织成精美的抽纱布、工艺布等，深受消费者欢迎。

亚麻纤维除了进行纯亚麻纺织以外，还可同所有的天然纤维及化纤、合成纤维等进行混合使用，亚麻织物细软强韧、吸湿性强、透气、散湿散热快，织物易洗、凉爽宜人、服用性能好，因此被称为"能够自然呼吸的产品"。亚麻纤维卫生、护肤等天然优点是其他纤维无可比拟的，它不仅能防蚊，而且有很强的抑制细菌作用，具有保健性能的亚麻凉席将日渐受宠。亚麻纤维银白色、有光泽，可利用这些特点开发保健、装饰用品和抽绣工艺用布，织造各种高档床单、床罩、窗帘、台布、桌布和餐巾以及纺制粗支纱，生产高档西装面料。

剑麻可以制成细洁的剑麻纱、剑麻布，在国际市场上极受欢迎。剑麻是制绳的重要原料。剑麻纤维可制作舰艇和渔船的绳缆、绳网、帆布、防水布、飞机、汽车轮胎和钻探、伐木、吊车的钢索绳以及机器的传送带、防护网等，可纺织麻袋、地毯、麻床、帽、漆扫、马具等日用品。

此外，黄麻、红麻、亚麻等多细胞束纤维可以进一步分散为单细胞纤维，制成黏胶纤维后用作各类纺织品的原料。

造纸：黄麻、红麻、亚麻等单细胞纤维的直径都在 20μm 以下，纤维长度与直径之比都在 100 倍以上；单纤维的形态多数为线形或纺锤形，末端尖细或钝圆，横断面为不整齐圆形、椭圆形、卵形或不整多角形，是高档纸浆的优质原料。国内外利用黄麻、红麻、大麻制浆并配抄高档纸品的事例不胜枚举，而且公认其产业发展前景十分乐观。

生物质材料：俄罗斯医用絮棉专业生产厂制成半亚麻医用絮棉，含 40%棉纤化亚麻，其余成分为糙棉，这种产品成本低，卫生性能好，抑制细菌繁殖，而不引起伤口的炎症和变态反应，其性能在高温蒸汽消毒时不受影响。该产品获第四十四届"布鲁·塞尔—尤里卡国际发明金奖"。

瑞士开发出苎麻纤维培育垫，这种垫子既可保持水土，防止滑移，又可绿化环境，保持生态平衡。

德国 D-C 公司利用天然亚麻纤维制造汽车零部件取得成功。新材料使零部件重量下降 10%，成本不到 5%，同时隔声性能也有提高。该国同时也开发出环保高效亚麻纤维植物培育垫。

为减少汽车工业和运输对环境造成的污染，法国国家科学研究中心目前正在研制以大麻为原料的新型高强度材料，以期用这种新型材料取代目前汽车生产中使用的玻璃纤维。减少车身自重是降低汽车能耗最为有效的办法之一。为此，许多汽车生产厂家在生产汽车车身时都已改用玻璃纤维为主要原料的材料替代相对笨重的金属。然而，玻璃纤维是由熔融玻璃拉成的纤维，它在高温融化后非常容易重新凝固，这给废旧汽车回收处理带来了很大困难。据法国国家科学研究中心法比耶纳·拉加杜介绍，为解决上述难题，他们研制出一种以大麻和聚胺脂为原料的合成材料。这种材料的特点是除具有金属和玻璃纤维的优点，其价格更便宜，重量更轻，韧度更强，而且可以生物降解。现正在对这种材料的强度及其他特性进行测试，可望用这种材料生产出汽车车门。

黄麻、红麻纤维广泛用于汽车制造业、家具业、隔墙、折叠门等众多领域，既可取代玻璃钢，又可代替木材，应用前景很好。黄麻、红麻、大麻纤维用作造船或管道的填缝品。

纤维质能源：用战略眼光来看，将草本纤维质农产品进行生物降解（糖化）以后，发酵生成燃料乙醇的产业发展前景不容忽视。

生态保护材料：红麻、黄麻具有易降解，参与土壤循环并具有一定的土壤改良作用，是防治土壤浸蚀最为理想的天然纤维材料。该产品分解后的成分能加入生物循环，很受具有生态环境保护意识的工程人员的青睐。由于环境保护和工程建设的需要，现正在扩大产业用纺织品领域的使用。开发出的黄麻绿化地膜、三维黄麻蜂窝席垫和针刺黄麻革皮土工织物，国际市场需求正逐年增长。黄红麻环保土工网，把它铺设到自然气候严重的地表，可控制水土流失，能广泛用于铁路、公路、堤坝、运河、运动场和隧道工程。据国际黄麻组织市场调查资料，全世界土工布潜在市场为 70 亿 m^2，只要黄麻土工布力求创新，占据土工布 1/10 的市场，就会为黄麻、红麻打开一条广阔的市场销路。黄麻土工布在我国的应用也有着广阔的前景。国外特别是美洲市场对黄麻制成的海森布、海森袋的需求量也很大。据水土保持专门统计资料表明，黄河年平均输沙量高达 16 亿 t 左右，黄河地区土壤浸蚀严重的 43 万 km^2 的土地上每年流失肥沃表土的厚度平均达 0.5cm，按这样的速度，约 30 年就要浸蚀一层耕作层土壤。若在这些浸蚀严重的地方借助黄麻土工网的作用进行植树造林，将会有效地控制黄河泥沙泛滥。黄红麻的可降解性，使其还大有作为，作为传统产品的延伸，可用于树干包扎、防寒冻和虫害的包树布。

（二）非纤维质农产品加工

草本纤维作物非纤维质农产品富含多种特殊功能有机成分，资源化高效利用所形成的产品市场前景广阔。

药用：据《本草纲目》记载，苎麻根有补阴、安胎、治产前后心烦以及敷治疔疮等效用。20 世纪 70 年代开始，我国医学工作者对苎麻根的化学成分和药理作用进行了比较深入的研究。1984 年南京药学院根据苎麻叶止血成分——绿原酸的分子结构，人工合成咖啡酸和咖啡酸胺，实验证明这 2 种药物均有明显的止血功能。近年来，国外学者对苎麻的近缘种——大荨麻等植物的研究结果表明，大荨麻煎煮液与双氯酚酸联合使用，对治疗急性关节炎有明显增效作用；大荨麻根的提取物对良性前列腺肥大有明显的抑制作用；湖南农学院药理教研室，对苎麻根有机酸防治家畜疾病的效果作过研究，经体外抑菌试验证明，苎麻根有机酸、生物碱有抗菌作用。这一结果与我国早期医著记载苎麻根有"清热解毒，治阴性肿毒"的功用相符。

黄麻种子含黄麻苦味质，强心苷类、黄麻苷、黄麻素、脂肪油、黄麻糖、棉子糖、花生酸等。动物实验证明黄麻甙有显著的强心利尿作用，其作用与毒毛旋花子苷相似。圆果黄麻苷和长果黄麻苷特别适合于治疗心力衰竭及颤震性心律不齐等疾病。黄麻叶含有花青素，圆果黄麻叶含有固醇，具有强心作用。印度有把黄麻干叶用于治疗蛔虫、红疹、癫病的，长果种黄麻叶可用于治气喘、痰症。

大麻的根、茎、叶、花均可入药，有滋养、润燥、利尿、滑肠、镇静、镇痛、麻醉、催眠等作用。大麻茎、叶、花的酒精浸出液在医药上可作为催眠剂和镇静剂，它的磷酸制剂又能作为贫血、神经衰弱以及其他疾病的滋补剂。在我国中药中，大麻仁用以通大便和催生。

中医和藏医早已用宿根垂果亚麻的花果治病，它有通经活血，治子宫淤血、经闭、身体虚弱等功效。花果还可作为民间强壮药物之用。

龙舌兰麻叶可提取海柯吉宁和替告吉宁，是制造贵重药物可的松、强的松、康复龙、氢化可的松、地塞米松等激素药物和合成黄体酮、睾丸素等性激素药物及口服避孕药的重要原料。海柯吉宁制剂可治各种皮炎、适用于抗热、抗过敏、抗休克。麻根可作利尿剂。其中剑麻叶片90%以上是麻渣和叶汁。叶汁中含有皂素、蛋白酶、醣类、叶绿素和硬膜等。其根、茎、叶、花均有很高的药用价值；根含有多种强心苷、酚类、甾体及三萜化合物。茎含有强心苷、黄酮和月桂酸、叶含有槲皮苷、酚类、氨基酸、多糖、鞣质、甾醇、三萜等成分。这些药用成分，可以制成治疗心脏病、高血压、哮喘、感冒等病的多种药物。

食用：印度、孟加拉国和我国广东，早有把长果黄麻叶作蔬菜食用的习惯。味道不仅鲜滑可口，而且营养价值较高。其粗蛋白含量相当于菠菜。台湾地区用苎麻种子培育的食用麻苗制成的罐头在美国作为高档食品出售。用大麻子磨浆掺白菜等煮吃，俗称麻籽豆腐，其味鲜美，或用麻仁捣泥作点心馅，味道清香。

食用菌是世界上公认的优质蛋白质资源，其营养丰富、味道鲜美，含人体必需的十几种氨基酸，并含人体必需的维生素、微量元素、多种抗生素等物质，被人们誉为"健康食品"，是人类的"第三类食品"。随着人民生活水平的提高和健康环保意识的加强，我国食用菌产业发展迅速，2008年全国有食用菌主产基地县500多个，年总产量达1 600多万t，总产值800多亿元；2009年，全国食用菌产量达1 800万t；2010年，食用菌产量达2 200万t，产值1 500亿元。目前食用菌栽培基质多是棉籽壳，基质原料成本较高，每吨1 800元左右，而苎麻副产物基质的价格较低，每吨为800元左右。若用苎麻副产物基质替代棉籽壳进行食用菌栽培可大幅度降低生产成本，不仅可为麻农增加收入，而且可为食用菌工厂化栽培提供稳定的原料，带来较大的经济效益。用苎麻骨、壳、叶可栽培麻菇和毛木耳，每100kg麻骨干料可产鲜菇25～35kg，用苎麻骨生产的毛木耳，粗蛋白质、粗脂肪含量高于棉籽壳生产的毛木耳含量，而且味道鲜美嫩脆，胶质感好。红麻骨也是生产平菇的较好原料，每100kg红麻骨栽培料可生产平菇50～70kg，高产的可达100kg。用亚麻壳与棉籽壳、葵花盘、糖按比例搭配组成的混合培养料，产量显著高于纯棉籽壳、葵花盘、麦秸等培养料，且具有菌丝生长快、菇体生长健壮、大小均匀、色泽洁白、肉厚等优点。

红麻种子含油 19%，游离脂肪酸少，其精制油与棉籽油相似。泰国报道，每 100kg 红麻籽可提精制食油 16kg，籽肉 50kg。黄麻种子富含油分，可榨取工业用油。大麻籽实经压榨或浸取均可得到大麻籽油，经精炼后可食用。

饲用：苎麻富含蛋白质、赖氨酸、有萝卜素以及钙质等。若将苎麻全株当饲料，年收 14 次，每亩可产干饲料 3t 多，用 20% 的苎麻粉掺入其他饲料中喂猪、鸡等，比饲喂稻谷的成本低，经济效益好。苎麻叶营养丰富而全面，是畜禽、鱼类的精饲料，麻叶制成干粉或颗粒饲料还可出口创汇。黄、红麻干叶含粗蛋白 19.5%，鲜叶含粗蛋白为 3.08%，也是营养较丰富的饲料。我国长期以来，就有用红麻鲜叶、干叶粉饲养猪、、牛、羊的习惯，普遍反映红麻叶的适口性极佳。大麻叶和嫩茎和新鲜麻渣与木糠发酵后可作猪饲料，大麻子榨油后所得的油饼，含有多种有用成分，是营养价值很高的饲料。

中国农业科学院草本纤维作物研究所利用包膜和窖藏手段，制造厌氧条件，使乳酸菌大量繁殖，将糖类转化为乳酸，pH 值迅速降到 4.0 以下，抑制植物细胞的呼吸和各种微生物的生长，保存苎麻副产物中的营养物质，生产出高蛋白饲料，同时，利用副产物中独特的营养物质作为食用菌基质主料，在合适的培养条件下，培育各类食用菌。该技术以机剥苎麻副产物为原料，首次将青贮技术和食用菌栽培有机结合，研究形成苎麻副产物饲料化与食用菌基质化高效利用技术。饲料化的工艺流程为：苎麻副产物收集→晾晒→原料配制→圆捆→包膜→发酵；食用菌基质化的工艺流程为：青贮苎麻副产品预加工→培养基配制→装袋灭菌→接种→菌丝生长→催蕾及栽培管理→采收。研究结果表明，①高效收集的机剥麻苎麻副产物，经过拉伸膜裹包青贮、窖藏青贮等工艺，形成的苎麻副产物防霉变贮藏技术，保持了苎麻的营养特性，并且在常温条件下可贮藏 2 年以上，霉变率≤10%。②利用青贮技术，苎麻生物资源利用率增加到 80% 以上，加工成的苎麻副产物青贮饲料粗蛋白含量达 13%，气味酸香，颜色深绿；肉牛养殖试验，适口性好、在保持生产性能稳定的条件下，可替代 30% 的精饲料。③以 60% 苎麻副产物为主料，通过培养基配方优化，在工厂化管理条件下，栽培杏鲍菇的生物学效率达 65%~70%，显著高于棉籽壳对照的 51.3%，且生长周期比棉籽壳的缩短 6~8 天。

采用剥麻机进行纤维剥制，大大降低劳动强度，提高生产效率，也使得麻叶、麻骨等副产物的大量收集成为可能，为青贮饲料加工、和食用菌培养基提供了原料。在四川、湖南的一些山区，苎麻种植在山上，机械化收获和剥制难以实施，副产物的收集比较困难，青贮饲料的加工也难以开展。若能研制一些适合山地应用的小型机械，则能拓宽此项技术的应用领域。另外，此项技术生产的青贮饲料主要用于肉牛、奶牛养殖，其他反刍动物尚未进行试验，在推广过程中，各地可根据当地的养殖特色，对原料的配比进行调整，寻找最适宜的配方。

肉牛、奶牛、肉羊、肉鹅等草食家畜是现代畜牧业发展的重点，这些动物以草为主，不与人争粮，是"节粮型"产业。而我国南方广泛种植的牧草以禾本科作物为主，优质高产适应性强的牧草很少，尤以优质蛋白牧草十分缺乏，不利于南方"节粮型"畜牧业的高速高效发展。苎麻为多年生草本植物，可采用种子和扦插的方式繁殖，一年种植，可连续收获 20 年。苎麻喜温热、湿润的生长环境，适应性广，耐贫瘠，非常适宜我国南方地区种植。纤用苎麻每年收获 3 次，生物产量大，饲用苎麻品种每年可刈割 6~8 次，每公顷产鲜茎叶达 150t，相当于 18t 以上干料，远高于其他牧草。开展苎麻副产物作为南方特色饲料作物，可弥补我国南方匮乏高产、优质蛋白牧草的不足。推广苎麻副产物饲料化，将有利于南方发展"节粮型"畜牧业，可提高畜牧产品产量和质量。

其他用途：日本千叶工业大学教授用剑麻叶与可降解塑料聚酯等混在一起，制成了可降解纤维增强塑料。这种新型塑料强度大、成本低、无污染、易成型，可用来制作家电和汽车等产品的零部件，且可回收利用。黄麻、红麻的麻骨可用来生产木炭、活性炭，亦可用作某些纤维素制剂的原料。麻骨化学成分同硬质木材相似，用低温碳化法，以麻骨为原料可生产成本低的优质木炭。将麻骨碎片压紧，高温也能碳化，可固定 80%~85% 的碳。如果加工得当，可成为二硫化碳生产的化学碳来源。用氯化锌和磷酸作为激活剂，利用麻骨可生产活性炭。麻骨还可作为生产黏胶人造丝、硝酸纤维素、醋酸纤维素、羧甲基纤维素、微晶纤维素等纤维素制剂的原料。大麻骨和根炭化后是作鞭炮用炭粉的极好材料。利用麻骨制成的纤维板，可作天花板、内墙板、桌、椅、床、柜、书架及包装箱等。低密度麻骨纤维板的吸音和隔热性能很好，用于建筑隔音室或恒温室非常理想。麻骨纤维板坚硬、体积稳定、不易变形、易于染色和油漆、机械加工和胶合方便，有些特性胜过木材板。大麻骨是建筑业的防热材料。以出产三七闻名的云南文山地区，用麻秆搭三七的遮阴棚，经济、耐用。苎麻骨中纤维素含量和纤维形态类似阔叶树种，每亩苎麻一年可收麻骨 500kg 以上，用 2 000kg 苎麻骨可生产 1.0m³ 硬质纤维板或 1.3m³ 中密度纤维板。

二、草本纤维生物质加工业的发展空间

草本纤维生物质加工业发展势在必行，且空间广阔，做出这个推断的必要条件有如下两个。

（一）缓解社会发展与资源短缺矛盾的必经之路

一是石油资源短缺导致天然纤维需求量刚性增长。石油资源短缺以及化纤作为服饰原料存在诸多不尽如人意的地方是化纤作为主要服饰原料的时代难以为继的根本原因。20 世纪 50 年代发展起来的化学制造业风靡全球，对天然纤维产业产生了严重冲击。伴随化纤本身缺陷的显现以及化学原料来源趋于枯竭，化纤制造业正在受到限制。据 FAO

2009 国际天然纤维年的相关资料报道，伴随化纤消费量的下降，全球天然纤维需求量将以 11%～15% 的幅度递增。近 5 年，全球服饰纤维中天然纤维用量正在以 8% 左右的幅度递增，天然纤维消费量年均递增 800 万 t 以上。由此可见，天然纤维需求量的增长业已成为不可逆转的发展趋势。

二是石油资源短缺有利于草本纤维质能源发展。由于发展玉米等淀粉燃料乙醇威胁粮食安全，各国把目光都集中到生物量巨大的纤维乙醇上。而今，纤维质燃料乙醇已经取得长足进展。2002 年美国能源部和诺维信合作，投资 1 480 万美元，研究纤维素和半纤维素酶解糖化成可发酵糖以及发酵制取乙醇的技术和工艺。经过 3 年的努力，其关键的酶解糖化技术有了突破，使得生产 1 加仑（美 1 加仑＝3.786L）燃料乙醇所需纤维素酶成本从 5 美元降至 50 美分。日本食粮公司于 2003 年 5 月投资 5 亿日元建成纤维燃料乙醇中试生产线（日产乙醇 2.5 t），拟建 200t/d 生产线，成本目标为 25 日元/L，低于美国现有水平。加拿大的 Iogen 公司在 2004 年开始开设了一家投资约 4 000 万美元的纤维素乙醇厂，是首家纤维质乙醇工业化公司，在 2006—2007 年共生产 65 000 加仑乙醇。此外，欧洲一些国家在纤维燃料乙醇生产方面也取得较大成功。Abengoa 公司在西班牙建造生物质酶水解技术示范厂，年产 200 万加仑乙醇。瑞典 Etek 公司的中试乙醇厂，乙醇日产量为 400～500 L（0.31～0.39 t）。草本纤维质燃料乙醇技术是丰富草本纤维用途、提高产品附加值的重要手段。草本纤维质农产品作为纤维质燃料乙醇的原料，不仅纤维素含量高、纯度大，而且具有种植适应性广、不与粮争地、可再生等明显优势。由此可见，开发草本纤维质燃料乙醇技术是发展生物质能源的重要内容，对发展草本纤维作物产业和新能源产业都具有长远的战略意义，草本纤维质能源发展势在必行。

三是土地资源短缺要求草本纤维消费量大幅度增加。蛋白质纤维（动物皮毛和蚕丝）因其单位面积的纤维转化率较低（不足 0.75t/hm^2），加上用途的局限性，显然不是大宗纺织原料的发展对象。棉花作为一种大宗纺织原料，因其单位面积纤维产量增加幅度有限，若要通过扩大种植面积满足"天然纤维需求量年均增长 800 万 t"的要求，势必威胁到"粮食安全"。因此，棉花不再是人类对于天然纤维的唯一追求。基于棉花和动物皮毛等天然纤维的生产受到一定制约，世界各国科学家早在 20 世纪 70—80 年代就开始积极寻求新型可降解天然纤维资源，广泛开展了"以麻补棉"的探索性研究，形成了草本纤维用作包括军需、民用、机电产品与建材、通信与交通运输工具、消防与防汛器材、能源、环保用品等基础材料的产业态势。近年来，国际上相继出现了非木纤维（non-wood fibre）、非棉纤维（non-cotton fibre）等关键词，形成了红麻复合材料（kenaf polymer composite）、剑麻服饰（sisal duds）等研究热潮。鉴于草本纤维可以利用边际土地生产，而且具有与棉花互补的许多优良特性，可以认为，"以麻补棉"的产业发展态势已成定局。也就是说，水利部将苎麻作为长江流域防止水土流失的生态产业打造，种植 400 万 hm^2 苎麻，收获纤维质农产品 1 200 万 t，提取 800 万 t 苎麻纤维，可以弥补棉花产业发展的不足。

四是森林资源短缺为草本纤维用作造纸原料提供了空间。纸是国计民生必需品。为了缓解"森林资源短缺与纸品需求量增加"的矛盾，美国自 1960 年起就开展了"以草代木"的研究，通过对 500 余种造纸用一年生植物筛选，确认红麻为"速生、丰产、高品质"的造纸用非木材纤维作物。有鉴于此，可以肯定，FAO/IJO 把红麻推荐为 21 世纪最有发展前途的造纸原料，既有科学依据也是人类历史发展的必然趋势。按照我国国情分析，利用边际土地种植 100 万 hm^2 红麻、收获 1 200 万 t 红麻韧皮和 1 800 万 t 麻骨、提取 720 万 t 高档红麻韧皮纸浆和 1 080 万 t 麻骨化机浆，可以填补我国目前纸浆需求量 40% 的缺口。

（二）确保生态安全和人类生活质量的有效途径

一是草本纤维制品能满足人类高质量生活对服饰纤维"天然化、多样化"的需求。服饰纤维"天然化、多样化"既是社会发展的必然结果，也是人类生活质量提高的表观特征。草本纤维长度、细度、裂断强度、燃点、热变形性能及其形态结构具有不同于其他纤维的显著特点，既可以实施纯纺，开发出不同于其他纤维的特色纺织品，也可以实施混纺、交织，开发出新型纺织品。草本纤维织物具有吸湿散热快、不遭虫蛀（蛋白质纤维织物的主要缺陷之一）、不易滋生微生物（俗称"抗菌"）、耐腐蚀等优良特性，是人类高质量生活的标志性消费品，也是兼有蔽体、保温、装饰和保健（草本纤维织物独有）等功能的服饰型奢侈品。根据纺织原料结构调整的可行性分析，草本纤维在我国纺织原料中的比重由目前的 1% 左右提高到 20% 甚至更高（20 世纪 80 年代国务院调研室大胆预测"不久的将来，苎麻有可能超过棉、毛、丝甚至化学，成为我国出口创汇不亚于机电产品的拳头产品"），即草本纤维用作纺织原料年消费量达到 1 200 万 t 以上是完全可能的。

二是草本纤维替代塑料或化纤有利于消减"白色污染"。塑料制品和化学编织袋对环境造成的"白色污染"已经大白于天下。国内外利用草本纤维替代塑料的研究与应用证实，麻地膜中草本纤维作物纤维含量可以达到 80% 以上，麻塑复合材料中草本纤维作物纤维含量可以达到 60% 以上。按照年产 5 000 万 t 塑料制品测算，每年可以从源头上减少白色污染物 3 000 万 t 以上。麻袋或类似产品重新登上历史舞台、恢复其包装功能，替代化纤编织袋（或者说，夺回被挤占的市场空间）的局面必将伴随人们崇尚自然的理性消费而到来。

三是草本纤维制作环境友好型产品的用途越来越广泛。伴随科学技术进步，利用草本纤维制作高强度建筑型材和天然纤维工艺壁纸、家电和汽车零部件、护坡或运动场草甸底布、育秧基布、建筑工地用土工布、制造业易耗品（如卷烟带）等可降解环保型生物质材料新产品，如雨后春笋般迅速崛起。这些新产品的前身或者在使用过程中对人生安全构成威胁，如天然纤维工艺壁纸所替代的各类墙体涂料会长期释放对人体有害的气体；或者完成使用寿命后的废弃物对环境造成严重污染，如利用玻璃纤维制作的汽车零部件或装饰材料在汽车报废后对环境造成长久性污染。同时，国内外研究与生产应用，纤维质燃料乙醇也是环境友好型产品。根据社会发展进程保守估计，不久的将来，草本纤维制作环境友好型产品年消费量有可能会突破1 000万t。

四是草本纤维作物副产物资源化高效利用为自身发展创造了空间。除了从草本纤维作物副产物中提取药物、利用麻籽开发具有保健功能的食用油、利用嫩梢和麻叶开发高蛋白饲料等加工业以外，还有一个大产业就是利用麻骨栽培食用菌，或者生产复合材料填充料——麻骨粉，因为麻骨占草本纤维作物作物成熟期可收获生物学产量的50%以上，废弃在麻园里会造成十分严重的农业面污染。这些产品都是确保身体健康和提高生活质量的必需物质。利用草本纤维作物副产物开发各类特殊功能产品不仅原料成本低——无须专门种植富含相关成分的作物（节省耕地和人力资源），可以充分发掘草本纤维作物种植业的效益，有利于整个草本纤维作物产业健康、持续发展，而且对于消除农业废弃物的面污染具有重要的环保作用。

草本纤维制品包括纺织品（含无纺纤维制品）、高档纸品、环保型麻塑混合材料、纤维质燃料乙醇等新产品都具有很强的生态安全性。除了纤维质燃料乙醇可以实现"零排放"以外，其他产品都可以反复回收、循环利用，即便是最终的废弃物也不会产生危及人类生命安全的"二次污染"。根据天然纤维发展趋势和我国人口与土地、石油、森林资源现状分析，草本纤维潜在消费能力至少可以突破5 000万t。

三、草本纤维生物质加工业的发展战略

就目前的现状而言，草本纤维作物产业的发展潜力和空间远未充分显现出来。除用作传统的纺织用途外，草本纤维作物的药用价值、造纸、建筑材料、食用价值、饲料用途、水土保持、工业原料、生物能源、生物材料等多功能用途还处于探索初期。以战略思维分析，现代科技的快速发展必将催生出一个巨大的草本纤维作物产业集群，成为我国21世纪崭新的经济增长点。

（一）紧扣天然环保，打造草本纤维质农产品加工产业集群

我国是一个草本纤维生产与消费大国，草本纤维资源最丰富，从草本纤维质农产品中提取纤维方法最前卫，利用草本纤维进行深加工工艺技术最全面，开发草本纤维制品类别最多、花色品种与规格最齐全。有条件、有能力根据《国家中长期科学和技术发展规划纲要》"自主创新、重点跨越、支撑发展、引领未来"的指导方针，紧扣能源、水和矿产资源、环境、农业、制造业等重点领域的"工业节能""综合节水""综合治污

与废弃物循环利用""农林生物质综合开发利用""基础原材料"等优先主题，在全球范围内率先打造草本纤维质农产品加工产业集群。根据产品用途和加工方法，草本纤维质农产品加工产业集群可能包括如下 4 种主要类型。

草本纤维特色纺织品加工：进入 21 世纪以来，人类生存条件、生活质量、消费观念正在发生深刻变化，健康和环保成为时尚的主题。随着人类对环保和保健意识的加强，人们对居住环境、生活用品的质量和安全提出了更高的要求。用于服饰、包装、装饰用的化纤材料将逐渐淡出，其缺口势必由天然纤维来填补。草本纤维织物具有纯天然、可再生、能降解、透气舒爽、防霉抑菌、经久耐用等优良特性，无论是传统的草本纤维纺织品，还是顺应时代潮流开发的新型草本纤维纺织品，都会受到国内外消费者的青睐。按照加工工艺，草本纤维特色纺织品可以分为纯纺机织、纯纺针织、纯纺交织（包括机织、针织）、纯纺编织、混纺机织、混纺针织、混纺编织和无纺编织（如工艺鞋、工艺壁纸）、无纺织造（如黏胶纤维织物）九大系列。按照用途或纺织品类型，草本纤维特色纺织品可以分为服饰（衣服、鞋帽、领带、围巾、手套、袜子等）、家纺（床上用品、窗帘、台布、地毯等）、日用纺织品（手帕、洗浴巾等）、包装运输用品（麻袋及类似包装材料、帆布、绳索、箱包、轮胎底布等）、公共安全用品（降落伞、水龙带、枪炮衣、帐篷等）、生态保护用品（如护坡或运动场草甸底布）六大类。只要根据社会发展和人类生活需求合理调整纺织原料结构，草本纤维作物特色纺织品加工业在"纺织王国"里至少可以充当仅次于棉纺织的重要角色。

草本纤维生物质材料加工：利用草本纤维制造的生物质材料包括①农业生产资料，麻地膜、育秧基布等；②渔业生产资料，渔网、鱼兜等；③轻工制造业基础材料，如高强度麻塑复合材料；④建筑装饰材料，高强度纤维板、隔音隔热材料等；⑤机电产品零部件，各类家电机壳及线路板、汽车内装饰材料及刹车片等。伴随人们环保意识增强和科学技术发展，利用草本纤维制造生物质材料的种类将会越来越多，以草本纤维为主要原料的生物质材料用途将会越来越广泛。也就是说，草本纤维作物生物质材料加工业变成在国民经济支柱产业之一的局面，指日可待。

草本纤维纸品加工：对于一个纸品消费量接近 1 亿 t 的人口大国而言，长期依靠进口纸浆是难以为继的。基于森林资源短缺，国际造纸行业"以草代木"的呼声愈来愈高，而且有研究成果证实，红麻是最有发展潜力的造纸原料，实施皮骨分离制浆，可以获得品质指标优于针叶木浆的红麻韧皮浆和品质指标接近阔叶木浆的麻骨化机浆。着眼于长远利益，从战略高度来看，尽管草本纤维用作造纸原料刚刚起步，我国实施"以草代木"的产业转型应该是为期不远了，即大规模发展红麻造纸业势在必行。

草本纤维质新能源加工：基于石油资源短缺和粮食安全战略，国际上开发木质纤维素能源的热潮已经兴起。我国率先研究形成了"草本纤维作物等纤维质酶降解生产燃料乙醇技术"，现已完成中试，表现出良好的发展前景。虽然还有一些关键技术没有得到完全解决，但是可以肯定，随着时间的推移、人们认识水平的提高和科学技术进步，草本纤维质新能源加工业一定能够得到蓬勃发展、成为在国民经济中起到举足轻重作用的新兴支柱产业。

（二）发掘种植潜力，资源化高效利用草本纤维作物非纤维质农产品

草本纤维作物非纤维质农产品（草本纤维作物副产物）生物学产量高、富含多种特殊功能有机成分，资源化高效利用所形成的产品市场前景广阔。根据草本纤维作物非纤维质农产品特点和加工方法，可以将草本纤维作物副产物资源化高效利用加工业分为如下 4 种主要类型。

草本纤维作物食品加工：一是以亚麻、工业大麻、红麻、黄麻等麻籽为原料，采用适当加工方法抽提脂肪类物质，制备成含有特殊营养成分的纯品或调和食用油；同时，采用适当加工方法从榨油以后的混合物中提取蛋白质及相关有机物开发特色功能食品。二是以亚麻麻屑和苎麻、黄麻、红麻、工业大麻机械化收获韧皮时分离出来的非纤维质混合物为原料，通过适当加工形成有机栽培基质，栽培高品位食用菌、水果、蔬菜等。

草本纤维作物饲料加工：以分类收获方式获得的苎麻、黄麻、红麻等嫩梢和麻叶为原料，采用青储、发酵或快速脱水（干燥）、粉碎等加工方法生产高蛋白饲料组分，继而复配成各类成品饲料。

草本纤维作物特殊功能成分制品加工：以机械化提取剑麻粗纤维分离出来的麻渣、分类收获方式获得的苎麻嫩梢和麻叶为原料，采用特殊加工方法抽提特殊功能成分（如药用成分、功能食品添加剂、洗涤剂关键组分），制备成中间材料或成品；同时，利用剩余混合物开发饲料、有机栽培基质等产品，或者发酵生产沼气、燃料乙醇等新能源。

麻骨环保用品加工：以黄麻、红麻、工业大麻等皮骨分离时获得的纯净麻骨为原料，采用合适加工方法将其加工成活性炭、油污清理剂、重金属吸附剂等环保用品，或者是可降解生物质材料（如麻塑复合材料、隔音隔热材料）等环境友好型产品的填充料。

（三）围绕产业转型，逐步攻克草本纤维生物质加工业发展的关键技术

伴随石油、森林、土地资源短缺，人类社会发展与生态环境恶化，居民生活质量提高，科学技术进步，草本纤维作物加工业向"多元化"转型已成为必然趋势。根据国家中长期发展规划分析，现阶段草本纤维作物产业发展的关键加工技术主要涉及以下 4 个方面。

工厂化草本纤维作物生物脱胶技术 首先，脱胶是连接工业和农业的桥梁或纽带——体现草本纤维作物种植产业效益最大化基础而又关键的生产环节。无论利用草本

纤维质农产品开发何种产品，都必须剥离键合型非纤维素。换句话说，只有剥离了草本纤维质农产品中的键合型非纤维素，草本纤维质农产品才有可能广泛用作传统轻纺工业和现代生物质产业的基础材料。

其次，脱胶方法业已成为产业发展的制约因子。沤麻方法不仅因为天然微生物菌群的"脱胶功能"不强，对纤维质原料的混合、无定向作用可能剥离非纤维素也可能降解纤维素，导致脱胶加工的产品质量不稳定、脱胶生产周期长、无法实施工业化生产，而且存在沤麻与养殖业争水源、环境污染严重、劳动强度大等重要缺陷。化学脱胶方法存在加工成本高（能耗大、工艺投入多）、纤维质量损伤大、环境污染严重等突出问题。生物-化学联合脱胶方法存在工艺流程长、菌制备技术复杂或酶制剂成本高、不能摆脱化学催化剂的负作用等不足之处。

再次，工厂化草本纤维作物生物脱胶方法已经取得突破性进展。"高效节能清洁型麻类工厂化生物脱胶技术"已在湖南、湖北、江西等苎麻主产区建成了示范工程。实践证明，该技术具有节能、减排、降耗、高效利用资源等优点和流程简短、操作方便、安全可靠、监测直观、生产环境友好等特点。同时，"红麻韧皮工厂化生物脱胶工艺"已完成工厂化应用试验。实践证明，该发明专利技术具有脱胶周期短、生产成本低、产品质量稳定、环境污染轻等优点。

然而，由于复合酶催化多底物降解协同作用机理这个关键科学问题还没有完全弄明白；自然界能够彻底剥离键合型非纤维素的菌种十分罕见——只有通过基因操作育种才能获得广谱性菌株、形成适合于不同草本纤维作物脱胶的生产应用技术，加上人们对于已经形成的产业技术革命性成果的认识不足，而且国内外没有成功的先例可以借鉴，与生物脱胶技术配套的工艺设备研究进展不尽如人意，以至于这些成果的推广应用还不是十分理想。此外，草本纤维作物束纤维单细胞化脱胶技术，是生产黏胶纤维织物、草本纤维质新材料和新能源的关键性技术。目前，草本纤维作物束纤维单细胞化脱胶技术尚处探索性研究阶段，科技盲点还有很多。

基于上述分析，可以认为，工厂化草本纤维作物生物脱胶技术是草本纤维作物产业健康、持续发展首先必须攻克的关键加工技术。

草本纤维特色纺织品加工技术与装备　在科学、合理、综合评价草本纤维性能的基础上，明确"充分发挥草本纤维性能优势，开发特色纺织品，打造可再生天然纤维、生态安全、可持续发展的民族产业品牌"的产业发展目标。在制订产业发展目标时，值得注意的是：不要"跟风"、赶时髦，追求超薄、花色面料（不是草本纤维的强项）或开发混纺、交织等大众化消费纺织品，去竞争所谓的"大市场"。事实上，草本纤维作物加工企业的生产规模都比较小，而且经验利润都不高，开发混纺、交织等大路货无论是人力（尤其是科技创新能力）、物力（工艺装备）还是财力（尤其是财政投入）都不是棉纺企业的对手；草本纤维作物加工科研单位的科技力量、科研条件和项目来源也不能与棉纺织行业同日而语。换句话说，制订草本纤维作物产业发展目标，一定要紧扣"草本纤维特色"这个主题，利用有限的人力、物力、财力，研制开发草本纤维特色纺织品的加工技术与装备。

一是纺织前草本纤维整理技术与装备。围绕"提高脱胶制成率、精梳梳成率，不损伤草本纤维可纺性能（即提高纤维资源利用率）"，研究①脱胶—梳理偶联技术，减少现行草本纤维作物加工行业脱胶与梳理的加工步骤（达到提高效益、降低成本的目的）。②现有脱胶和梳理设备更新换代，根据生物脱胶工艺研制自动化控制发酵装置，用于取代耐腐蚀性要求高、操作安全系数低的浸酸锅和煮锅；碾压—水冲耦合洗麻机组，用于取代耗水量大、劳动强度大、故障率高的拷麻机和漂酸洗联合机（节水70%以上）；根据生物脱胶精干麻分散性好（脱胶彻底）、裂断强度相对较低（与化学脱胶方法比较）等特点，研制新型梳麻机，用于替代沿用了数十年的针梳机、精梳机等系列设备。③苎麻牵切技术与装备，利用机械从结晶度不高之处强力拉断苎麻纤维，可以减少苎麻织物刺痒感。诸如此类的科技盲点还有许多。

二是纺纱工艺技术与装备。与其他纤维比较，草本纤维的主要特点在于纤维长度。实践证明，无论是棉纺、毛纺还是绢纺工艺技术与设备都不适合草本纤维纺纱加工。20世纪60—70年代研制形成的苎麻、黄麻、红麻纺纱工艺技术与设备虽然还在使用，但成纱质量、设备结构与性能、操作环境都远远落后于时代要求。这就是说，要"充分发挥草本纤维性能优势，开发特色纺织品，打造可再生天然纤维、生态安全、可持续发展的民族产业品牌"，就必须更新纺纱工艺技术与装备。

草本纤维新材料和新能源制备技术与装备 根据社会发展和人类生活总体需求、我国人口增长与资源短缺现状分析，发展草本纤维新材料和新能源产业是必然趋势。然而，草本纤维新材料和新能源制备技术与装备的研究与应用，可以说才刚刚起步。着眼于战略高度，草本纤维新材料和新能源制备技术与装备必将是草本纤维作物加工业发展的关键技术之一。草本纤维质新材料制备技术与装备至少应解决3个核心技术问题：第一，在获得单细胞化生物脱胶工艺技术研究突破性进展的基础上，应该重点解决单细胞分离与纤维整理技术与装备。第二，在大规模生产草本纤维作物束纤维浆粕的基础上，全面展开各类新材料制造工艺技术参数与设备。第三，草本纤维质新材料科学、合理的产品质量评价、检测方法与标准。草本纤维质新能源制备技术与装备至少应解决3个原创性技术问题：一是草本纤维快速生物糖化技术与装备；二是 β-葡萄糖发酵转化成燃料乙醇的高效菌株选育及其发酵工艺；三是五碳糖（部分半纤维素组成部分）高效利用菌株选育及其发酵工艺。除此以外，常规技术与装备的集成创新也很重要。

非纤维质农产品特殊功能成分提取技术、草本纤维作物非纤维质农产品特殊功能成分提取技术是加速资源化高效利用草本纤维作物副产物综合利用加工业发展的技术瓶颈。这些关键技术涉及面很宽，包括：各类药物成分萃取，食用油中具有保健功能的特种成分抽提，高品位食用菌工厂化栽培技术与设施，草本纤维作物副产物开发高蛋白饲料的工厂化生产工艺技术与装备，等等。

第三章　草本纤维精制方法

从上述章节可知，能获取天然纤维素纤维的草本纤维农作物具有种类很多、生态适应性强、速生、丰产且兼有环境保护功能等特点，被视为最具发展潜力的可再生天然纤维资源。禾本科农作物秸秆（如麦秆）不仅纤维素含量高而且来源丰富，也是不可忽视的天然纤维素纤维资源。来自于草本纤维农作物的纤维质农产品和非纤维质农产品以及禾本科农作物秸秆等"废弃物"都是草本纤维生物质。国内外大量研究与应用证明，草本纤维生物质可以开发的社会发展和人类生活必需品多如牛毛，即草本纤维生物质加工业已经形成一个涉及面宽、加工环节多、工艺技术复杂、产业结构庞大的涉及农产品加工的制造业集群。

众所周知，来自草本纤维农作物的非纤维质农产品，有效成分极为丰富，可以借鉴现成的相关技术开发许多社会发展和人类生活必需品，或许伴随科学技术进步，还能形成类似于"亚麻籽油""罗布麻茶"等另一类产业。纺织、造纸、生物质材料、生物质能源等制造业，利用纤维为基础材料开发相应的纤维质产品，已有相对成熟的工艺技术与装备，而且形成了具有自身特色的产业体系。正如以钢材为基础材料的制造业发现不锈钢与碳钢的本质区别以后另辟途径开发不锈钢系列产品一样，以纤维为基础材料的制造业，完全有能力根据草本纤维资源的特性开发具有草本纤维特色的新产品。

然而，草本纤维质农产品——来自于草本纤维农作物的纤维质农产品和禾本科农作物秸秆等"废弃物"，含有农产品重量25%以上的非纤维素，不能直接用作相关制造业的基础材料。这就是说，在草本纤维生物质加工业中，存在一个独特的不可或缺的加工过程——连接工业和农业的桥梁或纽带，其独特之处在于：从形式上看，它类似于农产品籽棉的加工（"脱籽"或"轧花"——剥离籽棉中的棉籽而获得的皮面方可用作工厂化生产的纺织原料）；从本质上看，它是一个工序多、作用机制复杂的从纤维质农产品中剥离非纤维素而获取天然纤维素纤维的加工过程。它是体现种植业效益最大化并实现加工业充分利用草本纤维质农产品开发社会发展和人类生活必需品的基础性、关键性加工过程。之所以说它"基础"，因为纤维质农产品只有经过这个过程获取天然纤维素纤维，方可用作轻纺工业和生物质产业的基础材料。之所以说它"关键"，因为它是集物理作用和化学反应于一体的加工过程，其后续加工过程除了继续降解纤维素生产燃料乙醇和部分产品进行漂白处理之外，其他深加工工艺几乎都不涉及草本纤维本身的化学性质改变，多数是物理加工过程——只涉及纤维形态变化，即前期加工质量优劣对后续加工工艺和产品质量的影响很大。

值得说明的是，从纤维质农产品中剥离非纤维素而获取天然纤维素纤维的加工过程，最早被称之为"沤麻"，属于传统农业的范畴。工业革命以后，纺织行业根据生产环节的作用，把从苎麻、大麻等麻类纤维质农产品中剥离非纤维素而获得麻类纤维（精干麻）的加工过程称为"脱胶"；造纸行业根据生产环节的目标，把从龙须草、芦苇、麦秆等草本纤维质农产品中剥离非纤维素而获得天然纤维素纤维（纸浆）的加工过程称为"制浆"；现代生物质产业把从纤维质农产品中剥离非纤维素而纯化纤维素纤维的加工过程称为"糖化""预处理"等。从此，该加工过程就变成了农业领域的农产品加工与工业领域的"第一车间"（原料生产）交叉的边缘学科。伴随科学技术的进步和人类社会发展对产品质量要求的提高，工业对"第一车间"的标准化、规范化生产越来越重视，从纤维质农产品中剥离非纤维素而获取天然纤维素纤维的加工过程就会走向隶属于工业领域的范畴。基于目标近似、原理雷同，笔者将这个加工过程统称为"草本纤维精制"。因此，本书在具体描述某个加工环节时依然保留"脱胶""制浆"和"糖化"等说法之外，一般采用"草本纤维精制"这个概念。

为了便于理解，现以纺织行业的"脱胶"为例，对这个加工过程进行如下概念性描述。脱胶作为一个动宾结构的组合词，包括一个动作过程——"脱"和一个作用对象——"胶"。顾名思义，脱胶本身的含义就是脱除黏性胶状物质的过程。脱字本身的含义是"剥离"的意思，作为一个动作过程，应该包含"怎样剥离"和"剥离效果"等概念。胶是黏性胶状物质的总称，不同的用处具有各自独特的含义。就麻类纤维质农产品而言，"胶"就是指所有包被在纤维细胞表面或镶嵌于细胞壁中或包裹于细胞壁内且以化学键直接或间接与纤维素分子紧密结合的果胶（占纤维质农产品重量4.5%～8.4%）、半纤维素（11.6%～18.8%）、木质素（1.4%～7.2%）等键合型非纤维素（俗称"胶质"）。由此可见，纺织行业所谓脱胶的定义是：采用适当方法剥离麻类纤维质农产品中键合型非纤维素物质而获得纤维素纤维用作纺织原料的加工过程。按照语言组合规律，脱胶可以派生出一些词组，例如，附加"脱"的主体作用机制可以组合成化学脱胶、生物脱胶等方法；再附加"胶"的藏身之处可以派生出苎麻化学脱胶、大麻化学脱胶和苎麻生物-化学联合脱胶、苎麻生物脱胶等工艺或技术。

事实上，草本纤维质农产品所包含非纤维素的成分与结构是非常复杂的，除了上述麻类纤维质农产品中键合型非纤维素以外，还有类似于组织型非纤维素但在农产品收获时不能以机械物理作用剥离的非纤维素，例如，龙须草、麦秆中的非纤维素是不能以组织型和键合型区分的非纤维素。然而，无论利用草本纤维质农产品开发何种社会发展和人类生活必需品，都必须采用适当方法全部或部分剥离这些非纤维素。也就是说，草本纤维质农产品中非纤维素的成分复杂和结构牢固，不能采用吸水溶胀、机械撕裂等简单的物理方法（所谓"机械脱胶"）予以剥离，只能采用化学作用或生物催化作用才能剥离。因此，上述草本纤维精制的定义是：采用适当方法全部或部分剥离草本纤维质农产品中非纤维素而获得天然纤维素纤维用作传统纺织、造纸工业和现代生物质产业基础材料的加工过程。本书涉及的关键词——草本纤维生物精制的基本内涵就是：采用以"关键酶专一性裂解作用机制"为技术原理全部或部分剥离草本纤维质农产品中非纤维素而获取满足后续加工质量要求的纤维素纤维的加工方法。

目前，国内外草本纤维生物质加工业采用的剥离纤维质农产品中非纤维素的方法，根据技术原理可以归纳为4种：天然菌沤制法（沤麻），一种以"天然菌群随机降解作用机制"为技术原理的草本纤维粗制方法；化学试剂蒸煮法，一种以"化学试剂差异化水解作用机制"为技术原理的草本纤维精制方法；生物-化学或物理-生物-化学耦合法，一种以"化学试剂差异化水解作用机制为主、多种作用机制并存"为技术原理的草本纤维精制方法；生物精制法，一种以"关键酶专一性裂解作用机制"为技术原理的草本纤维精制方法。这些方法具有典型的时代特征，是草本纤维生物质加工业科学技术进步的标志性产物。

第一节　天然菌沤制法

一、沤麻的历史地位

沤麻是人类最早发明和使用的古老而传统的草本纤维粗制方法，主要用于获取苎麻、黄麻、红麻、亚麻、工业大麻（部分）、苘麻、罗布麻、芒草等草本纤维（粗纤维）。在以麻类纤维质农产品为基础材料的纺织行业中，不同后续加工工艺要求胶质剥离程度不尽相同，如用于纺织夏布的苎麻纤维、用于编织麻袋或工艺墙纸的红麻纤维等，实际上只剥离了部分胶质（俗称"半脱胶"）。我国关于沤麻的文字记载最早见于公元前6世纪的《诗经·陈风篇》中的"东门之池，可以沤纻"，到今天至少已有2 600多年历史。其历史地位及其对人类的重大贡献就是把草本纤维变成了社会发展和人类生活必需品的基础材料。

沤麻也是使用范围最广的草本纤维粗制方法。无论是起源于中国的苎麻、大麻、罗布麻等还是起源于非洲的黄麻、或起源于欧洲的亚麻、或起源于亚洲的红麻或起源于热带的剑麻等，都经历过采用沤麻方法进行开发的过程。而今，除了苎麻、大麻、亚麻、罗布麻等精纺纤维采用其他方法以外，国内外还普遍采用沤麻方法进行草本纤维精制（如黄麻、红麻、玫瑰麻等）生产。沤麻作为一种古老的草本纤维精制方法，在人类历史上沿袭了数千年之久。人们根据生产实践经验，对它进行了许多改进。国内外在"整秆沤麻"的基础上，通过改进或改良形成了许多沤麻工艺，诸如"温水沤麻""雨露沤麻""围田沤麻""两浸一洗法沤麻""剥皮沤麻"等未脱离天然菌群随机降解作用机制的沤麻工艺。为了减少天然水体污染，近30年，印度形成了"沤麻袋沤麻工艺"，我国孙庆祥等（1990）研究形成了"黄麻和红麻陆地湿润脱胶技术"。从本质上讲，在这些工艺过程中，对草本纤维精制起关键作用的因素还是天然微生物分泌的酶，应该属于生物方法的范畴。鉴于它们都是利用没有经过驯化的微生物，而且酶促反应条件也不规范、产品中残留胶质的含量还比较高等缘故，国际上是将沤麻（Retting）方法独立于现代生物精制方法（biorefining）的概念之外。

二、沤麻工艺过程

沤麻是在自然状态下利用天然菌群混合作用剥离键合型非纤维素而提取纤维的加工过程。整秆沤麻（图3-1）是将成熟植株砍倒在麻地里，晾晒1~2天后扎成捆运至天然水体（湖泊、河流、池塘、沟渠）附近，再将麻捆扎成排压入水下（图3-2），浸泡几天、十几天、甚至几十天，然后捞起来进行撕麻（有些地方也叫剥麻，图3-3）、洗麻、晒麻的加工过程。整秆沤麻过程一般经历物理、生物和机械作用3个时期：

砍麻 → 去叶、杀青、打捆 → 运至水源 → 深水中扎麻

排、堆垛、取泥石压麻排 → 沤制 → 拆麻排、运上岸

→ 撕麻 → 洗麻 → 晾晒 → 精洗纤维（熟麻）

图3-1 黄麻/红麻整秆沤麻工艺过程

物理期 麻茎浸入水中后，首先吸水膨胀，接着，一些可溶性物质（糖、糖苷、单宁、可溶性氮化物、无机盐和色素等）不断溶解出来，其溶出量占茎重的12%左右。色素物质的溶出，使浸麻水渐渐染成深褐色。伴随着茎的吸水过程，茎中的气体也不断排出，形成气泡逸出水面。麻茎吸水后，组织不断膨胀，以致表皮破裂。物理期时间不长，水温高时间短些，水温低时间长些，一般为6~12h。虽然物理期只引起了麻茎某些物理性状的改变，但麻茎溶出物却为最初活动的微生物提供了必要的营养和能量；茎表皮的破裂也为微生物进入麻茎创造了条件。这些变化对于下一个时期——生物期的进行是必要的准备。

生物期 这是脱胶过程的主要作用期。这个时期中各个微生物活动十分活跃。它们

图 3-2　沤麻现场

图 3-3　撕麻现场

通过麻茎表皮气孔裂缝、叶痕、基部切口等处进入茎内。先是需氧性果胶分解菌及辅助菌系，如枯草芽孢杆菌、多粘芽孢杆菌、巨大芽孢杆菌、柯氏芽孢杆菌、微球菌及某些真菌等生长繁殖起来，分解掉部分果胶和其他非纤维素物质，生成有机酸和二氧化碳等气体，并消耗了水中的残存氧，使氧化还原电位迅速降低。

厌气环境的建立和丰富的营养条件，为厌氧性果胶分解菌的生长创造了条件。厌气性果胶分解菌被看作是脱胶过程的主要作用菌，如费地芽孢梭菌、蚀果胶梭菌、金黄丁酸梭菌等，它们具有强烈的分解果胶能力。这些菌在麻茎的皮层组织中，不断分泌出果胶酶，分解中胶层的果胶，使包覆在纤维细胞周围的薄壁组织，韧皮射线，以及茎的表皮各细胞间失去原有的粘连，而彻底崩溃，最终将纤维分离出来。厌氧发酵阶段形成的主要产物有：乙酸、丁酸、乙醇、丁醇、丙酮、二氧化碳、氢、硫化氢和甲烷等。所产生的气体不断逸出水面，在水面形成大量泡沫，并因丁酸、硫化氢等物的关系，在空气中散发出极其难闻的恶臭气味。麻茎皮层组织的解体和纤维的分离，表明发酵适度，生物期到此结束。

机械期　经过微生物的分解作用，纤维已从皮层中分离出来，则不能再在水中浸沤。否则，纤维分解菌活动起来，会将纤维破坏，形成烂麻，失去利用价值。这时应从水中捞出，剥出纤维，通过机器打洗，或用人工在水中漂洗，除净附着在纤维上的残留物，再经晾晒整理，即得到符合纺织工业需要的、干净、松散、柔软的草本纤维。

我国率先创立的黄麻和红麻剥皮沤麻工艺是将成熟的麻株砍倒在麻地里，当即实施皮、骨分离，经过晾晒（杀青）后扎成捆运至人工水体（麻/稻田围埂灌水、专门修筑沤麻池）附近，将麻捆压入水下浸泡几天，然后捞起来进行洗麻、晒麻的加工过程。

亚麻沤麻，西欧国家一般都采用雨露沤麻——采用合适机械拔出成熟亚麻原茎并平铺在麻园里，喷淋人工孵化菌液或直接利用天然微生物在自然温度（20~30℃）、湿度（50%~80%）条件下进行沤制，然后实施打纤（皮、骨分离和除杂处理），即可形成打成麻；我国和俄罗斯由于没有"天然温室"条件，一般还是采用"温水沤麻"方法——拔出成熟亚麻原茎→打成捆→堆积在沤麻池里→灌满温水（30℃左右）沤制 7～10 天（适量通入蒸汽保温）→排出沤麻废水并捞起麻困晾晒，然后进行堆垛养生、打纤处理。

三、沤麻方法的应用前景

沤麻方法之所以能沿袭数千年，是因为它适宜个体操作、加工过程除了劳动力投入之外不需要其他成本。但是，伴随人类社会的发展和科学技术的进步，人们发现，沤麻方法存在的突出问题，业已成为草本纤维产业发展的制约因子。

无论是传统的整秆沤麻工艺还是后来改良的其他沤麻工艺都存在不适宜工业化生产、脱胶时间长、占用水面（与水产养殖业争夺水源）、产品质量不稳定、环境污染严重、劳动强度大、操作环境恶劣、损坏农田水利设施等突出问题。在当今中国社会里，缺水（没有水源用于沤麻，原有沤麻水源多用于发展水产养殖业）和缺人（农村强壮劳动力外出务工，没有人从事沤麻这种脏而累的农活）业已成为黄麻、红麻产业萎缩的重要原因。与整秆沤麻工艺比较，剥皮沤麻工艺在争夺水源、减轻劳动强度、改善操作环境等方面具有明显优势，但没有解决沤麻方法的根本性问题。与温水沤麻工艺比较，雨露沤麻工艺在减少工作量、节省能耗方面有一些优势。总而言之，沤麻方法存在的有可能被历史淘汰的根本性问题：一是在不规范的环境条件下，天然菌群对纤维质原料的混合、无定向作用可能剥离非纤维素也可能降解纤维素，导致脱胶加工的产品质量不稳定、后续加工过程中根据原料特性调整工艺参数的技术难度大、中间或终端产品质量不稳定、无法采用统一标准规范生产与经营行为（产品市场变幻莫测）；二是天然菌群剥离键合型非纤维素的功能不强或不稳定，导致纤维精制生产周期长，加上纤维质原料体积大，导致生产场地建设投资过高，最终导致沤麻加工无法实施规范化、流程化、机械化的工业生产。

第二节　化学试剂蒸煮法

早在一个世纪以前，人们就想改变传统沤麻方式，研究形成一种操作简便、工作效率高的草本纤维精制方法。伴随工业革命的兴起，人类发明了"化学脱胶""化学制浆"方法。经过不断的改进和完善，化学精制方法业已成为苎麻、大麻、罗布麻等精纺纤维脱胶和麦草、芦苇、龙须草等草料制浆的主要方法。

整体意义上说，草本纤维化学精制方法的各种工艺都是根据纤维素纤维与非纤维素物质对稀酸、浓碱、氧化剂等化学试剂及高温的稳定性差异这个原理来设计的。因为纤维素对稀酸、浓碱、氧化剂等化学试剂及高温具有相对的稳定性；在强酸和高温下的浓碱条件下，果胶、半纤维素等物质比较容易分解；木质素容易被氧化剂氧化而分解。目前，国内外普遍采用的草本纤维化学精制方法，几乎都是以烧碱蒸煮为中心并辅以机械物理作用相结合的办法来剥离非纤维素物质而保留纤维素纤维的。由于工艺过程需要满足的条件比较复杂，纤维素纤维与非纤维素物质对强酸、浓碱、氧化剂等化学试剂及高温的稳定性没有严格的界限，存在"交叉区域"，所以，经过半个多世纪的实践，尽管化学脱胶方法的创立为草本纤维加工走上工业化生产作出了重大贡献，但是，人们发现化学脱胶方法存在3个突出问题制约着草本纤维产业的发展：一是成本高、能耗大，二是纤维流失多而且结构受到损伤，三是环境污染严重。

一、麻类化学脱胶

目前，国内外普遍采用的化学试剂蒸煮方法几乎都是源自酆云鹤先生（1935）发明苎麻化学脱胶工艺。它是利用纤维素与非纤维素对于酸、碱等化学试剂的稳定性差异，采用硫酸溶液浸泡和高浓度 NaOH 溶液蒸煮来彻底水解非纤维素，辅以拷麻等物理作用剥离残留物而提取纤维的加工过程。它以"化学试剂差异化水解作用机制"实现了草本纤维制造业由作坊式向工厂化生产的转变。化学脱胶方法主要用于苎麻、大麻、罗布麻工厂化脱胶和亚麻、黄麻、红麻二次脱胶（黄麻和红麻纤维二次脱胶又称"精细化处理"）。其中，苎麻、工业大麻、罗布麻工厂化脱胶生产所采用的工艺流程如图3-4 所示。亚麻二次脱胶加工在亚麻纤维纺成细纱以后进行，工艺流程比较简单，主要是采用低浓度 NaOH 溶液蒸煮。黄麻、红麻"精细化处理"在梳理以前进行，以碱性过氧化氢溶液浸泡或蒸煮为主要步骤。

纤维质农产品→扎把、装笼→浸酸（H_2SO_4 6.0g/L，）
70~90℃，1.5h）→热不洗麻→一煮（二煮废液，蒸汽）
压0.3MPa,2.5h）→热水洗麻→二煮（NaOH 16g/L，）
$Na_5P_3O_{10}$ 3.5g/L,蒸汽压0.3MPa,2.5h）　→热水洗麻→
拷麻→漂酸洗→渍油→烘干→精干麻

图3-4 化学试剂蒸煮工艺流程

在亚麻纺织产业链中，脱胶是分成两个步骤完成的：亚麻原茎经过第一步脱胶——剥离纤维束之间的黏连物以后形成打成麻；打成麻经过梳理和纺纱加工并进行第二步脱胶——剥离纤维细胞之间的黏连物之后才形成亚麻纱。类似于亚麻第一步脱胶的还有黄麻、红麻、玫瑰麻等。这一类脱胶的非纤维素物质脱除率相对低一些，也有人称之为

"半脱胶"。

苎麻化学脱胶的一般工艺流程是：扎把→装笼→一煮→热水洗麻→二煮→打纤（拷麻）→漂酸洗→轧干（脱水、抖麻）→渍油→脱油水→抖麻→烘干。其中，碱液蒸煮是关键环节。碱液蒸煮所用的设备多为立式高压煮锅（图3-5）。碱液蒸煮的工艺参数主要是：第一次蒸煮（一煮）采用上一次"二煮"用过的废液（残留 NaOH 的浓度为 6~9g/L），原料苎麻重量对碱液体积的比例（行业上称之为"浴比"）为 1∶10，锅内蒸汽压维持在 0.15~0.20MPa，蒸煮时间控制在 1.5h 左右；第二次蒸煮所用的碱液包括 NaOH 的浓度为 12~15g/L，蒸煮助剂因配方不同而添加 2~5g/L，浴比为 1∶10，锅内蒸汽压维持在 0.20~0.25MPa，蒸煮时间控制在 2.5h 左右。

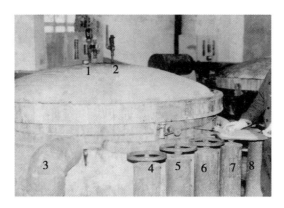

图 3-5　立式高压煮锅

注：1. 压力表；2. 安全阀；3. 循环管道；4. 冷热水阀；5. 进碱液阀；6. 排污阀；7. 碱液回收阀；8. 进蒸汽阀。

在碱液蒸煮过程中，脂蜡类物质被皂化和乳化，水溶性物质被溶解，绝大部分果胶被碱裂构为半乳糖醛酸或类似单质，绝大部分半纤维素也被裂构为单糖，部分木质素在高温浓碱蒸煮条件下裂构为分子量小、结构简单、易溶于碱液的碱化木质素。经过碱液蒸煮后，原料苎麻中的绝大多数非纤维素物质已经溶解，除了一部分溶解在蒸煮废液中以外，大部分还黏附在纤维上，使纤维黏连成僵硬状态且呈灰色，必须进行后处理。后处理的目的就是要进一步剥离黏附在纤维上的胶质，弥补碱液煮炼之不足；改善纤维的机械物理性质，提高纤维的柔软性、分散性及可纺性；改善纤维的色泽及表面性质。后处理的工艺过程包括打纤、酸洗、漂白、精炼、给油、烘干等工序。

打纤　原麻煮炼后，大部分胶质已被溶解，但由于吸附平衡的关系，还有部分褐色糊状物吸附在纤维表面，打纤就是利用木槌的机械打击力量及高压水柱的冲洗作用，去除吸附在纤维表面的残胶，使纤维松散，色泽洁白。一般使用的打纤机械是圆型打纤机。打纤的圈数多少，由原麻含胶量及煮炼情况而定。

漂白　一般用于纺麻线的纤维不必进行漂白，而纺织高支纱织物时需要漂白。通过漂白可以改善纤维的亲水性和湿润性，改善纤维的洁白度和柔软度。同时，在漂白过程中由于氯气的作用，木质素被氯化成氯化木质素，再经精炼即可溶除。工业上常用的漂白剂是漂白粉，它是一些成分复杂的化合物以不同的比例组成的。其化学成分大致是 $CaCl_2 \cdot Ca(OH)_2 \cdot H_2O$ 及 $Ca(OCl)_2 \cdot 2Ca(OH)_2$，但一般都用 $Ca(OCl)_2$ 来表示它的分子式。其中有效氯的含量多在30%以上而不超过36%。作为漂白剂除次氯酸钙外，还有次氯酸钠、亚氯酸钠和双氧水等。漂白粉的漂白功能，是利用次氯酸分解生成的游离氧对纤维氧化的作用。漂白粉在不同的介质中反应不同，工厂都采用在碱性条件下漂白。漂白粉用量通常按有效氯计算，一般为 0.8~1.2g/L，其他工艺参数为：浴比1：10，常温，处理5~10min。

酸洗　目的是中和留在纤维上的残碱，剥离被纤维吸附的有色物质，使纤维洁白松散。据测定，酸洗可去除打纤后留在纤维上的水溶物含量的48%，果胶含量的77%，半纤维素含量的34%。由于煮炼后苎麻纤维中的胶质结构已被破坏，纤维外表直接裸露在外，因此对酸洗工艺参数的选择必须严格谨慎。工厂中一般使用硫酸，其浓度为1~2g/L温室下处理5~10min，取出后反复用水冲洗至中性。

目前，国内各工厂已使漂白、过酸、冲洗3道工序连续化，即采用"漂酸洗联合机"在一条生产线上，分步连续完成这3道工序。

精炼　当纺高支纱和衣着用布时，对精干麻的质量要求较高。因此，在上述工序的基础上，还要进行精炼，进一步降低残胶量，提高纤维的松散性、柔软度和洁白度。精炼的方法是将酸洗后的脱胶麻，再用稀碱液（通常 NaOH 用量为1%，Na_2CO_3 用量为2%，有时还加些肥皂）常压煮焖4h以上。图3-6表明精炼对降低残胶是十分显著的。

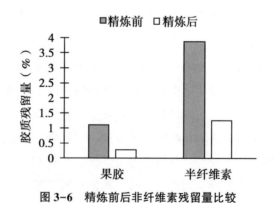

图3-6　精炼前后非纤维素残留量比较

渍油　脱胶过程中，纤维受到各种化学药剂的作用，其中的脂蜡质与其他胶质一道被剥离，致使纤维表面粗糙，机械性能恶化，而且由于存在残胶，烘干后纤维又会互相黏结在一起形成并丝，不利于梳纺。为此，在烘干前需对脱胶麻进行给油处理。通过给油处理可以给纤维表面包上一层极薄的脂肪膜，使纤维松散、润滑、柔软。给油后的纤维易于开松，损耗率低，纺织时可避免静电作用，减少断头。给油采用的油剂要预先制成乳化剂才能使用。乳化油的配方有许多，如浆纱牛油 82%、油酸 12%、三乙醇氨 6%；茶油 99.9%，NaOH 0.1% 等。此外，还有各种合成油剂也被应用。给油的方法是将前面工序后处理后的麻，经离心脱水再抖松后，浸入已调好的乳化液的给油槽中，在浴温 80℃、浴比 1∶8~10 浸 3~4h 取出。

烘干　将给油麻离心脱去油水，置烘干机中干燥，得到的就是精干麻。到此，整个脱胶工艺即完成。一般情况下，每 50kg 原麻可制得精干麻 32.5kg 左右。

以上描述的是化学脱胶工艺一般技术规则。由于原料性质和纺织要求不同，国内外草本纤维纺织企业都有各自的具体的工艺技术参数，甚至工艺流程的命名也不完全一致，一煮法、二煮法、二煮一练法、二煮一漂法、二煮二漂法、管道法、蒸球法等叫法比比皆是。当然，这些命名的来源也有区别。

在现行麻类纺织行业里，"脱胶"是一个"消耗大、回报低、技术含量不高、质量可控性差、环境污染严重"的初级加工环节。其挡车工人的劳动强度大、工作环境恶劣、工资待遇差。脱胶车间的生产管理难度大、职工队伍极不稳定。苎麻化学脱胶工艺采用的主要工艺设备包括危险性大、防腐蚀要求、造价昂贵的浸酸槽和煮锅，耗水量大、故障多、劳动强度和噪音大的拷麻机，防腐蚀要求高、造价昂贵、耗水量大的漂酸洗联合机（或防腐蚀要求高、劳动密集型漂酸洗槽）。这些工艺装备几乎都是 20 世纪 70—80 年代研制形成的机械设备。大多数从事化学脱胶生产的企业属于微利经营，没有配套完善的污水处理设施，即使有也是 2000 年以前配套建成，污水处理设施技术落后、设施陈旧，很难满足污染治理达标要求。

化学脱胶方法存在的危及产业发展前途的突出问题：一是加工成本高。采用化学脱胶方法加工一吨精干麻需要投入人力、物力成本高达数千元。包括职工工资福利、固定资产折旧、管理费、财务成本、烧碱、硫酸、脱胶助剂、漂白剂、油剂等辅料成本，水耗、原煤和电力消耗，污染治理费，等等。二是产品质量损伤大。纤维素与非纤维素对于酸、碱等化学试剂的稳定性存在差异，但没有十分严格的界限。化学试剂的作用可以水解非纤维素，也可以水解部分结晶度不高的纤维素，导致纤维素含量高达 70% 以上的原料只能提取 60% 左右的纤维（一般化学脱胶生产企业的脱胶制成率为 60%，几乎没有超过 62% 的企业）。同时，在高温高压条件下，高浓度 NaOH 溶液或破坏麻类纤维固有的形态结构（微纤维由交叉、扭曲排列变为平行排列），对纤维产生"淬火"变性作用——使纤维变硬、变脆，导致"苎麻纤维刚性强、抱合力差、着色性能差""苎麻面料刺痒、易起毛"。三是环境污染严重。现行脱胶车间高浓度脱胶废水对水体构成严重污染。其 COD 高达 16 000~20 000mg/L，BOD_5 高达 5 600~7 000mg/L，pH 值 ≥12.0。

同时，每加工一吨精干麻，燃烧近 3.0t 原煤所产生的废气、废渣对环境造成的严重污染。此外，拷麻机产生的噪声远超过 70dB，对挡车工人和周围居民的影响也不容忽视。正是因为化学脱胶方法存在的环境污染十分突出，20 世纪 80 年代建成的麻类加工企业没有配套建设"工业三废"综合治理工程，而今实施污染治理达标排放不仅工程建设投资大而且运行费用高，所以，近年来，我国数以百计的微利经营的小型麻类加工企业不得不被迫关闭。

从发展的观点看，苎麻化学脱胶工艺改进的潜力可能不会太大。此外，笔者认为，近些年国家没有大量投入资金用于苎麻化学脱胶方法改进还隐含着另一层意思：苎麻化学脱胶工艺不仅消耗大量化工原料和能源、生产成本高、纤维制成率低、污染严重，而且损伤苎麻纤维固有的纺织特性，以至于苎麻纤维服饰存在适着性能差——刺痒、着色性能差等突出问题，进一步发展意义不大，继续投入有可能是得不偿失。

至于其他草本纤维化学脱胶工艺的改进和完善，可能在短期内还有价值，但是，发展前景也不会太乐观。

二、草类化学制浆

制浆是指采用化学和生物等方法剥离造纸原料中果胶、木质素等非纤维素物质而提取纤维素纤维的加工过程。从字面上理解，脱胶强调的是剥离无效成分，而制浆强调的则是提取有效成分。从本质上区别，完整意义上的脱胶要求获得纯净的纤维素纤维，制浆对半纤维素剥离的程度没有严格要求，在某种意义上讲，制浆要求尽量保护半纤维素不被剥离。事实上，高质量的漂白纸浆中的半纤维素含量是很少的，因为半纤维素的结构在高温强碱和强氧化剂条件下不很稳定。根据作用原理，制浆方法可以分为化学制浆和生物制浆等。根据原料特性和工艺原理，制浆形成的产品可以分为木浆和草浆，其中，木浆还可以细分为针叶木浆和阔叶木浆，草浆也可以细分为麦草浆、芦苇浆、龙须草浆，等等。

草类是造纸工业的重要原料之一，也是最原始的造纸原料。与木材等原料比较起来，草本纤维原料制浆工艺更为古老。由于纤维质量的局限性，国内外对草类纤维制浆工艺的研究并没有木材等原料的投入那样多，针对草类原料研制制浆新工艺并没有得到很突出的进步。草类化学制浆是草类制浆的主体，主要用于大麻、红麻、罗布麻、龙须草、麦秆、芦苇、稻草等纤维精制。迄今为止，草类浆的品种基本都是化学浆，这与草类原料的化学特点和纤维特点基本一致。

草类原料与木材具有较大的区别，因而其生产工艺流程也具有一定的特异性。草料化学制浆生产流程为：原料的采购→原料打包、打捆与堆垛→备料→（储料）→蒸煮（其他化学处理或机械磨浆）→纸浆洗涤、筛选与净化→浆料的浓缩、干燥与储存（图

3-7)。如果要制成漂白浆，还必须增加漂白工艺。此外，由于制浆废水对环境能造成相当严重的污染，因此，制浆黑液的处理也是草类制浆必不可少的工艺环节。

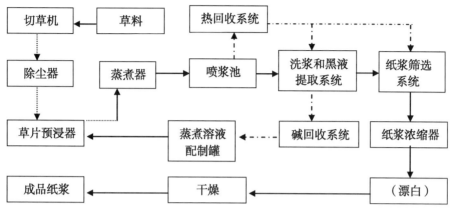

图 3-7 草料化学制浆主要工艺流程

原料的储存 造纸用的绝大部分草类原料均为农作物秸秆，如稻草、麦秸以及蔗渣等。生产正常的制浆造纸厂，都储存有相当数量的纤维原料，其主要原因如下：一是维持正常的持续生产必须储备一定数量的原料。例如一个日产 30t 文化用纸的制浆造纸厂，每个月必需稻草 2 250~2 700t。而稻草的采购季节性很强，例如我国南方每年只有10 月至第二年的 3 月是收购期，此时期有大量的稻草进场。而 4—9 月的用量必须在收购期储备起来。其他草类原料也存在类似的问题。二是为了改进原料质量，必须将原料储存一段时期。例如草类原料堆存 4~6 个月后，由于草类原料中果胶、淀粉、蛋白质和脂肪等的自然发酵，在蒸煮时碱液的渗透和脱木质素较新草容易，故可降低碱耗。又如蔗渣初榨出时含水量 50% 左右，含糖分 3% 左右，储存 3 个月以后，由于自然发酵，水分可以降到 25% 以下，糖分可以降到 0.05% 左右。但是由于这些原料的容重比较小，因而运输时装载的量比较小，故运输成本比较高，所以，为了降低原料采购成本，草类制浆厂的原料采购必须有合理的采购半径，或者采取分散采购和分散储存的办法。对于比较大的草类纸浆厂，我们提倡建立较为分散的原料收购与贮藏，这样不仅有利于降低生产成本，而且有利于降低原料储存中意外造成的损失。收购时应该注意控制原料的含水量，稻草、麦秆、龙须草等的含水量必须控制在 15% 左右，红麻、黄麻、芦苇必须控制在 20% 左右，蔗渣必须控制在 50% 左右。同时，由于这些原料的泥沙等含量较高，在收购时应该严把质量关。

草类原料在进场以后必须打包或打捆才能堆垛储存。打包或打捆一般采用机械的方法，规格基本控制在每包或每捆 25~40kg，以便于搬运。堆垛的规格及其他技术问题请参考其他的文献资料。这里必须强调堆垛时一定要注意通风、防雨问题。

备料　备料是制浆造纸的重要一环。备料就是将草类原料切成符合要求的长度，同时筛选除尘的过程。草类原料的备料与木材原料的备料具有较大的区别，如草类原料无须除桠、去皮等，但筛选、除尘、降尘要求较严。

蒸煮　蒸煮的过程，主要是脱木质素的过程，当然，不可避免地会使部分纤维素和半纤维素受到一定程度的降解。为了尽量减少纤维素和半纤维素的降解，同时，尽量加速和尽可能完全地脱除木质素，有必要提高对炭水化合物降解原理和脱木质素原理的认识。

蒸煮液对草类原料的浸透作用。蒸煮液一接触到草类原料，就开始向原料内部渗透，并开始一系列的化学反应。因此，浸透作用对顺利完成化学反应将起到非常重要的作用。为了浸透作用的顺利进行，有一个重要前提必须注意，即必须使药液与草类原料混合均匀，也就是说，必须有较大的浴比，这对以后的化学反应的完满完成是至关重要的。

蒸煮过程中碳水化合物（纤维素和半纤维素）的化学降解。蒸煮时碳水化合物的降解反应现已认识到的有两种。一是"剥皮反应"。当蒸煮温度上升到100℃时，从聚糖的醛末端开始水解，使得制浆得率降低。二是碱性水解。当蒸煮温度上升到150℃时，可能由于一种环氧化作用，使纤维素糖基 C_2 位置上的羟基发生电离，然后与 C_1 形成环氧化化合物，这样，纤维素葡萄糖苷键就发生了断裂，结果使纸浆平均聚合度下降，强度降低，得率降低。但目前只有通过降低最高蒸煮温度的办法解决这一问题。

蒸煮过程中的脱木质素化学。制浆的过程实际上主要是脱木质素的过程。但是，脱木质素的过程比较复杂，在此不做详细探讨。现在已经基本明了，木质素在植物纤维组织中的分布是，纤维胞间层中木质素的密度最大，但纤维细胞壁中的木质素含量，特别是 S_2 层中的含量最高。这些木质素在蒸煮过程中脱除的顺序将直接影响到脱木质素的反应历程和动力学。因此，研究和了解木质素脱除的顺序很有意义。

尽管草类原料的种类较多，但都有共同的或类似的物理、化学结构和性质，烧碱法蒸煮脱除木质素的反应历程极为相似。即①大量脱除木质素阶段。当升温到100℃左右以前的阶段。在这一阶段，木质素大约脱除了60%以上。可见烧碱法蒸煮脱除木质素早，脱木质素快，不需要高温。②补充脱木质素阶段。是指从100℃到最高温阶段。通过这一段时期，木质素的脱除能达到90%以上。最高温度的选择起着至关重要的作用。温度低了则需要很长的保温时间，温度高了则碳水化合物将受到严重的降解，影响纸浆的得率和质量。一般而言，草类原料烧碱法蒸煮的最高温度为140~150℃，稻草、龙须草、蔗渣的最高温度可能还要低些。③残余木质素脱除阶段。指的是在最高温度下保温一段时间，这一段时间内，木质素的降解量一般为5%以下。因此，只要很短的保温时间，甚至可以取消保温时间。

蒸煮工艺条件主要包括用碱量、液比、蒸煮最高温度和升温保温时间。不同的原料和不同的生产工艺，以及不同的最终产品对上述条件的要求都不相同。如对用碱量而言，组织结构紧密、木质素含量高的原料用碱量要高些，组织结构疏松、木质素含量低的原料，用碱量要低些。霉烂的原料、新鲜的原料用碱量高些，这是因为碱的消耗，除了消耗在木质素的降解溶出以外，也消耗在半纤维素的降解溶出，还消耗在这些降解产物的进一步分解上。蒸煮后制浆质量要求高的，如漂白化学浆，用碱量高些，而本色浆用碱量可以适当低点。

为了加速脱除木质素的速率，或保护纤维素和半纤维素使之少受降解，或者同时达到这两个目的，近些年来，世界各国在添加助剂方面做了许多工作，特别是在保护纤维素和半纤维素使之少受降解从而提高蒸煮得率方面做了大量的工作。如在碱法蒸煮时添加多硫化钠能够停止"剥皮反应"使制浆得率提高，添加亚硫酸钠或亚硫酸氢钠可以作为纤维素和半纤维素醛末端基的氧化剂从而减少"剥皮反应"，并最终提高制浆得率。通过添加硼氢化钠（$NaBH_4$）或低亚硫酸钠（$Na_2S_2O_4$）等无机还原性助剂，能使还原性基团特别是羰基还原成羟基，从而避免了纤维素和半纤维素的剥皮反应。近些年来，蒸煮助剂的方向已经转向草用有机助剂方面。既有氧化性助剂，又有还原性助剂。有的助剂既有氧化性又具有还原性。有些对加快木质素脱除有帮助，有些对保护炭水化合物有帮助，有些则兼而有之。目前用得最多的有机氧化助剂主要是蒽醌及其类似物。下面将重点谈谈添加蒽醌的作用。

添加蒽醌（AQ）是20世纪70年代开始使用的新方法。蒽醌的作用首先是氧化碳水化合物的还原性醛基末端，使之变成羧基从而避免"剥皮反应"，同时它还能够促进木质素脱除，起到了代替Na_2S的作用。我国对稻草、麦草和芦苇等草类原料都做过苛性碱法和NaOH—AQ法的比较。总的结果是NaOH—AQ法蒸煮得率提高，蒸煮速率加快，纸浆的强度也有一定改进。苛性碱—蒽醌法蒸煮麦草浆已经在生产上推广应用，取得了较好的效果。

纸浆的质量指标主要包括抗张强度、撕裂指数、耐破指数、断裂长、硬度、白度等，这些指标的好坏对纸浆质量的影响非常大。我国造纸厂以中小型草浆厂为主，且多数以自产浆造纸。因此，各厂自定的质量指标不完善。例如，各种草浆的质量指标，各厂只有硬度指标。各种碱法草浆的硬度范围，漂白用高锰酸钾值为8~12，这只适应单段次氯酸盐漂白的需要。如果采用常规3段漂白，高锰酸钾值应该达到16~18。

纸浆的洗涤 纤维原料经过蒸煮之后，大约有50%以上的物质溶解在蒸煮液中。蒸煮后所留下的废液叫黑液，其中，无机物占30%~35%，其主要成分为游离的氢氧化钠、硫化钠、碳酸钠、硫酸钠以及与有机物结合的钠盐；有机物占65%~70%，其主要成分为木质素、淀粉、树脂、色素以及降解的碳水化合物等。

纸浆洗涤的目的就是把纸浆中的黑液成分分离出来，并使纤维细胞壁及细胞腔中的蒸煮溶解物扩散出来，从而得到较洁净的纸浆。否则，会使筛选产生大量的泡沫，影响正常的操作，会使漂白过多地消耗漂剂，对有化学药品回收的工厂来说，还会降低化学药品的回收率。由此可见，纸浆的洗涤是纸浆过程中的一个必不可少的重要环节。

洗涤过程中如何把握好洗涤次数及水的用量，对提高纸浆的质量、得率，提高黑液的质量和得率具有重要意义。

纸浆的筛选与净化　浆料经过洗涤剥离浆中所含的废液和固型物后，还需要进一步处理，即剥离浆料中的未解析纤维成分，以及在收购、运输、储存和生产过程中进入的泥沙、飞灰、垢块、沉淀物、铁锈、螺钉、小铁片、铁丝、胶皮、小砖块、塑料等。还包括原料本身不可避免地带来的不能制成纸浆的物质，如苇节、谷壳、杂细胞、苇膜、蔗髓、红麻及黄麻的表皮等。

以上物质的存在不仅影响成纸的质量，同时还会损坏设备，使生产不能正常进行。因此，筛选和净化是提高纸浆纸张质量和产量的重要工序，应引起充分的重视。

浆料经过筛选净化剩下的浆渣可以回收利用，经过处理后可以生产质量较低的纸类品种，如包装纸等。

浆料的浓缩与储存　经过净化和筛选的浆料必须浓缩，主要是从以下几个方面考虑的。一是经过净化的纸浆浓度较低，0.5%左右，不符合漂白工序的漂白浓度（4%~6%）需要，高效漂白时，浓度甚至高到30%。因此，经过净化的纸浆需要浓缩至少10倍以上。二是为了调节和稳定生产，浆料经筛选、净化后到漂白工序前，需要将浆料进行储存。但在0.5%左右的浆浓度下进行储存是很不切实际的。三是在0.5%左右的浓度下，输送、搅拌的动力消耗很大，经济上很不合理。成品浆既可以直接用来生产各种纸张及纸制品，也可以用来生产商品浆。

至此，草类原料的化学纸浆的整个工艺流程已经基本概括了一遍。需要指出的是，不同的原料具有不同的原料特性，不同的最终产品对生产工艺的要求也不尽相同，而且，随着研究的深入，将会出现新的先进的化学制浆工艺，在生产上我们必须因材而异，灵活运用。

三、化学糖化

糖化是指采用化学和生物等方法剥离多糖原料中非糖类物质而提取乙醇生产原料（多糖或单糖）的加工过程。一般来说，乙醇生产原料要求糖的含量越高越好。

根据作用原理，糖化方法可以有化学糖化和生物糖化之分。化学糖化的基本原理和生产过程与制浆比较接近。根据生产工艺，糖化工艺可以分为多糖化和单糖化两个加工过程。前者是指从复杂的原料中提取多糖的加工过程，后者则是将多糖进一步降解为单糖的加工过程。从工艺原理上分析，前者的工艺技术要比后者复杂得多。

基于糖化生产尚未形成产业群，本书对其不作重点描述。

第三节 生物–化学或物理–生物–化学耦合法

孙庆祥等（1971）率先在国内外成功地选育出了苎麻脱胶专用菌株 T66，并于 1973—1974 年在湖南株洲苎麻纺织印染厂进行了粗酶液脱胶或菌脱胶试验，1985 年发明了苎麻细菌化学联合脱胶技术。尔后，湖南师范大学、武汉大学、华中农业大学、山东大学等单位先后展开了苎麻枯草芽孢杆菌脱胶的研究。这些跟踪性研究在学术上进一步丰富了苎麻生物脱胶的研究内容，但是，在技术原理上没有突破孙庆祥率先创立的"生物–化学联合脱胶"技术路线。

一、酶–化学联合脱胶

"苎麻酶法脱胶"是孙庆祥 1971 年在国内外率先提出的苎麻纺织工艺上的一项新技术。这项技术是利用微生物生长繁殖过程中所分泌的果胶酶等酶类，来分解剥离苎麻纤维中果胶等物质，使单纤维分离开来，以供纺纱之用。与化学脱胶方法比较，理想的酶法脱胶应该具有许多优于化学脱胶之处：一是成本不会很高，培养菌种的原料来源广而丰富；二是反应条件温和，在常温常压下即能脱胶，不需要加高温和加压；三是脱胶废液的污染处理负荷轻；四是酶作用具专一性，脱胶不会损伤纤维。因此，研究苎麻酶法脱胶对改造现有化学脱胶工艺具有更重要的意义。

目前，苎麻酶法脱胶工艺的研究进程已进入工业化生产试验阶段，但是，远远没有达到最初设想的理想状态，依然保持着孙庆祥 1985 年率先创立的"生物–化学联合脱胶"生产模式，即利用微生物分泌的酶处理苎麻以后，再用烧碱等化学试剂作为催化剂在 100℃以上的高温下继续处理苎麻，直至剥离胶质、达到纺织要求。

脱胶菌种"H52.2"是从腐烂麻壳中分离筛选出的一株脱胶能力较强的好气细菌。主要特征为：革兰氏阳性，杆状，菌体长×宽为（1.71~2.85）μm×（0.57~0.86）μm的菌体（38℃培养24h），有芽孢，芽孢卵形，近中央位置，膨大时菌体呈纺锤形，芽孢在培养40h左右大量出现。在豆芽葡萄糖平板上长成图形乳白色菌落，表面有折皱，边缘有缺刻，无黏性，易挑起。生长最适温度 41~44℃生长最适 pH 值 6.0~6.8。经过后来的分类鉴定，脱胶菌种"H52.2"属于枯草芽孢杆菌一个菌株（本所菌株编号为T28）。

酶液生产技术 在实验室条件下研究了 H52.2 菌种的液体发酵技术，初步明确了获得脱胶酶液的一些技术条件。经研究，H52.2 在肉汤培养基上生长不良，在豆芽汁葡萄糖培养基上生长旺盛，因此，采用豆芽葡萄糖培养基进行斜面培养。成分及制法如下：将新鲜黄豆芽洗净，放 200g 至水中煮沸 30min，过滤补足水分，加葡萄糖 50g、琼脂 20g，继续煮溶，补足自来水至 1 000mL，调至 pH 值至 8.5，装管，15 磅灭菌 30min，pH 值降至 6.5 左右，在 38℃ 培养 48h，检查灭菌后使用。斜面接种后在 38℃ 下，培养 20~24h 取出，此时裂殖正处在旺盛阶段，如培养时间过长（40h 以上）而产生大量芽孢用于液体接种则效果不好。液体发酵在摇床（频率 94 次/min，振幅 8cm）上进行，用 500mL 三角瓶装培养液，每瓶接斜面菌种一环。为了选择来源广、成本低、效果好的材料供作培养基用。先后研究了豆饼、统糠、糠饼等作培养基的效果。豆饼虽效果好，由于湖南省来源较少，且成本较高，故难采用。统糠效果较差，所获酶液活力不高，脱胶不完全。经多次试验，以糠饼为主要成分的培养基效果很好，酶液活力与豆饼相当。糠饼用量 2% 即可，增加用量至 3% 无益。附加成本中，苎麻浸出液必不可少，缺少该成分脱胶效果明显下降。其他附加成分的作用，总体来看，加硫酸铵是必要的；加磷酸二氢钾尤为重要，用量少于 0.1% 或不加则酶活力减弱，脱胶率显著降低；硫酸镁的作用似乎不明显。根据试验结果，可以认为，供液体发酵的合适培养基配方应为：糠饼粉 2.0g，硫酸铵 0.25g，磷酸二氢钾 0.1g，硫酸镁 0.05g，苎麻浸出液 100mL。H52.2 菌在怎样的温度下培养最适于其生长发育和果胶酶等脱胶酶系的产生，是需要研究明确的。经 3 个温度（28℃、37℃ 和 41℃）培养试验，结果是 41℃ 最好。经 22h 所获酶液浸麻（60℃，1.5h）后的纤维分散率分别为 10%、4% 及 70%。起始 pH 对发酵液粗酶液的影响试验结果表明（表9-3），不调 pH（自然 pH 值 5.6）不行，由于 pH 不适有碍菌的生长及酶的产生，致使在相同温度时间下，纤维分散率仅 40%，其他均达 75% 以上。调 pH 以值 8.0~9.0 为宜，灭菌后降至 6.5~6.8，这正是 H52.2 菌生长最适 pH。H52.2 菌是好气细菌，液体发酵中需通气给氧。该团队用 500mL 三角瓶装不同量的培养液，在摇床上做了通气量试验。试验处理结果显示，以 500mL 三角瓶盛 100~125mL 液最为适宜，超过此量（通气量减少）或低于此量（通气量增加）酶活力减低，纤维分散率下降。在摇床培养过程中分段取样测定了 pH 值及酶活力（这里用纤维分散率表示，分散率越大，表示活力越高）的变化，结果是，培养液的 pH 值和活力（纤维分散率）随着培养时间的增长，而有规律的增高，当 pH 值达到 8.3~8.7 时，活力达到高峰（纤维分散率达 85%），再继续培养下去 pH 值不再升高，活力反略有降低，说明酶液已经成熟。根据这一规律，可以认为，在生产上以 pH 值上升至 8.5 左右作为酶液成熟标准是可行的。

酶液浸麻脱胶的关键技术 当酶液达到成熟标准，即可用来浸麻脱胶。为了提高酶液脱胶的效果，在 1∶10 浴比的条件下，研究了脱胶温度，脱胶 pH 等问题。每一种酶的活力高峰都有其特有的温度范围。H52.2菌所产生的脱胶酶系在怎样的温度范围里才出现其活力高峰呢？这对提高脱胶效率是非常重要的。试验结果认为在55~60℃下进行脱胶是适宜的。酶活力除受温度影响，还受pH值的影响。将培养成熟的酶液分别调pH值5~10，进行脱胶试验，结果表明，pH值8~9活力最高（纤维分散率为80%~85%）。由于酶液成熟时pH值已达8.5左右，这恰是活力高峰的最适pH，故无须再调，可直接使用。前面在谈培养基时，曾有苎麻浸出液一项，其中煮沸30min捞出的麻的预处理。据我们用未处理的苎麻与其进行对比脱胶，结果是经处理的麻脱胶时间缩短。关于完成脱胶所需时间，用该所64-13品种的头麻进行试验，一般需要2.5h左右。由于每次培养的酶液的活力高低不会完全一样，完成脱胶所需时间必然或长或短，故在生产上不能以时间为准，应以是否完成脱胶为准。

酶液的重复使用与酶液贮存中的活力变化　从理论上说酶在分解底物过程中本身不会消耗，但在实际生产上，由于脱胶后纤维上带走一部分，加上其他因子的影响，用过一次的酶液活力则明显下降。据我们测定，用新鲜酶液浸麻1.5h，纤维分散率75%，浸2.5h为90%；用过一次的酶液再浸麻时，1.5h纤维分散率降为40%，2.5h降为50%，可见活力已明显降低。尽管如此，用过一次的酶液仍有使用价值。可考虑采用二次脱胶法；第一次用废酶液粗脱胶，第二次再用新鲜酶液完成脱胶。这样使用酶液是较为经济的。酶液在存放过程中活力会慢慢降低。据初步测定，用新鲜酶液浸麻2.5h纤维分散率为95%，室温下放置24h后再浸麻（2.5h）则纤维分散率降至85%；存放48h后纤维分散率降至75%。因此，酶液生产出来立即使用为好，不宜存放，以免活力降低。

关于酶法脱胶的研究，有些工作还未来得及做完，如酶法脱胶纤维的纺织性能鉴定、大体积液体发酵试验（发酵罐培养）以及其他等问题，有待在今后工作中研究充实，使其更加完备。只要"不断地总结经验，有所发现，有所发明，有所创造，有所前进"，苎麻"酶法脱胶"这项新工艺，作为一种理想的生产工艺肯定能在生产上得到应用。

事实上，刘焕明等采用果胶酶、木聚糖酶、甘露聚糖酶分别处理以及采用3种酶联合处理苎麻6h以后，苎麻残胶量还有20%以上，酶处理对非纤维素物质的去除率不到30%。这就是说，在没有弄清楚生物脱胶工艺原理的前提下，试图依赖几种酶来彻底剥离苎麻中的非纤维素物质、实现真正意义上的"生物脱胶"几乎是不可能的。

二、苎麻细菌化学联合脱胶技术

由于苎麻"酶法脱胶"研究未能获得十分理想的结果，孙庆祥研究员根据当时生产力水平，继而提出了"加菌脱胶技术"的概念。将T66菌株接种到生苎麻上进行发酵脱胶试验，结果是 T66 菌株能够破坏部分胶质的结构，但要满足纺织要求，还需化学脱胶予以弥补，由此在国内外率先发明了"细菌-化学联合脱胶"工艺。

发酵条件 采用每个 500mL 三角瓶装苎麻（生苎麻）10g、自来水 100mL，不灭菌，接种龄为 8h 的 T66 液 2mL，于 42℃下摇床培养 18h，以手感目测法确定脱胶程度，进行接种量、温度和添加无机盐等发酵条件试验。按菌液占麻重的百分数计算，供试菌液含活菌（1.35~6.4）×10^{10} cfu/mL，试验结果显示，接种量在 5%~30% 范围内均能使苎麻完全软化并分散成单纤维，低于 5% 脱胶效果明显变差。将苎麻接菌后分别置于不同温度下发酵，然后观察脱胶程度，结果以 43℃ 脱胶效果最好。低于 28℃ 不脱胶，48℃ 脱胶微弱。在不添加无机盐和其他营养物质的条件下，苎麻从接种至发酵过程结束，一般需 18~20h，最长为 24h。添加不同无机盐的试验结果表明，添加少量磷酸盐可使脱胶时间由 22h 减少至 10~12h；加铵盐也有较好效果；添加钙、镁和锰盐对加速苎麻脱胶进程无明显作用，加锌盐则产生抑制作用。

细菌脱胶工艺流程 T66 菌斜面培养→摇瓶扩大培养→苎麻加菌发酵→拷洗。加菌发酵在小缸中进行，每次投麻 1.5~2.5kg，接种量 10%~20%，浴比（麻：水）1：10，未额外添加无机盐和其他营养物质，温度 40~42℃，以 Z0.05/6 型空压机通气，风量适中，发酵中及时检查。当苎麻完全变软，撕拉可分离成单纤维时结束发酵。试验结果表明，苎麻经 T66 菌 18~20h 发酵后完全软化，拷洗后分散成单纤维。说明原来各单纤维之间的胶结物已被分解。据测定，脱胶后纤维含胶量由原来的 26.561%~28.418% 降至 13.194%~13.645%，去除率为 50.33%~51.99%，纤维素含量由 71.582%~73.439% 提高至 86.355%~86.806%；所剥离的胶质主要为水溶物、质腊、果胶和木质素，半纤维素剥离的不多。这表明该菌株的半纤维素酶活力较弱。据观察，苎麻经细菌脱胶再通过洗涤后，纤维在水中呈分离状态，但晒干后纤维又并在一起，手感硬，色灰暗，这主要是由于尚含较多胶质所致，说明单靠 T66 菌的脱胶作用还不能得到完全符合纺织要求的精干麻。

化学精炼工艺参数 为了提高细菌脱胶麻的利用价值，在苎麻细菌脱胶后用稀碱液进行精炼，再漂白、渍油、烘干制成精干麻，其质量达到纺中、高支纱的要求。化学精炼的工艺参数为：烧碱 4.8%、亚硫酸钠 1.6%（对苎麻重），浴比 1：15，常压沸煮 6h，同时，以相同品种苎麻进行化学脱胶对比。其中，化学脱胶工艺参数为：浸酸（H_2SO_4 1.84g/L，浴比 1：10，50~60℃，1.5h）→一煮（NaOH 5%，Na_2SiO_3 2%，浴比 1：15，常压沸煮 4h）→二煮（NaOH 12%，Na_2SiO_3 2%，浴比 1：15，常压沸煮 5h）→打纤→漂、酸、洗→精炼（NaOH 2%，Na_2CO_3 5%，肥皂 1.6%，浴比 1：15，常压沸煮 4h）→冲洗→脱水→给油→脱油水→烘干。

采用上述两种脱胶方法制得的精干麻，其化学和物理测定结果表明，两种脱胶方法制得的精干麻残胶量基本接近，均在 2% 以下，果胶、半纤维素和木质素含量也相差不多，说明细菌脱胶后再经过稀碱精炼等后处理得到的精干麻质量达到化学脱胶水平。细菌脱胶的制成率、梳成率和单纤维强力均高于化学脱胶，其余指标不相上下。

综上所述，在适宜条件下利用 T66 菌株进行苎麻脱胶，一般经 18~20h（添加磷酸二氢钾可使脱胶时间缩短至 10~12h）可将单纤维之间的胶质分解，使苎麻软化，经洗涤后纤维呈分离状态。据测定，被剥离的胶质约为苎麻总胶量的 50%，余下 50% 左右胶质（其中 85% 左右为半纤维素）仍残留在纤维上，但这些残留物质的分子聚合度可能已经降低，即由分子量较高的物质半解体为分子量较低的物质，可以用稀碱液除掉。由于细菌脱胶后的苎麻纤维残留较多胶质，故颜色灰暗，手感较硬，分离度差，还不能完全满足纺织要求。为此，需要进行化学后处理才能得到符合纺织要求的精干麻。据试验，采用苎麻重 4.8% 烧碱和 1.6% 亚硫酸钠，浴比 1:15，常压沸煮 6h，所得精干麻的物理和化学测定指标与纯化学脱胶精干麻质量不相上下，可满足中、高支纺织工艺要求。同时，制成率和梳成率均有提高。这对于降低成本和增加经济效益具有重要意义。

脱胶菌种 T66 的扩大培养 为了适应生产规模的需要，首先研究了脱胶菌种扩大培养技术。采用的工艺流程是：试管斜面（14~16h，42℃）→茄形瓶→（14~16h，42℃）种子罐。种子罐容量为 100L，带搅拌和机械消泡装置，每罐装料 70L（豆饼培养基），自然 pH 值（5.5~5.6），灭菌后接入两个茄形瓶菌悬液，在 41±1℃ 下，采用正交法研究了其余罐培条件，以培养液中活菌数为主要计量指标，脱胶效果和镜检结果为参照指标，研究结果显示，3 个罐培条件的主效应是：时间>罐压>风量；它们各自 3 个水平的效应分别为：时间，12h>10h>8h；罐压，0.5>0.7>0.3kg/cm²；风量，1:1>1:1.3>1:0.7 由此组成的最佳组合为，培养时间 12h，风量 1:1 和罐压 0.5kg/cm²。但参照镜检和脱胶结果来看，培养 12h，菌体偏老，培养 8~12h，脱胶效果没有显著差异，故在生产上采用 10h、1:1.0 和 0.5kg/cm² 这一组罐培条件更为适宜，这样可以较少的时间和能耗，获得较多的粗壮菌体。

工厂化生产的发酵条件 苎麻细菌脱胶过程系采用固-液相通气发酵方式，发酵条件中，温度和 pH 用小试结果最适值，除注明者外，其余条件为：麻水=1:10，三聚磷酸钠 0.1%，T66 菌接入量 20%（菌液对麻重）。T66 活菌含量（1.7×10⁸）~（5.7×10⁹）cfu/mL 的接种量为 1% 时，脱胶效果较差，手感欠柔软，有少量硬条，残胶量较高；接种量在 5%~30% 范围内，手感无区别，纤维完全分散，但其内在质量——残胶量，有随接种量增加而降低的趋势。这说明适当增加接种量有利于提高脱胶质量。8 种磷酸盐（浓度均为 0.1%）的对比试验结果表明，添加 8 种磷酸盐对苎麻细菌脱胶均有促进作用，其中以三聚磷酸钠效果最佳，其次为磷酸二氢钾、磷酸氢二铵。以下次序为：磷酸氢二钾>磷酸三钠>磷酸二氢铵>磷酸二氢钠>磷酸氢二钠。三聚磷酸钠以 0.1%

适宜，当浓度提高到 0.15%～0.20% 时，脱胶效果未见明显改善。三聚磷酸钠来源广泛，价格低廉，用于苎麻细菌脱胶比较理想。在细菌发酵过程中，采用分段取样的方法观测了不同发酵时间苎麻脱胶程度和残胶量。试验结果表明，苎麻接种后发酵 10h 即软化，稍有夹生；发酵 12h，苎麻完全软化，纤维全部分散；继续延长发酵时间，手感已无区别，但残胶量仍在降低，从 12～16h 内胶质又减少了 0.728%，说明细菌的脱胶作用还在缓慢地进行。但就经济效益而言，延长发酵时间对减少能耗和提高设备利用率不利，考虑到细菌脱胶后还有一化学处理过程，将发酵时间控制在 12h 左右即能获得较为满意的脱胶效果。选用在当前生产上有代表性的 3 个苎麻品种进行了脱胶试验。其中，黄壳早和芦竹青是湖南大面积栽培品种，黑皮蔸是广西优良栽培品种。试验结果表明，3 种苎麻接种 T66 菌后，均能顺利完成脱胶过程，苎麻完全软化，单纤维互相分离，残胶量因品种不同变化于 11.471%～12.960% 之间，胶质脱除率达 52.98%～55.38%。一般来说，含胶量高的品种细菌脱胶后残胶量也相应地高一些。

细菌化学联合脱胶工艺设备　细菌脱胶专用设备主要是专门为发酵工序（中试）设计的"细菌脱胶锅"（获得国家实用新型专利）。它是一个近似于高压煮炼锅的发酵桶，直径 1 400mm，高 1 550mm，体积 2m^3，内有通气、排水管道，外有保温夹层，桶盖装有压力表，温度计和排气口（图 3-8）。实际上，在大规模生产应用时，为了满足工业化、连续化生产需要，将苎麻细菌脱胶锅进行了扩大化改进，也就是根据这一专利产品的技术原理，将常规化学脱胶工艺使用的煮锅改造成了用于细菌发酵脱胶的专用设备。其大致形状和管道布局没有改变，发酵桶的大小保留了原有煮锅的尺寸，即直径为 2 200mm，桶高为 2 450mm。

后处理采用常规化学脱胶设备，包括煮锅、拷麻机、漂酸洗联合机、脱水机、抖麻机、渍油锅（有时以轧干机和渍油槽与漂酸洗联合机串联替代）、烘干机等。鉴于这些设备有定点生产厂家或者是定型产品，都有相应的技术性能指标介绍和使用说明，此处不一一介绍。

由于细菌脱胶的技术原理发生了改变，因此，后处理工艺设备的选型与配套需要根据工艺特点进行具体设计。否则，有可能导致生产运转失调，不利于生产管理和成本核算。

细菌化学联合脱胶工艺流程　细菌制备与脱胶的工艺流程如图 3-9 所示。其中，苎麻扎把就是将苎麻理直后，按照 0.4～0.7kg/把的重量分别扎成小把，然后，分层装入麻笼（直径 1 200mm，高 1 200mm，分隔 10 层），装料密度：180kg/笼（中试规模）。中试完成以后，生产应用过程所使用的麻笼是化学脱胶方法的工艺设备，装料密度为 500kg/笼。

菌种制备就是先将试管斜面保存的菌种接种到茄形瓶斜面上培养，然后，转接到种子罐中培养，获得活化态菌液用于苎麻接种。种子罐容量 100L，装料 70L，自然 pH，

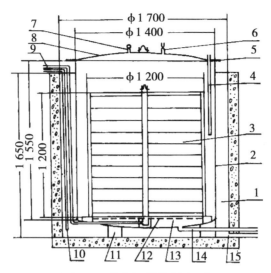

图 3-8 苎麻细菌脱胶锅示意

1. 保温夹层；2. 发酵桶；3. 麻笼；4. 温度计导筒；5. 螺栓；6. 排气阀；
7. 气压表；8. 发酵桶盖；9. 净化空气管；10. 夹层蒸汽管；11. 发酵桶支脚；
12. 分气管；13. 分气孔；14. 发酵桶排水管；15. 保温层排水管

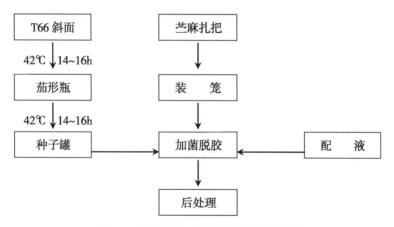

图 3-9 苎麻细菌化学联合脱胶工艺流程

灭菌后接入两个茄形瓶的菌悬液，控制温度41℃±1℃，风量1：1.0，罐压0.5kg/cm²，培养10~11h后出罐，终pH值7.1~7.4，镜检菌体密集、粗壮、无芽孢。按1：10浴比加普通自来水于发酵桶内，调温至42℃，再加0.1%的三聚磷酸钠。加菌脱胶：按20%的接种量加T66菌液，将麻笼吊入发酵桶内，加盖，保温41℃±1℃，通入净化空气，风量1：0.45，桶内压强0.5kg/cm²，发酵12h。苎麻经细菌发酵后，按：脱水→装笼→精装→拷麻→酸洗→脱水→渍油→脱水→烘干的流程进行后处理（同化学脱胶方法）。

细菌化学联合脱胶效果 苎麻经细菌-化学联合脱胶和常规化学脱胶各主要工序处理后，其半制品化学分析结果显示，细菌发酵后总含胶去除率为 40.53%，果胶 23.17%，半纤维素 5.67%，木质素 39.42%。精炼后，累计总含胶去除率为 92.89%，果胶 92.48%，半纤维素 87.76%，木质素 82.49，超过了常规化学脱胶二级煮炼的效果。这一结果说明，苎麻经细菌发酵作用后，不仅去除了总含胶中的 40.53%，并使残留的另一部分胶质——主要是半纤维素。发生了某种结构上的改变，即由较难分解态，变成了易分解态，然后经稀碱液精炼予以剥离，最后获得比常规化学脱胶质量更好的精干麻。

细菌-化学联合脱胶纤维损失少，脱胶制成率达 69.18%，比常规化学脱胶高 2.18%，其精干麻具有很好的柔软度和松散度，一等品率（正品率）高达 98.06%，比常规化学脱胶提高 17.03%，白度 64.3 度，含油率 1.14%，含油合格率 86.7%，分别比常规化学脱胶提高 2.1 度，0.15%，24.03%。

实验结果还显示，细菌化学联合脱胶精干麻物理测定结果除平均强力、相对强力、平均伸长以及定伸长弹性略低于常规化学脱胶外，其勾结强力、勾结相对强力、勾结伸长、耐磨、弯曲疲劳等项指标均优于常规化学脱胶，特别是纤维耐磨次数提高 4.5 倍，弯曲疲劳次数提高 23.6%，显示了良好的物理机械性能，改善了纤维的可纺性。至于纤维强力略有降低，可能与精干麻纤维素分子聚合度降低有关。细菌化学脱胶比常规化学脱胶的精干麻聚合度降低 8.565，说明纤维素分子链中所含重复结构单元的数目减少。但适当降低苎麻纤维的聚合度和结晶度，对改变刚性太强、断裂伸长少、弹性恢复能力低、耐磨和弯曲疲劳差等不良物理性状有益。试验证明，经细菌化学联合脱胶后，精干麻松散、柔软，纤维的耐磨和弯曲疲劳大幅度提高，物理和机械性能得到了根本的改善，有利于成纱质量的提高。

细菌化学联合脱胶精干麻的梳纺试验 采用下述工艺流程进行了两种脱胶工艺精干麻的梳纺试验：CZ141 软麻→养生堆仓→C111B 开松→CZ191 梳麻→BR221.CZ304 预并→B311B 精梳→CZ304A→CZ423→CZ304A→CZ304B→CZ411 头粗→CZ421 二粗→DJ562 细纱。

试纺了 36 支纯麻纱和 54 支涤麻纱两个品种，试验结果表明，细菌化学联合脱胶精干麻梳成率为 57.5%，比常规化学脱胶的 54% 高出 3.5%，细纱千锭时断头率比常规化学脱胶降低 15.14%，生活好做，工人劳动强度降低，精梳麻条的纤维长度、短纤率、硬条率以及细纱品质指标等都没有明显差别。

织造试验 织布工艺流程如下：

经纱：络筒（1332m）→整经（1452A-180）→浆纱（G142B-180）→穿经；

纬纱：络筒（1332m）→卷纱（G191）→织造（1515-56）→验布（G312-160）→折布

（G352-160）→修布→复查→拼件→打包（A752B）→入库。

测试结果表明，采用细菌化学联合脱胶与常规化学脱胶坯布物理指标相当接近。两种脱胶方法均能满足 FJ524-82 对坯布一等品物理性能的要求。其中，断裂强度超过规格指标的 30。同时，细菌化学联合脱胶坯布的纬向强度和白度均高于常规化学脱胶的坯布。两种脱胶方法坯布的各类织疵均以断经、经缩、脱纬、拖纱和双纬为主，采用细菌化学脱胶的坯布较之常规化学脱胶具有色光纯正、布面挺括、平整等优点。

漂整试验 工艺流程：翻缝→退浆（LMH042）→漂白（LMH063）→烘干（LMH101）→烧毛（LMH001A）→丝光（LMH201）→烘干（LMH101）→复烧毛（LMH001A）→复漂（LMH0631）→烘干（LMH101）→柔拉（LMH734）→成品。

细菌化学联合脱胶的坯布和成品布白度以及成品布强度等指标优于常规化学脱胶。

苎麻细菌化学联合脱胶技术生产应用效益分析 一是污染程度轻：细菌化学联合脱胶的污水是由细菌发酵废液和化学精炼废液（包括精炼后的洗麻水）两部分组成，前者是细菌分解产物，而后者主要是苎麻胶质的碱化物，两部分污水的成分截然不同。因此，有可能将两种污水分流，分别处理达到较好的经济效益和社会效益。这一设想将留待今后继续研究。现仅对两种不同脱胶方法的污水在相同处理方法的基础上，对排放水质水量、经济效益做初步的对比。细菌化学联合脱胶废水主要由发酵废液、精炼废液和洗麻液构成，每加 1t 苎麻的废水量分别为 10t、12t 和 12t；常规化学脱胶废水主要包括煮炼废液和两次洗麻液（一煮、二煮）水量各为 12t。测定结果表明，将细菌化学脱胶 3 个水样的 COD 值和常规化学脱胶 3 个水样（洗麻液为一煮、二煮混合液）的 COD 值分别进行加权平均，求得各自混合样的 COD 值为 3242.9 和 7533，即细菌化学联合脱胶比常规化学脱胶 COD 降低 56.95%，这就相应地降低了污水处理构筑物的水力负荷，有利于生化处理，有可能提高污水处理排放水质的合格率，减少环境污染，可以收到较好的社会效益。对于新建的细菌化学联合脱胶厂，可以减少污水处理设备与建筑面积。

二是投入低产出高：细菌化学脱胶精干麻及纤维内在质量有较大幅度的提高，脱胶一等品率（正品率）、制成率和梳成率的提高，导致了成本的降低。同时，辅助材料和能源消耗的降低也都促成了成本的下降。计算到有基本统一销售价格的精梳麻条为止，每加工 1t 精干麻，细菌化学联合脱胶比常规化学脱胶的烧碱用量降低 54.9%；总能耗降低 9.9%；精干麻制成精梳麻条，细菌化学联合脱胶盈利率比常规化学脱胶提高 14.7%。

综上所述，通过大量试验，研究出一整套细菌化学联合脱胶新技术。该技术由细菌发酵和化学后处理两部分组成，苎麻先经细菌的发酵作用，剥离一部分胶质，并使残留的另一部分胶质（主要是半纤维素），发生某种结构上的改变，即由难分解态变成易分解态，然后再通过稀碱液的精炼予以剥离，最后获得合格的精干麻。这项综合性脱胶技术克服了常规化学脱胶的许多缺点，也弥补了纯细菌脱胶的某些不足，适于在生产上广泛应用，老厂只需将现有设备稍加改造，再添置一些细菌培养设备即可投产，以减少原料运输，降低成本。

试验结果证明，细菌化学联合脱胶工艺可以适应不同产地、等级的苎麻加工、具有良好的稳定性；脱胶制成率稳定性在 69% 左右；精干麻一等品率（正品率）平均达98%；梳成率比常规化学脱胶高出 3.5%；精干麻松散、柔软、洁白，各项物理、化学测定指标达到较好水平，不但能纺制中档的 36 支纱，而且还能纺制高档的 54 支涤麻混纺纱，36 支纯麻纱稳定在一等一级以上水平，麻布质量良好。

细菌化学联合脱胶工艺有较高的经济效益，总利润可提高 14.69%，烧碱用量降低54.9%；总能耗降低 9.90%。

利用细菌化学联合脱胶工艺进行苎麻脱胶所产生的工业废水，其污染程度会比化学脱胶方法有较大幅度减轻。初步测定结果表明，细菌脱胶以后的精炼废液中化学耗氧量比常规化学脱胶一煮废液降低 56.95%，这就有可能减少新建厂污水处理项目的基建投资。同时，由于污水中的化学耗氧量降低，在污水处理中可以减少稀释比例节约稀释水的水费和排污费，每年可节约一定污水处理运行费用。当然，细菌脱胶的废液中也有一定浓度的污染物，但是，即便是两种废液合并到一起，其污染物处理负荷也比化学方法少很多。如能对细菌脱胶废液采取分流和稀释后直接排放措施，这项技术将会带来更大经济效益和社会效益。

第四节　生物精制法

基于传统方法不适宜工业化生产而常规方法对环境造成严重污染等问题，Hauman（1902）从沤过的亚麻茎秆上分离出一些细菌以及英国牛津大学 A. C. Thayson 和H. J. Bunker（1927）提出"纤维素半纤维素果胶及胶质的微生物学"这个概念以后，国际上广泛开展了"生物脱胶""生物制浆"和"生物糖化"研究。其初衷在于通过驯化对苎麻、红麻等草本纤维精制有益的微生物、规范酶促反应条件，以加速纤维精制进程、提高生产效率。先后报道相关研究的有英国牛津大学、苏联农业科学院亚麻研究所、印度黄麻研究所、美国佛罗里达大学、日本早稻田大学以及中国农业科学院麻类研究所、湖南师范大学、武汉大学、华中农业大学、中国科学院遗传研究所、山东大学等十几个国家的 100 多个单位。经过 110 年"草本纤维生物精制"的探索研究，之所以国内外多数研究未能取得大规模生产应用的突破，笔者认为除了部分研究没有连续性以外，主要原因是因为有两个根本性问题未能解决好：一是缺乏针对草本纤维原料特性而选育出来的模式菌株，二是草本纤维生物精制工艺原理不清楚（尤其是复合酶催化多底物降解反应机理）。但是，可以肯定，草本纤维生物精制工艺可以克服常规化学方法存在的弊端，是发展草本纤维产业的关键所在。

草本纤维生物精制方法是在传统沤麻方法基础上发展而来的现代农产品加工方法。其理论基础是生物催化剂——酶学。与化学催化剂比较，生物催化剂具有催化效率高、催化作用专一性强、催化反应条件温和等特点。因此，人们把开发利用草本纤维资源的希望寄托在生物脱胶和生物制浆技术发明上。如果说化学脱胶和化学制浆方法的创立是工业革命的产物，那么，生物脱胶和生物制浆方法的发明就是科学技术进步的结晶。以发展的眼光来看，草本纤维化学精制方法的创立确实使草本纤维的开发利用走上了工业化生产的道路，对人类服饰和纸品的多样化作出了重大贡献。不难想象，伴随生物精制方法体系的形成，草本纤维的产量超过棉、毛、丝，甚至是化纤的设想以及草本纤维制品成为引领全球纤维制品潮流的拳头产品的愿望就有可能实现。也就是说，草本纤维生物质产业有可能成为类似于现行石油、钢材行业的人类生活和社会发展必需品的支柱产业。

一、生物精制法的基本概念

首先，为了统一认识、规范概念，应该从生物和化学这两个对等的学科名称出发，明确草本纤维生物精制作为一类方法的基本概念。鉴于草本纤维化学精制是利用化学催化剂——酸和高温条件下的碱催化草本纤维质农产品中非纤维素物质的降解，并辅以一些后处理措施而获得满足后续加工要求的纤维素纤维的加工方法，那么，草本纤维生物精制应该是以生物催化剂（酶）催化草本纤维质农产品中非纤维素物质的降解为核心（即生物处理过程能剥离 50% 以上的非纤维素物质）而获得满足后续加工要求的纤维素纤维的加工方法。例如，纤维质农产品——苎麻（含果胶 5.0%、半纤维素 13.4%、木质素 1.4%）经过细菌、真菌发酵或酶制剂处理（不含辅助的物理作用或化学反应等后处理），所获得的半制品中果胶、半纤维素和木质素残留量应该依次小于 2.5%、6.7% 和 0.7%。否则，即使生物处理过程确实起到重要作用但剥离非纤维素物质的总量达不到 50%，只能称为"生物预处理"，或者称为由化学领域向生物领域转变的过渡型"生物-化学联合脱胶/制浆/糖化"工艺。

其次，从方法和工艺的区别着手，明确草本纤维生物精制方法与工艺的具体含义。在草本纤维生物质加工业中，加工方法是针对作用机理而言的，是一个泛指名称，如化学法、生物法、物理法等；加工工艺是针对技术条件而言的，是一个比较具体的概念。草本纤维生物精制方法可以分解为许多种工艺。从这种概念上讲，在麻类生物脱胶技术研制过程中，孙庆祥等研究形成"苎麻细菌化学联合脱胶技术"的说法是不很确切的。

如果作为一种方法名称，应该说成"生物-化学联合脱胶方法"比较合适；如果作为草本纤维生物精制方法中的一种工艺（或技术），可以说成"细菌发酵-碱煮联合脱胶技术（或工艺）"等。根据当时发明该方法的历史地位，笔者更倾向于定位为一类方法发明。还有一些生物学家根据用于处理草本纤维原料的生物制剂种类，提出了诸如酶脱胶、酶法脱胶、细菌脱胶、厌氧细菌脱胶、真菌脱胶等说法，这些说法都只能是在草本纤维生物精制方法大前提下细分出来的不同工艺而已，因为无论是菌还是酶、是真菌还是细菌，都是生物学范畴的概念或物质，而且对草本纤维脱胶起关键作用的都是生物催化剂——酶。生物脱胶方法可分为菌脱胶和酶脱胶两个系列的工艺。菌脱胶——少量活化态菌种直接接种到草本纤维质农产品上，在适宜脱胶菌种生长的条件下利用草本纤维质农产品中的非纤维素为培养基来扩增微生物数量，使之分泌胞外酶催化非纤维素降解而实现脱胶。酶脱胶——将菌种接种到专用培养基上进行多级发酵并制成酶制剂以后，再将草本纤维质农产品浸泡于按照各类酶的性质及其合适比例配制成的酶液中，利用酶在特定条件下催化非纤维素降解而实现脱胶。

再者，根据草本纤维质农产品特性和精制纤维的目的，给草本纤维生物精制下一个比较准确的定义。笔者认为，可以把草本纤维生物精制方法分为传统概念和现代概念加以区分。传统概念的草本纤维生物精制可以定义为，采用以生物降解作用（如细菌发酵、真菌发酵或酶催化）为主——剥离苎麻、红麻等草本纤维质农产品中50%以上应该剥离的非纤维素物质，适当辅以物理作用或少许化学作用获得满足后续加工要求（如苎麻精干麻的品质指标符合纺织行业相关标准）的纤维素纤维的加工方法。按照传统概念，无论是传统的"沤麻"还是根据后续加工要求非纤维素剥离程度不同而形成的"半脱胶"，如用于纺织夏布的苎麻脱胶、用于编织麻袋或工艺墙纸的红麻脱胶等，实际上只剥离了部分胶质（俗称"半脱胶"），都属于草本纤维生物精制范畴，因为它们同时具备了以生物降解作用为主和满足后续加工要求两个必要前提，同时，应该剥离的非纤维素物质不包括组织型非纤维素，如苎麻中的麻壳和麻骨。现代概念的草本纤维生物精制方法的定义是：采用生物降解作用快速剥离草本纤维质农产品中绝大多数应该剥离的非纤维素而获得满足后续加工要求的纤维素纤维的加工方法。与传统概念比较，现代概念的草本纤维生物精制方法的显著特征：一是"快速"，利用生物催化作用剥离草本纤维质农产品中非纤维素的生产周期<8h，否则，难以满足工业化、自动化生产要求；二是"全能"，所用生物制剂具备独立剥离纤维质农产品中绝大多数非纤维素的功能，无须化学作用予以补充，否则，就如"多种作用机制并存"的耦合方法一样，难以满足轻简化、规范化生产要求；三是"低耗"（资源节约），要求加工过程中各种资源消耗（包括人力资源、能源、原料及工艺辅料如生物制剂、固定资产维护与折旧等）都处极低水准，因为经过该加工过程获得的产品依然只是类似于皮棉的工业原料；四是

"减排"（环境友好），整个加工过程所形成的工业废气、废渣排放量很少，工业废水中几乎不含无机污染物而且有机污染物的含量也很低，机械噪声不影响周边环境。

二、生物精制法的工艺分类

根据核心作用物的初始状态及其作用机理与工艺技术条件，可以把草本纤维生物精制方法分解成菌制剂和酶制剂两个系列的工艺（图3-10）。酶是生物化学的一个基本概念，是生物体内产生的具有催化生物化学反应活性的一大类蛋白质；菌是微生物学的一个基本概念，是指个体细小、具有细胞结构、自己不能制造养料、靠寄生生活的一大类微生物（包括真菌、细菌等）。掌握了"菌"和"酶"的基本含义以后，就可以明确地给出相应定义了：

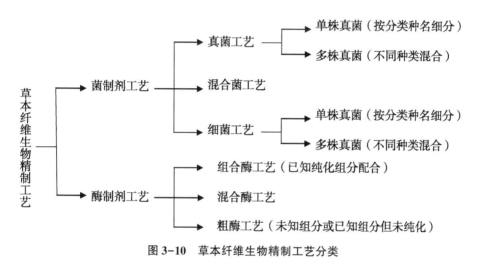

图3-10 草本纤维生物精制工艺分类

菌发酵工艺 将少量活化态菌种直接接种到苎麻、红麻等草本纤维质农产品上，在适宜专用菌种生长的条件下利用纤维质农产品中的非纤维素为培养基来扩增微生物数量，使之分泌大量复合酶系来催化非纤维素降解而实现草本纤维生物精制的工艺过程。根据微生物分类原则和发酵模式，可以派生出诸如枯草芽孢杆菌浸泡发酵、胡萝卜软腐欧文氏杆菌湿润发酵等具体的草本纤维生物精制工艺。

酶降解工艺 将少量活化态菌种接种到专用培养基上进行多级发酵并制成酶制剂以后，再将草本纤维质农产品浸泡于按照各类酶的性质及其合适比例配制成的酶液中，利用酶在特定条件下催化非纤维素物质降解而实现草本纤维生物精制的工艺过程。根据酶制剂的性质可以把酶降解工艺细分为组合酶、混合酶、粗酶降解工艺等分支。

有关草本纤维生物精制方法的具体内容详见后续章节。

总之，传统的沤麻方法之所以能沿袭数千年，是因为它适宜个体操作、加工过程除了劳动力投入之外不需要其他成本。但是，沤麻方法存在占用水面（与发展水产业相矛盾）、产品质量不稳定、环境污染严重、劳动强度大、生产环境恶劣、损坏农田水利设施等突出问题。其生产应用前景岌岌可危。

目前，国内外普遍采用的化学试剂蒸煮方法，为草本纤维产业走上工业化生产作出了重大贡献，具有工艺流程成熟、技术参数规范、操作方法和技术装配基本定型等特点。但是，该方法存在成本高、能耗大，脱胶制成率低且精干麻的纺织性能差，环境污染严重3个突出问题，尤其是高温、高压、强酸、强碱处理过程对纤维产生"淬火"变性、水解非纤维素的同时水解部分纤维素、将全部脱落物水解为必须氧化处理的单质成分等副作用，损伤纤维固有的形态和结构使得纤维制品丧失了许多优良特性，加重了污染处理负荷。其生产应用前景令人担忧。

1985年发明的生物-化学或物理-生物-化学耦合法，在加工成本、产品质量和环境污染程度等方面优于化学试剂蒸煮方法。其历史意义在于它把现代生物技术引入了草本纤维精制方法的研究与应用。但是存在工艺流程长、菌制备技术复杂或酶制剂成本高、不能摆脱化学催化剂的副作用等不足之处。

生物精制方法，至今未见他人获得突破性进展的报道。制约其研究进展的关键科学问题是：缺乏高效菌株，没有阐明复合酶剥离非纤维素的作用机理，以至于菌种选育或酶制剂复配存在很大的盲目性。此外，不得不承认，大部分研究者对草本纤维质农产品的特征特性了解不深入，也是影响其研究进展难以取得突破的重要因素。

中篇　科　学

第四章 天然菌种的分离与筛选

本章将系统介绍以刘正初为代表的创新团队，1991 年以来连续 20 多年从自然界采集含菌样品并经过富集、分离和筛选而获得微生物菌种资源的基本方法及其主要进展，旨在为国内外同行选育可用于草本纤维生物精制的微生物菌种提供参考。

前面的章节已经揭示，国际上开展草本纤维生物精制方法研究已有 110 多年历史，至今未见他人获得突破性进展的报道。制约其研究进展的关键科学问题是：缺乏高效菌株，没有阐明复合酶剥离非纤维素的作用机理（图 4-1），以至于菌种选育或酶制剂复配无科学依据，其结果毫无疑问就是草本纤维生物精制方法难以取得突破。深入分析可知，解决这个关键科学问题的核心应该是菌种选育。

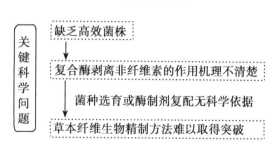

图 4-1　草本纤维生物精制存在的关键科学问题

孙庆祥等针对这个科学问题，通过吸收、消化 20 年来从事麻类生物脱胶技术研究的经验并参阅国际上公开发表的大量相关研究报道（英语版本），由刘正初精心设计了一条草本纤维生物精制方法的整体研究思路（图 4-2）。该研究思路以科研任务为主线，顺序渐进，规划出具体实施的技术方案及可能达到的预期目标。

草本纤维生物精制方法中，关键是剥离草本纤维质农产品中非纤维素，而起核心作用的物质是各种各样的酶。也就是说，酶是草本纤维生物精制方法的核心作用物。酶的来源极为广泛，在酶制剂生产应用中，酶的主要来源还是微生物。来源于微生物的酶，活性高、成本低、来源稳定、提取方便，具有比动植物来源的酶适宜 pH 值和温度范围更广、与底物作用专一性强等显著特点。因此，要获得能剥离草本纤维质农产品中非纤维素的酶，首先必须选育出能分泌这些酶的微生物菌种。

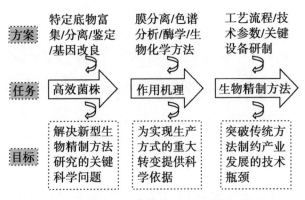

图 4-2　草本纤维生物精制方法的整体研究思路

就非专业人士而言，应该明确以下 4 个基本概念：一是微生物，包括细菌、病毒、真菌以及一些小型原生动物等在内的一大类生物群体。一般来说，微生物是指个体细小即只能借助显微镜才能看见的一类生物，当然，有些真菌如蘑菇等食用菌是肉眼可见的。二是微生物普遍存在于自然界，包括水体、土壤、空气、动物和植物体内等。三是微生物与人类生存与发展的关系十分密切，广泛涉及健康、医药、工农业、环保等诸多方面。根据微生物对于人类生存与发展的影响，可将其分为有益微生物和有害微生物。就人类健康与微生物的关系而言，有致病的微生物，也有治病的微生物。有时候，微生物的有益性和有害性是可以相互转化的。四是影响微生物生长繁殖的因素包括：水分、营养、生长素、温度、pH 值、氧气、抑制剂和致死因子等。所有食品都有可能被微生物发酵而腐烂。食品放入冰箱是不给微生物生长、繁殖提供合适的温度，添加防腐剂是杀死微生物，真空包装是不给微生物生长、繁殖提供氧气，制备咸鱼、腊肉是利用高浓度的盐分来抑制微生物的生长、繁殖，高浓度的盐分就是一种抑制剂。例如，晒干以后的衣服放在干燥的条件下不腐烂，只要受潮就会霉烂，这是水分足够微生物生长的原因。塑料、钢材、铁不长霉，是因为它们缺乏微生物生长、繁殖所需要的营养。

第一节　分　离

天然菌株分离的一般程序包括：采集菌样（采样，采取预期含有目标微生物的样品）→富集培养→分离→纯化→保存。

一、采样

采样是指按计划从自然界采集含预期目标微生物的样品。采样必备的用品包括 3

类：①样品采集工具，如铲子、割刀等；②样品包装储运用品，如透气不透水的样品袋、样品标签、袖珍冰箱等；③野外工作所需防护、保健用品（必要时，还包括野外食宿用品），如雨鞋、雨伞、食品饮料等。

采样前的准备：一是了解采样目的地的大环境，只有充分了解目的地的生态环境，才能获得较为理想的、富含目标微生物资源的样品，如果是冬季去东北或新疆等地采集微生物资源丰富的样品，肯定难以达到目的。二是设计富含目标微生物资源的样品类型，只有确定了目标微生物的藏身之处，如泥土、水体、动植物体内等，才有可能捕获到它。三是采样所需用品，它们是采样过程顺利实施的基本保障。四是样品保存及其后处理的必要条件，例如拥有存储样品足够容量的冰箱。五是相关证明，包括进入特殊环境（如原始森林）的通行证，携带微生物样品乘坐飞机等交通工具过安检所需证明等。

采样过程中应该注意：一是确保所采集的样品富含微生物资源，例如，所取土样应尽可能地控制在表土层（地表向下 1cm 以内）和深土层（地表向下 10cm 以上）之间。二是样品量一般不少于 50g，否则，有可能因为储运过程样品的微环境改变（如水分挥发等）导致微生物资源丢失。三是样品标注保持始终清晰，包括采样日期、地点、生境、样品形态、采用目的及采样人等，否则，有可能导致菌种来源档案信息不全。四是样品保管与运输，一般来说，野外采集的微生物菌样以袖珍冰箱或自制冰袋保管与运输，有条件时（如附近有高校或科研机构），最好是采用抽真空的方式进行保管与运输微生物样品。

1991—2015 年，刘正初主持的项目组（课题）、创新团队自湖南、湖北、江西、广东、海南、广西、浙江、河南、安徽、四川、重庆、云南、黑龙江、辽宁、新疆 15 省（区、市）39 县（市）采集菌样共计 297 份，包括麻园土、菜园土、沤麻塘泥、沟泥、滩头淤泥、腐烂麻壳、腐烂橘子和冬瓜等水果蔬菜、病死剑麻茎秆、深山老林里枯枝落叶腐殖质、火山喷口沉积物、农家肥、湖水、河水、塘水，等等。

二、富集培养

富集培养是通过控制碳源、氮源、pH 值、温度和需氧量等生理需求因素，在适于目标微生物而不适于其他微生物生长的条件下，对微生物混合群体样品进行多次继代培养，使目标微生物成为优势种的微生物选种过程。由于微生物的生理需求因素很多，而且选择微生物菌种的目标各不相同，因此，根据选种目标制定的富集培养的方法不胜枚举。但是，万变不离其宗，其基本原则是："适者存，逆者亡"。此处，介绍两种刘正初创立的、长期实践证明比较经典而简便的方法。

可培养微生物资源富集方法　该方法主要用于广泛收集可培养微生物资源。主要操作步骤及要点是：称取菌样约 30g→加入 300mL 无菌水中→120～160r/min 振荡 10min→三层医用纱布过滤→取滤液 30mL→倒入 300mL 富集培养基中→于 28～32℃ 静止培养

20~24h。富集培养基配制：葡萄糖 30.0g，蛋白胨 30.0g，牛肉膏 5.0g，酵母浸膏 5.0g，磷酸氢二铵 1.0g，磷酸二氢钾 1.0g，MgSO$_4$·7H$_2$O 1.0g，自来水 1 000mL，自然 pH，500mL 三角瓶分装（300mL/瓶），110±5℃灭菌 15min。

草本纤维精制专用菌种富集方法 该方法主要用于筛选草本纤维精制专用微生物资源。主要操作步骤及要点是：称取菌样约 10g→加入 300mL 富集培养基中→150r/min 振荡 10min→于 31~35℃静止发酵至纤维分散。富集培养基配制：剪切成长度为 2.0±0.2cm 的草本纤维质农产品 30g（如苎麻、红麻、黄麻、大麻、罗布麻等韧皮）或 20g（如龙须草、芦苇、麦秆等），自来水 300mL，自然 pH，500mL 三角瓶装，现配现用。其中，纤维质农产品可以是单一组分，也可以多种组分等量或选择比例混合（根据选种目标而定）。

三、分离与纯化

准备工作 分离与纯化前的准备工作主要涉及以下两个方面：一方面是必要的仪器设备包括超净工作台或无菌室、足够容量的恒温培养箱（分真菌、细菌培养箱和好氧、厌氧培养箱）或类似装置、足够容量的试管斜面菌种保藏装置、高频振荡器等。另一方面是必需的用具用品包括足够数量的固态培养基（培养皿平板、试管斜面）、9.0mL 试管无菌水、1.0mL 和 0.1mL 无菌移液枪头或吸管、接种环、玻璃刮铲、菌落和菌体形态观测所需的测微尺及显微观测系统（含革兰氏染色、吕氏美蓝染色用品、载玻片、盖玻片）、试管架等。其中，值得注意的是：①足够容量或数量必须按菌样量估算，例如，分离一个菌样所需无菌水至少 8 支，每一种分离平板至少 18 个，分离平板所占空间约 5.2dm³（图 4-3），短期保藏所分离出来等待纯化的菌株需要试管斜面通常不少于 500 支。②通常需要准备 4 种培养基（一般好氧真菌、细菌培养基和厌氧真菌、细菌培养基），而且培养基灭菌要与其他用具用品分开，前者的条件为 110℃±5℃，15min，后者的条件是 121℃，30min。

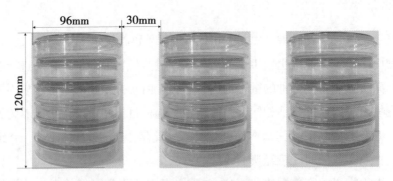

图 4-3 一个菌样分离平板占用空间示意

分离 分离的主要操作步骤及要点是：首先应该提醒的是，这个过程往往需要至少 2

人配合操作（单一目标如草本纤维精制专用菌种或少量样品的分离除外）。第一步是稀释，将成熟的富集物置于摇床上 150r/min 振荡 10min（草本纤维精制专用菌种富集物振荡后需用三层医用纱布过滤，除去固形物），立即用移液器（或吸管）取 1.0mL 富集液加入 9.0mL 试管无菌水中，塞好试管塞置于高频振荡器振荡 5s，再用移液器取 1.0mL 稀释液移入下一支 9.0mL 试管无菌水中，塞好试管塞置于高频振荡器振荡 5s，如此"取样 → 转移 → 振荡"循环约 7~9 次（即稀释 7~9 个数量级）。第二步是涂平板，用移液器（或吸管）从最后一管稀释液中取 0.1mL 注入培养皿平板，并用玻璃刮铲将稀释液迅速且均匀涂布于平板上，一般重复"取样 → 涂平板"12 次（共 4 种培养基，每种培养基涂 3 个平板），接着，更换枪头或吸管从倒数第二管稀释液中取样涂平板，再更换枪头或吸管从倒数第三管稀释液中取样涂平板，如此类推，一般需要取样至倒数第六管，甚至更多，此处，应该注意：①每次取样前都得振荡稀释液；② 4 种培养基（平板）都要用记号笔标明"样品编号""培养基编号""稀释试管编号（或稀释级别）"等信息，以免混淆。第三步是平板培养，将所有涂布稀释样品的平板置于预定培养条件下培养，一般培养时间为 24h（以可见直径 1.0mm 以上的菌落为准）。第四步是菌落初步鉴别，将同一样品不同稀释级别的培养平板清理到一起，选取菌落数量在 20~200 个范围内的相同稀释级别（三个培养平板）中任一平板上所有菌落（每个菌落视为一个菌株），按照表 4-1 所列的指标观测、记录每一个菌株相关信息，并以此为参照，从另外 2 个同级别培养平板和稀释级别较低的培养平板上选取菌落形态有差异的菌落，接着编号并记录信息。第五步是试管斜面培养，用接种环勾起初步鉴别选取的菌落涂布到试管斜面上（一般情况下，一个菌株涂布 2~3 支试管斜面），置于预定培养条件下培养，一般培养时间为 24h（以试管斜面长满菌苔为准）。最后，将长满菌苔的试管斜面菌种置于 2~8℃ 条件下保藏（备用）。

表 4-1　不同菌株的菌落形态特征记录

菌株来源编号 *	菌株来源编号 *
菌落颜色	菌落颜色
整体形状	整体形状
俯视形状	俯视形状
俯视尺寸	俯视尺寸
俯视透明度	俯视透明度
侧视形状	侧视形状
侧视尺寸	侧视尺寸
侧视透明度	侧视透明度
表面光洁度	表面光洁度
菌苔黏稠度	菌苔黏稠度

注：＊包括样品编号、培养基编号、稀释试管编号、菌株序号等信息

纯化　纯化是指进一步分离初步鉴别出来的菌株，至少重复 3 次证明无 "分化" 现象的过程。这个过程涉及复杂的重复劳动比较多，但对于微生物资源收集确是十分重要的，不可或缺的。如果选育微生物资源目标单一（如选育草本纤维精制专用菌种）的话，纯化过程可以放在功能鉴定（详见下文）之后进行，那样，可以大幅度减少工作量。此处所说的 "分化" 是指纯化过程中出现菌落和菌体形态特征不一致的现象。分化出来的菌株被视为新菌株，应该连同初步鉴别出来的菌株一并作为资源保藏起来。纯化的操作步骤包括："稀释 → 涂平板 → 平板培养 → 形态鉴别 → 培养与保藏"。其中，"稀释" 的操作要点是刮取保藏试管斜面菌苔一环，放入 9.0mL 试管无菌水中，塞好试管塞置于高频振荡器振荡 5s，然后实施逐级稀释（同上）。"涂平板" 和 "平板培养"同分离中描述的相关步骤一样。"形态鉴别" 除了按照表 4-1 所列菌落形态特征进行观测、记录以外，必须借助显微观测系统对纯化对象的菌体形态特征指标进行观测与记录（表 4-2）。对于一个菌株的纯化而言，只有 3 次记录的菌落和菌体形态特征指标完全一致，或者说没有分化了，才能说明该菌株得到了纯化。"培养与保藏" 按照下文 "保藏" 方法操作。

表 4-2　不同菌株的菌体形态特征记录

菌株来源编号	菌株来源编号
革兰氏染色	革兰氏染色
吕氏美蓝染色	吕氏美蓝染色
菌体形状	菌体形状
菌体尺寸	菌体尺寸
生存方式	生存方式
有无孢子	有无孢子
孢子形状	孢子形状
孢子尺寸	孢子尺寸
孢囊位置	孢囊位置
孢囊形状	孢囊形状
孢囊尺寸	孢囊尺寸
菌体运动状况 *	菌体运动状况 *
…… **	…… **

注：* 指显微镜下观察活体（无染色处理）；** 指根据需要和可能增设可观测指标

四、保藏

菌种的保藏方法有很多，其原理主要是根据微生物的生理、生化特点，人为创造低温、干燥或缺氧条件，抑制微生物的代谢作用，使其生命活动降至最低程度或处于休眠状态以保证菌株很少发生突变，达到保持纯种的目的。本书简要介绍本项目组经常使用的以下 5 种保藏方法。

（一）斜面低温保藏法

将要保藏的菌种接种在适宜的斜面培养基上培养，当菌体长满斜面后，把试管的棉塞换成无菌橡皮塞，并用蜡烛封好后置于 0~4℃ 的冰箱中保藏。每隔 2~4 个月移植转管 1 次。值得注意的是，菌种的保藏时间及温度因微生物的种类不同而不同，如细菌每月移种 1 次，霉菌、放线菌等隔 2~4 个月移种 1 次。该方法是国内外常用的保存方法之一，简单易行，便于观察。但是，多次转接易发生变异、污染杂菌等现象。

（二）甘油低温保藏法

将要保存菌种接种于培养液在适宜条件下培养至对数生长期，无菌条件下将菌液与 50% 浓度（蒸馏水加等体积甘油）的甘油 1∶1 等体积混合于离心管中，使甘油终浓度为 25%，置于 -20℃ 冰箱内保藏。保藏有效期 1 年。活化使用前，用 30℃ 水浴"苏醒"，然后，把保藏液转接到液体培养基中培养数小时，再次转接到新的液体培养基中培养。

（三）液体石蜡保藏法

先将化学纯石蜡油（无色、透明的黏稠液体）装于三角瓶中，塞上棉塞并用牛皮纸包裹，放入高压锅中，在 1.5kg/cm² 的压力下灭菌 30min，再将三角瓶置于 40℃ 的恒温箱中，让其中的水分蒸发至完全透明后备用。使用前先将石蜡油做无菌检查。在无菌条件下，用无菌吸管将无菌石蜡油注入已长好的斜面试管中，用量以高出斜面顶端 1cm 为宜，使菌种与空气隔绝，然后在棉塞外包上塑料纸或牛皮纸，将试管直立于 0~4℃ 的冰箱中保藏或低温干燥处保藏。该方法制作简单，无须经常移种，但保藏时必须直立放置，所占空间较大，也不便于携带。且接种后，接种环在火焰上灼烧时，培养物容易与残留的液体石蜡一起飞溅。

（四）沙土管保藏法

取河沙过 40 目筛去粗粒后，用 10% 盐酸浸泡 2~4h 以除去有机质，倒去酸水后用自来水冲洗至中性，烘干备用。另取非耕作层的不含腐殖质的瘦黄土或红土，用自来水浸泡使其呈中性，然后烘干、碾碎过 100 目筛。将处理好的沙与土以（2~4）∶1 的比例混匀，分装于小试管内，塞上棉塞，用牛皮纸包好后于高压锅内在 1.5kg/cm² 的压力下灭菌 30min，进行无菌检验合格后使用。将培养成熟的优良菌种用无菌水洗下制成菌悬液，每支沙土管用无菌吸管加入菌悬液 0.5mL，塞好棉塞放人盛有干燥剂的真空干燥器内，用真空泵抽干水分。经检查没有杂菌后，将制备好的沙土管用石蜡封口放入冰箱或室内干燥处保藏。该方法多用于能产孢子或芽孢的微生物，且保藏时间较长，但用于营养细胞的保藏效果不佳。

（五）冷冻真空干燥保藏法

将安瓿瓶用 2% 的盐酸浸泡 10~12h。用自来水冲洗干净后再用蒸馏水浸泡至 pH 值呈中性，干燥后置于高压锅内，在 1.5kg/cm² 的压力下灭菌 30min 备用。将已生长好的菌体或孢子悬浮于灭菌的血清、卵白、脱脂奶及海藻糖等保护剂中制成浓菌液，将菌液无菌操作分装于准备好的安瓿瓶（每支安瓿瓶分装 0.2mL），分装好的安瓿瓶放入低温冰箱中冷冻，然后将冷冻后的安瓿瓶置于冷冻干燥箱内干燥 8~20h 后用真空泵抽真空并在真空状态下熔封安瓿瓶，-20℃保藏。该方法保藏有效期长、无变异，但设备昂贵。

1991 年以来，刘正初等人从自然界采集菌样 297 份，通过分离、筛选、诱变育种、基因操作育种以及与国内外同行合作交流或引进等途径，累计收集、保存微生物资源 3 500 多份，建成了世界上收集与保存微生物资源最多、种类比较齐全的专业菌种资源库——中国农业科学院农产品加工微生物资源保藏中心（中华人民共和国科学技术部备案），累计向中国农业科学院农业微生物资源保藏中心提供活体菌种资源及其标准化整理、整合与规范化描述信息近 1 000 份。

第二节　初　筛

从自然界采样、分离出微生物资源只是微生物育种过程的第一步，接下来的程序是对分离出来的微生物资源进行"筛选"，即功能鉴定。功能鉴定就是根据设定目标筛选菌种资源的微生物育种过程。在这个过程中，根据微生物育种目标设计试验方法和评价指标是至关重要的。经过长期实践，将草本纤维精制专用菌种选育目标确定为：①繁殖速度快，即菌种培养及其用于处理纤维质农产品的时间 ≤8h，因为工厂化生产要求每个工作班（8h）至少形成一批产品。②胞外分泌剥离非纤维素的关键酶（包括果胶酶、甘露聚糖酶、木聚糖酶等），这是草本纤维生物精制技术的核心所在。实践证明，基于当前的科学技术与生产力发展水平，采用"酶制剂催化"方式进行草本纤维精制很难达到理想效果，采用"加菌发酵"方式实施草本纤维精制是经济、实惠、环保的选择，因此，筛选胞外酶催化活性高的菌株是近阶段乃至今后相当长的时间内研究草本纤维生物精制技术的根本目标。③生存条件粗犷，如果菌种培养及其用于处理纤维质农产品的技术要求过高，一般涉农加工企业难以接受。

功能鉴定方法有定性和定量之分，前者比较简单、粗犷，一般用于微生物选种过程的"初筛"阶段，也就是在待鉴定菌株数量较大时使用；后者比较复杂、精准，适用于微生物选种过程的"复筛"阶段，即待鉴定菌株数量较小时使用。本团队经过长期实践，创立了两种经典的草本纤维生物精制专用菌株功能定性鉴定方法。

一、专一底物水解圈法

在长期实践的基础上，根据"细胞与细胞之间主要依赖果胶黏联"，"纤维素分子侧链多以甘露糖和木糖为桥梁"等植物生理生化专业知识和酶学、微生物学相关理论，我们归纳、整理出一套用于草本纤维精制专用菌种功能鉴定的简单、实用方法——专一底物水解圈法。该方法的主要操作步骤及要点是：首先，用接种环刮取一环斜面保藏菌苔，接种到 5mL 试管培养液（详见"可培养微生物资源"富集培养基），高频振荡分散后，置于适宜条件下培养至浑浊状态；接着，将浑浊状态的活化菌液同时点种到以下 4 种平板上（一般以每个平板点种 7~9 个菌株为宜），置于适宜培养箱培养，一般培养时间为 24h（以可见直径 1.0mm 以上的菌落为准）；然后，观察、记录（表 4-3）每个平板上所有菌落周围出现水解圈的情况；最后，根据试验结果，对每个菌株作出功能鉴定初步判断结论。其中，4 种平板培养基配方分别是，①猪胆盐皇绿果胶平板培养基（皇绿果胶）：猪胆盐 10.0g，橘子果胶 8.0g，蛋白胨 4.0g，酵母浸提物（汁）1.0g，磷酸氢二铵 1.0g，0.2g/L 皇绿 10.0mL，琼脂 18.0~20.0g，自来水 990mL，自然 pH。②甘露聚糖 LB 平板（甘露聚糖平板）：在 LB 平板基础上添加甘露聚糖（国产魔芋胶）10.0g/L，台盼蓝 0.3g/L。③碘液染色木聚糖营养琼脂平板（木聚糖平板 1）：木聚糖（国产）5.0g，营养琼脂 15g，自来水 1 000 mL，自然 pH。其中，碘液配制：准确称取碘 13.0g、碘化钾 35.0g，溶于 100mL 蒸馏水中，稀释定容至 1 000mL，摇匀，贮存于棕色瓶中。④不染色木聚糖营养琼脂平板（木聚糖平板 2）：燕麦木聚糖（Sigma）5.0g，营养琼脂 15g，自来水 1 000mL，自然 pH。1990 年春，时任麻类研究所所长兼党委书记的孙庆祥研究员，基于"人才断层"现象，做出了起用年轻人的决定，刘正初有幸成为其中一员，一年后被任命为研究室副主任，1991 年 9 月，在职攻读硕士学位的机会到农业部重点科研计划农产品加工项目领头人蔡同一教授（北京农业大学）和时任农业部科教司司长的程序教授等取得联系，同年年底以孙庆祥研究员为第一主持人、刘正初助理研究员为第二主持人签订了《农业部重点科研任务合同书》。1994 年 7 月，已采集了上百份菌样并进行了富集、分离和筛选，但菌种选育工作尚未取得突破性进展。刘正初深知达到合同规定考核指标的距离还很遥远，突发奇想：从植物病患处采样，采用草本纤维精制专用菌种富集方法（如前所述）富集和"猪胆盐皇绿果胶平板"（配方详见下文）进行分离、纯化和功能鉴定（专用菌种富集方法验证），结果是奇迹出现了，筛选出 2 个苎麻脱胶高效菌株。这个奇迹的出现既有偶然性也有必然性。

表 4-3　不同菌株专一底物水解圈法进行功能鉴定的试验结果记录

菌株来源编号		
皇绿果胶平板*	培养时间	
	菌落形态	
	菌落大小	
	水解圈大小	
甘露聚糖平板	培养时间	
	菌落形态	
	菌落大小	
	水解圈大小	
木聚糖平板	培养时间	
	菌落形态	
	菌落大小	
	水解圈大小	
功能鉴定评价		

注："＊"可根据选种目标调整培养基配方

　　所谓必然性就是植物生理生化、植物病理、酶学和微生物学等专业知识的有机结合、灵活应用，达到了预期"选育高效菌株"的目标。所谓偶然性就是：利用午休时间在工作场所附近采集腐烂冬瓜等 3 个植物病患样品，按照上述"草本纤维精制专用菌种富集方法"进行富集，下班时观察（富集时间约 5.5h）就发现腐烂冬瓜样的纤维已经分散，立即采用猪胆盐皇绿果胶平板对富集菌液进行分离，次日中午（培养时间约 18h）观察，发现分离平板上形成了 3 种类型的菌落，按照当时菌株分离的序号记录为 164、165 和 166 号菌株，其中，164 号菌株的菌落直径约 5mm，165 和 166 号菌株的菌落直径约 3mm，164 号菌落周围的水解圈直径约 16mm，166 号菌落的水解圈直径约 12mm，165 号菌没有水解圈，用同种平板纯化 3 次未见分化现象，同时，苎麻脱胶比较试验结果证明，164 号菌株完成苎麻脱胶时间为 4~5h，166 号菌株为 5~6h，165 号菌株不脱胶。可惜因保管不善，164 号菌株丢失。

　　值得补充说明的是，当时的课题组成员按照常规程序对保存于冰箱的富集样品进行分离、纯化和功能鉴定，获得的最终结果与上述分离、鉴定结果是一致的，即 T85-260 是该富集样品中分离出来的苎麻脱胶高效菌株，不同之处就在于采用普通分离平板获得的菌落类型比较多。在整理菌种档案时，将 166 号菌株编号为 T85-260。其中，"T"即"脱胶"的汉语拼音首字母，沿用孙庆祥先生描述"麻类脱胶专用菌株"的概念，"85"是指"国民经济发展第八个五年计划"，即"八五"期间，"260"为第 260 个具有脱胶能力的菌株。

　　实践证明，果胶、甘露聚糖和木聚糖平板同时点种进行菌株功能鉴定时，可根据出现水解圈（图4-4）的情况作出判断：① 3种平板都出现水解圈，证明该菌株肯定是草本纤维精制专用菌种资源（图4-5），该图显示，T85-260保存20年以后，重新活化分离，依然在3种平板上出现非常明显的水解圈；②皇绿果胶平板不出现水解圈的菌株肯定不能直接用作草本纤维精制专用菌种，除了上述165号菌株是一个典型的证据以外，还有本团队原始编号为CXJZ11-01、BE91的菌株也得到了反复证明；③皇绿果胶平板出现水解圈而其他平板不出现水解圈的菌株可以用作草本纤维精制专用菌种资源；④水解圈的大小可以初步说明该菌株胞外酶催化活性的高低。由此可以得出2个重要结论：一是专一底物水解圈法可以定性鉴定每个菌株的胞外酶催化活性；二是3种平板都出现水解圈的菌株可以直接用作草本纤维精制专用菌种。

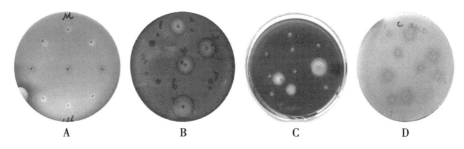

图4-4 专一底物水解圈法对菌株进行功能鉴定示意

注：（A）皇绿果胶平板水解圈示意图，（B）甘露聚糖平板水解圈示意图，（C）碘液染色木聚糖平板水解圈示意图，（D）不染色木聚糖平板水解圈示意图

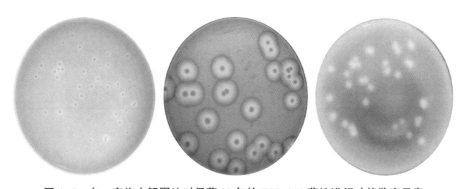

图4-5 专一底物水解圈法对保藏20年的T85-260菌株进行功能鉴定示意

关于菌株编号（公开发表论文或申请专利时所用代号），已形成了以下5个系列：一是沿用孙庆祥先生描述"麻类脱胶专用菌株"的概念，用"T"代表菌株的功能。二是伴随研究领域的拓展（由"麻类生物脱胶"拓展到"草本纤维生物精制"）和育种目标的提高（由处理"一种材料"提高到"多种材料"），取"草本纤维精制"3个词组的首字母（CXJ）和"综合功能"的首字母（Z），即"CXJZ"代表菌株的功能，例

如，CXJZ95-198，其中，"95"即"九五"期间，"198"为同期选育菌株的序号。三是为了表明通过不同菌种改良方法获得新功能菌株，用"U"表示紫外线辐射诱变（Ultraviolet）获得的变异菌株，用"E"表示通过基因工程（Engineering）获得的变异菌株，例如，采用紫外诱变 CXJZ95-198 获得的变异菌株编号为 CXJZU-120。四是通过分类鉴定，确认是国内外首次发现新功能的菌株，直接用其种属名称缩写字母编号，例如，DCE01 是首次通过基因工程改良获得的可以用作草本纤维精制的一个广谱性高效菌株，BE91 是首次通过基因工程改良获得的一个胞外同时高效表达甘露聚糖酶和木聚糖酶的菌株，其中，"DC"和"B"取自物种名称 Dickeya dadantii 和 Bacillus subtilis，"E"表示通过基因操作改良。五是我们首次发现的新种，以单位名称缩写+分离年份表示，IBFC2009 表明是中国农业科学院麻类研究所（Institute of Bast Fiber Crops，CAAS）2009年发现新种的一个微生物新种。

二、纤维分离实效法

该方法有初步鉴定和功能验证之分。初步鉴定的主要操作步骤及要点是：①用接种环刮取一环斜面保藏菌苔，接种到装有 5mL 可培养微生物资源富集培养液的试管中（每个菌株接种的试管数根据供试纤维质农产品种类而定），高频振荡分散后，置于适宜条件下培养至浑浊状态；②用自来水将浑浊状态的活化菌液稀释 4 倍，倒入装有 2g 纤维质农产品碎片（长度为 15mm）的试管（18mm×180mm）中，置于适宜条件下发酵；③观察（以玻棒按压纤维质农产品碎片，观察是否软化）、记录（表 4-4）纤维质农产品碎片软化情况，观察间隔时间一般为 24h（最多观察 6 次，第 6 次观察未见纤维质农产品碎片软化，即视为该菌株不属于草本纤维精制专用菌种资源）。

表4-4 不同菌株纤维分离实效法进行功能初步鉴定试验结果记录

菌株来源编号	***	***	***	***	***
农产品 1 软化时间（h）*					
农产品 2					
农产品 3					
……**					

注：* 指供试农产品名称，如苎麻、龙须草等；** 指可根据选种目标设定更多农产品种类

表4-5 不同菌株纤维分离实效法进行功能验证试验结果记录

菌株来源编号		***	***	***
农产品 1	观察时间（h）			
	纤维分散度（%）			

（续表）

菌株来源编号		***	***	***
农产品 1	观察时间（h）			
	纤维分散度（%）			
农产品 1	观察时间（h）			
	纤维分散度（%）			
	……			

功能验证：进一步确认初步鉴定试验结果的过程，与初步鉴定主要操作步骤及要点的不同之处在于：①按照初步鉴定结果分批次进行复筛，如 24h 以内观察到纤维质农产品碎片软化的菌株为一个批次；②观察间隔时间根据具体情况缩短，如 24h 以内软化的菌株可以缩短至 8h，24h 以上软化的菌株可以缩短至 12h；③观察方式是定时取出发酵试管置于摇床高频（180r/min 以上）振荡 15min，目测纤维分散程度，因此，记录格式也发生了相应变化（表 4-5）。

表 4-6　苎麻脱胶菌的分离与功能初步鉴定结果　　　　　　　　　（株）

菌样种类	菌样（个）	菌数	脱胶菌	60h 脱胶	36h 脱胶	24h 脱胶
麻园土	17	197	107	26	3	2
菜园土	13	229	92	18	2	1
沤麻塘泥	9	59	23	5	0	0
沟泥	7	28	11	2	0	0
腐烂麻壳	12	120	83	21	1	1
腐烂冬瓜*	13	119	86	23	2	1
农家肥	18	119	68	17	1	1
湖水	6	13	6	1	0	0
河水	5	10	6	0	0	0
塘水	9	27	19	2	0	0
合计	109	921	501	115	9	6

注：*指按常规试验方法分离与筛选，最终结果与皇绿果胶平板分离鉴定结果一致。

表 4-6 至表 4-8 和图 4-7 是根据 1991—1994 年苎麻脱胶菌株分离筛选试验整理出来的结果。由表 4-6 看出，所采集的 109 个菌样中共分离出 921 个菌株，经初步鉴定，有 501 株脱胶菌，占总分离株数的 54.4%，说明以麻类非纤维素为唯一碳源具有良好的富培效果，而采用果胶琼脂平板又进一步提高了分离的选择性。脱胶菌广泛分布于 7 省 28 县（市）的 10 类菌样中，其中多数来自麻园土、菜园土、腐烂麻壳和腐烂生苎麻，少数来自其他菌样。经功能验证，获得 6 个优良脱胶菌株。对 6 个优良脱胶菌株进行脱

胶能力比较（表4-7），结果表明，以T85-260脱胶能力最强，它可在8h内完成苎麻脱胶。

表4-7　菌种生长特性与脱胶的关系

菌号	来源	起始菌数（cfu/mL）	终止菌数（cfu/mL）	10h增加倍数	完成脱胶（h）
T85-1	麻园土	$1.5×10^5$	$1.8×10^7$	120	24
T85-166	农家肥	$8×10^5$	$5.8×10^8$	688	16
T85-177	麻园土	$6×10^5$	$4.7×10^8$	783	16
T85-178	菜园土	$9×10^5$	$4×10^8$	444	20
T85-191	腐烂麻壳	$7×10^5$	$4.5×10^8$	643	16
T85-260	腐烂冬瓜	$1.5×10^5$	$6×10^8$	4 000	8

表4-8　活菌量与脱胶的关系

接种液活菌数（cfu/mL）	脱胶效果
$1.28×10^4$	4
$1.12×10^5$	8
$2.44×10^5$	10
$3.15×10^5$	10

从菌种的生长曲线（图4-6）看出，两株脱胶菌在群体生长规律上有较大差异。T85-260在接种后2h左右即进入对数生长期，10h其活菌数达顶峰，以后活菌数逐渐减少；而T85-1的生长比较平缓，活菌数顶峰在12h之后。菌种的生长特性与脱胶的关系（表4-8）表明，脱胶效果与菌种的生长速度呈正相关。由于菌种脱胶的实质就是胶养菌、菌产酶、酶脱胶的循环过程，从活菌量与脱胶的关系可以看出，活菌数量太少（10^4cfu/mL以下），脱胶效果不佳，只有活菌数量达$2.44×10^5$cfu/mL以上，才能使纤维分散，完成脱胶。T85-260生长速度较快，接种时活菌数较多，降解胶质迅速，完成脱胶的时间就短；反之，T85-1生长速度较慢，接种时活菌数较少，降解胶质缓慢，完成脱胶的时间就长；其余菌的脱胶能力和生长速度均介于这两菌之间。

在此基础上，还对T85-260菌株还进行了一些培养条件比较试验。

液态培养　液态静止培养方法是250mL锥形瓶盛面粉无机盐培养基100mL，接在无菌水中分散的菌悬液1.0mL，摇动片刻，置于恒温培养箱（一般为37℃，温度试验时，调培养箱温度为22℃、27℃、32℃、37℃、40℃和42℃）中静止培养6~8h。液态振荡培养方法是500mL锥形瓶盛培养基200mL（通气量试验分别盛100、200、300和400mL），接种上述菌悬液1.0mL，置于37℃恒温旋转式摇床（一般转速为100r/min，通气量试验设置转速为50、100和150r/min）振荡培养6~8h（生长期试验延长至

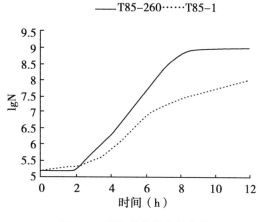

图 4-6 脱胶菌种的生长曲线

12h)。除培养基试验采用①豆饼粉；②面粉；③马铃薯淀粉；④玉米粉；⑤大米粉；⑥糠饼粉加无机盐培养基外，其余试验均采用②号培养基：即面粉 10.0g、酵母汁 0.5g、KH_2PO_4 0.5g、$(NH_4)_2HPO_4$ 0.5g、$MgSO_4 \cdot 7H_2O$ 0.1g，自来水 1 000mL。除起始 pH 值试验将 pH 值分别调至 5.0、6.0、6.5、7.0、7.5、8.0、9.0 外，其余试验的起始 pH 值均调至 6.5~7.0。

设置一定量添加剂后，对培养基主要原料进行了比较试验。结果列于表 4-9。由表 4-9 可见，采用食用面粉作扩大培养基的主要原料比较理想，除了培养效果较好以外，面粉本身价格合适，便于贮存保管，有利于工厂采用，当选定培养基主要原料后，对添加剂进行了选择试验，选择试验结果表明，添加适量酵母汁、磷酸铵、钾盐可较大幅度促进生长。从表 4-10 所列结果看，酵母汁及磷酸铵盐用量控制在 0.05% 左右为好，鉴于磷酸钾盐两种浓度对菌的生长影响差异不大，从经济角度考虑还是选定 0.05% 的用量。

表 4-9 培养基主要原料比较实验

编号	原料名称	用量（%）	活菌数（cfu/mL）	脱胶效果	镜检
1	豆饼粉	2	$6.8×10^7$	9	菌体粗壮，有链生
2	面粉	1	$1.1×10^8$	10	菌体粗壮，有链生
3	马铃薯	0.5	$2.7×10^7$	6	菌体较小，色浅
4	玉米粉	1	$6.4×10^7$	9	菌体较粗壮
5	大米粉	1	$3.4×10^7$	8	菌体较小
6	糠饼粉	2	$2.9×10^7$	8	菌体小，色较浅

注：起始菌量为 $1.7×10^5$ cfu/mL，培养时间为 6.5h

表 4-10　添加剂用量正交试验结果

实验号	酵母汁（%）	(NH$_4$)$_2$HPO$_4$（%）	KH$_2$PO$_4$（%）	活菌量（×10^4 cfu/mL）
1	0.01	0.05	0.05	164
2	0.01	0.1	0.1	145
3	0.05	0.05	0.1	248
4	0.05	0.1	0.05	215
I	309	412	379	
II	463	360	393	
I/2	155	206	190	
II/2	232	180	197	
极差	77	26	7	

注：起始好菌量为 $1.6×10^8$ cfu/mL，培养时间为 7.0h

起始 pH 值　采用 HCl 和 NaOH 调节培养基起始 pH 值，所做的试验结果列于表 4-11。从表 4-11 可以看出，培养基起始 pH 值在 6~8 范围内时，活菌量增加倍数均在 2 000 倍以上，脱胶效果亦无明显差异；在 pH 值 6.5~7.0 时，活菌量增加倍数在 3 000 倍以上，当 pH 值 5.0 或 pH 值 9.0 时，添菌量仍有不同程度的增加，这说明该菌株对培养基的酸碱度适应性较强，在 pH 5.0~9.0 范围内均能生长，其适宜 pH 值为 6.0~8.0，最适为 6.5~7.0。

表 4-11　培养基不同起始 pH 值试验结果

起始 pH 值	活菌量（cfu/mL）	增加倍数	脱胶效果	终止 pH 值
5	$1.9×10^7$	127	6	5.30
6	$3.7×10^8$	2 470	10	6.37
6.5	$6.5×10^8$	4 348	10	6.68
7.0	$4.6×10^8$	3 043	10	6.96
7.5	$3.8×10^8$	2 513	10	7.21
8.0	$3.2×10^8$	2 130	10	7.47
9.0	$5.5×10^7$	360	9	8.11

注：起始好菌量为 $1.5×10^5$ cfu/mL，培养时间为 7.5h

培养温度　不同环境温度下静止培养 8h 的试验结果如表 4-12 所示。表 4-12 结果说明，该菌株的最适生长温度为 37℃；最高生长温度在 40~42℃；当温度低于 27℃时，菌株生长缓慢。但菌体粗壮，生命力强，一旦终止培养用于脱胶，仍显示出较强的脱胶能力。

通气量　经静止与振荡培养比较试验发现振荡培养的活菌量比静止培养提高近一个数量级。进而采用旋转式摇床设置不同转速与培养容器盛液多少进行了交叉试验。

结果（表4-13）表明，T85-260菌株在培养过程中需要振荡或通气，但并非通气量愈大愈好（不同于T66菌株）。一般说来，摇床转速控制在100~150r/min，容器盛液量以500mL盛量为200~400mL范围较为理想，不仅能混匀营养，而且能满足菌株生长对氧气的需要。

表4-12　不同培养温度试验结果

温度（℃）	活菌量（cfu/mL）	增加倍数	镜检情况	脱胶效果
22	5.4×10^6	14	最粗壮，数量少，对生多，有链生	9
27	1.5×10^7	38	粗壮，单体少，对生多，有链生	10
32	1.7×10^8	425	较粗壮，大小不一，对生多，无链生	10
37	4.9×10^8	1 250	较粗壮，大小不一，对生多，无链生	10
40	4.2×10^7	108	菌体较少，单生	9
42	7.7×10^1		菌体细小，着色浅	6

注：起始活菌量为3.9×10^5cfu/mL

表4-13　不同转速和盛液量交叉试验活菌量增加情况

转速（r/min）	100/500	200/500	300/500	400/500
50	1 788	1 222	778	667
100	6 429	4 786	4 214	4 143
150	2 750	4 313	4 313	3 000

注：表中试验数据为活菌量增加倍数，其中50、100和150r/min的培养时间分别为7.5、8.0和7.8h，起始活菌量分别为1.8×10^5、1.4×10^5和1.6×10^5cfu/mL

培养时间　在37℃±1℃恒温条件下，对T85-260菌株进行了培养时间试验，摇床振荡频率为100r/min，结果（表4-14）显示：该菌株接种于面粉无机盐培养基经2~4h调整适应后即进入对效生长期，依4~8h活菌量计算，其世代时间G为29min，8h以后便开始进入稳定生长期，活菌数量增加幅度随时间延长而变小。从脱胶效果看，培养6h后的菌液用于脱胶，效果无明显差异．考虑到生产实际，每8h为一个生产班，故可将该菌株培养周期定为6~7h。

表4-14　培养时间试验结果

培养时间（h）	活菌量（cfu/mL）	增加倍数	pH值	脱胶效果	镜检
0	1.5×10^5		6.48	2	菌体粗壮，单生多
2	3.2×10^5	2.1	6.49	3	对生多
4	2.6×10^6	17.3	6.50	9	较粗壮，大小不一，对生多
6	6.1×10^7	406.7	6.54	10	菌体较粗壮，对生多

（续表）

培养时间（h）	活菌量（cfu/mL）	增加倍数	pH 值	脱胶效果	镜检
8	7.9×10^9	5 267	6.61	10	菌体大小不一，单生多
10	9.3×10^9	6 200	6.86	10	菌体细小，单生
12	1.0×10^9	6 667	7.14	10	菌体细小，单生

第三节　复　筛

上述"初筛"方法，可以凭经验从分离出来的众多天然菌株中筛选出草本纤维精制专用菌种资源，并依赖"目测法"初步判断该菌株剥离纤维质农产品中非纤维素的功能大小或胞外酶催化活性的高低，但是，没有定量鉴定指标来科学评价所选菌种资源的使用价值。下面介绍两种归纳总结出来的用于草本纤维精制专用菌种资源复筛的经典方法。

一、胞外酶催化活性定量鉴定法

国内外关于果胶酶、甘露聚糖酶和木聚糖酶催化活性检测的方法很多，对所选功能菌株相关酶的催化活性测定数据也存在很大差异。

本团队拥有丰富的菌种资源和检测经验，经过反复比较研究，形成了草本纤维精制关键酶催化活性评价技术体系。其主要操作步骤和技术要点是：第一步，取待测菌株典型菌落一个置于 5.0mL 适宜培养基，高频振荡分散后倒入 300mL 适宜培养基在 35℃ 水浴摇床以 150r/min 频率振荡培养，在其纯培养过程中实时取样，置于 4℃ 下离心（6，953×g）15min，去沉淀，上清液即为待测酶液；第二步，按照 DNS 法操作程序及技术要点同时进行果胶酶、甘露聚糖酶和木聚糖酶催化活性测定，其中，底物浓度为橘子果胶 5.0g/L、甘露聚糖 5.0g/L、木聚糖 8.0g/L，反应温度统一设置为 35℃（与纤维质农产品加菌发酵的处理温度一致），酶活力单位定义为每分钟释放 1.0μmol D-galacturonic acid（半乳糖醛酸）或 D-mannose（甘露糖）或 D-xylose（木糖）。

图 4-7 是对甘露聚糖酶和木聚糖酶高产菌株 BE91（原始编号 CXJZ11-）胞外酶催化活性检测结果。菌株接种到营养肉汤培养基中培养 2~8h，胞外酶催化活性迅速递增，尔后，胞外酶催化活性提高幅度不大。从测定数据看，菌株 BE91 培养 8h 胞外分泌（培养液中）甘露聚糖酶和木聚糖酶的催化活性分别高达 500U/mL 和 300U/mL 以上。这种情况是比较罕见的（美国学者多次来函要求合作开发该菌株，本团队以"专利菌株"为由婉拒了）。由于没有检测到胞外果胶酶催化活性，该菌株用于处理纤维质农产

品，几乎没有表现出剥离非纤维素的功能，即纤维不能分散。尽管如此，我们认为，BE91 菌株是一份在饲料、食品、医药等酶制剂行业具有广阔开发前景的极为宝贵的微生物资源。

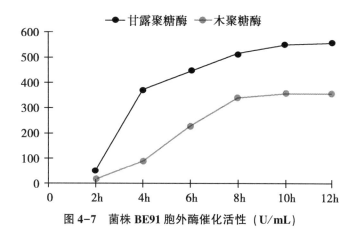

图 4-7　菌株 BE91 胞外酶催化活性（U/mL）

前面已经提到：水解圈的大小可以初步说明该菌株胞外酶催化活性的高低。这里介绍一组有关水解圈与胞外酶催化活性相关性的试验结果。对不同菌种的菌落直径与水解圈直径进行测量的结果如表 4-15 所示。

表 4-15　不同菌种的菌落直径与水解圈直径测量结果　　（mm）

菌种	果胶酶			甘露聚糖酶			木聚糖酶		
	水解圈	菌落	比值	水解圈	菌落	比值	水解圈	菌落	比值
T85-260	17.5	8.5	2.06	14.4	5.6	2.57	5.5	1.7	3.24
CXJZU120	5.5	3.4	1.62	9.0	3.8	2.37	4.7	1.9	2.47
CXJZ95198	1.4	1.2	1.17	2.1	2.0	1.05	6.8	5.3	1.28
CXJZ1101	0	1.1	0	14.6	4.4	3.32	14.4	3.8	3.79

在适宜的条件下，按照"典型菌落—活化菌液—二级扩培—发酵罐发酵"的工艺流程制备发酵液，分别于不同发酵时间取样经过离心获得粗酶液，检测胞外酶催化活性的结果列如表 4-16。

表 4-16　不同菌种胞外酶催化活性测定结果　　（U/mL）

菌种	果胶酶			甘露聚糖酶			木聚糖酶		
	8h	9h	10h	9h	11h	13h	6h	8h	10h
T85-260	66.1	99.6	189.9	366.8	1099.1	329.9	66.8	186.3	185.9
CXJZU120	72.3	105.7	152.4	203.3	505.7	202.4	77.3	167.7	152.4

（续表）

菌种	果胶酶			甘露聚糖酶			木聚糖酶		
	8h	9h	10h	9h	11h	13h	6h	8h	10h
CXJZ95198	56.5	78.3	70.2	156.5	456.5	298.2	70.5	177.5	136.2
CXJZ1101	0	0	0	1080.5	2036.2	1726.5	243.5	335.2	278.5

比较表 4-15 和表 4-16 不难看出，没有水解圈的菌种，其胞外酶催化活性为"零"；水解圈与菌落直径比值较大的菌种，其胞外酶催化活性相对比较高。

值得补充说明的是：受发酵罐数量限制（本实验室仅有 1 台小型发酵罐），获得表 4-16 所列数据（4 个菌种 3 种培养基）需要 12 次试验，可能存在一些误差。当然，这些实验误差对上述结论的影响并不是很大，因为上述结论只是一般定性概念。还有一个疑点有待进一步研究证实，那就是多次试出现发酵后期胞外酶催化活性大幅度降低的现象。研究生在发表论文时，对这种现象进行了讨论：粗酶液的稀释倍数对酶活测定结果也有影响，酶液过浓有时会抑制酶蛋白对底物的分解能力，有时会影响吸光度从而影响酶活检测，过稀则会使酶的催化能力减弱。适当的稀糖酶为实验材料检测稀释倍数对这 3 种酶的影响。结果为果胶酶的酶活较低，采用原液酶活最高，而甘露聚糖酶的酶活较高在稀释 10 倍左右其酶活最高，稀释倍数再增加则会影响其酶活，木聚糖酶在稀释 5~10 倍时酶活都最高且稀释倍数对其影响不如前两个大（表 4-17）。

表 4-17　稀释倍数对酶催化活性测定的影响　　　　　　　　（U/mL）

稀释倍数	1	5	10	20
果胶酶	110.2	89.3	59.3	33.4
甘露聚糖酶	1 056.1	1 239.3	1 932.2	1 023.5
木聚糖酶	256.2	298.3	299.2	236.1

通过比较可以发现 CXJZ166 菌株所产的 3 种酶的酶活都较高，是一种比较优良的菌株，CXJZ1101 所产的甘露聚糖酶和木聚糖酶都最高但是它不产果胶酶。结合目前实验室已有的脱胶试验结果发现菌株 CXJZ166 的脱胶效果最好，其次为 CXJZ120。由此可知菌株的脱胶能力与产生果胶酶，β-甘露聚糖酶，木聚糖酶 3 种酶的酶活力综合效应联系很紧密。对 3 种酶的综合酶活检测可以作为研究新菌株脱胶能力的一种方法。

二、剥离非纤维素功能定量鉴定法

国内研究人员一般采用"残胶率"作为草本纤维精制专用菌种功能的定量鉴定指标。我们认为，它是针对化学试剂蒸煮方法所制订出来的评价指标和检测方法，不能客观地反映生物精制方法剥离非纤维素的真实情况。以半纤维素的残留率为例，化学试剂蒸煮方法获得的纤维是经过 16g/L 左右的 NaOH 溶液在较高蒸气压下蒸煮过的，再用 20g/L 的 NaOH 溶液在常压下煮沸的方法来测定碱溶性物质的差异量，肯定是准确的；然而，生物精制方法获得的纤维没有经过较低浓度的 NaOH 溶液在较高蒸气压下蒸煮，直接用较高浓度的 NaOH 溶液在常压下煮沸的方法来测定碱溶性物质残留率，其数值肯定偏大（残胶率偏高），因为半纤维素具有碱溶性，结晶度或聚合度不高的纤维素也具碱溶性。

　　国际上一般采用"失重率"作为衡量指标，其计算公式为：（原料重量-产品重量）÷原料重量×100%。在此基础上，创立了一种三氟乙酸水解+高效液相色谱分析（TFA + HPLC）方法。该方法能准确反映生物精制纤维残留非纤维素的真实情况，但检测费用相对传统方法较高。其主要操作步骤及要点是：①取生物精制纤维约 50g，置于 105℃ 烘箱干燥 4.0h 至恒重，冷却后研磨成粉；②准确称取恒重粉末 2 000.0mg 放入 40.0mL 三氟乙酸中，在 110℃ 条件下水解 2.0h；③将水解产物置于 3 850r/min（2，600×g），4℃下离心 10min 进行分离；④将离心沉淀置于 105℃ 烘箱干燥 4.0h，冷却后称重并计算出酸不溶性物质（主要是木质素）的重量或比例，同时，采用高效液相色谱法分析离心上清液中各种单糖的含量，并根据事先制作的各种单糖标准图谱计算其重量或比例。现以 DCE01 菌株为例，介绍本团队进行剥离非纤维素功能的定量鉴定的试验方法及结果如下：

　　供试材料来自 5 个科的 6 种不同植物，其中，苎麻属于荨麻科，大麻属于大麻科，红麻属于锦葵科，黄麻属于椴树科，龙须草和小麦属于禾本科。这 6 种纤维质农产品具有广泛的代表性，既有多年生草本植物（苎麻、龙须草），也有一年生草本植物（大麻、红麻、黄麻等），既有收获纤维为主要目标的农作物（龙须草、苎麻、红麻、黄麻、大麻），也有纤维素含量较高的农作物秸秆（麦秆，粮食作物的副产物或废弃物），既有单细胞纤维（苎麻），也有多细胞纤维（红麻、黄麻等），既有韧皮纤维（国外称为 bast fiber，苎麻、大麻等），也有茎秆和叶纤维（国外称为 wegetable 或 plant fiber，如龙须草、麦秆）。

　　试验步骤及方法是：以自来水对 6h 纯培养菌液稀释 50 倍制成菌悬液（阳性对照为 DCE01 菌株同一物种的模式菌株，阴性对照为等量自来水）→将纤维质农产品（失重率试验规模为 30g/瓶；制成率试验用 150μm 孔径的尼龙网袋包裹，试验规模为 3kg/袋）浸泡于菌悬液（浴比 1∶10）中，以 60r/min 转速振荡（搅拌，对制成率试验而言）发酵 7h→用蒸汽直接加热发酵物至 90℃ 并以同样转速振荡（搅拌）30min（灭活）→将一组试验 3 瓶发酵物倒入螺旋式搅拌器（5 L）中，以 2 900±100r/min 的速率搅拌洗涤 10sec，用 150 μm 孔径的分样筛分流发酵物，截留物加自来水 1.2 L 重复洗涤 2 次（制成率试验是将袋装发酵物置于家用洗衣机中用常规程序洗涤 1 次）→干燥、称重并计算失重率或制成率。

图 4-8 是按照国际惯例对广谱性高效菌株 DCE01 剥离纤维质农产品中非纤维素的功能进行失重率试验的结果。结果表明：①DCE01 菌株用于处理 5 科 6 种纤维质农产品都能达到生物精制目的——失重率（27%~37%）接近正常生产水平，即生物精制纤维满足后续加工要求。②同种模式菌株只能部分剥离苎麻、大麻的键合型非纤维素。③至于阴性对照的失重率均达到 10% 以上的缘故，可能与以下 3 个因素相关：一是纤维质农产品中水溶性非纤维素（如水溶性糖、蛋白质以及无机盐等，这些物质在苎麻中占 7% 左右）被溶胀出来；二是组织型非纤维素（如麻壳）经过搅拌发酵、热水溶胀（灭活）和冲击洗涤而破碎；三是附着在纤维质农产品上的灰尘等杂物被清洗掉。

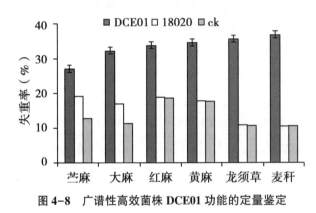

图 4-8　广谱性高效菌株 DCE01 功能的定量鉴定

说明：18020 是 DCE01 菌株同一物种模式菌株的代码（用作阳性对照），ck 为阴性对照

采用 TFA+HPLC 方法对草本纤维精制广谱性高效菌株 DCE01 和苎麻细菌化学联合脱胶技术所用菌株 T66 进行比较试验结果（图 4-9）表明，DCE01 菌株对苎麻发酵 5h，其果胶、半纤维素和总胶质的脱除率依次为 99%、99% 和 98% 以上，而 T66 菌株对苎麻发酵 12h，其脱除率依次为 30%、13% 和 48%。

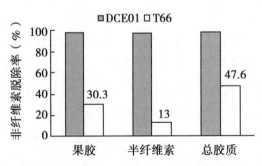

图 4-9　DCE01 与 T66 比较试验结果

采用 TFA + HPLC 方法对 DCE01 菌株用于处理 5 科 6 种纤维质农产品而获得的生物精制纤维进行定量鉴定结果（图 4-10）表明，①纤维制成率略高于纤维质农产品中纤维素含量理论值，至少说明生物精制过程中没有纤维流失（或者是纤维素被降解）；②生物精制苎麻、大麻、红麻、黄麻、龙须草和麦秆纤维的水解率依次为 98.9%，96.9%，94.7%，94.6%，92.1% 和 91.8%，说明稀酸不溶性物质（即非糖类物质，如木质素、角质化程度高的表皮或附壳）的残留量与纤维质农产品原料的性质密切相关，例如，农产品苎麻的木质素含量低（<2%），经过初加工（刮制）后，角质化程度高的附壳一般要求低于 2%，因而，其稀酸不溶性物质的残留量低于 1%；③水解液中葡萄糖含量均在 92% 以上，非葡萄糖成分的总量不到 8%。

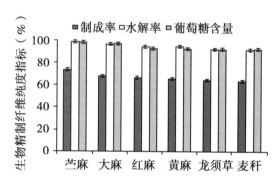

图 4-10　DCE01 用于草本纤维精制的效果

由表 4-18 可以更加清晰地看出，生物精制苎麻、大麻、红麻、黄麻、龙须草和麦秆纤维水解液中非葡萄糖成分的残留量同样与纤维质农产品原料的性质密切相关。其中，半乳糖醛酸——果胶组成成分在多细胞纤维（红麻、黄麻、龙须草、麦秆等，束纤维）中的残留量在 3% 以上，是单细胞纤维（苎麻）残留量的 14~16 倍；阿拉伯糖只存在于龙须草中；半乳糖、甘露糖和木糖应该是甘露聚糖酶和木聚糖酶定位裂解纤维素侧链分子以后而留下的残基，大多在 1% 以下，唯有麦秆超过了 1%；鼠李糖同样应该是纤维素的侧链分子，除了苎麻不足 1% 以外，其余纤维的残留量都在 1.6% 左右，或许因为其结构比较特殊（如整个侧链分子都由鼠李糖组成），DCE01 菌株不分泌鼠李糖聚糖裂解酶而导致的结果。

表 4-18　HPLC 测定生物精制纤维三氟乙酸水解液中单糖类成分　　　（mg/g）

材料	葡萄糖	阿拉伯糖	半乳糖	半乳糖醛酸	甘露糖	鼠李糖	木糖
苎麻	980.9±0.14[A]	0	1.8±0.08[F]	2.5±0.14[F]	1.5±0.02[F]	9.5±0.10[Df]	0.7±0.02[E]
大麻	968.3±0.44[B]	0	3.1±0.02[B]	9.3±0.12[E]	3.1±0.04[E]	16.2±0.08[Bc]	0
红麻	931.0±0.12[C]	0	2.0±0.02[E]	38.1±0.13[B]	4.0±0.02[C]	16.5±0.08[Aa]	5.5±0.04[C]
黄麻	927.0±0.09[D]	0	2.7±0.02[C]	39.3±0.03[A]	6.0±0.02[A]	16.4±0.06[Ab]	5.3±0.03[D]

（续表）

材料	葡萄糖	阿拉伯糖	半乳糖	半乳糖醛酸	甘露糖	鼠李糖	木糖
龙须草	925.1 ± 0.18^E	5.2 ± 0.04^A	3.7 ± 0.06^A	34.0 ± 0.07^D	5.7 ± 0.01^B	16.1 ± 0.02^{Bd}	6.7 ± 0.03^B
麦秆	922.9 ± 0.37^F	0	2.5 ± 0.05^D	34.7 ± 0.08^C	3.9 ± 0.06^D	15.3 ± 0.06^{Ce}	17.6 ± 0.07^A

需要补充说明的是，①生物精制纤维中残留的非糖类物质既是DCE01菌株功能不可及的范畴，也不是生物精制方法的主攻对象，理由是：草本纤维在传统轻纺工业深加工产业链中都存在一个"漂白"加工过程，纤维上残留的稀酸不溶性物质几乎都可以经过"氧化作用"予以除去；如果用作现代生物质能源产业的基础材料，这些非糖类物质没有以化学键直接与纤维素分子连接，并不影响利用纤维素酶水解纤维素，最终变成少量工业"废渣"（至少可以回收用作食用菌、花卉等有机栽培基质）；如果用作现代生物质材料（如纤维质复合材料）产业的一般性基础材料，这些非糖类物质没有必要除去；如果用作现代生物质材料（如纤维质精品材料）产业的基础材料，这些非糖类物质可以通过"漂白"或类似加工过程予以除去。②生物精制纤维中残留少许非葡萄糖物质在目前相关产业对原料要求的允许范围之内，例如，国家标准《苎麻精干麻》（精纺纤维）、《大麻精干麻》规定：残胶率≤4%；少许果胶（≤5%）和半纤维素（≤10%）恰好是纯净纤维素抄纸需要添加的辅料。

上述定量鉴定试验的最终结论是：DCE01用作草本纤维生物精制专用菌株既有高效性又具广谱性。

综上所述，在菌种选育方面，不仅提出了科学合理的选种目标，创立了"专一底物水解圈法""纤维分离实效法""三氟乙酸水解+高效液相色谱分析功能定量鉴定法"等行之有效的选种方法，而且获得了同时具有广谱性和高效性的草本纤维生物精制专用菌株。

第五章　菌种资源多样性及分类鉴定

生物多样性是指地球上所有生物（动物、植物、微生物等）、它们所包含的基因以及由这些生物与环境相互作用所构成的生态系统的多样化程度，通常包括遗传多样性、物种多样性和生态系统多样性3个组成部分。群落的物种多样性是生态系统结构和功能的决定因素。

生物多样性是地球上生命经过几十亿年进化的结果，是人类社会赖以生存的物质基础，其未知潜力为人类的生存发展显示无法估量的美好前景。因此，生物多样性保护和持续利用成为国际社会关注的热点。为了加速草本纤维资源开发利用，国内外科学家针对传统和常规方法存在的问题广泛进行了草本纤维生物精制方法研究。经过100多年"草本纤维生物精制"的探索研究，已见报道具有草本纤维精制功能的微生物涉及60多种，主要包括部分芽孢杆菌以及木腐菌，但是这些研究都是立足于具体的、单个的菌种筛选与特性研究，针对草本纤维精制专用菌种资源的系统性、多样性的研究尚无他人报道。

1990年中国科学院召开第一次生物多样性学术会议，从而正式开展中国生物多样性的研究工作。2003年开始，在国家自然科技资源平台项目的支助下，中国农业微生物菌种保藏管理中心在我国首次对农业用微生物进行收集、鉴定、保存、评价和提供应用服务研究。为了达到资源保存与共享的目的，中国农业科学院麻类研究所于2004年首次启动了草本纤维精制专用菌种资源的标准化化整理、整合以及规范化描述研究，至2007年年底，选取数据比较齐全的802份资源进行了多样性研究。

本章主要介绍草本纤维生物精制专用菌种资源的多样性研究及其分类鉴定结果。目的在于提醒人们：①精制草本纤维工具酶的微生物基因资源广泛存在于自然界，但是，天然菌种或多或少都存在不尽人意的地方；②本团队连续20多年的菌种选育研究，积累了十分丰富的草本纤维原料中非纤维素降解酶的基因资源。应该指出，这些基因资源的开发前景虽然乐观，但要真正变成生产力，还有许多工作要做。

第一节 天然菌种生态系统多样性

中国农业科学院麻类研究所已整理的 802 份菌种资源中有 740 份是天然菌种，62 份是基因工程方法育种获得的变异菌株。按照分离基质、地域来源，采用多样性统计方法对天然菌种生态系统多样性指数、优势度、均匀性以及相似性指数进行系统分析。

Shannon 多样性指数：$H' = -\sum (PilnPi) = -\sum (Ni/N) \ln (Ni/N)$，式中：Ni 是第 i 个物种的个体数，N 是全部物种的总个体数。

Simpson 优势度指数：$C = \sum (Pi)^2 = \sum (Ni/N)^2$。

Pielou 均匀度指数：$E = H'/lnS$，式中：H' 是多样性指数，S 是物种的数目。

群落相似性 Jaccard 指数：$Cs = c/(a+b-c)$，式中：a 为 A 群落物种数，b 为 B 群落物种数，c 为 A、B 两群落共有的物种数。

一、天然菌种与分离基质的关系

表 5-1 显示，从采集到的资源数量上看，涉及细菌、丝状真菌及酵母，其中细菌 10 属，占 81.76%，丝状真菌 10 属 70 株，占 9.46%，酵母菌 15 株，占 2.02%，还有 50 株分类地位不确定的菌株。芽孢杆菌属和类芽孢杆菌属占明显优势，分别占 35.27% 和 21.62%。从土壤、水体、腐殖质以及厩肥等基质中能分离出草本纤维精制菌株，其中从土壤中分离出 289 株，占 39.05%，从水体中分离出 173 株，占 23.38%，腐殖质以及厩肥中分别占 14.19% 以及 20.14%。土壤中的菌种不仅数量大而且种类多，从腐殖质中分离到的菌种数量较少，而从厩肥中分离到的菌种种类较少。

表 5-1 草本纤维精制菌种与分离基质的关系

	物种	土壤	水体	腐殖质	厩肥	其他	合计数	百分比
	芽孢杆菌属	108	67	25	57	4	261	35.27
	类芽孢杆菌属	63	51	15	31	0	160	21.62
	梭菌属	15	8	9	13	0	45	6.08
	欧文氏菌属	16	12	29	9	0	66	8.92
	假单胞菌属	17	8	4	7	3	39	5.27
细菌	微球菌属	1	2	0	3	0	6	0.81
	短芽孢杆菌属	14	4	3	0	0	21	2.84
	盐碱球菌属	0	0	0	0	1	1	0.14
	产碱菌属	0	0	0	2	0	2	0.27
	盐碱杆菌属	3	1	0	0	0	4	0.54
小计		237	153	85	122	8	605	81.76

（续表）

	物种	土壤	水体	腐殖质	厩肥	其他	合计数	百分比
	曲霉属	3	0	0	2	0	5	0.68
	青霉属	5	0	2	1	0	8	1.08
	干酪菌属	3	0	0	4	1	8	1.08
	层孔菌属	4	0	3	1	2	10	1.35
	平革菌属	4	1	1	5	1	12	1.62
丝状真菌	栓菌属	5	1	1	1	2	10	1.35
	拟蜡菌属	2	0	1	1	1	5	0.68
	毛霉属	4	0	1	0	0	5	0.68
	镰刀霉属	1	0	0	1	0	2	0.27
	链霉属	1	0	1	3	0	5	0.68
小计		32	2	10	19	7	70	9.46
酵母	隐球酵母属	1	4	1	0	2	8	1.08
	红酵母属	3	2	2	0	0	7	0.95
小计		4	6	3	0	2	15	2.03
其他		16	12	7	8	7	50	6.76
合计	数量	289	173	105	149	24	740	—
	百分比	39.05	23.38	14.19	20.14	3.24	—	100

740份天然菌种中，产芽孢细菌有487份，涉及芽孢杆菌属、类芽孢杆菌属、梭菌属等4属14种，其中枯草芽孢杆菌和多黏类芽孢杆菌占优势，黄麻芽孢杆菌、浸麻类芽孢杆菌也较多，而金黄丁酸梭菌、巨大芽孢杆菌等属于稀有种。产芽孢细菌中，从土壤中分离出的菌种占41.07%，其次是水体占26.69%、厩肥20.74%和腐殖质10.68%（表5-2）。

表5-2 产芽孢细菌类菌种与分离基质的关系

	物种	土壤	水体	腐殖质	厩肥	其他	合计数	百分比
	枯草芽孢杆菌	29	17	4	15	0	65	13.35
	蜡状芽孢杆菌	10	5	2	6	0	23	4.72
	巨大芽孢杆菌	7	8	1	9	0	25	5.13
芽孢杆菌属	蜂房芽孢杆菌	6	0	1	2	0	9	1.85
	黄麻芽孢杆菌	19	14	2	9	0	44	9.03
	柯氏芽孢杆菌	6	1	2	5	0	14	2.87
	其他	31	22	13	11	4	81	16.63
	多黏类芽孢杆菌	26	18	3	9	0	56	11.50
类芽孢杆菌属	浸麻类芽孢杆菌	11	18	2	2	0	33	6.78
	解淀粉类芽孢杆菌	5	0	1	3	0	9	1.85
	其他	21	15	9	17	0	62	12.73

（续表）

	物种	土壤	水体	腐殖质	厩肥	其他	合计数	百分比
梭菌属	费地梭菌	5	0	0	0	0	5	1.03
	金黄丁酸梭菌	2	0	0	0	0	2	0.41
	嗜果胶梭菌	0	2	1	6	0	9	1.85
	第三梭菌	4	1	1	1	0	7	1.44
	其他	4	5	7	6	0	22	4.52
短芽孢杆菌	短短芽孢杆菌	11	2	3	0	0	16	3.29
	其他	3	2	0	0	0	5	1.03
属合计	数量	200	130	52	101	4	487	—
	百分比	41.07	26.69	10.68	20.74	0.82	—	100

非芽孢细菌类有118份，涉及欧文氏菌属、假单胞菌属、微球菌属等6属10种，其中胡萝卜软腐欧文氏以及铜绿假单胞菌等也较多，而藤黄微球菌、大黄欧文氏菌等属于稀有种。非芽孢细菌中，从土壤中分离出的菌种占31.36%，其次是水体占19.49%、厩肥17.80%和腐殖质28.00%（表5-3）。

表5-3　非芽孢细菌与分离基质的关系

	物种	土壤	水体	腐殖质	厩肥	其他	合计	百分比
欧文氏菌属	胡萝卜软腐欧文氏杆菌	7	11	14	2	0	34	28.81
	柳欧文氏菌	0	0	0	2	0	2	1.69
	解淀粉欧文氏菌	6	0	2	3	0	11	9.32
	菊疫欧文氏菌	1	0	2	1	0	4	3.39
	菠萝欧文氏菌	2	1	1	1	0	5	4.24
	大黄欧文氏菌	0	0	1	0	0	1	0.85
	其他	0	0	9	0	0	9	7.63
假单胞菌属	铜绿假单胞菌	17	6	1	2	0	26	22.03
	产碱假单胞菌	0	2	0	0	0	2	1.69
	恶臭假单胞菌	0	0	3	4	0	7	5.93
	其他	0	0	0	1	3	4	3.39
微球菌属	藤黄微球菌	0	2	0	0	0	2	1.69
	其他	1	0	0	3	0	4	3.39
盐碱球菌属	—	0	0	0	0	1	1	0.85
产碱菌属	—	0	0	0	2	0	2	1.69
盐碱杆菌属	—	3	1	0	0	0	4	3.39
合计	数量	37	23	33	21	4	118	—
	百分比	31.36	19.49	28.00	17.80	3.39	—	100

真菌类有 86 份，涉及曲霉属、青霉属、隐球酵母属等 12 属 14 种，真菌类草本纤维精制菌种种属类别较多，而且分布均匀，没有明显的优势种。其中从土壤中分离出的菌种占 42.35%，其次是厩肥 22.35%、腐殖质 15.29% 和水体占 9.41%（表 5-4），除了土壤是优良的分离基质外，厩肥和水体也是重要的菌种分离基质。

表 5-4　真菌类草本纤维精制菌种及其来源

	物种	土壤	水体	腐殖质	厩肥	其他	合计数	百分比
曲霉属	黑曲霉	1	0	0	1	0	2	2.3
	温氏曲霉	1	0	0	0	0	1	1.2
	米曲霉	1	0	0	0	0	1	1.2
	其他	0	0	0	1	0	1	1.2
青霉属	常现青霉	3	0	0	0	0	3	3.5
	橄榄形青霉	0	0	2	0	0	2	2.3
	其他	2	0	0	1	0	3	4.7
隐球酵母属	浅白隐球酵母	1	1	1	0	2	5	5.8
	其他	0	3	0	0	0	3	3.5
红酵母属	浸渍酵母	0	0	2	0	0	2	2.3
	红酵母	0	1	0	0	0	1	1.2
	浸蚀红酵母	2	0	0	0	0	2	2.3
	其他	1	1	0	0	0	2	2.3
干酪菌属	近蓝灰干酪菌	1	0	0	2	1	4	4.7
	其他	2	0	0	2	0	4	4.7
层孔菌属	灰管层孔菌	2	0	1	1	2	6	7.0
	其他	2	0	2	0	0	4	4.7
平革菌属	黄孢厚毛平革菌	3	1	1	3	1	9	10.5
	其他	1	0	0	2	0	3	3.5
栓菌属	血红栓菌	3	0	0	0	2	5	5.8
	其他	2	1	1	1	0	5	5.8
拟蜡菌属	虫拟蜡菌	1	0	0	1	1	3	3.5
	其他	1	0	1	0	0	2	2.3
毛霉属	—	4	0	1	0	0	5	5.8
镰刀霉属	—	1	0	0	1	0	2	2.3
链霉属	—	1	0	1	3	0	5	5.8
合计	数量	36	8	13	19	9	85	—
	百分比	42.35	9.41	15.29	22.35	10.59	—	100

多样性指数　对于来源于同一采集地不同基质的菌种资源进行多样性指数分析结果如表 5-5 所示：①多样性指数按麻土、沤麻水、腐殖质、厩肥依次下降；②不同基质中菌种的多样性有较大差异，麻土、沤麻水、腐殖质中的菌种多样性较丰富，而厩肥中的

多样性不太好，但是厩肥中的优势度最明显，说明土壤是分离草本纤维精制菌种的最优基质，而从厩肥中分离出的菌种种类不多，但个别菌种含量较大。

表5-5　不同分离基质的多样性指数

分离基质类型	多样性	优势度	均匀性
麻土	1.7387	0.2152	0.8361
沤麻水	1.6661	0.2291	0.8562
腐殖质	1.6308	0.2245	1.0133
厩肥	1.1988	0.4380	0.6691
其他	1.2799	0.3000	0.9232

相似性指数　对于来源于同一采集地不同基质的菌种资源进行相似性指数研究结果如表5-6所示。厩肥和麻土极不相似，沤麻水和腐殖质中等相似，其余属于中等不相似。因为沤麻水和腐殖质都能提供较特异的环境，草本纤维精制菌种能够快速增值，占据优势地位，而厩肥提供营养和温度等条件专一性比较强，只能适合于特定的类群生长，土壤与厩肥相反，土壤提供的营养全面，土壤的温度、酸碱度和 pH 值等比较温和。

表5-6　不同分离基质的相似性指数

分离基质类型	沤麻水	腐殖质	厩肥	其他
麻土	0.3636	0.2500	0.1667	0.3333
沤麻水		0.6250	0.4444	0.3750
腐殖质			0.5000	0.4286
厩肥				0.4286

综上所述，自然界适宜微生物生长的各类基质中，都有可能分离到具有草本纤维精制功能的菌种，至于功能的大小可能与菌种的特性和分离目的有关。

二、天然菌种与取样地域的关系

740 份天然菌种资源来自于湖南、河南、安徽、浙江、山东、贵州、江苏、湖北、辽宁等九个不同生态区域，具体种类和数量情况如表5-7所示。表5-7显示，从湖南、河南、安徽、浙江等主产麻区以及山东、贵州、江苏、湖北、辽宁等地都能分离到一定量的草本纤维精制菌种，其中湖南有 235 份资源，种类涉及 15 属，数量占 31.8%，河南、浙江、安徽、山东 4 省的菌种数量均占 10% 左右，除湖北和辽宁外，其余地域资源种类都在 10 属以上。但是各地域间共有属却并不多，只有芽孢杆菌属和类芽孢杆菌属是共有属，其次是欧文氏杆菌属、假单胞菌属、梭菌属和短芽孢杆菌属较集中，而具有草本纤维精制功能的产碱菌属、盐碱球菌属和盐碱杆菌属等及其稀罕。

表5-7 草本纤维精制专用菌种资源与取样地域的关系

	湖南	河南	浙江	安徽	山东	贵州	江苏	湖北	辽宁	其他	合计 数量	合计 百分比
芽孢杆菌属	81	38	32	35	20	16	8	14	11	6	267	36.08
类芽孢杆菌属	67	22	11	8	19	10	6	8	5	4	160	21.62
梭菌属	11	4	5	3	0	2	0	11	9	0	45	6.08
欧文氏菌属	21	8	7	11	6	5	7	1	0	0	66	8.92
假单胞菌属	9	0	9	2	4	0	7	5	2	1	39	5.27
微球菌属	0	0	1	2	0	0	2	0	0	1	6	0.81
短芽孢杆菌属	6	4	3	5	0	1	0	2	0	0	21	2.84
盐碱球菌属	0	0	1	0	0	0	0	0	0	0	1	0.14
产碱菌属	2	0	0	0	0	0	0	0	0	0	2	0.27
盐碱杆菌属	1	0	0	2	0	0	1	0	0	0	4	0.54
曲霉属	1	1	1	0	0	0	1	0	0	1	5	0.68
青霉属	0	2	0	1	2	0	0	1	0	2	8	1.08
隐球酵母属	2	0	0	0	0	1	2	0	1	2	8	1.08
红酵母属	0	2	0	2	1	2	0	0	0	0	7	0.95
干酪菌属	1	1	0	1	1	0	1	0	0	3	8	1.08
层孔菌属	0	0	0	0	3	2	0	3	0	2	10	1.35
平革菌属	1	4	0	2	0	0	4	0	0	1	12	1.62
栓菌属	3	0	2	0	0	1	0	0	2	2	10	1.35
拟蜡菌属	0	0	0	0	5	0	0	0	0	0	5	0.68
毛霉属	5	0	0	0	0	0	0	0	0	0	5	0.68
镰刀霉属	2	0	0	0	0	0	0	0	0	0	2	0.27
链霉属	0	1	0	2	1	1	0	0	0	0	5	0.68
其他	22	9	4	5	3	4	0	2	1	0	50	6.75
合计 数量	235	96	76	81	65	45	39	47	31	25	740	—
合计 百分比	31.8	13.0	10.3	10.9	8.8	6.1	5.3	6.4	4.2	3.4	—	100

　　湖南、浙江、安徽、河南是我国的主产麻区，位于东经110°~120°，北纬25°~40°，从不同的地域的不同基质中分离出来的草本纤维精制菌种及分布如表5-8所示。由表5-8可知，平均每克样中含草本纤维精制菌种21个，约占样品中各类总菌量的1/107。

表 5-8　特定生境下的菌种及其分布

样品分类 / 样品来源	苎麻土样品（个/g 土）					小计	湖南南县样品（个/g 样）					小计
	湖南沅江	湖南南县	浙江萧山	安徽阜阳	河南信阳		麻土	沤麻水	腐殖质	厩肥	其他	
枯草芽孢杆菌	7	9	3	2	3	24	9	10	3	14	3	39
蜡状芽孢杆菌	1	0	0	1	2	4	0	0	0	1	0	1
巨大芽孢杆菌	1	0	0	1	0	2	0	1	1	2	0	3
黄麻芽孢杆菌	2	5	3	0	1	11	5	4	2	0	0	12
多粘类芽孢杆菌	5	8	5	1	4	23	8	2	1	3	4	18
浸麻类芽孢杆菌	1	2	0	5	2	10	2	6	0	0	0	8
解淀粉类芽孢杆菌	0	1	0	2	0	3	1	0	0	0	0	1
嗜果胶梭菌	0	0	1	1	0	2	0	0	0	1	0	1
第三梭菌	1	0	0	0	2	3	0	1	0	0	2	1
胡萝卜软腐欧文氏菌	3	0	1	2	1	7	0	3	5	1	0	11
解淀粉欧文氏菌	0	0	1	0	1	2	0	0	0	0	0	0
菊疫欧文氏菌	2	0	0	0	0	2	0	0	2	0	0	2
铜绿假单胞菌	2	0	0	1	0	3	0	0	0	0	0	2
短短芽孢杆菌	0	1	0	0	1	2	1	0	0	0	0	1
黑曲霉	0	0	1	0	0	0	0	0	0	0	0	0
浸蚀红酵母	0	2	0	0	0	2	2	0	0	0	0	2
黄孢厚毛平革菌	0	1	0	0	2	3	1	0	0	0	1	2
合计	25	29	15	16	19	104	29	27	14	22	10	102

多样性指数　由表 5-9 可知，对于来源于不同地域同一分离基质的草本纤维精制菌种，其多样性指数如表 5-8 所示：①多样性按河南信阳、湖南沅江、安徽阜阳、湖南南县、浙江萧山依次下降，优势度与多样性接近相反，而均匀性与多样性相似；②不同地域的多样性指数都反映出草本纤维精制菌种种类是多样的，分布地域是广泛的；③沅江与南县同属一个省，但是多样性指数却并不接近，因此，草本纤维精制菌种的采集与地域关系并不是很大，而与采样点的随机性存在密切关系；④从河南信阳和湖南沅江采集来的菌种多样性最明显，而且均匀，而优势种不是很突出。

表 5-9　不同地域的多样性指数

地域名称	多样性	优势度	均匀性
湖南沅江	2.0539	0.1584	0.8920
湖南南县	1.7387	0.2152	0.8361
浙江萧山	1.7321	0.2089	0.8901
安徽阜阳	2.0097	0.1641	0.9147
河南信阳	2.1873	0.1247	0.9500

相似性指数 对于来源于不同地域同一分离基质的草本纤维精制菌种，其相似性指数如表 5-10 所示。中等相似的有安徽阜阳和湖南沅江的相似性以及河南信阳和湖南沅江的相似性，介于中等相似与中等不相似之间的有浙江萧山和湖南南县，极相似和极不相似的都没有，这说明草本纤维精制菌种的相似性与地域的差异无相关性，而与多样性指数呈现一定的关系。

表 5-10 不同地域的相似性指数

	湖南南县	浙江萧山	安徽阜阳	河南信阳
湖南沅江	0.2857	0.3077	0.5833	0.5385
湖南南县		0.2500	0.3077	0.5000
浙江萧山			0.3333	0.4167
安徽阜阳				0.3571

综上所述，可以肯定，具有草本纤维精制功能的菌种分布在自然界适宜微生物生长的不同地域，至于功能的大小可能与菌种的特性和分离目的有关。

第二节 微生物种群多样性

生理生化特性 部分菌种生理生化特性鉴定数据如表 5-11、表 5-12 所示。可鉴定到种的资源 23 份，涉及 5 属 8 种，其中有菊欧文氏菌、胡萝卜软腐欧文氏菌、第三梭菌、多黏类芽孢杆菌、浸麻类芽孢杆菌、蜡状芽孢杆菌、枯草芽孢杆菌、巨大芽孢杆菌、假单胞菌属。

表 5-11 革兰氏阴性菌鉴定

资源编号 *	苯丙氨酸脱氨酶	硫化氢	明胶	吲哚	硝酸还原	氧化酶	脲酶	接触酶	葡萄糖	分类
029	−	+	+	−	+	−	−	+	−	*Erwinia carotovora*
043	−	+	+	−	+	−	−	+	+	*Erwinia carotovora*
044	−	+	+	−	+	−	−	+	−	*Erwinia carotovora*
147		+	+	−	+	+		+	+	*Pseudomonas* sp.
501	−	+	+	+	+	−	−	+	+	*Erwinia chrysanthenti*
502	−	+	+	+	+	−	−	+	+	*Erwinia chrysanthenti*

表 5-12　产芽孢菌鉴定

资源编号	d>1μm	运动	孢囊	吲哚	接触酶	厌氧	VP	硝酸还原	蔗糖产酸	葡萄糖产酸	明胶	50℃生长	分类
109	−	+	+	−	+	+		+	+	+	+		*Paenibacillus macerans*
111	−	+	+	−	+	+	−	+	+	+	+		*Paenibacillus macerans*
121	−	+	+	−	+	+	+	+	+	+	−		*Paenibacillus polymyxa*
123	+		−	+	+	+	+	+		+	+	−	*Bacillus cureus*
125	+		−	+	+	+	+	+		+	+	−	*Bacillus cureus*
127	−			+	+	−	+	+		+	+		*Bacillus subtilis*
164	+	+			−	+			+	+	−		*Clostridium tertium*
166	+	+	+		−	+			+	+	−		*Clostridium tertium*
207	−			+		+		+		+	+		*Bacillus subtilis*
299	−			+				+		+	+		*Bacillus subtilis*
311	−			+				+		+	+		*Bacillus subtilis*
320	+			+	+	+		+		+	+	−	*Bacillus cureus*
453	+				+	−	−			+	+	−	*Bacillus megaterium*
454	+				+					+	+		*Bacillus megaterium*
455	+				+					+	+		*Bacillus megaterium*
459	−	+	+	−	+	+	+	+	+	+	−		*Paenibacillus polymyxa*
489	−	+	+	−	+	+	+	+	+	+	−		*Paenibacillus polymyxa*

形态特征　具有草本纤维精制功能的菌种形态多样，其中以杆状细菌为主，杆状中有短杆状、棒杆状、梭状、梭杆状、弯枝状等，大部分杆状菌呈单细胞状存在，少数呈链状，菌落颜色主要有乳白色、土灰色、浅红色等。能产芽孢的细菌种类不是很多，但是产芽孢细菌在本纤维精制菌种中却占有相当大的比例，芽孢形状有圆形丝、椭圆形等，有中生、短生等，有膨大和不膨大等类型。状真菌和酵母菌也是草本纤维精制菌种中的两大类群，具有草本纤维精制功能的酵母菌的形态以球形和卵圆形为主，个体以单细胞状存在；霉菌在固体培养基上有营养菌丝和气生菌丝的分化，菌落形态较大，菌丝疏松呈蛛丝状，外观干燥不透明，菌落正反的颜色和边缘与中心的颜色不一致。

在草本纤维精制专用菌种资源中，细菌主要有菌体直径<1.0μm，芽孢椭圆，胞囊不膨大，在 PDA 培养基中菌落周围不规则、干燥、平坦、黄褐色、有皱、有分层现象的枯草芽孢杆菌（图 5-1，图 5-2）；菌体杆状，直径<1.0μm，芽孢椭圆，胞囊膨大，在 PDA 培养基中菌落圆形、湿润、易挑起、挑起时树胶状、乳白色的多黏类芽孢杆菌（图 5-3，图 5-4）；有不产芽孢，直杆状，大小为 0.6μm×2.2μm，在马铃薯葡萄糖琼脂培养基上形成凸形、波状边缘的菊欧文氏菌（图 5-5），还有多种形态的真菌。

总之，具有草本纤维精制功能的微生物菌种与普通微生物一样，无论是个体形态还是群体（菌落）形态，都保持着各自物种的特征。

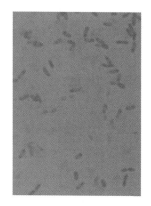

图 5-1　芽孢胞囊不膨大细菌

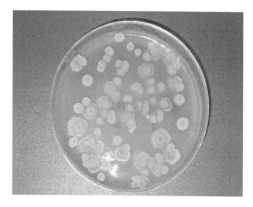

图 5-2　芽孢胞囊不膨大细菌菌落形态

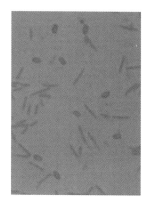

图 5-3　芽孢胞囊膨大细菌

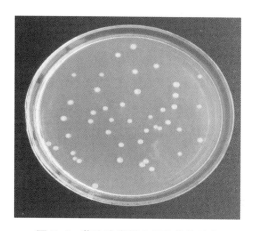

图 5-4　芽孢胞囊膨大细菌菌落形态

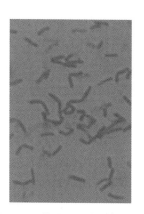

图 5-5　菊欧文氏菌菌体形态

16S rDNA 分子鉴定　分子生物学原理表明，从细菌裂解液中可以提取的 rRNA 包括为 5S、16S 和 23S rRNA，真核生物包括 5S、5.8S、18S 和 28S。16S rRNA 和 18S rRNA 普遍存在于原核生物（细菌）和真核生物（真菌）中，分别由染色体基因中相对应的 DNA 序列编码而形成。在 16S rRNA 和 18S rRNA 分子中，既含有高度保守的序列区域，又有中度保守和高度变化的序列区域，能显示出不同分类等级水平上的特异性，而且 16S rRNA 和 18S rRNA 的相对分子量大小适中，便于序列分析，因而，人们把它们用作研究各类生物亲缘关系与进化距离的工具。

通过基因组 DNA 提取、16S rDNA 扩增、扩增产物检测、产物回收与 DNA 测序以及 DNA 序列与 BLAST 保守序列比对，对难以确定分类地位的 72 份菌种资源进行了 16S rDNA 分子鉴定，最终确定了这些资源的分类地位。它们涉及地衣芽孢杆菌、苏云金芽孢杆菌、蜡状芽孢杆菌、枯草芽孢杆菌、多黏类芽孢杆菌、短小芽孢杆菌、短短芽孢杆菌、梭状芽孢杆菌、产碱假单胞菌等 5 属 9 种。现介绍 2 种代表性菌种 16S rDNA 序列。

地衣芽孢杆菌 5-1-4 的 16S rDNA 序列：

CTGTTTATGACCATGGGCTCAGGACGAACGCTGGCGGCGTGCCTAATACATGCAAGT
CGAGCGGACCGACGGGAGCTTGCTCCCTTAGGTCAGCGGCGGACGGGTGAGTAACA
CGTGGGTAACCTGCCTGTAAGACTGGGATAACTCCGGGAAACCGGGGCTAATACCG
GATGCTTGATTGAACCGCATGGTTCAATCATAAAAGGTGGCTTTTAGCTACCACTTA
CCGATGGACCCGCGGCGCATTAGCTAGTTGGTGAGGTAACGGCTCACCAAGGCGAC
GATGCGTAGCCGACCTGAGAGGGTGATCGGCCACACTGGGACTGAGACACGGCCCA
AACTCCTACGGGAGGCAGCAGTAGGGAATCTTCCGCAATGGACGAAAGTCTGACGG
AGCAACGCCGCGTGAGTGATGAAGGTTTTCGGATCGTAAAACTCTGTTGTTAGGGAA
GAACAAGTACCGTTCGAATAGGGCGGTACCTTGACGGAACCTAACCTGAAAGCCAC
GGCTAACTACGTGCCAGCAGCCGCGGTAATACGTAGGTGGCAAGCGTTGTCCGGAA
TTATTGGGCGTAACGCGCGCGCAGGCGGTTTCTTAAGTCTGATGTGAAAGCCCCCGG
TTCAACCGGGGAGGGTCATTGGAAACTGGGGAACTTGAGTGCAGAAGAGGAGAGTG
GAATTCCACGTGTAGCGGTGAAATGCGTAGAGATGTGGAGGAACACCAGTGGCGAA
AGGCGACTCTCTGGTCTTGTAACTGACGCTGAGGCGCGAAAGCGTGGGGAGCGAAC
AGGATTAGATACCCTGGTAGTCCACGCCGTAAACGATGAGTGCTAAGTGTTAGAGG
GTTTCCGCCCTTTAGTGCTGCAGCAAACGCATTAAGCACTCCGCCTGGGGAGTACGG
TCGCAAGACTGAAACTCAAAGGAATTGACGGGGGCCCGCACAAGCGGTGGAGCATG
TGGTTTAATTCGAAGCAACGCGAAGAACCTTACCAGGTCTTGACATCCTCTGACAAC
CCTAGAGATAGGGCTTCCCCTTCGGGGGCAGAGTGACAGGTGGTGCATGGTTGTCGT
CAGCTCGTGTCGTGAGATGTTGGGTTAAGTCCCGCAACGAGCGCAACCCTTGATCTT
AGTTGCCAGCATTCAGTTGGGCACTCTAAGGTGACTGCCGGTGACAAACCGGAGGA

AGGTGGGGATGACGTCAAATCATCATGCCCCTTATGACCTGGGCTACACACGTGCTA
CAATGGGCAGAACAAAGGGCAGCGAAGCCGCGAGGCTAAGCCAATCCCACAAATCT
GTTCTCAGTTCGGATCGCAGTCTGCAACTCGACTGCGTGAAGCTGGAATCGCTAGTA
ATCGCGGATCAGCATGCCGCGGTGAATACGTTCCCGGCCTTTGTTACACACCGCCC
GTCACACCACGAGAGTTTTGTTAACACCCCGAAAGTCCGGTGAGGTAACCCTTTTT。

短小芽孢杆菌 5 的 16S rDNA 序列：

AGGATAGGGTTCCTGGGGTTCAGGACGAACGCTGGCGGCGTGCCTAATACATGCAA
GTCGAGCGGACAGAAGGGAGCTTGCTCCCGGATGTTAGCGGCGGACGGGTGAGTAA
CACGTGGGTAACCTGCCTGTAAGACTGGGATAACTCCGGGAAACCGGAGCTAATAC
CGGATAGTTCCTTGAACCGCATGGTTCAAGGATGAAAGACGGTTTCGGCTGTCACTT
ACAGATGGACCCGCGGCGCATTAGCTAGTTGGTGAGGTAACGGCTCACCAAGGCGA
CGATGCGTAGCCGACCTGAGAGGGTGATCGGCCACACTGGGACTGAGACACGGCCC
AGACTCCTACGGGAGGCAGCAGTAGGGAATCTTCCGCAATGGACGAAAGTCTGACG
GAGCAACGCCGCGTGAGTGATGAAGGTTTTCGGATCGTAAAGCTCTGTTGTTAGGGA
AGAACAAGTGCAAGAGTAACTGCTTGCACCTTGACGGTACCTAACCAGAAAGCCAC
GGCTAACTACGTGCCAGCAGCCGCGGTAATACGTAGGTGGCAAGCGTTGTCCGGAA
TTATTGGGCGTAAAGGGCTCGCAGGCGGTTTCTTAAGTCTGATGTGAAAGCCCCCGG
CTCAACCGGGGAGGGTCATTGGAAACTGGGAAACTTGAGTGCAGAAGAGGAGAGTG
GAATTCCACGTGTAGCGGTGAAATGCGTAGAGATGTGGAGGAACACCAGTGGCGAA
GGCGACTCTCTGGTCTGTAACTGACGCTGAGGAGCGAAAGCGTGGGGAGCGAACAG
GATTAGATACCCTGGTAGTCCACGCCGTAAACGATGAGTGCTAAGTGTTAGGGGGTT
TTCCGCCCCTTAGTGCTGCAGCTAACGCATTTAAGCACTTCCGCCTGGGGAGTACGG
TCCGCAAGACTGAAACTCAAAGGAATTGACGGGGGCCCGCACAAGCGGTGGAGCA
TGTGGTTTAATTCGAAGCAACGCGAAGAACCTTACCAGGTCTTGACATCCTCTGACA
ACCCTAGAGATAGGGCTTTCCTTCGGGGACAGAGTGACAGGTGGTGCATGGTTGTC
GTCAGCTCGTGTCGTGAGATGTTGGGTTAAGTCCCGCAACGAGCGCAACCCTTGATC
TTAGTTGCCAGCATTCAGTTGGGCACTCTAAGGTGACTGCCGGTGACAAACCGGAGG
AAGGTGGGGATGACGTCAAATCATCATGCCCCTTATGACCTGGGCTACACACGTGCT
ACAATGGACAGAACAAAGGGCTGCGAGACCGCAAGGTTTAGCCAATCCCACAAATC
TGTTCTCAGTTCGGATCGCAGTCTGCAACTCGACTGCGTGAAGCTGGAATCGCTAGT
AATCGCGGATCAGCATGCCGCGGTGAATACGTTCCCGGCCTTGTACACACCGCCCG
TCACACCACGAGAGTTTGCAACACCCGAAGTCGGTGAGGTAACCTTTTATGGGAGC
CA。

通过生理生化特性、形态特征以及 16S rDNA（18S rDNA）序列分析等方法对已整理的 802 份菌种资源进行分类鉴定，802 份优质资源隶属 22 属 38 种，涉及细菌、丝状真菌及酵母，其中细菌 10 属，占 83.04%，丝状真菌 10 属 71 株，占 8.8%，酵母菌 15 株，占 1.86%，还有 50 株分类地位不确定的菌株（表 5-13）。

表 5-13　草本纤维精制菌种资源状况　　　　　　　　（数量单位：株）

资源分类		菌种资源物种名称	数量
细菌	芽孢杆菌属 Bacillus	枯草芽孢杆菌、蜡状芽孢杆菌、巨大芽孢杆菌、蜂房芽孢杆菌、黄麻芽孢杆菌、柯氏芽孢杆菌等	289
	类芽孢杆菌属 Paenibacillus	多黏类芽孢杆菌、浸麻类芽孢杆菌、解淀粉类芽孢杆菌等	182
	梭菌属 Clostrium	费地梭菌、金黄丁酸梭菌、嗜果胶梭菌、第三梭菌等	45
	欧文氏菌属 Erwinia	胡萝卜软腐欧文氏菌、柳欧文氏菌、解淀粉欧文氏菌、菊疫欧文氏菌、菠萝欧文氏菌、大黄欧文氏菌等	76
	假单胞菌属 Pseudomonas	铜绿假单胞菌、产碱假单胞菌、恶臭假单胞菌等	39
	微球菌属 Micrococcus	藤黄微球菌等	6
	短芽孢杆菌属 Brevibacillus	短短芽孢杆菌等	22
	盐碱球菌属 Natronococcus		1
	产碱菌属 Alcaligenes		2
	盐碱杆菌属 Natronobacterium		4
真菌	曲霉属 Aspergillus	黑曲霉、温氏曲霉、米曲霉等	5
	青霉属 Penicillium	常现青霉、橄榄形青霉等	9
	隐球酵母属 Cryptococcus	浅白隐球酵母等	8
	红酵母属 Rhodoto	浸渍酵母、红酵母、浸蚀红酵母等	7
	干酪菌属 Tyromyces	近蓝灰干酪菌等	8
	层孔菌属 Fomes	灰管层孔菌等	10
	平革菌属 Phanerochete	黄孢厚毛平革菌等	12
	栓菌属 Trametes	血红栓菌等	10
	拟蜡菌属 Ceriporiopsis	虫拟蜡菌等	5
	毛霉属 Mucor		5
	镰刀霉属 Fusarium		2
放线菌	链霉菌 tenebrarius		15
其他	未知		40
合计	22 属	38 种	802

由表 5-13 可以看出，芽孢杆菌属和类芽孢杆菌属占明显优势，分别占 36.04% 和 26.69%。这可能是出于菌种保存方便的需要，在选种方法上有些偏颇的缘故。

第三节　功能基因组遗传多样性

一、功能及功能基因组

802 份菌种资源均具有剥离非纤维素的能力。以生麻为降解原材料，在适当的条件下，培养 12h，非纤维去除率如表 5-14 所示。功能多样性研究结果说明：①大部分天然菌株的功能在 61%~80%，而且多为芽孢杆菌属的细菌；②欧文氏菌属以及多孔菌属、层孔菌属等木腐菌的功能较强，非纤维素去除率在 80% 以上；③来源不同的同种菌株在功能上存在一定的差异；④天然菌株不能彻底完成草本纤维精制任务，而基因工程菌株 CXJZ198 具有优良的脱胶能力，能够在 7h 内彻底降解苎麻、红麻等多种草本纤维的非纤维素成分。

表 5-14　菌种资源非纤维素物质去除能力

非纤维去除率（%）	主要种属分布	资源数	比例（%）
100	基因改良菌株 CXJZU120、CXJZ95-198、T85-260	3	0.4
81~99	软腐胡萝卜欧文氏菌、菊疫欧文氏菌、产碱假单胞菌、近蓝灰干酪菌、灰管层孔菌、黄孢厚毛平革菌、血红栓菌、虫拟蜡菌、黑曲霉等	37	4.6
61~80	枯草芽孢杆菌、蜡状芽孢杆菌、巨大芽孢杆菌、蜂房芽孢杆菌、黄麻芽孢杆菌、柯氏芽孢杆菌、多粘类芽孢杆菌、浸麻类芽孢杆菌、费地梭菌、嗜果胶梭菌、第三梭菌、大黄欧文氏菌、短短芽孢杆菌、短小芽孢杆菌、米曲霉等、柳欧文氏菌等	417	52
41~60	浸渍酵母、红酵母、温氏曲霉、常现青霉等、枯草芽孢杆菌、多黏类芽孢杆菌、短短芽孢杆菌	185	23.1
21~40	藤黄微球菌、盐碱球菌属、产碱菌属、盐碱杆菌属、橄榄形青霉、毛霉属、镰刀霉属、链霉菌等	93	11.6
0~20	金黄丁酸梭菌、解淀粉类芽孢杆菌、浅白隐球酵母等	67	8.4

二、遗传多样性

RAPD 技术是建立在 PCR（Polymerase Chain Reaction）基础之上的一种可对整个未知序列的基因组进行多态性分析的分子技术。它以基因组 DNA 为模板，以单个人工合成的随机多态核苷酸序列（通常为 10 个碱基对）为引物，在热稳定的 DNA 聚合酶（Taq 酶）作用下，进行 PCR 扩增。扩增产物经琼脂糖或聚丙烯酰胺电泳分离、溴化乙锭染色后，在紫外透视仪上检测多态性。扩增产物的多态性可以反映基因组的多态性。采用基因组 DNA 提取与检测、RAPD 体系构建与电泳分析、引物筛选与扩增、数据比对分析等程序，对枯草芽孢杆菌系列和欧文氏杆菌系列菌株进行了遗传多样性研究，找到了菌株之间的差异以及它们之间的遗传距离和相似性。

　　RAPD 引物扩增　从自行设计的 50 个引物中筛选出 13 条清晰且多态性高的有效引物，扩增结果如表 5-15 所示。6 个 10bp 引物扩增 6 个品种的欧文氏菌系列获得 90 条清晰的 DNA 带型，其中 82 条呈多态性，占总带数的 91.1%。每个引物扩增 DNA 带在 10~22 条，平均 15 条，扩增片段分子量在 0.2~4kb。7 个 10bp 引物扩增 12 个品种的产芽孢菌获得 110 条清晰的 DNA 带型，其中 105 条呈多态性，占总带数的 95.5%。每个引物扩增 DNA 带在 11~32 条之间，平均 9 条，扩增片段分子量也在 0.2~4kb。可见，不同引物对供试材料扩增出的 DNA 片段不尽相同，同一引物对不同供试材料扩增的 DNA 片段也表现出了很大的差异性，说明实验材料对遗传背景的影响也有复杂性和多态性。

表 5-15　RAPD 引物的扩增结果

模板类别	引物号	序列	扩增总带数	扩增多态性带数	扩增单态性带数	多态性
欧文氏菌	S76	CACACTCCAG	13	10	3	76.9
	S78	TGAGTGGGTG	10	8	2	80
	S91	TGCCCGTCGT	18	17	1	94.4
	S93	CTCTCCGCCA	13	11	2	84.6
	S95	ACTGGGACTC	14	14	0	100
	S87	GAACCTGCGG	22	22	0	100
	总计		90	82	8	91.1
产芽孢菌	S60	ACCCGGTCAC	11	10	1	90.9
	S76	CACACTCCAG	12	12	0	100
	S80	ACTTCGCCAC	11	10	1	90.9
	S87	GAACCTGCGG	32	32	0	100
	S90	AGGGCCGTCT	15	14	1	93.3
	S94	GGATGAGACC	17	16	1	94.1
	S51	AGCGCCATTG	12	11	1	91.7
	总计		110	105	5	95.5

　　遗传距离和相似性　引物 S87 对欧文氏菌和芽孢菌的扩增指纹图谱如图 5-6 和图 5-7 所示。欧文氏菌系列的相似性以及遗传距离如表 5-16 所示，菌株间的遗传距离在 0.3~0.9 之间，相似性在 0.1~0.7 之间，其中，CXJZ95-198-03 与 CXJZ95-198-96 之间最相似，而菌株 166 与 CXJZ U-120、CXJZ11-01、CXJZ95-198-03、CXJZ95-198-96、Ly 都有一定的相似性，Ly 与其他的菌株相似性较低。说明通过基因改良后的菌株既保留

了原始菌株 166 和 Ly 的大部分基因性状，同时各个变异菌株之间又表现出了较大的差异性；不同方法获得的菌株有很大的差异，CXJZ95-198-03 与 CXJZ95-198-96 是不同时期的质粒转化菌株，差异性较小，而新基因构建菌株 Ly 具有很多特异性基因。

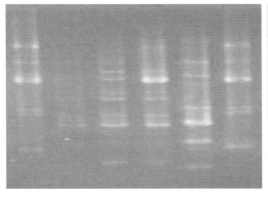 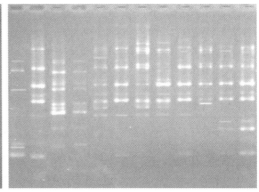

图 5-6　引物 S87 对欧文氏菌的 DNA 指纹图谱

图注：从左到右依次是 166、CXJZ95-198-03、CXJZ11-01、CXJZ95-198-96、Ly、CXJZU-120

图 5-7　引物 S87 对芽孢菌的 DNA 指纹图谱

图注：从左到右依次是菌 T28、T1163、T66、T2066、T1162、T1149、T1771、T1203、T1167、T456、T937、T1236

产芽孢系列的相似性以及遗传距离如表 5-17，菌株间的遗传距离在 0.1~0.9 之间，其中，T1149 与 T1267 相似性最强，而菌 T28 与 T1771、T1163 与 T2066 表现出最小的相似性。经 DES 处理 T28 获得的变异菌株 T66，与大多数菌的相似性较低。

表 5-16　欧文氏菌系列的相似性与遗传距离（右上数据为相似性，左下数据为遗传距离）

菌株	166	CXJZ95-198-03	CXJZ11-01	CXJZ95-198-96	Ly	CXJZU-120
166		0.3076	0.4444	0.3334	0.3478	0.5714
CXJZ95-198-03	0.6924		0.1818	0.6667	0.2500	0.2857
CXJZ11-01	0.5556	0.8182		0.200	0.3810	0.1667
CXJZ95-198-96	0.6664	0.3333	0.8000		0.1333	0.3334
Ly	0.6522	0.7500	0.6190	0.8667		0.1176
CXJZU-120	0.4286	0.7143	0.8333	0.6667	0.8824	

表 5-17　孢杆菌系列的相似性与遗传距离（右上数据为相似性，左下数据为遗传距离）

菌株	T28	T1163	T66	T2066	T1162	T1149	T1771	T1203	T1167	T456	T937	T1236
T28		0.250	0.381	0.400	0.154	0.182	0.100	0.167	0.364	0.167	0.364	0.235
T1163	0.750		0.138	0.111	0.476	0.526	0.643	0.500	0.632	0.500	0.632	0.560
T66	0.619	0.862		0.522	0.308	0.250	0.303	0.320	0.167	0.160	0.250	0.200
T2066	0.600	0.889	0.478		0.267	0.133	0.182	0.143	0.133	0.286	0.133	0.211

（续表）

菌株	T28	T1163	T66	T2066	T1162	T1149	T1771	T1203	T1167	T456	T937	T1236
T1162	0.846	0.524	0.692	0.733		0.667	0.640	0.588	0.667	0.471	0.667	0.364
T1149	0.818	0.474	0.750	0.867	0.333		0.522	0.533	0.857	0.667	0.714	0.500
T1771	0.900	0.357	0.697	0.818	0.360	0.478		0.667	0.522	0.583	0.435	0.483
T1203	0.833	0.500	0.680	0.857	0.412	0.467	0.333		0.533	0.500	0.533	0.476
T1167	0.636	0.368	0.833	0.867	0.333	0.143	0.478	0.467		0.667	0.857	0.600
T456	0.833	0.500	0.840	0.714	0.529	0.333	0.417	0.500	0.333		0.533	0.667
T937	0.636	0.368	0.750	0.867	0.333	0.286	0.565	0.467	0.143	0.467		0.600
T1236	0.765	0.440	0.800	0.790	0.636	0.500	0.517	0.524	0.400	0.333	0.400	

聚类分析 采用 UPGMA 方法，通过 NTSYS-pc 系统生成的聚类结果如图 5-8、图 5-9 所示。图 5-8 表明，CXJZ95-198-03、CXJZ95-198-96 与 CXJZU-120 聚在一起，CXJZ95-198-03 与 CXJZ95-198-96 极其相似，166 与 CXJZ95-198-03、CXJZ95-198-96、CXJZ U120 之间既有较大的关联性，又有一定的差异性，CXJZ11-01 表现出了较大的差异性，而 Ly 聚在最后。图 5-9 表明，28 与 2066 聚为一类，66 独为一支，其余的另聚为一类。结果表明，不同地域的同种菌株，存在一定的差异性，而基因改良后的菌株表现出的差异性更加强烈。

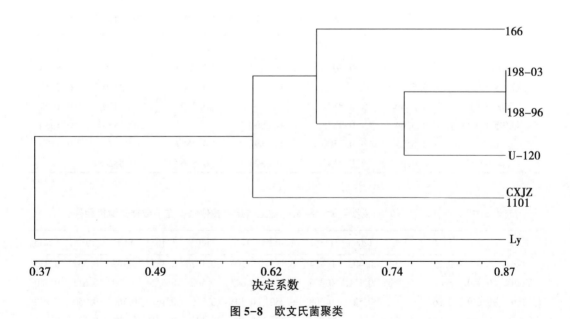

图 5-8 欧文氏菌聚类

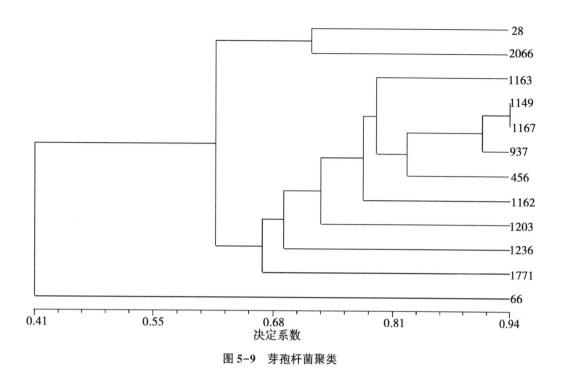

0.41   0.55   0.68   0.81   0.94
决定系数

图 5-9 芽孢杆菌聚类

第四节 4 个代表性菌株的分类鉴定

微生物菌种的分类鉴定是一项十分复杂而烦琐的工作，对于非微生物学专业人士而言，是否有必要对所分离出来的菌株都进行分类鉴定，值得商榷。但是，发现以下两种情况：一则疑是新物种，二则比较出特殊功能，对其菌株进行系统的分类鉴定是十分必要的。

一、高效菌株 T85-260（专利保护菌种 CGMCC0245）

T85-260 被证实为苎麻脱胶全能性（剥离各种非纤维素而提取纤维满足后续加工要求）高效菌株之后，根据当时对菌种分类鉴定的要求，进行了比较系统（现在看来是比较粗犷的）的分类鉴定研究。正因为 T85-260 菌株对苎麻脱胶具有高效性，本团队研究形成了现代意义上有关草本纤维生物精制的第一项发明专利技术——苎麻生物脱胶工艺技术与设备（ZL95112564.8）。按照专利申请要求，T85-260 菌株被提交到中国普通微生物菌种保藏管理中心（China General Microbiological Culture Collection Center，CGM-CC）进行保护，其专利保护菌种编号为 CGMCC0245。

菌落形态特征 T85-260 菌株在煌绿果胶平板培养基上菌落扁平，蓝绿色，培养

18h 的直径 3mm，边缘整齐；在猪胆盐煌绿果胶培养基上菌落扁平，周围有标准亮圈，18h 时水解圈直径 16mm，再往外是平板本色；在肉汤平板培养基中菌落稍微隆起，中间乳白色，周围有亮圈、有光泽，边缘整齐，培养 18h 的菌落直径 4mm（图 5-10）。

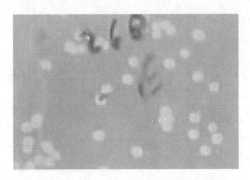

图 5-10　T85-260 肉汤平板菌落形态

菌体形态特征　显微镜下观察，T85-260 菌株的菌体（菌龄 8h，图 5-11）对生、单生参半，偶有链生。细胞直杆状，（0.5~0.7）μm×（1.5~2.5）μm，无芽孢，周生鞭毛，具有运动性且运动速度较快。

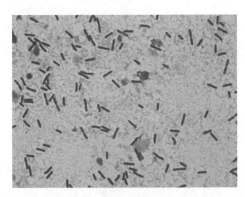

图 5-11　T85-260 菌株菌体形态

生理生化特征 T85-260 菌株为革兰氏阴性菌（表 5-18），氧化酶、吲哚乙酸、生长因子为阴性，其他检测指标阳性。其中，厌氧条件下生长，说明该菌株属于兼性好氧菌。

表 5-18　T85-260 菌株的生理生化特征

菌株编号	革兰氏	氧化酶	接触酶	运动性	明胶	吲哚	硝酸盐	5%NaCl	生长因子	厌氧生长
T85-260	−	−	+	+	+	−	+	+	−	+
T165	−	+	+	+	+	−	+	+	−	−
T995-2	+	−	+	+	+	+	+	−	−	+

培养特性 T85-260菌株在葡萄糖营养琼脂培养基上14~18h可长成丰满菌苔。该菌株在pH值5.0~9.0范围内均能生长，最适pH值为6.5~7.0；最高生长温度在40~42℃，最适生长温度为37℃。该菌株液态扩大培养最佳配方为：面粉1%、酵母汁0.05%、磷酸氢二铵0.05%、磷酸二氢钾0.05%、硫酸镁0.01%，培养过程要适当搅拌，少量通气。该菌株接种后，2~4h即进入对数生长期，培养6~7h用于脱胶效果理想。营养琼脂3.5%或营养琼脂3.5%加葡萄糖0.5%，0.5~0.7kg/cm²蒸汽灭菌15min后，制成平板或斜面。取一环菌苔于9mL无菌水中分散，再划线或涂皿。置于恒温37℃的培养箱培养14~18h。经营养琼脂和葡萄糖营养琼脂平板斜面对比分离或划线试验，我们发现，两种培养基上24h内均能长出圆形菌落或长成丰满菌苔，但生长速度上有明显区别，即葡萄糖营养琼脂上可见菌落时间比营养琼脂提早2~3h，前者为8~9h，后者为12h左右；就24h菌落大小而言，前者直径为6~8mm，后者只有4~6mm。由此可见，T85-260菌株可以利用蛋白质或氮基酸作碳源和能源，但生长速度不及直接提供碳水化合物来得快。

基于上述菌落形态特征、菌体形态特征、生理生化特征、营养及培养特性等试验结果，中国农业科学院麻类研究所植物病理学专家吴家琴研究员，对照《伯杰氏细菌学手册》（第七版）相关信息，将T85-260菌株（专利保护菌种编号CGMCC0245）认定为胡萝卜软腐欧文氏杆菌（*Erwinia carotovora*）。因为缺乏分子生物学试验数据，而且没有经过权威机构认定，用现代微生物菌种分类鉴定的观点衡量，T85-260菌株的分类鉴定还不是很准确。

二、广谱性高效菌株DCE01（CGMCC5522）

广谱性高效菌株DCE01是2009年选育出来的在工厂化生产中得到广泛应用的草本纤维精制专用菌株。该菌株属于G⁻、兼性好氧细菌，可生长pH值范围为5.0~9.0，最适pH值6.5；适宜生长温度为18~37℃，最适生长温度为35℃。

培养特性 该菌株培养基的基本配方为：葡萄糖20.0g/L、大豆蛋白胨10.0g/L、酵母汁5.0g/L、磷酸氢二铵5.0g/L、磷酸二氢钾5.0g/L、硫酸镁5.0g/L，在此基础上，添加琼脂粉18.0~20.0g/L即为固态培养基；以橘子果胶10.0g/L（或甘露聚糖20.0g/L或木聚糖10.0g/L）替代葡萄糖，即是胞外酶催化活性检测培养基；以豆粕粉20.0g/L替代葡萄糖和蛋白胨即可用作高效菌剂活化培养基。该菌株接种后，2h即进入对数生长期，培养6~7h用于处理纤维质农产品即可达到精制草本纤维的目的。

G+C含量 微生物DNA中G+C含量百分比是细菌分类一个重要依据——作为判定其分类学上科、属、种间亲缘关系的参考标准。DNA由四个碱基组成，即腺嘌呤（A）、鸟嘌呤（G）、胸腺嘧啶（T）、胞嘧啶（C）。双链DNA碱基配对规律是A＝T和G＝C，一般用鸟嘌呤（G）加胞嘧啶（C）对全部 4 个碱基的摩尔百分比（mol%）来表示 G+C 含量。大量的研究表明，细菌的 G+C 含量在 24%~78%之间，两个菌株之间 G+C 含量差别在 4%~5%之间，可以认为是同一种内的不同菌株；若差别在 10%~15%之间，可以认为是同属内的不同菌种；差别在 20%~30%之间，则认为是不同属或不同科内的菌种。根据表 5-19 所列 *Dickeya* 属不同种的 G+C 含量，可以认为，DCE01 应该属于 *Dickeya* 属细菌的一个菌株，其 G+C 含量与所列菌种的差别都在 10%以内。

表 5-19　*Dickeya* 属不同种的 G+C 含量

菌种名称	G+C（%）
DCE01	56.6
*D. dadantii CFBP*1269^T	59.5
*D. dadantii Ech*703	55.0
*D. dadantii Ech*586	53.0
*D. Dianthicolacfbp*1200^t	59.5
D. Chrysanthemi CFBP 2048^T	58.8
D. Chrysanthemi 3937	56.0
*D. zeae CFBP*2052^T	56.4
*D. zeae Ech*1591	54.0

生理生化特征　采用 API 试剂盒对 DCE01 菌株及其近缘种进行生理生化特征研究结果（表 5-20）显示，除了 NO_2/N_2 以外，DCE01 菌株的各项测定指标与 *Dickeya dadantii* 的模式菌株 DSM18020 完全一致。这就意味着，DCE01 菌株可能属于 *Dickeya dadantii*。

聚类分析　16S rRNA 基因是细菌上编码 rRNA 相对应的 DNA 序列，存在于所有细菌的基因组中。16S rRNA 具有高度的保守性和特异性以及该基因序列足够长（包含约 50 个功能域）。随着 PCR 技术的出现及核酸研究技术的不断完善，16S rRNA 基因检测技术已成为病原菌检测和鉴定的一种强有力工具。数据库的不断完善，应用该技术可以实现对病原菌进行快速、微量、准确简便地分类鉴定和检测。该技术主要有 3 个步骤：首先是基因组 DNA 的获得，其次是 16S rRNA 基因片段的获得，最后是进行 16S rRNA 基因序列的分析。从 DCE01 菌株中提取 16S rRNA 并进行测序后，采用 UPGMA 方法，通过 NTSYS-pc 系统生成的聚类分析结果（图 5-12）显示，DCE01 菌株与 *D. dadantii* CFBP1269^T 菌株的亲缘关系比较接近。

综合上述培养特性、G+C 含量、生理生化特征和聚类分析研究结果，可以认定，DCE01 菌株的分类地位属于 *Dickeya dadantii*。

表 5-20 API 鉴定 DCE01 菌株的生理生化特征

菌株	DCE01	*D. dadantii* DSM18020	*D. dianthicola* LMG2485	*D. chrysanthemi* LMG2804	*D. zeae* DSM18068	*E. carotovorum* DSM30168
ONPG	+	+	+	+	+	+
ADH	+	+	+	+	+	+
LDC	−	−	−	−	−	−
ODC	−	−	−	−	−	−
CIT	+	+	+	+	−	+
H_2S	−	−	−	−	−	−
URE	−	−	−	−	−	−
TDA	−	−	−	−	−	−
VP	+	+	+	+	+	+
GEL	+	+	−	+	+	−
GLU	−/+	−/+	+/+	−/+	−/+	+/+
MAN	+	+	+	+	+	+
INO	−	−	−	−	−	−
SOR	−	−	−	−	−	+
RHA	+	+	−	+	+	+
SAC	+	+	+	+	−	+
MEL	+	+	+	+	+	+
AMY	+	+	+	+	+	+
ARA	+	+	+	+	+	+
NO_2/N_2	−/+	+/	+/	+/	−/+	−/+

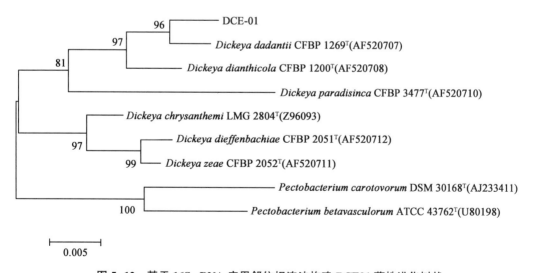

图 5-12 基于 16S rRNA 应用邻位相连法构建 DCE01 菌株进化树状

三、胞外高效表达甘露聚糖酶和木聚糖酶菌株 BE91

BE91 是经过功能鉴定充分肯定拥有重大开发价值的胞外高效表达甘露聚糖酶和木聚糖酶的菌株。

形态特征 BE91 菌株的菌体形态为直杆状，平均 $0.7\mu m \times 2.2\mu m$，单生为主，也有对生，具圆端。该菌株产单生芽孢，芽孢中位，椭圆，孢囊不膨大。在普通营养琼脂平板上生长 20h，其菌落直径平均 0.25cm，浅灰白色，粗糙，干燥，有皱，周围不规则。在液体培养基中静止生长时，形成皱醭。

生理生化特征 BE91 菌株为革兰氏阳性细菌，接触酶：阳性；氧化酶：弱阳性；吲哚试验：阴性；运动性：运动；糖醇产酸：葡萄糖、阿拉伯糖、木糖、甘露醇、蔗糖：阳性，鼠李糖、乙醇：阴性；水解：明胶、淀粉：阳性，脲酶：阴性；NaCl 利用：具有广谱性，0~12% 均能生长；温度：5℃、10℃、50℃、55℃：阴性，30℃、35℃、40℃：阳性。

分子生物学特征 该菌株 16S rDNA 序列为：

AAGGTTACCTCACCGACTTCGGGTGTTACAAACTCTCGTGGTGTGACGGGCGGTGTG
TACAAGGCCCGGGAACGTATTCACCGCGGCATGCTGATCCGCGATTACTAGCGATTC
CAGCTTCACGCAGTCGAGTTGCAGACTGCGATCCGAACTGAGAACAGATTTGTGGG
ATTGGCTTAACCTCGCGGTTTCGCTGCCCTTTGTTCTGTCCATTGTAGCACGTGTGTA
GCCCAGGTCATAAGGGGCATGATGATTTGACGTCATCCCCACCTTCCTCCGGTTTGT
CACCGGCAGTCACCTTAGAGTGCCCAACTGAATGCTGGCAACTAAGATCAAGGGTT
GCGCTCGTTGCGGGACTTAACCCAACATCTCACGACACGAGCTGACGACAACCATG
CACCACCTGTCACTCTGCCCCCGAAAGGGGACGTCCTATCTCTAGGATTGTCAGAGG
ATGTCAAGACCTGGTAAGGTTCTTCGCGTTGCTTCGAATTAAACCACATGCTCCACC
GCTTGTGCGGGCCCCCGTCAATTCCTTTGAGTTTCAGTCTTGCGACCGTACTCCCCAG
GCGGAGTGCTTAATGCGTTAGCTGCAGCACTAAGGGGCGGAAACCCCCTAACACTT
AGCACTCATCGTTTACGGCGTGGACTACCAGGGTATCTAATCCTGTTCGCTCCCCAC
GCTTTCGCTCCTCAGCGTCAGTTACAGACCAGAGAGTCGCCTTCGCCACTGGTGTTC
CTCCACATCTCTACGCATTTCACCGCTACACGTGGAATTCCACTCTCCTCTTCTGCAC
TCAAGTTCCCCAGTTTCCAATGACCCTCCCCGGTTGAGCCGGGGGCTTTCACATCAG
ACTTAAGAAACCGCCTGCGAGCCCTTTACGCCCAATAATTCCGGACAACGCTTGCCA
CCTACGTATTACCGCGGCTGCTGGCACGTAGTTAGCCGTGGCTTTCTGGTTAGGTAC
CGTCAAGGTACCGCCCTATTCGAACGGTACTTGTTCTTCCCTAACAACAGAGCTTTA
CGATCCGAAAACCTTCATCACTCACGCGGCGTTGCTCCGTCAGACTTTCGTCCATTG

CGGAAGATTCCCTACTGCTGCCTCCCGTAGGAGTCTGGGCCGTGTCTCAGTCCCAGT
GTGGCCGATCACCCTCTCAGGTCGGCTACGCATCGTTGCCTTGGTGAGCCGTTACCT
CACCAACTAGCTAATGCGCCGCGGGTCCATCTGTAAGTGGTAGCCGAAGCCACCTTT
TATGTTTGAACCATGCGGTTCAAACAACCATCCGGTATTAGCCCCGGTTTCCGGAG
TTATCCCAGTCTTACAGGCAGGTTACCCACGTGTTACTCACCCGTCCGCCGCTAACA
TCAGGGAGCAAG

与 NCBI 中登记的 E9-1、1719 等 *Bacillus subtilis* 菌株的 16S rRNA gene 相似性为 100%。

综合上述试验结果，鉴定菌株 BE91（原始编号 CXJZ11-01）为 *Bacillus subtilis*。

四、微生物新种（IBFC2009^T）的分类鉴定

在提取 16S rRNA 对 2009 年分离获得的一批微生物资源进行分类鉴定过程中，发现一个疑是新种的菌株。根据国际惯例，按照新种认定要求进行了系统研究，并将菌株活体提交给国际认可的权威机构进行了相关指标的检测。然后，整理所有试验数据提交国际权威机构，获得了认可（申请国际微生物新种登记的编号为 IBFC2009^T）。

从生理生化特征研究结果（表 5-21）可以看出，新种 IBFC2009^T 的生理生化特征指标与 *Sphingobacterium* 属其他物种之间存在明显差别。

表 5-21　新种 IBFC2009^T 与 *Sphingobacterium* 属其他物种的生理生化特征

特性	1*	2*	3*	4	5	6	7	8	9	10	11	12	13
5℃生长	−	−	−	+	+	−	−	−	−	−	+	+	+
42℃生长	−	+	+	−	+	+	−	−	−	+	−	−	−
DNA 水解	−	−	+	−	+	−	+	+	+	−	+	ND	+
淀粉水解	−	−	−	ND	+	−	+	+	+	+	+	−	+
七叶树素	+	+	−	+	−	−	+	+	+	+	+	+	+
吐温-80	+	+	+	+	−	ND	+	V	+	−	V	+	−
明胶	−	−	−	−	−	−	−	−	−	−	−	+	−
尿素	−	−	−	+	+	−	+	+	+	+	+	+	−
D-甘露醇发酵	−	−	−	−	+	−	+	−	−	−	−	+	−
D-蜜二糖	+	+	−	+	+	+	+	+	+	+	+	−	ND
D-棉籽糖	−	−	−	ND	+	+	+	+	+	+	+	+	+
D-核糖	−	−	−	ND	−	−	−	−	−	−	−	+	−
D-木糖	−	−	−	ND	+	+	+	+	+	−	+	+	−
甘油	−	−	−	−	+	−	V	−	−	−	−	+	−
肌醇	−	−	−	ND	−	−	−	−	−	−	−	+	−
菊粉	+	+	−	ND	+	−	V	V	−	+	+	+	+
L-阿拉伯糖	−	+	−	−	−	−	+	+	−	+	+	+	+

（续表）

特性	1*	2*	3*	4	5	6	7	8	9	10	11	12	13
L-鼠李糖	－	－	－	－	＋	－	－	＋	v	＋	＋	＋	－
L-山梨醇	－	－	ND	＋	－	－	－	－	－	－	ND	ND
D-葡萄糖产酸	＋	－	＋	ND	＋	＋	＋	＋	＋	＋	＋	＋	＋
D-甘露醇	－	－	－	ND	－	－	＋	－	－	－	－	－	－
D-蔗糖	＋	＋	＋	＋	－	－	＋	＋	＋	＋	＋	－	ND
D-海藻糖	＋	＋	＋	＋	＋	－	＋	＋	－	－	－	ND	ND
L-阿拉伯糖	＋	＋	－	－	－	－	－	＋	＋	＋	＋	－	＋
L-鼠李糖	＋	－	－	－	＋	－	－	V	－	＋	－	－	－
DNA G＋C 含量（mol%）	41.0	45.0	38.9	36.9	38.5	38.7	39.0	39.9~40.5	39.3~40.0	44.0~44.2	37.3	39.3	36.3

注：1*，IBFC2009^T；2*，*S. composti* 4M24^T；3*，*S. composti* T5-12^T；4，*S. kitahiroshimense* 10C^T（Matsuyama *et al.*，2008）；5，*S. siyangense* SY1^T（Liu 等，2008）；6，*S. daejeonense* TR6-04^T（Kim 等，2006）；7，*S. spiritivorum* NBRC 14948^T；8，*S. multivorum* NBRC 14947^T；9，*S. mizutaii* ATCC 33299^T；10，*S. thalpophilum* NBRC 14963^T；11，*S. faecium* NBRC 15299^T【表中 7-11 的数据来自 Takeuchi 和 Yokota（1992）以及 Steyn 等，（1998）】］；12，*S. antarcticum* MTCC 675^T（（Shivaji 等，1992））；13，*S. anhuiense* CW 186^T（Wei 等，2008）。+，阳性；-，阴性；V，变数；ND，无数据

脂肪酸是微生物细胞组分中一种稳定而富有的成分，与微生物的遗传变异、生命活动习性等有极为密切的关系。其种类和含量是微生物分类学的重要依据。委托中国工业微生物菌种保藏中心检测结果（表5-22）表明，IBFC2009^{T}菌株的脂肪酸种类和含量检测指标与对照菌株之间存在非常明显的差异。

表5-22　新种 IBFC2009^T 与 *Sphingobacterium* 属其他物种的细胞脂肪酸

脂肪酸	1*	2*	3*	4	5	6	7	8	9	10	11	12	13
$C_{14:0}$	2.0	—	1.3	—	3.9	—	—	2.7	—	3.2	—	＋	1.3
$C_{14:0}$ 2-OH	3.2												
iso-$C_{15:0}$	22.4	27.9	26.1	28.9	32.9	45.6	30.1	22.2	30.0	17.7	24.6	29.0	32.2
anteiso-$C_{15:0}$	—				2.7	2.6							1.2
iso-$C_{15:0}$ 3-OH	5.8	3.3	2.4		3.0	1.5	2.2	3.2	3.0	4.3	3.7		2.7
iso-$C_{15:1}$ G	—												1.1
$C_{16:0}$	1.8	—	4.9		10.9	3.4	3.5	7.8		6.0	4.5	＋	3.6
$C_{16:0}$ 2-OH										3.2			
$C_{16:0}$ 3-OH	15.2	2.3	1.2		6.4		2.7	5.3		6.3	2.1		2.0
$C_{16:0}$ 10-CH_4										1.4			
$C_{16:1}$ ω5c	—		1.4							1.5			
iso-$C_{17:0}$ 3-OH	12.8	20.1	11.3	12.8	5.9	16.6	12.5	7.1	22.1	10.0	10.0	—	9.8
$C_{17:1}$												＋	

（续表）

脂肪酸	1*	2*	3*	4	5	6	7	8	9	10	11	12	13
$C_{18:0}$	—	—	2.2	—	—	—	—	—	—	—	—	—	1.7
iso-$C_{17:1}$ ω9c	—	1.6	7.4	—	1.1	2.9	1.7	—	3.7	—	—	—	—
iso-$C_{15:1}$ F	—	—	3.1	—	—	—	—	—	—	—	—	—	—
$C_{18:1}$ω5c	—	—	1.9	—	—	—	—	—	—	—	—	—	—
Sum feature 3*	34.4	37.6	25.8	40.3	24.1	23.8	42.7	49.0	35.1	47.8	48.1	56.0	33.7
未知（ECL 13.566）	—	—	—	—	—	—	—	—	1.3	1.3	1.4	—	—

注：菌种编号 1*-13 同表 5-22。+，脂肪酸已测定但无含量报道；-，<1% 或 未测定；Summed feature 3 是指目前色谱条件无法进行准确区分的 16：1 w7c 和 15：0 iso 2OH 成分

　　显微镜下观察，IBFC2009^T 的细胞呈短棒，长度在 1.2~2.5μm，直径为 0.5~0.8μm 6（图 5-13，图 5-14）。这些细胞革兰氏染色阴性，不产生孢子。在 NA 培养基、31℃ 培养 2d 后，菌落呈圆形、凸起、表面光滑、黄色，直径 1.0~2.0mm。该菌株可以在 11~39℃ 温度下、pH 值 6.0~9.0 以及氯化钠浓度 0~5%（w/v）范围内生长。最适温度、pH 值和氯化钠浓度分别为 31℃、pH 值 7.0 和 0.5%~1.0%。

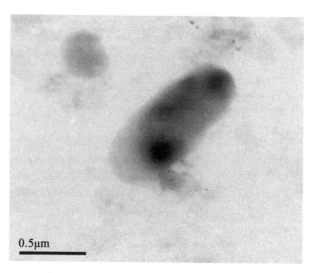

图 5-13　IBFC2009T 细胞电子透射显微照片

注：NA 培养基 31℃ 培养 2d。Bar, 0.5 μm. 放大倍数，×60 000。

　　IBFC2009^T 的 16 s rRNA 经测序登录到 GenBank（登录号：GQ339910，基因长度 1 453bp）。与 GenBank 库存的 16 s rRNA 基因序列比对，IBFC2009^T 属于 *Sphingobacterium* 属，相似度最高的菌株是 *S. composti* T5-12^T 和 4 m24^T（分别为 94.6%和 94.4%）。其亲缘关系如系谱树（图 5-15）所示，IBFC2009^T 与 *S. composti* 21 T5-12^T，

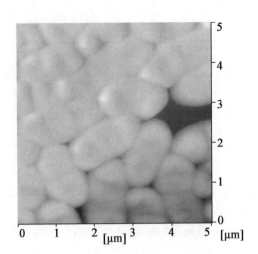

图 5-14 IBFC2009T 细胞原子透射显微照片

注：NA 培养基 31℃ 培养 2d。Bar, 1.0 μm. 放大倍数，×60 000。

S. composti 4 m24^T，*S. daejeonense* TR6-04^T 和 *S. mizutaii* ATCC 33299^T 形成一个紧凑的集群。

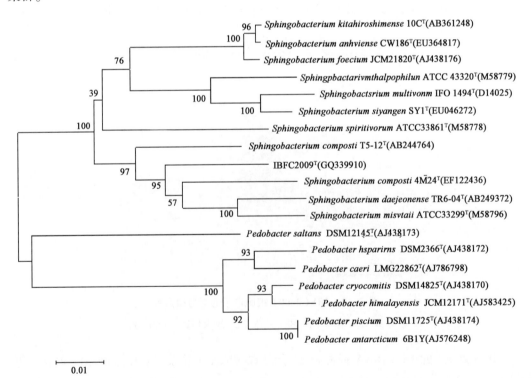

图 5-15 基于 16S rRNA 应用邻位相连法构建 IBFC2009T 菌株进化树状

基于上述信息，《国际系统与进化微生物学杂志》（International Journal of Systematic

and Evolutionary Microbiology）将 IBFC2009[T] 确认为 *Sphingobacterium* 属的一个新种并命名为 *Sphingobacterium bambusae* Duan *et al*（国际微生物菌种目录登记保藏编号：CCTCC AB 209162，KCTC 22814）。

概括地说，在率先建成"农产品加工微生物资源保藏中心"的基础上，对该中心分类、收集和保藏的 3 000 多份菌种资源进行了多样性分析，发现了一个微生物新种，同时，对我们选育到的代表性功能菌株进行了分类鉴定，可为国内外同行开展相关研究提供科学依据和创新平台。

第六章　菌种改良

在微生物菌种选育过程中，人们常用诱变育种、基因操作育种等方法对天然菌株进行改良。菌种改良的目的不外乎两方面，一是消除有害影响，二是提升有益效力。诱变育种方法可以分为化学诱变和物理诱变（如紫外诱变、航天育种）两类。基因操作育种方法一般采用三条途径：基因突变、基因敲除和基因导入。

第一节　质粒转化

细菌质粒是一类双链、闭环的 DNA，大小范围从 1kb 至 200kb 以上不等。各种质粒都是存在于细胞质中、独立于细胞染色体之外的自主复制的遗传成分，通常情况下可持续稳定地处于染色体外的游离状态，但在一定条件下也会可逆地整合到寄主染色体上，随着染色体的复制而复制，并通过细胞分裂传递到后代。

1996 年，我们团队第一次按照下述方法从编号为"LY"的菌株中提取质粒转化至编号为 T85-260 的菌株中进行了菌种改良试验。试验结果是：获得一个变异菌株，编号为 CXJZ95-198。

一、试验方法

质粒 DNA 提取的方法有许多。我们采用的是碱裂解法提取质粒 DNA。碱裂解法是一种应用最为广泛的制备质粒 DNA 的方法，其基本原理为：当菌体在 NaOH 和 SDS 溶液中裂解时，蛋白质与 DNA 发生变性，当加入中和液后，质粒 DNA 分子能够迅速复性，呈溶解状态，离心时留在上清中；蛋白质与染色体 DNA 不变性而呈絮状，离心时可沉淀下来。

纯化质粒 DNA 的方法通常是利用了质粒 DNA 相对较小及共价闭环两个性质。例如，氯化铯—溴化乙锭梯度平衡离心、离子交换层析、凝胶过滤层析、聚乙二醇分级沉淀等方法，但这些方法相对昂贵或费时。对于小量制备的质粒 DNA，经过苯酚、氯仿抽提，RNA 酶消化和乙醇沉淀等简单步骤去除残余蛋白质和 RNA，所得纯化的质粒 DNA 已可满足细菌转化、DNA 片段的分离和酶切、常规亚克隆及探针标记等要求，故在分子生物学实验室中常用。

试剂准备　①溶液Ⅰ：50mM 葡萄糖，25mM Tris-HCl（pH 值 8.0），10mM EDTA（pH 值 8.0）。1.0 M Tris-HCl（pH 值 8.0）12.5mL，0.5M EDTA（pH 值 8.0）10 mL，葡萄糖 4.730g，加 ddH_2O 至 500mL。在 1.21kg/cm^2 高压灭菌 15min，贮存于 4℃。②溶液Ⅱ：0.2N NaOH，1% SDS。2N NaOH 1.0mL，10% SDS 1.0mL，加 dd H_2O 至 10mL。使用前临时配制。③溶液Ⅲ：醋酸钾（KAc）缓冲液，pH 值 4.8。5.0M KAc 300mL，冰醋酸 57.5mL，加 dd H_2O 至 500mL。4℃保存备用。④ TE：10mM Tris-HCl（pH 值 8.0），1.0mM EDTA（pH 值 8.0）。⑤ 1M Tris-HCl（pH 值 8.0）1.0mL，0.5M EDTA（pH 值 8.0）0.2mL，加 dd H_2O 至 100mL。1.21kg/cm^2 高压湿热灭菌 20min，4℃保存备用。5. 苯酚/氯仿/异戊醇（25/24/1）。⑥乙醇（无水乙醇、70%乙醇）。⑦ 5×TBE：Tris 碱 54g，硼酸 27.5g，EDTA-Na_2·$2H_2O$ 4.65g，加 dd H_2O 至 1 000mL。1.21kg/cm^2 高压湿热灭菌 20min，4℃保存备用。⑧溴化乙锭（EB）：10mg/mL。⑨ RNase A（RNA 酶 A）：不含 DNA 酶（DNase-free）RNase A 的 10mg/mL，TE 配制，沸水加热 15min，分装后贮存于-20℃。⑩ 6×loading buffer（上样缓冲液）：0.25%溴酚蓝，0.25%二甲苯青 FF，40%（W/V）蔗糖水溶液。⑪ 1.0%琼脂糖凝胶：称取 1.0g 琼脂糖于三角烧瓶中，加 100mL 0.5×TBE，微波炉加热至完全溶化，冷却至 60℃左右，加 EB 母液（10mg/mL）至终浓度 0.5μg/mL（注意：EB 为强诱变剂，操作时戴手套），轻轻摇匀。缓缓倒入架有梳子的电泳胶板中，勿使有气泡，静置冷却 30min 以上，轻轻拔出梳子，放入电泳槽中（电泳缓冲液 0.5×TBE），即可上样。

操作步骤　①挑取 LB 固体培养基上生长的单菌落，接种于 2.0mL LB（含相应抗生素）液体培养基中，37℃、250g 振荡培养过夜（12～14hr）。②取 1.5mL 培养物入微量离心管中，室温离心 8 000g×1.0min，弃上清，将离心管倒置，使液体尽可能流尽。③将细菌沉淀重悬于 100μL 预冷的溶液Ⅰ中，剧烈振荡，使菌体分散混匀。④加 200μL 新鲜配制的溶液Ⅱ，颠倒数次混匀（不要剧烈振荡），并将离心管放置于冰上 2～3min，使细胞膜裂解（溶液Ⅱ为裂解液，故离心管中菌液逐渐变清）。⑤加入 150μL 预冷的溶液Ⅲ，将管温和颠倒数次混匀，见白色絮状沉淀，可在冰上放置 3～5min。溶液Ⅲ为中和溶液，此时质粒 DNA 复性，染色体和蛋白质不可逆变性，形成不可溶复合物，同时 K^+使 SDS-蛋白复合物沉淀。⑥加入 450μL 的苯酚/氯仿/异戊醇，振荡混匀，4℃离心 12 000g×10min。⑦小心移出上清于一新微量离心管中，加入 2.5 倍体积预冷的无水乙醇，混匀，室温放置 2～5min，4℃离心 12 000g×15min。⑧ 1mL 预冷的 70%乙醇洗涤沉淀 1～2 次，4℃离心 8 000g×7min，弃上清，将沉淀在室温下晾干。⑨沉淀溶于 20μL TE

（含 RNase A 20μg/mL），37℃水浴 30min 以降解 RNA 分子，−20℃保存备用。

质粒转化 取 50μL 感受态细胞（如大肠杆菌），加入适量质粒（体积不得超过 4μL）冰浴 30min 后，42℃热激 90s，马上放回冰上，冰浴 2min；加 400μLLB 培养基，于 37℃摇床慢摇振荡培养 45~60min；取 50~100μL 涂在含有氨苄青霉素（100μg/mL）的 LB 固体培养基上，37℃倒置培养过夜。

二、试验结果

与 T85-260 菌株（图 6-1 中编号为 7 的菌落）比较，CXJZ95-198 菌株（图 6-1 中编号为 5 的菌落）在皇绿果胶平板和甘露聚糖平板上的水解圈存在比较明显差异，相对小一些。这一特征应该说是此次质粒转化改良菌种试验带来的负面效应——削弱了原始菌株强大的胞外果胶酶和甘露聚糖酶催化功能。事实上，这种负面效应的影响主要表现在发酵时间上，即由 T85-260 菌株的 5.5h 延长至 CXJZ95-198 菌株的 6.0h，对于苎麻脱胶的试验效果无差别。

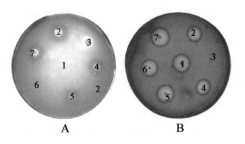

图 6-1 现有功能菌株比较鉴定示意

说明：（A）皇绿果胶平板水解圈示意图，（B）甘露聚糖平板水解圈示意图；菌株点种位置编号，1-BE91，2-CXJZU120，3-基因串联工程菌株，4-基因工程菌株，5-CXJZ95-198，6-CXJZ1101，7-T85-260

CXJZ95-198 菌株的另一个突变特征（正面效应）就是产生了比较明显的"颜色变化"。在 CXJZ95-198 菌株的生产应用过程中，采用豆粕粉培养基对该菌株进行扩大培养（约 5.5h）到菌体密度为 $n \times 10^9$ cfu/mL（活菌计数的工艺成熟指标）时，扩培菌液呈现蓝绿色（图 6-2）。同时，将 CXJZ95-198 菌株的活化菌液接种到苎麻、龙须草等纤维质农产品上，发酵结束时，偶尔出现发酵产物变蓝色的现象。虽然只是"昙花一现"，即持续时间不长，一般维持 1~2h，但是，这个颜色变化至少可以起到一定指示作用。也就是说，一旦发酵产物变蓝色，就提示挡车工或相关人员"发酵过程可以结束"了。

本次质粒转化改良菌种，仅仅只是一次拥有经历的尝试。限于当时的实验条件，不仅没有对质粒转化过程进行分子生物学监测，也没有对变异菌株的生物学特性进行系统分析。除了上述可见变异之外，对于质粒有多大、是否转化成功（包括转化效率有多

图 6-2 生产中 CXJZ95-198 扩培菌液变蓝绿色

高）、获得多少变异菌株、有哪些特征特性发生了突变等等，几乎是一无所知（至少是没有获得充分的科学依据）。

尽管如此，此次质粒转化改良菌种的尝试在本团队科学研究历程中的积极意义还是不容忽视的。一是在国内率先把分子生物学方法引入了农产品加工微生物研究领域。换句话说，1996 年以前，国内有关农产品加工微生物的研究，未见采用质粒转化方法改良菌种报道。二是在中国麻类科学技术研究领域率先启动了分子生物学试验并获得了可见的成效。

第二节 紫外线辐射诱变

紫外线辐射诱变是一种最常用而且有效的微生物菌种改良方法。其技术原理就是利用紫外线辐射效应引起 DNA 结构改变（如 DNA 分子链中相邻嘧啶间形成共价结合的胸腺嘧啶二聚体）而导致生物体遗传性状发生变异。

紫外线辐射诱变的操作步骤和技术要点比较简单。以细菌为例，第一步，将培养至对数期的细菌培养液置于高频振荡器上分散为单细胞悬浮液；第二步，将单细胞悬浮液均匀平铺于培养皿或类似器皿，置于 15W 或 30W 紫外线灯下（照射距离为 20~30cm）照射 1~3min（以菌体死亡率达到 50%~80% 为宜）；第三步，分离与筛选（如前所述）。

一、红麻脱胶专用菌株 T1163 的诱变

2001—2002 年，刘正初等人采用紫外线照射的办法对 T1163 进行了诱变育种试验，获得 3 个脱胶能力接近或超过其始发菌的突变菌株。

通过显微镜下观察，突变菌株的个体形态没有明显变异特征。它们的变异特征主要表现在菌落形态和脱胶性能方面。以 T1163 为对照，Y5 培养 18h 的菌落比较干燥；Y8 的菌落直径平均增大 1mm；Y15 增大 2~3mm。此外，以麻管实效法测定的结果如图 6-3 所示。从图 6-3 可以看出：突变菌株 Y5 的脱胶能力与 T1163 相同，菌株 Y8 和 Y15 的脱胶能力分别比 T1163 提高 10% 和 20% 以上。

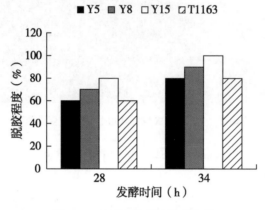

图 6-3　突变菌株脱胶速率比较

经过诱变，获得脱胶能力分别比 T1163 提高 20% 以上的 T1163-Y15 以后，课题组研制成红麻脱胶专用菌剂，进而形成了"高效清洁型红麻韧皮生物脱胶技术"，并投入规模化生产示范与推广应用。

二、高效菌株 CXJZ95-198 的诱变

2006—2008 年，本团队成员采用紫外线照射的办法对 CXJZ95-198 进行了诱变试验。对经过紫外线照射的 CXJZ95-198 单细胞悬浮液进行稀释、分离和筛选后获得 2 个生物特性具有明显变异的菌株。沿用草本纤维精制综合功能菌株的概念，将此次诱变获得具有明显变异的菌株分别编号为 CXJZU-120 和 CXJZ11-01。

CXJZU-120 菌株的显著变异特征　第一个变异菌株 CXJZU-120 剥离纤维质农产品非纤维素的功能与高效菌株 CXJZ95-198 似乎没有显著变化。但是，高效菌株 CXJZ95-198 的颜色变化特征得到了固定。除了接种到改良营养琼脂培养基培养 20~24h 的固态培养物变棕褐色（图 6-4），接种到豆粕粉培养基扩大培养 5~6h 的液态培养物变蓝绿色（图 6-5）以外，用于纤维质农产品发酵到一定程度（接种后 5~7h）时发酵产物变蓝色（图 6-6）。这种发酵产物变蓝色的现象可以持续很长时间。这种颜色变化恰好出现在纯培养或发酵结束之前，因此，我们将该突变菌株的特异性状称为"工艺成熟标志明显"。除此以外，有关变异菌株 CXJZU-120 的其他特征特性，将在后续章节中予以阐述。

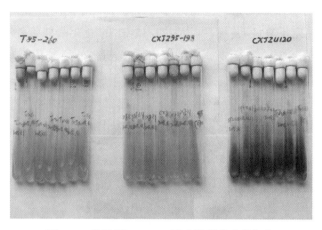

图 6-4　接种后 20~24h 固态培养物变棕褐色

图 6-5　接种后 5~6h 液态培养物变蓝绿色

图 6-6　接种后 5~7h 发酵产物变蓝色

本次紫外线辐射诱变获得的另一个突变菌株因为菌落形态变化十分明显，被编号为 CXJZ11-01。功能鉴定反复证明：编号为 CXJZ11-01 的突变菌株胞外高效表达甘露聚糖酶和木聚糖酶（图 6-7B，图 6-7C），但没有检测到胞外果胶酶催化活性（图 6-7A，以原始编号 166 的菌株替代 120 的点种位置）。

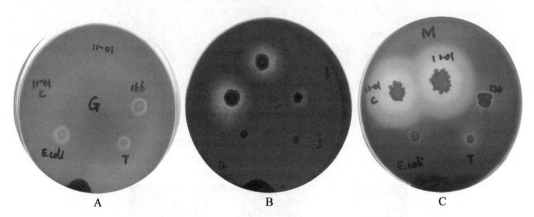

图 6-7　变异菌株 CXJZ11-01 高产甘露聚糖酶和木聚糖酶不产果胶酶的试验结果

变异菌株 CXJZ11-01 胞外高效表达甘露聚糖酶　为了明确 CXJZ11-01 菌株胞外分泌 β-甘露聚糖酶情况，对该菌株进行活化→扩增后，在发酵培养过程中，从接种开始，每小时取样一次，用分光光度法测发酵液的 OD660 值，按 DNS 法测定 β-甘露聚糖酶活力。以发酵时间（h）为横轴，酶活（U/mL）及菌体数目为纵轴，绘制曲线（如图 6-8 所示）。

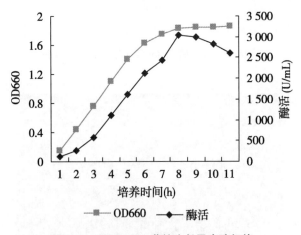

图 6-8　CXJZ11-01 菌株生长及产酶规律

由图 6-8 可知：接种后 1~6h 内，该菌株处于对数生长期；发酵 8h 后，菌株生长缓慢，菌体数目趋于稳定；发酵 3~9h，β-甘露聚糖酶活力迅速增加；发酵 9h，β-甘露聚糖酶活力达到最高峰，3 050U/mL。这就是说，BE-91 菌株胞外分泌甘露聚糖酶具有周期短、活性高的特点。

采用 0.05mol/L 柠檬酸-0.1mol/L 磷酸氢二钠，pH6.0 缓冲液分别配制 1g/L、3g/L、5g/L 和 7g/L 魔芋胶溶液，按 DNS 法测定酶活（结果如表 6-1 所示）。

表 6-1 魔芋胶浓度对 β-甘露聚糖酶催化活性的影响 　　　　　　　 (U/mL)

培养时间（h）	1.0g/L	3.0g/L	5.0g/L	7.0g/L
8	597.9	760.5	1 165.6	1 160.2
10	1 209.1	2 211.6	3 252.6	2 247.5
12	752.8	860.5	1 183.6	1 172

从表 6-1 可以看出：5g/L 魔芋胶测得酶活力最高。在 β-甘露聚糖酶浓度恒定、底物未被饱和条件下，底物浓度越高，酶活力越大；当底物浓度相当高，溶液中的 β-甘露聚糖酶全部被底物饱和，即使再增加底物，也不能提高酶活，所以 7g/L 魔芋胶测得酶活力并没有优势。考虑到底物溶解性问题，浓度越大，黏度越大，溶解性越差，底物利用率低，故选择 5g/L 的魔芋胶作底物。

酶促反应受环境 pH 值的影响很大。只有在适宜的 pH 值范围内，才能显示酶的催化活性；在最适 pH 值条件下，酶促反应的速度最大。为明确缓冲液 pH 值对该菌株 β-甘露聚糖酶活力测定结果的影响，分别用不同 pH 值的 0.05mol/L 柠檬酸-0.1mol/L 磷酸氢二钠缓冲液配制 5.0g/L 魔芋胶溶液作底物，测定该菌株发酵液中甘露聚糖酶活力的结果（图 6-9）显示：该菌株所产 β-甘露聚糖酶作用 pH 值范围较广，在 pH 值 4.0~8.5 的范围内，都可以检测到甘露聚糖酶的活性；在 pH 值 5~7 之间，甘露聚糖酶的催化活性都比较高，可以认为甘露聚糖酶作用适宜 pH 范围是 5~7；pH 值 6.0 时，酶活力最高，因此，pH 值 6.0 为该菌株甘露聚糖酶的最适反应 pH 值。

在 pH 值 6.0 条件下，选择 5g/L 的魔芋胶作底物，设置 50~70℃ 范围内甘露聚糖酶的酶促反应温度梯度（温度间隔范围为 5℃），测定该菌株发酵液中甘露聚糖酶活力的结果（图 6-10）可以看出：在 pH 值 6.0 条件下，50~70℃ 均能表现出较高甘露聚糖酶催化活性，即 BE-91 菌株甘露聚糖酶的适宜作用温度为 50~70℃；65℃ 测得酶活力最高，也就是说，BE-91 菌株甘露聚糖酶的最适作用温度是 65℃。

取 4 支具塞试管，各加入粗酶液 10mL，其中 3 支试管分别添加 DTT、PMSF 和 EDTA 至终浓度为 1.0mmol/L。25℃ 保温 10h，从加入抑制剂开始，每 2 小时取样一次，测定各管残余酶活。以保温时间为横坐标，相对酶活力为纵坐标，绘制甘露聚糖酶催化活性变化趋势（图 6-11）。

由图 6-11 可知：BE-91 菌株胞外 β-甘露聚糖酶在室温下较稳定，室温下保存 10h，残余酶活力还有 80%；这 3 种蛋白酶抑制剂对该菌株 β-甘露聚糖酶的稳定几乎没有作用。

图 6-9　pH 值对甘露聚糖酶催化活性的影响

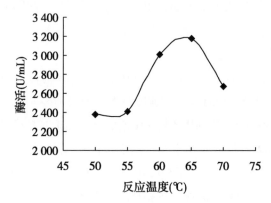

图 6-10　温度对甘露聚糖酶催化活性的影响

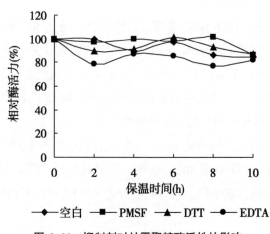

图 6-11　抑制剂对甘露聚糖酶活性的影响

这就是说，BE-91 菌株分泌的 β-甘露聚糖酶活性比较稳定，进行工业化生产时不添加蛋白酶抑制剂，也可以分离出纯化酶。若能如此，利用该菌株生产 β-甘露聚糖酶的成本将具有明显的市场价格竞争优势。

变异菌株 CXJZ11-01 胞外高效表达木聚糖酶 设置 3 种培养基配方（培养基 1：由葡萄糖、牛肉膏、蛋白胨、NaCl 四组分组成——基础培养基，培养基 2：由葡萄糖、牛肉膏、蛋白胨、酵母膏、NaCl、MgSO₄、KH₂PO₄ 七组分组成——优化生长培养基，培养基 3：由蛋白胨、牛肉膏、酵母膏、NaCl、MgSO₄、KH₂PO₄ 等六组分组成——不添加还原性糖发酵培养基），测定 CXJZ11-01 的 OD660 值，结果如图 6-12 所示。由图 6-12 可知：CXJZ11-01 在优化生长培养基（培养基 2）中生长情况最好，即 OD 660 值最高（OD 660 值越高说明发酵液中菌的含量越多），原有基础培养基（培养基 1）次之，无糖培养基（培养基 3）中生长情况不如培养基 1 和培养基 2；CXJZ11-01 在 3 种培养基中的对数生长期均在 1~7h，7h 后进入平缓期；虽然 CXJZ11-01 在培养基 3 中生长情况不算很好，但在 7h 的 OD 660 值也能达到 1.6 左右，而且由于培养基 3 没添加还原糖，可排除还原糖对木聚糖酶活力测定的干扰，因此，选择培养基 3 作为木聚糖酶活力测定用的发酵培养基是比较合适的。

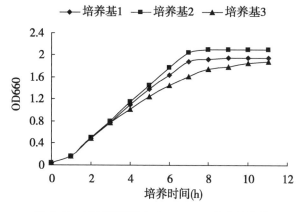

图 6-12 不同培养基中 CXJZ11-01 的生长曲线

对变异菌株 CXJZ11-01 进行活化、扩增后接种到发酵培养基，紫外分光光度法 540nm 测定酶活，每隔 1.0h 测定一次。以培养时间为横轴，以 OD 540 为纵轴，绘制木聚糖酶活力变化曲线如图 6-13 所示。由图 6-13 可知，该菌株产木聚糖酶 8h 达到高峰，可达 344U/mL。可以认为，在利用该菌株生产木聚糖酶的过程中，发酵液的工艺成熟期在 8h 以内。CXJZ11-01 菌株胞外木聚糖酶活力变化趋势与菌体的生长曲线（图 6-12）基本一致，0~2h 只有少量木聚糖酶活性，可能是接种时带进了木聚糖酶，2~7h 是菌体对数生长期，酶活力呈线性上升，随着菌体的生长进入迟缓期及营养物质的消耗，木聚糖酶活力逐渐下降。

为明确缓冲液的种类对变异菌株 CXJZ11-01 木聚糖酶活力测定结果的影响，以建立合

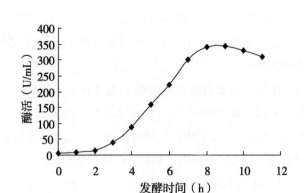

图6-13　CXJZ11-01胞外木聚糖酶活性趋势

适缓冲体系。选择四套缓冲体系，分别为0.1mol/L柠檬酸-柠檬酸钠缓冲液、0.2mol/L的乙酸-乙酸钠缓冲液、0.2mol/L Na_2HPO_4-0.1mol/L柠檬酸缓冲液、1/15mol/L KH_2PO_4-Na_2HPO_4缓冲液，在pH值为5.8的条件下，配制底物，保持基本酶促反应条件不变，测定6h、8h、10h发酵液中木聚糖酶活力，测定结果详见表6-2。由表6-2可知，在pH值5.8条件下，0.2mol/L乙酸-乙酸钠缓冲液和0.1mol/L柠檬酸-柠檬酸钠缓冲液比其他2种缓冲体系的木聚糖酶活力测定值高出10%左右。因此，测定变异菌株CXJZ11-01木聚糖酶酶活力，选用0.2mol/L乙酸-乙酸钠缓冲液或0.1mol/L柠檬酸-柠檬酸钠缓冲液，比较适合。

表6-2　不同缓冲体系对木聚糖酶活力测定的影响　　　　　　　　　　（U/mL）

缓冲液种类	乙酸-乙酸钠	Na_2HPO_4-柠檬酸	KH_2PO_4-Na_2HPO_4	柠檬酸-柠檬酸钠
6h	260.3	262.6	231.0	260.8
8h	361.0	330.7	329.1	362.6
10h	260.8	228.3	229.9	258.2

pH值能影响酶的活性，改变酶促反应速率，而影响酶的活性检测。在适宜的pH值范围内，才能显示酶的催化活性。在最适pH值条件下，酶促反应的速度能达到最大。为明确pH对变异菌株CXJZ11-01木聚糖酶活力测定结果的影响，选定0.2mol/L Na_2HPO_4-0.1mol/L柠檬酸缓冲液，设制pH4.6、5.2、5.8、6.4、7.0、7.6这6个梯度，测定接种后发酵6h、8h、10h发酵液中木聚糖酶活力，以确定最适pH值范围，结果见表6-3。由表6-3可知，CXJZ11-01胞外分泌木聚糖酶在0.2mol/L Na_2HPO_4-0.1mol/L柠檬酸缓冲体系下，pH值5.2~5.8范围内，催化活性较高，且相对稳定。

表 6-3 不同 pH 值对木聚糖酶活力测定的影响 （U/mL）

缓冲液 pH 值	4.6	5.2	5.8	6.4	7.0	7.6
6h	21.3	245.1	252.7	246.7	230.2	104.3
8h	308.5	353.5	350.8	344.6	315.3	162.4
10h	211.6	257.1	257.9	247.2	213.9	106.1

综合缓冲体系选择的结果，做对比试验，比较在 pH 值 5.8 条件下，0.2mol/L 乙酸-乙酸钠和 0.1mol/L 柠檬酸-柠檬酸钠缓冲液配制底物，测定接种后 6h、8h、10h 发酵液中木聚糖酶活力，测定结果详见图 6-14。由图 6-14 可以看出，pH 值在 5.8 条件下，以 0.1mol/L 柠檬酸-柠檬酸钠为配制底物的缓冲液，似乎更适合 CXJZ11-01 菌株胞外木聚糖酶活性的测定。

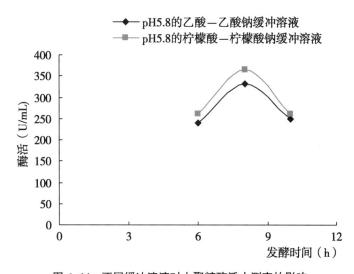

图 6-14 不同缓冲溶液对木聚糖酶活力测定的影响

为了明确底物浓度对变异菌株 CXJZ11-01 木聚糖酶活力测定结果的影响，保持其他酶促反应条件不变，改变底物浓度，采用浓度为 2.0g/L、4.0g/L、6.0g/L、8.0g/L、10.0g/L 的木聚糖做底物，分别测定接种后 6h、8h、10h 发酵液酶活，结果如表 6-4 所示。表 6-4 所列数据表明：底物浓度越高，测定的结果也越高。底物浓度 2.0~8.0g/L 时，酶活性的升高与底物浓度呈显著正相关；当底物浓度升高到 8.0g/L 以上时，酶活性的升高幅度趋缓。由此可以认为，测定 CXJZ11-01 菌株木聚糖酶活力，底物浓度设置在 8.0g/L 左右较为合理。

表 6-4　底物浓度对 CXJZ11-01 菌株木聚糖酶活力测定的影响　　　　（U/mL）

底物浓度	0.2%	0.4%	0.6%	0.8%	1.0%
6h	123.4	205.1	246.4	287.6	328.1
8h	144.3	239.2	302.0	359.5	370.6
10h	126.0	197.9	281.0	312.4	324.8

温度变化能改变酶的活性，影响酶活力测定结果，只有在适宜的温度范围内，才能显示酶的催化功能，在最适温度下，酶催促反应的速度才能达到最大。为明确温度对变异菌株 CXJZ11-01 木聚糖酶活力测定结果的影响，保持其他酶促反应条件不变，设置酶促反应温度分别为 45℃、50℃、55℃、60℃、65℃，测定接种后发酵 6h、8h、10h 的发酵液中胞外木聚糖酶活力，测定结果如表 6-5 所示。由表 6-5 可知：温度对木聚糖酶活力测定结果的影响幅度最大可以达到 50% 以上，变异菌株 CXJZ11-01 木聚糖酶作用温度范围较广，在55℃至 65℃反应条件下表现出较高的酶活，确定最适反应温度为 60℃。

表 6-5　反应温度对 CXJZ11-01 菌株木聚糖酶活力的影响　　　　（U/mL）

温度	45℃	50℃	55℃	60℃	65℃
6h	179.6	235.2	287.6	311.8	270.6
8h	196.0	269.9	359.6	392.2	332.7
10h	192.7	263.4	308.5	339.2	309.1

分别取 1.0mL、1.5mL、2.0mL、2.5mL、3.0mL、3.5mL 木聚糖，在相应的标准曲线下测定接种后发酵 6h、8h、10h 的发酵液中木聚糖酶活力，测定结果如表 6-6。由表 6-6可知，DNS 的用量变化能明显改变测定结果，随着 DNS 的用量增加，测得的酶活性逐渐上升，DNS 的添加量在 2.0~3.5mL，酶活力的升高幅度趋缓，为保证酶解底物产生的还原糖充分反应，DNS 应保持适当过量，但是也不能过量太多，以避免造成过高的本底颜色。综合考虑酶活力测定的条件，DNS 的用量为 2.0mL 时较为合适。

表 6-6　DNS 量对 CXJZ11-01 菌株木聚糖酶活力的影响　　　　（U/mL）

DNS 量	1.0mL	1.5mL	2.0mL	2.5mL	3.0mL	3.5mL
6h	278.6	342.7	378.8	374.6	373.1	374.9
8h	290.4	344.6	367.8	389.8	390.9	392.7
10h	280.5	339.1	366.5	377.8	380.9	383.3

为了探索 CXJZ11-01 菌株胞内、胞外木聚糖酶催化活性的差异，采用超声波（频率20kHz/s，功率 200W）处理 6h、8h、10h 的发酵液 30s 后→间隔 10s→再处理 30s（循环 3

次），测定两种样品中木聚糖酶的催化活性，测定结果（图6-15）表明，超声波破碎液中木聚糖酶的催化活性比发酵液低。这就说明，超声波破碎的作用不仅没有通过破碎细胞壁释放胞内酶而提高木聚糖酶活性测定值，反而使部分木聚糖酶失活降低了测定值。换句话说，利用CXJZ11-01生产木聚糖酶的工艺比较简单，不必进行细胞破碎，直接分离发酵液即可。

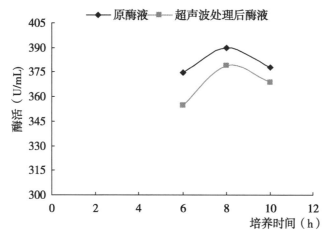

图6-15 超声波处理对木聚糖酶活性的影响

为了规避蛋白酶对目的酶蛋白的降解作用，一般酶制剂生产过程都需要考虑添加蛋白酶抑制剂。按照试验方案，配制蛋白酶抑制剂处理发酵液，然后，测定蛋白酶抑制对木聚糖酶活性的影响，结果（图6-16）显示，除了PMSF似乎能较好地维持木聚糖酶的稳定之外，蛋白酶抑制剂在粗酶液的保存过程中几乎不起作用。这就是说，CXJZ11-01菌株胞外木聚糖酶的催化活性几乎不受该菌株所分泌蛋白酶的影响。换句话说，利用CXJZ11-01生产木聚糖酶，无须考虑蛋白酶降解目的酶蛋白的作用。

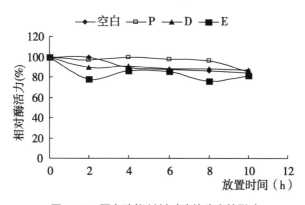

图6-16 蛋白酶抑制剂对酶的稳定性影响

综上所述，变异菌株 CXJZ11-01 胞外不分泌果胶酶，用于草本纤维精制效果不佳。但是，它能同时高效表达胞外甘露聚糖酶和木聚糖酶，可以作为酶制剂产业最具潜力的模式菌株或菌种资源予以研究。经过分类鉴定，证明它属于枯草芽孢杆菌，不是编号为 CXJZ95-198 的变异菌株，可能是 CXJZ95-198 纯培养过程中产生的外来菌株（时值所址转移，临时实验室条件不规范）。

在紫外线辐射诱变改良菌种方面，本团队所做的研究工作不是太多，但是，很有成效：两批次试验，共获得 3 个变异菌株，第一个——T1163-Y15，被研制成红麻脱胶专用菌剂，进而形成"高效清洁型红麻韧皮生物脱胶技术"并投入规模化生产示范与推广应用；第二个——CXJZU-120，业已成为麻类工厂化生物脱胶技术大规模生产应用的核心菌株；第三个——CXJZ11-01，有可能成为酶制剂产业的最具潜力的模式菌株或菌种资源。

三、新种 IBFC2009^T 的诱变

Sphingobacterium bambusaue IBFC2009^T，段盛文、刘正初等 2009 年首次从自然界分离获得的微生物新种。

1. 培养基

（1）生长培养基 牛肉膏 3.0g/L，蛋白胨 10.0g/L，氯化钠 5.0g/L，pH 值 7.0~7.2；制备固态培养基时，添加琼脂粉 18.0g/L。

（2）石油降解培养基 NH_4NO_3 2.0g/L，K_2HPO_4 1.5g/L，KH_2PO_4 3.0g/L，$MgSO_4 \cdot 7H_2O$ 0.1g/L，无水 $CaCl_2$ 0.01g/L，$Na_2EDTA \cdot 2H_2O$ 0.01g/L，石油 0.5~1.5g/L，自然 pH；制备固态培养基时，添加琼脂粉 18.0g/L。

2. 紫外诱变

活化态 *S. bambusaue* IBFC2009 菌株在生长培养基中培养 8h 后，取 5mL 菌悬液加到直径 9cm 培养皿内，置于磁力搅拌器上，18W 紫外灯下于垂直距离 25cm 处照射 0、30、60、90、120、150、180s。取不同照射时间的菌悬液适当稀释后，再取 0.1mL 涂布于固态生长培养基上进行培养，平板菌落计数法计算致死率。紫外线照射时间对菌株致死率的影响见图 6-17。当紫外线照射时间小于 60s 时，致死率随紫外线照射时间增加而迅速增加；当紫外线照射时间大于 90s 后，致死率的增加趋势变缓。在曲线的拐点处，即照射时间为 90s 时，致死率为 87%。90s 后，致死率接近 90%，180s 后，致死率达到 100%。由此可见，诱变 *S. bambusaue* IBFC2009 菌株选择紫外照射时间 60s 比较合适。

3. 诱变菌株筛选

从致死率在 60%~80% 的处理中挑取出现较早、生长速率较快的单菌落，纯化后保存。将单菌落制备成菌悬液涂布在固态石油降解培养基上生长，根据生长状况重复筛选石油降解高效菌株。从 30s、60s、90s 紫外照射后的平板中分别挑出 10 个、20 个、10 个长势较

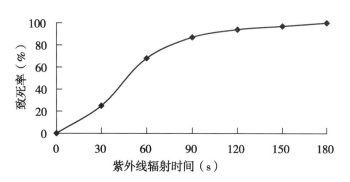

图 6-17 UV 处理对菌株 IBFC2009 的致死曲线

快的菌落，经过 3 次生长培养基转接、活化后，转接到固态石油降解培养基上，培养 5d 后，检测到 12 个菌株能在固态石油降解培养基上生长。经过复筛，获得 4 株长势良好菌株，分别编号为 IBFC2009-S1、IBFC2009-S2、IBFC2009-S3、IBFC2009-S4（以下分别简称 S1、S2、S3、S4）。

4. 石油降解能力检测

（1）石油含量测定 用重量法测定培养液中残余石油的含量，以不接菌的培养液为对照。

（2）石油降解能力检测 吸取 10mL 菌液接种于 50mL 含油量 1 000mg/L 的石油降解培养液中，在 30℃、180r/min 下摇床培养，分别在第 1、3、5、7、9d 时测定石油降解率。不同菌株在培养过程中的石油降解率如图 6-18 所示。

由图 6-18 可见，培养至第 5d，所有菌株的石油降解率接近最大值，并进入稳定状态：始发菌株 IBFC2009 的石油降解率为 25.86%；菌株 S3 的石油降解能力最强，达到 42.85%，比始发菌株提高了 65.7%；S4 次之，达到 35.56%；S2 为 28.42%，略强于始发菌株；S1 降解能力不及始发菌株。此外，菌株 S3 培养至第 3d，其石油降解能力就接近 40%，说明该菌株具有石油降解能力强、适应特殊环境速度快等特点（即开发应用潜在优势明显）；阴性对照的石油含量随时间推移缓慢降低，9d 后石油含量减少 12.65%，可能是因为石油中含有挥发性物质。

5. 培养条件对石油降解的影响

（1）石油浓度影响 吸取 10mL 菌液接种于 50mL 含油量分别为 100、500、1 000、1 500、3 000mg/L 的石油降解培养液中，在 30℃、180r/min 下摇床培养 5d，测定石油降解率。石油浓度对诱变菌株 S3 的石油降解率的影响见图 6-19。由图 3 看出，石油降解率随石油初始浓度增加而降低。当起始浓度为 0.1g/L 时，其降解率为 53.84%；起始浓度在 0.5~1.5g/L 时，降解率快速下降；浓度达到 1.5g/L 时，降解率只有 36.52%，随后继续降低。石油成分复杂，其中可能存在部分芳香烃等有机物对微生物具有毒害作用，随着石

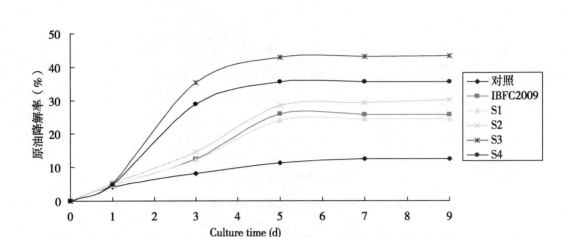

图 6-18   不同菌株在培养过程中得石油降解率

油浓度增加，抑制菌株生长因子增大，导致菌体不能正常生长或死亡，石油降解率相应下降。

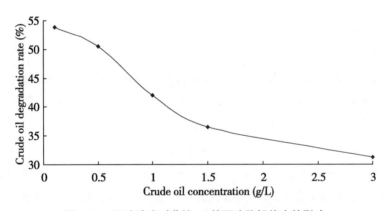

图 6-19   石油浓度对菌株 S3 的石油降解能力的影响

（2）pH 值影响   将菌株接种于 pH 值分别为 5、6、7、8、9、10 的含油量分别为 1 000mg/L 石油降解培养液中，在 30℃、180r/min 下摇床培养 5d，测定其石油降解率。从图 6-20 可以看出，菌株 S3 降解石油比较适合的 pH 值是 6~9 这个范围内，当 pH 值过高或过低都直接影响到石油降解率。菌株 S3 始发菌株的 pH 值耐受范围为 pH 值 6.0~9.0，pH 值过高或过低都会影响微生物正常生长以及酶的分泌和活性，从而影响菌株 S3 对石油的降解。

（3）盐浓度影响   将菌株接种于 NaCl 含量为 0、10、30、50、70g/L 的含油量分别为 1 000mg/L 石油降解培养液中，在 30℃、180r/min 下摇床培养 5d，测定其石油降解率。从图 6-21 可以看出，菌株 S3 可以在 NaCl 质量浓度较广的范围内进行生长，具有较好的耐盐特性。在 NaCl 质量浓度为 0 时，能使石油降解率达到 42.7%，随后随着 NaCl 的质量浓

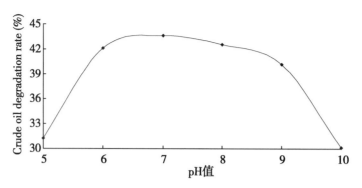

图 6-20　pH 对菌株 S3 的石油降解能力的影响

度升高而表现出先升后降的石油降解能力，NaCl 的质量浓度为 10g/L 时，石油降解率为 43.13%，NaCl 的质量浓度为 30g/L 时，石油降解率为 42.89%，再随着 NaCl 的质量浓度升高，菌株的石油降解能力急速下降，盐浓度过高不再适合于菌株正常生长，NaCl 质量浓度为 70g/L 时，石油降解率只有 31.26%。

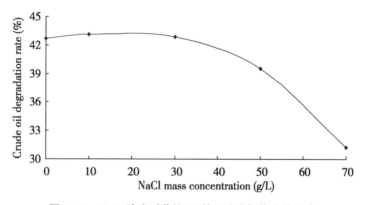

图 6-21　NaCl 浓度对菌株 S3 的石油降解能力的影响

　　油田开采过程中，残余废弃物直接外排导致海洋、地表水和农田等环境严重污染。据统计，平均每年几十万吨的海洋溢油已严重威胁着海洋生态环境。处于全方位研究热潮中的生物法因具有处理成本低、操作简便、石油类污染物降解不易引起二次污染等特点而受到高度重视。目前已发现具有降解石油能力的微生物超过 200 种。国内外大量研究证明，生物法处理石油污染难以突破大规模应用的关键性科学技术问题在于：现有菌种降解石油的能力尚未达到理想水平，要么是菌种本身的石油降解能力比较弱，要么是诱导菌种表达石油降解酶的要求不尽如人意（如时间长达一周以上）。新种 *S. bambusaue* 具有石油降解功能，为石油降解微生物菌群添加了新成员。该菌种具有石油降解功能，通过紫外诱变获得变异菌株的石油降解率比始发菌株有大幅度提高，说明该菌株的石油降解基因具有潜在开发价值。

第三节　基因修饰

酶基因在自然进化过程中，受环境条件的影响，往往会发生一些变化，以提高生物体对环境的适应能力，酶就保留一定程度的可变性。其变化幅度以最终不损害酶的催化功能为限。酶的保守区域的变化，往往会影响到其功能。基因的长度与基因操作的难易程度关系密切，一般情况下，基因越长基因克隆的操作难度就越大。基因长度的大小也会影响其复制、转录、转译等的速度。在保持酶原有功能的情况下，寻找到长度较小的基因片段，对下一步的基因操作意义重大。本团队采用基因缺失表达方法对甘露聚糖酶和木聚糖酶基因的功能进行系统研究，试图寻找到较小的甘露聚糖酶基因有效片段，为下一步构建草本纤维生物精制复合酶表达体系奠定基础。

一、甘露聚糖酶基因修饰

菌株与载体　CXJZ95-198，麻类脱胶广谱性高效菌株，由中国农业科学院麻类研究所农产品加工微生物遗传改良与应用创新团队选育并保存。E. coli JM109 由中国农业科学院麻类研究所农产品加工微生物遗传改良与应用创新团队保存。pMD 18-T simple vector 购自宝生物（大连）有限公司，pT-M：通过 PCR 扩增的方法，从 CXJZ-Y 中扩增出甘露聚糖酶基因片段，与 pMD 18-T simple vector 连接，构建成的表达甘露聚糖酶的复合载体。

质粒提取　OMEGA 公司的 Plasmid Mini Kit（D6943）提取质粒的基本原理：细菌用碱裂解法裂解后，经过沉淀，离心除去基因组 DNA，蛋白质和 RNA。含质粒的上清液加入到柱中，经简单的洗涤步骤除去非特异性结合的杂质，最后获得高质量的质粒。质粒提取操作参照试剂盒使用手册。

感受态细胞的 DNA 转化　①将 −80℃ 保存的感受态细胞置于冰中融化 10min。②取 100 μL 的感受态细胞移至新的转化管中。③向感受态细胞中加入 0.1~10g（3~10μL）的转化用 DNA，轻轻混匀后冰中放置 30min。④42℃水浴中放置 45 秒钟后，立即于冰中放置 1~2min。⑤加入 890μL 37℃预温的 SOC 培养基。⑥37℃振荡培养 1h。⑦取适量涂平板后，将平板倒置于 37℃培养箱中培养一夜。⑧确认培养菌落，进行下步实验。

DNA 琼脂糖凝胶回收纯化方法　根据 DNA 序列测定结果，在 NCBI 上将 DNA 翻译成氨基酸序列，再用 Jpred 3 软件预测蛋白质的二级结构（Cuff, J. A. et al, 1998；Cuff, J. et al, 1999；Cuff, J. A. et al, 2000；Cole C et al, 2008）。设计合适的引物，以连接甘露聚糖酶基因的质粒载体为模板，通过 PCR 扩增，就可以获得与甘露聚糖酶模板相比缺少特定序列的 PCR 产物。与全长甘露聚糖酶基因 DNA 相比，PCR 产物就缺少特定序列。依次进行，就得到一系列长度不一的甘露聚糖酶基因 DNA 片段（包括基因单侧和两侧同时缺失的片段）。PCR 扩增产物通过琼脂糖凝胶电泳，在琼脂糖凝胶中形成不同的条带，将不同的 DNA 片段分开，选择大小合适的目标 DNA 条带，切胶回收 DNA 条带，用 Agarose Gel DNA Purification kit（TaKaRa）试剂盒回收琼脂糖凝胶快中的 DNA，达到了纯化 DNA 的目的。

阳性克隆鉴定 将阳性克隆活化后，取适量菌液点种到甘露聚糖酶筛选平板上，培养。如果菌落周围出现甘露聚糖酶水解圈，则说明该菌株分泌具有活性的甘露聚糖酶，否则，试验菌株则不产甘露聚糖酶。将阳性转化子送上海生工生物工程有限公司、宝生物工程（大连）有限公司对 DNA 序列进行测定。

3'-端缺失表达结果 按照生物信息学预测结果设计引物，以 CXJZ95-198 菌株染色体 DNA 为模板，通过 PCR 扩增甘露聚糖酶基因 3′缺失片段，连接到相关质粒并转化至相关受体，构建甘露聚糖酶基因 3′缺失表达体系。该试验共进行了 15 次，将每次缺失表达的实验结果汇总在表 6-7，表 6-7 中列出了每次实验所缺失的序列长度（为方便起见，已经换算成氨基酸数目），甘露聚糖酶基因缺失此段 DNA 序列后，翻译出的蛋白质是否还具有甘露聚糖酶活性。甘露聚糖酶基因 3′端缺失表达结果表明：删除 3′-端 129 个氨基酸，对甘露聚糖酶活性没有影响。假如再缺失 3′端 5 个氨基酸，则剩余片段不再具有甘露聚糖酶活性。3′端删除 129 个氨基酸可能已经到了不影响甘露聚糖酶功能的极限。以 1-255 质粒为模板，扩增甘露聚糖酶 1-249AA 的片段，琼脂糖凝胶电泳检测 PCR 扩增产物，估计其大小为 700 多 bp，电泳检测的结果与理论推测值相符，说明该片段为目标 DNA 片段。将 PCR 产物进行琼脂糖凝胶电泳，切胶回收，连接到载体上，转化大肠杆菌 JM109，蓝白斑筛选。阳性克隆甘露聚糖酶活性鉴定。阳性克隆活化后，点种到甘露聚糖酶筛选平板上，鉴定其甘露聚糖酶活性，结果见图 6-22。该阳性克隆在甘露聚糖酶筛选平板上产生典型的水解圈，说明基因缺失片段 1-249 仍然具有胞外表达甘露聚糖酶的催化功能。换句话说，CXJZ95-198 菌株拥有的甘露聚糖酶基因，从 3′-端删除 129 个氨基酸（约占该基因全长序列的 1/3），其胞外酶的催化活性没有受到影响。这是令人鼓舞的试验结果，有待进一步研究证实。

表 6-7 甘露聚糖酶基因 3′端缺失表达结果

基因缺失片段编号	缺失氨基酸数（aa）	片段是否有甘露聚糖酶活性
1-376	2	是
1-372	6	是
1-338	40	是
1-331	47	是
1-327	51	是
1-317	61	是

（续表）

基因缺失片段编号	缺失氨基酸数（aa）	片段是否有甘露聚糖酶活性
1-306	72	是
1-300	78	是
1-296	82	是
1-288	90	是
1-280	98	是
1-272	106	是
1-255	123	是
1-249	129	是
1-244	134	否

图 6-22　基因缺失 1-249AA 阳性克隆水解圈鉴定

5'- 端缺失表达结果　共进行了 11 次甘露聚糖酶基因 5′-端缺失表达实验，实验结果汇总在表 6-2。甘露聚糖酶基因缺失部分序列后是否还能表达出具有催化活性的胞外酶，尚无标准来判断，5′- 端缺失 97 个氨基酸（相当于 291bp）还具有甘露聚糖酶活性，假如再进一步将 5′- 端的一个二级结构删除，则其不再具有甘露聚糖酶活性。

甘露聚糖酶基因 5′- 端缺失表达结果（表 6-8）表明：删除 5′- 端 97 个氨基酸，对甘露聚糖酶活性没有影响。假如 5′- 端再缺失 1 个二级结构，则剩余片段不再具有甘露聚糖酶活性。5′- 端删除 97 个氨基酸可能已经到了不影响甘露聚糖酶催化功能的极限。

表 6-8 甘露聚糖酶基因 5′- 端缺失片段表达结果

基因缺失片段编号	缺失氨基酸数（aa）	片段是否有甘露聚糖酶活性
4-378	3	有
18-378	17	有
38-378	37	有
54-378	53	有
58-378	57	有
65-378	64	有
79-378	78	有
88-378	87	有
93-378	92	有
98-378	97	有
120-378	119	无

以 93-378AA 片段的质粒为模板，扩增甘露聚糖酶 98-378 片段，琼脂糖凝胶电泳检测，该片段应为 800 多 bp，电泳检测的结果与理论推测值相符，说明该片段为目标 DNA 片段。酶功能鉴定：将 98-378 阳性克隆活化菌液点种到甘露聚糖酶筛选平板上，结果菌落周围产生甘露聚糖酶水解圈（图 6-23），从酶功能上证明了 98-378 仍然具有甘露聚糖酶酶活性。质粒检测：提取 98-378 中的质粒，电泳检测结果表明，从电泳照片估计表明该质粒大小与理论大小相吻合。

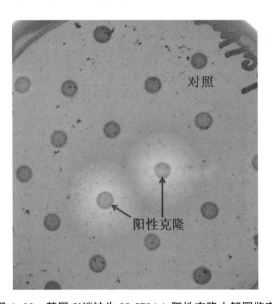

图 6-23 基因 5′端缺失 98-378AA 阳性克隆水解圈鉴定

甘露聚糖酶基因两端（5′-、3′- 端）同时缺失表达结果 由对甘露聚糖酶基因 3′- 端缺失片段的研究结果发现，3′- 端缺失 129 个氨基酸是极限，如果再有缺失，则剩余的片段不具有甘露聚糖酶活性，所以，在进行甘露聚糖酶基因两端同时删除试验时，将 3′- 端固定。甘露聚糖酶基因两端同时缺失片段表达实验进行了 8 批次，结果汇总在表 6-9。

表 6-9　甘露聚糖酶基因两端（5′-、3′- 端）同时缺失片段表达结果

编号	缺失氨基酸数	缺失氨基酸数	片段是否有甘露聚糖酶活性
4-249	3	129	有
18-249	17	129	有
38-249	37	129	有
54-249	53	129	有
58-249	58	129	有
65-249	64	129	有
79-249	78	129	有
88-249	87	129	无

甘露聚糖酶基因两端缺失表达结果表明：3′- 端删除 129 个氨基酸，5′- 端删除 78 个氨基酸对甘露聚糖酶活性没有影响。假如 5′- 端再删除 9 个氨基酸，则剩余片段不再具有酶的活性。由此推断，3′- 端删除 129 个氨基酸，5′- 端删除 78 个氨基酸是不影响甘露聚糖酶催化功能的极限。

以甘露聚糖酶基因 65-249AA 片段的质粒为模板，扩增甘露聚糖酶 79-249AA 的片段，琼脂糖凝胶电泳检测 PCR 产物大小为 500bp 左右，电泳检测的结果与理论推测值相符，说明该片段为目标 DNA 片段。将该片段与 pMD 18-T 载体连接，转化大肠杆菌，获得了阳性克隆。从这些阳性克隆所产的水解圈（图 6-24）来看，79-249AA 的片段具有酶的催化功能。从阳性克隆子中提取含基因缺失片段 79-249AA 的质粒，进行电泳检测结果表明，该质粒大小与理论大小相吻合。

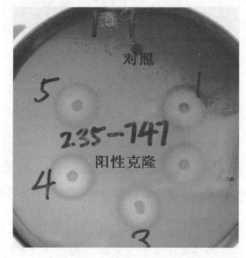

图 6-24　两端缺失 79-249 片段阳性克隆的水解圈鉴定

基因缺失表达产物二级结构分析　将缺失部分序列后的甘露聚糖酶基因片段测序，翻译成氨基酸序列，用软件预测其二级结构，再与全长的甘露聚糖酶基因（DQ364440）进行比较，找出两者在二级结构上的差异。所有的甘露聚糖酶基因缺失表达产物的二级结构预测结果列于附图中。

甘露聚糖酶基因缺失表达产物的二级结构分析，以编号为79-249AA 的片段中所包含的螺旋、折叠为分析对象，因为这些二级结构在本实验中出现的次数较多，且 79-249AA 的片段仍然是具有甘露聚糖酶活性的最短片段。二级结构的变化情况分为向 5′-延伸（左侧延伸）、5′- 缩短（左侧缩短）、3′- 延伸（右侧延伸）、3′缩短（右侧缩短）和消失五种情况。当某一二级结构消失时，在共同部分栏中用"×"表示；延伸与缩短变化直接以具体的氨基酸序列来表示；共同部分表示的是某一二级结构与原来的二级结构之间的相同部分。表 6-10 中所列的均为二级结构上发生变化的部分；与原来相应二级结构相比，没有变化的未予列出。

表 6-10 统计结果分析，H3 的主要变化为向两侧延伸，H3 缩短变小的情况只出现在了两侧，最短为左侧缩短 2 个氨基酸，H3 最短是 AENIAAR 共 7 个氨基酸。

表 6-10　基因缺失表达产物二级结构分析 H3 变化统计表

编号	与源蛋白二级结构（H3）的差异				与源蛋白结构一致的氨基酸序列
	左侧延伸（aa）	左侧缩短（aa）	右侧延伸（aa）	右侧缩短（aa）	
1-376					√
1-372					√
1-338	L				AEAENIAAR
1-331					√
1-300	L				AEAENIAAR
1-296	L				AEAENIAAR
1-288	L				AEAENIAAR
1-280	L				AEAENIAAR
1-272			T		AEAENIAAR
1-255	L		T		AEAENIAAR
1-249	L		T		AEAENIAAR
1-244			T		AEAENIAAR
4-378					√
18-378			T		AEAENIAAR
38-378			T		AEAENIAAR
54-378	L				AEAENIAAR
58-378					√
65-378	L		T		AEAENIAAR
79-378		AE	T		AENIAAR

编号	与源蛋白二级结构（H3）的差异				与源蛋白结构一致的氨基酸序列
	左侧延伸（aa）	左侧缩短（aa）	右侧延伸（aa）	右侧缩短（aa）	
4-249	L		T		AEAENIAAR
18-249	L		T		AEAENIAAR
38-249	L		T		AEAENIAAR
54-249	L		T		AEAENIAAR
58-249			T		AEAENIAAR
65-249	L		T		AEAENIAAR
79-249		A	T		EAENIAAR

注：√表示完全一致，×表示无此二级结构

其他二级结构分析结果是：H4，无论在哪一端缺失部分序列的情况下，其二级结构或者是保持不变，或者是向左侧延伸 1 到 4 个氨基酸，没有缩短的情况出现（表 6-11）。H5，以两侧缩短，H5 收缩变小为主，有 16 次，H5 整个结构完全消失。这些情况足以说明，H5，这一个二级结构对甘露聚糖酶来说，不是必需的。H6，只有一次右侧缩短 1 个氨基酸的情况出现，与原 H6 结构比较，相同部分为 TRWLAILDKVAAGLMQL，其他均为保持原结构不变或者主要以想左侧延伸为主。说明 H6 这一结构是相当保守的，当两侧的序列长短发生变化时，H6 依然保持原来的结构，是保持甘露聚糖酶的分子结构稳定的基础。H7，保守性较高。E2，从整体上来看（表 6-12），以右侧延伸为主。E2 的消失也对酶的功能没有造成影响。E3，向左侧（为主）或右侧延伸一个氨基酸。E4，变化趋势一致，均是在右侧缩短 1 个氨基酸。

表 6-11　基因缺失表达产物二级结构分析 H4 变化分析

编号	与源蛋白二级结构（H4）的差异				与源蛋白结构一致的氨基酸序列
	左侧延伸（aa）	左侧缩短（aa）	右侧延伸（aa）	右侧缩短（aa）	
1-376					NSTLIDYWK
1-372	C				NSTLIDYWK
1-338	SC				NSTLIDYWK
1-331	C				NSTLIDYWK
1-327	YSC				NSTLIDYWK
1-306	SC				NSTLIDYWK
1-300	YSC				NSTLIDYWK
1-272					√
1-255	YSC				NSTLIDYWK
1-249	SC				NSTLIDYWK
1-244					√

（续表）

编号	与源蛋白二级结构（H4）的差异				与源蛋白结构一致的氨基酸序列
	左侧延伸（aa）	左侧缩短（aa）	右侧延伸（aa）	右侧缩短（aa）	
4-378					√
18-378		C			NSTLIDYWK
38-378		YSC			NSTLIDYWK
58-378		SC			NSTLIDYWK
79-378		C			NSTLIDYWK
88-378		SC			NSTLIDYWK
93-378					√
120-378					√
4-249		SC			NSTLIDYWK
18-249		YSC			NSTLIDYWK
38-249		SC			NSTLIDYWK
54-249		YSC			NSTLIDYWK
65-249		SC			NSTLIDYWK
79-249		DYSC			NSTLIDYWK
88-249		YSC			NSTLIDYWK

注：√表示完全一致，×表示无此二级结构

表 6-12　基因缺失表达产物二级结构分析 E2 变化统计

编号	与源蛋白二级结构（E2）的差异				与源蛋白二级结构一致的氨基酸序列
	左侧延伸（aa）	左侧缩短（aa）	右侧延伸（aa）	右侧缩短（aa）	
1-376				D	AIYAC
1-372					√
1-331				D	AIYAC
1-327				D	AIYAC
1-317				D	AIYAC
1-306				D	AIYAC
1-300				D	AIYAC
1-296				D	AIYAC
1-288				D	AIYAC
1-280				DY	AIYAC
1-272				DY	AIYAC
1-255				DY	AIYAC
1-249					√
4-378				D	AIYAC
18-378				DY	AIYAC
38-378				D	AIYAC

（续表）

编号	与源蛋白二级结构（E2）的差异				与源蛋白二级结构一致的氨基酸序列
	左侧延伸（aa）	左侧缩短（aa）	右侧延伸（aa）	右侧缩短（aa）	
54-378					√
65-378		A	D		IYAC
79-378		A			IYAC
88-378					√
93-378					×
4-249					√
54-249			D		AIYAC
58-249			D		AIYAC
65-249					√
88-249		A		C	IYA

注：√表示完全一致，×表示无此二级结构

二、木聚糖酶基因修饰

菌种和载体 *Bacillus subtilis* BE-91，高产木聚糖酶，本室选育，保存。*E. coli* DH5a，Fφ80d*lacZ*ΔM15Δ（*lacZYA-arg*F）U169*end*A1*rec*A1*hsd*17（r$_k^-$m$_k^+$）*sup*E44λ-*thi*-1*gyr*A96*rel*A1*pho*A，TransGen，China。*E. coli* BL21（DE3）omp T hsdSB（rB$^-$ mB$^-$）gal cm（DE3），TransGen，China。pMD18-T，LacZ operator，Amp^r，TransGen，China。pET-28a（+），T7 operator，Kan^r，Novagen，USA。

木聚糖酶基因 xynA 序列分析方法　开放阅读框（ORF）分析采用 BioXM2.6 软件，信号肽分析采用 SignaL P-NN 预测分析，跨膜蛋白预测采用 TMHMM，酶的分类采用 InterProScan，酶的二级结构预测采用 DNAstar-Protean、Jpred 3，酶的三级结构预测采用蛋白质数据库 HPDB 中的 3D-JIGSAW 等生物信息学分析软件。

采用在线 NCBI 对 BE-91 菌株木聚糖酶基因 xynA 开放阅读框进行分析，并将核苷酸序列翻译成氨基酸序列，得知 xynA 包含一个 642bp 的开放阅读框，编码 213 个氨基酸，其核苷酸序列前后都存在一段非编码区（UTR），5'-UTR 有 30bp，3'-UTR 有 24bp。

采用 SignaL P-NN、TMHMM、InterProScan、DNAstar-Protean、Jpred 3 等生物信息学软件对 BE-91 菌株木聚糖酶基因 xynA 编码的氨基酸序列进行分析，结果如图 6-25 所示。由图 6-25 可以看出，BE-91 菌株木聚糖酶为跨膜蛋白，包括 4 个 α-螺旋，12 个 β-折叠，18 个 β-转角，1 个疏水结构域，8 个亲水结构域，4 个抗原决定簇，是组成型水溶性蛋白，具有良好的抗原性，属糖苷水解酶 11 族，1~19 个氨基酸为信号肽序列，19~210 个氨基酸为结合区，第 9~29 个氨基酸为跨膜区，103~113 和 197~208 个氨基酸为活性位点，27~213 个氨基酸为结构区。

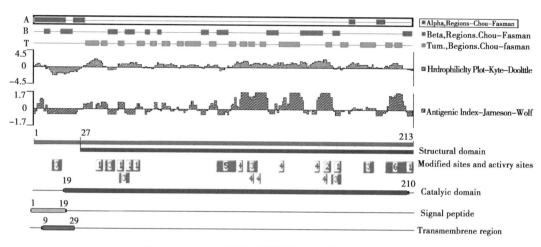

图 6-25　BE-91 菌株木聚糖酶 xynA 基因结构分析

采用 HPDB 中的 3D-JIGSAW 对 BE-91 菌株木聚糖酶基因 xynA 的三级结构进行预测，预测模型如图 6-26 所示。由图 6-26 可以看出，BE-91 菌株木聚糖酶基因 xynA 具有典型的折叠结构，空间结构类似于右手半握形状，这与 Mario T. M. 等报道的结果基本一致。

图 6-26　BE-91 菌株木聚糖酶 xynA 蛋白质的空间结构

上述分析、预测结果，对我们进行木聚糖酶基因缺失表达提供了理论依据。也就是说，生物信息学分析数据可以避免我们对木聚糖酶基因进行缺失表达的盲目性。

引物设计　根据上述对木聚糖酶基因 xynA 核苷酸序列和氨基酸序列的分析结果，设计 10 对引物，各引物的编号、序列及其作用如表 6-13 所示。

木聚糖酶基因 xynA UTR 的缺失表达方法　为研究 5'-UTR 和 3'-UTR 对木聚糖酶基因 xynA 在 E. coli 中表达的影响，设计引物 P3、P4、P5，以 BE-91 菌株基因组 DNA 为模板，设置温度梯度 PCR，分别扩增缺失木聚糖酶基因 xynA 全长序列 5'-UTR、3'-UTR 和同时缺失 5'-UTR 和 3'-UTR 的 xynA3、xynA4、xynA5。在 0.2mL

薄壁 PCR 管中逐一添加以下成分：TaqDNA 聚合酶（5 U/μL），0.5μL；dNTP（10mmol/L），1μL；MgCl$_2$（25mmol/L），3μL；10×PCR Buffer，5μL；F（10 μmol/L），1μL；R（10 μmol/L），1μL；BE-91 菌株的基因组 DNA，1μL；加无菌水至总体系为 50μL，将 PCR 管中的各组分混匀，在 PCR 仪上进行 PCR 扩增，扩增程序如下：第一步，95℃ 5min；第二步（循环 33 次），95℃ 30 s，Tm（52~68℃）40 s，72℃ 4min；第三步，72℃，10min；4℃保温。将 PCR 产物经 1.0%的琼脂糖凝胶电泳检测后，选择最适 Tm 值重新大量扩增目的片段。

表 6-13 引物编号、序列及其作用

编号	序列	作用
P3（F3/R3）	5'-ggatccATGTTTAAGTTTAAA-3'/ 5'-aagcttTACTAGATATTTTA-3'	扩增 5'-UTR 缺失，xynA3
P4（F4/R4）	5'-ggatccTGTAATTAAATTACA-3'/ 5'-aagcttTTACCACACTGTTAC-3'	扩增 3'-UTR 缺失，xynA4
P5（F5/R5）	5'-ggatccATGTTTAAGTTTAAA-3'/ 5'-aagcttTTACCACACTGTTAC-3'	5'-UTR 和 3'-UTR 缺失，xynA5
P6（F6/R6）	5'-ggatccATGAGTATTAGCTTG-3'/ 5'-aagcttTTACCACACTGTTAC-3'	5'-端 1~16 个氨基酸缺失，xynA6
P7（F7/R7）	5'-ggatccCTCTGCAGCTAGCAC-3'/ 5'-aagcttTTACCACACTGTTAC-3'	5'-端 1~29 个氨基酸缺失，xynA7
P8（F8/R8）	5'-ggatccGATGGGGGCGGTATA-3'/ 5'-aagcttTTACCACACTGTTAC-3'	5'-端 1~38 个氨基酸缺失，xynA8
P9（F9/R9）	5'-ggatccATGTTTAAGTTTAAA-3'/ 5'-aagcttGTTAGAACTTCCACT-3'	3'-端 209~213 个氨基酸缺失，xynA9
P10（F10/R10）	5'-ggatccATGTTTAAGTTTAAA-3'/ 5'-aagcttCATGACTTGGTAAGC-3'	3'-端 197~213 个氨基酸缺失，xynA10
P11（F11/R11）	5'-ggatccATGTTTAAGTTTAAA-3'/ 5'-aagcttGCTGAAAGTGATTGT-3'	3'-端 174~213 个氨基酸缺失，xynA11
P12（F12/R12）	5'-gaattcCTCTGCAGCTAGCAC-3'/ 5'-gcggccgcCATGACTTGGTAAGC-3'	5'-端 1~16AA 和 3'-端 209~213AA 同时缺失，xynA12

原核表达载体的构建 将纯化后 xynA3、xynA4、xynA5 PCR 产物与 pET-28a（+）质粒分别用 BamH Ⅰ 和 Hind Ⅲ 双酶切，酶切体系如下：pET-28a（+）或 PCR 产物，16μL；10×K Buffer，2μL；0.1%BSA，2μL；BamH I，1μL；Hind Ⅲ，1μL。总酶切体系为 20μL，37℃保温 3h 后，分别进行纯化，用 T4 DNA 连接酶将酶切后 PCR 产物与酶切后 pET-28a（+）质粒进行连接，连接体系为：酶切后 pET-28a（+）质粒，3μL；酶切后 PCR 产物，4μL；5×T4 DNA 连接酶缓冲溶液，2μL；T4 DNA 连接酶，1μL。总连接体系为 10μL，16℃连接过夜，即得到原核表达载体 pET-xynA3、pET-xynA4 和 pET-xynA5。

原核表达载体在 *E. coli* 中的表达　将原核表达载体 pET-xynA3、pET-xynA4 和 pET-xynA5 分别转化至 E. coli BL21（DE3）感受态细胞，将转化后的菌液分别涂布到含 25 μg/mL Kan 的 LB 琼脂平板上，37℃培养过夜，筛选有 Kan 抗性的阳性重组子。将阳性重组子和含有 pET-28a（+）空质粒的 BL21（DE3）菌株（作为阴性对照）分别接种于 5mL 含 25 μg/mL Kan 的 LB 培养液中，220r/min，37℃振荡培养过夜，按 1% 的接种量转接入 50mL 含 25 μg/mL Kan 的 LB 培养液中，220r/min，37℃振荡培养 3h（控制 OD_{600} 为 0.6 左右），加入终浓度为 0.05mmol/L 的诱导剂 IPTG，调节温度至 30℃，使其更好地诱导目的木聚糖酶蛋白的表达。

阳性重组子的鉴定　振荡培养 6h 后，取各发酵菌液分别进行特异性底物水解圈、木聚糖酶活力和 SDS-PAGE 检测。水解圈检测，各取 2μL 菌液点种于木聚糖筛选平板，根据水解圈的有无判断目的基因是否表达成功；酶活力检测，各取 1mL 菌液 4℃，5 000xg离心 10min，采用优化的酶活力测定条件检测上清液的木聚糖酶活力；SDS-PAGE 检测，各取 300μL 菌液 4℃，5000g 离心 10min，菌体立即用灭菌超纯水洗两次，之后在沉淀中加入 300μL 灭菌超纯水，混匀后加等体积的 2×电泳上样缓冲液，沸水浴处理 5min，作为 SDS-PAGE 电泳检测样品。

木聚糖酶基因 xynA UTR 的缺失表达结果　引物 P3、P4、P5 的最适 Tm 值分别为 53℃、56℃、58℃。在最适 Tm 下，大量扩增缺失木聚糖酶基因 xynA 全长序列 5'-UTR、3'-UTR 和同时缺失 5'-UTR 和 3'-UTR 的 xynA3、xynA4、xynA5，PCR 产物经 1.0% 的琼脂糖凝胶电泳检测结果如图 6-27 所示。由图 6-27 可以看出，xynA3、xynA4、xynA5 的大小均位于 500~800bp，符合实际大小，xynA3（666bp）、xynA4（672bp）和 xynA5（642bp）。

筛选有 Amp 抗性的阳性重组子，提取重组质粒，经 1.0% 琼脂糖凝胶电泳检测，结果如图 6-28 所示。由图 6-28 可以看出，重组质粒 pET-xynA3、pET-xynA4 和 pET-xynA5 的大小均位于 3 000bp 旁边，符合理论大小，这说明 xynA3、xynA4、xynA5 与表达载体 pET-28a（+）连接成功。

将重组质粒 pET-xynA3、pET-xynA4 和 pET-xynA5 分别转化至 E. coli BL21（DE3），获得阳性转化子 pET-xynA3-BL21，pET-xynA4-BL21 和 pET-xynA5-BL21。将这 3 个阳性转化子、pET-xynA- BL21（阳性对照）和 pET-BL21（阴性对照）一并点种到木聚糖筛选平板，37℃静置培养 20h，经碘液染色后各菌落在以木聚糖为唯一碳源的平板上形成的水解圈如图 6-29 所示。由图 6-29 可知，木聚糖酶基因 xynA 缺失 5'-UTR、3'-UTR 或同时缺失 5'-UTR 和 3'-UTR 后的阳性重组菌均能表达木聚糖酶活力，且酶活力应该都有不同程度的提高；比较各菌落周围水解圈的亮度后发现，缺失 3'-UTR 或同时缺失 5'-UTR 和 3'-UTR 似乎可以较大幅度提高木聚糖酶活力。

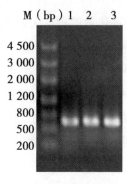

图 6-27 PCR 产物检测

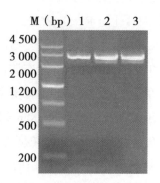

图 6-28 重组质粒检测

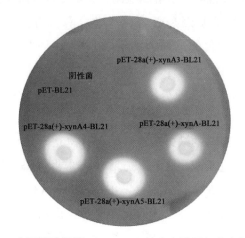

图 6-29 木聚糖酶基因 *xyn*A UTR 缺失表达重组菌水解圈鉴定

木聚糖酶基因 xynA 5'-翻译区的缺失表达方法 为研究 5'-翻译区各关键氨基酸对木聚糖酶基因 xynA 在 *E. coli* 中表达的影响，设计引物 P6、P7、P8，以 BE-91 菌株基因组 DNA 为模板，设置温度梯度 PCR，分别扩增缺失 5'-编码区 1~16 个氨基酸、1~29 个氨基酸和 1~38 个氨基酸的 xynA6、xynA7 和 xynA8。在 0.2mL 薄壁 PCR 管中逐一添加以下成分：TaqDNA 聚合酶（5 U/μL），0.5μL；dNTP（10mmol/L），1μL；$MgCl_2$（25mmol/L），3μL；10×PCR Buffer，5μL；F（10 μmol/L），1μL；R（10μmol/L），1μL；BE-91 菌株的基因组 DNA，1μL；加灭菌水至总体系为 50μL。将 PCR 管中的组分混匀，在 PCR 仪上进行 PCR 扩增，扩增程序如下：第一步，95℃ 5min；第二步（循环 33 次），95℃ 30 s，Tm（52~68℃）40 s，72℃ 4min；第三步，72℃ 10min；4℃保温，将 PCR 产物经 1.0% 的琼脂糖凝胶电泳检测后，选择最适 Tm 值重新大量扩增目的片段。原核表达载体 pET-xynA6、pET-xynA7 和 pET-xynA8 的构建、在 E. coli 中的表达及阳性重组子的鉴定同 pET--xynA3。

木聚糖酶基因 xynA 5'-编码区的缺失表达结果　分别在引物 P6、P7、P8 的最适 Tm 下大量扩增缺失木聚糖酶基因 xynA 全长序列 5'-编码区 1~16 个氨基酸、1~29 个氨基酸和 1~38 个氨基酸的 xynA6、xynA7、xynA8，将各 PCR 产物分别与表达载体 pET-28a（+）连接并转化至 E. coli BL21（DE3），获得阳性转化子 pET-xynA6、pET-xynA7 和 pET-xynA8。

将这 3 个阳性转化子、pET-xynA5-BL21（阳性对照）、pET-BL21（阴性对照）和 BE-91 菌株一并点种到木聚糖筛选平板，37℃静置培养 20h，经碘液染色后各菌落在以木聚糖为唯一碳源的平板上形成的水解圈如图 6-30 所示。由图 6-30 可知，5'-端第 1~29 个氨基酸（xynA7）的缺失导致木聚糖酶活力显著下降；5'-端第 1~38 个氨基酸（xynA8）的缺失导致木聚糖酶失活（染色平板上可见菌落痕迹但无水解圈），也就是说，木聚糖酶基因 xynA 的 5'-端第 29~38 个氨基酸对其在 E. coli 中分泌表达木聚糖酶很关键，这几个氨基酸的缺失将导致发酵液中木聚糖酶活力的消失，而第 1~16 个氨基酸对其在 E. coli 中分泌表达木聚糖酶几乎没有影响。

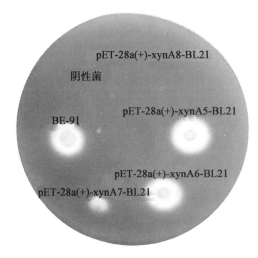

图 6-30　木聚糖酶基因 *xyn*A 5'-编码区氨基酸缺失表达重组菌水解圈鉴定

木聚糖酶基因 xynA 3'-翻译区的缺失表达　为研究 3'-翻译区各关键氨基酸对木聚糖酶基因 xynA 在 E. coli 中表达的影响，设计引物 P9、P10、P11，以 BE-91 菌株基因组 DNA 为模板，设置温度梯度 PCR，分别扩增缺失 3'-编码区 209~213 个氨基酸、197~213 个氨基酸和 174~213 个氨基酸的 xynA9、xynA10 和 xynA11。在 0.2mL 薄壁 PCR 管中逐一添加以下成分：TaqDNA 聚合酶（5 U/μL），0.5μL；dNTP（10mmol/L），1μL；MgCl_2（25mmol/L），3μL；10×PCR Buffer，5μL；F（10 μmol/L），1μL；R（10 μmol/L），1μL；BE-91 菌株的基因组 DNA，1μL；加灭菌水至总体系为 50μL。将 PCR 管中的组分混匀，在 PCR 仪上进行 PCR 扩增，扩增程序如下：第一步，95℃ 5min；第

二步（33 循环），95℃ 30 s，Tm（52~68℃）40 s，72℃ 4min；第三步，72℃ 10min；4℃保温，将 PCR 产物经 1.0%的琼脂糖凝胶电泳检测后，选择最适 Tm 值，重新大量扩增目的片段。原核表达载体 pET-xynA9、pET-xynA10 和 pET-xynA11 的构建、在 *E.coli* 中的表达及阳性重组子的鉴定同 pET-xynA3。

木聚糖酶基因 xynA 3'-编码区的缺失表达结果　在引物 P9、P10、P11 的最适 Tm 下大量扩增缺失木聚糖酶基因 xynA 全长序列 3'-编码区第 209~213 个氨基酸、第 197~213 个氨基酸和第 174~213 个氨基酸的 xynA9、xynA10、xynA11，将其 PCR 产物分别与表达载体 pET-28a（+）连接并转化至 E.coli BL21（DE3），获得阳性转化子 pET-xynA9、pET-xynA10 和 pET-xynA11。

将这 3 个阳性转化子、pET-xynA5-BL21（阳性对照）、pET-BL21（阴性对照）和 BE-91 菌株一并点种到木聚糖筛选平板，37℃静置培养 20h，经碘液染色后各菌落在以木聚糖为唯一碳源的平板上形成的水解圈如图 6-31 所示。

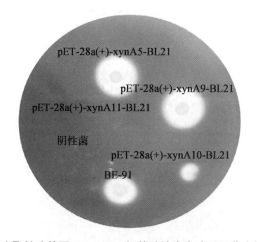

图 6-31　木聚糖酶基因 *xyn*A 3'-氨基酸缺失表达重组菌水解圈鉴定

由图 6-31 可知，3'-端第 197~213 个氨基酸（xynA10）的缺失导致木聚糖酶活力显著下降；3'-端第 174~213 个氨基酸（xynA11）的缺失导致木聚糖酶失活（染色平板上可见菌落痕迹但无水解圈），也就是说，木聚糖酶基因 xynA 的 3'-端第 174~197 个氨基酸对其在 *E.coli* 中分泌表达木聚糖酶很关键，这几个氨基酸的缺失将导致发酵液中木聚糖酶活力的消失，而第 209~213 个氨基酸对其在 E.coli 中分泌表达木聚糖酶几乎没有影响。

木聚糖酶基因 xynA 5'-翻译区和 3'-翻译区同时缺失表达方法　根据对 BE-91 菌株木聚糖酶基因 xynA 的 5'-翻译区、3'-翻译区缺失表达的结果，设计引物 P12，以 BE-91 菌株基因组 DNA 为模板，设置温度梯度 PCR，扩增同时缺失 5'-翻译区 1~16 个氨基酸和 3'-编码区 209~213 个氨基酸的 xynA12。在 0.2mL 薄壁 PCR 管中逐一添加以

下成分：TaqDNA 聚合酶（5 U/μL），0.5μL；dNTP（10mmol/L），1.0μL；MgCl₂
（25mmol/L），3μL；10×PCR Buffer，5μL；F（10 μmol/L），1.0μL；R（10 μmol/L），
1.0μL；BE-91 菌株的基因组 DNA，1.0μL；加灭菌水至总体系为 50μL。将 PCR 管中的
组分混匀，在 PCR 仪上进行 PCR 扩增，扩增程序如下：第一步，95℃ 5min；第二步
（33 循环），95℃ 30 s，Tm（52~68℃）40 s，72℃ 4min；第三步，72℃ 10min；4℃ 保
温，将 PCR 产物经 1.0%的琼脂糖凝胶电泳检测后，选择最适 Tm 值，重新大量扩增目
的片段。原核表达载体 pET-xynA12 的构建、在 *E.coli* 中的表达及阳性重组子的鉴定同
pET-xynA3。

木聚糖酶基因 xynA 5'-编码区和 3'-编码区的同时缺失表达结果 在最适 Tm 下
大量扩增同时缺失木聚糖酶基因 xynA 全长序列 5'-编码区 1~16 个氨基酸和 3'-编码
区 209~213 个氨基酸的 xynA12，将 PCR 产物与表达载体 pET-28a（+）连接并转化至 E-
.coli BL21（DE3），获得阳性转化子 pET-xynA12-BL21。将阳性重组菌 pET-xynA12-
BL21、pET-xynA5-BL21、pET-xynA6-BL21、pET-xynA9-BL21、pET-BL21 和 *Bacillus
subtilis* BE-91 一并点种到木聚糖筛选平板，菌落在平板上形成的水解圈如图 6-32 所示。
由图 6-32 可知，同时缺失 5'-编码区 1~16 个氨基酸和 3'-编码区 209~213 个氨基酸
（xynA12），发酵液中木聚糖酶的表达量几乎不变，也就是说只要表达木聚糖酶基因
xynA 氨基酸序列的第 16~209 个氨基酸就可以正常的表达重组木聚糖酶活性。

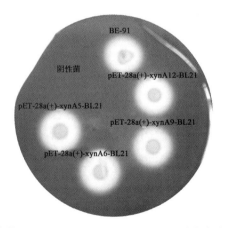

图 6-32 木聚糖酶基因 *xyn*A5'-AA 和 3'-AA 同时缺失表达重组菌水解圈鉴定

缺失表达阳性重组菌的木聚糖酶检测 在 IPTG 诱导 10h 后，分别测定各菌株发酵
液中胞外木聚糖酶活力，结果如表 6-14 所示。由表 6-14 可以看出，重组菌的酶活力测
定大小顺序与用特异性底物水解圈法所得结果高度一致。

表 6-14　BE-91 菌株木聚糖酶 xynA 基因缺失表达重组菌酶活力

Strain	酶活力（U/mL）	Strain	酶活力（U/mL）
pET-BL21	0	pET-xynA-BL21	336.02
pET-xynA5-BL21	433.05	pET-xynA6-BL21	427.37
pET-xynA7-BL21	14.72	pET-xynA8-BL21	0
pET-xynA9-BL21	428.94	pET-xynA10-BL21	84.56
pET-xynA11-BL21	0	pET-xynA12-BL21	416.75

对培养 9h 的原始菌株 BE-91（阳性对照 1）的发酵液和 pET-BL21（阴性对照）、pET-xynA-BL21（阳性对照 2——全长序列异源表达阳性重组菌）、pET-xynA5-BL21（同时缺失 5'-UTR 和 3'-UTR 阳性重组菌）、pET-xynA9-BL21（3'-端缺失第 209～213AA 阳性重组菌）、pET-xynA12-BL21（5'-端缺失第 1～16AA，3'-端缺失第 209～213AA 阳性重组菌）等代表性菌株诱导培养 10h 的发酵液进行 SDS-PAGE 电泳检测，结果如图 6-33 所示。由图 6-33 可以看出，参与比较的 4 个基因工程菌株（包括缺失表达阳性克隆菌株）和原始菌株 BE-91 的发酵液中，在 20kD 附近均出现一条特异蛋白质谱带（胞外木聚糖酶）；xynA 基因（包括基因缺失片段）异源表达胞外木聚糖酶的量（蛋白质谱带的色度）均比原始菌株高；参与比较菌株之间 xynA 表达量的差异与水解圈法比较结果及其酶活力测定结果基本一致。

木聚糖酶 xynA 基因与 xynA12 结构比较　采用 SignaL P-NN、TMHMM、Inter-ProScan、DNAstar-Protean、Jpred 3 等生物信息学软件对 *Bacillus subtilis* BE-91 菌株木聚糖酶基因 xynA12 编码的氨基酸序列进行分析，结果如图 6-34 所示。比较图 6-34 和图 6-25 可以发现，木聚糖酶基因 xynA 经缺失表达后，获得的能表达活性木聚糖酶的最短氨基酸序列（192 个氨基酸）的结构与原始结构几乎没有变化，由此可见，这 192 个氨基酸中含有了表达木聚糖酶活性必要的活性中心，具有能发挥功能所必需的空间结构，5'-端第 1～16 位氨基酸和 3'-端第 209～213 位氨基酸对于表达木聚糖酶活性来说，不是必需的。

采用"根据对木聚糖酶基因 xynA 的核苷酸序列和氨基酸序列预测的结构→设计缺失部位及相关引物→PCR 扩增各缺失表达 DNA 序列（BE-91 菌株基因组为模板）→缺失表达各 DNA 序列→阳性重组子检测"的技术路线，从 BE-91 菌株中克隆出 10 个缺失部分核苷酸的序列，通过将其在大肠杆菌中进行，获得如下结果：①木聚糖酶基因 xynA 缺失任一端 UTR 或同时缺失两端 UTR，对木聚糖酶基因在 E.coli 中的分泌表达不产生负面影响；缺失 3'-UTR 或同时缺失 3'-UTR 和 5'-UTR 似乎还可以提高木聚糖酶活力。②缺失 5'-端第 1～16 位氨基酸、3'-端第 209～213 位氨基酸或同时缺失 5'-端第 1～16 位氨基酸与 3'-端第 209～213 位氨基酸，都可以适当提高木聚糖酶活力。③缺失

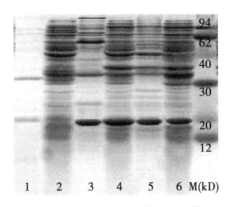

图6-33　SDS-PAGE鉴定重组菌

1，BE-91；2，pET-BL21；3，pET-*xyn*A-BL21；4，pET-*xyn*A$_5$-BL21；

5，pET-*xyn*A$_{12}$-BL21；6，pET-*xyn*A$_9$-BL21

5'-端第16~29位氨基酸和3'-端第197~209位氨基酸都导致木聚糖酶活力显著下降。④缺失5'-端第29~38位氨基酸和3'-端第174~197位氨基酸导致木聚糖酶基因在 *E. coli* 中不能分泌表达。由此可以推断，BE-91菌株的木聚糖酶 xynA 基因，从其开放阅读框的5'-端切除48bp和3'-端切除12bp，使其编码序列长度由642bp缩短至582bp（切除编码序列总长度约占木聚糖酶基因编码序列总长度的9.3%），可以获得更加理想的异源表达效果，共编码192个氨基酸。当然，如果通过深入研究还能从编码序列中部切除一些不影响其催化活性的结构，也许该项研究的意义会更大。

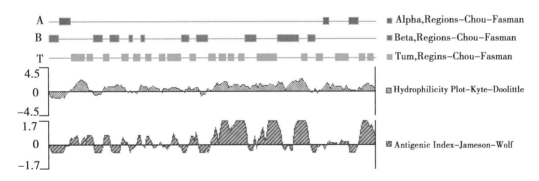

图6-34　BE-91菌株木聚糖酶基因 *xyn*A$_{12}$ 结构分析

第四节　Mini-Tn10转座子构建突变体

构建细菌突变体是发现新基因，分析基因功能，了解某些生物机理的一个重要途径。转座子又称转座因子或跳跃因子，是存在与染色体 DNA 上可自主复制的 DNA 片段。当转座子插入到某个功能基因中时，可能会引起该基因的功能失活，并诱导产生突变型。Tn10 转座子诱变在多种细菌中已经获得成功。本团队通过转座子 MiniTn10 对 CXJZU-120 进行随机突变，获得 5 523 个突变体。采用非纤维素降解实效法和水解圈法等功能性鉴定，筛选出 3 个非纤维素降解活性降低或丧失的突变体，为深入研究非纤维素降解机理，寻找与非纤维素降解相关基因并构建新一代高效菌株奠定了一定基础。

一、CXJZU120 转座突变体的创建

（一）转座子插入

从大肠杆菌 *E. coli* 1260（内含 pIC333 质粒，该质粒携带 Tn10 转座子和一个红霉素抗性基因）提取 pIC333 质粒，通过电转化方式导入感受态 CXJZU120（图 6-35），置于改良肉汤培养基中，37℃温育 2h，取 100μL 涂在红霉素壮观霉素 LB 抗性平板上，35℃过夜培养，获得具有红霉素和壮观霉素双重抗性的转化子 13 个，其形态与 CXJZU120 菌落一致，在营养琼脂平板上培养 8h 后能显示特征性的菌落颜色。将其进行连续传代仍具有该双重抗性。

（二）转化子验证

转化子的 PCR 检测　根据已知的 pIC333 序列中转座子的部分片段设计引物 P1（5'-AGGCGGTTTGCGTATTGG-3'）和 P2（5'-CAGGGTCGGAACAGGAGA-3'），以提取的转化菌株质粒为模板，进行 PCR 检测，若转化成功应扩增出 342bp 片段。PCR 扩增反应条件为：95℃ 10min，94℃ 30s，54℃ 45s，72℃ 1.0min，72℃ 10min。进行 35 个循环。

转化后菌株质粒的单、双酶切检测　对转化质粒进行 *EcoR* I 单酶切，进行 *EcoR* I 和 *Pst* I 双酶切的反应体系按照说明书执行。

从获得的 13 个转化子中提取其质粒，经过 PCR 检测获得 342bp 的目的片段（图 6-36A）。经 *EcoR* I 和 *Pst* I 两种酶各进行单酶切，均得到一条 7.4kb 的片段，经 *EcoR* I 和 *Pst* I 双酶切，得到约为 2.6kb 和 5.8kb 的两条片段（图 6-36B）。以上结果证实转化实验是成功的。

转座子 Mini-Tn10 的转座诱变　将获得的转化子转接到含 100mg/mL 红霉素的 5mL 改良肉汤培养基里，28℃，200r/min，5~6h。然后取 1% 转接到不含任何抗生素的 5mL 改良肉汤培养基里，42℃，200r/min 培养 15 代左右，重复 2~3 次。转化子经过 42 度高温处理后，理论上质粒 pIC333 有 3 种转归：第一种，质粒丢失但不伴随转座子转座；第二种，质粒丢失的同时转座子发生转座；第三种，整个质粒插入染色体基因组中（复

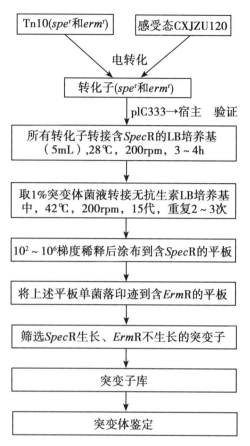

图 6-35　转座子插入突变流程

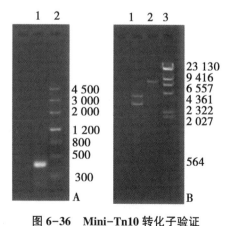

图 6-36　Mini-Tn10 转化子验证

A，PCR；B，酶切：1，*EcoR* I/*Pst* I；2，*EcoR* I

制子融合）。

将获得的菌液按 $10^{-2} \sim 10^{-6}$ 的梯度进行稀释，并将其分别涂布到红霉素 LB 抗性平板上。35℃过夜培养后将平板上的单菌落对应的转接（印迹）到壮观霉素 LB 抗性平板上。筛选在红霉素 LB 抗性平板上能生长，而在壮观霉素 LB 抗性平板上不能生长的菌株，初步鉴定为所需突变体。实验证明，获得的转座突变株即为第二种情况（质粒丢失的同时转座子发生转座）。而在壮观霉素抗性平板菌落数为菌落总数。经过三次平行独立的转座试验得出 pIC333 的转座效率为 6.23×10^{-5}。转座效率的测试公式：（壮观霉素抗性平板菌落数-红霉素抗性平板菌落数）/壮观霉素抗性平板菌落数。

转座子 Mini-Tn10 插入后获得突变株的 PCR 验证 突变株 PCR 检测方法与转化株一样，只是扩增的模版换成突变株的基因组。以突变株的基因组为模版进行 PCR 扩增同样获得了 342bp 的目的片段（与图 6-36A 结果一致）。

转座子 Mini-Tn10 插入后获得突变株的 Southern 杂交验证 按前述方法提取 CXJZU120 和随机挑选的 4 个突变菌株的基因组。*BamH* I 在 37℃对基因组进行过夜酶切。1%琼脂糖凝胶电泳分离酶切片段，然后使 DNA 原位变性。通过毛细管转移将 DNA 从凝胶中转移到硝酸纤维素滤膜上。将扩增出的含壮观霉素抗性的基因经 DIG 标记成探针，与附有 DNA 的硝酸纤维素滤膜杂交 20h 左右。高温固定 DNA，洗膜后显色。Southern 杂交结果（图 6-37）表明 Mini-Tn10 转座子已经插入到 CXJZU120 的基因组中，并且都为单一插入，而且 4 株突变体中的插入位置不尽相同。在 CXJZU120 中没有出现杂交带，这也证明了 Mini-Tn10 转座子可以单拷贝随机插入诱导 CXJZU120 产生在不同位点突变的突变株。这一结果进一步证明转座子已成功插入 CXJZU120 并获得了变异菌株。

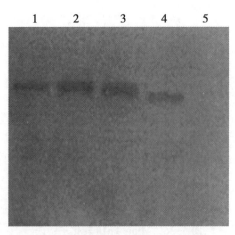

图 6-37 突变株 Southern 杂交验证

1：突变菌株 Ec120-4；2：Ec120-1；3：Ec120-3；4：Ec120-2；5：CXJZU120

二、CXJZU120 转座突变体的鉴定

（一）突变体水解圈法鉴定

将初步鉴定出来的 5523 个突变体逐个点种到甘露聚糖选择平板上进行复筛和苎麻生物脱胶性能鉴定，获得 3 个功能变异的突变体。将三株突变体菌株和 CXJZU120 培养到 OD_{600} 值为 0.75 后，分别取 1.0μL 菌液转接到含壮观霉素的甘露聚糖平板和果胶平板上，35℃过夜培养后发现，Ec120-2 在甘露聚糖平板上产生的水解圈明显小于另外三株菌（图 6-38A），果胶平板上三株菌产生的水解圈与 CXJZU120 相比无明显差异（图 6-38B）。重复 5 次仍得到相同结果。

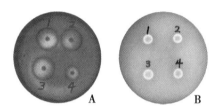

图 6-38　突变体水解圈法鉴定

A：甘露聚糖平板；B：果胶平板；1：Ec120-1；2：Ec120-3；3：CXJZU120；4：Ec120-：2

（二）突变体降解非纤维素活性法鉴定

称取 15 克烘干的苎麻装入 500mL 的锥形瓶里，然后加入 225mL 的自来水和 4.5mL 的菌液，35℃振荡发酵 10h。然后将固态物质直接烘干称重（G1），以草本纤维原料干重（G2）减去固态物干重获得脱胶物重量（G）。选出脱除率与原始菌株有明显差异的菌株。将其按上述含量加入 500mL 锥形瓶里配成相同体系，每个菌株配 5 瓶，35℃振荡发酵至所需时段。按上诉方法称取 G、G1 和 G1；收集发酵液测出各自体积，取 100mL 用已测重量的新华滤纸过滤，测定滤过液的 COD 值。其中：脱除率＝［（G1-G2）／G1］×100%。

COD 值　化学耗氧量（COD）不能代表某一类物质含量，但它可以反映出液体中有机物含量的变化趋势。采用新华滤纸过滤（中速）获得的上面筛选到的三个突变体和原始菌株的粗液发酵液，测定 COD 的结果如图 6-39 所示。随着发酵时间的延长发酵液中有机物总量不断增加，突变株中有机物增加的趋势相对于原始菌株小。其变化大小顺序为 120 原始菌株>Ec120-2> Ec120-1 ≈ Ec120-3。

脱除率　采用重量法测定发酵过程中有机物脱除率变化趋势如图 6-40 所示。由图 6-40 可以看出，苎麻原料中的脱落物总量在发酵 6h 之后几乎不再增加。原始菌株发酵液中苎麻脱落物总量在 130mg/g，其他三个菌株发酵液中苎麻脱落物含量均低于这个水

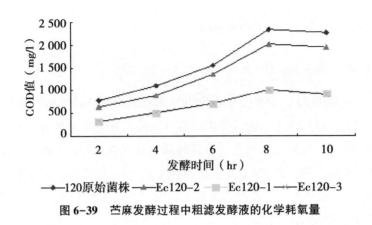

图6-39 苎麻发酵过程中粗滤发酵液的化学耗氧量

平。其绝对值大小依次为原始菌株>Ec120-2> Ec120-1≈ Ec120-3。

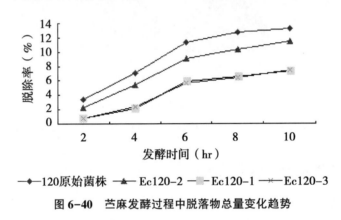

图6-40 苎麻发酵过程中脱落物总量变化趋势

综上所述，在菌种改良方面，本团队做了一些卓有成效（紫外线辐射诱变、质粒转化）或前瞻性（基因修饰）的研究工作，不仅获得了 CXJZU-120、CXJZ11-01 等一批功能变异的高效菌株，而且为创建国际一流的科研团队奠定了基础，或者说构筑了比较坚实的创新平台。

第七章　基因组文库构建及功能基因克隆

按照一般观念衡量，本团队在国内外率先取得了重大突破——选育到一个对多种纤维质农产品发酵几小时就能剥离各种非纤维素而获得满足后续加工要求的纤维的高效菌株，没有很多必要在草本纤维精制专用菌种选育方面再下功夫。

恰好相反，我们确立了更高的奋斗目标：从现有高效菌株中克隆出关键性功能基因进行体外重组，然后将重组质粒转化到现有高效菌株中表达，为实现我国成为全球草本纤维生物精制及其新产品开发的领跑者提供菌种储备。

第一节　基因组文库构建

一、CXJZ95-198 菌株基因组文库

（一）试验方法

菌种的培养　菌种 CXZJ95-198 的活化程序为：保存菌种→涂平板（LB）→35℃过夜→挑选典型菌落→接种于 5mLLB 培养基→35℃扩大培养 6hr 左右→取少量接种至发酵培养基或直接作为研究材料。*E. coli* DH5α 与 BL（DE3）的感受态制备按常规方法实施。阳性克隆的活化程序为：保存菌种→涂平板（LB+Amp）→37℃过夜→挑选典型菌落→接种于 5mL（LB+Amp）培养基→37℃扩大培养 6hr 左右→取少量接种至发酵培养基或直接作为研究材料。

细菌基因组 DNA 提取　扩大培养的 500mL CXZJ95-198 5000r/min 离心 10min，去上清，沉淀加 9.5mL TE 悬浮，并加 0.5mL 10% SDS、50 μLL 20mg/mL 蛋白酶 K，混匀，37℃保温 1.0h。加 1.5mL 5mol/L NaCl，混匀。加 1.5mL CTAB/NaCl 溶液，65℃保温 20min。用等体积酚∶氯仿∶异戊醇（25∶24∶1）抽提。然后用等体积氯仿∶异戊醇（24∶1）抽提，取上清至干净管中。加一倍体积的异丙醇，颠倒混合，室温下，静置 10min，以利 DNA 沉淀。用玻棒捞出 DNA 沉淀，70% 乙醇漂洗后，吸干，溶于

191

1.0mL TE 中，紫外与电泳检测质量后-20℃保存，如存在 RNA，可以用适量的 RNase 处理后再保存。

质粒提取 质粒的提取按照博大泰克生物技术公司的使用手册进行。被提取的质粒均进行凝胶电泳检测。-20℃保存。

基因组文库的建立 基因组文库建立采用的载体为 pUC18，宿主菌为 *E. coli* DH5α（图 7-1）。方法如下：pUC18 先用 *Bam*HI 酶切，凝胶电泳之后，用凝胶回收试剂盒回收线性片断，然后去磷酸化（CIAP 处理 30min）。去磷酸化后采用醋酸-无水乙醇沉淀法去杂回收，然后溶于适量双蒸水或 TE 中，-20℃保存。基因组 DNA 则用 *Sau*3AI 酶切，通过条件优化，使酶切的片断主要集中于 2~9kb，尽量减少特别长或特别短的片断。然后将上述酶切与纯化过的载体和 DNA 片断在 16℃下过夜连接。最后用上述连接物转化 *E. coli* DH5α。转化物涂布在选择性培养基上。培养基配方如下：LB+0.5%魔芋葡萄甘露聚糖（KGM）+0.05% 台盼蓝（Trypan blue）+1.5% 琼脂糖。37℃转化 12~16h 后即可获得大量转化子，建立基因组文库。

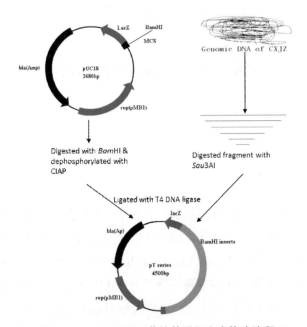

图 7-1 CXJZ95-198 菌株基因组文库构建流程

阳性克隆的筛选 葡萄甘露聚糖与台盼蓝会产生偶连，如果某种菌产生甘露聚糖酶，则会降解甘露聚糖，从而产生水解圈。通过水解圈的产生可以非常容易地获得阳性克隆。

（二）基因组 DNA 部分酶切的条件优化

采用细菌基因组提取方法从 CXJZ95-198 菌株获得质量较高的染色体 DNA。电泳结果表明，所提取的 DNA 只出现了一条明亮的带，没有见到 RNA 污染（图 7-2）。紫外检测表明，其在 260nm 与 280nm 的 OD 比值为 1.82，浓度为 300ng/μL，说明所提 DNA 质量较高，可以用来进行酶切。

酶切时先用 MboI 进行完全酶切（反应体系如下：DNA 0.5 μg，MboI 0.5μL 或 5 U，buffer 1.0μL，总反应体积 10μL；37℃ 酶切 3h），电泳结果表明，MboI 无法切断 *E.carotovora* 基因组 DNA，也就是说，细菌的 DNA 有可能出现了腺嘌呤甲基化（Dam），因而无法用 MboI 酶切。因此，我们改为用 Sau3AI 酶切。结果表明，Sau3AI 酶切的效果非常好。在酶切 3h 后（DNA 0.5μg，Sau3AI 2.5 U，buffer 1.0μL 总反应体积 10μL），*E.carotovora* 基因组 DNA 变成了很小的片断（图 7-3）。因此，在建立 *E. carotovora* 基因组文库时，必须优化 Sau3AI 的酶切条件。

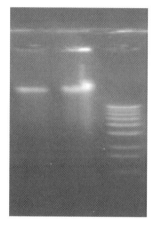 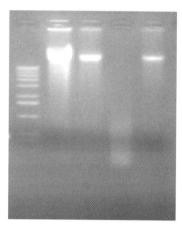

图 7-2　CXJZ95-198　　　　　　图 7-3　CXJZ95-198 基因组 DNA 内切
染色体 DNA 凝胶电泳　　　　　　　　酶酶切效果检测

根据文献报道，绝大部分甘露聚糖酶基因的核苷酸序列长度为 1~2kb，前期研究表明，CXJZ95-198 分泌的甘露聚糖酶分子量也在 25~55KD。也就是说，该菌种的甘露聚糖酶基因的核苷酸序列长度也应该在 1~2kb 范围内。建立基因文库时，应该考虑到使酶切片断主要集中在 2~9kb。因此，酶切该菌种的基因组 DNA 时，要尽量缩短酶切时间或者减少酶的用量。实验结果表明，酶切时间控制在 15min 左右为好。为了确定酶的用量，我们进行了酶用量的梯度实验。结果表明，10μL 反应体系酶的用量 0.004U 效果非常理想（图 7-4）。酶切片断主要集中于 1~9kb 左右。酶量再多的话，小片断过多，用来构建本菌种的基因组文库是不合适的。

采用上述优化的部分酶切条件进行放大，反应体系为：DNA 200μL，buffer 100μL，酶用量 0.4U，反应体积 1 000μL。酶切 15min 后 85℃ 灭活 15min，以防止基因组 DNA 过度酶切。酶切后加 1/10 体积的醋酸钠，2.5 倍体积的无水乙醇，-20℃ 过夜，14 000

图 7-4　CXJZ95-198 基因组 DNA 部分酶切凝胶电泳

r/min 离心 20min，收集沉淀，真空干燥 10min 后加 100μL 灭菌双蒸水，-20℃保存。经检验表明，该部分酶切片断几乎都集中于 2～5kb，基本达到预期的结果，可以用来构建基因组文库。

（三）基因组文库的建立与阳性克隆子鉴定

取适当比例的上述处理过的部分酶切基因组 DNA 片断以及酶切、去磷酸化的 pUC18 载体连接，转化。经过转化后，从 15 000 个转化子中筛选到了 12 个阳性克隆，被分别命名为 T1，T2，T3…T12（图 7-5）。这些阳性克隆均被接种至新的 LB（Amp）中培养，提取质粒并进行进一步的鉴定研究。为了进一步验证上述克隆是否能稳定地表达甘露聚糖酶，我们将得到的上述阳性克隆重新接种到筛选培养基中进行鉴定。结果发现有 8 个阳性克隆仍然能在接代培养基中产生水解圈。

阳性克隆可以采用酶切或 PCR 的方法做进一步的分析鉴定。

通常而言，对获得的阳性克隆进行酶切图谱和亚克隆分析是必要的。但考虑到本次研究获得的阳性克隆较多，很有必要选取片断较短的重组质粒进行分析，这样能减少工作量。幸运的是，我们在对 pT5 进行 Eco RI、BamHI 酶切时发现，用这两种酶单酶切时都能出现分子量为 4.5kB 的相同片断，也就是说，重组质粒的插入片断只有 1.8kB 左右。因此，我们直接将 pT5 测序（GenBank 登录号 DQ364440）。通过对获得片断的分析，设计引物进行 PCR 鉴定。理论而言，如果从不同的质粒中都能同时扩增出两个以上相同的片断，那么这些质粒也应该含有相同的基因片断。PCR 分析表明，这些阳性克隆都能扩增出长度分别为 1 137bp 与 640bp 的相同片断。如此能基本确定这些重组质粒含有相同的甘露聚糖酶基因片断。

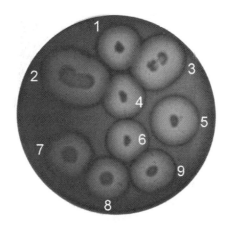

图 7-5　基因文库中获得阳性克隆的水解圈检测

二、CXJZ11-01 菌株基因组文库

（一）试验方法

菌种的培养　CXJZ11-01 活化程序为：挑取保存菌种涂平板，35℃过夜培养，挑选典型菌落接种至 LB 培养基，35℃扩大培养 6h 左右，取少量接种至发酵培养基或直接作为研究材料。

基因组 DNA 提取　CXJZ11-01 基因组 DNA 提取方法如下：①培养 5mL 细菌培养物至饱和，取 1.5mL 培养物，室温下 8 000~10 000r/min 离心 2min，沉淀物加 567μL 的 TE 缓冲液重悬。②加 30μL 10%SDS 和 3μL 20mg/mL 的蛋白酶 K，混匀，37℃温浴 1h。③加100μL 5mol/L NaCl，充分混匀，再加 80μL CTAB/NaCl 溶液，混匀，65℃温浴 10min。④加入等体积的氯仿/异戊醇，混匀，室温下 8 000~10 000r/min 离心 4~5min，取上清。⑤加入等体积的酚/氯仿/异戊醇，混匀，室温下 8 000~10 000r/min 离心 5min，取上清。⑥加入 0.6 体积异戊醇，轻轻混合到 DNA 沉淀下来，用 1.0mL 70%乙醇洗涤，室温下 8 000~10 000r/min 离心 5min，弃上清。⑦稍干燥 DNA，重新溶于 100μL TE 缓冲液中，-20℃保存。

基因组 DNA 的酶切

限制性酶切的程序：对纯化的基因组 DNA 先进行限制性酶切，选用 Sap Ⅰ，Mbo Ⅰ，Sau3A Ⅰ，Dpn Ⅱ，Mse Ⅰ，10μL 酶切体系，37℃水浴保温 30min，然后加入 5μL Loading buffer 终止反应。1% 的琼脂糖凝胶电泳，最终选定酶切效果最好的 Sau3A Ⅰ。Sau3A Ⅰ的酶切识别位点是 4 个核苷酸，能产生长度合适的 DNA 片断，末端产生与载体相匹配的黏性末端，与载体直接相连。然后进行梯度酶切，确定最适酶用量。

梯度条件的优化：利用紫外分光光度计对提取的基因组 DNA 进行定量分析，确定基因组 DNA 浓度。取 150μL 基因组 DNA（约 10 μg），加入 20μL 10×Sau3A I 酶切缓冲液，补充 ddH₂O 至 200μL，形成溶液 A。然后取 10 个 Eppendorf 管，进行梯度酶切试验，如表 7-1 所示。

表 7-1　梯度酶切技术参数

编号	混合液	终浓度（U/μgDNA）
1	20μL 溶液 A+1USau3A I	1.0
2	10μL 溶液 A+10μL 1 号管溶液	0.500
3	10μL 溶液 A+10μL 2 号管溶液	0.250
4	10μL 溶液 A+10μL 3 号管溶液	0.125
5	10μL 溶液 A+10μL 4 号管溶液	0.063
6	10μL 溶液 A+10μL 5 号管溶液	0.032
7	10μL 溶液 A+10μL 6 号管溶液	0.016
8	10μL 溶液 A+10μL 7 号管溶液	0.008
9	10μL 溶液 A+10μL 8 号管溶液	0.004
10	10μL 溶液 A	0

如表 7-1 所示，1 号管酶浓度与 DNA 间的比值是 1.0 U/μg DNA，充分混匀，从 1 号管加至 2 号管，如此循环直至 9 号管，10 号管加 10μL 溶液 A 作为空白对照，这样酶浓度呈梯度递减。

切胶回收 37℃水浴保温 20min，然后加入 5μL Loading buffer 终止反应。1% 的琼脂糖凝胶电泳，用 Omega 公司的 E. Z. N. A Gel Extraction Kit（凝胶回收试剂盒）对酶切产物中的 1~5kb 的 DNA 片断进行回收，方法如下：①将酶切产物琼脂糖凝胶-EB 电泳 1h。②在紫外灯上小心的把所需的 1~5kb DNA 片断切下来。③通过把凝胶薄片装在 1.5mL 离心管中称其重量的方法，近似地确定其体积。设其密度为 1.0g/mL。然后加入等体积的 Binding Buffer，把混合物置于 55~65℃水浴中温浴 7min，至胶完全融化。水浴期间将离心管涡旋混匀 2-3min。④把750μL 的 DNA-琼脂糖溶液加到一个 DNA 回收纯化柱上，并把组织装在一干净的 2.0mL 收集管内，室温下于 8 000~10 000r/min 离心 1min，弃去流出液。⑤用700μL 无水乙醇稀释的 SPW 洗涤缓冲液洗涤柱子，加入柱中后静置 2~3min。室温下 10 000r/min 离心 1min。⑥弃去流出液，空柱子 10 000r/min 离心 1min 甩干柱基质残余的液体。⑦把柱子装在一个灭菌干净的 1.5mL 离心管上，加入 30~50μL 的 DNA 洗脱缓冲液（DNA Elution Buffer）到柱基质上，10 000r/min 离心 1min，以洗脱出 DNA。4℃保存。

基因组 DNA 的连接转化　采用 Omega 公司的 E. Z. N. A Plasmid Miniprep Kit II（质粒

提取试剂盒）提取，试验方法如下：①将 1~3mL pUC18 培养物倒入 1.5mL Eppendorf 管中，以 12 000r/min 离心 1min，弃上清，使沉淀尽量干燥。②将沉淀重悬于 100μL 的溶液I中，剧烈振荡。室温放置 5~10min。③加 200μL 溶液II，盖紧管口，快速温和颠倒数次以混匀内容物。冰浴 3min。④加入 150μL 用冰预冷的溶液III，盖紧管口，将管倒置后温和振荡 10s，使溶液III在黏稠的细菌裂解物中分散均匀，冰浴 5~10min。12 000r/min 离心 5min。⑤将上清液转移到另一干净的 Eppendorf 管中。加等体积的 Binding Buffer，混匀，以 12 000r/min 离心 1min。⑥加入 SPW 洗涤缓冲液，以 12 000r/min 离心 1min。重复一次。⑦将DNA溶于 30μL 的 TE 中。⑧加入 BamH I，37℃酶切过夜，用 E. Z. N. A Gel Extraction Kit 凝胶回收，按实验操作手册进行。⑨采用 CIAP 去磷酸化 30min，醋酸—无水乙醇沉淀法去杂回收，然后溶于适量双蒸水或 TE 中，−20℃保存。

连接反应 连接反应步骤如下：①取 6μL 克隆载体 pUC18 至 Eppendorf 管中，加入 20μL 基因组 DNA 片断（凝胶回收样品）。②加入 10×ligation buffer5.0μL，5U/μL 的 T4 DNA ligase5μL，混匀。③ 16℃连接过夜。同时做 1 组对照，用无菌水代替基因组 DNA 片断。

基因组文库构建 感受态细胞制备步骤如下：①−70℃保存的 *E. coli* DH5a 化冻，涂 LB 平板。培养过夜。②从大肠杆菌 *E. coli* DH5a 平板上挑取一个单菌落接于 5mL LB 液体培养基的试管中，37℃振荡过夜。取 0.5mL 菌液转接到一个含有 50mL LB 液体培养基锥形瓶中，37℃振荡培养 2~3h，使 $OD_{600} \leq 0.4~0.5$，细胞数务必 $<10^8$/mL。③将菌液置于 10mL Eppendorf 管，5 000r/min 在 4℃离心 10min，弃上清。然后加入 5mL 的冰冷的 $CaCl_2$ 溶液轻轻悬浮细胞，冰浴 2~12h。④ 5 000r/min 4℃离心 10min，弃上清。然后加入冰冷的 $CaCl_2$ 溶液分装细胞，每 200μL 一份。−70℃保存。

转化步骤：① 200μL 感受态细胞，置于冰上，完全解冻后轻轻将细胞均匀悬浮。②加入 5μL 连接液，轻轻混匀，冰上放置 30min。③ 42℃水浴热激 60~90s，冰上放置 2min。④加1.0mL LB 培养基，37℃，200~250r/min 振荡培养 1.0h。⑤将菌液涂布在预先用 20μL 100μg/μL 氨苄青霉素涂布的 LB 平板上。⑥平板在 37℃下正向放置 1h 以吸收过多的液体，然后倒置培养过夜，最好不超过 16h。蓝白斑检测。

通过蓝白斑筛选重组子，构建了变异菌株 CXJZ11-01 的基因组文库，甘油保存。

（二）试验结果

通过 CTAB 法抽提基因组 DNA（图7-6），CXJZ11-01 基因组 DNA 约 10kb，在 UNI-CAM 核酸蛋白仪上测得紫外吸收值，A260/A280 = 1.802，A260/A230 = 2.069，获得了高分子量且纯度高的 CXJZ11-01 基因组 DNA，保证了随机酶切片断上所含的基因是完整的，符合基因建库的要求。

获得纯化的基因组 DNA 后，进行限制酶切实验，用 Sap I，Mbo I，Sau3A I，Dpn

Ⅱ，Mse Ⅰ酶切（图7-7），电泳结果表明，酶切效果Sau3A Ⅰ最好，Sau3A Ⅰ的识别位点是4个核苷酸，对基因组DNA进行部分酶切能产生合适的DNA片断，其末端具有与载体相匹配的黏性末端，可与BamH Ⅰ酶切过的pUC18质粒连接，转化到 *E. coli* DH5a 中。反复试验，得到优化酶切体系为：10μL酶切体系最适酶用量0.031U/μg DNA，酶切时间20min，优化了酶切体系，使酶切片段集中在1~5kb之间。将优化好的酶切体系放大100倍，切胶回收，电泳检测部分酶切回收的电泳片断再检测，基因组DNA部分酶切后片断主要集中在1~5kb，达到了预期的效果，可以用来构建基因组文库。

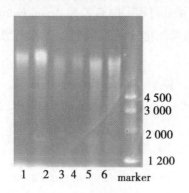

4 500
3 000

2 000

1 200

1 2 3 4 5 6 marker

图7-6 CXJZ11-01染色体DNA
凝胶电泳

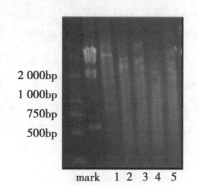

2 000bp
1 000bp
750bp
500bp

mark 1 2 3 4 5

图7-7 CXJZ11-01基因组DNA内切酶
酶切效果检测

将克隆载体pUC18与CXJZ11-01基因组DNA片断16℃连接过夜。经过多次试验，当插入片断与pUC载体摩尔比为4：1时，连接效率较高。采用酚/氯仿抽提纯化，然后进行酶切。酶切结果较好，只出现了一条带，得到了需要的开环线性质粒，分子量约为2.6kb，凝胶回收后，用小牛肠碱性磷酸脂酶处理，醋酸—酒精法沉淀回收。

基因组文库构建公式为：$N=\ln(1-P)/\ln(1-f/G)$。N是基因组文库所应包含的克隆数目；P是从建成的基因组文库中选出某一基因的概率；f是基因组文库中每一克隆所含外源DNA片断的平均长度；G是基因组大小。通过蓝白斑筛选（图7-8），获得了$2.3×10^4$个重组子，转化率高达65%~70%，超过构建基因组文库所需的重组子数，成功构建了CXJZ11-01基因组文库。

以上2个基因组文库的成功构建，为我们进行功能基因克隆与表达奠定了坚实基础。

图 7-8　蓝白斑筛选构建基因组文库

第二节　甘露聚糖酶和木聚糖酶基因克隆与表达

一、CXJZ95-198 甘露聚糖酶基因的克隆与表达

（一）甘露聚糖酶基因来源及其 DNA 序列分析

基因来源及其 DNA 序列　构建 CXJZ95-198 菌株基因组文库，获得 8 个阳性克隆子。对阳性克隆质粒进行酶切分析并对分子量最小的重组质粒 pT5 测序，得知该序列长度为 1 844bp，包含一个完整的甘露聚糖酶基因开放阅读框。PCR 分析表明其余的 7 个重组质粒均能克隆出长度分别为 1 100bp 及 640bp 的相同片断，因而可以基本确定含有同一个甘露聚糖酶基因。其中包含一个 1 137bp 的完整开放阅读框（见下划线部分）。

GGTGCCAGCTTGCATGCCTGCAGGTCGACTCTAGAGGATCACGCCCGGCTTCACA TCGGCGGGCACAGCATTGTCGCG
CTCTGCCTCGGGGCATTCGTTGCAACCGAGGCTTTTCCCTTCACC AACAGGA TATATCGC A T G AAAAGGACGTATCAG
CTATTTCGCCAGATATCACTTGCCGGCCTGTCTGATGACGGCCACAATCAGCGCAGGTCGCGCGCC CATACCGTGTCACCAGTCA
CTCCCAACGCGATGGCGACGACCCGCGCCATCTACAACTGGATGGCGCACCTGCCGAATCGGCAGCGATTCCCGCCTGCTCTC
CGGCGCATTTGGCGGCTACGCCAATATCGGCGGCGATGACGGCCTTCTCGCTAGCGCAGAGAACATCGCCGCGCCCGTACC
GGTCAGTATCCGGCCATCTACGCCTGGCGACTACGCGCGCGGCTGGGACCGAACCTCCGCGGGTAACGAGGCGGATCTGGTGG
ATTACAGCTGCAACAGCACACTGATCGATTACTGGAAAAAAGGCGGTCTGGTGCAAATCAGCCATCATCTGCCCAACCCGGT
ATTTGCCGGCAACGATCCCGCCACGGCGAAGGCGGGCTGAAAAAAGCGGTCAGCAAGCAACTGGCCGCTGTGCTGCAA
TCAGGAACGCCGGAGCGCACCCGTTGGTTGGCTATTCTGGACAAGGTGGCGGCCGGGCTCATGCAGTTGCAACAGCAAGGCG
TGGTAGTGCTGTACCGCGTGCATGAAATGAACGGCGAGTGGTTCTGGTGGGGCGCCACCGGCTACAACACCCATGACAC
CACGCGTATGAACCTGTATATCCGTCTGTACCGCGACATCTACACCTATTTCACCCAGACCAAAGGGCTGAACAACCTGCTG
TGGGTGTACGCGCCGGACGCCAACCGCCAGGACAAGACGGGTTCTACCCTGGCGACGCTTACGTGGATATCGCCGGGCTGG
ATATGTATCTGGACAACCCGGCCAATCTCAGCGGTTACGACGAGATGTTGCGGTTGACAACAAGCCGTTCGCCTTAACCGAGGT
CGGCCCGTCCACCACCAACCAGCAGTTTGATTACGCCCGTCTGGTCAGCATCATCAAAAGCAATTTCCCCAAAACCGTCTAC
TTCCTGCCCTGGAATAACGTCTGGAGTCCGGTGAAAAATCTGAATGCCTCCGCCGCCTACAACGACAGTAGCGTCGTCAACC
GGGGCGGCATCTGGAACGGCAGCCAGTTGACGCCGATCGTCGAAGCCAAC T G A TGCTATAAAAAACCAATGCCATAAAA
AACAGGCCCCGAAATCGGGGCCTGTTGTTATTGAGCGCCTGCGCCGTCATTACGCACGCCACTGTTTGAAGCGGTTGATCAG
CCCGTTGGTAGAACTGTCGTGGCTGCTGACGGCGCTGTCATCCTGCAGTTCCGGCAGGATACGGTTAGCCAGCTGTTTGCCC
AGCTCCACGCCCCACTGGTCGAAAGTGAAGATGTTCAGGATCGCGCCCTGGGTGAAGATCTTGTGCTCGTAAAGCGCGATCA
GCGCCCCCAGGCTGTACGGGGTGATTTCCCGCAGCAGGATGGAGTTGGTCGGACGGTTGCCTTCAAACACTTTGAACGGCGC
CACGTGCTCGACGTCTTTGGCGGATTTGCCGGCCGCCGCAAACTCCGCTTCCACCACCTCGCGGGATTTACCGAACGCCAGC
GCCTCGGTCTGAGCGAAGAAGTTCGACAGCAGCTTGTTGTGGTGGTCGCTCAGTGCGTTATGGGTGAGCGCCGGCGCGATGA
AGTCGCACGGCACCAGCTTGGTACCCTGATGGATCCCCGGGTACCGAGCTCGAA TTCGTAA

对该基因的比对分析表明，单纯从 DNA 序列分析，与现有报道的甘露聚糖酶基因的序列同源性很低，如与枯草芽孢杆菌（*Bacillus subtilis*）A33 的甘露聚糖酶基因 DQ269473 只有几个极小的片断具有较高的同源性，其他片断的同源性很低。从同源性难以判断到底是什么基因，也就是说，本报道的基因是一个序列独特的新基因，具有一定的研究价值（图 7-9）。1 357bp 以后的序列才与现有序列存在较高的同源性，如该序列的 1 357~1 824 bp 与 *Erwinia carotovora* subsp. atroseptica SCRI1043 基因组的 4 449 729~4 450 196bp（6-葡萄糖磷酸异化酶）有 83% 的同源性，这是同源性最长的序列。与其他同源序列也有较高的同源性。这些同源性较长片断基本都是 6-葡萄糖磷酸异构酶。因此可以基本判断本克隆基因片断的下游是 6-葡萄糖磷酸异化酶基因。

但是，由于上述开放阅读框与 GenBank 上的其他序列同源性较低，单纯从 DNA 序列上判断该 ORF 到底表达何种酶尚无足够的说服力，需要从其氨基酸同源性上、甚至表达后的生理功能上做出进一步判断。

进一步比对分析得知，该开放阅读框编码 378 个氨基酸，分子量 41 892D，其氨基酸组成如下：Ala（氨基酸个数 39）、Arg（18）、Asn（29）、Asp（21）Cys（3）、Glu（11）、Gln

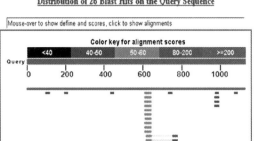

图 7-9 甘露聚糖酶基因开放阅读框序列 Blast 比对

（16）、Gly（31）、His（6）、Ile（16）、Leu（35）、Lys（12）、Met（9）、Phe（11）、Pro（18）、Ser（22）、Thr（26）、Trp（11）、Tyr（22）、Val（22），没有 Gla, Hyp, Nle, Pyr, Czs。

序列比对表明，该蛋白质与枯草芽孢杆菌的甘露聚糖酶氨基酸组成存在较大的相似性，其相似度为 50%-52%，与芽孢杆菌 *B. licheniformis* 及枯草芽孢杆菌的葡萄糖苷酶氨基酸组成的相似度也有 51%～53%，与枯草芽孢杆菌的甘露糖苷酶氨基酸组成也有 50% 左右的相似性。但与 *Polygangium cellulosum*，*Clostridium acetohytylicum*，*C. thermocellum* 的甘露聚糖酶氨基酸组成的相似性只有 30%，与其他报道的菌种或生物甘露聚糖酶氨基酸组成相似性则更低。从氨基酸比对分析可以看出，有些序列在不同种类来源的甘露聚糖酶中具有很高的同源性，如 RPLHEMNGEWFWWG 等序列在比对的水解酶中均有很高的同源性，这些序列在其功能中也许具有重要的作用。

甘露聚糖酶基因序列分析 一个典型的原核基因均具有开放阅读框及其上游的启动子（-10，-35）、SD 序列以及下游的终止密码子或类似序列，和终止子或类似序列。我们采用了几种不同类型的分析软件对本克隆的序列进行了启动子分析。BPROM 分析表明，该序列共有四个可能的启动子序列，分别在 187（-10）和 168（-35）、1 268（-10）和 1 251（-35）、818（-10）和 798（-35）、1 804（-10）和 1 702（-35）区，该甘露聚糖酶基因的 ORF 为 131～1 267bp，说明这些启动子均没有在该基因阅读框的范围之内，不可能是该基因的启动子。在 CXJZ95-198 菌株甘露聚糖基因的开放阅读框上游-3 区域有一个 ATATAT 序列，很像启动子序列，由于离起始密码子距离太近，它是否是该基因的启动子，尚需进一步研究（图 7-10）。用 Promoter 2.0 和 Neural Net-

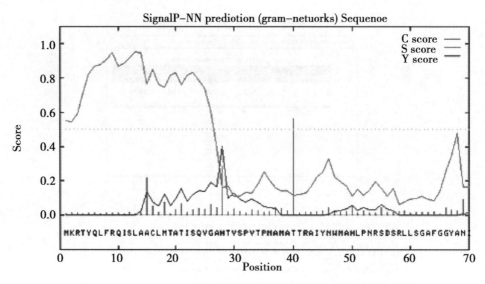

图7-10　CXJZ95-198菌株甘露聚糖酶基因翻译产物的信号肽预测

work Promoter Prediction 预测该序列的启动子，也没有发现合适位置的启动子。因此，该甘露聚糖酶基因可能不存在与其他基因同源性很强的启动子。在该基因 ORF 起始密码子的上游 3 位置存在的 ATATAT 是否是该基因的起始密码子，有待进一步证实。

已报道的甘露聚糖酶基因很多存在信号肽。因此，对该基因进行信号肽预测是很有必要的。用 SignalP-NN 分析表明，该基因的翻译产物存在长度 27 个氨基酸的信号肽序列。

TMHMM 分析表明，该基因的翻译产物不是胞内蛋白，很有可能是胞外蛋白（图7-11）。ProtCompB 3.0 分析也与 TMHMM 的预测结果一致，证明它是一种胞外蛋白。用 InterProScan 对 CXJZ95-198 菌株甘露聚糖基因编码的蛋白质结构分析表明，该蛋白属于糖苷水解酶的 26 类。从图 7-12 可以看出，CXJZ95-198 菌株甘露聚糖基因编码蛋白

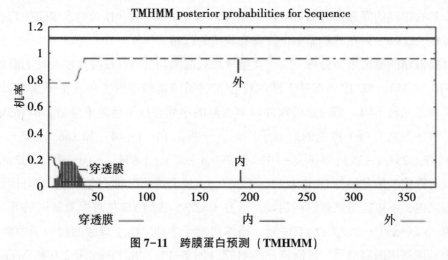

图7-11　跨膜蛋白预测（TMHMM）

质的二级结构较为简单，α螺旋占 35.19%，无规卷曲占 51.85%。

```
              10        20        30        40        50        60        70
              |         |         |         |         |         |         |
MKRTYQLFRQISLAACLMTATISQVGAHTVSPVTPNAMATTRAIYNWMAHLPNRSDSRLLSGAFGGYANI
cchhhhhhhhhhhhhhhhhhhhhcccccccccccchhhhhhhhhhhhccccccchhhhcccccccccc
GGDDAFSLAEAENIAARTGQYPAIYACDYARGWDRTSAGNEADLVDYSCNSTLIDYWKKGGLVQISHHLP
cchhhhhhhhhhhhhhhcccceeeecccccccccccccccchccccccchhhhhhhcccceeeecccc
NPVFAGNDPGTGEGGLKKAVSNEQLAAVLQSGTPERTRWLAILDKVAAGLMQLQQQGVVVLYRPLHEMNG
cccccccccccccchhhhhhhhhhhhcccccccchhhhhhhhhhhhhhhhhcccccceeeecccccccc
EWFWWGATGYNTHDTTRMNLYIRLYRDIYTYFTQTKGLNNLLWVYAPDANRQDKTGFYPGDAYVDIAGLD
ceeeeccccccccchhhhhhhhhhhhhheeccccccceeeeccccccccccccccccceeeecccc
MYLDNPANLSGYDEMLRLNKPFALTEVGPSTTNQQFDYARLVSIIKSNFPKTVYFLPWNNVWSPVKNLNA
ecccccccccchhhhhccccceeecccccccchhhhhhhhhhhcccccceeeeccccchhhcccc
SAAYNDSSVVNRGGIWNGSQLTPIVEAN
cccccccceeeeccceecccccceeeeccc
```

```
Sequence length :     378

HNN :
    Alpha helix     (Hh) :    133 is   35.19%
    3₁₀ helix       (Gg) :      0 is    0.00%
    Pi helix        (Ii) :      0 is    0.00%
    Beta bridge     (Bb) :      0 is    0.00%
    Extended strand (Ee) :     49 is   12.96%
    Beta turn       (Tt) :      0 is    0.00%
    Bend region     (Ss) :      0 is    0.00%
    Random coil     (Cc) :    196 is   51.85%
    Ambigous states (?)  :      0 is    0.00%
    Other states         :      0 is    0.00%
```

图 7-12　CXJZ95-198 菌株甘露聚糖基因编码蛋白质的二级结构分析

（二）甘露聚糖酶基因表达载体构建与鉴定

采用 PCR 方法，克隆到了 4 种不同类型的 DNA 片断，酶切后与载体 pET21b+（NdeI-XhoI 双酶切、去磷酸化）连接后构建了四种不同类型的表达载体，分别命名为 pFR1（有信号肽、无终止密码子）、pFR2（有信号肽、终止密码子）、pFR3（无信号肽、有终止密码子）、pFR4（无信号肽、有终止密码子）。通过转化 E. coli 5Hα，获得了几种不同类型的产生水解圈的转化子（图 7-13），提取其质粒后再转化 E. coli BL21（DE3），挑选阳性克隆进行菌种保存、测序并进行相关研究。

测序结果表明，表达载体 FR1、FR2、FR4 的插入 DNA 片断序列与 DNA 模板的序列完全相同，说明 PCR 的保真性很强。这也进一步证明 pT5 测序结果是很准确的。通过对构建载体的序列进行比对分析，结果也证明构建完全正确。所以用这些表达载体进行后续研究是可行的。

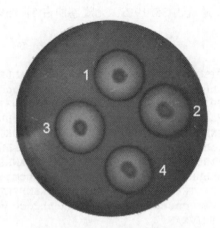

图7-13　阳性克隆子水解圈检测

　　虽然4种载体转化 *E. coli.* DH5α 和 BL21（DE3）均能在选择性培养基上出现十分明显的水解圈，但它们的表达水平是不一样的。首先，它们的胞外酶活力存在较大差异：短时间发酵，未加诱导物培养的情况下，除宿主菌、表达载体转化菌株没有检测到甘露聚糖酶活性外，其他重组菌株与甘露聚糖酶基因来源菌株（CXJZ95-198）的酶活都很低。当加入诱导物后，其胞外酶的力活得到了较大的提高，尤以 FR1 与 FR2 的酶活提高较多，其提高的倍数高达 15 左右。看来，诱导物 IPTG 对诱导本基因的表达效果明显。其次，IPTG 对 FR3 及 FR4 胞外酶活的影响较小，尤以 FR3 为甚。FR3 的序列分析表明，其发生错误的序列位于上游 60 个左右的碱基（数据未公布），看来，该甘露聚糖酶的 N 端对其分泌、催化功能的影响是非常大的。

　　蛋白质凝胶电泳（SDS-PAGE）分析表明，FR1、FR2 确实能表达分子量为 42kD 左右的蛋白带（图7-14），而 BL（DE3）与 BL（DE3）-pET21b+并不表达该带，与我们预期的结果基本一致。因此，该蛋白带可以基本上确定是我们想要表达的甘露聚糖酶。FR1 与 FR2 在表达 42kD 左右的蛋白带的同时还强表达一条分子量为 47kD 左右的蛋白带，这条带在 *E. coli* BL（pET21b+）的蛋白质 SDS-PAGE 中并不明显，为何在 IPTG 诱导下出现强表达，值得进一步研究。FR3 和 FR4 的蛋白质 SDS-PAGE 出现的表达强带也比预计的分子量（39kD）要大，但也在基本可以接受的范围之内。

　　我们曾经对上述表达载体转化菌株进行了较长时间发酵实验，用于检测酶活力的差异，结果当发酵时间为 18h，不同载体的酶活力是不一样的。与较短诱导时间相比，在不诱导的情况下，尽管发酵时间长，FR1 与 FR2 的酶活力不但没有明显降低，反而得到较大幅度的提高，FR3 与 FR4 的酶活力则变化不大。随诱导时间的延长，酶活力出现明显降低。

　　从上述两次实验都可以看出，表达载体 FR1 及 FR2 无论在何种情况都出现较高的

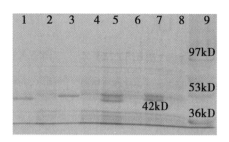

图7-14　不同表达载体 IPTG 诱导与否的蛋白质 SDS-PAGE 电泳

1，3，5，7 经 IPTG 诱导 FR4，FR3，FR2，FR1；2，4，6，8 未经 IPTG 诱导 FR4，FR3，FR2，FR1

酶活，而载体 FR3 与 FR4 则无论在何种情况下的酶活力都较低。由此看来，此次克隆的 manA 基因的前导序列对其在大肠杆菌中的表达与分泌是必须的。

综上所述，已成功地从 CXJZ95-198 菌株中克隆到一个新的甘露聚糖酶基因。其开放阅读框长度为 1137bp，与其他来源的甘露聚糖酶基因同源性很低，只有几个极小的片断具有较高的同源性。因而，基本上可以确定，该基因是一个全新的基因。该基因已登陆 GenBank，登陆号为 DQ364440。初步明确了甘露聚糖酶基因的分子结构。分析表明该基因开放阅读框上游没有发现典型的启动子结构。-8 位存在可能的 SD 序列（ACAGGA）。该基因编码产物的一、二级结构分析结果显示，在 N 段存在 27 个氨基酸的信号肽，并且是一种胞外蛋白。二级结构分析表明，该蛋白的结构以 α-螺旋和无规则卷曲为主。结构域分析表明，甘露聚糖酶具有两个结构域，分别为 1-243 与 244-378，第一个结构域为催化域。酶学分类研究表明，该基因编码产物属于糖苷水解酶第 26 类。

二、CXJZ11-01 木聚糖酶基因的克隆与表达

成功构建 CXJZ11-01 基因组文库并获得 2.3×10^4 个重组子以后，需要用适当方法从大量的克隆群体中筛选出可能含有目的基因的阳性克隆。只有从阳性克隆中提取质粒 DNA 进行酶切和 PCR 扩增，再次获得酶切片段进行分析鉴定，才能证明基因克隆成功。

（一）木聚糖酶基因来源及其表达体系

基因来源　将所得 CXJZ11-01 基因组文库的白色重组子用牙签转移到产木聚糖酶菌株选择培养基上，37℃恒温箱培养 36h，结果发现有菌落周围出现了清晰的水解圈（图 7-15），筛选到 3 个阳性克隆。对编号为 3、4、5 的阳性克隆进行分离、纯化并重新接种到筛选培养基中进行鉴定，结果发现编号为 5 的阳性克隆遗传稳定性差（质粒丢失），只有编号为 3 和 4 的 2 个阳性克隆遗传稳定性好，多次继代都能在选择培养基中产生水

解圈（为了便于下文介绍，将编号为 3 的阳性克隆编号为 P1，编号为 4 的阳性克隆编号为 P2）。

从 P1 和 P2 中提取质粒，用 *EcoR* I 进行酶切后经琼脂糖凝胶电泳检测结果如图 7-16 所示，P1 和 P2 质粒中都含有一个大小为 760bp 的插入片段。利用软件 primer5 设计特异性引物对提取纯化的插入片断进行 PCR 鉴定结果表明，从 P1 和 P2 的插入片段中都能扩增出大小相同（500bp）DNA 片段。由此可以推断，这 2 个阳性克隆（P1 和 P2）可能含有相同的木聚糖酶基因片断。

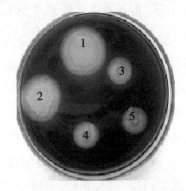

图 7-15　阳性克隆水解圈法鉴定
1，2：CXJZ11-01；3，4，5：阳性克隆子

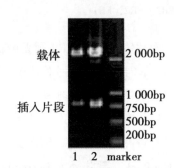

图 7-16　重组质粒用 EcoR I 酶切凝胶
电泳检测

DNA 及其表达产物序列　将 P1 和 P2 中提取的插入片段一并提交上海生工生物技术公司测定，结果表明，P1 和 P2 的碱基序列长度分别为 708bp 和 696bp，经过比对，P2 的碱基序列与 P1 完全重叠。木聚糖酶基因序列信息如下：

ATTACCCCTGATTAAGGATGATCTGTTACCACACTGTTACGTTAGAACTTCCACTACT
TTGATATCCTTCTGTCGCCATGACTTGGTAAGCCCAATTACTGCCCAGATTCATTCCA
TGGCTCTTCCATGCGTTCACATGATTGCTGAAAGTGATTGTAGCGTTGCTTCCAGTTG
GTGTCTTCGTCTGGCGAACACTCCAGTACTGCGTAAAAGTAGTGCGATCGCCATCAA
TGGAAGGTGCGTTATAACGTGTAGTTGTATATATGTCATATGTACCCCCATCACTCTT
TACAGTACCTTTATACGTTCCGGTAGGCCTATAAGTACCCCATGAATCCACCACATA
ATATTCTATGAGGGGCGATCTCGTCCAGCCATACAAAGTCAAATACCCATTGCCATT
CGGCGCCCAAACTCCGGCATTATAGTTTATCGTCCTAAATGGCGAACCTGTAGTCCA
ACCTTTACCAACAACGAAATTTCCGGTATTAGACCAATTAACACTGTAATTCCCGCC
AGACCCATTGACAGCGTTTACTATACCGCCCCATCAGTCCAATTTTGCCAGTAGTCT
GTGCTAGCTGCAGAGGCGGTTGCCGAAAACAAGCTAATACTCATTAAAGCTGCCGA
TAATCCAACTAAGAAATTCTTTTTTAAACTTAAACATATGTTACCTCCTATAATATTTT
TTCCGACTTTGAGGTAAAT

克隆的木聚糖酶基因片断长度为 708bp，其中包括一个长度为 642bp 的完整开放阅读框，编码 213 个氨基酸，分子量为 23.36kDa。编码的氨基酸序列信息如下：

L P Q S R K K Y Y R R Stop H Met F K F K K N F L V G L S A A L Met S I S L F S A T A S A A S T D Y W Q N W T D G G G I V N A V N G S G G N Y S V N W N T G N F V V G K G W T T G S P F R T I N Y N A G V W A P N G N G Y L T L Y G W T R S P L I E Y Y V V D S W G T Y R P T G T Y K G T V K S D G G T Y D I Y T T T R Y N A P S I D G D R T T F T Q Y W S V R Q T K R P T G S N A T I T F S N H V N A W K S H G Met N L G S N W A Y Q V Met A T E G Y Q S S G S S N V T V W Stop Q I I L N Q G Stop

（二）木聚糖酶基因结构分析

在 NCBI 上进行比对，该蛋白与芽孢杆菌的木聚糖酶有极大的相似性，相似度在 90% 左右。利用软件 clustalx1.83 进行多序列比对表明，不同来源的木聚糖酶有很高的相似性（图 7-17）。

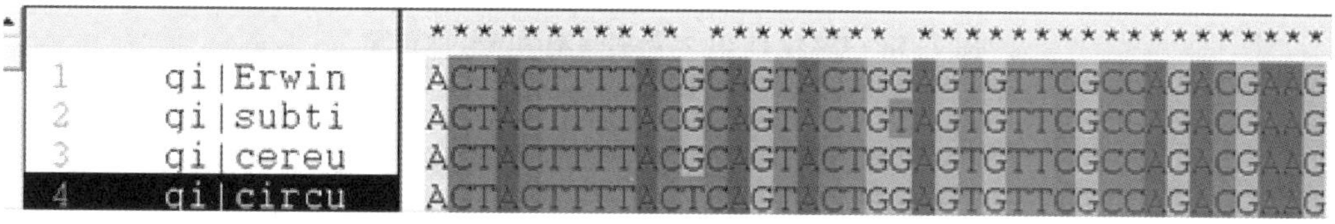

图 7-17　木聚糖酶基因克隆与其他不同来源木聚糖酶基因多序列比对

采用了 BPROM，PROMOTER2.0 以及 Neural Network Promoter Prediction 三种分析软件对木聚糖酶克隆的基因序列进行了启动子分析。BPROM 分析表明，该序列共有 2 个可能的启动子，分别在 70（-35）和 51（-10），459（-35）和 439（-10），克隆的木聚糖酶基因开放阅读框为 42~683bp。

对克隆的 CXJZ11-01 木聚糖酶基因进行了信号肽预测，如图 7-18 所示，用 SignaLP-NN 预测分析，该基因翻译的 213 个氨基酸有 29 个氨基酸的信号肽序列。

TMHMM 分析表明（图 7-19），克隆的木聚糖酶基因分泌产生的蛋白，应是胞外蛋白。利用 InterProScan 对克隆的木聚糖酶基因翻译产物进行分析结果显示：该蛋白属于糖苷水解酶 11 类。

经过反复验证，我们成功地从 CXJZ11-01 菌株中克隆出了木聚糖酶基因。其 DNA 序列已经登录 GenBank，登录号为 EU233656。对该基因进行生物信息学分析与表达研究结果证明，该基因片断长度为 708bp，包括一个长度为 642bp 的完整开放阅读框，编码 213 个氨基酸，分子量为 23.36KDa。该基因翻译的 213 个氨基酸可能有 29 个氨基酸的信号肽序列，编码的蛋白为胞外蛋白，属于糖苷水解酶第 11 类。

Signalp-NN result:

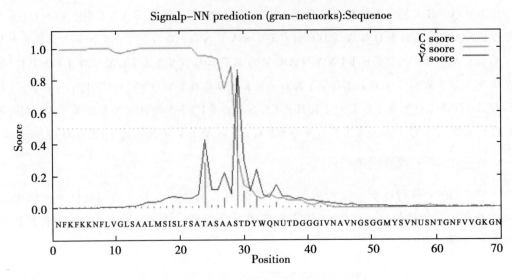

图 7-18　CXJZ11-01 木聚糖酶基因信号肽预测

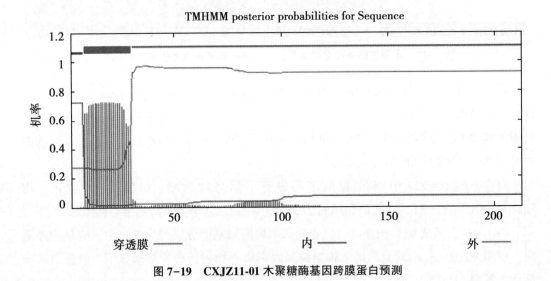

图 7-19　CXJZ11-01 木聚糖酶基因跨膜蛋白预测

（三）BE91 菌株木聚糖酶基因多样性

BE91 菌株的基因组文库构建　BE-91 菌株基因组 DNA 在核酸蛋白仪上测得 A260/A280＝1.802，A260/A230＝2.069，获得纯度符合基因建库要求的基因组 DNA。将纯化后基因组 DNA 进行 Sau3A I 限制性酶切（反应体系为 DNA 0.5 μg，Sau3A I 2.5 U，buffer 1.0μL，总反应体积为 10μL，37℃酶切 3h）后，酶切产物主要集中在 1~10kb 左右。根据文献报道，大部分木聚糖酶基因的核苷酸序列长度在1kb左右，因此收集1~5kb之间片段，用来构建BE-91菌株基因组文库。取适当比例的上述处理过的部分酶切基因组DNA片断和酶切、去磷酸化的pUC18载体16℃连接过夜后，转化进*E.coli* DH5α感受态细胞，37℃静置培养20h后，采用蓝白斑筛选阳性克隆子，获得了2.3×10^4个白斑，转化率高达65%~70%，达到了构建BE-91基因组文库的要求。由特异性底物水解圈法初筛后，能在木聚糖筛选平板上形成水解圈的阳性克隆子41个，复筛后丢失26个。在余下的15个阳性克隆子中，有11个在木聚糖筛选平板上不通过染色就可以明显的看到水解圈，另外4个在没染色时看不到水解圈，而染色后却可见水解圈，将这15个阳性克隆菌分别命名为x1~15（其中x12~15需通过染色后才可以看到水解圈）。

阳性克隆子的酶切鉴定　活化阳性克隆x1~15，分别提取质粒，用限制性内切酶 *EcoR* I进行单酶切，酶切结束后采用1.0%的琼脂糖凝胶电泳进行鉴定，结果如图7-20所示。由图7-20可以看出，x1、x2、x4和x10质粒能同时酶切出相同大小的片段（3.3kb左右），x3、x5和x9质粒能同时酶切出相同大小的片段（4.0kb左右），x6、x7、x8和x11质粒能同时酶切出相同大小的片段（4.5kb左右），x12、x15质粒能同时酶切出相同大小的片段（4.5kb左右），x13、x14质粒能同时酶切出相同大小的片段（4.0kb左右）。可以推断，x1、x2、x4和x10中都含有700bp左右的插入片段，x3、x5和x9中都含有1300bp左右的插入片段，x6、x7、x8和x11中都含有1 600bp左右的插入片段，x12、x15中都含有1 600bp左右的插入片段，x13、x14中都含有1 300bp左右的插入片段。直接选择阳性克隆x1、x3、x6、x12和x13的质粒进行序列测定，获得5段不同序列，通过对这5段序列进行分析，发现阳性克隆x1、x3、x6、x12和x13各含有一个完整的开放阅读框，将其与 *Bacillus subtilis* 168全基因组序列进行比对，发现x1、x3、x6、x12和x13分别编码木聚糖酶基因 *xyn*A、*xyn*C、*xyn*B、*xyn*D、*xyn*P。*xyn*A基因ORF 642bp，编码213个氨基酸，*xyn*B基因ORF 1 602bp，编码533个氨基酸，*xyn*C基因ORF 1 269bp，编码422个氨基酸，*xyn*D基因ORF 1 542bp，编码513个氨基酸，*xyn*P基因ORF 1 392bp，编码464个氨基酸。

CXJZ11-01木聚糖酶系基因序列分析　将采用基因组文库构建法亚克隆获得的木聚糖酶基因 *xyn*A序列与根据部分氨基酸序列设计引物，PCR扩增获得的木聚糖酶基因 *xyn*A序列采用ClustalX进行比对，结果发现这两段序列完全一致。*xyn*B，长度为1659bp，其中包括一个1602bp的完整开放阅读框。将该基因序列采用NCBI中Blastn进行比对，与 *Bacillus subtilis* 的全基因组序列、*B. amyloliquefaciens* 的全基因组序列有98%、90%的同源性，无相关功能基因序列报道。单纯从DNA序列上判断该ORF到底表达何种蛋白尚无足够的说服力，需要从其氨基酸同源性上、甚至从表达后的生理功能

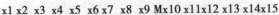

x1 x2 x3 x4 x5 x6 x7 x8 x9 Mx10 x11x12 x13 x14x15

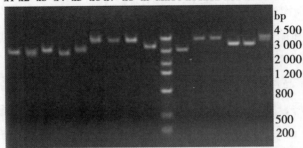

图 7-20　重组质粒 x1-15 EcoR I 酶切凝胶电泳（1.0%）

上做进一步判断。将 xynB 核苷酸序列翻译成氨基酸序列，其编码 533 个氨基酸，理论分子量为 61.3kD，氨基酸组成如下：Ala（氨基酸的个数 48）、Arg（14）、Asn（38）、Asp（25）、Cys（4）、Glu（11）、Gln（10）、Gly（65）、His（14）、Ile（25）、Leu（27）、Lys（23）、Met（8）、Phe（25）、Pro（28）、Ser（40）、Thr（35）、Trp（12）、Tyr（22）、Val（39）。xynC，长度 1 378bp，其中包括一个 1 269bp 的完整开放阅读框，与 B. subtilis 的全基因组序列、B. amyloliquefaciens 的全基因组序列有 98%、87% 的同源性，无相关功能基因序列报道，也就是说，xynC 基因也是 B. subtilis 中的一个未知基因，对其进行进一步研究具有一定的研究价值。将 xynC 核苷酸序列翻译成氨基酸序列，结果表明，该开放阅读框编码 422 个氨基酸，理论分子量为 47.4kD，其氨基酸组成如下：Ala（37）、Arg（18）、Asn（40）、Asp（18）、Cys（2）、Glu（17）、Gln（19）、Gly（28）、His（11）、Ile（20）、Leu（26）、Lys（20）、Met（12）、Phe（18）、Pro（18）、Ser（29）、Thr（23）、Trp（12）、Tyr（18）、Val（36），没有 Gla，Hyp，Nle，Pyr，Czs。xynD，长度为 1 629 bp，其中包括一个 1542bp 的完整开放阅读框，与 B. subtilis 的全基因组序列有 98% 的同源性，与 B. amyloliquefaciens 的全基因组序列有 88% 的同源性，无相关功能基因序列报道，也就是说，xynC 基因也是 Bacillus subtilis 中的一个未知基因，对其进行进一步研究具有一定的研究价值，从其编码的氨基酸同源性上，甚至表达后的生理功能上进一步判断其编码何种基因。将 xynD 核苷酸序列翻译成氨基酸序列，其编码 513 个氨基酸，分子量 54.6kD，其氨基酸组成如下：Ala（48）、Arg（14）、Asn（38）、Asp（25）、Cys（4）、Glu（11）、Gln（10）、Gly（65）、His（14）、Ile（25）、Leu（27）、Lys（23）、Met（8）、Phe（25）、Pro（28）、Ser（40）、Thr（35）、Trp（12）、Tyr（22）、Val（39）。xynP，长度为 1493bp，其中包括一个 1392bp 的完整开放阅读框，与 B. subtilis 的全基因组序列、B. amyloliquefaciens 的全基因组序列有 98%、92% 的同源性，无相关功能基因序列报道，单纯从该基因的 DNA 序列上判断该 ORF 到底表达何种蛋白尚无足够的说服力，将 xynP 核苷酸序列翻译成氨基酸序列，结果表明，该开放阅读框编码 463 个氨基酸，理论分子量为 51.6kD。

xynB、xynC、xynD、xynP 的表达　将经过酶切验证的原核表达载体 pEASY-*xyn*B、pEASY-*xyn*C、pEASY-*xyn*D、pEASY-*xyn*P 分别转化至 *E.coli* BL21（DE3）感受态细胞中，转化后菌液涂布到含 50 μg/mL Amp 的 LB 琼脂平板上，37℃培养过夜，筛选有 Amp 抗性的阳性重组子，分别接种于 5mL 含 50 μg/mL 的 LB 培养液中，220r/min，37℃振荡培养过夜，按 1% 的接种量转接入 50mL 含 50 μg/mL 的 LB 培养液中，220r/min，37℃，振荡培养约 3h（OD_{600} 达到 0.6 左右），加入终浓度为 0.05mmol/L 的诱导剂 IPTG。振荡培养 6h 后，取发酵液在特异性底物平板上形成的水解圈如图 7-21 所示。由图 7-21 可以看出，*xyn*A、*xyn*C、*xyn*D 的阳性重组菌在没有染色的情况下可看到在菌落周围有很明显的水解圈，而 *xyn*B、*xyn*P 的重组菌在没染色的情况下菌落周围无水解圈形成，但染色后却可以在菌落周围看到很明显的水解圈。由此可推断，*xyn*A、*xyn*C、*xyn*D 和 *xyn*B、*xyn*P 表达的产物可能都是胞外酶，但其结构和功能肯定存在明显差异。根据水解圈法分析结果，分别测定阳性重组菌 pEASY-*xyn*A-BL21、pEASY-*xyn*C-BL21、pEASY-*xyn*D-BL21 发酵液和阳性重组菌 pEASY-*xyn*B-BL21、pEASY-*xyn*P-BL21 超声波破碎液中木聚糖酶活力，结果如表 7-2 所示。

表 7-2　重组菌木聚糖酶和木糖苷酶活力测定

重组菌	木聚糖酶活力（U/mL）	木糖苷酶活力（U/mL）	重组菌	木聚糖酶活力（U/mL）	木糖苷酶活力（U/mL）
pEASY-*xyn*A-BL21	1210.29	0	pEASY-*xyn*B-BL21	0	167.43
pEASY-*xyn*C-BL21	355.83	0	pEASY-*xyn*D-BL21	196.26	0
pEASY-*xyn*P-BL21	0	12.27			

从上述介绍中不难发现，采用先构建基因文库后筛选功能基因的研究思路和方法，从 CXJZ95-198 和 CXJZ11-01 菌株中分别克隆出甘露聚糖酶基因和木聚糖酶系的基因。

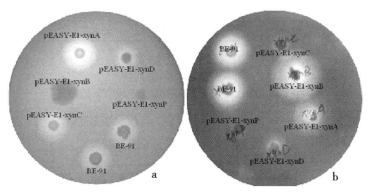

图 7-21　阳性重组菌在木聚糖平板上形成的水解圈

a：无染色木聚糖平板；b：染色木聚糖平板

经比对分析，前者属于糖苷水解酶第 26 类中一个新基因。后者为木糖苷水解酶第 11 类中同源性比较高的成员。

第三节　DCE01 菌株果胶酶基因克隆与表达

生产应用试验证明，DCE01 菌株是目前国内外草本纤维生物精制研究领域具有种属名称唯一性、处理材料广谱性和剥离非纤维素高效性的专用菌株。为探明对草本纤维精制其重要作用的果胶酶是哪一个或几个，我们进行了 DCE01 菌株果胶酶基因克隆与表达系统研究。

一、DCE01 果胶酶基因克隆

基因组 DNA 测序注释结果显示，DCE01 菌株拥有多个果胶酶基因。果胶酶是降解果胶类物质所需多种酶的总称。根据底物及作用方式，果胶酶可以分为：（1）原果胶酶。根据作用机理，原果胶酶可细分为 A 型原果胶酶、B 型原果胶酶。A 型主要作用于原果胶的内部，即多聚半乳糖醛酸的区域。而 B 型主要作用于外部，即连接聚半乳糖醛酸链和细胞壁成分的多糖链。（2）多聚半乳糖醛酸酶。根据水解作用机理的不同，聚半乳糖醛酸酶可以分为内切聚半乳糖醛酸酶和外切聚半乳糖醛酸酶。（3）果胶酯酶。果胶酯酶是一种羧酸酯酶，属于水解酶，能促进果胶脱酯化作用。从果胶的聚半乳糖醛酸主链上脱去甲基，释放酸性果胶和甲醇。（4）裂解酶。裂解酶是通过反式消去作用裂解果胶聚合体的一种果胶酶，裂解酶在 C-4 位置上断开糖苷键，同时从 C-5 处消去一个 H 原子产生不饱和产物。

（一）引物设计与基因克隆

引物设计　根据 DCE01 菌株基因组 DNA 测序注释结果，采用生物信息学软件 Premier 5 和 DNAMAN Version 5.2.2 设计特异引物如表 7-3。

表 7-3　DCE01 菌株果胶酶基因克隆引物设计

基因编号	引物序列	目的片段
*pel*419	Fa1-419：5′ ATGAAATCACTCATTACCCCGAT 3′ Ra1-419：5′ TTATTTACAGGCTGCGCTGG 3′	1 128bp
*pel*G403	Fa1-G403：5′ ATGCCCATCTCACATTTTTCAA 3 Ra1-G403：5′ TTATTTACAAGCTGAGCTGGTCAG 3′	1 164bp
*pel*RP65	Fa1-RP65：5′ ATGAAATATTTAAATTGTTTTATCAGTACCG 3′ Ra1-RP65：5′ TTAATTGCGTTCAAAAGCGC 3′	1 278bp

基因编号	引物序列	目的片段
*pel*325	Fa1-325：5' ATGCTGTCCCAGAAAAGCG 3' Ra1-325：5' TCAGAGTTTGCTGACGCCTG 3'	963bp
*pel*SH8	Fa1- SH8：5' ATGAAACATACCCTTCTGTTTGCTT 3' Ra1-SH8：5' TTATTCCAGCTCTTTGGCCATT 3'	1 263bp
*pel*4J4	Fa1-4J4：5' ATGAACAACACTCGTGTGTCTTCTG 3' Ra1-4J4：5' TTACAGTTTGCCGTAGCCTGC 3'	1 179bp
*pel*727	Fa1-727：5' ATGGTCGGTTTTGCAAAATCG 3' Ra1-727：5' TTATCCGCCGAAAGTCAGGCT 3'	918bp
*pel*441	Fa1-441：5' ATGAAAGTGAATAAAAAATTTTTACCC 3' Ra1-441：5' TTATTTCAGCTCAAACGCGC 3'	1 320bp
*pel*5P8	Fa1-5P8：5' ATGAAACTAATTGTTTCATCAGGTG 3' Ra1-5P8：5' TTATTTCTTCTTCAGAAAATCACCC 3'	2 322bp
*pel*4I8	Fa1-4I8：5' ATGAGTATTTTTACTGATTTGAACACC 3' Ra1-4I8：5' TCAGTGGATTAATTTTTCTGGGT 3'	1 629bp
*pel*B22	Fa1-B22：5' ATGGCCAAAGGTAAAAAGCTTTC 3' Ra1-B22：5' TTATTGCCAGACCGAATCAGG 3'	1 164bp
*pme*243	Fa1-243：5' ATGTGTATGTTAAAAACGATCTCAGG 3' Ra1-243：5' TCAGGGGAGTGTCGGCGT 3'	1 107bp
*pme*AZ5	Fa1-AZ5：5' ATGTCACTGATCCTGGCCG 3' Ra1-AZ5：5' TTACTCGTGCAGCAGCACCT 3'	1 302bp
*pae*V97	Fa1-V97：5' ATGATGTCTGTCAGTGGACTCAGT 3' Ra1-V97：5' TTATGTTTTATCCGGTTGATTCG 3'	936bp

DCE01 菌株基因组 DNA 提取　参照《UNIQ-10 柱式细菌基因组 DNA 抽提试剂盒说明书》提取基因组 DNA，具体操作步骤如下：①取 1.4mL 培养成熟的 DCE01 菌液于 1.5mL 灭菌离心管，10 000r/min，离心 1.0min，弃掉上清液。②加入 200μL TE，用枪头混匀（TE 中溶菌酶浓度为 400μg/mL，室温下酶解 3.0～5.0min）。③加入 400μL Digestion buffer，充分混匀，再加入 3.0μL 蛋白酶 K，混匀，55℃ 保温 5.0min。④加入 260μL 无水乙醇，混匀，将样品全部转移到套放于 2.0mL 收集管内的 UNIQ-10 柱中。⑤ 8 000r/min 室温离心 1.0min。⑥取下 UNIQ-10 柱，弃去收集管中的废液，将柱放回收集管中，加入 500μL Wash Solution，10 000r/min，室温离 30s。⑦重复步骤 4 一次。⑧取下 UNIQ-10 柱，弃去收集管中的废液，将柱放回收集管中，10 000r/min，室温离心 1.0min，除去残留 Wash Solution。⑨将 UNIQ-10 柱放入灭菌的离心管中，在柱中央加入 35μL Elution Buffer，室温放置 5.0min 后，10 000r/min，室温离心 1.0min。⑩取离心管中收集的液体转移至 UNIQ-10 柱，重新洗脱一次。收集离心管中的液体即为基因组 DNA，用 0.8% 的琼脂糖凝胶电泳检测其纯度和完整性。−80℃ 保存。

DCE01 菌株基因组 DNA 测序结果注释大小为 5.04 Mb。采用 UNIQ-10 柱式细菌基因组 DNA 抽提试剂盒提取 DCE01 菌株的基因组 DNA，0.8% 的琼脂糖凝胶电泳检测到明显大于 23.1kb 的单一条带（图 7-22）。从 DCE01 菌株中提取基因组 DNA 获得了成功，为果胶酶基因克隆奠定了基础。

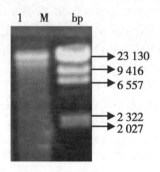

图 7-22　DCE-01 基因组 DNA

果胶酶基因 PCR 扩增　以 DCE01 菌株基因组 DNA 为模板，用高保真聚合酶 KOD plus 和制备好的引物进行 PCR 扩增。PCR 反应体系为：10×PCR Buffer，5.0μL；$MgSO_4$（25mmol/L），2.0μL；dNTPs（10mmol/L），5.0μL；基因组 DNA 模板，1.0μL；正向引物 Fa1（10 μmol/L），1.0μL；反向引物 Ra1（10 μmol/L），1.0μL；KOD plus DNA 聚合酶，1.0μL。用灭菌 ddH2O 补充到到总体积 50μL，混匀后进行 PCR 反应。参数设置为：95℃预变性 4.0min，94℃变性 30s、55℃退火 30 s、72℃延伸 1.0min，共 30 个循环，72℃保温 10min。置 4℃条件下保存备用。将获得的 PCR 产物用 1.0% 的琼脂糖凝胶电泳检测并进行切胶，用 DNA 凝胶回收试剂盒回收目的片段。

以 DCE01 菌株基因组 DNA 为模板，采用设计好的引物，进行该菌株果胶酶基因 PCR 扩增。1.0%琼脂糖凝胶电泳检测结果（图 7-23）显示：扩增的目的基因 DNA 片段条带大小与预计的目的基因片段大小基本一致。

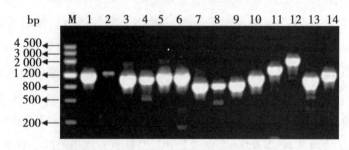

图 7-23　DCE01 菌株果胶酶基因 PCR 扩增

果胶酶基因重组子构建　对纯化后 PCR 产物进行加 A 处理。加 A 反应体系为：10× PCR Buffer，2.0μL；dATP（10mmol/L），3.0μL；$MgCl_2$（25mmol/L），1.0μL；PCR

产物，13.5μL；rTaq 酶，0.5μL。将上述反应体系轻轻混匀，72℃保温 30min。用 PCR 产物回收试剂盒加 A 产物后，与 pEASY-E1 进行连接，在微型离心管依次加入 4.0μLPCR 加 A 产物和 1.0μLpEASY-E1 Expression Vector。轻轻混合后，室温（20 ~ 37℃）反应 5.0min。反应结束后，将离心管至于冰上。

加连接产物于 50μLTrans1-T1 感受态细胞中（在感受态细胞刚刚解冻时加入连接产物），轻弹混匀，冰水浴 20~30min。42℃准确热激 30 s，立刻置于冰浴。加入 250μL 平衡至室温的 SOC 培养基，200r/min，37℃孵育 1.0h。取 200μL 菌液涂布于含有 100μg/mLAmp 的 LB 平板，37℃培养 22~24h（为得到较多的克隆，4 000r/min 离心 1.0min，弃掉部分上清，保留 100~150μL，轻弹悬浮菌体，取全部菌液涂板）。

重组子筛选与目的基因片段验证 从 LB 平板上随机挑取阳性克隆置于 10μL 无菌 ddH$_2$O 中，涡旋混合，取 1.0μL 混合液进行 PCR 鉴定正确的阳性重组子。用引物分别对单克隆菌液进行 PCR 反应，菌落 PCR 反应体系为：2×Power Taq PCR MasterMix，10μL；引物 Fa1，1μL；引物 Ra1，1μL；菌液，1μL。用无菌 ddH$_2$O 补足到 25μL。反应参数设置：95℃预变性 4.0min，94℃变性 30 s、55℃退火 30 s、72℃延伸 1.0min，共 30 个循环，72℃保温 10min。用 1.0%的琼脂糖凝胶电泳检测 PCR 反应产物。

回收 PCR 扩增产物，加 A 后与 pEASY-E1 连接，再导入 Trans1-T1 受体，形成 DCE01 菌株果胶酶基因重组子。对阳性克隆重组子进行菌落 PCR 检测，结果（图 7-24）表明：1-14 转化子菌落 PCR 扩增的目的基因 DNA 片段条带大小与预计的目的基因片段大小基本一致。由此证明，我们成功地从 DCE01 菌株中克隆出了 14 个果胶酶基因。

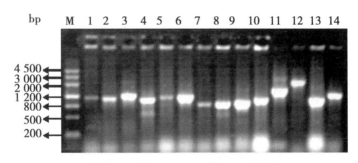

图 7-24 菌落 PCR 检测 DCE01 菌株果胶酶基因重组子

（二）果胶酶基因多样性分析

将所有阳性克隆的 PCR 产物进行测序，并将测序结果登录到 Genbank，然后进行果胶酶基因序列分析。挑选插入正确目的基因的阳性克隆送往上海生物工程技术服务有限公司进行核酸测序。采用 Blastn 比对分析 DCE01 菌株的果胶酶基因与其他微生物来源的果胶酶基因核苷酸序列一致性；用 Jemboss 软件包分析 DCE01 菌株的果胶酶基因核苷酸序列一致性；用 MEGA 4 软件的邻近法构建系统进化树，研究果胶酶基因的亲缘关系。

1. 果胶裂解酶基因分析

与 DCE01 基因组序列预测到的 *pel* 4J4 完全一致的果胶解聚酶基因序列（登录号 KC900167），全长 1179bp。Blastn 比对结果表明：与来自 *D. dadantii* 3937 的 *pel* D（AJ132101.1）和 *E. chrysanthemi* 的果胶酶基因序列（X17284.1）一致性为 89%；与其他来源的 6 个果胶酶基因序列一致性为 76%~88%。深入分析结果显示，与 *D. dadantii* 3937 的 *pel* B 氨基酸序列比较，DCE01 菌株果胶解聚酶 419 在 8 个氨基酸位点上存在差异，即第 37、227、355、363 和 365 氨基酸位点存在不同结构氨基酸差异，第 155、165 和 220 氨基酸位点是相同结构氨基酸替换（图 7-25）。预测结果编号为 *pel* 419 的果胶解聚酶基因序列（JX964997），全长 1128bp，与来自 *Pectobacterium carotovorum* CXJZ166 的 *pel* 基因序列（FJ572965.1）的一致性高达 99%，与其他微生物来源的 22 个 pel 基因序列一致性为 73%~95%。预测结果编号为 *pel* 4J4 含 392 个氨基酸，其中第 1~30 个氨基酸为信号肽。前导蛋白分子量为 41.8kDa；成熟蛋白分子量为 38.8kDa，pI 为 7.3。将翻译的蛋白质序列进行 Blastp 比对，该酶含有典型的 Pec-lyase-C 结构域，与来自 *D. dadantii* 3937 的 *pel* D（YP_ 003884109.1）氨基酸序列一致性为 94%。预测结果编号为 *pel* RP65 含 425 个氨基酸，其中第 1~25 个氨基酸为信号肽。前导蛋白分子量为 456kD；成熟蛋白分子量为 42.9kD，pI 为 8.02。将翻译的蛋白质序列进行 Blastp 比对，与来自 *D. dadantii* 3937 的 *pel* L（YP_ 003883657.1）氨基酸序列一致性为 98%，与来源于 *E. chrysanthemi* EC16 的 *pel* L（POC1A6.1）氨基酸序列一致性为 95%，与其他来源的 11 个 PelL 氨基酸序列一致性均小于 40%。预测结果编号为 *pel* SH8 含 422 个氨基酸，其中第 1~20 个氨基酸为信号肽。前导蛋白分子量为 44.2kD；成熟蛋白分子量为 42.0kD，pI 为 7.88。将翻译的蛋白质序列进行 Blastp 比对，与来自 *D. dadantii* 3937 的 *pel* Z（CAA65785.1）和一种来自 *E. chrysanthemi* 的 *pel* Z（AAX70924）氨基酸序列一致性均为 95%，与一种来自 *P. carotovorum* sub sp. 的 *pel* Z（AAX70924）氨基酸序列一致性为 73%。预测结果编号为 *pel* 325 含 320 个氨基酸，没有预测到明显信号肽。蛋白分子量为 34.2kD，pI 为 7.26。将翻译的蛋白质序列进行 Blastp 比对，该酶属于典型的 Pectate-lyase superfamily 结构域，与来自 *D. dadantii* 3937 的 *pel* I（CAA73784）一致性为 97%。预测结果编号为 *pel* 5P8 含 774 个氨基酸，其中第 1~40 个氨基酸为信号肽。前导蛋白分子量为 84.1kD；成熟蛋白分子量为 79.6kD，pI 为 8.85。将翻译的蛋白质序列进行 Blastp 比对，与来自 *D. dadantii* 3937 的 *pel* X（YP003885317.1）氨基酸序列一致性为 98%，与一种来自 *P. carotovorum subsp.* 的 *pel* X（AAZ05893.1）氨基酸序列一致性为 74%，与其他微生物来源的 12 个果胶解聚酶氨基酸序列一致性为 32%~62%。预测

结果编号为 *pel* 727 含 304 个氨基酸，没有预测到明显信号肽。蛋白分子量为 33.1kDa，
pI 为 9.01。将翻译的蛋白质序列进行 Blastp 比对，该酶属于典型的 Pec_ lyase_ C su-
perfamily 结构域，与来自 *D.dadantii* 3937 的 *pel*（YP003881361.1）一致性为 96%。预
测结果编号为 *pel* B22 含 388 个氨基酸，没有预测到明显信号肽。蛋白分子量为
44.2kDa，pI 为 5.03。将翻译的蛋白质序列进行 Blastp 比对，与来自 *D.dadantii* 3937、
D.zeae Ech1591 和 *D.dadantii* Ech586 的果胶解聚酶（YP - 003883196.1、YP -
003004276.1 和 YP-003333502.1）一致性均为 99%；与其他来源的 22 个果胶解聚酶氨
基酸序列一致性为 29%~92%（表 7-4）。预测结果编号为 *pel* 441 含 439 个氨基酸，其
中第 1~25 个氨基酸为信号肽。前导蛋白分子量为 47.0kD；成熟蛋白分子量为 44.5kD，
pI 为 8.09。将翻译的蛋白质序列进行 Blastp 比对，与来自 *D.dadantii* 3937 的 Pel（Ac-
cession no. YP003881361.1）一致性为 96%。预测结果编号为 *pel* 4I8 含 543 个氨基酸，
没有预测到明显信号肽。蛋白分子量为 62.8kD，pI 为 6.51。将翻译的蛋白质序列进行
Blastp 比对，与来自 *D.dadantii* 3937 的果胶解聚酶 *pel* w（CAA43990.1）一致性
为 95%。

表 7-4　预测结果编号为 **pel B22** 氨基酸序列与其他微生物来源的果胶解聚酶一致性比较

蛋白质序列号	菌株来源	一致性（%）
YP_ 003883196.1	*D. dadantii* 3937	99
YP_ 003004276.1	*D. zeae* Ech1591	99
YP_ 003333502.1	*D. dadantii* Ech586	99
YP_ 002987667.1	*D. dadantii* Ech703	92
CAA54566.1	*Pectobaterium* carotovorum	88
YP_ 003259553.1	*Pectobaterium wasabiae* WPP163	89
YP_ 050521.1	*Pectobaterium atrosepticum* SCRI1043	89
ZP_ 09015741.1	*Brenneria* sp. EniD312	86
YP_ 004830046.1	*Enterobacter asburiae* LF7a	68
YP_ 005418863.1	*Rahnella aquatilis* HX2	69
YP_ 004191514.1	*Vibrio vulnificus* MO6-24/O	69
ZP_ 01990294.1	*Vibrio parahaemolyticus* AQ3810	68
YP_ 005049723.1	*Vibrio furnissii* NCTC 11218	69
EGR09777.1	*Vibrio cholerae* HE48	69
ZP_ 05882894.1	*Vibrio metschnikovii* CIP 69.14	66
YP_ 003366415.1	*Citrobacter rodentium* ICC168	65
YP_ 006341804.1	*Cronobacter sakazakii* ES15	67
ZP_ 04004826.1	*E. coli* 83972	64
YP_ 004311655.1	*Marinomonas mediterranea* MMB-1	64
YP_ 005016335.1	*K. oxytoca* KCTC 1686	65

（续表）

蛋白质序列号	菌株来源	一致性（%）
ZP_01115703.1	*Reinekea* sp. MED297	63
ZP_04626144.1	*Yersinia kristensenii* ATCC 33638	82
YP_001339642.1	*Marinomonas* sp. MWYL1	59
YP_001432470.1	*Roseiflexus castenholzii* DSM 13941	30
YP_003705499.1	*Truepera radiovictrix* DSM 17093	29

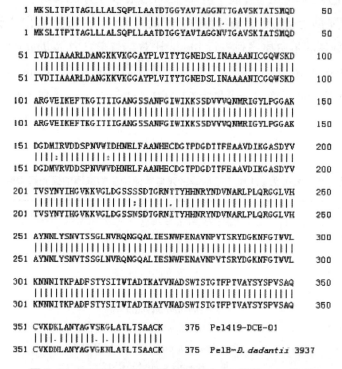

图7-25　DCE01*pel*419 蛋白序列与 3 937 菌株 *pel*B 比对

2. 果胶酯酶基因分析

预测结果编号为果胶酯酶 AZ5 含 419 个氨基酸，其中第 1~18 个氨基酸为信号肽序列。预测到前导蛋白分子量为 45.8kD，成熟蛋白分子量为 43.9kD，pI 为 7.34。属于细胞膜外膜蛋白。将翻译成的蛋白序列进行 Blastp 比对，该酶含有 Pectinesterase superfamily，与来自 *D. dadantii* 3937 的果胶酯酶 B（YP_003882650.1）一致性为 94%，与来自 *P. wasabiae* CFBP 3304 的果胶酯酶 B（EJS96139.1）一致性为 70%。预测结果编号为果胶酯酶 243 含 368 个氨基酸，其中第 1~26 个氨基酸为信号肽序列。预测到前导蛋白分子量为 39.6kD，成熟蛋白分子量为 37.6kD，pI 为 9.1。InterProScan 分析到该蛋白序列的第 196~205 位氨基酸（ISGTVDFIFG）为活性部位。将翻译成的蛋白序列进行 Blastp

比对，该酶含有 Pectinesterase superfamily，与 *Erwinia* sp. 等 3 个菌株的果胶酯酶一致性大于 90%，与 *Pectobacterium* sp. 、*Glaciecola* sp. 、*Caldicellulosiruptor* sp. 等 10 个菌株的果胶酯酶一致性为 35%~71%（表 7-5）。

表 7-5　编号为果胶酯酶 243 氨基酸序列与其他微生物来源的果胶酯酶一致性比较

蛋白质序列号	菌株来源	一致性（%）
YP_ 003003438. 1	*D. zeae* Ech1591	95
YP_ 003884111. 1	*D. dadantii* 3937	97
P0C1A8. 1	*E. chrysanthemi* B374	97
AFI89239. 1	*Pectobacterium* sp. SCC3193	71
CBX73542. 1	*Y. enterocolitica* W22703	59
NP_ 671051. 1	*Y. pestis* KIM10+	56
ZP_ 12469317. 1	*Vibrio cholerae* HE48	56
ZP_ 10487273. 1	*Enterobacter radicincitans* DSM 16656	51
ZP_ 11345176. 1	*Glaciecola arctica* BSs20135	47
YP_ 004480430. 1	*Marinomonas posidonica* IVIA-Po-181	42
YP_ 006748347. 1	*Alteromonas macleodii* ATCC 27126	40
ZP_ 05430240. 1	*Clostridium thermocellum* DSM 2360	37
YP_ 004022874. 1	*Caldicellulosiruptor kronotskyensis* 2002	35

3. 果胶脱乙酰基酶基因分析

预测结果编号为果胶脱乙酰基酶 V97 含 311 个氨基酸，没有预测到信号肽序列；其蛋白分子量为 33. 6kDa，pI 为 6. 75。将翻译成的蛋白序列进行 Blastp 比对，该酶含有 Esterase_ lipase superfamily，与 *Dickeya* sp. 等 3 个菌株的果胶脱乙酰基酶氨基酸序列一致性大于 85%，与其他来源的果胶脱乙酰基酶氨基酸序列一致性在 47%~80%。

根据基因组测序注释结果设计引物，成功地从 DCE01 菌株中克隆出来了 14 个果胶酶基因。经过菌落 PCR 验证并进行测序，获得了这 14 个基因的 DNA 序列并全部登录到 Genbank。以这些基因的核苷酸序列为基础，采用 DNAMAN Version 5. 2. 2 分析结果（图 7-26）表明：DCE01 菌株 14 个果胶酶氨基酸序列与 GenBank 1028 条来源于其他微生物的果胶酶氨基酸序列一致性在 21%~100% 之间，其中，氨基酸序列一致性在 95% 以上者占 1.8%，一致性低于 50% 者占 54.6%，超过一半，说明 DCE01 菌株的果胶酶与其他微生物的果胶酶在氨基酸序列上存在很大的差异。其酶学性质与催化功能预测结果（表 7-6）显示：具有明显信号肽的果胶酶 9 种，没有明显信号肽的 5 种；定位在胞外的果胶酶 10 种，定位在胞内的 2 种，定位在细胞膜外膜的 1 种，无明确定位的 1 种；果胶酶分子量为 30~90kDa；等电点为 5. 0~9. 5。

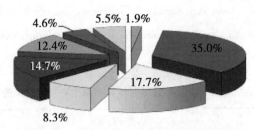

图7-26　DCE-01果胶酶氨基酸序列与其他来源的果胶酶一致性比较

表7-6　DCE01菌株果胶酶性质与功能分析

测序编号	氨基酸 (AA)	信号肽 (AA)	分子量 (kDa)	等电点 pI	定位	功能代号
*Pel*419	375	22	39.8（前导）/37.6（成熟）	6.8	胞外	*Pel*B
*Pel*G403	387	35	41.4（前导）/37.8（成熟）	7.1	胞外	*Pel*C
*Pel*4J4	392	30	41.8（前导）/38.8（成熟）	7.3	胞外	*Pel*D
*Pel*RP65	425	25	45.6（前导）/42.9（成熟）	8.02	胞外	*Pel*L
*Pel*5P8	774	40	84.1（前导）/79.6（成熟）	8.85	胞外	*Pel*X
*Pel*SH8	422	20	44.2（前导）/42.0（成熟）	7.88	胞外	*Pel*Z
*Pel*441	439	25	47.0（前导）/44.5（成熟）	8.09	胞外	*Pel*
*Pel*4I8	543	无	62.8	6.51	胞质	*Pel*W
*Pel*B22	388	无	44.2	5.03	胞质	*Pel*
*Pel*325	320	无	34.2	7.26	胞外	*Pel*
*Pel*727	304	无	33.1	9.01	胞外	*Pel*
*Pme*243	368	26	39.6（前导）/37.6（成熟）	9.1	胞外	*Pme*A
*Pme*AZ5	419	18	45.8（前导）/43.9（成熟）	7.34	胞外	*Pme*B
*Pae*V97	311	无	33.6	6.75	无	*Pae*

4. DCE01菌株果胶酶基因聚类分析

将DCE01菌株果胶酶基因进行聚类分析的结果（图7-27）表明：*pel* 419与*pel* G403、*pel* RP65与*pel* 441、*pel* 4J4与*pel* 727、*pel* SH8与*pme* AZ5、*pme* 243与*pae* V97、*pel* 325与*pel* 4I8均两两成簇；*pel* 5P8和*pel* B22单独成簇，说明该菌株的果胶酶基因具有复杂的多样性。

5. 果胶酶基因核苷酸序列一致性分析

从DCE01菌株中克隆到14个果胶酶基因，对其进行一致性比较的结果（表7-7）表明：① DCE01菌株所有14个果胶酶基因核酸序列之间的一致性在36.3%~84.2%之间，其中，*pel* 419基因序列与*pel* G403基因序列一致性高达84.2%，根据他人报道同类基因相关信息推测，这两个基因编码的酶在果胶降解的过程中可能具有相似的功能；②同属于果胶解聚酶基因（11个）的核酸序列一致性也在36.1%~84.2%之间，两个果胶酯酶基因（*pme* 243和*pme* AZ5）的核酸序列一致性仅为42.8%。由此可见，DCE01

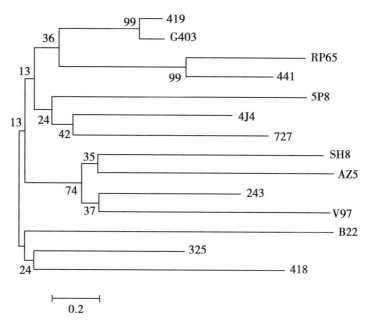

图 7-27　DCE-01 菌株果胶酶基因聚类分析

菌株的果胶酶基因资源极为丰富，在基因分子结构上存在极丰富的多样性。

表 7-7　DCE01 菌株果胶酶基因一致性比较　　　　　　　　　　　　　　（%）

	G403	419	4J4	RP65	SH8	5P8	325	727	441	4I8	B22	243	AZ5
419	84.2												
4J4	50.6	50.2											
RP65	42.2	42.9	44.6										
SH8	46.1	47.0	44.0	39.9									
5P8	36.9	39.2	40.1	37.5	39.9								
325	43.1	45.1	45.8	42.7	44.0	39.5							
727	45.7	43.5	43.4	40.5	44.4	38.6	42.8						
441	43.0	43.4	46.3	49.6	43.9	42.7	43.3	43.1					
4I8	43.7	43.8	37.5	43.0	44.5	40.8	41.9	38.4	43.7				
B22	43.1	41.8	43.5	42.4	42.7	36.1	46.1	43.4	43.2	43.5			
243	43.8	43.5	45.0	43.1	43.8	37.6	42.8	45.6	44.2	42.4	42.4		
AZ5	43.8	45.5	47.3	41.8	44.5	43.6	45.4	42.6	44.6	42.1	41.7	42.8	
V97	43.9	44.4	42.5	40.3	45.8	37.7	42.2	43.8	42.0	38.5	42.4	44.7	44.3

　　上述试验结果证明，根据全基因组 DNA 测序注释结果设计引物，采用 PCR 扩增果胶酶基因开放阅读框（ORF），首次从麻类脱胶高效菌株 DCE01 中成功克隆到果胶酶基因 14 个，其核苷酸序列与基因组测序结果完全一致。以基因克隆结果为依据，通过 Blastn 比对分析结果显示，DCE01 菌株的果胶酶基因核苷酸序列与在 GenBank 登录的

111条来源于其他微生物的果胶酶基因序列一致性在71%~100%之间，其中，一致性高于95%的基因序列占1.8%，所占比例很低；一致性低于85%的基因序列占58.5%，所占比例超过一半。DCE01菌株所有14个果胶酶基因间核酸序列的一致性在36.3%~84.2%之间；同样属于果胶解聚酶（11个）基因的核酸序列一致性同样在36.1%~84.2%之间，两个果胶酯酶的核酸序列一致性仅为42.8%。在DNA水平上研究证实，DCE01菌株的果胶酶基因资源在物种间及自身果胶酶基因间都存在很大差异（多样性丰富），在基因分子结构上也存在丰富的多样性。因此，可以肯定，DCE01菌株的果胶酶基因资源非常丰富，具备重要的发掘潜力。

二、DCE01果胶酶基因表达

挑取插入目的基因正确的基因工程菌株接种到5.0mL含有100 μg/mLAmp的LB培养液，37℃，220r/min振荡培养15-18h后，取菌液2.0mL接种到100mL含有100 μg/mLAmp的LB培养液，37℃，220r/min振荡培养。当OD600达到0.6，添加IPTG至终浓度1.0mmol/L，30℃，120r/min诱导21h。

取诱导成熟的发酵液，3 000r/min，4℃离心10min，分别收集菌体和上清液。上清液即为胞外酶液。用预冷的生理盐水洗涤菌体2次，并用等量的缓冲溶液重悬菌体，将菌体重悬液在4℃条件下用超声波破碎仪裂解细胞。超声参数设置：强度30%，超声5s，间隔5s，时间40min。收集细胞裂解液，10 000r/min，4℃离心10min，上清液即为胞内酶液。

（一）SDS-PAGE电泳检测

取1mL的菌液于灭菌离心管中，13 000r/min离心5.0min，弃上清液后加入500μL的生理盐水洗涤两次，漩涡振荡，用50μL灭菌ddH$_2$O重悬菌体沉淀，加入等体积的2×蛋白上样缓冲液，煮沸5.0min备用。上样前沸水浴处理3min。以pEASY-E1-control/BL21菌株做相同处理为对照。

取诱导成熟的菌体做SDS-PAGE电泳分析，检测目标蛋白的表达效果（图7-28）显示：8个重组子（果胶解聚酶4J4、果胶解聚酶441、果胶解聚酶419、果胶解聚酶727、果胶解聚酶5P8、果胶解聚酶4I8、果胶解聚酶SH8和果胶脱乙酰基酶V97）表达出明显的特异蛋白质谱带，其表观分子量与预测的带有部分载体的融合蛋白分子量（果胶解聚酶4J4：44kD；果胶解聚酶441：49kD；果胶脱乙酰基酶V97：35.9kD；果胶解聚酶419：38.9kD；果胶解聚酶727：35.4kD；果胶解聚酶5P8：86.3kD；果胶解聚酶4I8：65kD；果胶解聚酶SH8：46.5kD）接近；其余6个果胶酶（果胶解聚酶G403、果胶解聚酶RP65、果胶酯酶243、果胶解聚酶325、果胶解聚酶B22、果胶酯酶AZ5）没有发现明显的特异蛋白质条带的原因，或许是产物表达量太小、也可能是蛋白质分子量差异太小。

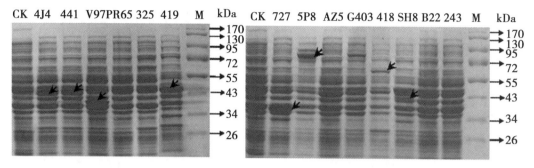

图 7-28　DCE-01 菌株果胶酶基因表达产物 SDS-PAGE 电泳检测

（二）果胶酶催化活性检测

果胶解聚酶活平板检测　用 CTAB 染色法检测基因工程菌株分泌果胶解聚酶的结果（图 7-29）显示：果胶解聚酶 419 基因工程菌株和 DCE01 菌株在果胶为碳源的平板上能出现清晰的"水解圈"，证明这两个菌株分泌了胞外果胶解聚酶，降解了大分子量的聚半乳糖醛酸钠，生成了小分子量的寡聚糖或单糖。其他基因工程菌株未见水解圈，原因是多方面的，有待进一步研究证实。

果胶酯酶酶活平板检测　用醋酸铜染色法检测基因工程菌株分泌果胶酯酶的结果（图 7-30）显示：果胶酯酶 243 基因工程菌株能在果胶为碳源的平板上形成非常明显的"浑浊圈"，证明该菌株分泌了胞外果胶酯酶，降解可溶性的果胶底物生成了溶解性差的果胶酸。同样属于果胶酯酶基因工程菌株 AZ5 没有显示明显的"浑浊圈"，其原因有待进一步研究。

果胶解聚酶酶活力测定　采用 DNS 法对基因工程菌株成熟发酵液中提取的胞外和胞内果胶解聚酶分别进行检测，结果（表 7-8）显示：①已克隆 11 个果胶解聚酶基因工程菌株中，有 9 个菌株能同时检测到胞内和胞外酶活力（pEASY-E1-G403/BL21、pEASY-E1-419/BL21、pEASY-E1-RP65/BL21、pEASY-E1-5P8/BL21、pEASY-E1-SH8/BL21、pEASY-E1-4J4/BL21、pEASY-E1-441/BL21、pEASY-E1-727/BL21 和 pEASY-E1-B22/BL21），其余 2 个（pEASY-E1-4I8/BL21 和 pEASY-E1-325/BL21）既没有检测到胞内酶活也没有检测到胞外酶活；②果胶解聚酶 419 菌株（pEASY-E1-419/BL21）的胞外酶活力最高，达 164.9（±2.5）U/mL，其次是果胶解聚酶 G403、4J4 菌株（pEASY-E1-G403/BL21，pEASY-E1-4J4/BL21），分别为 27.83（±0.35）U/mL 和 1.62（±0.1）U/mL；③果胶解聚酶 727 和 B22 菌株（pEASY-E1-727/BL21 和 pEASY-E1-B22/BL21 的胞外酶活力小于胞内酶，可能与它们没有信号肽有关。阴性对照菌株 pEASY-E1-control/BL21 胞内和胞外均检测不到果胶酶活力，足以证明相关基因工程菌株的果胶酶由各自

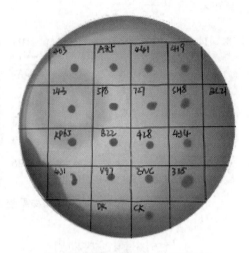

图7-29 果胶解聚酶活性平板检测	图7-30 果胶脂酶活性平板检测

插入的目标基因表达。至于果胶解聚酶4I8未检测到酶活力的原因，可以排除没有表达（电泳检测有明显特异蛋白质谱带），可能与现采用的酶活力检测条件不匹配有关；果胶解聚酶325菌株没有检测到酶活力的原因有待进一步研究。

表7-8 DCE01菌株果胶酶基因阳性克隆果胶解聚酶催化活性测定 （U/mL）

菌株名称	胞外酶	胞内酶	菌株名称	胞外酶	胞内酶
pEASY-E1-G403	27.83±0.35	15.0±0.25	pEASY-E1-727	0.08±0.001	0.60±0.001
pEASY-E1-419	164.9±2.5	117±1.20	pEASY-E1-B22	0.13±0.002	1.40±0.003
pEASY-E1-RP65	0.27±0.024	0.18±0.002	pEASY-E1-4I8	0	0
pEASY-E1-5P8	0.16±0.002	0.10±0.002	pEASY-E1-325	0	0
pEASY-E1-SH8	0.47±0.001	0.12±0.003	pEASY-E1-ck	0	0
pEASY-E1-4J4	1.62±0.018	0.1±0.004	DCE01	0.407±0.002	0.102±0.001
pEASY-E1-441	0.72±0.02	0.50±0.012			

上述研究结果表明，成功地从DCE01菌株中克隆出14个果胶酶基因，并构建了相应的表达体系。取诱导菌体做SDS-PAGE电泳分析，发现有6个重组子（果胶解聚酶G403、果胶解聚酶RP65、果胶酯酶243、果胶解聚酶325、果胶解聚酶B22、果胶酯酶AZ5）没有分离出明显的特异蛋白质条带。发生这种现象的原因，可能与受体菌的选择（如：目的基因要求的启动子与受体菌固有的调控系统不匹配）有关，也许与诱导剂的选择及其用量有关，或许与菌体成熟度（诱导时间不够）有关，或许是产物表达量太小、也许是蛋白质分子量差异太小。此外，采用DNS法和水解圈法检测，发现有4个工程菌（pEASY-E1-4I8/BL21、pEASY-E1-325/BL21、pEASY-E1-AZ5/BL21和pEASY-E1-V97/BL21）检测不到相应的果胶酶活力。究其原因，果胶酯酶AZ5膜蛋白表达可能

是表达系统选择不当，可能要采用特殊表达体系；果胶解聚酶 4I8 可能是形成了包涵体或者没有进行正确的翻译后加工，比如：信号肽切除，肽链折叠、二硫键形成、糖基化修饰等；果胶脱乙酰基酶 V97 可能是检测的条件不合适，其检测所需的天然底物很少见，后续研究可以尝试人工合成的对硝基苯乙酸酯（pNPA）和 1，2，3-丙三醇三乙酸酯（Shevchik，2003 and 1997）。值得思考的是，pEASY-E1-325/BL21 和 pEASY-E1-AZ5/BL21 既没有检测到蛋白质谱带，也没有检测到酶活，可能与受体菌选择不当的关系更为密切。

第四节 DCE01 菌株甘露聚糖酶和木聚糖酶基因克隆与表达

DCE01 菌株基因组测序注释结果显示，除了果胶酶基因具有多样性以外，甘露聚糖酶基因和木聚糖酶基因都具有唯一性。为探明剥离纤维质农产品中非纤维素的关键性甘露聚糖酶和木聚糖酶基因的特征，我们以 *D. dadantii* 模式菌株 DSM18020 为对照，进行了 DCE01 菌株甘露聚糖酶和木聚糖酶基因的克隆与表达系统研究。

一、引物设计与基因克隆

（一）引物设计

根据 DCE01 菌株基因组 DNA 测序注释结果，采用生物信息学软件 Premier 5 和 DNAMAN Version 5.2.2 设计特异引物如表 7-9。

表 7-9 DCE01 菌株甘露聚糖酶和木聚糖酶基因扩增的引物

基因名	引物	引物序列（5'-3'）	片段大小（bp）
xyl	Fx	GAGCTCATGAATGCTATGAATG	1 251
	Rx	CAAGCTTGCTTATTTACTGACAAAG	
man	Fm	CCAAGCTTGCATGAAAAGGACGTATC	1 137
	Rm	CTCGAGCATCAGTTGGCTTC	

（二）基因克隆与测序

将-70℃菌种资源库中保存的菌种 DCE01 及其模式菌株 DSM18020 接种至 8.0mL 改良型肉汤培养基，悬浮后充分混匀，35℃培养箱中静置培养 6h 左右。稀释后在改良肉汤培养基固体平板上均匀涂布，35℃静置培养 18~20h。挑选典型菌落接种于 6.0mL LB 液体培养基中，35℃，180r/min 振荡培养 14~18h。参照《Bacterial 基因组 DNA 抽提试剂盒说明书》分别提取菌株 DCE01 和菌株 DSM18020 的基因组总 DNA。经电泳检测，所提取的基因组 DNA 条带较为清晰，虽有拖尾、弥散现象，但通过 Beckman Du800 Nucleic Acid/Protein Analyzer 分析，OD_{260}/OD_{280} 值在 1.6~1.8 之间，纯度较高，满足后续研究需要。

以提取到的基因组 DNA 为模板，采用表 7-8 设计的引物，分别从 DCE01 和 DSM18020 扩增到甘露聚糖酶基因（M2，M1）和木聚糖酶基因（X2，X1）。1.5%琼脂糖凝胶电泳检测结果显示（图 7-31），扩增的目的条带约在 1 200bp 附近，与预测结果基本一致。将目的基因导入 pEASY-E1 Expression Vector 进行原核表达获得验证后，提取阳性克隆子的质粒进行酶切，再用 1.5%琼脂糖凝胶电泳检测，结果与图 7-31 所示的结果完全一致。然后，对目的基因进行测序，获得目的基因序列登录到 GenBank，其登录号：来自 DCE01 菌株的甘露聚糖酶基因和木聚糖酶基因分别是 KF906519 和 KF906522；来自 DSM18020 菌株的依次是 KF906520 和 KF906521。比较目的基因序列，无论是甘露聚糖酶基因还是木聚糖酶基因序列，DCE01 菌株与 DSM18020 菌株之间都存在明显差异，其中，木聚糖酶基因序列的差异更大。

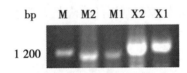

图 7-31 甘露聚糖酶和木聚糖酶基因 PCR 扩增结果
M：甘露聚糖酶基因，X：木聚糖酶基因；2：DCE01，1：DSM18020

二、基因分析

将 DCE01 菌株和 DSM18020 菌株中克隆出来的目的基因序列登录到 GenBank 之后，利用 Blastn 比对获得的测序结果与其他微生物来源的相关基因核苷酸序列一致性；利用 NCBI 的 ORF Finder 在线软件测序获得的甘露聚糖酶和木聚糖酶基因序列进行序列 ORF 的识别；利用 Expasy 的 Translate 在线工具对 ORF 识别后的核酸序列进行翻译；用 expasy 的 Compute pI/Mw 在线工具对模拟获得的蛋白序列分别进行蛋白质分子量 Mr 和等电点 pI 值的预测。其中，甘露聚糖酶基因阳性克隆测序结果与全基因组基因预测结果完全一致，基因全长为 1 137bp，Blastn 比对分析表明：该基因与 *P. carotovorum* 的甘露聚糖酶基因之间一致性高达 100%，与其他来源的序列一致性也达到了 93%~98%（表 7-10）。

木聚糖酶基因阳性克隆的测序结果与 DCE01 全基因组序列测定预测结果完全一致，基因全长为 1 251bp，Blastn 比对分析表明：该基因与 *Cedecea sp.* ND14b 的木聚糖酶基因一致性达到了 95%，与其他来源的木聚糖酶基因序列一致性在 84%~87%（表 7-11）。

表 7-10 DCE01 甘露聚糖酶基因与其他微生物来源甘露聚糖酶基因一致性比较

基因序列号	基因来源	一致性（%）
DQ364440. 1	*P. carotovorum*	100
CP009460. 1	*Cedecea sp. ND14b*	98
CP002038. 1	*D. dadantii* 3937	94
CP006890. 1	*B. amyloliquefaciens* SQR9	93
CP009749. 1	*Bacillus subtilis strain* ATCC 19217	93
CP009611. 1	*Bacillus subtilis strain* Bs-916	93
CP009684. 1	*Bacillus subtilis strain* B-1	93
CP006890. 1	*Bacillus amyloliquefaciens* SQR9	93
CP007244. 1	*Bacillus amyloliquefaciens subsp. plantarum TrigoCor*1448	93
CP006952. 1	*B. amyloliquefaciens* LFB112	93
CP006845. 1	*B. amyloliquefaciens* CC178	93
HG328254. 1	*Bacillus amyloliquefaciens subsp. plantarum* UCMB5113	93
HG328253. 1	*Bacillus amyloliquefaciens subsp. plantarum* UCMB5033	93
HF563562. 1	*Bacillus amyloliquefaciens subsp. plantarum* UCMB5036	93
CP004065. 1	*Bacillus amyloliquefaciens* IT-45	93

表 7-11 DCE01 木聚糖酶基因与其他微生物来源甘露聚糖酶基因一致性比较

基因序列号	基因来源	一致性（%）
CP009460. 1	*Cedecea sp.* ND14b	95
CP002038. 1	*D. dadantii* 3937	87
CP001836. 1	*D. dadantii* Ech586	84
U41750. 1	*E. chrysanthemi*	84

综上所述，可以肯定，本团队开创了草本纤维生物精制研究领域有关基因组文库构建及功能基因克隆的先河，不仅首次构建了草本纤维生物精制专用菌株的基因组文库，而且从现有菌株中成功地克隆出果胶酶、甘露聚糖酶和木聚糖酶基因近 30 个。经原核表达和比对分析，它们有的属于新基因，有的属于首次明确其表达产物的催化功能。

第八章　基因工程菌株构建

如前所述，研究组从 CXJZ95-198、CXJZ11-01（BE-91）、DCE01 等功能菌株中克隆出了 20 多个果胶酶、甘露聚糖酶和木聚糖酶基因。其目的在于将某些关键性功能基因串联起来，整合到现有高效菌株中表达，为最终实现草本纤维生物精制连续化、自动化生产提供菌种储备。

第一节　双基因串联表达

一、CXJZ95-198 甘露聚糖酶与 CXJZ11-01 木聚糖酶基因共表达

将来自 CXJZ95-198 菌株的甘露聚糖酶基因和来自 CXJZ11-01 菌株的木聚糖酶基因串联起来，构建包含草本纤维提取所需关键酶类的复合酶高效表达体系，为进一步构建新一代生物脱胶专用的复合酶高效菌株奠定基础，进而为草本纤维生物精制工艺的深入研究以及开发价格低廉的高效 β-甘露聚糖酶提供技术储备和科学依据。

（一）试验方法

1. 引物设计

根据 GeneBank 报道甘露聚糖酶基因序列（DQ364440）及木聚糖酶基因序列（EU233656），按照基因串联的排列方式，设计并合成了 12 条特异性引物。引物信息如下：

P1：5′- TACCGAATTCTACCTCAAAGTCGGAAAAAAT -3′

P2：5′- TTTCCGACTTTGAGGTAAATATTACCCCTGATTAAGGATG -3′

P3：5′- ATTTACCTCAAAGTCGGAAAAAATATTATAGGAGGTAAC -3′

P4：5′- ATTAAAGCTTATTAAGGATGATCTGTTACCA -3′

P5：5′- ATTGAATTCCTCTGCCTCGGGGCATTCGTT -3′

P6：5′- ATCCTGCTGCGGGAAAATCACCCCGTACAGCCTGGGGGCG -3′

P7：5′- TGATTTTCCCGCAGCAGGATATTGTCGCGCTCTGCCTCGG -3′

P8：5′- ATCAAGCTTCGGGAAATCACCCCGTACAGCCTGG -3′

P9：5′- GCGCGACAATATTACCCCTGATTAAGGATGATCTGTTACC -3′

P10：5′- CAGGGGTAATATTGTCGCGCTCTGCCTCGGGGGCATTCGTT-3′

P11：5′- TGAGGTAAATATCCTGCTGCGGGAAATCACCCCGTACAGC -3′

P12：5′- GCAGCAGGATATTTACCTCAAAGTCGGAAAAAATATTATA -3′

其中，在引物 P1、P5 的 5′端引入 EcoR I 酶切位点，引物 P4、P8 的 5′端引入 Hind Ⅲ酶切位点（下划线部分），引物 P2/P3、P6/P7、P9/P10、P11/P12 各引入 20 个碱基的重叠互补序列（下划线部分）。

2. 融合 PCR

以 CXJZ95-198 基因组 DNA 为模板，分别以 P5/P6、P7/P8、P10/P8、P5/P11 为引物，PCR 扩增甘露聚糖酶基因序列。以 CXJZ11-01 基因组 DNA 为模板，分别以 P1/P2、P3/P4、P1/P9、P12/P4 为引物，PCR 扩增木聚糖酶基因序列。PCR 反应体系组成：DNA 模板，1.0μL；MgCl$_2$（25mmol/L），1.0μL；ddH$_2$O，8.5μL；2×PCR Master，12.5μL；正向引物（10 μmol/L），1.0μL；反向引物（10 μmol/L），1.0μL；总体积，25μL。

加样过程在冰上进行，瞬时离心混匀后，在 PCR 仪内进行扩增反应。循环参数设置如下：95℃预变性 5min，94℃变性 1min，55℃复性 1min，72℃甘露聚糖酶延伸 1.5min、木聚糖酶延伸 1.0min。30 个循环后，72℃延伸 10min，然后冷却至 4℃。1%琼脂糖凝胶电泳检测 PCR 产物。

按照排列方式，分别将 P1/P2 与 P3/P4、P5/P6 与 P7/P8、P1/P9 与 P10/P8、P5/P11 与 P12/P4 的 PCR 产物进行等量混匀，作为下一轮融合 PCR 反应的模板，其中 P1/P2 与 P3/P4 的 PCR 产物混合物作为木聚糖酶-木聚糖酶基因串联体（X-X）的模板、P5/P6 与 P7/P8 的 PCR 产物混合物作为甘露聚糖酶-甘露聚糖酶基因串联体（M-M）的模板、P1/P9 与 P10/P8 的 PCR 产物混合物作为木聚糖酶-甘露聚糖酶基因串联体（X-M）的模板、P5/P11 与 P12/P4 的 PCR 产物混合物作为甘露聚糖-木聚糖基因串联体（M-X）的模板，再分别加入引物 P1/P4、P5/P8、P1/P8、P5/P4，进行融合 PCR。PCR 反应体系组成：DNA 模板，2.0μL；MgCl$_2$（25mmol/L），1.0μL；ddH$_2$O，7.5μL；2×PCR Master，12.5μL；正向引物（10 μmol/L），1.0μL；反向引物（10 μmol/L），1.0μL；总体积，25μL。

加样过程在冰上进行，瞬时离心混匀后，在 PCR 仪内进行扩增反应。循环参数设置如下：95℃预变性 5min，94℃变性 1min，55℃复性 1min，72℃下甘露聚糖酶-甘露聚糖酶基因延伸 3min、木聚糖酶-木聚糖酶基因延伸 2min、甘露聚糖酶-木聚糖酶基因延伸

2.5min、木聚糖酶-甘露聚糖酶基因延伸2.5min。30个循环后，72℃延伸10min，然后冷却至4℃。1%琼脂糖凝胶电泳检测PCR产物。

3. 基因串联体的克隆

将融合PCR产物进行纯化，然后与pMD18-T Simple Vector连接，将重组质粒转化到 E. coli JM109 感受态细胞中，37℃振荡培养1.0h后，取适量菌液涂于含有X-Gal、IPTG、Amp的LB-琼脂平板上，将平板倒置于37℃培养箱中过夜培养。

4. 阳性克隆子的筛选与鉴定

重组质粒的PCR鉴定：挑取LB平板上的白色菌落，接种于LB-Amp液体培养基中，37℃振荡培养后，提取质粒作为模板，以P1/P4为引物进行PCR扩增。重组菌在木聚糖平板上的水解圈鉴定：同时活化阳性重组菌、CXJZ11-01以及 E. coli JM109，用无菌枪头吸取适量菌液，在木聚糖选择平板上进行点种。其中CXJZ11-01作为在木聚糖选择平板上产透明水解圈的阳性对照，大肠杆菌JM109作为阴性对照。平板倒置于37℃培养箱中过夜培养。

5. 重组菌的酶活力测定

将发酵液分装到离心管中，于4℃，3 000r/p离心10min，去除菌体和杂质，上清液即为粗酶液。采用DNS法，用pH5.8 0.1mol/L柠檬酸-柠檬酸钠缓冲液配制浓度为2mg/mL的木聚糖溶液。取1.0mL预热至60℃，添加1.0mL适当稀释的酶液，60℃下准确反应5min；同时取1.0mL酶液于另一管中煮沸灭活处理，冷却后加入2.0mL底物，作为对照。反应完成后分别向各比色管加入2.0mL DNS终止反应，然后在沸水浴中显色5min，取出冷却后，用蒸馏水定容至10mL，摇匀。在540nm波长处测定各管溶液OD值，从标准曲线上查得相应的D-木糖的含量，计算出木聚糖酶活力。木聚糖酶活力定义为：底物每分钟释放出相当于1μmol D-木糖的还原糖所需的酶量为1个酶活力单位，以U表示。

（二）试验结果

1. 基因组DNA的检测

将提取的CXJZ95-198和CXJZ11-01基因组DNA经1%琼脂糖凝胶电泳检测（图8-1），在1号泳道和2号泳道23kb附近各出现一条较弥散的电泳条带，分别为CXJZ95-198和CXJZ11-01基因组DNA。

2. 功能基因PCR扩增

以CXJZ95-198基因组DNA为模板，以P5/P6、P7/P8、P10/P8、P5/P11为引物，PCR扩增甘露聚糖酶基因序列。以CXJZ11-01基因组DNA为模板，以P1/P2、P3/P4、P1/P9、P12/P4为引物，PCR扩增木聚糖酶基因序列。PCR产物经1%琼脂糖凝胶电泳检测（图8-2），分别在700bp和1500bp附近各见一清晰条带，与目的基因—木聚糖酶基因（708bp）和甘露聚糖酶基因（1 518bp）大小相符。

3. 双基因串联体检验

按照排列方式，分别将 P1/P2 与 P3/P4（X-X）、P5/P6 与 P7/P8（M-M）、P1/P9 与 P10/P8（X-M）、P5/P11 与 P12/P4（M-X）的 PCR 产物进行等量混匀，作为下一轮融合 PCR 反应的模板，再分别加入引物 P1/P4、P5/P8、P1/P8、P5/P4，进行融合 PCR。融合 PCR 产物经 1%琼脂糖凝胶电泳检测（图 8

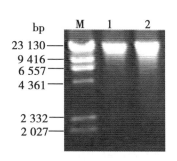

图 8-1 基因组 DNA 检测

1. CXJZ95-198；2. CXJZ11-01

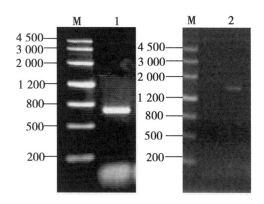

图 8-2 木聚糖酶基因和甘露聚糖酶基因的 PCR 产物

1. 木聚糖酶基因；2. 甘露聚糖酶基因

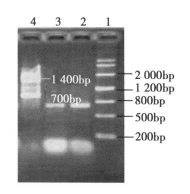

图 8-3 双基因串联体电泳检测

2. P1/P2 PCR 产物；3. P3/P4 PCR 产物

-3），可在 4 号泳道 1 400bp 附近见一清晰条带，与目的基因—X-X 基因串联体（1 416bp）大小相符，2 号、3 号泳道分别为 P1/P2、P3/P4 的 PCR 产物。通过该方法没有得到 M-M（3 006bp）、X-M（2 226bp）、M-X（2 226bp）预期大小的片段。

将纯化后的 X-X 融合 PCR 产物与 pMD18-T Simple Vector 连接，转化到大肠杆菌 JM109 感受态细胞中，37℃振荡培养 1h 后，取适量菌液涂于含有 X-Gal、IPTG、Amp 的 LB-琼脂平板上，对重组菌进行蓝白斑筛选，将平板倒置于 37℃培养箱中过夜培养后，白斑约占菌落总数的 70%。

提取重组质粒 pMD18-T vector/X-X 作为模板，以 P1、P4 为引物，对 X-X 基因串联体进行 PCR 鉴定，经 1%琼脂糖凝胶电泳检测，在 1 400bp 附近可见一清晰条带，与目的基因 X-X（1 416bp）大小相符。将经活化的转化子菌液在木聚糖选择平板上进行点种鉴定，过夜培养，可以看到受体菌 E.coli JM109（E）没有分解周围底物产生透明的水解圈，转化子（T）则表现出水解圈。虽然重组菌的水解圈直径没有 CXJZ11-01 那么大、测定发酵液中木聚糖酶活力也不及 CXJZ11-01 那么高，但是，这 2 个检测指标都证明木聚糖酶基因在重组菌中获得了成果表达。

二、CXJZ95-198 菌株 man-slp 基因串联表达

（一）SOEing 法构建 slp-man 基因串联体

1. 引物设计

根据 GeneBank 报道甘露聚糖酶基因序列（DQ364440）、S-层蛋白启动子序列以及构建 slp-man 基因串联体的需要，设计并合成了两对特异性引物。引物信息如下：

P1：5′- CAAAGAATTCTGAGTATCATAGGCTTTTTATTTTG -3′

P2：5′- CCTTTTCATTTTATAAATTTCCTCCTTCAGGAATAT -3′

P3：5′- AAATTTATAAAATGAAAAGGACGTATCAGCTATTTC -3′

P4：5′- TTTTAAGCTTTCAGTTGGCTTCGACGATCGGCGTC -3′

其中，在引物 P2、P3 的 5′-端引入 20 个碱基的重叠互补序列（下划线部分），在引物 P1、P4 的 5′-端引入酶切位点 EcoR I 和 Hind III（下划线部分）。

2. β-甘露聚糖酶基因 ORF（man）/S-层蛋白启动子（slp）的 PCR 扩增

以 CXJZ95-198 基因组 DNA 为模板，P3、P4 为引物，用上海生工即用 PCR 扩增试剂盒进行 PCR 扩增。PCR 反应体系组成：DNA 模板，1.0μL；MgCl$_2$（25mmol/L），1.0μL；ddH$_2$O，8.5μL；2×PCR Master；12.5μL；引物 P3/P1（10μmol/L），1.0μL；引物 P4/P2（10μmol/L），1.0μL；总体积，25μL。加样过程在冰上进行，瞬时离心混匀后，在 PCR 仪内进行扩增反应。循环参数设置如下：95℃预变性 5min，94℃变性 1min，55℃复性 1min，72℃延伸 1.5min。30 个循环后，72℃延伸 10min，然后冷却至 4℃。1%琼脂糖凝胶电泳检测 PCR 产物。

以苏云金芽孢杆菌 CTC 基因组 DNA 为模板，加入引物 P13、P14 进行 PCR 扩增；以 CXJZ95-198 基因组 DNA 为模板，加入引物 P15、P16 进行 PCR 扩增。PCR 产物经 1%琼脂糖凝胶电泳检测（图 8-4），在 1 号泳道 800bp 附近及 2 号泳道 1 200bp 附近可见一清晰条带，分别与目的基因-S-层蛋白启动子序列（725bp）和 β-甘露聚糖酶基因 ORF（1 137bp）大小相符。

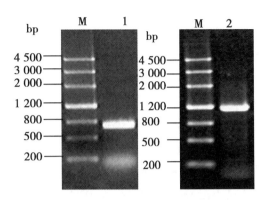

图 8-4 slp 和 man 的 PCR 扩增

M. DNA Maker；1. *slp* PCR 产物；2. *man* PCR 产物

3. *man* 和 *slp* PCR 产物的纯化

按照 TaKaRa DNA Fragment Purification Kit 说明书进行操作，对 *man* 和 *slp* PCR 产物分别进行纯化。①向 PCR 反应液中加入 100μL DB Buffer，混匀。②将混合后的溶液转移至 Spin Column 中，12 000r/min 离心 1min，弃滤液。③向 Spin Column 中加入 500μL Rinse A，12 000r/min 离心 30s，弃滤液。④向 Spin Column 中加入 700μL Rinse B，12 000r/min 离心 30s，弃滤液。⑤重复操作步骤（4）一次。⑥将 Spin Column 置于新的无菌 1.5mL 的离心管上，在 Spin Column 膜的中央加入 30μL 灭菌双蒸水，室温静置 1min 后，12 000r/min 离心 1min 洗脱 DNA。⑦纯化产物经 1% 琼脂糖凝胶电泳检测后，于-20℃ 保存。

4. *slp-man* 基因串联体的构建

①建立不加引物 P1 和 P4 的反应体系：DNA 模板，3μL；MgCl₂（25mmol/L），1.0μL；ddH₂O，6.5μL；2×PCR Master，12.5μL；引物 P2（10μmol/L），1.0μL；引物 P3（10μmol/L），1.0μL；总体积，25μL。经纯化的 *man* 和 *slp* PCR 产物各取 1.5μL 混匀，作为反应模板。循环参数设置为：94℃ 4min，94℃ 30 s，68℃ 4min。进行 6 个循环。②迅速将 Eppendorf 管从 PCR 仪中取出，并立即置于冰上，冷却 5min。③向 Eppendorf 管中加入引物 P13、P16 各 1 μL，瞬时离心后进行第二次 PCR 反应。第二次 PCR 反应的循环参数设置为：94℃ 预变性 5min，94℃ 变性 30s，55℃ 退火 45 s，72℃ 延伸 2min。25 个循环后，72℃ 延伸 10min，冷却至 4℃。④ 1% 琼脂糖凝胶电泳检测 PCR 产物。

融合模板加入引物 P1、P4 进行经 PCR 扩增。PCR 产物经 1% 琼脂糖凝胶电泳检测（图 8-5），在 2 000bp 附近可见一清晰条带，与目的基因大小（1 872bp）相符，S-层蛋白启动子与 β-甘露聚糖酶基因 ORF 通过 SOEing 法连接成基因串联体 *slp-man*。

(二) slp -man 基因串联体的克隆与鉴定

1. slp-man 基因串联体的克隆

按照 TaKaRa Agarose Gel DNA Purification Kit 说明书进行操作，对 *slp-man* 基因串联体进行回收纯化。①使用 1×TAE 缓冲液配制 1%琼脂糖凝胶，对 *slp-man* 片段进行琼脂糖凝胶电泳。②在紫外灯下小心的切出含有 2kb 大小目的片段的琼脂糖凝胶，用纸巾吸尽凝胶表面的液体。此时应注意尽量减小凝胶的体积，提高 DNA

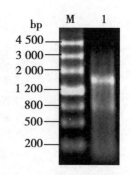

图 8-5　*slp-man* 的 PCR 扩增

回收效率。另外，切胶时还应注意不要将 DNA 过长时间暴露于紫外光下，以防止 DNA 损伤。③离心管称重，切碎胶块并转移到离心管中，称量总重量，计算出离心管中胶块的重量。计算胶块体积，以 1mg = 1μL 进行计算。④向胶块中加入 3 倍凝胶体积量的 DR-Ⅰ Buffer，混匀后于 75℃加热，融化胶块。间断振荡混合，使胶块充分融化 10min。⑤向胶块融化液中加入 DR-Ⅰ Buffer 量的 1/2 体积量的 DR-Ⅱ Buffer，混匀。⑥将上述全部溶液转移至 Spin Column 中，12 000r/min 离心 1min，弃滤液。⑦向 Spin Column 中加入 500μL Rinse A，12 000r/min 离心 30s，弃滤液。⑧向 Spin Column 中加入 700μL Rinse B，12 000r/min 离心 30 s，弃滤液。⑨重复操作步骤⑧一次。⑩将 Spin Column 按置于新的无菌 1.5mL 的离心管上，在 Spin Column 膜的中央加入 30 μL 灭菌双蒸水，室温静置 1min 后 12 000r/min 离心 1min 洗脱 DNA。

TaKaRa pMD18-T Simple Vector 是一种高效克隆 PCR 产物的专用载体。该载体由 pUC18 载体改造而成，它消除了 pUC18 载体上的多克隆酶切位点，还在 pUC18 载体的多克隆酶切位点处加入了 *EcoR* V 酶切位点，用 *EcoR* V进行酶切反应后，在两侧的 3′末端添加 "T" 而成。因为大部分耐热性 DNA 聚合酶进行 PCR 反应时都会在 PCR 产物的 3′末端添加一个 "A"，所以使用该载体可以极大地提高 PCR 产物的连接、克隆效率。*slp-man* 基因串联体的 T-A 克隆具体操作如下：①在微量离心管中加入下列溶液：pMD18-T Simple Vector，1.0μL；*slp-man* 片段，2.0μL；ddH₂O，2.0μL；Total，5.0μL；②加入 5.0μL 的 Solution Ⅰ。③ 16℃反应 30min。

E.coli JM109 感受态细胞的制备的操作步骤：①从划线平板培养基上挑取 *E.coli* JM109 单菌落，接种至 LB 液体培养基中，37℃，120r/min 振荡培养。②测定 OD₆₀₀值，当 OD₆₀₀值达到 0.30 时，放置冰中，停止培养。③取上述菌体培养液 1mL 于 1.5mL 离心管中，1 500×g 4℃离心 5min，尽量除尽上清培养液。④向离心管中加入 100 μL 冰预冷的 Solution A，轻轻弹动离心管，使沉淀悬浮，禁止剧烈振荡。⑤ 1 500×g 4℃离心 5min，尽量除尽上清培养液。⑥向离心管中加入 100μL 冰预冷的 Solution B，轻轻弹动离心管，使沉淀悬浮，禁止剧烈振荡。⑦感受态细胞制作完成，在−80℃保存。

连接产物转化大肠杆菌 JM109 感受态细胞的操作步骤：①将-80℃保存的大肠杆菌 JM109 感受态细胞置于冰中融化 10min。②将全量（10 μL）的连接体系加入至 100 μL JM109 感受态细胞中，轻轻混匀后冰中放置 30min。③ 42℃水浴中放置 45 s，立即置于冰中 2min。④加入 890 μL 37℃预温的 SOC 培养基，37℃振荡培养 1h。⑤取适量菌体培养液涂于含有 X-Gal、IPTG、Amp 的 LB-琼脂平板上，将平板倒置于 37℃培养箱中过夜培养。

提取重组克隆载体 pMD18-T vector/*slp-man*，分别用 *EcoR* I、*Hind* III双酶切，经 1% 琼脂糖凝胶电泳检测（图 8-6），可在 2 000bp 和 3 000bp 附近各见一清晰条带，分别与目标基因 *slp-man*（1 872bp）和 pMD18-T vector（2 692bp）的大小相符。以重组克隆载体 pMD18-T vector/*slp -man* 为模板，P13、P16 为引物，对 *slp-man* 基因串联体（1 872 bp）进行 PCR 扩增，经 1%琼脂糖凝胶电泳检测（图 8-7），可在 2 000bp 附近见一清晰条带，与目的基因大小相符。经双酶切和 PCR 鉴定，该重组质粒为阳性。

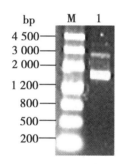

图 8-6　重组克隆子 pMD18-T/*slp-man*
酶切分析

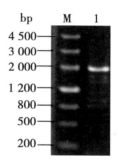

图 8-7　重组克隆子 pMD18-T/*slp-man*
的 PCR 鉴定

2. 重组表达载体 pET-28a+/*slp-man* 的 PCR 鉴定

挑取 LB 平板上的白色菌落，接种于 LB-Amp 液体培养基中，37℃振荡培养后，按照如下具体操作提取小量质粒：①向离心管中加入 1.5mL 过夜培养的菌体，12 000r/min 离心 1min，尽量除尽培养液。②向离心管中加入 250μL Solution I，将菌体沉淀彻底悬浮，温和混匀，室温下放置 2min。③向离心管中加入 250μL Solution II，并将离心管快速并温和地上下颠倒 6 次，室温下放置 1min。④向离心管中加入 350μL Solution III，温和混匀，室温下放置 5min。⑤ 12 000r/min 离心 10min。⑥将离心后的上清转移到 EZ-10 column 中，8 000r/min 离心 2min，弃滤液。⑦向 EZ-10 column 中加入 500μL Wash Solution，10 000r/min 离心 1min，弃滤液。⑧重复操作步骤⑦一次。⑨将 EZ-10 column 10 000r/min 离心 2min，除尽残留的 Wash Solution。⑩将柱转移到一个 1.5mL 无菌离心管中，向滤膜中央加入 50μL 灭菌双蒸水，室温静置 2min。⑪ 10 000r/min 离心 2min，洗脱质粒 DNA，于-20℃保存备用，用于下一步的 PCR 及酶切鉴定。

采用 PCR 方法确认 pMD18-T Simple Vector 中插入片段的长度大小。以重组克隆质粒 pMD18-T/*man-slp* 为模板，P1 和 P4 为引物，进行 PCR 扩增，PCR 反应体系组成：重组质粒模板，1.0μL；MgCl₂（25mmol/L），1.0μL；ddH₂O，8.5μL；2×PCR Master，12.5μL；引物 P1（10μmol/L），1.0μL；引物 P4（10μmol/L），1.0μL；总体积，25μL。加样过程在冰上进行，瞬时离心混匀后，在 PCR 仪内进行扩增反应。循环参数设置如下：95℃预变性 5min，94℃变性 1min，55℃复性 1min，72℃延伸 2min。35 个循环后，72℃延伸 10min，然后冷却至 4℃。1%琼脂糖凝胶电泳检测 PCR 产物。

将 *slp-man* 克隆到表达载体 pET-28a+上，采用 CaCl₂ 转化法转化大肠杆菌 JM109。随机挑取 12 个转化子过夜培养，提取质粒作为模板，P13、P16 为引物，对 *slp-man* 基因串联体（1 872bp）进行 PCR 扩增，经 1%琼脂糖凝胶电泳检测（图 8-8），有 7 个转化子可在 2 000bp 附近见一清晰条带，与目的基因大小相符。其中 2 号转化子的扩增效果最好，而 4 号、7 号和 12 号转化子产生了非特异性条带。以上结果显示 2 号转化子为可能的阳性重组菌。

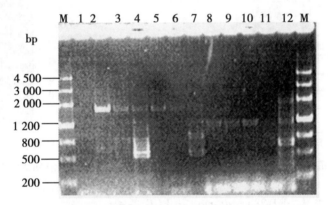

图 8-8　重组表达载体 pET-28a+/*slp-man* 的 PCR 鉴定

M. DNA Maker，1~12. *slp-man* 的 PCR 产物

3. 选择性平板鉴定阳性克隆

对阳性重组克隆质粒 pMD18-T/*man-slp* 进行 *EcoR* Ⅰ 和 *Hind* Ⅲ 双酶切，经 1%琼脂糖凝胶电泳分离，对小于 2Kb 的 DNA 片段进行胶回收纯化。同时，取划线培养的含有 pET-28a+质粒的大肠杆菌单菌落，接种于含卡那霉素（终浓度为 50μg/mL）的 LB 培养基中，37℃，200r/min 振荡培养过夜。用上海生工 EZ-10 SPIN COLUMU PLASMID DNA MINIPREPS KIT 提取 pET-28a+质粒。对 pET-28a+质粒进行 *EcoR* Ⅰ 和 *Hind* Ⅲ 双酶切，酶切体系如下：*EcoR* Ⅰ，1.0μL；*Hind* Ⅲ，1.0μL；pET-28a+，10μL；10×M Buffer，2.0μL；ddH₂O，6μL；Total，20μL。这些成分混匀后，37℃酶切 3h，经 1%琼脂糖凝胶电泳检测酶切鉴定结果。用 TaKaRa DNA Fragment Purification Kit 对

酶切产物进行纯化。

将纯化后的 *slp-man* 片段与 pET-28a+按照 TaKaRa T4 DNA Ligase 说明书进行操作，连接反应体系如下：①在微量离心管中制备连接反应液，包括 10×T4 DNA Ligase Buffer，2.5μL；*man-slp* 片段，6μL；pET-28a +，1.0μL；T4 DNA Ligase，1.0μL；ddH$_2$O，14.5μL；Total，25μL。② 16℃ 过夜反应。③ 加入 2.5μL（1/10 量）的 3mol/L CH$_3$COONa（pH 值 5.2）。④加入 62.5μL（2.5 倍量）的冷无水乙醇，—20℃ 放置 1h。⑤离心回收沉淀，用 70%的冷乙醇清晰沉淀，真空干燥。⑥ 25μL 灭菌双蒸水溶解。取 20μL 重组质粒 pET-28a+/*slp-man* 转化 100μL 大肠杆菌 JM109 感受态细胞。

取适量菌液涂于含 Kan 的 LB-琼脂平板上，将平板倒置于 37℃ 培养箱中过夜培养。随机挑取 LB 平板上的 12 个白色菌落，分别接种于 LB-Kan 液体培养基中，37℃ 培养 10h 后，小量提取质粒。以重组质粒为模板，P1、P4 为引物，进行 PCR 扩增，对重组质粒 pET-28a+/*slp-man* 的 PCR 鉴定。同时活化阳性重组菌、CXJZ95-198 以及大肠杆菌 JM109，用无菌枪头吸取活化后菌液，在甘露聚糖选择平板上进行点种。其中 CXJZ95-198 作为在甘露聚糖选择平板上产透明水解圈的阳性对照，大肠杆菌 JM109 作为阴性对照。将平板倒置于 37℃ 培养箱中过夜培养，对重组菌在甘露聚糖选择平板上的水解圈鉴定。

将活化的 2 号转化子菌液在甘露聚糖选择平板上进行点种，过夜培养，可以看到受体菌 *E. coli* JM109 没有分解周围底物，产生透明的水解圈（图 8-9），而 2 号转化子和 CXJZ95-198 均产生明显的水解圈。根据水解圈法定性鉴定及 PCR 产物分析，pET-28a+/*slp-man* 表达载体构建成功。

图 8-9　pET-28a+/*slp-man* 表达载体水解圈鉴定

4. 重组菌 β-甘露聚糖酶的活性测定

取真空保存菌种一环，接种于 6mL 生长培养基，35℃ 静置培养 5.5h，稀释涂皿。平皿培养 18h，挑取优良单菌落接种于生长培养基，35℃ 静置培养 6h，即为一级培养菌悬液。将一级菌悬液接种于盛有 100mL 培养液的小三角瓶，35℃，180r/min 振荡培养至对数生长期，即为二级菌悬液。按接种量 2%接种于发酵培养基，发酵到一定时间。将发酵液分装到离心管中，于 4℃，3 000r/min 离心 10min，去除菌体和杂质，上清液即为粗酶液。采用 DNS 法测定重组菌及 CXJZ95-198 的甘露聚糖酶催化活性。每次实验做 3 个平行，每个平行测 3 次酶活。结果表明，重组菌在 11h 产酶达到最高峰，最高酶活达到 671.3U/mL，是 CXJZ95-198 酶活的 1.48 倍（表 8-1）。

表 8-1　发酵液 β-甘露聚糖酶酶活比较　　　　　　　　（U/mL）

发酵时间（h）	7	9	11	13	15
重组菌	160.1	256.5	671.3	625.5	547.2
CXJZ95-198	107.2	197.3	453.8	443.6	420.9

三、BE-91 的甘露聚糖酶和木聚糖酶基因共表达

前期研究证明，*Bacillus subtilis* BE-91 是具有重大开发潜力的胞外高效表达甘露聚糖酶和木聚糖酶的菌种资源。

（一）β-甘露聚糖酶和木聚糖酶基因共表达体系构建

根据实验室对 *Bacillus subtilis* BE-91 的甘露聚糖酶和木聚糖酶基因（GenBank 登录号：GQ845010.2）的研究结果设计引物如表 8-2 所示。其中，木聚糖酶基因的 5′-端起始密码子前带有一段 46 个碱基的 UTR 序列；β-甘露聚糖酶基因的扩增引物为 G1 和 G2，木聚糖酶基因的扩增引物为 G3 和 G4，在 G1 的 5′-端引入 Bam HI 酶切位点，在 G2 和 G3 的 5′-端引入 *Hind* III 酶切位点，在 G4 的 5′-端引入 Xho I 酶切位点。

表 8-2　β-甘露聚糖酶和木聚糖酶基因扩增引物

引物名称	引物序列（5′→3′）
G1	CGCGGATCCGCGCATACTGTGTCGCCTGTG
G2	GCAAGCTTTCACTCAACGATTGGCGTTAAG
G3	GCAAGCTTATTTACCTCAAAGTCGGAG
G4	GCCTCGAGTGATTAAGGATGATCTGT

1. BE-91 基因组 DNA 的提取

利用基因组提取试剂盒 MasterPure DNA Purification Kit 提取 BE-91 菌株的基因组 DNA。操作步骤如下：①取 1.0mL 过夜培养的 BE-91 菌液到 EP（eppendorf）管中，9 000r/min 离心 1min，去除上清液培养基。②加入 300μL 含蛋白酶 K（50 μg/300μL）的组织和细胞裂解液，漩涡振荡重悬沉淀。将重悬液于 65℃温浴 15min，并且每 5min 漩涡混合一次。③将样品冷却到 37℃，并加入 5 μg/μL 的 RNase A 1.0μL，混匀，37℃温浴 30min。④将样品冰浴 3~5min，加入 175μL 的 MPC 蛋白沉淀剂，漩涡振荡 10 S 混

匀。⑤ 12 000r/min 离心 10min，取上清液于一支新的 EP 管。⑥加入 500 μL 异丙醇到上清液中，反复颠倒数次（30~40 次）。12 000r/min，4℃离心 10min。⑦小心吸去上清液，将 EP 管倒置滤纸上是所有液体流出，再将附着管壁的液滴除尽。⑧加 1.0mL 70%的乙醇洗涤沉淀，振荡混合，于 12 000r/min，4℃离心 5min，小心弃上清。重复乙醇洗涤一次，然后将开口的 EP 管室温放置（大约 5min）使乙醇挥发尽。⑨用 50μL 的 TE 缓冲液或灭菌超纯水重悬 DNA。

采用上述流程所提取的 BE-91 基因组 DNA 用 0.8%的琼脂糖凝胶电泳检测结果如图 8-10。

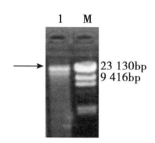

图 8-10 BE-91 基因组 DNA 电泳检测

2. β-甘露聚糖酶和木聚糖酶基因的扩增

以 BE-91 菌株的基因组 DNA 为模板，分别用 G1/G2，G3/G4 两对特异性引物 PCR 反应扩增 β-甘露聚糖酶和木聚糖酶基因。PCR 反应体系组成如下：10×PCR Buffer，5μL；$MgSO_4$（25mmol/L），2μL；dNTP（10mmol/L），5μL；DNA 模板，1.0μL；正向引物（10 μmol/L），1.0μL；反向引物（10 μmol/L），1.0μL；Kod plus DNA 聚合酶，1.0μL。加灭菌水 34μL 到总体积 50μL，混匀后置于 PCR 仪器上进行 PCR 反应。反应循环条件如下：94℃ 预变性 3min，94℃ 变性 15 S，Tm - 5℃复性 30 S，70℃ 延伸 90 S。30 个循环后，72℃延伸 10min。然后置于 4℃ 下保存。将获得的 PCR 产物用 PCR 产物纯化试剂盒进行纯化回收，并用 0.8%的琼脂糖凝胶电泳检测回收到的 PCR 产物。以 BE-91 菌株基因组 DNA 为模板，用引物 G1/G2 和 G3/G4 分别扩增得到 β-甘露聚糖酶基因（1.05kb）和木聚糖酶基因（0.71kb）。0.8%琼脂糖凝胶电泳的检测结果如图 8-11。

3. 双基因表达体系构建

根据引物设计的酶切位点，将 PCR 产物和质粒载体（pET28a）进行双酶切。限制性酶双酶切体系如下：20μL 体系含 DNA 16μL 或 50μL 体系含 DNA 45μL；Buffer，2μL；酶，各 1μL。37℃ 温浴 3 个小时，酶切后用 0.85%的琼脂糖凝胶电泳回收大片段的产物。将酶切后的 DNA 分别和酶切后的质粒载体连接，连接体系如下：Buffer，2.5μL；DNA，4μL；质粒载体，2.5μL；T4 DNA Ligase，1.0μL。

β-甘露聚糖酶和木聚糖酶共表达质粒的构建过程。首先用限制性酶 *Bam* HI 和 *Hind*

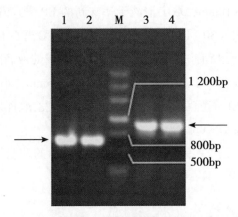

图 8-11　β-甘露聚糖酶和木聚糖酶基因 PCR 产物电泳检测

Ⅲ双酶切 β-甘露聚糖酶基因和 pET28a 质粒载体，连接后构建成 pET28a-man 质粒，转化 E. coli BL21（DE3）构建 β-甘露聚糖酶表达菌株 B. pET28a-man。与此同时，用限制性酶 Hind Ⅲ 和 Xho I 双酶切木聚糖基因和 pET28a 质粒载体，连接后构建成 pET28a-xyl 质粒，转化 E. coli BL21（DE3）构建木聚糖酶表达菌株 B. pET28a-xyl。然后用 Hind Ⅲ 和 Xho I 双酶切 pET28a-man 质粒和 B. pET28a-xyl，连接后构建成 pET28a-man-xyl 质粒，转化 E. coli BL21（DE3）生成 β-甘露聚糖酶和木聚糖酶共表达菌株。其中，共表达质粒 pET28a-man-xyl 的物理图谱如图 8-12 所示，通过限制性酶切位点 Hind Ⅲ 连接木聚糖酶和 β-甘露聚糖酶基因，在木聚糖酶和 β-甘露聚糖酶两个编码基因的连接处插入来自木聚糖酶基因的一段 5'-UTR 序列（46bp）。

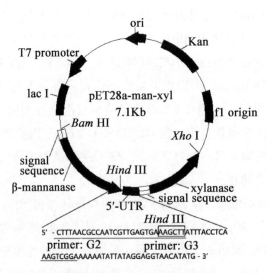

图 8-12　重组质粒 pET28a-man-xyl 的物理图谱

（二）β-甘露聚糖酶和木聚糖酶基因共表达体系鉴定

转化子的筛选鉴定　转化菌液涂布到含有卡那霉素（50mg/L）的 LB（Luria-Bertani）平板上，培养过夜（约 16h）。从平板上随机挑取 3 个转化子进行分子生物学鉴定和水解圈活性检测。

1. 重组菌水解圈法定性检测

随机挑取转化子接种到 5mL 的 LB 培养液（含卡那霉素，50mg/L）中，37℃下振荡过夜培养，次日用移液枪吸取适量菌液，点种到甘露聚糖酶和木聚糖酶活性检测平板上，以未插入 β-甘露聚糖酶和木聚糖酶基因的空质粒菌株为对照，将平板倒置，于 37℃的培养箱中培养过夜（约 16h）后观察平板上的水解圈。其中，含有共表达质粒 pET28a-man-xyl 的 3 个转化子在甘露聚糖酶活性检测平板上均有明显的水解圈，而在木聚糖酶活性检测平板上，2 号转化子能观察到明显的水解圈，3 号转化子有比较微弱的水解圈，1 号转化子没有水解圈（图 8-13）。经过活性检测平板反复的检测后，筛选到 2 号转化子，获得共表达菌株 B. pET28a- man-xyl 并保存。

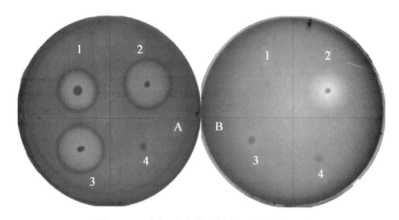

图 8-13　水解圈法检测转化子胞外酶活性

A. 甘露聚糖平板，B. 木聚糖平板；1，2，3. 含有质粒 pET28a-*man-xyl* 的转化子；4. 对照

2. 重组质粒的菌液 PCR 和酶切鉴定

随机挑取转化子接种到 5mL 的 LB 培养液（含卡那霉素，50mg/L）中，37℃下振荡过夜培养。用引物 G1/G2 和 G3/G4 分别对每个单克隆培养菌液进行两组 PCR 反应。用 0.8% 的琼脂糖凝胶电泳检测 PCR 反应产物。随机挑取 3 个转化子接种到 5mL 的 LB 培养液（含卡那霉素，50mg/L）中，37℃下振荡过夜培养。应用质粒小量制备试剂盒抽提质粒，对重组质粒进行酶切鉴定。用 0.8% 的琼脂糖凝胶电泳检测酶切产物。随机挑取 3 个转化子接种到 5mL 的 LB 培养液（含卡那霉素，50mg/L）中，37℃下振荡过夜培养。应用质粒小量制备试剂盒抽提质粒。按照上面的酶切体系（20 μL）酶切抽提的

质粒 DNA。用 0.8% 的琼脂糖凝胶电泳检测酶切产物。

抽提过夜培养菌液的质粒 pET28a- *man-xyl* 进行质粒 PCR 和双酶切验证，质粒 PCR 和双酶切都检测到正确的条带（图 8-14）。图 8-14 中表现出酶切后的质粒条带部分不整齐，分析认为是由于质粒核酸量的差异和酶切不完全对酶切的过程造成干扰，因为对于 3 号转化子，泳道 6 中的酶切产物没有出现目的条带，但质粒 PCR 能扩增到微弱的条带（泳道 12），从而说明可能是由于酶切不完全和质粒核酸量的差异造成干扰。

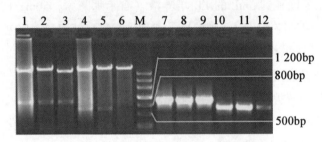

图 8-14 转化子质粒 PCR 和双酶切检测

1~3. 转化子 1，2，3 经 BamH I 和 Hind Ⅲ 双酶切；4~6. 转化子 1，2，3 经 Hind Ⅲ 和 Xho I 双酶切；M：核酸分子量标准；7~9. 引物 G1 和 G2 的 PCR 产物；10~12. 引物 G3 和 G4 的 PCR 产物

3. SDS-PAGE 分析

挑取 B. pET28a-man-xyl 单菌落接种到 5mL 的含有卡那霉素的 LB 培养液，37℃摇床培养过夜。次日取 0.5mL 过夜培养的菌液接种到 10mL 的 LB 培养液中（加入卡那霉素），37℃摇床培养，当 OD_{600} 达到 0.60 时加入 TPTG，30℃诱导 8h，取 1mL 的菌液于离心管中，13 000r/min 离心 5min，弃上清液后加入 50 μL 的缓冲溶液，漩涡振荡重悬菌体沉淀，加入等体积的蛋白上样缓冲液，煮沸 5min 中备用。每次上样前煮沸 3min 处理，电泳时以为转化质粒的菌株或空质粒菌株为对照。

对筛选出的 B. pET28a-*man-xyl* 菌株表达的 β-甘露聚糖酶和木聚糖酶进行 SDS-PAGE 分析。和对照菌株 *E. coli* BL21（DE3）相比较，B. pET28a-*man-xyl* 菌株的菌体蛋白质普带在 35kD 和 20kD 附近分别出现一条明显的特异蛋白带（图 8-15）。根据 β-甘露聚糖酶和木聚糖酶基因的核酸序列分别预测得到分子量大小是 40.75kD 和 23.31kD，出现的两条特异蛋白质带的大小和预测的一致。同时也表明，木聚糖酶和 β-甘露聚糖酶是以独立的方式分泌的，而不是表达成融合蛋白，这也为表达的蛋白质具有活性创造了很好的条件。从上清液蛋白质普带中看出，共表达基因工程菌株在相应的位置有两条较亮的条带，而基因来源菌株找不到相应的条带，说明两种酶的表达量明显高出原始菌株，且两种酶的表达量几乎没有差异。

4. 酶活力测定

挑取 B. pET28a-*man-xyl* 单菌落接种到 5mL 含有卡那霉素的 LB 培养液中，37℃过夜

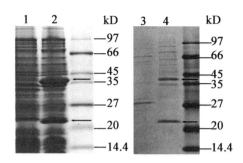

图 8-15 重组菌 pET28a-*man-xyl* 的 SDS-PAGE 分析

1，2. *E. coli* BL21（DE3）和 B. pET28a-*man-xyl* 的全蛋白；

3，4. BE-91 和 B. pET28a-*man-xyl* 发酵上清液

培养。取过夜培养菌液 4mL 接种到 200mL 含有卡那霉素的 LB 培养基中，在 37℃下摇床培养，直到 OD_{600} 达到 0.67。然后加入 IPTG（$1×10^{-3}$mol/L），将温度降低到 30℃，在 180r/min 下进行摇床诱导培养。从 0h 诱导开始，每 2h 取出 8mL 的发酵液，于 4 000r/min，4℃离心 20min，分别收集菌体和上清液。用预冷的 pH 值 6.0 的柠檬酸-磷酸氢二钠缓冲溶液洗涤菌体 2 次，并用等量的缓冲溶液重悬菌体，将菌体重悬液分别于 -70℃，15min 和 55℃，5min 的条件下反复冻融 3 次裂解细胞，10 000r/min，4℃离心 10min，收集上清液。对菌株 B. pET28a-*man-xyl* 的胞内酶和胞外酶的产酶过程进行分析，β-甘露聚糖酶和木聚糖酶酶活力见表 8-3。当 OD_{600} 达到 0.67 时，胞内酶与胞外酶的酶活力均为 0，随后加入 IPTG 诱导菌株，每两小时取一次样检测酶活性。诱导初期，胞内酶的酶活力高于胞外酶，β-甘露聚糖酶和木聚糖酶的胞外酶酶活分别在 4h 和 6h 时超过胞内酶。此后，胞外酶的酶活力随着诱导时间的延长而上升，而胞内酶的酶活力则趋于平衡。诱导 21h 时，木聚糖酶和 β-甘露聚糖酶的胞外酶活分别为 1 455.83 U/mL 和 713.34U/mL，是胞内酶酶活的 2.5 倍和 11.9 倍，胞外酶酶活占总酶活的 70%以上。

表 8-3　B. pET28a-*man-xyl* 的 β-甘露聚糖酶和木聚糖酶酶活　　　（U/mL）

诱导时间（h）	β-甘露聚糖酶		木聚糖酶	
	胞内	胞外	胞内	胞外
0	0	0	0	0
2	40.50	24.48	251.75	0
4	65.70	64.80	673.25	93.50
6	64.26	113.22	629.25	636.73
8	60.30	272.34	583.50	1 198.29
21	59.94	713.34	574.25	1 455.83

第二节　三个关键酶基因共表达

国内外大量研究证明，草本纤维生物精制所需关键酶包括果胶酶、甘露聚糖酶和木聚糖酶。本节运用现代生物技术方法，尝试构建这三类关键酶共表达体系，为进一步构建直接应用于工业生产的基因工程高效菌株奠定基础。

一、三个关键酶基因组合表达

前期研究基础，从 T85-260 菌株中扩增到果胶酶基因与 pMD 18-T 连接构建成 pT-P（携带果胶酶基因的载体）；从 CXJZ95-198 中扩增到甘露聚糖酶基因与 pMD 18-T 连接构建成 pT-M（携带甘露聚糖酶基因的载体）；从 CXJZ11-01 中扩增的木聚糖酶基因与 pMD 18-T 连接构建而成 pT-X（携带木聚糖酶基因的载体）。

（一）双基因交叉组合表达

1. 双基因复合酶工程菌株构建模式

采用并联模式将单质酶载体整合到同一宿主中，形成复合酶工程菌株（图 8-16）。

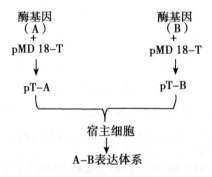

图 8-16　双基因表达体系构建流程

2. P-M 表达体系

从 P 菌株中提取将携带果胶酶基因的质粒 pT-P。将 M 菌株制成感受态细胞，用热激法将 pT-P 转化到感受态细胞中。直接将转化液稀释涂布在果胶酶筛选平板上，检测转化效果。菌落周围若产生果胶酶水解圈，则说明 pT-P 已经成功导入，将此菌株命名为 M-P，产甘露聚糖酶与果胶酶两种酶。

3. M-X 表达体系

将携带木聚糖酶基因片段的质粒 pT-X 导入甘露聚糖酶菌株 M 中，在木聚糖酶筛选平板上，检测转化效果。产生木聚糖酶水解圈的菌株，则说明 pT-X 已经成功导入。将此菌株命名为 M-X，产甘露聚糖酶与木聚糖酶两种酶。

将 M-X 菌株在甘露聚糖酶、木聚糖酶筛选平板上同时鉴定酶活性，结果在两种平板上都能产生水解圈，表明携带甘露聚糖酶基因片段的质粒与携带木聚糖酶基因片段的质粒共存于同一宿主菌之中，两者相容，且在表达过程中互不干涉。

4. P-X 表达体系

将携带木聚糖酶基因片段的质粒 pT-X 导入果胶酶菌株 P 中，在木聚糖酶筛选平板上，检测转化效果。产生木聚糖酶水解圈的菌株，则说明 pT-X 已经成功导入。将此菌株命名为 P-X，产果胶酶与木聚糖酶两种酶。

将 P-X 菌株在果胶酶、木聚糖酶筛选平板上同时鉴定酶活性，结果在两种平板上都能产生水解圈，表明携带果胶酶基因片段的质粒与携带木聚糖酶基因片段的质粒共存于同一宿主菌之中，两者相容，且在表达过程中互不干涉。

5. 双基因复合酶工程菌株鉴定

采用 DNS 法检测工程菌株发酵液中酶的活性，结果列如表 8-4。

表 8-4　工程菌株发酵液中酶的活性检测结果　　　　　　　　（U/mL）

P-M		M-X		P-X	
甘露聚糖酶	300	甘露聚糖酶	324	果胶酶	160
果胶酶	160	木聚糖酶	329	木聚糖酶	370

由表 8-4 可以看出，3 个双基因复合酶工程菌株的发酵液中都测定出相应的酶活力，再次证明工程菌株的构建圆满成功。

（二）三基因组合共表达

1. 三基因共表达工程菌株构建模式

采用并联模式将单质酶载体整合到同一宿主中，形成复合酶工程菌株（图 8-17）。

2. P-M-X 复合酶表达体系构建

将携带木聚糖酶基因片段的质粒 pT-X 导入甘露聚糖酶-果胶酶双酶菌株 M-P 中，点种在木聚糖酶筛选培养基上，鉴定转化是否成功。质粒 pT-X 转化成功的菌株则会产木聚糖酶水解圈，此菌株就是能同时产甘露聚糖酶、果胶酶、木聚糖酶 3 种酶的菌株，命名为 P-M-X。

3. P-M-X 工程菌株水解圈法鉴定

将 P-M-X 菌液同时点种到甘露聚糖酶、果胶酶、木聚糖酶 3 种筛选平板上，同步确认 P-M-X 产 3 种酶的情况（图 8-18）。图 8-18 表明，P-M-X 菌株可以同时产 3 种酶。

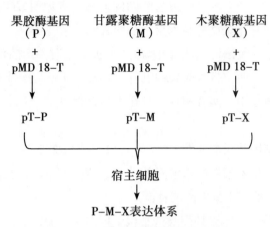

图 8-17 三基因共表达菌株构建流程

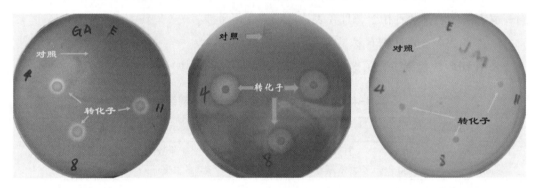

图 8-18 P-M-X 工程菌株水解圈法鉴定（从左至右依次果胶、甘露聚糖和木聚糖平板）

4. P-M-X 酶活力测定

按照本实验室常规程序，以 CXJZ95-198 菌株为对照，测定 P-M-X 复合酶工程菌株 9h 发酵液中 3 种酶的活力，结果如表 8-5 所示。结果显示，P-M-X 菌株的甘露聚糖酶和木聚糖酶的活力分别比 CXJZ95-198 菌株提高 41.7%和 350%。

表 8-5 P-M-X 复合酶工程菌株 9h 发酵液中 3 种酶活力检测结果　　（U/mL）

菌株	果胶酶	甘露聚糖酶	木聚糖酶
P-M-X	150	340	360
CXJZ95-198	150	240	80

5. P-M-X 菌株用于苎麻脱胶试验

将 P-M-X 接种到 LB 试管液中，转接到小三角瓶中，培养 6h，再按照 2%的接种量接种到发酵培养液中培养，取发酵液，加 195mL 水，放入 20g 苎麻，34℃温育 20min，倒去接种液，34℃保温发酵；用生产用脱胶菌株作对照。对照发酵 5h 的苎麻变蓝色，完成了脱胶过程，用水冲洗即可得到理想的纤维；而接种 G-P-X 发酵 7h 的苎麻无变化。说明 P-M-X 菌株的酶活力提高了，但是对于草本纤维精制的整体功能远远没有达到生产用菌种的要求。这就预示着，要构建生产上适用的工程菌株，最好选用现有功能菌株为受体。

二、三个关键酶基因串联表达

（一）串联表达体系构建

引物设计 根据 4 个关键酶基因序列和转化载体 pET28a（+）的 MCS 区段的酶切位点前端序列（*BamH* I：GGATCC；*Sac* I：GAGCTC；*Hind* Ⅲ：AAGCTT；*Xho* I：CTC-GAG），参照载体遗传图谱添加适当保护性碱基，设计 PCR 扩增引物如表 8-6 所示。

表 8-6 用于构建三个关键酶基因串联表达载体的引物

基因名称	引物名称	引物序列（5'-3'）	目的片段 bp
*Pel*419	Fp 28-PXM	CGUUGGATCCUUATGAAATCACTCATTACC	1 128
	Rp 28-PXM	CUUGAGCTCUCUUTTATTTACAGGCTG	
DCE- *xyl*	Fx 28-PXM	CUUGAGCTCUCUUATGAATGCTATGAATGGAAAT	1 251
	Rx 28-PXM	CCCUUAAGCTTUUGCTTATTTACTGACAAAGGTCG	
DCE- *man*	Fm 28-PXM	CCCUUAAGCTTUUGCATGAAAAGGACGTATCAG	1 137
	Rm 28-PXM	CCUUCTCGAGUUCATCAGTTGGCTTCGAC	
DCE- *man*	Fm 28-MPX	CGUUGGATCCUU ATGAAAAGGACGTATCAG	1 137
	Rm 28-MPX	CUUGAGCTCUU TCAGTTGGCTTCGAC	
*pel*419	Fp 28-MPX	CUUGAGCTCUU ATGAAATCACTCATTACC	1 128
	Rp 28-MPX	CCCUUAAGCTTUUGC TTATTTACAGGCTG	
DCE- *xyl*	Fx 28-MPX	CCCUUAAGCTTUUGCATGAATGCTATGAATGGAAAT	1 251
	Rx 28-MPX	CCUUCTCGAGUUCATTATTTACTGACAAAGGTCG	
DCE- *xyl*	Fx 28-XMP	CGUUGGATCCUUATGAATGCTATGAATGGAAAT	1 251
	Rx 28-XMP	CUUGAGCTCUUTTATTTACTGACAAAGGTCG	
DCE- *man*	Fm 28- XMP	CUUGAGCTCUU ATGAAAAGGACGTATCAG	1 137
	Rm 28- XMP	CCCUUAAGCTTUUGC TCAGTTGGCTTCGAC	
*pel*419	Fp 28-XMP	CCCUUAAGCTTUUGCATGAAATCACTCATTACC	1 128
	Rp 28-XMP	CCUUCTCGAGUUCA TTATTTACAGGCTG	
*pel*419	Fp 28-PXM（91x）	CGUUGGATCCUUATGAAATCACTCATTACC	1 128
	Rp 28-PXM（91x）	CUUGAGCTCUCUUTTATTTACAGGCTG	
BE- *xyl*	Fx 28-PXM（91x）	CUUGAGCTCUUTTATGTTTAAGTTTAAAAAGA	642
	Rx 28-PXM（91x）	CCCUUAAGCTTUUGCTTTTACCACACTGTTACGTT	
DCE- *man*	Fm 28-PXM（91x）	CCCUUAAGCTTUUGCATGAAAAGGACGTATCAG	1 137
	Rm 28-PXM（91x）	CCUUCTCGAGUUCATCAGTTGGCTTCGAC	

（续表）

基因名称	引物名称	引物序列（5'-3'）	目的片段 bp
DCE-*man*	Fm RR28-MPX（91x）	CGUUGGATCCUU ATGAAAAGGACGTATCAG	1 137
	Rm 28-MPX（91x）	CUUGAGCTCUU TCAGTTGGCTTCGAC	
*pel*419	Fp 28-MPX（91x）	CUUGAGCTCUU ATGAAATCACTCATTACC	1 128
	Rp 28-MPX（91x）	CCCUUAAGCTTUUGC TTATTTACAGGCTG	
BE-*xyl*	Fx 28-MPX（91x）	CCCUUAAGCTTUUGCTTATGTTTAAGTTTAAAAAGA	642
	Rx 28-MPX（91x）	CCUUCTCGAGUUCATTTTACCACACTGTTACGTT	
BE-*xyl*	Fx 28-XMP（91x）	CGUUGGATCCUUTTATGTTTAAGTTTAAAAAGA	642
	Rx 28-XMP（91x）	CUUGAGCTCUUTTTTACCACACTGTTACGTT	
DCE-*man*	Fm 28-XMP（91x）	CUUGAGCTCUU ATGAAAAGGACGTATCAG	1 137
	Rm 28-XMP（91x）	CCCUUAAGCTTUUGC TCAGTTGGCTTCGAC	
*pel*419	Fp 28-XMP（91x）	CCCUUAAGCTTUUGC ATGAAATCACTCATTACC	1 128
	Rp 28-XMP（91x）	CCUUCTCGAGUUCA TTATTTACAGGCTG	

拟将关键酶基因分别以 PXM、MPX、XMP、PXM（91X）、MPX（91X）、XMP（91X）的顺序或组合串联排列在表达载体 MCS 区段上。

1. 试验材料

关键酶基因来源于 DCE01 菌株的果胶酶基因 *pel*419、甘露聚糖酶基因 *man*、木聚糖基因 *xyl* 以及来源于 BE-91 菌株的木聚糖酶基因 91*xyl*。表达载体 pET28a（+）购自 Novagen 公司。受体为大肠菌 *E. coli* BL21（DE3）。

2. 关键酶基因 PCR 产物鉴定

图 8-19 证明，按照设计的引物分别从 DCE01 和 BE-91 的全基因组 DNA 中扩增出目的基因，经琼脂糖检验，重组质粒所需基因片段均已获得成功扩增。与 Marker 标记的位置比对，所有扩增到的片段大小与原基因一致。

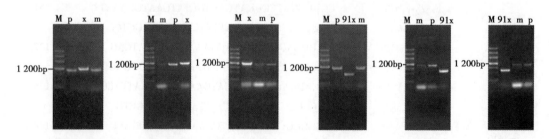

图 8-19　28PXM/28MPX/28XMP/28P（91X）M/MP（91X）/28（91X）MP 的 PCR 产物

3. 重组质粒构建

根据引入的不同限制性内切酶酶切位点，分别对纯化后获得的 PCR 片段与质粒载体进行双酶切，体系包括（80μL）：ddH$_2$O，60μL；Buffer，8μL；DNA，4μL；酶，各4μL。37℃水浴0.5h。完成后，进行电泳分离回收DNA片段。将完整切割纯化后的DNA片段与线性载体DNA连接，连接体系是：Buffer，2.5μL；质粒载体DNA，2.5μL；插入片段DNA，4μL；T4连接酶，1.0μL。过夜连接反应后，进行转化筛选。然后，按照设计组合和顺序依次构建后续试验所需要的多基因共表达重组质粒。构建流程如图8-20所示（以28PXM为例）。按照这个流程依次构建载体28PXM、28MPX、28XMP、28P（91X）M、28MP（91X）、28（91X）MP。

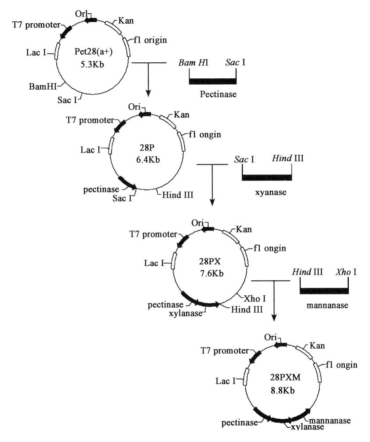

图8-20　重组质粒28PXM的构建流程

多基因串联表达重组质粒构建的物理图谱如图8-21所示（以28PXM、28MPX、28XMP为例）。质粒重组过程中，保留中间质粒28P、28X、28M、28X（91X）。质粒按上述过程构建完成后，将所有质粒分别转化进入 *E.coli* BL21（DE3），获得均带有果胶酶基因、木聚糖酶基因和β-甘露聚糖酶基因的不同组合和插入顺序的6个多基因共表达菌株和4个亲本基因表达菌株。

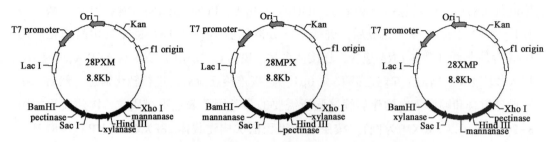

图 8-21　重组质粒 28PXM/28MPX/28XMP 的物理图谱

（二）串联表达体系鉴定

1. 重组质粒双酶切验证

将转化菌液均匀涂布到 LB 筛选平板（卡那霉素 50mg/L）上，37℃过夜静置培养。随机挑取转化子接种到 6mL 的 LB 培养液（含卡那霉素，50mg/L）中，37℃下振荡过夜培养，用设计的引物对每个重组质粒的菌液进行 PCR 验证鉴定。菌液 PCR 体系组成：引物，各 1.0μL；菌液 1.0μL；MasterMix，10μL；ddH₂RO，补足到 25μL。随机挑取若干个转化子接种至 6mL 含 50mg/L 卡那霉素的 LB 筛选培养液中，37℃下过夜培养后抽提质粒，对提取的重组质粒 DNA 进行酶切，内切酶选取如表 8-7 所示。

表 8-7　用于重组质粒验证的限制性内切酶

基因插入区位	限制性内切酶 1	限制性内切酶 2
1	*BamH* I	*Sac* I
2	*Sac* I	*Hind* Ⅲ
3	*Hind* Ⅲ	*Xho* I

提取质粒后分别用相对应的限制性内切酶对每个多基因重组质粒 MCS 区段的第一、第二、第三号基因位置上进行重组质粒的双酶切验证，用 1.0% 琼脂糖凝胶验证酶切产物大小。结果如图 8-22：扩增获得的 *pel*419、*xyl*、*man* 与 91*xyl* 基因 DNA 条带均分布在 1 200bp、800bp 大小附近；按不同基因组合的排列顺序在对应位置切割下来的基因片段大小也在 1 200bp 大小附近，重组质粒切割单基因后剩余的片段在 7 500bp 条带附近，所有重组质粒酶切后的目的条带与预计大小基本一致，证明所有基因均按预定要求依次串联构建在表达载体上。

2. SDS-PAGE 电泳鉴定

挑取阳性转化子接种到 6mL 的含有卡那霉素的 LB 培养液，37℃培养过夜。第二天取 1.0mL 过夜培养的菌液接种到 10mL 的 LB 培养液中（含 100mg/L 卡那霉素），37℃培养，菌液 OD₆₀₀ 达到 0.6 时加入诱导剂 IPTG（至终浓度 1mmol/L）诱导，30℃温度下

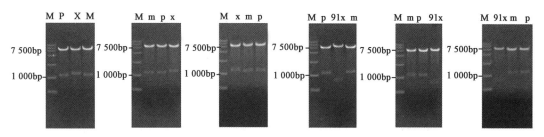

图 8-22 双酶切检测重组子 28PXM/28MPX/28XMP/28P（91X）M/MP（91X）/28（91X）MP 中的关键酶基因

120r/min 诱培养 8h，取 1mL 的菌液于离心管中，13 000r/min 离心 5min，弃上清，加入 50μL 的缓冲溶液，振荡重悬菌体沉淀，加入等体积上样缓冲液，煮沸 5min 后备用。以后每次上样前预先煮沸 3min。以未插入任何片段的空载体菌株为对照。

采集成熟的菌液，经离心洗脱后将获得的菌体进行 SDS-PAGE 电泳检验，获得的目的蛋白电泳结果显示：图 8-23（A）中，各亲本酶与预测的成熟肽大小基本一致（果胶酶 P：38.1kDa/39.8kDa；木聚糖酶基因 *xyl*：42.9kDa/45.7kDa；木聚糖酶基因 91*xyl*：20.5kDa/24.3kDa；甘露聚糖酶基因 *man*：38.9kDa/41.8kDa），木聚糖酶基因 xyl 条带并不明显，其原因可能是产物本身表达量太小。另外，与对照组的蛋白分子量差异太小也会导致不能出现明显的目的条带。图 8-23（B）中 6 个多基因重组子组合中部分表达出了较为明显的果胶酶、甘露聚糖酶、木聚糖酶 91*xyl* 蛋白条带，其片段大小与预测的成熟肽较为接近。

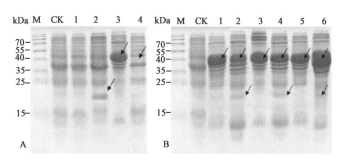

图 8-23 SDS-PAGE 检测亲本酶、多基因重组菌株表达

箭头为目标蛋白；图 A 泳道 1-4，28X，28（91X），28M，28P；图 B 泳道 1-6 分别为：28PXM，28P（91X）M，28MPX，28MP（91X），28XMP，28（91X）MP；CK：对照菌株；M：蛋白分子量

3. 酶活力检测

挑取重组工程菌株接种到 5.0mL 含有 100μg/mL 卡拉霉素的 LB 培养液，37℃，210r/min 振荡过夜后，取菌液 2.0mL 接种到 100mL 含有 100μg/mL 卡拉霉素的 LB 培养液，37℃，220r/min 振荡培养。当 OD600 达到 0.6，添加 IPTG 至终浓度 0~2.0mmol/

L，30℃，150~230r/min 梯度转速下诱导培养 15~21h。提取出成熟发酵液，4 000r/min，4℃离心 10min，分别收集菌体和上清液。上清液即为胞外酶液。用预冷的生理盐水洗涤菌体 2 次，并用等量的缓冲溶液重悬菌体，将菌体重悬液在 4℃条件下用超声波破碎仪裂解菌体细胞。超声参数设置为：强度30%，超声5s，间隔5s，时间30min。收集细胞裂解液，10 000r/min，4℃离心 10min，上清液为胞内酶液。

采用优化后的表达参数对 6 个多基因重组菌株和 4 个亲本基因菌株进行诱导表达，以 DNS 法测定酶活力结果如表8-8所示。

表8-8　多基因串联重组工程菌株的果胶酶、β-甘露聚糖酶和木聚糖酶活力（U/mL）

重组工程菌株	果胶酶	木聚糖酶	β-甘露聚糖酶
28p	327.64±2.35	—	—
28x	—	3.22±0.05	—
28m	—	—	15 180±30.05
28（91X）	—	533.20±8.89	—
28PXM	214.82±3.21	2.92±0.03	17.52±0.69
28MPX	11.06±0.04	2.05±0.01	21 522.49±43.23
28XMP	5.57±0.01	4.59±0.01	410±6.07
28P（91X）M	414.74±2.56	114.13±2.45	520.28±5.98
28MP（91X）	58.88±0.04	62.57±0.07	87 601.32±89.72
28（91X）MP	11.57±0.01	671.80±6.02	5 823.16±9.82

目的基因在不同菌株不同位置中的比较差异如图8-24、图8-25、图8-26、图8-27所示。

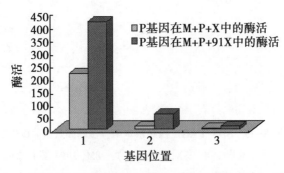

图8-24　*pel*419 在不同菌株/基因位置的表达

综合分析表8-8以及图8-24、图8-25、图8-26、图8-27所显示的试验结果，可以推断出如下结论：

（1）同种酶之间，来源于 BE-91 菌株的木聚糖基因 91xyl 表达量远远高于源于 DCE01 菌株的 xyl 基因，其亲本单基因菌株为后者的 165.6 倍；在多基因重组菌株中，

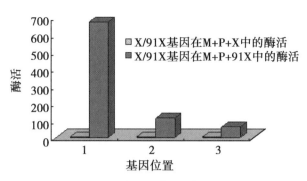

图 8-25 **91xyl** 在不同菌株/基因位置的表达

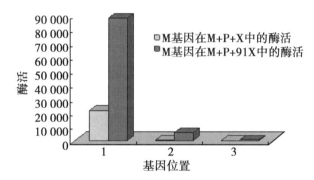

图 8-26 **man** 在不同菌株/基因位置的表达

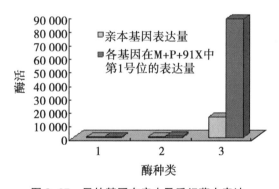

图 8-27 目的基因在亲本及重组菌中表达

处于 1、2、3 位的不同位置时表达分别为后者的 146.4 倍、39.09 倍、30.5 倍。

（2）pel419、xyl/91xyl、man 基因在第一、二、三号位置上的表达情况呈依次递减趋势。也就是说，果胶酶 pel419 基因在 pel419-man-xyl 基因组合的重组菌株中第一、二、三号位置上表达量依次为：214.82U/mL、11.06U/mL、5.57U/mL，其中第一号位 pel419 基因的表达量为第二号位的 19.42 倍，第二号位为第三号位的 1.98 倍；pel419 基因在 pel419-man-91xyl 基因组合的菌株中表达量依次为：414.74U/mL、58.88U/mL、11.57U/mL，其中第一号位 pel419 基因的表达量为第二号位的 7.04 倍，第二号位为第三号位的 5.08 倍。木聚糖酶 xyl 基因在 pel419-man-xyl 基因组合的重组菌株中第一、二、三号位置上表达量依次为：4.59U/mL、2.92U/mL、2.05U/mL，其中第一号位 xyl 基因的表达量为第二号位的 1.57 倍，第二号位为第三号位的 1.42 倍；91xyl 基因在 pel419-man-91xyl 基因组合的菌株中表达量依次为：671.80U/mL、114.13U/mL、62.57U/mL，其中第一号位 91xyl 基因的表达量为第二号位的 5.89 倍，第二号位为第三号位的 1.82 倍。甘露聚糖酶 man 基因在 pel419-man-xyl 基因组合的重组菌株中第一、二、三号位置上表达量依次为：21 522.49U/mL、410.00U/mL、17.52U/mL，其中第一号位 man 基因的表达量为第二号位的 52.49 倍，第二号位为第三号位的 23.40 倍；man 基因在 pel419-man-91xyl 基因组合的菌株中表达量依次为：87 601.32U/mL、5 823.16U/mL、520.28U/mL，其中第一号位 man 基因的表达量为第二号位的 15.04 倍，第二号位为第三号位的 11.19 倍。

（3）重组菌株中，将木聚糖酶基因 xyl 转换为异源木聚糖酶基因 91xyl 之后，三种关键酶均获得非常明显的增长表达，且增长倍数不一。其中，在 pel419-xyl（91xyl）-man 的基因排列顺序中，基因 xyl 置换为 91xyl 后，果胶酶的表达增长为原来的 1.93 倍，木聚糖酶的表达增长为原来的 39.09 倍，甘露聚糖酶基因的表达量增长为原来的 29.70 倍；在 man-pel419-xyl（91xyl）的基因排列顺序中，基因 xyl 置换为 91xyl 后，果胶酶的表达增长为原来的 5.32 倍，木聚糖酶的表达增长为原来的 30.52 倍，甘露聚糖酶基因的表达量增长为原来的 4.07 倍；在 xyl（91xyl）-man-pel419 的基因排列顺序中，基因 xyl 置换为 91xyl 后，果胶酶的表达增长为原来的 2.07 倍，木聚糖酶的表达增长为原来的 146.36 倍，甘露聚糖酶基因的表达量增长为原来的 14.20 倍。

（4）在 pel419-man-91xyl 基因组合表达菌株中，多基因重组菌株与亲本单基因表达菌株相比，在第一号基因位置上，串联上其他两个基因后，多基因菌株各酶的表达量分别为 414.74、87601.32 和 671.80，而亲本单基因菌株的表达量 327.64、15180 与 533.20。两列数据纵向比较前者均要高于后者。而在 pel419-man-xyl 基因组合菌株中则不是很明显，果胶酶的酶活在多基因菌株中的活力要低于亲本单基因菌株。

水解圈法鉴定　用移液枪吸取 0.5μL 菌液点种于木聚糖酶和甘露聚糖酶检测平板。以未插入基因片段的空载体菌株为对照，37℃倒置培养 16h 后观察平板中的水解圈（图 8-28）。

由图 8-28 可以看出，木聚糖酶检测平板中（A），带有木聚糖酶基因 91*xyl* 的菌株 28P（91X）M、28MP（91X）、28X（91X）MP、28X（91X）均出现了较明显的水解圈，说明这些菌株分泌了较高活性的胞外木聚糖酶，平板内木聚糖被部分的降解了；而携带源于 DCE01 木聚糖酶基因（*xyl*）的其他菌株（28PXM、28MPX、28XMP、28X、DCE01）则未见明显水解圈，证明其胞外木聚糖酶活性较低或者是表达量较低。甘露聚

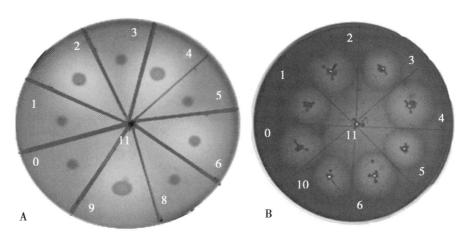

图 8-28　水解圈法检测三基因串联表达体系木聚糖酶、甘露聚糖酶活力

A：木聚糖酶检测平板，B：甘露聚糖酶检测平板；0. DCE-01；1. 28PXM；2. 28P（91X）M；3. 28MPX；4. 28MP（91X）；5. 28XMP；6. 28（91X）MP；7. 28P；8. 28X；9. 28（91X）；10. 28M；11. 28 空载体

糖酶检测平板中（B），除开阴性对照组未出现水解圈外，其他所有菌株均出现了非常明显的水解圈，说明所有菌株都能分泌较高活性的甘露聚糖酶，能较好地分解平板中甘露聚糖。

第三节　DCE01 为受体的基因工程菌株

上述研究证实，以 *E. coli* 为受体构建的基因工程菌株，即使酶活力再高也不能直接用作草本纤维精制专用菌株。

DCE01 菌株，是本团队分离与保存的一个具备完全剥离非纤维素的麻类生物脱胶高效菌株。基因组测序及其对基因的注释结果表明，DCE01 菌株含有 β-甘露聚糖酶基因、木聚糖酶基因和丰富多样的果胶酶基因。以该菌株为受体构建基因工程菌株，或许能起到事半功倍的效果。

一、 -甘露聚糖酶和木聚糖酶基因在 DCE01 菌株中表达

（一）共表达载体构建

1. 引物设计

根据本团队登录到 GeneBank 的 β-甘露聚糖酶基因序列（DQ364440）和木聚糖酶基因序列（WU233656）设计基因扩增引物（表 8-9）。β-甘露聚糖酶基因的扩增引物

为 G1 和 G2，木聚糖酶基因的扩增引物为 G3 和 G4，在 G1 的 5′-端引入 *Bgl* Ⅱ 酶切位点，在 G2 的 5′-端引入 *Xho*I 酶切位点，在 G3 的 5′-端引入 *Bam* HI 酶切位点，在 G4 的 5′-端引入 *Hind* Ⅲ 酶切位点。

表 8-9　β-甘露聚糖酶和木聚糖酶基因扩增引物

引物名称	引物序列（5′→3′）
G1	GAAGATCTCATGAAAAGGACGTATCAG
G2	CCCTCGAGTCAGTTGGCTTCGAC
G3	CGCGGATCCGATGTTTAAGTTTAAAAAG
G4	CCCAAGCTTTTACCACACTGTTACGTTAG

2. β-甘露聚糖酶和木聚糖酶基因扩增

以 DCE01 菌株的基因组 DNA 为模板，用引物 G1/G2 扩增 β-甘露聚糖酶。以 BE-91 菌株的基因组 DNA 为模板，用引物 G3/G4 扩增木聚糖酶基因。基因组的提取和 PCR 反应体系及反应条件如前所述。

采用基因组提取试剂盒 MasterPure DNA Purification Kit 获得 DCE01 菌株的基因组 DNA，0.8% 的琼脂糖凝胶电泳检测结果如图 8-29，基因组大小约为 23kb。

以 DCE01 菌株和 BE-91 菌株的基因组 DNA 为模板，在适宜条件下，采用设计并合成的引物进行 PCR 反应扩增，获得了目的基因。经 0.8% 琼脂糖凝胶电泳检测（图 8-30），PCR 产物 β-甘露聚糖酶基因（1.14kb）和木聚糖酶基因（0.71kb）与前期克隆结果完全一致。

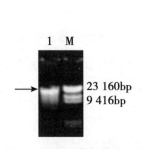

图 8-29　DCE-01 菌株基因组 DNA

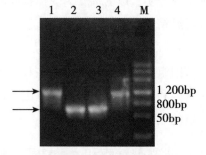

图 8-30　β-甘露聚糖酶和木聚糖酶基因 PCR 产物
2 和 3. 木聚糖酶基因；1 和 4. β-甘露聚糖酶基因

3. 转化质粒准备

根据试验设计，取 10μg 从 Novogen 公司购买质粒（pACYCDuet-1）溶解到 100μL，终浓度 100ng/μL；再取 1.0μL 溶解到 10μL，终浓度 10ng/μL；取 5μL 转化 *E.coli*

DH5α 菌株，氯霉素 LB 平板 37℃ 培养 16h；挑转化子到 4mL 氯霉素 LB 液体培养基，37℃ 摇床过夜培养；次日提取质粒，以转化质粒为对照，0.8% 琼脂糖凝胶电泳检测提取的质粒。取成功转化的转化子菌液加等量 30% 甘油，-70℃ 保存菌种。

4. DCE01 感受态细胞制备

采用氯化钙法制备 DCE01 感受态细胞，操作步骤包括：①挑取 DCE01 菌株单菌落接种到 5mL 的 LB 培养液，34℃ 180r/min 摇床培养 6h。取 2mL 培养液接种到 100mL 的培养液中，继续 34℃ 180r/min 摇床培养，直到 OD_{600} 在 0.3~0.5（约 2.5h）。②取 50mL 的培养物到 50mL 的离心管中，冰浴 10min，4℃ 5 000r/min 离心 10min，去尽培养液。③加入 30mL 预冷的 0.1mol/L $CaCl_2$-$MgCl_2$ 溶液（80mmol/L $MgCl_2$，20mmol/L $CaCl_2$）重悬细胞沉淀。④于 4℃ 5 000r/min 离心 10min，以回收细胞，去尽上清液（倒出上清液后倒立放置滤纸上 1min）。⑤加入 2mL 预冷的 0.1mol/L $CaCl_2$ 重悬细胞沉淀。⑥将重悬的感受态细胞液体分装后于 -70℃ 冻存。

5. DCE01 为受体的基因工程菌株构建

根据引物设计引入的酶切位点，分别对 PCR 扩增获得的 β-甘露聚糖酶和木聚糖酶基因以及质粒载体 pACYCDuet-1 进行酶切反应，酶切体系如前所述。将 β-甘露聚糖酶和木聚糖酶基因先后插入到质粒载体上，生成质粒 pACYCDuet-*man*、pACYCDuet-*xyl* 和 pACYCDuet-*man-xyl*，如图 8-31。转化到 *E. coli* BL21（DE3）菌株中，经活菌液 PCR 检测和酶活性检测平板培养筛选出转化成功的菌株。然后提取质粒通过热激的方式转化 DCE01 菌株感受态细胞，通过分子生物学方法（菌液 PCR 检测和质粒酶切）检测筛选转化子。

（二）基因工程菌株鉴定

1. 阳性转化子菌液 PCR 检测

从 *E. coli* BL21（DE3）菌株为宿主的转化子平板上挑取阳性转化子进行菌液 PCR 检测，菌液 PCR 检测结果如图 8-32 所示。菌液 PCR 检测到目的基因大小与转化前一致。

2. 阳性转化子水解圈法筛选

从 *E. coli* BL21（DE3）菌株为受体的转化子平板上挑取阳性转化子点种到甘露聚糖平板和木聚糖平板，进行胞外酶活性检测。多次重复验证，我们成功地获得了仅表达 β-甘露聚糖酶的菌株 B. pA-*man*，仅表达木聚糖酶的菌株 B. pA-*xyl*，β-甘露聚糖酶和木聚糖酶共表达的菌株 B. pA-*man-xyl*。胞外酶活性检测平板培养的结果分别如图 8-34 所示。

菌液 PCR 和水解圈法同时证明，我们成功地构建了目的基因单克隆质粒 pA-*man*、pA-*xyl* 和目的基因串联表达质粒 pA-*man-xyl*。

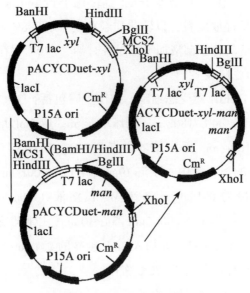

图 8-31　β-甘露聚糖酶和木聚糖酶基因共表达载体的构建流程

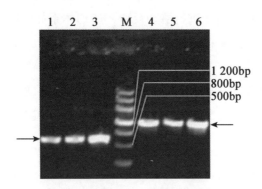

图 8-32 阳性转化子菌液 PCR 检测

1~3. 木聚糖酶基因；4~6. β-甘露聚糖酶基因；M，核酸分子量标准

3. 基因工程菌株分子生物学鉴定

将上述鉴定证明在 *E. coli* BL21（DE3）菌株中成功表达的质粒（pA-*man*、pA-*xyl* 和 pA-*man-xyl*）转化到 DCE01 菌株中，通过筛选获得 DCE01 为受体的基因工程菌株：DCE. pA-*man*、DCE. pA-*xyl* 和 DCE. pA-*man-xyl* 菌株。菌液 PCR 检测和质粒酶切检测（图8-33，8-34），基因工程菌株 DCE. pA-*man*、DCE. pA-*xyl* 和 DCE. pA-*man-xyl* 菌株得到了进一步验证。

4. SDS-PAGE 分析

β-甘露聚糖酶表达菌株 B. pA-*man*，木聚糖酶表达菌株 B. pA-*xyl*，β-甘露聚糖酶和木聚糖酶共表达菌株 B. pA-*man-xyl* 的 SDS-PAGE 电泳结果如图 8-35 所示。以 *E. coli*

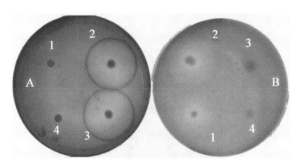

图 8-33　水解圈法检测转化子

　　A. 甘露聚糖平板，B. 木聚糖平板；菌落 1. B. pA-*xyl*；2. B. pA-*man-xyl*；3. B. pA-*man*；4. *E.coli* BL21（DE3）

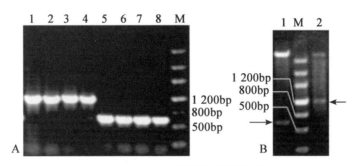

图 8-34　DCE01 受体菌株中转化子检测

　　A. 菌液 PCR，1～4. β-甘露聚糖酶基因，5～8. 木聚糖酶基因，M. 核酸标准；B. 质粒酶切，1. *Bam* HI 和 *Hind* Ⅲ 双酶切得到木聚糖酶基因；2. *Bgl* Ⅱ 和 Xho I 双酶切得到 β-甘露聚糖酶基因

BL21（DE3）菌株的细胞裂解液为对照，B. pA-*man-xyl* 菌株在 Marker 带 47kD 附近分别有一条特异的条带，22kD 附近有两条特异的条带，且条带较亮。B. pA-*man* 菌株有一条特异带在 47kD 附近，B. pA-*xyl* 菌株有一条特异带在 22kD 附近。根据核酸序列预测得到的 β-甘露聚糖酶和木聚糖酶蛋白分子量大小分别是 41.89kD 和 23.24kD。分析认为，三个菌株都成功表达，B. pA-*man-xyl* 菌株在 22kD 附近出现两条特异的条带（泳道 1）可能是其中一条蛋白带是融合表达，携带了载体本身的融合标签蛋白，并且受到了 β-甘露聚糖酶基因表达的影响，因为在没有插入 β-甘露聚糖酶基因的菌株中在 22kD 附近仅出现一条特异的蛋白质条带（泳道 2）。同时可以看出，插入木聚糖酶基因的菌株对 β-甘露聚糖酶的表达量有明显的增加作用（泳道 1 和泳道 3），共表达菌株在表达中表现出了明显的优势。

　　5. 酶活力测定

　　采用本团队创立的相关方法对转化子 β-甘露聚糖酶表达菌株 B. pA-*man*，木聚糖酶表达菌株 B. pA-*xyl*，β-甘露聚糖酶和木聚糖酶共表达菌株 B. pA-*man-xyl* 的胞外酶与胞

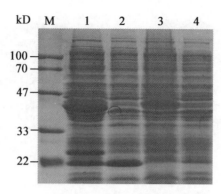

图 8-35 *E. coli* BL21 (DE3) 表达菌株的 SDS-PAGE

1. B. pA-*man-xyl*; 2. B. pA-*xyl*; 3. B. pA-*man*; 4. *E. coli* BL21 (DE3); M. 蛋白分子量标准

内酶的酶活力进行了测定, 同时, 对基因工程菌株的甘露聚糖酶活力进行了检测。检测结果列如表 8-10。从表 8-10 可以看出: ①单克隆转化子只检测到目的基因表达的酶活力, 例如, B. pA-*man* 菌株诱导 10h, 胞内、胞外甘露聚糖酶活力分别是 907. 16U/mL、731. 08U/mL。②当 B. pA-*man-xyl* 菌株 OD_{600} 达到 0. 72 时, 加入 IPTG 诱导菌株, 每隔 2h 取样检测酶活性的结果表明, 加入 IPTG 诱导前就有胞内酶产生, 胞外酶为 0; β-甘露聚糖酶在诱导 2h 后能检测到胞外酶酶活, 木聚糖酶在诱导 4h 后能检测到胞外酶酶活; β-甘露聚糖酶酶活和木聚糖酶酶活一直都是胞内酶酶活高于胞外酶酶活, 木聚糖酶尤为明显; 在诱导 4h 的时候, 两种酶的酶活力达到较高的水平, β-甘露聚糖酶的胞内酶与胞外酶酶活分别是 1 015. 12U/mL 和 760. 34U/mL, 木聚糖酶的胞内酶与胞外酶酶活分别是 1 181. 0U/mL 和 171. 48U/mL; 4h 后继续诱导, 胞内酶的酶活力基本保持不变, 胞外酶的酶活力略微增加; 诱导 10h, 无论是胞内酶还是胞外酶的酶活力都接近单克隆菌株 B. pA-*man* 和 B. pA-xyl 菌株的表达水平。③当 DCE01 为受体的基因工程菌株 OD_{600} 达到 0. 65 时, 加入 IPTG 诱导, 在诱导 10h 的时候, DCE. pA-*man-xyl* 菌株、DCE. pA-*man* 菌株的胞外 β-甘露聚糖酶活力大约是原始菌株 DCE01 的 3 倍, 而没有加载甘露聚糖酶基因只有木聚糖酶基因的 DCE. pA-xyl 菌株, 其胞外 β-甘露聚糖酶活力与原始菌株 DCE01 相当。

表 8-10 转化子及 DCE01 受体基因工程菌株酶活力测定 (U/mL)

菌株名称	诱导时间 (h)	β-甘露聚糖酶		木聚糖酶	
		胞内	胞外	胞内	胞外
B. pA-*man*	10	907. 16	731. 08	0	0
B. pA-*xyl*	10	0	0	995. 32	254. 14
B. pA-*man-xyl*	0	555. 00	0	263. 25	0

（续表）

菌株名称	诱导时间（h）	β-甘露聚糖酶		木聚糖酶	
		胞内	胞外	胞内	胞外
	2	871.50	267.15	1 044.75	0
	4	1 015.12	760.34	1 181.00	171.48
	6	927.48	673.47	1 045.75	183.58
	8	854.23	720.10	1 053.0	231.88
	10	914.13	781.38	1 046.75	265.75
DCE. pA-*man-xyl*	10	—	804.52	—	—
DCE. pA-*man*	10	—	845.31	—	—
DCE. pA-*xyl*	10	—	281.27	—	—
DCE01	10	—	277.50	—	—

注："—"未检测

二、重组质粒 28P（91X）M 在 DCE01 中的表达

DCE01 为受体构建基因工程菌株

前期研究基础 本团队通过基因克隆和多基因串联表达等研究，获得包括来自 DCE01 菌株的果胶酶基因（*pel*419）、甘露聚糖酶基因（*man*）和来自 BE91 菌株的木聚糖酶基因（91*xyl*）在内的重组质粒 28PX（91X）M。

1. DCE01 感受态细胞的制备

从本实验室-70℃保藏的菌种 DCE01 接种至 6.0mL 改良肉汤培养基，充分悬匀，35℃静置培养 5.5h。稀释后在改良肉汤培养基固体平板上划线涂布，35℃，培养 18~20h，挑选优良单菌落。接种于 6.0mL LB 生长培养基中，35℃，180r/min 培养 5.5h，全 部接种于100mL 生长培养基，35℃，180r/min 培养 6.0h；以 2%的接种量接种于200 的发 酵培养基中，35℃，180r/min 培养，直到 OD_{600} 在 0.3~0.5（约 2.5h），取 50mL 培养物到50mL 离心管中，冰浴 10min，4℃ 5 000r/min 离心 10min，弃培养液；加入 30mL 预先冷却的 0.1mol/L $CaCl_2$-$MgCl_2$溶液重悬细胞沉淀，4℃ 5 000r/min 离心 10min，弃上清，回收菌体；加入 2mL 预先冷却的 0.1mol/L $CaCl_2$R 重悬细胞沉淀，再将重悬的感受态细胞液分装后于-70℃保存。

2. DCE01 为受体构建基因工程菌株中重组质粒检验

按照前面章节描述的基本方法，将重组质粒 28PX（91X）M 转化至 DCE01 感受态细胞，形成 DCE01 为受体构建基因工程菌株。从该菌株中抽提质粒，用内切酶 BamH I 进行单酶切，结果（图 8-36A）表明：线性化后的质粒 DNA 大小在 7.5~10.0Kb 之间，与预计的 8.8Kb 大小基本相符；用内切酶 BamH I 和 Xho I 进行双酶切，切得的 3 个插

入基因片段大小在 3 Kb 左右（图 8-36B），而切除 3 个基因后，剩余的质粒线性带在 5.3kb 左右，与预计基本一致。

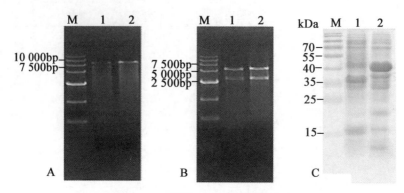

图 8-36　基因工程菌株生物学鉴定
A. 单酶切，1，2. 工程菌提取质粒，B. 双酶切；C. SDS-PAGE

3. 基因工程菌株胞外蛋白 SDS-PAGE 电泳检验

采集 28P（91X）M/DCE01 的成熟发酵菌液，经离心洗脱后将菌体进行 SDS-PAGE 蛋白电泳检验，发现新型多基因重组工程菌 28P（91X）M/DCE01 存在较为明显的特异目的蛋白条带，其片段大小与预测蛋白大小较为接近（图 8-36C）。

4. 基因工程菌株胞外酶活力检测

采用本团队创立的相关方法（包括改良 DNS 法），对基因工程菌株诱导 8h 的胞外酶活力进行了检测。测定结果（表 8-11）显示，重组菌 28P（91X）M/DCE01 的关键酶相对酶活分别为：果胶酶 36.16、木聚糖酶 59.58、甘露聚糖酶 1 694.17，依次为原菌株 DCE01 的 1.8 倍、30.1 倍、24.9 倍。

表 8-11　基因工程菌株 28P（91X）M/DCE01 与 DCE01 关键酶相对活力比较

样品名称	果胶酶	木聚糖酶	甘露聚糖酶
28PXM（91X）/DCE01	36.16±0.12	59.58±1.02	1694.17±14.87
DCE01	19.38±0.07	1.98±0.03	68.11±2.83
CK	0	0	0

5. 基因工程菌株用于苎麻脱胶功能检验

按 1∶10 的浴比和 2% 的接种量配制菌悬液并调节温度为 35℃，分装于 500mL 三角瓶中，称取去壳苎麻纤维 30g 左右，并使其完全浸泡在菌悬液中（以未接菌种的和接种 DCE-01 菌的样品分别为阴性、阳性对照），将三角瓶转移至 35℃水浴摇床，180r/min 下振荡发酵 5~8h，高温终止脱胶反应，取出适量发酵液，180r/min 振荡洗涤 0.5h，用木槌击打发酵麻，置于 300 目筛清洗，收集残渣，脱胶麻纤维风干后称重。发酵失重率：升高温度至 120 度终止发酵，取发酵麻 3 瓶不做后处理，低温风干至恒重。发酵失重率=（原料苎麻质量−发酵麻质量原料）/苎麻质量×100%。COD 监测：采用德国 Lovibond 公司 ET99718 型 COD 测定仪及标准试剂对灭活后发酵液进行 COD 检测。还原糖测定：用 DNS 法测定保留的发酵液中的还原糖总量。经检测，28P（91X）M/DCE01 的发酵失重率、COD 和还原糖分别为 DCE01 菌株的 114.3%、121.0%、123.9%，表明基因工程菌株的综合脱胶性能得到了提高。

总之，我们将重组质粒转化至 DCE01，成功地获得了新菌株 28P（91X）M/DCE-01。虽然测定该菌株的三种关键酶活力明显高于 DCE-01，但实际应用效果并没有想象中的那么明显。究其原因，或许与我们选用的基因资源有关。我们从 14 个果胶酶基因中随机选取 *pel*419 以及来源于 BE-91 菌株的木聚糖酶基因（91*xyl*）所表达的产物可能不是对剥离纤维质农产品非纤维素起关键作用的酶。对于这个科学问题，我们正在着手研究，估计不久就会获得突破。

第九章　功能菌株的胞外酶

　　如前所述，草本纤维化学精制方法的各种工艺，都是根据纤维素纤维与非纤维素物质对稀酸、浓碱、氧化剂等化学试剂及高温的稳定性差异这个原理来设计的。对草本纤维原料中非纤维素物质降解起核心作用的物质就是这些化学试剂，或者说是化学催化剂。这些化学试剂就是草本纤维化学精制工艺的核心作用物。同样，在草本纤维生物精制工艺中，对草本纤维原料中非纤维素物质降解起核心作用的物质是各种各样的酶，那么，酶就是草本纤维生物精制方法的核心作用物。

　　从一般概念上说，酶是生物催化剂。生物催化剂除了少数具有催化活性的核糖核酸（RNA）以外几乎都是蛋白质。换句话说，酶的化学本质是具有催化活性的蛋白质。有的是简单蛋白质，有的是结合蛋白质。酶同其他蛋白质一样，由氨基酸组成。因此，酶具有两性电解质的性质，有一、二、三级或四级结构，受某些物理因素（加热、紫外线照射等）及化学因素（酸、碱、有机溶剂等）的作用而变性或沉淀而丧失酶活性。酶的分子量也很大，其水溶液具有亲水胶体的性质，不能通过透析膜。在体外，酶能被胰蛋白酶等水解而失活。显然，不能说所有蛋白质都是酶，只是具有催化作用的蛋白质，才称为酶。到目前为止，经过人们分离纯化的酶已有数千种。

　　草本纤维质农产品都含有果胶、半纤维素、木质素等非纤维素物质。草本纤维精制就是采用适当方法剥离这些非纤维素物质而获取天然纤维的加工过程。草本纤维生物精制方法的本质都是利用生物催化剂——酶催化草本纤维质农产品中的果胶、半纤维素、木质素等非纤维素物质降解并提取与精制纤维的加工过程。我们认为，尽管生物脱胶、生物制浆、生物糖化在工艺流程、技术路线、加工设备等方面存在一些差异，但本质上没有明显的区别，即对降解非纤维素物质起关键作用的核心作用物都是酶，而且，对于采用发酵方式进行草本纤维精制的方法而言，研究功能菌株的胞外酶系尤为重要。草本纤维生物精制方法主要涉及果胶酶、甘露聚糖酶和木聚糖酶。

　　果胶酶（Pectolytic Enzyme）是一类含有多种组分的可将果胶分解成半乳糖醛酸等物质的生物催化剂，是分解果胶质的多种复合酶类的统称。果胶经果胶酶分解后，植物细胞便得以分离。1840 年，Frémy 发现了一种能够使呈固态的可溶性果胶变成胶体的物质，并将其命名为 pactase。该种酶可以催化裂解果胶物质甲基端，从而引起果胶物质的降解，此后关于果胶酶的研究也多基于此。迄今为止，果胶酶在生产上的应用已有 50 余年的历史，已被广泛应用于食品、发酵、环保、医药和纺织等领域，成为世界四大酶制剂之一。果胶酶广泛存在于动物、植物和微生物中，其中，动、植物天然来源的果胶酶产量低且提取困难，无法满足实际生产的需要，而微生物因具有生长速度快、生长条件简单、代谢过程特殊和分布广等特点而成为实际生产中果胶酶的主要来源。微生物的多样性决定了微生物果胶酶来源极其广泛，包括细菌、真菌及极少数一部分放线菌和酵母菌在内的多种微生物均能产生果胶酶。如：欧文氏杆菌属（*Ervinia*）、假单胞菌属（*Pseudomonas*）、芽孢杆菌属（*Bacillus*）、无枝酸菌属（*Amycolata*）、螺孢菌属（*Spirillospora*）、酵母属（*Saccharomyces*）、克鲁维酵母属（*Kluyveromyces*）、曲霉属（*Aspergillus*）、青霉属（*Penicillium*）、侧孢霉属（*Sporotriclnon*）、核盘菌属（*Sclerotinia*）、黑星菌属（*Venturia*）等，新近报道的其他菌还包括立枯丝核菌（*Rhizoctonia solani*）、微小毛霉（*Mucor pusilus*）、高大毛霉（*Mucor mucedo*）、热解糖梭菌（*Cloctridium thermosacch- arolyticum*）、匐枝根霉（*Rhizopus stolonifer*）、出芽短梗霉（*Aureobasiduim pullulans*）、粗糙链孢霉（*Neurospora rassa*）、嗜热侧孢霉（*Sporotrichum thermophile*）等。真菌果胶酶，特别是真菌中的黑曲霉（*Aspergillus niger*）所分泌酶系较全，且黑曲霉属于公认安全级（General Regarded As Safe，GRAS），其代谢产物被认为是安全的，可以直接用于食品，因此，目前市售的食品级果胶酶主要来源于黑曲霉。

β-甘露聚糖酶（β-mannanase，EC. 3. 2. 1. 78）是一类能够水解含有 β-1, 4-D-甘露糖苷键的甘露寡糖、甘露多糖，生成甘露二糖、三糖等小分子物质的水解酶。但要彻底降解甘露聚糖，还需要甘露糖苷酶（β-mannosidase，EC3. 2. 1. 25）、半乳糖苷酶（α-galactosidase，EC3. 2. 1. 22）、葡萄糖苷酶（β-glucosidase，EC3. 2. 1. 21）、乙酰甘露聚糖脂酶（acetylmannan esterase，EC3. 2. 1. 6）等支链酶的协同作用。自然界中降解木聚糖的酶统称为木聚糖酶，以 β-1, 4-内切木聚糖酶（EC3. 2. 1. 8）起主要作用，β-木糖苷酶（EC3. 2. 1. 37）、α-L-阿拉伯呋喃糖苷酶、α-葡萄糖苷酸酶（EC3. 2. 1-）等起辅助作用。β-1, 4-内切木聚糖酶能快速、随机地切断木聚糖主链内的 β-1, 4-糖苷键，为辅助酶提供了大量的剪切位点。β-甘露聚糖酶广泛存在于自然界中。一些动物如：蓝贝、海洋软体动物短滨螺、亮大蜗牛等都能产 β-甘露聚糖酶。在某些豆类植物（例如：长角豆、瓜儿豆等）发芽的种子、魔芋球茎（史益敏等，1990；杜先锋等，2000）、南欧紫荆（陶乐平，1995）、番茄（王傲雪，2006）、莴苣（Dutta，1997），黄桧（R. Kermode，2000）等都发现了 β-甘露聚糖酶活性。但微生物包括真菌、细菌、放线菌等是 β-甘露聚糖酶的主要来源。已报道的微生物有：细菌中的芽孢杆菌，如嗜碱芽孢杆菌（*Bacillus alkalophilic*）（杨清香，1998）、地衣芽孢杆菌（*Bacillus Lichenifromis*）

（彭爱铭等，2004；张峻等，2000）、短小芽孢杆菌（*Bacillus pumilus*）（Alberto Araujo，1990）及枯草芽孢杆菌（*Bacillus Subtilis*）（崔福绵等，1999），卵形拟杆菌（*Bacteroides ovatus*）（Gherardini，1987），热纤梭菌（*Clostridium thermocellum*）（Zeikus，1981），纤维单胞菌（*Cellulomonas fimi*）（Stoll，1999）；真菌中的真菌齐整小核菌（*Sclerotium rolfsii*）（Sachslehner，1998），曲霉如黑曲霉（*Aspergillus niger*）（李剑芳等，2006；朱劼，2005）、米曲霉（*A. oryzae*），木霉中的里氏木霉（*Trichoderma reesei*）（程池等，2004；王和平等，2003）、绿色木霉（*Trichoderma viride*）（Nevalainen，1978）；放线菌中的诺卡氏菌形放线菌（*Nocardioform actinomycetes*）（吴襟，2000）等。

木聚糖酶在食品、造纸、饲料等工业生产中具有很好的应用价值，近年来，关于木聚糖酶的研究方兴未艾。在食品工业中，利用木聚糖酶降解半纤维素的主要组分木聚糖来生产功能性低聚木糖等高附加值产品。造纸工业中，木聚糖酶用于纸浆在氯气、二氧化氯、过氧化氢等化学药品漂白前的预处理，木聚糖酶漂白技术易与传统的纸浆漂白工艺相容，酶处理后可减少化学漂白剂的用量，而不改变纸浆强度等物理性质。另外，木聚糖酶还可作为饲料添加剂，提高饲料的能量值和饲料利用率。近年来，亦有研究事实证明木聚糖酶在植物组织中具有重要的生理功能，它可能与果实软化、种子发芽以及植物防御机制有关。木聚糖酶的来源比较丰富，可以从动物（星天牛 *Anoplophora chinensis*、扇贝等）、植物（小麦、稻谷等）中提取，也可以微生物发酵的方式获得。现存资料表明，木聚糖酶主要来源于微生物，可产木聚糖酶的微生物主要有：细菌、真菌（包括链霉菌）和酵母菌等。据研究报道，微生物生产的木聚糖酶多为诱导型，也有生产组成型木聚糖酶的报道。霉菌、放线菌产木聚糖酶的效率低，发酵周期长，因而不利于工业化木聚糖酶的开发，在目前生产条件下，真菌木聚糖酶活力高于细菌。目前对来源于芽孢杆菌属的木聚糖酶的酶学性质研究已经较为清楚。来源于曲霉属、木霉属、链霉菌属等的木聚糖酶的报道也较多。

本章主要介绍 T85-260 等几个常用菌株的胞外酶系研究结果，为进一步阐明草本纤维生物精制方法及其作用机理提供科学依据，为国内外科学家开展同类研究提供参考。

第一节　T85-260 菌株的胞外酶

T85-260 是中国农业科学院麻类研究所选育的苎麻生物脱胶高效菌种。它能在浸泡并微量通气条件下 8h 以内完成刮制质量不同的生苎麻脱胶。其适宜培养基之一是营养肉汤。因此，可以把 T85-260 在肉汤培养基中的蛋白质（含胞外酶）电泳图谱作为基本谱予以研究。

T85-260 在肉汤培养基中发酵非常快，33℃条件下 6h 左右即变得很浑浊。从图 9-1 可以清楚地看出：0h 的样品中没有发现培养基中的蛋白带，可能是营养肉汤中的蛋白质分子量不在本实验设计的测定范围之内。T85-260 在 LB 培养基中至少可以分泌 41 种蛋白质（含亚基），分子量在 10.0kD 至 120.3kD 之间，属于常见细菌胞外蛋白质（含亚基）分子量范围。这 41 种蛋白质（含亚基）在上述分子量范围内分布较均匀，而且都随着发酵时间的延长，蛋白带的颜色越来越深。这说明 T85-260 分泌的上述 41 种蛋白质（含亚基）可能都是组成型表达。分子量分别为 110.2kD、81.7kD、72.9kD、66.8kD、52.1kD、42.2kD、39.8kD、35.5kD、31.6kD、28.6kD、19.9kD、16.0kD，显示出较强的组成型表达，可以作为 T85-260 的基本特征带，用来鉴别菌种和分析其他酶类。

一般来说，细菌摄取营养物质分泌一种或几种甚至十几种胞外酶即可。此处发现 T85-260 分泌的蛋白质（包括胞外酶及亚基）达 41 种之多，其中的胞外酶可能是组成型表达。这种现象不多见。如果真是这样的话，就可以作出如下推断：T85-260 对营养具有广谱性，在苎麻脱胶方面可能表现出"全能性"——能够降解不同组成和结构的非纤维素物质，即完成不同品种、产地、季别和等级的苎麻脱胶；同时还因为是组成型表达而表现出"高效性"——短时间内完成苎麻脱胶。事实上，在以往的研究和生产应用实验中，T85-260 确实表现出了这些特性。

T85-260 果胶培养基发酵液的蛋白质（含胞外酶）的电泳图谱：生苎麻中含有 5% 左右的果胶。果胶是人们研究生物脱胶方法的主攻对象之一。T85-260 是在微生物分类学中被确认为产果胶酶的菌种。为了研究 T85-260 所分泌的果胶酶，采用市售柠檬果胶为底物进行了发酵实验。结果显示，T85-260 在以柠檬果胶作唯一碳源的培养基中发酵速度接近肉汤培养基。其分泌的蛋白质（含胞外酶）的种类及其浓度差异与肉汤培养差不多，但有分子量为 28.6kD 的带表达特强，可能就是果胶酶；分子量为 72.9kD、35.5kD、31.6kD、19.9kD 的 4 条带表达相对较弱（在肉汤中表达很强），可能是蛋白酶。通过降低果胶培养基中的镁离子浓度（0.02%）进行试验，尽管发酵速度相对较慢，各种胞外蛋白质（胞外酶）的表达量相对较低（图 9-2），但是，胞外蛋白（含胞外酶）电泳图谱的整体趋势没有明显差异。由此可以初步确定，T85-260 分泌的果胶酶类也属组成型。这与其他微生物果胶酶的属性是一致的。至于 T85-260 在降低无机盐比例时发酵柠檬果胶的速度较慢，其原因可能是 T85-260 分泌果胶酶时需要较高浓度的金属离子来促进。

T85-260 葡萄-甘露聚糖发酵液的蛋白质（含胞外酶）电泳图谱据化学脱胶机理研究，生苎麻中半纤维素以葡萄甘露聚糖和甘露聚糖为主。其结构最牢，只有用 17% 的浓碱液（含有 4% 的硼酸）沸煮才可以溶出。在苎麻脱胶过程中，T85-260 应该产生某种

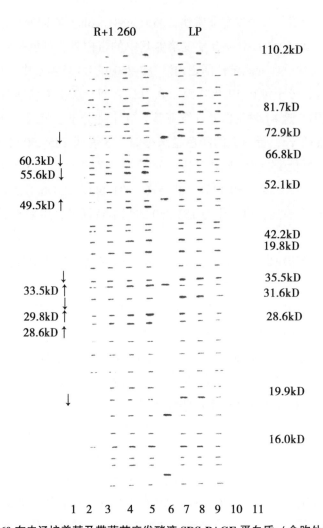

图 9-1　T85-260 在肉汤培养基及带菌苎麻发酵液 SDS-PAGE 蛋白质（含胞外酶）电泳图谱

注：从左至右，泳道 1，2，3，4，5 为带菌苎麻发酵液 0，2，4，6，8h 的样品，泳道 6 为低分子标准蛋白，泳道 7，8，9，10，11 为 LB 发酵液 8，6，4，2，0h 的样品

或几种甘露聚糖酶才能使生苎麻完全脱胶。精制魔芋粉的主要成分为葡萄甘露聚糖，在缺少苎麻半纤维素的情况下，魔芋粉是较好的选择。因此，采用魔芋粉为唯一碳源进行了检测。结果表明，魔芋胶接种 T85-260 后很快就开始液化，2h 左右魔芋胶即完全液化。这说明 T85-260 具有某种使魔芋胶液化的关键酶，而且这种酶的活力很高。魔芋胶液化之后，T85-260 在魔芋粉培养基中进行快速发酵，发酵的速度明显比果胶的发酵速度快。这说明 T85-260 确实存在葡萄甘露聚糖酶。从图 9-3 可以看出，T85-260 在葡萄甘露聚糖发酵液蛋白质（含胞外酶）电泳图谱中存在 16 条表达较强的带，分子量分别为　110.2kD、81.7kD、72.9kD、66.8kD、60.3kD、52.1kD、49.5kD、42.2kD、

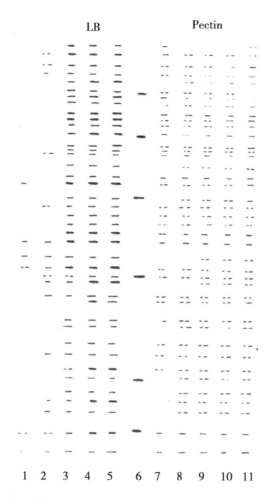

图 9-2 T85-260 在果胶培养基发酵液中的 SDS-PAGE 蛋白质（含胞外酶）电泳图谱

注：从左至右，泳道 1，2，3，4，5 为 T85-260 肉汤发酵液 0，2，4，6，8h 的样品，泳道 6 为低分子标准蛋白，泳道 7，8，9，10，11 为 T85-260 果胶发酵液 0，2，4，6，8h 样品

39.8kD、35.5kD、33.5kD、31.6kD、29.5kD、28.6kD、19.9kD、16.0kD。分子量分别为 60.3kD、49.5kD、33.5kD、29.5kD、28.6kD 的 5 条带的强度比 LB 发酵液相应带强度明显要强。其中分子量为 28.6kD 的带恰好是果胶培养基的特征带，此处也可以认为是果胶酶，因为精制魔芋粉中也有些果胶。其余 4 条强表达的酶带可能就是甘露聚糖酶类。由于这 5 条带都能从 T85-260 肉汤发酵基本蛋白质（含胞外酶）的电泳图谱中找到，说明这 5 种酶均属组成型表达。因为苎麻脱胶的主攻对象之一为半纤维素——主要组分是葡萄甘露聚糖及甘露聚糖，如果在脱胶过程中也出现强表达的话，那么，这 5 种酶很可能就是 T85-260 对苎麻脱胶的关键酶。

T85-260 甘露糖与葡萄糖发酵液的蛋白质（含胞外酶）的电泳图谱通常而言，葡萄

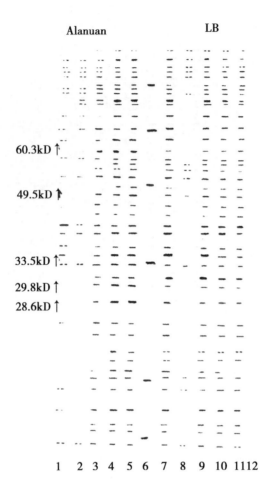

图 9-3 T85-260 在肉汤/甘露聚糖培养基发酵液的 SDS-PAGE 蛋白质（含胞外酶）电泳图谱

注：从左至右，泳道 1，2，3，4，5，6 分别为甘露聚糖发酵液 0，24，6，8h 的样品及低分子标准蛋白，泳道 7，8，9，10，11，12 分别为肉汤发酵液 8，2，8，6，4，0h 样品

糖是微生物生长发育的最佳碳源，但以往对 T85-260 分类鉴定的研究结果则是以甘露糖为最佳碳源。苎麻半纤维素的主要成分为甘露聚糖和葡萄甘露聚糖，其最终降解产物主要为甘露糖和葡萄糖。如果 T85-260 能高效利用甘露糖，那么葡萄甘露聚糖的降解就可以得到有效的促进。探讨 T85-260 对这两种单糖的降解能力和其酶谱变化情况，对揭示 T85-260 的快速脱胶能力具有重要意义。从 T85-260 对这两种单糖的发酵情况来看，它利用这两种单糖发酵的速度都比果胶发酵快，但甘露糖发酵比葡萄糖更快，比肉汤发酵也要快，说明 T85-260 嗜好以甘露糖为碳源。从 T85-260 两种单糖发酵液的蛋白质（含胞外酶）的电泳图谱分析来看（图 9-4），T85-260 在甘露糖中比在葡萄糖和肉汤中显色要深。就这两种单糖发酵体系谱带表现而言，与 T85-260 肉汤发酵液蛋白质（含胞外

酶）的电泳图谱比较起来并无明显区别，即 LB 中出现的 12 条表现较强的带都能在这两种发酵体系中以类似的强度表达，同时，还可以清楚地看到：分子量为 72.9kD、35.5kD、31.6kD、19.9kD 和 28.6kD 的带相对较弱。这就进一步证明这些带分别是蛋白酶和果胶酶，因为这两种培养基中不含蛋白质和果胶。此外，还实验过 T85-260 对半乳糖、木糖的发酵情况。结果发现发酵速度也较快，电泳谱带也基本相同，说明 T85-260 对戊糖和己糖都能有效利用。因此，可以肯定，T85-260 所分泌的组成型胞外酶种类多，对含有不同非纤维素成分和结构的生苎麻甚至是其他类似纤维作物的脱胶具有广谱性（实践已证明）。

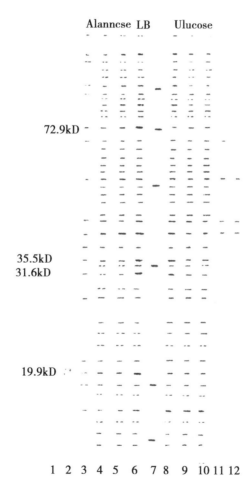

图 9-4　T85-260 在单糖培养基发酵液的 SDS-PAGE 蛋白质（含胞外酶）电泳图谱

注：泳道 1、2、3、4、5、6、7 分别为甘露糖发酵液 0、2、4、6、8h 样品，肉汤发酵液 8h 样品及标准蛋白，泳道 8、9、10、11、12 为萄糖发酵液 4、6、8、2、0h 样品

由于苎麻胶质中结构最牢的成分是葡萄甘露聚糖和甘露聚糖，而 T85-260 嗜好以甘

露糖为碳源，因此，它在脱胶过程中能充分利用葡萄甘露聚糖、甘露聚糖降解的甘露糖，调节甘露聚糖酶的活性，促进葡萄甘露聚糖和甘露聚糖的降解。这种特性的确是十分难得的。这也许就是 T85-260 被称为"苎麻脱胶高效菌株"的可贵之处。

T85-260 能在 8h 以内快速完成苎麻脱胶，必然有其独特的脱胶机制和脱胶酶类。从图 9-4、图 9-5 可以较清楚地看出，T85-260 在苎麻脱胶过程中，其发酵液电泳图谱依然存在 41 条带，分子量范围为 10~120kD，分布比较均匀，有 17 条左右的带显色较浓。与 T85-260 肉汤培养基发酵液电泳图谱比较起来，存在 10 条表现不同的带。分子量分别为 72.9kD、35.5kD、31.6kD、19.9kD 的 4 条带比 LB 发酵液电泳图谱相应带强度减弱，这 4 条带可能与蛋白质降解有关，属蛋白酶类。蛋白酶不是苎麻脱胶的关键酶，因为刮制后的生苎麻中的蛋白质含量比较低而且不是脱胶的主攻对象，所以蛋白酶的表达与分泌也较弱，但他们可能对 T85-260 利用生苎麻中少量蛋白为营养进行大量生长繁殖起重要作用。分子量分别为 60.3kD、55.6kD、49.5kD、33.5kD、29.6kD、28.6kD 的 6 条带比 LB 发酵液电泳谱相应带强度明显加强，且有随时间推移，强度越来越大的趋势。因此，可以初步认为这 6 条带可能是苎麻脱胶的关键酶，而且是组成型表达。其变化趋势是随细菌数量的不断增加，酶的分泌量也随之增加，在发酵 6h 后，酶的分泌达到高峰。这与 T85-260 的实际脱胶效果是基本吻合的。T85-260 在葡萄甘露聚糖发酵液中也出现了 60.3kD、49.5kD、33.5kD、29.5kD、28.6kD 的 5 条强表达带。因此，可以基本肯定，这 5 条（前 4 条带为甘露聚糖酶，最后一条带为果胶酶）带确实是 T85-260 苎麻脱胶过程中起关键作用的酶。至于分子量为 55.6kD 的在脱胶过程中表现出来的相对其他处理表达较强的带起哪一方面的关键作用，它在木聚糖发酵液电泳谱中表现比较突出；同时，它在 T66 和 T1163 脱胶过程中都有较强的表达，其中 T1163 是红麻脱胶专用菌，而红麻的半纤维素的主要成分是木聚糖，杨礼富在做红麻脱胶酶学研究时发现 T1163 在红麻脱胶过程中有一条分子量相当接近（56.3kD）的脱胶酶主带。因此，可以认为它就是木聚糖酶。此外，分子量分别为 110.2kD、81.7kD、52.1kD、42.2kD、39.8kD、66.8kD、16.0kD 的 7 条带的强度跟肉汤培养基发酵液电泳谱相应带的强度基本相同。这 7 条带在苎麻脱胶过程中可能也发挥了比较重要的作用。事实上，分子量为 52.1kD、42.2kD、39.8kD、35.5kD、16.0kD 的这些带在 T66 和 T1163 脱胶过程中都是比较重要的蛋白（含脱胶酶）带，而这些带很可能就是 T85-260 的相关酶的同源酶。所以，T85-260 对苎麻脱胶的高效性可能与其具备脱胶关键酶和酶的组分较齐全密切相关。

T85-260 的脱胶效果从试验和生产实践中已得到充分证明：接种了 T85-260 的生苎麻只需 6-8h 就能完成脱胶进程。但生苎麻本身携带的杂菌会不会给脱胶带来很大的积极影响？T85-260 的脱胶关键酶在灭菌和未灭菌两种脱胶体系中有什么不同的表现？灭菌苎麻脱胶速度和脱胶液蛋白质（含胞外酶）的电泳图谱分析可以回答这一问题。从

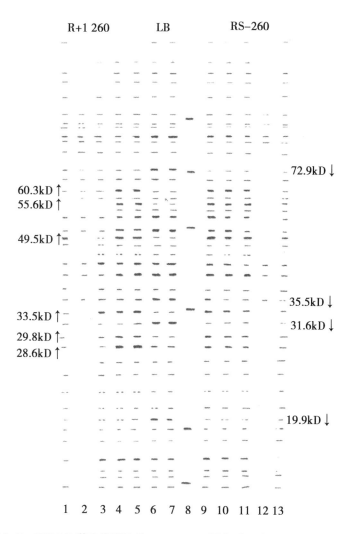

图 9-5　T85-260 苎麻发酵液的 SDS-PAGE 蛋白质（含胞外酶）电泳图谱

泳道 1，2，3，4，5 为未灭菌苎麻 T85-260 发酵 0，2，4，6，8h 样品，6，7 泳道：T85-260 肉汤发酵液 6h、8h 样品，泳道 9，10，11，12，13 为灭菌苎麻 T85-260 发酵 8，6，4，2，0h 样品

图 9-5 可以看出，灭菌苎麻接种 T85-260 后的脱胶液蛋白质（含胞外酶）电泳图谱与未灭菌麻接种 T85-260 后的脱胶液蛋白质（含胞外酶）电泳图谱基本相同，共有 41 条蛋白质（含胞外酶）带，分子量范围 10~120kD，分布较均匀，除分子量 21.4kD 的带显色较深（可能是苎麻灭菌过程中其胶质的成分和结构发生某些变化造成的）外，其他带的种类及其表达量没有明显区别，都是组成型表达。这充分说明，T85-260 在脱胶过程中所起的脱胶作用是绝对的。这从灭菌苎麻的脱胶速度与未灭菌苎麻脱胶速度基本相同可以得到进一步印证。造成这一现象的原因可能是由于 T85-260 生长繁殖速度特别

快，其脱胶关键酶也随之大量分泌，苎麻胶质降解也特别快，而这么短的时间内其他杂菌尚未"形成气候"（未发现灭菌与不灭菌苎麻脱胶过程中在电泳图谱上的差别），脱胶就已完成，故杂菌对脱胶根本不起多大作用。

同时，从图9-5还可以看出：T85-260确实存在上述6种脱胶关键酶，包括甘露聚糖酶4种（分子量为60.3kD、49.5kD、33.5kD、29.5kD），木聚糖酶1种（分子量为55.6kD）和果胶酶1种（分子量为28.6kD）。

至此，通过对比和分析T85-260与T66、T1163在不同发酵（脱胶）体系中的发酵（脱胶）速度和SDS-PAGE胞外蛋白（含胞外酶）电泳图谱特征，一方面，明确了T85-260在所有处理中稳定分泌41种组成型表达蛋白质（含胞外酶或亚基，其中有6种脱胶关键酶）及其在这两种脱胶体系中表现出基本相同功能的特性。这些特性是T66及T1163明显不及的。另一方面，明确了T85-260的高效脱胶机理，即①具备脱胶关键酶，即具有甘露聚糖酶、果胶酶和木聚糖酶，而且胶质降解酶系比较齐全，其表达和分泌受外界因素影响较少，伴随T85-260的快速生长和繁殖，这些酶能快速分泌和表达，故能快速降解苎麻胶质并彻底地分解一部分有机物；②T85-260利用脱胶过程中的酶解产物尤其是甘露糖为碳源和能源进行快速生长和繁殖来促进脱胶关键酶的产生。T85-260在苎麻脱胶机理上表现出的"高效性"和"全能性"也是T66及T1163所不具备的。

综上所述，苎麻生物脱胶是一个非常复杂的生化过程。由于胶质成份复杂、结构牢固，要剥离这些胶质，必然需要一系列复杂的酶系或多酶体系。从苎麻胶质成分看，其生物降解必需甘露聚糖酶起主导作用，其他酶系统，如果胶酶降解系统、木聚糖酶降解系统（包括聚糖酶、木糖苷酶、葡糖醛酸酶、乙酰木聚糖脂酶、阿拉伯糖苷酶、酚酸脂酶等）可能也起重要作用。缺少其中的某几种甚至某一种脱胶关键酶，或者关键酶的量少、活性低，胶质就可能难以从生苎麻中释放出来或被降解。如果这种关键性酶是组成型表达，那么，胶质就能伴随微生物的生长繁殖而快速有效地从生苎麻中释放出来或彻底降解，从而达到脱胶的目的。

酶可以粗略地分为组成型酶与诱导型酶两类。组成型酶不需诱导物，即能实现高水平表达。脱胶过程中伴随微生物的繁殖大量分泌组成型脱胶酶，能在较短的时间里达到较高的生化反应速度，表现为脱胶速度很快，所以，组成型酶对加速生化反应，特别是麻类生物脱胶是很有意义的。诱导酶必需诱导物以解除某种阻遏物对某种酶基因转录的抑制，只有存在合适的诱导物，其他条件具备，解除基因抑制后，基因才能实现有真正生理意义的表达。所以诱导酶往往可能不能在某些条件下大量表达，从而影响这种酶的生产和利用。

第二节　CXJZ95-198菌株的胞外酶

一、碳源对纯培养液中总蛋白质含量变化的影响

以葡萄糖、甘露糖、木聚糖、甘露聚糖（魔芋粉）和果胶为碳源，分别在0h，3h，5h，6h，7h，8h，9h，12h采样测定粗酶液中蛋白质含量的结果如图9-6所示。

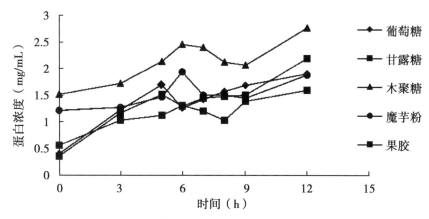

图9-6　五种不同碳源纯培养中总蛋白质含量的变化趋势图

在葡萄糖培养液中，从接种开始，发酵液中蛋白质总量由0.41mg/mL升至5h达到峰值1.69mg/mL，然后又迅速下降至6h的1.27mg/mL，6h以后蛋白质始终处于上升的状态。在甘露糖培养液中，从接种开始，发酵液中蛋白质总量由0.35mg/mL升至5h达到1.52mg/mL，然后又迅速下降至6h的1.30mg/mL，6h以后蛋白质缓慢上升，到9h达1.50mg/mL后急速上升。在木聚糖和魔芋粉培养液中，发酵液中蛋白质总量分别由1.52mg/mL和1.20mg/mL上升至6h的2.46mg/mL和1.95mg/mL，随后蛋白质总含量出现不同程度的下降，在9h时蛋白质含量分别为2.07mg/mL和1.45mg/mL，之后迅速上升。在果胶培养液中，总蛋白质含量变化与其他培养液变化基本相似，但也略有不同。发酵液中蛋白质总量由0.57mg/mL上升至6h的1.30mg/mL，随后蛋白质总含量开始下降，在8h时蛋白质含量达到1.03mg/mL之后迅速上升。在五种不同碳源纯培养过程中，总蛋白质的变化趋势基本上都呈"N"字形变化。

这种变化的主要原因是：一般来说，在微生物纯培养过程中，尽管微生物生长可能消耗培养液中的游离蛋白质，但培养液所含蛋白质（微生物菌体及其所分泌的胞外酶）总量总是在增加的。因为一方面微生物细胞在代谢过程中分泌胞外酶蛋白质总量伴随微

生物数量的增加而增加；另一方面，细胞结构本身所具有的各种水解酶（如蛋白酶和酯酶等）或有害代谢产物作用导致菌体死亡并自溶后，部分胞内酶蛋白质或结构蛋白不断游离出来使得溶液中可溶性蛋白浓度增加。由于培养基中碳源的不同，CXJZ95-198 菌株在不同碳源的培养基中生长繁殖的状况也就有所不同，即 CXJZ95-198 菌株对不同碳源有着不同的利用能力，从而使的蛋白质达到高峰，低谷所用的时间不同。在开始达到蛋白质高峰的几个小时内，该菌株的繁殖速度和分泌胞外酶蛋白的速度远大于微生物生长对蛋白的利用速度，溶液中蛋白质浓度增加；经过对数生长期细胞的大量繁殖，培养基中营养物质迅速消耗，有害物质逐渐积累，细胞的生长速率开始逐渐下降，即进入减速期。由于微生物的生长繁殖主要是依赖两种代谢途径，即分解代谢和合成代谢。微生物通过分解代谢将从环境中吸收的各种碳源、氮源等物质降解，为细胞的生命活动提供能源和小分子中间体。分解代谢包括各种中心途径以及外周途径（指其他碳源、氮源物质通过分解后进入中心途径）。微生物在经过了生长对数期菌体迅速生长繁殖后，随着菌体数目的增多，培养基中的营养物质被迅速消耗而无法提供充足的营养，此时活着的菌体通过外围途径，即直接利用死亡的菌体进行分解代谢而使得总蛋白量呈下降趋势；微生物在经过了减速期后进入了生长的稳定期，也即静止期，此时菌体数目达到平衡状态，这一阶段蛋白质总量无明显变化；在纯培养后期，菌体进入衰亡期，活细胞的数量不断下降，对蛋白质的消耗量也相应减少，同时，在自溶酶的作用下，菌体发生自溶现象，培养基中可溶性蛋白浓度增加，溶液中蛋白总含量呈上升趋势。

从以上分析可以看出，CXJZ95-198 菌株在以葡萄糖作为碳源的培养基中蛋白质含量变化最大，达到了 1.28mg/mL，其次依次为甘露糖培养基、木聚糖培养基、魔芋粉培养基和果胶培养基，分别为 1.17mg/mL，0.94mg/mL，0.75mg/mL，0.73mg/mL。

二、碳源对纯培养液中总还原糖变化的影响

以葡萄糖、甘露糖、木聚糖、甘露聚糖（魔芋粉）和果胶为碳源，分别在 0h，3h，5h，6h，7h，8h，9h，12h 采样测定纯培养液中还原糖含量的结果如图 9-7 所示。以葡萄糖、甘露糖为碳源的纯培养过程中，还原糖总量测定结果表明：在葡萄糖培养液中，在接种后 5h 内，还原糖总量由 2.62mg/mL 下降至 2.23mg/mL，下降速度相对较快。随后在 5~6h 内仅下降了 0.08mg/mL 的还原糖，几乎没有太大变化，而后急速下降 9h 时达到最低点，仅有 0.22mg/mL，培养液中的葡萄糖几乎被全部消耗，9h 后还原糖总量又略有上升。甘露糖培养液中总还原糖的变化趋势基本上与葡萄糖培养液的总还原糖变化趋势相同，其不同处在于：在甘露糖培养液中 8h 时还原糖总量达到了最低点 1.73mg/mL 时，9h 还原糖总量略有上升达到了 1.90mg/mL 而后又呈下降趋势。在整个还原糖变化过程中还原糖都成下降趋势。导致这种变化的原因是微生物代谢的结果：因

为细菌总是利用一般的能源物质，如葡萄糖的水解来提供能量，当培养液中含有葡萄糖时，细菌所需的能量便可以从葡萄糖中得到满足，葡萄糖是最方便的能源，细菌无需开动一些不常用的基因去利用那些稀有的糖类。所以在葡萄糖培养液中从开始 0~9h 中还原糖都成下降趋势直至培养液中的葡萄糖几乎被消耗完。在 9h 当培养液中的葡萄糖几乎被消耗完而必须利用其他的物质作为能源时，细菌细胞中可诱导的操纵子被打开，即一些基因在特殊的代谢物或化合物的作用下，由原来关闭的状态转变为工作状态，也就是在某些物质的诱导下使基因活化。可诱导操纵子进行可诱导调节，细菌细胞产生诱导酶，诱导酶参与代谢活动分解产生还原糖而使得总还原糖呈上升趋势。在 5~6h 时由于菌体数量趋于稳定，该菌株所分泌的胞外酶相对增多，一方面菌体生长繁殖消耗还原糖，另一方面胞外酶参与代谢产生一定量的还原糖，但由于胞外酶分解产生的还原糖还不能满足菌体生长繁殖的需要而使得还原糖总量呈下降趋势，但下降不明显；甘露糖培养液中还原糖的变化基本与葡萄糖培养液中的变化相似，只是尽管在 8h 时甘露糖培养液中还原糖总量达最低点，但仍有很大一部分可利用的单糖存在，菌体所需的能量仍可以从培养液中的甘露糖得到而不需要开动一些不常用的基因去利用那些稀有的糖类，所以在 9h 还原糖总量呈略微上升趋势后又开始下降，整个过程还原糖总量呈下降趋势。

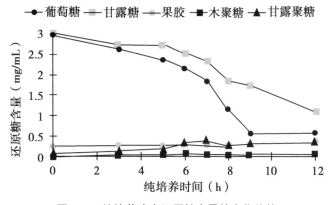

图 9-7　纯培养液中还原糖含量的变化趋势

在果胶培养液和木聚糖培养液中，总还原糖的变化趋势基本相同：在开始的 5h 内总还原糖的变化不大，分别由 0.25mg/mL 和 0.031mg/mL 变化成 0.26mg/mL，0.027mg/mL，随后总还原糖开始上升，6h 达到最大，0.29mg/mL 和 0.048mg/mL，接着开始下降，8h 后又开始上升。导致这种变化的原因可能是在果胶和木聚糖培养液中，相对于葡萄糖培养液而言，开始时微生物可直接利用的单糖较少，菌体在前5h 内利用仅有的一些单糖及其分泌的胞外酶参与代谢产生一定量的还原糖供其生长、繁殖，因而在前 5h 内还原糖的总量变化不大；在 5~6h 间，菌体数目相对增多，它所分泌的胞外酶也相对增多，胞外酶分解培养液中的多糖产生出单糖的量大于菌体生长繁殖所需的单糖而使得培养液中总还原糖呈上升趋势；在 6~8h 间，由于酶活性的降低，分解培养液中多糖产生还原糖的能力也就有所降低，同时微生物进入减速期及静止期，菌体对供给其生长繁殖所需的碳源的总量的需求也有所降低，菌体消耗溶液中的还原糖而使得还原糖总量呈下降趋势；在 8h 以后，随着微生物进入衰亡期，菌体发生自溶现象，细胞中的胞内酶被释放出来参与代谢活动，分解多糖产生相应的还原糖而使得还原糖总量增加，呈上升趋势。

在魔芋粉培养液中，前 6h 总还原糖量一直成上升趋势，但 5~6h 的增长幅度要远远大于 0~5h 的增长幅度，6h 后总还原糖的变化趋势与果胶培养液和木聚糖培养液的变化相同。造成这一变化的原因可能是一方面，在培养液中添加的魔芋粉尽管纯度很高，在 0h 时所含单糖的量很少，但魔芋粉中除了含有大量的甘露聚糖外，还含有一些其他类多糖，在前 5h 内微生物靠培养液中少量的单糖生长繁殖，同时分泌一定的胞外酶分解多糖参与代谢活动，使得还原糖的总量呈上升趋势；另一方面，由于有大量的甘露聚糖的存在，菌株在生长繁殖的同时，被诱导产生了大量的 β-甘露聚糖酶，β-甘露聚糖酶参与分解代谢活动，分解甘露聚糖产生甘露糖、葡萄糖等还原性糖，使得还原糖总量呈上升趋势，尤其以 5~6h 最为明显。因为都是以多糖作为碳源，因此，在甘露聚糖培养液中 6h 以后总还原糖的变化就与在果胶培养液，木聚糖培养液中的总还原糖的变化相同了。

三、五种碳源纯培养液中蛋白质种类及其分子量变化规律

CXJZ95-198 菌株在 5 种不同碳源的纯培养发酵液中分泌的蛋白质，经 9% 的 SDS-聚丙烯酰胺凝胶电泳（采用不连续凝胶体系）所得电泳图谱（图 9-8）可以看出：①五种不同碳源的培养基刚接种 CXJZ95-198 菌株时（即 "0" h）的发酵样品中，都没有发现蛋白质电泳谱带。②接种后 6h 的纯培养液中，多数可比较的蛋白质电泳谱带的颜色深浅呈甘露聚糖>甘露糖>木聚糖>葡萄糖>果胶的趋势。

根据发酵液所分泌的蛋白条带的迁移率，从低分子标准蛋白的迁移率的标准曲线上查的各条带的分子量，如表 9-1 所示。比较表 9-1 所列数据可以明显的看到：

① CXJZ95-198 菌株在 5 种不同碳源纯培养液中共计分泌出蛋白质电泳谱带 49 条，其分子量变化于 111~14.9kD 之间。②在 5 种不同碳源纯培养液共同拥有的蛋白质电泳谱带 11 条，其分子量依次是：76kD，62kD，55.5kD，52.3kD，50.1kD，42.2kD，41kD，39.8kD，36.5kD，26kD 和 22kD。③ CXJZ95-198 菌株对葡萄糖发酵时，发酵液中呈现 32 条蛋白质谱带，对甘露糖发酵时，发酵液中呈现 33 条蛋白质谱带，木聚糖发酵呈现 35 条，甘露聚糖（魔芋粉）发酵呈现 36 条，果胶发酵呈现 21 条。④果胶发酵特有的谱带是分子量为 29kD，20.9kD，19.7kD 和 16.4kD 的 4 条，缺失 111kD，

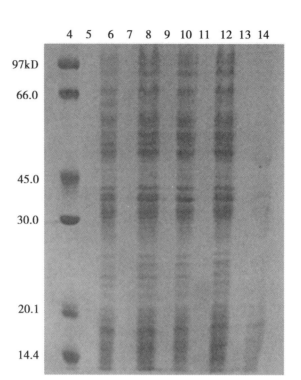

图 9-8 纯培养发酵液中蛋白质 SDS-PAGE 电泳图谱

泳道 4 为标准蛋白质样品；5，6 为葡萄糖 0h，6h 发酵液样品；7，8 为甘露糖 0h，6h 发酵液样品；9，10 为木聚糖 0h，6h 发酵液样品；11，12 为魔芋粉 0h，6h 发酵液样品；13，14 为果胶 0h，6h 发酵液样品

104kD，72.9kD，64kD，59.5kD，48kD，46kD，35.5kD，34.5kD，33.6kD，24.5kD，23kD，15.7kD 的 13 条；木聚糖发酵特有的是 31.2kD，31.2kD，30.3kD 的 3 条，缺失 31.7kD 的 1 条；甘露聚糖发酵特有的是 28.2kD，27kD，20.6kD，14.9kD 的 4 条，缺失 1 条（27.8kD）；三种聚合物共同拥有而两种单糖没有的是 91.5kD，84kD 的 2 条；两种单糖发酵特有（其他 3 种聚合物没有）的谱带是分子量为 94kD，86.4kD 的 2 条；甘露糖、木聚糖和甘露聚糖发酵共同拥有的 1 条蛋白质谱带的分子量是 57.8kD；甘露聚糖和果胶共同拥有的是 19kD 和 18kD 的 2 条。

表 9-1 五种碳源纯培养液中蛋白质电泳谱带的其分子量

序号	葡萄糖	甘露糖	木聚糖	魔芋粉	果胶
1	111	111	111	111	—
2	104	104	104	104	—
3	—	—	96.9	96.9	—
4	94	94	—	—	—

（续表）

序号	葡萄糖	甘露糖	木聚糖	魔芋粉	果胶
5	—	—	91.5	91.5	91.5
6	86.4	86.4	—	—	—
7	—	—	84	84	84
8	76	76	76	76	76
9	72.9	72.9	72.9	72.9	—
10	64	64	64	64	—
11	62	62	62	62	62
12	59.5	59.5	59.5	59.5	—
13	—	57.8	57.8	57.8	—
14	55.5	55.5	55.5	55.5	55.5
15	52.3	52.3	52.3	52.3	52.3
16	50.1	50.1	50.1	50.1	50.1
17	48	48	48	48	—
18	46	46	46	46	—
19	42.2	42.2	42.2	42.2	42.2
20	41	41	41	41	41
21	39.8	39.8	39.8	39.8	39.8
22	36.5	36.5	36.5	36.5	36.5
23	35.5	35.5	35.5	35.5	—
24	34.5	34.5	34.5	34.5	—
25	33.6	33.6	33.6	33.6	—
26	—	—	32.1	—	—
27	31.7	31.7	—	31.7	31.7
28	—	—	31.2	—	—
29	30.8	30.8	—	30.8	—
30	—	—	30.3	—	—
31	—	—	—	—	29
32	—	—	—	28.2	—
33	27.8	27.8	27.8	—	27.8
34	—	—	—	27	—
35	26	26	26	26	26
36	24.5	24.5	24.5	24.5	—
37	23	23	23	23	—
38	22	22	22	22	22
39	—	—	—	—	20.9
40	—	—	—	20.6	—
41	20	20	20	—	—
42	—	—	—	—	19.7
43	—	—	—	19	19

（续表）

序号	葡萄糖	甘露糖	木聚糖	魔芋粉	果胶
44	18.6	18.6	18.6	—	—
45	—	—	—	18	18
46	17.6	17.6	17.6	—	—
47	—	—	—	—	16.4
48	15.7	15.7	15.7	15.7	—
49	—	—	—	14.9	—

由表 9-2 可以看出：①5 种不同碳源纯培养液中同时表达较强的蛋白质电泳谱带有分子量为 42.2kD，39.8kD 的 2 条；除了果胶以外，其余 4 种碳源纯培养液中同时表达较强的蛋白质电泳谱带有分子量为 72.9kD，59.5kD，48kD，46kD 的 4 条。②两种单糖纯培养液中同时表达较强的蛋白质电泳谱带有分子量为 86.4kD，76kD，35.5kD，31.7kD 的 4 条；木聚糖和魔芋粉纯培养液中同时表达较强的蛋白质电泳谱带有分子量为 111kD 和 84kD 的 2 条；两种单糖和木聚糖纯培养液中同时表达较强的蛋白质电泳谱带有分子量为 17.6kD 的 1 条；魔芋粉和果胶纯培养液中同时表达较强的蛋白质电泳谱带有分子量为 18kD 的 1 条。③魔芋粉纯培养液中单独表达较强的蛋白质电泳谱带有分子量为 96.9kD 的 1 条。

表 9-2 五种碳源纯培养液中表达较强的蛋白质电泳谱带

培养基	表达较强的谱带（分子量，kD）
葡萄糖	86.4，76，72.9，59.5，48，46，42.2，39.8，35.5，31.7，17.6
甘露糖	86.4，76，72.9，59.5，48，46，42.2，39.8，35.5，31.7，17.6
木聚糖	111，84，72.9，59.5，48，46，42.2，39.8，17.6
魔芋粉	111，96.9，84，72.9，59.5，48，46，42.2，39.8，18
果胶	42.2，39.8，18

根据上述电泳分析结果，可以作出推测如下。

（1）CXJZ95-198 菌株 至少组成型表达分子量为 76kD，62kD，55.5kD，52.3kD，50.1kD，42.2kD，41kD，39.8kD，36.5kD，26kD 和 22kD 的 11 种胞外酶蛋白质分子，它们可能是催化果胶、半纤维素、蛋白质等多种聚合物降解的酶组分。其中，表达量较多的是分子量为 42.2kD 和 39.8kD 的 2 种。

（2）CXJZ95-198 菌株 以果胶为底物可以诱导表达分子量为 29kD，20.9kD，19.7kD 和 16.4kD 的 4 种胞外酶蛋白质分子。他们可能是 CXJZ95-198 菌株利用果胶降解产物为碳源的主要酶组分。

（3）以木聚糖为底物　可以诱导表达分子量为31.2kD，31.2kD，30.3kD的3种胞外酶蛋白质分子。他们可能是CXJZ95-198菌株利用木聚糖降解产物为碳源的主要酶组分。

（4）以甘露聚糖为底物　可以诱导表达分子量为28.2kD，27kD，20.6kD，14.9kD的4种胞外酶蛋白质分子，并加大分子量为96.9kD的蛋白质分子的表达量。他们可能是CXJZ95-198菌株利用甘露聚糖降解产物为碳源的主要酶组分。

（5）分子量为111kD和84kD的2种胞外酶蛋白质分子　较强表达可能与木聚糖和魔芋粉的降解有关；分子量是57.8kD胞外酶蛋白质分子可能是CXJZ95-198菌株利用甘露糖为碳源的特征之一；分子量为19kD和18kD的2胞外酶蛋白质分子可能与消除魔芋粉和果胶培养基的胶体状态有关；分子量为72.9kD，59.5kD，48kD，46kD的4种胞外酶蛋白质分子较强表达可能与CXJZ95-198菌株直接利用糖类为碳源有关。

四、碳源对CXJZ95-198在纯培养过程中果胶酶活性的影响

以葡萄糖、甘露糖、木聚糖、甘露聚糖（魔芋粉）和果胶为碳源，分别在3h，5h，6h，7h，8h，9h，12h采样测定粗酶液中果胶酶活性，结果如图9-9所示。

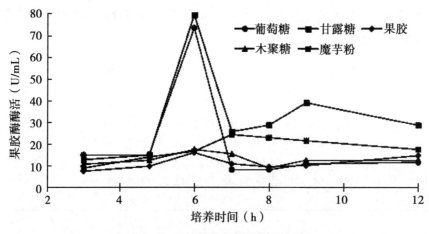

图9-9　五种培养基中果胶酶活性变化

在以葡萄糖、甘露糖、果胶、木聚糖作为碳源的培养基中，3～5h时，果胶酶活性变化均呈上升趋势，在6h时果胶酶活性均达到高峰，分别为73.33U/mL，79.39U/mL，15.98U/mL，17.45U/mL。以魔芋粉作为碳源的培养基中，果胶酶活性较迟于以葡萄糖、甘露糖、果胶、木聚糖作为碳源的培养基，在7h时才达到酶活性高峰，24.25U/mL。在这5种培养基中，以甘露糖培养基中果胶酶活性最高，其次依次为葡萄糖培养基，魔芋粉培养基，木聚糖培养基，最后为果胶培养基。由于原核生物必须根据环境条件的改变合成各种不同的蛋白质，使代谢过程适应环境的变化，才能维持自身的生存和

繁衍，因此，在这5种不同碳源的培养基中，为了适应不同的环境，该菌株通过转录调控，开启或关闭一些不同基因的表达来适应环境条件，由此也就导致了在5种不同碳源的培养基中其果胶酶活性的不同以及达到果胶酶活性高峰的时间的不同。在果胶培养基中，由于该菌株较难利用果胶作为碳源进行生长繁殖，固其菌体数目相对较少，那么由于菌体数目少其相对产生的果胶酶也就较少，由此也就导致了果胶酶活性较低。

五、甘露糖培养基中果胶酶、木聚糖酶、甘露聚糖酶的变化

在以甘露糖作为碳源的培养基中，果胶酶、木聚糖酶、甘露聚糖酶活性变化如图 9-10 所示。

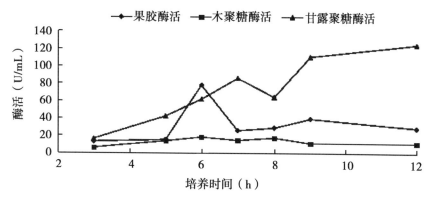

图 9-10 甘露糖培养基中三种酶活性变化

果胶酶，木聚糖酶均在 6h 时达到酶活高峰，分别为 73.39U/mL 和 17.91U/mL。9h 后果胶酶活性呈下降趋势。木聚糖酶在甘露糖培养基中活性变化不大。β-甘露聚糖酶达到酶活高峰的时间略晚于果胶酶和木聚糖酶，7h 时达到了 85.55U/mL，活性要高于果胶酶和木聚糖酶活性，8h 后甘露聚糖酶活性一直呈上升趋势。从图中我们可以看到，CXJZ95-198 菌株在甘露糖培养基中分泌产生的甘露聚糖酶活性要高于其他两种酶活性，果胶酶的活性又要高于木聚糖酶的活性。从图 9-10 中也可以看到该菌株除了在细胞外部含有一定量的 β-甘露聚糖酶外，在其内部存在着部分 β-甘露聚糖酶，这在已有的报道中尚不多见。同时通过比较可以看出该菌株所产生的果胶酶、β-甘露聚糖酶活性较高，克服了国内其他产品中存在的一种酶活高而其他酶活低的缺点。

六、CXJZ95-198 胞外果胶酶的分离、纯化

1. 果胶酶的初步纯化

在经过了前面 CXJZ95-198 菌株在 5 种不同碳源纯培养过程中蛋白质、还原糖及果胶酶活力的测定后，可以确定在五种不同碳源培养基中以甘露糖培养基 6h 发酵液所产

生的果胶酶活性最高，但经综合考虑最终确定以葡萄糖培养基中 6h 的发酵液作为分离提纯果胶酶的基础，经冷冻离心后制得粗酶液。将（NH_4）$_2SO_4$、丙酮、乙醇以不同的比例加入到粗酶液中对果胶酶进行初步纯化。纯化结果如表 9-3、表 9-4 和表 9-5 所示。

表 9-3　硫酸铵沉淀法纯化结果

（NH_4）$_2SO_4$ 饱和度（%）	20	40	60	80	100	粗酶液
果胶酶比活（U/mg）	40.39	76.98	60.58	34.40	126.4	56.97
纯化倍数	0.71	1.35	1.06	0.60	2.22	1
回收率（%）	15.86	21.24	24.91	15.26	11.04	100

表 9-4　丙酮沉淀法纯化结果

丙酮∶发酵液（V∶V）	1∶1	1.5∶1	2∶1	粗酶液
果胶酶比活（U/mg）	50.51	77.14	40.29	58.37
纯化倍数	0.87	1.32	0.69	1
回收率（%）	61.88	19.94	7	100

表 9-5　乙醇沉淀法纯化结果

乙醇∶发酵液（V∶V）	0.5∶1	1∶1	1.5∶1	2∶1	粗酶液
果胶酶比活（U/mg）	38.64	41.93	62.49	56.95	57.73
纯化倍数	0.67	0.73	1.08	0.99	1
回收率（%）	10.17	14.07	30.51	16.10	100

从表 9-3，表 9-4 和表 9-5 中不难看出：在上述 3 种方法中，以丙酮有机溶剂沉淀法效果最好。在硫酸铵盐析法中，尽管纯化倍数略有区别，但回收率分布比较平均，不利于进一步的分离；在乙醇有机溶剂沉淀法中，纯化倍数和回收率都偏低，酶相对易失活；在丙酮有机溶剂沉淀中，酶的回收较为集中，但可能由于丙酮和粗酶液的比例不太合适而使得纯化倍数不高，尤其是在丙酮和粗酶液的比例为 1∶1 时，其中可能由于有较多的杂蛋白存在而导致酶的比活较低，因此，在经过多次重复实验后，我们确定使用丙酮与粗酶液的比例为 0.8~1.4∶1 时效果较好，纯化倍数达到了 1.5 倍。

2. 果胶酶的纯化与检测

取一定量的丙酮与粗酶液的比例为（0.8~1.4）∶1 沉淀后的初步提纯的粗酶液，测定果胶酶活性和蛋白质含量。我们观察到，经过丙酮沉淀后，总酶活有所降低，回收率达到 71.78%，比活有所提高，纯化倍数达到 1.5 倍。将经丙酮沉淀后的酶液进行 SDS-PAGE（十二烷基硫酸钠—聚丙烯酰胺凝胶电泳）观察其蛋白质分子亚基的变化情况。

初步提纯后的粗酶液透析除去丙酮，透析液为 pH 值为 5.2，0.2mol/L 的 HAC-NaAC 缓冲液，然后用 PAGE（聚乙二醇）20000 浓缩上 Sephadex G-75 层析柱，用全自动分步收集系统收集洗脱液，逐管检测蛋白质含量及果胶酶活性，作出洗脱曲线及果胶酶比活力曲线。从图 9-11 可知果胶酶活力高峰出现在第一个洗脱峰与第二个洗脱峰之间，在第 11 管时，尽管此时蛋白质含量并不高，但酶活力却达到了最高峰—605.98 U/mg。

表 9-6　果胶酶纯化结果

纯化步骤	体积（mL）	蛋白量（mg）	总酶活（U）	比活（U/mg）	纯化倍数	回收率（%）
粗酶液	50	61.32	3 484.85	56.81	1	100
丙酮沉淀	11.8	29.35	2 501.43	85.22	1.5	71.78
Sephdex G-75	144	2.06	1 149.32	559.13	9.8	32.98

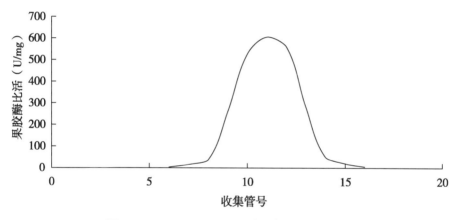

图 9-11　Sephadex G-75 凝胶过滤的酶活力曲线

不同阶段的果胶酶纯化结果如表 9-6 所示，从表中可以看出：CXJZ95-198 在葡萄糖培养液中 6h 时胞外果胶酶的总活力为 3 484.85U，经纯化，最终总活力为 1 149.32U，回收率达到了 32.98%，提纯前粗酶液中的比活为 56.81U/mg，经丙酮沉淀和 Sephadex G-75 柱层析后最终的比活达到了 559.13U/mg，纯化倍数达到了 9.8 倍。

将提纯后的果胶酶经 9% 的 SDS-聚丙烯酰铵凝胶电泳（采用不连续凝胶体系），结果如图 9-12 所示，从图中可以看到，与 6h 的葡萄糖培养液中的蛋白条带相比，经过了丙酮沉淀后，在电泳图谱中蛋白质条带的颜色均有所减轻，进一步证明了利用丙酮沉淀法确实除去了部分的杂蛋白。再经过 Sephadex G-75 柱层析后得到唯一的一条谱带，即纯化后的果胶酶。根据酶的迁移率，从低分子标准蛋白的迁移率标准曲线上查的其分子量为42.2kD。

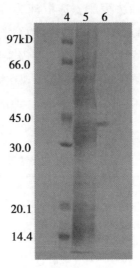

图 9-12 果胶酶分离过程中蛋白质 SDS-PAGE 电泳图谱

从左至右依次为标准蛋白，葡萄糖 6h 发酵液，丙酮沉淀粗酶液及柱层析纯化果胶酶液

七、CXJZ95-198 胞外甘露聚糖酶的分离、纯化

1. 膜分离

采用德国产 VIVAFIOW200 切向超滤系统对 CXJZ95-198 菌株 7.5h 纯培养液进行分流，检测各种样品中蛋白质和甘露聚糖酶活力的结果列如表 9-7。由表 9-7 可知：（1）将 0.2 μ 膜包浓缩液置于 3 000r/min 的转速，离心 10min，去菌体取其上清液检测，其甘露聚糖酶活力很低，仅相当于粗酶液（0.2 μ 滤过液）的 3.12%；（2）在 0.2 μ-100kD 浓缩液中甘露聚糖酶的活力也很低，仅为粗酶液的 5.25%；（3）β-甘露聚糖酶的酶活力主要集中在 100~10kD 之间，β-甘露聚糖酶被纯化 1.65 倍，收率为 91.05%。由此可见，采用 100kD 膜包分流、10kD 膜包浓缩对于纯化 CXJZ95-198 菌株纯培养液中甘露聚糖酶可以获得比较好的效果。

表 9-7 超滤纯化样品中蛋白质及甘露聚糖酶催化活性检测结果

处理方法	总蛋白（mg）	总酶活（U）	比活（U/mg）	纯化倍数	收率（%）
粗酶液（0.2 μ 滤过液）	450	76 000	168.89	1	100
0.2μ 浓缩液（离心上清液）	57	2 370	41.58	—	3.12
0.2μ-100kD 浓缩液	82	4 010	48.908	0.29	5.28
100~10kD 浓缩液	248	69 200	279.04	1.65	91.05
10kD 滤过液	60.5	2 400	39.67	0.23	3.16

2. 硫酸铵沉淀

表 9-8 所列数据显示：①利用硫酸铵对 CXJZ95-198 菌株所分泌的 β-甘露聚糖酶进行分级沉淀，当硫酸铵的饱和度达到 40% 时，虽然有大量的蛋白质被沉淀，但只有极少量的酶活。当硫酸铵的饱和度达到 80% 以上时，其沉淀的酶活含量也不高，在 80% ~ 100% 的分级沉淀中只有 4.6% 的酶活，在硫酸铵饱和度 100% 的上清液中几乎不含有酶活，蛋白质的含量也很少，说明硫酸铵沉淀的比较完全。② β-甘露聚糖酶的酶活主要集中在 40% ~ 60% 和 60% ~ 80% 之间，其中在硫酸铵饱和度为 40% ~ 60% 的分级沉淀中其收率为 34.74%，纯化了 1.67 倍。在硫酸铵饱和度为 60% ~ 80% 的分级沉淀中其收率为 32.43%，纯化倍数为上一步处理的 2.41 倍。

表 9-8 硫酸铵分级沉淀样品中蛋白质及甘露聚糖酶催化活性检测结果

硫酸铵饱和度	总蛋白 (mg)	总酶活 (U)	比活 (U/mg)	纯化倍数	收率 (%)
0	115.2	25 720	223.26	1	100
0~20%沉淀	52.2	0	0	0	0
20%~40%沉淀	15.15	190	12.54	0.056	0.73
40%~60%沉淀	24	8 935	372.29	1.667	34.74
60%~80%沉淀	15.5	8 340	538.06	2.410	32.43
80%~100%沉淀	21.35	1 185	55.50	0.249	4.60
100%上清液	0.137	1.5	10.95	0.049	0.29

3. 丙酮沉淀

由表 9-9 看出：利用丙酮对 CXJZ95-198 菌株所分泌的 β-甘露聚糖酶进行分级沉淀，当丙酮比例达到 1:1 时，也只有极少量的酶活。酶活只有 2.86%。当丙酮比例为 2:1 时，其上清液未测定出酶活，出现这个现象的原因可能是：①酶活在丙酮比例为 2:1 以下的分级沉淀沉淀的比较完全，②由于丙酮的浓度比较高引起了酶的失活。③ β-甘露聚糖酶的酶活主要集中在 1：（1~1.5）：1 沉淀和 1.5：（1~2）：1 沉淀之间，其中丙酮比例为 1：（1~1.5）：1 的分级沉淀中其收率为 47.4%，纯化了 2.48 倍。在丙酮比例为 1.5：（1~2）：1 的分级沉淀中其收率为 40.63%，纯化倍数为上一步处理的 2.44 倍。

表 9-9 丙酮沉淀分级样品中蛋白质及甘露聚糖酶催化活性检测结果

丙酮：酶液（v/v）	总蛋白 (mg)	总酶活 (U)	比活 (U/mg)	纯化倍数	收率 (%)
0	40.5	22 152	546.97	1	100
(0~0.5)：1沉淀	3.25	0	0	0	0
0.5：（1~1）：1沉淀	6	870	145	0.27	2.89

(続表)

丙酮：酶液 (v/v)	总蛋白 (mg)	总酶活 (U)	比活 (U/mg)	纯化倍数	收率 (%)
1：(1~1.5)：1 沉淀	7.75	10 500	1 354.84	2.48	47.4
1.5：(1~2)：1 沉淀	6.75	9 000	1 333.33	2.44	40.63
2：1 上清液	24.25	0	0	0	0

4. 凝胶层析

采用 Sephadex G-100 凝胶柱对 100kD-10kD 超滤浓缩液进行层析分离，定时采样测定蛋白质含量和甘露聚糖酶活力的结果（图 9-13）显示，样品在洗脱过程中共出现 3 个蛋白质峰，其中前两个峰值较小，第三个峰值最高；甘露聚糖酶活力只出现了一个洗脱高峰，与第三个蛋白质峰的变化趋势一致，峰值分别为 0.471mg/mL（蛋白质）和 1286.46U/mL（酶），均出现在第 30 管。收集第 28 管至 33 管洗脱液为纯化甘露聚糖酶（层析纯）。

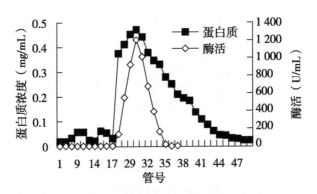

图 9-13 洗脱液中蛋白质及甘露聚糖酶检测结果

八、CXJZ95-198 胞外甘露聚糖酶的酶学性质

1. pH 值对甘露聚糖酶的影响

配制 pH 值为 3.0、3.6、4.0、4.6、5.2、5.8、6.4、7.0、7.6、8.0 等十个 pH 值梯度的缓冲液适度稀释纯化甘露聚糖酶，4℃ 保存过夜，取 2.0mL 适度稀释的甘露聚糖酶与 2.0mL 0.1mol/L 磷酸盐缓冲液（pH 值 6.4）配制的含有 5g/L 底物溶液混合均匀，在 50℃ 保温 30min 测定甘露聚糖酶活力。测定结果（图 9-14）显示，CXJZ95-198 菌株所分泌的 β-甘露聚糖酶酶活稳定的 pH 值范围是 4.6~6.4，当 pH 值 5.8 时，效果最佳，pH 值>6.4，酶活力迅速下降，pH 值 7.0 时，酶活力仅保留 72.5%，pH 值>8.0 时，酶活力只保留了 45.1%。这就说明：碱性环境不利于 CXJZ95-198 菌株胞外 β-甘露聚糖酶的保存。

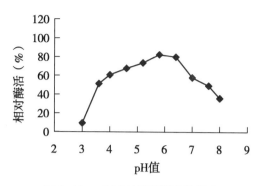

图 9-14 pH 对甘露聚糖酶的影响

2. 温度对甘露聚糖酶的影响

设定 15℃、35℃、45℃、50℃、55℃和 65℃等 6 个酶促反应温度梯度，测定甘露聚糖酶催化活性的结果（图 9-15）显示，CXJZ95-198 菌株胞外分泌 β-甘露聚糖酶在设定温度下进行反应，呈现出较为典型的钟罩形曲线。在 50℃以下，酶活力呈现出上升的趋势，在此阶段温度对甘露聚糖酶催化活性的影响为促进作用。当达到最适反应温度 50℃时，甘露聚糖酶的催化活性达到最高。温度超过 50℃，甘露聚糖酶的催化活性开始下降，55℃时，甘露聚糖酶的催化活性降低到 86.98%。当温度达到 65℃时，β-甘露聚糖酶催化活性还剩 72.6%。说明在此阶段温度使酶蛋白的变性逐渐突出，从而引起反应速度的下降。将纯化甘露聚糖酶置于设定温度下保温 30min，然后测定甘露聚糖酶的催化活性，结果证明，65℃保温 30min 后，β-甘露聚糖酶活力还保留有 70.1%。这一现象说明 CXJZ95-198 菌株保温分泌的 β-甘露聚糖酶对 65℃高温具有一定的耐受性。将纯化甘露聚糖酶置于 70℃下保存，定时采样测定甘露聚糖酶的催化活性，结果证明，保温 5min，催化活性就降至 52.56%，保温 10min，催化活性只保留了 37.47%，保温 25min，催化活性仅相当于 4℃保存的 10.51%。

3. 金属离子对甘露聚糖酶的影响

酶促反应体系中的离子浓度为 1.0mmol/L，除了 Ag^+ 用硫酸盐代替以外，其余均为氯化物。由表 9-10 可以看出，Mg^{2+}、Ca^{2+} 和 K^+ 对甘露聚糖酶有激活作用，其作用大小的顺序为 $Mg^{2+}>K^+>Ca^{2+}$，而 Co^{2+}、Hg^{2+}、Mn^{2+}、Ag^+ 对甘露聚糖酶具有强烈的抑制作用，其作用的大小为 $Co^{2+}>Ag^+>Hg^{2+}>Mn^{2+}$。

4. β-甘露聚糖酶的动力学常数

将槐豆胶与魔芋粉分别配制成 0.1mg/mL，0.2mg/mL，0.3mg/mL，0.4mg/mL，0.5mg/mL 用作底物，测定甘露聚糖酶催化活性，利用 Lineweaver-Burk 双倒数作图法求出 β-甘露聚糖酶的动力学常数，结果如图 9-16 与图 9-17 所示。

289

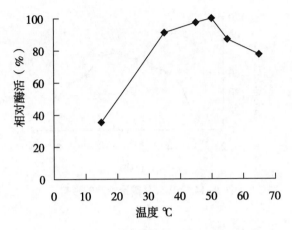

图 9-15　温度对甘露聚糖酶催化活性的影响

表 9-10　金属离子对甘露聚糖酶活力的影响

金属离子	相对酶活（%）	金属离子	相对酶活（%）
空白	100	Fe^{3+}	66. 3
Co^{2+}	16. 7	Zn^{2+}	50. 9
Mg^{2+}	108. 2	Hg^{2+}	20. 0
Cu^{2+}	61. 3	Mn^{2+}	31. 0
Ca^{2+}	105. 5	K^+	107. 0
Ag_2SO_4	18. 7	Ba^{2+}	46. 3

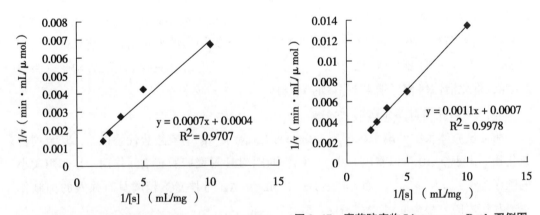

图 9-16　槐豆胶底物 Lineweaver-Burk 双倒图　　**图 9-17　魔芋胶底物 Lineweaver-Burk 双倒图**

　　利用公式：$1/v = 1/V_{max} + (K_m/V_{max}) \cdot (1/[S])$，分别得出 β-甘露聚糖酶的动力学常数，刺槐豆胶：K_m 为 1.75mg/mL，V_{max} 为 2500 μmol/（min·mL）；魔芋粉：K_m 为 1.57mg/mL，V_{max} 为 1430 μmol/（min·mL）。该结果表明，以槐豆胶（半乳甘露聚糖）为底物的米氏常数 K_m 要大于以魔芋粉（葡甘露聚糖）为底物的米氏常数

Km，说明 CXJZ95-198 菌株胞外 β-甘露聚糖酶对葡甘露聚糖的亲和力较大。

5. β-甘露聚糖酶的化学修饰

由图 9-18 可知：随 NEM 浓度的增加，甘露聚糖酶的活力逐渐降低，当 NEM 终浓度为 0.5mmol/L 时，酶的相对活力为 46.5%，采用浓度为 1.0mmol/L Cys（pH 值 6.4）处理被 NEM 钝化的酶，酶的相对活力由 46.5% 恢复到 65.2%。这种现象可以解释为由于巯基被 NEM 化学修饰而导致酶活力的骤降。说明巯基在保持 CXJZ95-198 菌株所分泌的 β-甘露聚糖酶酶活方面具有重要的作用。

由图 9-19 可知：随 N-AI 浓度的增加，该酶的活力逐渐降低，当 N-AI 终浓度为 0.5mmol/L 时，该酶的相对活力为 9.1%，采用浓度为 1.0mmol/L 羟胺（pH 值 6.4）处理被 N-AI 钝化的酶，酶的相对活力由 9.1% 恢复到 69.8%。该现象可以解释为由于酪氨酸残基被 N—AI 化学修饰而导致酶活力的骤降。说明酪氨酸残基在维持 CXJZ95-198 菌株所分泌的 β-甘露聚糖酶酶活方面具有重要的作用。

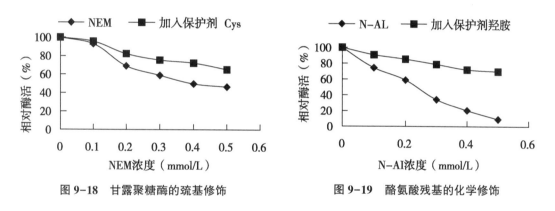

图 9-18　甘露聚糖酶的巯基修饰　　　　图 9-19　酪氨酸残基的化学修饰

NBS 是在酸性条件下专门修饰蛋白质色氨酸吲哚基的化学修饰剂，氧化色氨酸残基侧链吲哚为氧化吲哚，而使酶受到化学修饰。在 β-甘露聚糖酶酶催化刺槐豆胶水解反应体系中加入 NBS 后，酶活性被完全抑制，这预示着该酶中色氨酸可能与活性中心有关。

第三节　CXJZU-120 菌株的胞外果胶酶

一、CXJZU-120 是果胶酶高产菌株

采用课题组设计的特定选择培养基，对课题组保存的 300 多个菌株进行筛选发现，凡是在麻类脱胶过程中表现出较强能力的菌株都在特定培养基上产生水解圈。反复比较

水解圈大小，选择出 3 株在选择培养基上生长良好且产生较明显水解圈的菌株 CXJZU-120、CXJZ95-198 及 CXJZ11-02，水解圈大小依次为：CXJZU120 > CXJZ11-02 > CXJZ95-198。

发酵液中果胶酶催化活性的测定结果（图 9-20）显示，在培养过程中，菌株 CXJZU-120、CXJZ95-198 及 CXJZ11-02 均能分泌果胶酶，且菌株 CXJZU-120 表现出产果胶酶的能力高于菌株 CXJZ95-198 及 CXJZ11-02。变异菌株 CXJZU-120 发酵 9h 的发酵液的酶活达到 158 U/mL，比对照（CXJZ95-198，95 U/mL）提高 66.3%。发酵液中果胶酶催化活性测定结果与水解圈比较法得出结果基本一致。

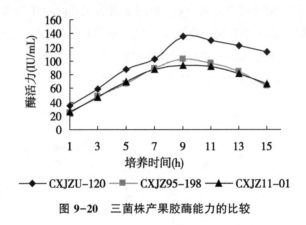

图 9-20　三菌株产果胶酶能力的比较

通过活菌计数发现：该菌株在接种后 4~6h 有较快的生长速度，为保证菌的数量及活力，种子培养时间可控制为 5.5~6.0h；产果胶酶适宜的培养基配方为：蛋白胨 15.0g/L、牛肉膏 3.0g/L、酵母膏 2.0g/L、NaCl 35.0g/L、KH_2PO_4 1.0g/L、$MgSO_4$ 5.0g/L。

二、果胶酶催化活性检测结果

1. 反应温度

温度对酶活力测定结果是有明显影响的，只有在适宜的温度范围内，酶才能显示其生物催化功能，在最适温度下酶催化反应的速度才能达到最大。为明确温度对 CXJZU-120 果胶酶活力测定结果的影响，设置酶促反应温度分别为 40℃、45℃、50℃、55℃和 60℃，测定接种后发酵 7h、9h、11h 的发酵液中果胶酶活力的结果（表 9-11）表明：①温度对果胶酶活力测定结果的影响幅度最大可以达到 42%以上；②变异菌株 CXJZU-120 果胶酶作用温度范围较广，在 45℃至 55℃反应条件下表现出较高的酶活，最适反应温度为 50℃。

表 9-11　反应温度对果胶酶活力的影响　　　　　　　　（U/mL）

温度（℃）	40	45	50	55	60
7h	33.60	51.24	52.18	51.87	41.79
9h	64.46	75.17	86.51	72.02	50.29
11h	59.74	69.19	79.58	63.20	45.57

2. 缓冲液及其 pH 值

酶的催化反应与缓冲液的种类及其 pH 值有很大关系，只有在适宜的 pH 范围内，酶才能显示其催化活性，在最适 pH 条件下酶催化反应的速度达到最大。为明确缓冲液的种类对 CXJZU-120 果胶酶活力测定结果的影响，分别以 pH 值 5.2 的 0.2mol/L 的乙酸-乙酸钠缓冲液、pH 值 5.2 的 0.2mol/L Na$_2$HPO$_4$-0.1mol/L 柠檬酸缓冲液及 pH 值 5.2 1/15mol/L KH$_2$PO$_4$-Na$_2$HPO$_4$ 缓冲液配制底物，测定接种后 7h、9h、11h 发酵液的酶活力，测定结果详见表 9-12。由表 9-12 可见，选用 pH 值 5.2 1/15mol/L KH$_2$PO$_4$-Na$_2$HPO$_4$ 缓冲液配制底物测定 CXJZU-120 果胶酶活力最高，pH 值 5.2 的 0.2 0.2mol/L 的乙酸-乙酸钠缓冲液次之，pH 值 5.2 的 0.2mol/L Na$_2$HPO$_4$-0.1mol/L 柠檬酸缓冲液最差。

表 9-12　缓冲液种类对果胶酶活力的影响　　　　　　　　（U/mL）

缓冲液种类	乙酸-乙酸钠	Na$_2$HPO$_4$-柠檬酸	KH$_2$PO$_4$-Na$_2$HPO$_4$
7h	46.95	28.10	51.89
9h	72.08	46.50	95.87
11h	53.23	36.18	89.14

在其他酶促反应条件相同的前提下，选用 1/15mol/L KH$_2$PO$_4$-Na$_2$HPO$_4$ 缓冲液，设置 pH 值分别为 4.7、5.2、5.7、6.2 配制底物，测定接种后 7h、9h、11h 发酵液的酶活力，测定结果表明，①该菌株所产果胶酶酶作用 pH 范围较广，在 pH 值 4.7 至 6.2 之间均能测定出果胶酶活力；②该菌株所产果胶酶最适 pH 值为 5.2，在接种后 9h 产酶高峰表现尤为明显。

3. 底物种类及其浓度

为了明确底物种类及其浓度对 CXJZU-120 果胶酶活力测定结果的影响，采用浓度分别为 0.2% 及 0.4% 的①橘子果胶（pectin from citrus fruits，Sigma 公司）、②橘子果胶（pectin from citrus peel，Fluka 公司）、③苹果果胶（pectin from apples，Fluka 公司）做底物，测定接种后 7h、9h、11h 发酵液中果胶酶活力，测定结果如表 9-13 所示。结果表明：其一适宜的底物浓度有利于酶活的测定，底物浓度过高，反而抑制果胶酶活力的体现。同种底物，在浓度为 0.2% 时，所得的酶活力最高可达底物浓度为 0.4% 时的

338%。这就是说，果胶作为酶作用的底物，在反应中应当是过量的，但严重过量，这种胶体会影响测定的光密度值，且有可能会抑制果胶酶活性。其二底物种类亦会在很大程度上影响果胶酶活力的测定结果。该菌株所产果胶酶最适宜的底物种类为桔子果胶（pectin from citrus fruits，Sigma 公司），以该底物测得之果胶酶活力最高可达同浓度下以苹果果胶（pectin from apples，Fluka 公司）做底物测得之果胶酶活力的 235%。换句话说，果胶是一种多糖类高分子化合物，以果胶作为底物测定果胶酶活力时，测定结果可能会受到其来源及其提取工艺之影响。

表 9-13　底物种类与浓度对果胶酶活力的影响　　　　　　　（U/mL）

底物浓度 底物种类	0.2%			0.4%		
	(1)	(2)	(3)	(1)	(2)	(3)
7h	80.67	52.50	37.27	29.23	18.80	16.13
9h	118.46	72.65	57.29	35.01	26.36	21.08
11h	71.22	45.25	30.30	41.31	30.45	21.30

4. 蛋白酶抑制剂

对 7h、9h、11h 发酵液分别添加 3 种蛋白酶抑制剂后存放在室温下，测定其果胶酶活力的结果（表 9-14）证明，添加不同蛋白酶抑制剂对果胶酶的活力测定有不同影响。其中 DTT 的加入有利于果胶酶活力的保持，而 PMSF 和 EDTA-2Na 的加入反而使果胶酶活力下降。因此，选择 DTT 作为 CXJZU-120 菌株所产果胶酶的保护剂比较合适。由于 DTT 可以抑制发酵液中部分蛋白酶的活性，且 DTT 分子具有还原性，可以防止酶蛋白中可能存在的部分还原性活性基团的氧化，因此，添加适当浓度的 DTT 有助于酶活性的保持，有利于粗酶液真实酶活力的反应。配制 1.0mol/L DTT，离心前加入发酵液，添加量分别为 5μL/10mL 发酵液、10μL/10mL 发酵液、15μL/10mL 发酵液，使 DTT 终浓度分别为 0.5mmol/L、1.0mmol/L、1.5mmol/L，测定接种后 7h、9h、11h 发酵液的酶活力，其进一步试验结果表明：当 DTT 添加量在 0.5mmol/L 至 1.0mmol/L 之间时，有利于酶促反应的进行和酶活力的测定；过高浓度即 1.5mmol/L 的 DTT 反而会抑制该菌株果胶酶活性，不利于酶促反应的进行和酶活力的测定。

表 9-14　3 种蛋白酶抑制剂的作用效果比较

抑制剂种类	空白	PMSF	DTT	EDTA-2Na
7h	129.48	108.49	141.03	103.76
9h	119.51	95.37	145.23	81.72
11h	112.69	74.37	132.11	63.87

三、果胶酶的分离纯化

1. 超滤技术参数

对酶活力高峰时的发酵液进行超滤处理，对不同操作压下 10~100kD 截流液酶活力等指标进行测定，结果详见表 9-15。结果表明，在超滤过程中，操作压对 CXJZU-120 菌株所分泌的果胶酶活力的保持有着很大影响。在较高操作压（>1.0bar）下，果胶酶活力损失很大；当控制操作压≤1.0bar 时，果胶酶的比活力、回收率及纯化倍数均有明显提高。

表 9-15　不同操作压对果胶酶活力的影响

操作压	≤2.5bar	≤1.5bar	≤1.0bar
比活（U/mg 蛋白质）	656.13	611.37	735.35
回收率（%）	30.91	36.86	83.90
纯化倍数	4.73	5.56	5.72

控制操作压≤1.0bar，对酶活力高峰时的发酵液进行超滤处理，测定>100kD、100~50kD、50~10kD、<10kD 四部分截流液的酶活力等指标测定结果详见表 9-16。

由表 9-16 可以看出，50~10kD 超滤膜包截流液体占总酶活的比重最大，达 54.45%，该部分液体中酶蛋白的纯化倍数也是最高的，达到发酵原液的 6.39 倍，因此可以取该部分截流液作为超滤浓缩液；>100kD 部分只残留少量酶活，这是由于超滤过程中液体存在死体积造成的；整个超滤过程中，酶活力损失仅为 10.32%，较传统的酶蛋白纯化技术降低了很多。

表 9-16　不同超滤膜包孔径对果胶酶纯化效果的影响

指标	原液	>100kD	100~50kD	50~10kD	<10kD
比活（U/mg 蛋白质）	128.39	7.27	616.82	820.65	10.64
纯化倍数	1.00	0.057	4.80	6.39	0.083

2. 超滤浓缩效果

超滤浓缩液经 Sephadex G-100 柱分离，检测洗脱液中蛋白质含量及酶果胶活力结果（图 9-21）显示，使用分光光度计检测洗脱液得到两个蛋白质峰值，果胶酶活力的高峰几乎与第一个蛋白质高峰重合，此时酶的比活力达到最高峰 1 199.74U/mg，收集洗脱液对酶活力及蛋白质含量进行测定得知，经层析过程，酶的比活力平均达到 853.37，纯化倍数可达 6.65 倍。

对发酵液、50~10kD 间超滤浓缩液及凝胶柱层析酶活力高峰管液体样品，做蛋白

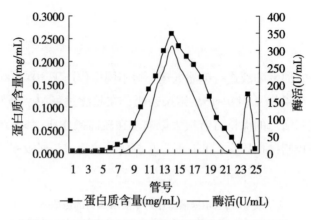

图 9-21 洗脱液中蛋白质含量及酶的活力变化曲线

质 SDS-PAGE，结果如图 9-22 所示。由图 9-22 可以看出，①发酵原液经超滤后，蛋白质谱带明显减少，由发酵液中的 37 条谱带减少至超滤浓缩液中的 7 条谱带；②超滤浓缩液经过层析分离，其蛋白质谱带进一步减少至 3 条。

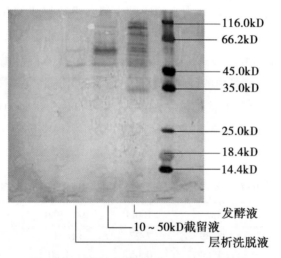

图 9-22 不同来源蛋白质 SDS-PAGE 图谱

计算层析洗脱液中 3 条蛋白质谱带的分子量，自下而上依次为 42.2kD、49.5kD 和 52.6kD。与上述 CXJZ95- 198 所产果胶酶分子量（42.2kD）比较，第一条谱带，应该是两个菌株共同拥有的果胶酶。第二、第三条谱带，可能是从 CXJZU-120 菌株中分离出来的另外两种果胶酶。

3. 果胶酶的稳定性

超滤浓缩果胶酶液置于 4℃冷藏，每 24h 测定其酶活力，其活力变化情况如图 9-23 所示。

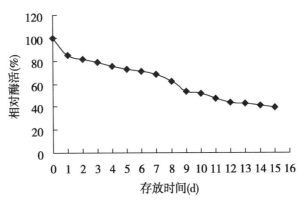

图 9-23　超滤酶液保存过程中活力变化曲线

从图 9-23 可以看出，在超滤浓缩果胶酶液的保存过程中，第 1 天果胶酶活力下降较为明显，此后第 2~8 天酶活力变化较小，第 9 天酶活力又有明显下降；超滤浓缩的果胶酶液在低温下保存，酶活力在一周内至少可以保持 60% 以上。

4. 激活剂及抑制剂的影响

金属离子对超滤浓缩果胶酶液的激活或抑制作用测定结果（表 9-17）表明，K^+、Ca^{2+}、Ba^{2+}、Mn^{2+}、Co^{2+}、Ag^+ 离子对 CXJZU-120 菌株所分泌的果胶酶有激活作用。加入这些离子使得果胶酶活力明显提高。其中，Mn^{2+} 的作用最为明显，加入 1mol/L 的 Mn^{2+} 可使果胶酶活力达到原来的 273.50%；Cu^{2+}、Hg2+、Fe^{3+} 离子对该菌株所分泌的果胶酶有抑制作用。这些离子的加入使得果胶酶活力明显下降，其中，抑制作用最明显的是 Fe^{3+}，1mol/L 的 Fe^{3+} 可使该菌株所分泌的果胶酶活力降至原来的 32.87%；Zn^{2+}、Mg^{2+} 对该菌株所分泌的果胶酶活力影响不大。因此，在实际应用中可以适量添加 Mn^{2+}、Ca^{2+}、Ag^+，可以提高该菌株所分泌的果胶酶活力，同时尽量避免对该菌株所分泌的果胶酶有抑制作用的 Cu^{2+}、Hg^{2+}、Fe^{3+} 离子的存在。值得注意的是，由于对该菌株所分泌的果胶酶活力有激活作用的离子的存在是否会影响该菌株的生长及产酶还不明确，故在该酶的实际生产中是否应当添加这些离子还有待于进一步讨论。

表 9-17　金属离子对超滤浓缩酶液酶活力的影响

金属离子	相对酶活（%）	金属离子	相对酶活（%）
空白	100.00	Fe^{3+}	32.87
K^+	120.92	Ba^{2+}	124.41
Ca^{2+}	161.90	Mn^{2+}	273.50
Zn^{2+}	100.87	Co^{2+}	136.62
Mg^{2+}	98.26	Ag^+	168.88
Cu^{2+}	52.92	Hg^{2+}	68.61

第四节 CXJZ11-01 菌株的胞外酶

如前所述，CXJZ11-01 菌株因为不具备胞外分泌果胶酶的功能而不能作为草本纤维精制专用的功能菌株，但是，因为它胞外高效表达甘露聚糖酶和木聚糖酶，有可能成为酶制剂产业的最具潜力的模式菌株或菌种资源。本节主要介绍该菌株胞外分泌甘露聚糖酶和木聚糖酶的分离纯化方法及其酶学性质，旨在为合理开发利用该菌株并阐明草本纤维精制工具酶的特征提供科学依据。

一、甘露聚糖酶的纯化及其酶学性质

取 CXJZ11-01 菌株 9h 发酵液 2 000mL 依次进行 0.2μm、100kD、50kD 和 10kD 膜包分流，并将原液及 0.2μm 膜包截留液通过 3 000r/min 离心 10min 去除菌体后，分别测定各种样品的甘露聚糖酶活力及蛋白质含量（表 9-18）。由表 9-18 可以看出：①在 0.2 μm 膜包截留液和 10kD 膜包滤过液中，蛋白质含量分别占发酵液中蛋白质总量的 50.9% 和 35.8%，甘露聚糖酶活力仅占发酵液中甘露聚糖酶活力总量的 2.7% 和 17.1%；② 10~50kD 浓缩液中，甘露聚糖酶活力达到 135 682.2U/mL，约为发酵液甘露聚糖酶活力的 31 倍，甘露聚糖酶活力总量回收率达到 63.42%，而蛋白质含量仅为发酵液中蛋白质总量的 4.9%；③ 0.2~100kD 和 50~100kD 的浓缩液中甘露聚糖酶活力和蛋白质含量都不高。

表 9-18 超滤纯化各种样品液的蛋白质含量及甘露聚糖酶活力检测结果

样品号	体积（mL）	蛋白浓度（mg/mL）	蛋白总量（mg）	酶活性（U/mL）	总酶活（U）	比活（U/mg）	产率（%）	提纯倍数
1	1 760	0.100	176.71	4 394.2	7 733 715	43 764.4	100	1
2	17	5.300	90.02	12 136.0	206 311.5	2 291.7	3.44	0.1
3	15	0.123	1.85	7 318.8	109 782.3	59 465.4	1.83	1.4
4	16	0.219	3.50	34 388.4	550 214.8	157 295.4	9.18	3.6
5	28	0.308	8.62	135 682.2	3 799 102	440 967.2	63.42	10.1
6	1 700	0.037	63.32	779.5	1 325 198	20 928.6	22.12	0.5

注：编号 1，原液；2，>0.2μm；3，0.2μm~100kD；4，100~50kD；5，50~10kD；6，<10kD

取上述样品与 2× 样品溶解液按 1:1 混匀，煮沸 5min，10 000r/min 离心 10min 去杂质，配制 15% 分离胶、3% 浓缩胶进行 SDS-PAGE 电泳检测（图 9-24）。由图 9-24 可知：①发酵液原液的蛋白质条带很暗，只能清晰看见一条，其他隐约可见，这是蛋白质浓度太低的结果；② 0.2~100kD 浓缩液可以看见 23 条蛋白质谱带，说明这部分被截流

的蛋白种类最多，去除杂蛋白量大；③ 100～50kD 浓缩液可以清晰看见 6 条带，多数集中在 35kD 以上，去除了大分子量的蛋白质；④ 50～10kD 浓缩液只有两条比较亮的蛋白质谱带，说明该部分蛋白质种类少；⑤ 10kD 滤过液未见明显蛋白质谱带，这部分蛋白质含量非常低，是浓缩过程中去除的废液。电泳分离结果进一步证明，50～10kD 浓缩液中，非目标蛋白比较少，采用 50kD 膜包分流、50kD 膜包浓缩是 CXJZ11-01 菌株胞外甘露聚糖酶分离纯化的关键步骤。

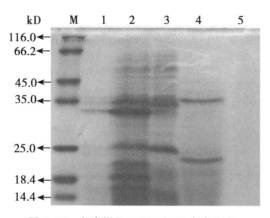

图 9-24　各类样品 SDS-PAGE 电泳分离

泳道 1，原液；2，0.2μm～100kD；3，100～50kD；4，50～10kD；5，<10kD

因此，采用 50kD 膜包分流和 10kD 膜包浓缩对 CXJZ11-01 菌株发酵液中甘露聚糖酶进行纯化可以获得比较好的效果。

取 10～50kD 浓缩液 4mL 加到预先准备好的凝胶层析柱，用 pH6.0，0.025mol/L 柠檬酸-0.05mol/L 磷酸氢二钠缓冲液洗脱（流速为 0.5mL/min），按 5mL/管收集样品，分别测定酶活力和蛋白质含量（图 9-25）。在测定范围内，出现有 1 个酶活力峰和 19 个非目标蛋白峰，并且酶活力峰与第 4 个蛋白峰重叠，说明第 4 个蛋白峰，即第 14～17 管就是目标酶蛋白。

取目标蛋白第 14～17 管洗脱液混合，非目标蛋白第 43～45 管混合，分别倒入 2 个预先准备好的透析袋，用双蒸水透析过夜。聚乙二醇 20 000 浓缩至 300μL。分别取层析上柱前的样品、层析后的洗脱目标峰蛋白、及杂蛋白，与 2× 样品溶解液按 1∶1 混匀，煮沸 5min，10 000r/min 离心 10min 去杂质，配制 15% 分离胶和 3% 浓缩胶进行 SDS-PAGE 电泳检测（图 9-26）。

由图 9-26 可知：①层析前的样品清晰可见两条蛋白带，还有许多蛋白带隐约可见；②层析后的杂蛋白样品出现单一条带；③层析后的目标蛋白出现 2 条带，其中亮带的蛋白量是暗带的 20 倍左右，推测该暗带可能是微量杂蛋白。层析前的样品比较杂，蛋白质含量不太高，但经过凝胶层析分离，聚乙二醇 20 000 浓缩，电泳条带单一，并且比较

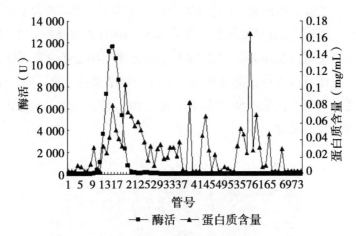

图 9-25　Sephadex G-100 柱层析洗脱液检测结果

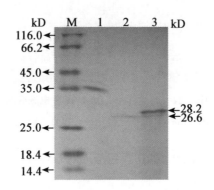

图 9-26　层析液 SDS-PAGE 电泳分析

泳道 1. 层析前的样品；2. 洗脱液非目标蛋白；3. 洗脱液目标蛋白

明亮，说明凝胶层析效果好，得到了纯化 β-甘露聚糖酶。

　　用标准分子量蛋白质建立标准曲线，蛋白质迁移率与分子量之间的标准曲线为直线 $y = -0.8759x + 2.6703$，$R^2 = 0.9868$。从标准曲线查得，经 SDS-PAGE 凝胶电泳测得蛋白迁移率的层析目标蛋白分子量为 28.2kD。

　　配制 pH 值 3.0~8.5 范围内的缓冲液稀释纯酶，40℃ 保温 30min，测定残余酶活。以最高酶活力为 100%，计算出不同 pH 条件下的相对酶活。以 pH 值为横坐标，相对酶活力为纵坐标，绘制曲线（图 9-27）。由图 9-27 可知：在 pH 值 4.0~7.5 范围内，酶活力稳定在 60% 以上；在 pH 值 4.5~7.0 范围内，酶活力稳定在 80% 以上，β-甘露聚糖酶活力相对稳定。因此，pH 值 4.5~7.0 范围是该酶稳定 pH 范围。

　　将 β-甘露聚糖酶放置在 20~75℃ 范围不同温度梯度下保温 30min，测定残余酶活力。以最高酶活力为 100%，计算不同温度条件下的相对酶活。以温度为横坐标，相对酶活力为纵坐标，绘制曲线（图 9-28）。由图 9-28 可知：CXJZ11-01 菌株分泌的 β-甘

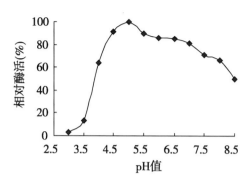

图 9-27　pH 值对甘露聚糖酶活力的影响

露聚糖酶在 20～55℃ 条件下，保温 30min，酶活力几乎不变；60℃ 条件下，剩余 80%；高于 65℃，剩余酶活力则急剧下降；70℃ 时，酶活力几乎为 0。因此，该 β-甘露聚糖酶的稳定温度是小于 60℃。

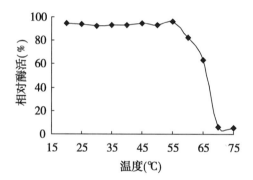

图 9-28　温度对甘露聚糖酶活力的影响

在适当倍数的稀释甘露聚糖酶中，加入金属离子（除 NH_4^+ 和 Pb^{2+} 为醋酸盐，其他离子均为盐酸盐），终浓度为 1.0mmol/L。40℃ 保温 30min，测定残余酶活力。以不额外添加任何金属离子残余 β-甘露聚糖酶活力为 100%，计算各金属离子条件下的相对酶活（表 9-19）。

表 9-19　金属离子对甘露聚糖酶活力的影响

金属离子	相对酶活力（%）	金属离子	相对酶活力（%）
空白	100	K^+	99
Cu^{2+}	116	Mg^{2+}	107
Mn^{2+}	168	Ba^{2+}	83
Ca^{2+}	117	Fe^{3+}	99
Zn^{2+}	115	Pb^{2+}	74
Al^{3+}	121	NH_4^+	103

由表 9-19 可以看出：1.0mmol/L 的 Cu^{2+}、Mn^{2+}、Zn^{2+}、Ca^{2+}、Mg^{2+} 和 Al^{3+} 均对 β-甘露聚糖酶有激活作用，其中 Mn^{2+} 的作用比较明显；相同浓度的 Ba^{2+} 和 Pb^{2+} 对 β-甘露聚糖酶有强烈抑制作用；而低浓度的 K^{+}、Fe^{3+} 和 NH_4^{+} 对 β-甘露聚糖酶无明显作用。因此，在酶制剂生产和应用中要防止 Ba^{2+}、Pb^{2+} 等重金属离子污染。

配制 1.0mg/mL、2.0mg/mL、3.0mg/mL、4.0mg/mL 和 5.0mg/mL 槐豆胶或魔芋胶溶液作底物，DNS 法测定甘露聚糖酶活力，以 1/［s］为横坐标，1/v 为纵坐标作图（图 9-29，图 9-30），利用 Lineweaver-Burk 双倒法计算出槐豆胶为底物的 Km 和 Vm 分别为 1.706mg/mL（图 9-29）和 2 000μg/（mL·min），魔芋胶为底物的 Km 和 Vm 分别为 7.407mg/mL（图 9-30）和 588.2μg/（mL·min）。

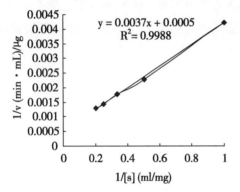

图 9-29　槐豆胶底物 Lineweaver-Burk 双倒图　　图 9-30　魔芋胶底物 Lineweaver-Burk 双倒图

由以上两个结果可知：以槐豆胶（半乳甘露聚糖）为底物的 Km 值要大于以魔芋胶（葡甘露聚糖）为底物的 Km 值，说明 CXJZ11-01 分泌的 β-甘露聚糖酶对葡甘露聚糖的专一性较好。也就是说，选择魔芋胶作底物测 β-甘露聚糖酶活力是比较合适的。

二、木聚糖酶的纯化及其酶学性质

CXJZ11-01 菌种经活化培养→转接入发酵培养基中生长 8h→超滤纯化，测定各种样品中木聚糖酶活力及蛋白质含量的结果列入表 9-20。

表 9-20 各种样品中木聚糖酶活力及蛋白质含量测定结果

处理方法	总蛋白（mg）	总酶活（U）	比活（U/mg）	纯化倍数	收率（%）
粗酶液	671	213 604.1	318.337	1	100
>50kD 浓缩液	462	10 095.4	21.852	0.07	4.72
10~50kD 浓缩液	132	30 075.9	227.848	0.72	14.08
5~10kD 浓缩液	29	122 292	4 216.966	13.25	57.25
<5kD 滤过液	0	385.3	0	0	0.31

由表 9-20 可见：①将 50kD 膜包粗滤所得到的浓缩液（菌体、培养基残渣为主）用 4 000r/min 的转速离心 10min 以后，去沉淀取其上清液测定蛋白质及木聚糖酶活力，结果是木聚糖酶活力很低，仅相当于粗酶液的 4.72%，蛋白质除去量约占蛋白质总量 69%；② 10~50kD 浓缩液中木聚糖酶的含量也比较少，约占粗酶液的 14%，蛋白质除去量约占蛋白质总量 20%；③木聚糖酶的活力主要集中在 5~10kD 之间，木聚糖酶被纯化 13.25 倍，收率为 57.25%。这一结果预示着：木聚糖酶的分子量应该比较小或者呈线形分子存在于发酵液中。

对 5~10kD 浓缩液进行 Sephadex G-100 凝胶层析，测定洗脱中蛋白质和木聚糖酶活力的结果如图 9-31。经过 5~10kD 膜包处理的样品在洗脱的过程中共有 7 个蛋白质峰，其中前两个峰值较小，第三个峰值最高，后面还有 4 个小峰。对于木聚糖酶活力来说，只有一个洗脱高峰，与第三个蛋白质峰的变化趋于一致，第 15 管的蛋白质含量、木聚糖酶活力分别为：0.053mg/mL，223.574U/mL。

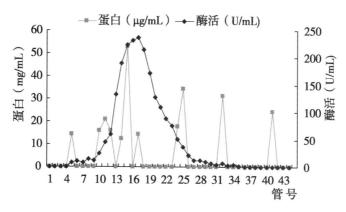

图 9-31 Sephadex G-100 柱层析洗脱液检测结果

综合以上结果，采用 10kD 膜包分流可以去除 80% 以上的非目标蛋白质，而酶活力损失不到 20%；再用 5kD 膜包浓缩 10kD 膜包的滤过液，可以收集接近 60% 的木聚糖酶，其蛋白质含量仅占蛋白质总量的 4.3%。换句话说，采用 10kD 膜包分流和 5kD 膜包浓缩对 CXJZ11-01 菌株发酵液中木聚糖酶进行纯化可以获得比较理想的效果。

收集柱层析第 14~17 管洗脱液用作纯化木聚糖酶样品。配制 12% 的分离胶和 3% 的浓缩胶，对 Sephadex G-100 凝胶层析纯化木聚糖酶样品、5kD 膜包浓缩液及发酵液进行 SDS-PAGE 检测，采用考马斯亮蓝 R-250 染色，结果如图 9-32 所示。由图 9-32 可以看出：① 5kD 膜包浓缩液中可见 6 条蛋白质电泳谱带，明显少于发酵液中的 14 条蛋白质电泳谱带；② 5kD 膜包浓缩液经 Sephadex G-100 凝胶柱层析纯化后，只在蛋白 Marker 分子量为 18.4~25.0kD 之间有 1 条清晰谱带（分子量 22.5kD），由此可认为，经过超滤和 Sephadex G-100 凝胶层析两步纯化，获得的木聚糖酶样品达到了电泳纯。

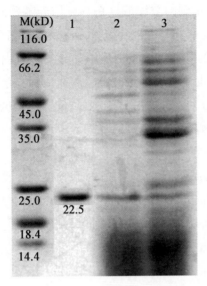

图 9-32 超滤和凝胶层析样品 SDS-PAGE 检测

泳道 1，层析样品；2，5~10 kD 浓缩液；3，发酵液

配制 pH 值为 2.8、3.4、4.0、4.6、5.2、5.8、6.4、7.0、7.6 等 9 个 pH 梯度进行保存过夜，检测木聚糖酶的 pH 稳定性，结果如图 9-33。由图 9-33 可知，CXJZ11-01 菌株所分泌的木聚糖酶酶活的稳定范围在 pH 值 4.6~6.4，其中在 pH 值为 5.2 时为最佳，pH 值超过 6.4 时，酶的催化活性迅速下降，达到当 pH 值 7.0 时，酶活力仅保留了 47%。说明碱性环境不利于 CXJZ11-01 菌株所分泌的木聚糖酶的保存。

将纯化木聚糖酶样品置于 30℃、40℃、50℃、60℃ 和 70℃ 等 5 个温度梯度下保温 30min，检测木聚糖酶对

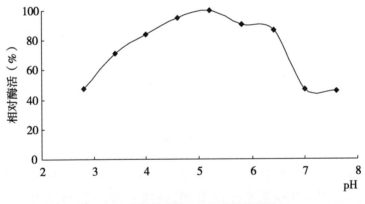

图 9-33 木聚糖酶的 pH 稳定性检测结果

温度的稳定性，以 4℃ 冰箱保存的纯化木聚糖酶样品为 100%。检测结果如图 934。由图 9-34 可知：CXJZ11-01 菌株所分泌的木聚糖酶在 40℃ 以下保存时，酶活性变化不大，在 40℃ 的条件下，保温 30min 酶活仍保留了 91%。即使当温度达到 50℃ 时，保温 30min 后，木聚糖酶酶活还保留 82.1%，但当温度达到 60℃ 时，木聚糖酶活力迅速下降到原始样品的 9.1%。

配制金属离子，使最后反应酶液中的离子终浓度为 2.0mmol/L，测得金属离子对木聚糖酶活力的影响结果见表 9-21。

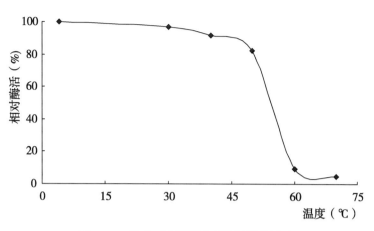

图 9-34　温度对木聚糖酶催化活性的影响

表 9-21　金属离子对木聚糖酶催化活性的影响

金属离子	相对酶活（％）	金属离子	相对酶活（％）
空白	100	Fe^{3+}	82.0
Co^{2+}	136.8	Zn^{2+}	103.3
Mg^{2+}	98.2	NH_4^+	98.2
Cu^{2+}	7.2	Mn^{2+}	118.0
Ca^{2+}	111.0	K^+	96.8
Na^+	97.6	Fe^{2+}	159.3

由表 9-21 可以看出 2.0mmol/L 的 Fe^{2+}、Co2+ 和 Mn^{2+} 对木聚糖酶有激活作用，其作用大小的顺序为 Fe^{2+} > Co^{2+} > Mn^{2+}，对木聚糖酶催化活性提高幅度依次为 59%、37% 和 18%；而相同浓度的 Cu^{2+}、Fe^{3+} 和 K^+ 对木聚糖酶有抑制作用，其作用的大小为 Cu^{2+} > Fe^{3+} > K^+，Cu^{2+} 的负作用最大可达 93%。

将燕麦木聚糖分别配制成 0.2mg/m，0.4mg/mL，0.6mg/mL，0.8mg/mL，1.0mg/mL，测定其木聚糖酶活力，利用 Lineweaver-Burk 双倒数作图法求出木聚糖酶的动力学常数，其结果如图 9-35 所示。利用公式：$1/v = 1/Vmax + (Km/Vmax) \cdot (1/[S])$，分别得出木聚糖酶的动力学常数，Km 为 0.5mg/mL，Vmax 为 33.3μmol/（mL·min）。

上述研究证实，所选育到的代表性功能菌株多为细菌。其胞外酶蛋白质的种类几乎都在 40 种以下（真菌的胞外酶种类有可能多余这个数）。就果胶酶、甘露聚糖酶和木聚糖酶的酶学性质而言，不同菌种、菌株之间存在较大差异。虽然尚未肯定，用于草本纤维生物精制的关键酶是哪几种，但是，通过功能菌株的胞外酶研究，积累了草本纤维生物精制所需关键酶的大量数据，可为选育新菌株、复配酶制剂，进而推动草本纤维加工业高速发展提供科学依据和创新平台。

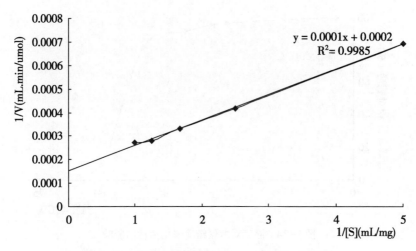

图 9-35　燕麦木聚糖底物 Lineweaver-Burk 双倒

第十章 草本纤维生物精制专用模式菌株的特征

如前所述，基于当今科学技术和生产力发展水平，采用发酵方式实施草本纤维精制是最佳技术方案。前提是必须有一个能够独立完成至少1种纤维质农产品中非纤维素剥离任务且适宜工厂化应用的菌株。Hauman 等（1902）从浸渍的亚麻茎上分离出一些细菌以来，国内外报道用于草本纤维精制技术研究的菌株接近 300 个，涉及 28 属 57 种微生物。但是，真正能够在工厂化条件下不添加化学试剂而实现草本纤维精制的菌株十分罕见。

实践证明，本团队根据设定选种目标（繁殖速度快、生存条件粗犷、胞外表达关键酶）选育出来的 DCE01 是目前为数不多的草本纤维精制专用菌株。与国内外现有报道的菌株比较（表 10-1），DCE01 菌株具有菌种名称的唯一性、处理材料的广谱性和生产效率的高效性。

表 10-1 脱胶菌种性能综合比较

比较指标	DCE01	国内外他人报菌株	比较结果
菌种名称	Dickeya dadantii	枯草芽孢杆菌、浸麻芽孢杆菌、短小芽孢杆菌、地衣芽孢杆菌、假单胞菌、黑曲霉菌、烟曲霉菌、链霉菌等	唯一性
处理材料	7 科 8 种农产品	多数研究 1 种，少数 2 种	广谱性
繁殖代时	16min	30min 以上	
发酵周期	5~7h	12h 以上	高效性
处理效果	剥离非纤维素 98% 以上	剥离部分非纤维素（多在 50% 以下）	

在此，我们将 DCE01 菌株作为草本纤维精制专用菌种资源研究的模式菌株，系统地介绍它拥有的特征特性，为加速草本纤维生物精制技术，尤其是菌种选育或酶制剂复配技术研究而构建一个创新平台。

第一节　DCE01 具有繁殖速度快且生存条件粗犷的特点

与食品、医药微生物比较，农产品加工尤其是草本纤维精制专用微生物的主要特征之一就是繁殖速度快且生存条件粗犷。因为经过微生物发酵处理过的产品多数只是工业原料，附加值不高，若是微生物培养或处理农产品的过程过长或者要求非常严格势必导致加工成本偏高。事实上，这些经过微生物处理的半制品在后续加工过程中可以消除残留物，因此，终端产品中微生物培养或处理过程中的残留物对人类健康造成负面影响的风险几乎为零。

一、DCE01 菌株繁殖速度快

在此之所以把繁殖速度作为一个重要指标，是因为直接采用微生物发酵方式进行农产品加工或者利用微生物生产酶制剂后用于处理农产品，都存在一个生产周期长短的问题。也就是说，细菌繁殖速度快可以缩短生产周期、提高设备利用率（或周转率）、降低固定资产折旧成本，进而降低草本纤维生物精制的加工成本。反之，亦然。

DCE01 属于肠杆菌科 *Dickeya dadantii* 的菌株，其繁殖速度快是不容置疑的。采用本团队确定的改良肉汤培养基进行纯培养，测定 DCE01 菌株生长速率的结果（图 10-1）进一步证实，其繁殖代时（G）<16min，对数生长期为 2~8h。这个测定结果表明，无论是进行 DCE01 菌株的纯培养还是利用 DCE01 菌株进行农产品发酵，其生产周期都可以控制在 8h 以内。从现行企业管理角度看，按照每日三班制运行，采用 DCE01 菌株处理农产品每日可以出 3 批精制纤维，即每个生产班（8h）可以出一批精制纤维，有利于产品质量监督管理。然而，以繁殖代时为 30min 的枯草芽孢杆菌为例，即使细菌的其他特性完全相同（包括适应期也是 2h），仅仅是活菌量达到同等水平所需要的生产周期也将会达到 13.25h。采用枯草芽孢杆菌处理农产品则需要 5 日方可出 9 批精制纤维，即，每日出 1.8 批产品，不利于质量监督管理。事实上，细菌繁殖代时长所带来的弊端远不止生产管理麻烦那么简单，还会涉及细菌培养、发酵的工艺投入及其设备投资，设备安装场地，设备运行管理成本，这些都是提高农产品加工成本的重要因素。

二、DCE01 菌株生存条件粗犷

把生存条件粗犷作为评价草本纤维生物精制专业菌种资源的另一个重要指标，是因为农产品加工企业都不希望工艺技术过于复杂。如果细菌的生存条件粗犷，其纯培养或者用于处理农产品的技术能为普通挡车工所掌握，实施该技术的企业无须配备高端专业人员、设置高技术岗位，进行草本纤维生物精制的技术风险可以降低到极限。

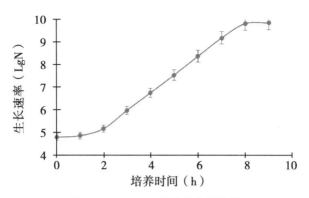

图 10-1　DCE01 纯培养生长曲线

（一）温度和 pH

菌种保藏实践中发现，将 DCE01 菌株的斜面菌苔置于 0~4℃下保存 15 天，或者，置于 50℃水浴保存 30min，就几乎找不到活菌了。这个"容易致死"的特征对于防止该菌株对环境造成次生污染是十分可贵的。

在 DCE01 菌株进行纯培养试验中，采用活菌计数方法测定结果（表 10-2）表明，DCE01 菌株在设定温度和 pH 值梯度范围内培养 8h，都能检测出活菌。但是，在环境温度为 42℃的极端条件下，DCE01 菌株的活菌量不仅没有增长反而还下降了，说明即使有一些耐高温的个体幸存下来了，也不能说这种温度环境适宜该菌株生存。当起始 pH 值=4、环境温度在 17~22℃时，DCE01 菌株的活菌量增加幅度都不是很大，说明该菌株在这种温度和 pH 条件下可以生存但不适宜旺盛生长。深入研究结果显示，DCE01 菌株的适宜生长 pH 值范围为 5.4~8.2（最适生长 pH 值在 6.8 左右）；适宜生长温度范围为 28~38℃。从整体试验数据看，DCE01 菌株适宜生长的温度和 pH 值范围都很宽。就适宜生长 pH 值范围而言，普通地表淡水均可用作 DCE01 菌株纯培养或对农产品发酵的介质（含有其他影响微生物生长的因素如杀菌剂除外）。就适宜生长温度而言，DCE01 菌株的要求也不算严格，控制温度在 29~37℃范围内，DCE01 菌株的活菌量随温度升高而增加。这样"宽范围"的适应性特征在当今工业微生物领域是比较少见的。

表 10-2　温度和 pH 梯度培养 DCE01 的试验结果

pH 值	LgN	℃	LgN
4	5.27	17	6.15
5	7.28	22	6.73
6	8.57	27	7.18
7	8.97	32	8.23
8	8.51	37	9.09
9	7.74	42	1.87

（二）营养特性

有研究证明，苎麻韧皮所含胶质的主要成分是半纤维素，其含量占总胶质的 60% 左右，而半纤维索中甘露聚搪和萄萄糖较难被碱溶解出来，需 NaOH 17.5% 和硼酸 4% 的溶液沸煮 2h 才能被水解。根据这一观点，我们对 DCE01 菌株进行了糖类发酵试验，结果（表 10-3）表明，该菌株对甘露糖发酵速度最快，半乳糖次之，再次为葡萄糖、甘露醇，然后是木糖、果糖，对鼠李糖、乳糖的发酵速度极慢。说明 DCE01 菌株的碳素营养来源广泛，尤其嗜好甘露糖。DCE01 菌株的碳素营养特性表明，用于纤维质农产品发酵无需添加额外的碳素营养，它可以利用农产品包含的糖类以及降解半纤维素的单糖作为自身生长繁殖所需的碳源。

表 10-3　苎麻脱胶高效菌株 T85-260 的糖类发酵结果

单糖	葡萄糖	果糖	半乳糖	乳糖	木糖	鼠李糖	甘露糖	甘露醇
产酸时间（h）	16	24	10	192	24	120	6	16
产气时间（h）	16	24	16	—	24	—	8	16

另有试验数据证明，DCE01 菌株在以大豆蛋白胨为氮源的培养液中生长繁殖最快，6h 纯培养液的活菌量超过其他氮源的 10 倍。产生这种现象的奥秘，目前还不得而知。但是必须强调，DCE01 用于处理农产品之前，采用以大豆蛋白胨为氮源的培养基进行扩大培养是必需的。

在苎麻、大麻等草本纤维生物精制过程中，我们采用活菌计数方法测定了 DCE01、DSM18020 和杂菌数量（图 10-2）。从图 10-2 不难看出：在接种量相同的前提下，无论是大麻还是苎麻发酵结束时，DCE01 菌株的活菌量都比同种模式菌株 DSM18020 多出 1~2 个数量级。值得注意的是，同一个物种的不同菌株（繁殖代时应该是相差无几），在试验设计完全相同的环境条件下，为何在发酵结束时两个菌株的活菌量存在如此大的差异？我们认为，除了菌株自身的营养特性之外，别无它解。也就是说，DCE01 可以充分利用降解农产品中半纤维素而形成的单糖作为碳源，以至于发酵后期的生长繁殖不受碳源短缺的影响；相反，DSM18020 不能或者难以利用降解农产品中半纤维素而形成的单糖作为碳源，以至于发酵后期的生长繁殖受到碳源短缺的制约。

图 10-2 还透露一个容易忽视而又十分重要的信息，那就是来自农产品、水、空气以及设备上粘附的杂菌，虽然数量也随发酵时间延长而增加，但是由于起始活菌量不多，杂菌本身的繁殖代时不同，导致发酵结束时杂菌的活菌量比目标菌的活菌量少 4~5 个数量级。在严格的医药和食品微生物领域，杂菌是必须以各种"消毒"方式除恶务尽的。然而，在草本纤维生物精制这样粗犷的农产品加工微生物领域，数量如此悬殊的

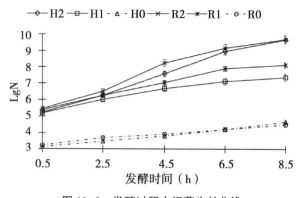

图 10-2　发酵过程中细菌生长曲线

H. 大麻；R. 苎麻；H2，H1 和 H0 表示大麻接种 DCE01，DSM18020 和空白对照

杂菌对目标菌的影响可以忽略不计。这就是说，DCE01 用于草本纤维生物精制可以在自然状态下进行，无需对相关的材料、介质、设施设备以及生产环境进行严格的"消毒"。当然，如果不是 DCE01 具有"繁殖速度快"的特点，也许这种耗资巨大的"消毒"处理是不可避免的。

综上所述，DCE01 具有繁殖速度快且生存条件粗犷的特点，对于采用发酵方式在工厂化条件下实施草本纤维精制可以表现出 3 个明显优势：①建厂投资省。这是因为 DCE01 "繁殖速度快"，以至于菌种培养、农产品发酵设备及其占地面积均可控制到极低水平，同时，无需考虑消除杂菌影响的基础设施。②技术风险低。这是因为 DCE01 "生存条件粗犷"，或者说，对温度和 pH 值等环境条件适应性强，以至于技术参数易为普通挡车工所掌握，几乎不会出现操作失误导致"倒灌"或发酵不成功的现象。（3）工艺投入少。这不仅因为菌种培养、农产品发酵过程的投入处于极低水平，还因为几乎没有消除杂菌影响的投入。

第二节　DCE01 具有独特的功能基因组表达系统

功能基因组是指能够表达一定功能的全部基因所组成的 DNA 序列。基因表达是指细胞在生命过程中，把储存在 DNA 序列中的遗传信息经过转录和翻译，转变成具有生物活性的蛋白质分子。生物体内的各种功能蛋白质和酶都是相应的结构基因编码的。因此，概括起来说，功能基因组表达系统就是把储存在功能基因组中的遗传信息表现为具有生物活性的蛋白质分子。

采用发酵方式实施草本纤维精制的必要前提，就是目标菌株能够在细胞外高效表达关键性工具酶。这里所说的工具酶是指草本纤维生物精制能够剥离各种非纤维素的一类酶。目前，国内外大量研究认为，草本纤维生物精制所需的工具酶包括果胶酶、甘露聚糖酶、木聚糖酶等。

作为模式菌株，DCE01 除了具有繁殖速度快且生存条件粗犷的特点之外，就是具备典型的"胞外表达关键酶"特征。前面的章节对 DCE01 菌株胞外酶的种类及其酶学性质进行了一般性描述，对 DCE01 菌株的相关基因进行了克隆和一般性分析。本节重点阐明 DCE01 菌株胞外果胶酶、甘露聚糖酶和木聚糖酶的功能基因表达系统。

一、DCE01 菌株胞外表达工具酶的催化活性

功能基因组的最终表达效果是通过各种酶的催化活性体现的。本节首先介绍 DCE01 菌株胞外表达工具酶的催化活性，希望带着令人难忘的结果去追溯错综复杂的根源，达到充分了解 DCE01 功能基因组表达系统独特之处的意愿。

（一）DCE01 菌株胞外表达工具酶的定性鉴定

采用唯一碳源——果胶、甘露聚糖和木聚糖平板分离该菌株，在 35℃ 环境下培养 18h（果胶平板、甘露聚糖平板）或 24h（木聚糖平板）后观察，菌落周围出现明显的水解圈（图 10-3）。由图 10-3 可以看出，甘露聚糖平板上的水解圈最大，果胶平板次之，木聚糖平板相对较小。综合分析水解圈法检测结果，虽然没有计算出可以作为草本纤维精制专用菌株性能评价的具体数据，但是，这些定性指标至少可以肯定：DCE01 菌株能够在细胞外表达果胶酶、甘露聚糖酶和木聚糖酶等 3 种国内外公认的剥离各种非纤维素所需的关键性工具酶，其催化活性是甘露聚糖酶最高，果胶酶次之，木聚糖酶最低。与此同时，这一结果看起来似乎与 DCE01 菌株利用碳素营养的特点也存在相关性。换句话说，DCE01 菌株嗜好甘露糖，甘露聚糖平板上出现的水解圈最大；利用木糖的速率相对较慢，木聚糖平板上出现的水解圈相对较小；利用果胶降解产物——半乳糖的速率介于甘露糖和木糖之间，果胶平板上出现的水解圈同样介于二者之间。这种现象通过改变底物得到了初步证实，例如，苹果果胶平板出现的水解圈明显小于橘子果胶平板。至于这 3 种工具酶催化活性的高低及其在草本纤维精制过程中所起作用的大小，我们将在下文中给予更加详细的说明或解析。

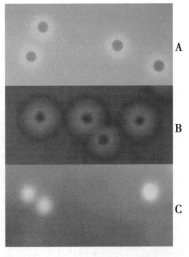

图 10-3　DCE01 胞外酶水解圈法检测

A. 果胶，B. 甘露聚糖，C. 木聚糖

（二）DCE01 菌株胞外表达工具酶的定量鉴定

以同一物种的模式菌株（*D. dadantii* DSM18020）为对照，采用 DNS 法测定 DCE01 和 DSM18020 纯培养液中胞外酶催化活性的结果列如表 10-4。需要补充说明的实验设计技术参数是：①底物浓度，果胶 5.0g/L，甘露聚糖 5.0g/L，木聚糖 8.0g/L，纤维素粉 5.0g/L；②酶催化底物反应温度 35℃，反应时间 15min。表 10-4 所列结果表明，无论是实验设计的起点、终点还是实验过程中的任一点，广谱性高效菌株 DCE01 菌株胞外分泌果胶酶、甘露聚糖酶和木聚糖酶的催化活性都是其模式菌株 DSM18020 的 5 倍左右。

表 10-4 所列数据，除了证实 DCE01 菌株能在胞外表达较高催化活性的 3 种工具酶之外，还说明 DCE01 菌株不产纤维素酶。对于用作草本纤维精制的菌株而言，不产纤维素酶是一个十分宝贵的特征。一般高产半纤维素酶的微生物几乎都附带有纤维素酶。DCE01 菌株不产纤维素酶，意味着在草本纤维精制过程中，不会出现纤维素降解现象。换句话说，DCE01 菌株用于草本纤维精制没有损失纤维的可能性。这个特征，在我们团队长期研究实践中得到了肯定性证实，即实验过程中，经常出现发酵产物放置到第二天甚至第三天才做后处理的情况，但是没有发现纤维被降解的现象。

表 10-4 广谱性高效菌株 DCE01 的胞外酶催化活性测定结果 （U/mL）

培养时间	4h	5h	6h	7h	8h
M-DCE01	28.83±0.22	53.44±0.20	70.81±0.19	86.47±0.19	104.62±0.21
M-DSM18020	6.79±0.16	10.25±0.06	16.12±0.07	21.18±0.06	22.79±0.07
	$y_{(M\text{-}DCE01)} = f\,x_{(M\text{-}DSM18020)}$: $y = 4.1839x + 4.2936$; $R^2 = 0.9647$				
P-DCE01	19.73±0.16	28.11±0.21	34.38±0.19	47.12±0.24	61.29±0.22
P-DSM18020	4.81±0.07	6.99±0.08	9.79±0.07	12.12±0.05	13.98±0.06
	$y_{(P\text{-}DCE01)} = f\,x_{(P\text{-}DSM18020)}$: $y = 4.2977x - 2.8698$; $R^2 = 0.9542$				
X-DCE01	1.99±0.05	2.84±0.07	3.86±0.08	4.44±0.07	5.63±0.09
X-DSM18020	0.44±0.04	0.63±0.05	0.72±0.08	0.89±0.04	1.05±0.04
	$y_{(X\text{-}DCE01)} = f\,x_{(X\text{-}DSM18020)}$: $y = 5.9394x - 0.6788$; $R^2 = 0.9805$				

注："M" = Mannose（甘露聚糖酶），"P" = Pectinase（果胶酶），"X" = xylanase（木聚糖酶）。样品中未检测到纤维素酶催化活性

二、DCE01 菌株的染色体基因组测序

为追根溯源，查明同一物种不同菌株间胞外果胶酶、甘露聚糖酶和木聚糖酶的催化活性存在如此显著差异的本质，2009 年 12 月，北京六和华大基因科技股份有限公司深圳分公司进行了"一个细菌 DCE-01 菌株的全基因组测序和分析"。

从华大基因细菌基因组结题报告中，获得了 DCE-01 菌株的全基因组测序精细图

（图10-4）。根据细菌基因组结题报告，DCE-01菌株拥有一个长度为5 040 609bp的圆形染色体。其GC含量为56.58%，接近 *D. dadantii* 3937菌株（4 922 802bp，GC含量57%）。DCE01的染色体基因组包含15个rRNA基因和57个tRNA基因。预测基因组包含4871个蛋白质编码序列，其中，根据蛋白质同源性对3 685个蛋白质编码序列（75.65%）进行了分类，另有1 186个蛋白质编码序列（24.35%）未分类；在已分类的编码序列中有304个蛋白质编码序列（6.24%）未知功能。

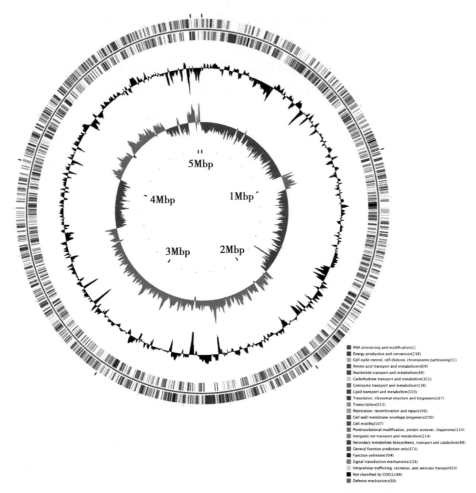

图10-4　DCE01菌株的全基因组测序精细图（GC skew、GC content、基因分布）

　　根据华大基因细菌基因组结题报告，从DCE-01菌株的全基因组测序注释结果整理出相关信息列如表10-5。比较表10-5所列的同一物种两个菌株的遗传信息，可以看出：DCE-01菌株的基因组稍微大一点，G+C含量低一点，tRNA基因和数量少一些，草本纤维精制所需工具酶的编码基因数量完全相同，但是，没有纤维素酶编码基因（与表10-4的测定结果相符）。

表 10-5　DCE-01 菌株全基因组测序注释结果的相关信息

菌株	DCE01	D-3937
基因组大小（bp）	5 040 609	4 922 802
G+C 含量（%）	56.6	57.0
tRNA 基因（个）	57	75
rRNA 基因（个）	15	22
果胶裂解酶基因（个）	11	11
果胶甲酯酶基因（个）	2	2
果胶乙酰酯酶基因（个）	1	1
甘露聚糖酶基因（个）	1	1
木聚糖酶基因（个）	1	1
纤维素酶基因（个）	0	1

从染色体基因组测序整体结果来看，与 *D. dadantii* 3937 菌株比较，除了目前还无法阐明的差异（基因组大小、G+C 含量、tRNA 基因、rRNA 基因）之外，DCE01 菌株的突出特点就是没有纤维素酶基因。这一结果为 "DCE01 菌株只剥离非纤维素不损伤天然纤维" 的结论提供了科学依据。

上述结果表明，与同一物种其他菌株比较，DCE01 具有独特功能基因组表达系统的第一个特征就是：没有纤维素酶基因而且胞外果胶酶、甘露聚糖酶和木聚糖酶的催化活性很高。

三、DCE01 菌株的蛋白质组学

蛋白质组学是对蛋白质特别是其结构和功能的大规模研究。蛋白质组（Proteome）是蛋白质（protein）与 基因组（genome）的组合词，意思是指 "一种基因组所表达的全套蛋白质"，即一种细胞乃至一种生物所表达的全部蛋白质。蛋白质组学本质上指的是在大规模水平上研究蛋白质的特征，包括蛋白质的表达水平，翻译后的修饰，蛋白与蛋白相互作用等，由此获得蛋白质水平上的关于疾病发生，细胞代谢等过程的整体而全面的认识。

通过提取 DCE01 菌株和 *D. dadantii* DSM18020 菌株的菌体，超声波破碎菌体并纯化出所有蛋白质，进行了蛋白质组学 iTRAQ 分析。

（一）蛋白质组的鉴定和定量

蛋白质组学 iTRAQ 分析采用高分辨质谱仪 Orbitrap Elite（Thermo Scientific）获取大量质谱原始数据，采用 Maxquant 1.5.1.0（Thermo Scientific）软件将 Orbitrap Elite 产生的原始图谱文件进行数据库检索。根据蛋白质 FDR<0.01 的标准对数据进行筛选和整

理，获得高度可信的定性和定量结果。

从图 10-5 可以看出，DCE01 和 DSM18020 所表达的蛋白质中大部分具有相关性（重叠部分），或者说，这些蛋白质的组成与结构基本相同；也有一些蛋白质没有相关性（没有重叠的零散分布部分），或者说，这些蛋白质的组成与结构存在明显差异。针对这个结果，我们可以作出分析：同一个物种的不同菌株所表达的蛋白质在组成与结构上多数相同、少数不同，这是正常的。也就是说，DCE01 所表达的蛋白质多数与DSM18020 所表达的蛋白质相同，少数不同是毋容置疑的客观事实。至于这些不同的蛋白质在分子结构和催化功能等方面存在那些差异，有待进一步探索和研究。

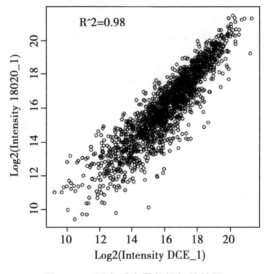

图 10-5　蛋白质定量数据相关性图

（二）蛋白质组的生物信息分析

在蛋白质组学中，通过凝胶电泳、质谱等技术产生的海量数据代表了生物体内发生的全部过程及其变化。从这些庞大而复杂的实验数据中寻找生物体的改变以及引起这些改变的源头和机制，是蛋白质组生物信息学的主要任务。在定量蛋白质组学分析中，常用的生物信息学分析方法包括（但不局限于）：显著性差异分析、GO 注释及富集分析、聚类分析等。

从 UniProt 数据库上提取鉴定出蛋白的 GO 信息，将蛋白序列与 NCBI 的信息进行关联，并寻找对应蛋白所在的通路。在 KEGG 代谢通路图（图 10-6）中，蓝色标记代表从目标菌株中寻找鉴定出的蛋白质。这就是说，DCE01 和 DSM18020 所表达的蛋白质与NCBI 的信息之间存在非常明显的差别。

根据表达差异倍数大于 1.5 倍（上下调）标准筛选，发现 DCE01 所表达的蛋白质

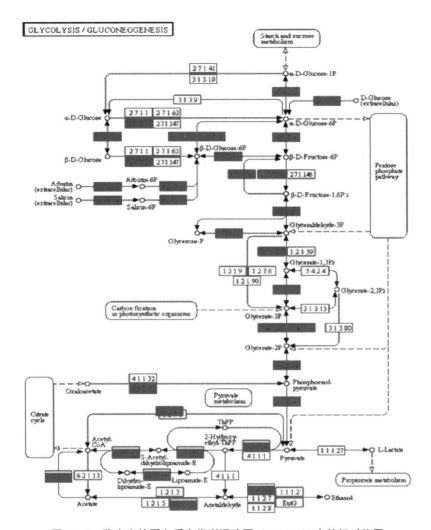

图 10-6　鉴定出的蛋白质在代谢通路图（KEGG）中的相对位置

与 DSM18020 所表达差异蛋白质之间存在的差异表达蛋白质总数为 919 个，其中，上调（Up-regulated）差异表达蛋白质 488 个；下调（Down-regulated）差异表达蛋白质 431 个。

　　聚类分析是一种常用的探索性数据分析方法，其目的是在相似性的基础上对数据进行分组、归类。聚类分组的结果中，组内的数据模式相似性较高，而组间的数据模式相似性较低。在聚类分析过程中，聚类算法会对样本和变量两个维度进行分类。对样本的聚类结果可以检验所筛选的目标蛋白质的合理性，即这些目标蛋白质表达量的变化可否代表生物学处理对样本造成的显著影响；目标蛋白质的聚类结果可以帮助我们从蛋白质集合中区分具有不同表达模式的蛋白质、子集合，具有相近表达模式的蛋白质可能具有相似的功能或者参与相同的生物学途径，或者在通路中处于临近的调控位置。图 10-7

是 DCE01 和 DSM18020 所表达差异蛋白质系统聚类分析的结果。这个结果表明，在差异蛋白质系统聚类分析方面，DCE01 所表达的蛋白质与 DSM18020 所表达差异蛋白质之间确实存在较大差异。

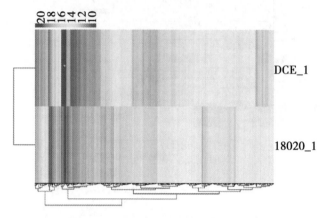

图 10-7　差异蛋白质系统聚类分析结果

GO 功能分析是针对全基因/转录本和差异基因（蛋白）/转录本进行功能注释和归类。KEGG 通路功能分析是针对全基因/转录本和差异基因（蛋白）/转录本进行 KEGG 数据库中通路的功能注释和归类。针对差异蛋白，进行 GO 和 KEGG 富集分析，查看哪些生物学功能和代谢通路与这些蛋白模块显著关联。统计每个 GO 条目（或 KEGG 通路条目）中所包括的差异蛋白个数，并用超几何分布检验方法计算每个 GO 条目（或 KEGG 通路条目）中差异蛋白富集的显著性。

通过 GO 和 KEGG 富集分析，从 GO 号、GO 功能信息简述、GO 条目分类、差异蛋白中该 GO 号对应的蛋白数目、差异蛋白中存在 GO 注释的蛋白数目、全部鉴定出的蛋白中该 GO 号对应的蛋白数目、全部鉴定出的蛋白中存在 GO 注释的蛋白数目、富集显著性 p 值、富集分数、模块中落到该条目蛋白的蛋白名称等方面，进一步明确了 DCE01 所表达的蛋白质与 DSM18020 所表达差异蛋白质之间存在的 919 个差异表达蛋白质。在这 919 个差异表达蛋白质中，发现 DCE01 菌株所表达的蛋白质工具酶与 DSM18020 之间存在 5 个蛋白质表达量的差异（图 10-8），涉及 4 个果胶酶和 1 个甘露聚糖酶，但是未涉及木聚糖酶。进一步分析得知，这 4 个果胶酶的编码序列与我们根据基因组测序注释结果设计引物克隆出来 4 个果胶酶基因（详见第七章第三节）基本一致，即 E0SAR9、P0C1A5、P0C1A7、Q47474 的编码序列依次与我们根据基因组测序注释结果设计引物而克隆出来的 *pel*441、*pel*4J4、*pel*RP65、*pme*AZ5 接近。从工具酶的角度分析，这 4 个果胶酶中真正表现出胞外酶催化功能（表 10-4）的工具酶只有 1 个，那就是 P0C1A5（*pel*4J4），因为 E0SAR9、Q47474 属于下调差异表达蛋白质，对于果胶酶催化功能的提高没有积极意义，P0C1A7 虽然属于上调差异表达蛋白质，但由于它是胞内酶，对于提高胞外果胶酶催化功能的也没有积极意义。

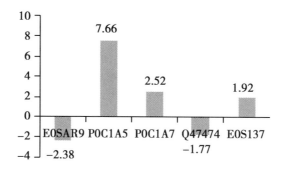

图 10-8　DCE01 菌株表达工具酶与 DSM18020 之间的差异

DCE01 菌株的蛋白质组学研究结果表明，与同一物种的模式菌株 DSM18020 比较，DCE01 菌株差异表达的蛋白质达 919 个，其中，与草本纤维精制工具酶相关的 16 个基因出现了 5 个基因的差异表达，包括 4 个果胶酶基因和 1 个甘露聚糖酶基因，但是木聚糖酶基因在蛋白质表达量的差异为达到显著水平。在 4 个差异表达的果胶酶中，对胞外酶催化活性有积极作用的只有 1 个。通过蛋白质组学研究所得出的结论就是：与同一物种的模式菌株 DSM18020 比较，DCE01 菌株上调表达的工具酶包括 1 个果胶酶（P0C1A5）和 1 个甘露聚糖酶（E0SI37）。这就说明，两个菌株的果胶酶和甘露聚糖酶基因调控因子存在显著差异。这就是 DCE01 具有独特功能基因组表达系统的第二个特征就是：果胶酶和甘露聚糖酶上调表达。

四、DCE01 菌株胞外表达工具酶的蛋白质结构

酶的催化活性除了蛋白质的表达量（拷贝数）以外，还与蛋白质的结构密切相关。蛋白质的结构（包括氨基酸序列和高级结构或空间结构）取决于编码基因。

（一）工具酶蛋白质的编码基因

根据基因组测序注释结果设计引物 Fa1-4J4：5'ATGAACAACACTCGTGTGTCTTCTG 3'，Ra1-4J4：5'TTACAGTTTGCCGTAGCCTGC 3'，Fb2-4J4：5'TCGAGCTCCATGAA-CAACACTCGTGTGTCTTCTG 3' 和 Rb2-4J4：5'TTATGCGGCCGCTTACAGTTTGCCG-TAGCCTGC 3'，以 DCE01 菌株染色体 DNA 为模板，采用 PCR 扩增并通过原核表达验证和测序，获得果胶酶（*pel* 4J4）基因（原始编号 Q9Z4J4-3）的核苷酸序列（1 179 bp）如图 10-9 所示。该序列与 GenBank 登录的 *D. dadantii* 3937 菌株果胶酶（*pel* E）基因的核苷酸序列比对，无论是基因序列长度、核苷酸序列的缺失比例还是基因序列的同源性和相似度都存在十分明显的差异。

```
ATGAACAACACTCGTGTGTCTTCTGCAGGAACCAAAAGCCTACTGGCAGCCATTATCGCCACCGCGATGATGACTT
CCGCAGCCCACGCAGCCAGCCTGCAAACCACTAAAGCGACAGAAGCGGCCTCAACCGGCTGGGCAACGCAGAG
CAACGGCACCACCGGCGGCGCCAAAGCAACCTCAGCCAAAATCTATGCAGTAAAAAGCATCAGCGCGAATTCAAAGC
GGCGCTGAACGGTACGGATACCGATCCCAAGATCATCCAGGTAACAGGGGCGATTGATATCAGCGGCGGCAAAGC
CTACACCAGCTTTGACGATCAGAAGGCCCGCAGCCAGATCAGCATTCCGTCCAATACCACCATCATCGGTATCGGCA
GCAACAGCAAGTTCACCAACGGTTCGCTGGTAGTGAAAGGCGTCAGCAACGTTATTCTGCGTAACCTGTATCTCGA
AACGCCGGTGGATGTGGCGCCGCATTACGAAACAGGGGATGGTTGGAACGCCGAGTGGGACGCCGCGGTGATT
GATAACTCAGACCACGTCTGGGTTGACCATGTCACCATCAGCGACGGCAGCTTCACCGATGACAAATACACCACCA
AAAACGGTGAAAAATACGTCCAGCACGACGGCGCGCTGGATATCAAGAAAGGGTCCGACTTCGTCACCATTTCTT
ACAGCCGCTTCGAACTGCACGACAAAACCATCCTGATCGGCCACAGCGACAGCAATGGCTCACAGGACTCCGGCA
TACTGCGCGTGACCTTCCACAACAACGTGTTCGACCGCGTTACCGAGCGTACTCCGCGTGTCCGCTTTGGTAGCAT
CCACGCTTACAACAACGTGTATCTGGGCGACGTGAAGCACAGCGTCTACCCGTATCTGTACAGCTTCGGTCTCGGC
ACCAGCGGCAGCATCCTGTCTGAAGCCAACTCCTTCACGCTCTCCAACCTGAAGAGCATCGATGGCAAAAACCCG
GAATGCAGCATCGTGAAAGCCTTTAACAGCAAGGTATTCTCCGATAAAGGCTCGCTGGTTAACGGTTCGTCAACCA
CGAACCTGGATACCTGCGGCCTCACCGCTTACAAACCGACTCTGCCGTACAAATATTCGGCTCAGACCATGACGAG
CAGCCTGGCTAGCAGCATCAACAGCAACGCAGGCTACGGCAAACTGTAA
```

图 10-9　DCE01 菌株 *pel* 4J4 基因序列

　　补充说明，蛋白质组学研究过程中，从 GenBank 获得 *D. dadantii* 3937 菌株果胶酶（*pel* E）基因的核苷酸序列长度为 1 212bp。有鉴于此，根据 *D. dadantii* 3937 菌株 *pel* E 的核苷酸序列重新设计从 DCE01 菌株克隆 *pel* E 基因的引物 Fa1-P-1：5'-CGGGATC-CATGAACAACACTCGTGTGTCTTCTGCAG-3' 和 Ra1-P-1：5'-CGAGCTCTTACAGTTTGC-CGTAGCCTGC-3'，再次进行克隆，经过反复验证所获得 DCE01 菌株 *pel* E 基因序列后，进行测序的结果与上述序列相比，存在一些差异（图 10-10）。这些差异体现在碱基对位点 1~97，798~896 和 1 097~1 186 之间，既有核苷酸序列的缺失，也有碱基对不同。产生这些差异的原因可能来自两个方面：一是试验设计的引物与模板结合的位点不同而导致所克隆的基因序列不同，二是两次试验所获得的基因片段在测序过程中可能产生误差。无论如何，这些差异不是个别现象，值得进一步探讨。

　　以重新设计的引物进行再次克隆所获得 DCE01 菌株 *pel* E 基因序列与 GenBank 登录的 *D. dadantii* 3937 菌株果胶酶（*pel* E）基因序列比对，两个基因序列的同源性和相似度均为 79.9%。其中，互为缺失的碱基对数量占碱基对总数的 6.6%，碱基对差异超过 10% 的核苷酸序列依次是 1~150，201~350 和 801~1 150 区段（图 10-11）。这些差异不仅表现为两个基因互为缺失的核苷酸序列，还表现为核苷酸序列中的碱基对种类不同。这一结果说明同一物种不同菌株之间的基因序列存在明显差异。这些差异可能导致 *pel* E 基因表达产物的结构和功能发生改变。有鉴于此，上述研究结果："广谱性高效菌株 DCE01 的胞外果胶酶催化活性是 DSM18020 的 5 倍左右"，除了"蛋白质组学研究结论——DCE01 菌株 P0C1A5 基因表达量比模式菌株 *D. dadantii* DSM18020 上调 7.66 倍"之外，还与其基因序列存在明显差异密切相关。也就是说，DCE01 P0C1A5 的催化活性

```
  1 DATGAACAACACTCGTGTGTCTTCTGCAGGGGGATTGGACCC---AGCCTG  47
    ||||||||||||||||||||||||||||       ||||||      ||||||
  1 -ATGAACAACACTCGTGTGTCTTCTGCA-------GGAACCAAAAGCCTA  42

 48 CTGGCAGTGATATATCGCCACCGCGATGATGACTTCCGCAGCCCACGCAG  97
    ||||||||||..||  ||||||||||||||||||||||||||||||||||||
 43 CTGGCAGCCAT-TATCGCCACCGCGATGATGACTTCCGCAGCCCACGCAG  91

798 TACCGAGCGTACTCCGCGTGTCCGCTTTGGTAGCATCCACGCTTACAAC-  846
    |||||||||||||||||||||||||||||||||||||||||||||||||||
792 TACCGAGCGTACTCCGCGTGTCCGCTTTGGTAGCATCCACGCTTACAACA  841

847 ACGTGTATCTGGGCGACGTGAAAGCACAGCGTCTACCCGTATCTGTACAG  896
    |||||||||||||||||||| |||||||||||||||||||||||||||||||
842 ACGTGTATCTGGGCGACGTG-AAGCACAGCGTCTACCCGTATCTGTACAG  890

1097 CGACTCTGCCGTACAAATATTCGGCTCAGACCATGACGAGCAGCCT-GCT  1145
     |||||||||||||||||||||||||||||||||||||||||||||||  |||
1091 CGACTCTGCCGTACAAATATTCGGCTCAGACCATGACGAGCAGCCTGGCT  1140

1146 AGCAGCATCAACAGCACGCCGCAGGCTACGGCAAACTGTAA  1186-pel E
     |||||||||||||||||  ||||||||||||||||||||||||
1141 AGCAGCATCAACAGCA--ACGCAGGCTACGGCAAACTGTAA  1179-pel 4J4
```

图 10-10 不同引物克隆 *pel*4J4 或 *pel* E 基因序列比对结果

远远高于 DSM18020，可能与 DCE01 菌株 POC1A5 基因上调表达和核苷酸序列差异以及细胞膜的通透性都有关。

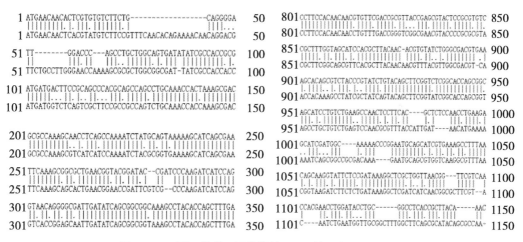

图 10-11 同一物种不同菌株的 *pel* E 基因序列比对结果

根据基因组测序注释结果设计引物 Fa1- man：5'-GAAGATCTCATGAAAAGGACG-TATCAG-3'和 Ra1- man：5'-CCCTCGAGTCAGTTGGCTTCGAC-3'，以 DCE01 菌株染色体 DNA 为模板，采用 PCR 扩增并通过原核表达验证和测序，获得来自 DCE01 的甘露聚糖酶（EOSI37）基因的核苷酸序列如图 10-12 所示。

与此同时，我们根据基因组测序注释结果设计相同引物，以 DSM18020 菌株染色体 DNA 为模板，采用 PCR 扩增并通过原核表达验证和测序，获得来自 DCE01 的甘露聚糖酶（EOSI37）基因的核苷酸序列如图 10-13 所示。

应用 NCBI 相关软件对图 10-12 和图 10-13 所列甘露聚糖酶（EOSI37）基因的核苷

ATGAAAAGGACGTATCAGCTATTTCGCCAGATATCACTTGCCGCCTGTCTGATGACCGCCACAATCAGCCAGGTCGG
CGCCCATACCGTGTCACCAGTCACTCCCAACGCGATGGCGACGACCCGCGCCATCTACAACTGGATGGCGCACCTG
CCGAATCGCAGCGATTCCCGCCTGCTCTCCGGCGCATTTGGCGGCTACGCCAATATCGGCGGCGATGACGCCTTCT
CGCTAGCCGAAGCAGAGAACATCGCCGCCCGTACCGGTCAGTATCCGGCCATCTACGCCTGCGACTACGCGCGCG
GCTGGGACCGAACCTCCGCGGGTAACGAGGCGGATCTGGTGGATTACAGCTGCAACAGCACACTGATCGATTACT
GGAAAAAAGGCGGTCTGGTGCAAATCAGCCATCATCTGCCCAACCCGGTATTTGCCGGCAACGATCCCGGCACCG
GCGAAGGCGGGCTGAAAAAAGCGGTCAGCAACGAGCAACTGGCCGCTGTGCTGCAATCAGGAACGCCGGAGCG
CACCCGTTGGTTGGCTATTCTGGACAAGGTGGCGGCCGGGCTCATGCAGTTGCAACAGCAAGGCGTGGTAGTGCT
GTACCGCCCGCTGCATGAAATGAACGGCGAGTGGTTCTGGTGGGGCGCCACCGGCTACAACACCCATGACACCAC
GCGTATGAACCTGTATATCCGTCTGTACCGCGACATCTACACCTATTTCACCCAGACCAAAGGGCTGAACAACCTGC
TGTTGGTGTACGCGCCGGACGCCAACCGCCAGGACAAGACCGGGTTCTACCCTGGCGACGCTTACGTGGATATCG
CCGGGCTGGATATGTATCTGGACAACCCGGCCAATCTCAGCGGTTACGACGAGATGTTGCGGTTGAACAAGCCGTT
CGCCTTAACCGAGGTCGGCCCGTCCACCACCAACCAGCAGTTTGATTACGCCCGTCTGGTCAGCATCATCAAAAGC
AATTTCCCCAAAACCGTCTACTTCCTGCCCTGGAATAACGTCTGGAGTCCGGTGAAAAATCTGAATGCCTCCGCCGC
CTACAACGACAGTAGCGTCGTCAACCGGGGCGGCATCTGGAACGGCAGCCAGTTGACGCCGATCGTCGAAGCCA
ACTGA

图 10-12   DCE01 甘露聚糖酶（E0SI37）基因的核苷酸序列

ATGAAAAGGACGTATCAGCTATTTCGCCGGATATCGCTTGCCGCCTGTCTGATGACCGCCACAATCAGCCAGGTCG
GCGCCCATACCGTTTCACCGGTTACCGCTAATGCGATGGCCACTACCCGCGCTATCTACAACTGGATGGCGCACCTG
CCGAATCGCAGCGACTCTCGCCTGCTCTCCGGCGCGTTTGGCGGTTACGCCAATATCGGCGGCGATGACGCCTTCT
CGCTGACCGAAGCGGAGAACATCGCCGCCCGCACCGGCCAGTATCCGGCCATCTACGCCTGCGACTACGCGCGCG
GCTGGGACAGAACCTCGGCGGGTAACGAGGCGGACCTGGTGGATTACAGTTGTAACAGCACGCTGATCGACTACT
GGAAAAAAGGCGGTCTGGTGCAAATCAGCCATCATCTGCCCAACCCGGTCTTTGCCGGCAATGACCCCGGCACCG
GCGAAGGCGGGCTGAAAAAAGCGGTCAGCAACGAGCAACTGGCTGCCGTGCTACAGTCAGGAACGCCGGAGCG
TACCCGCTGGCTGGCTATTCTGGACAAGGTCGCGGCCGGGCTGGCACAGTTGCAACAGCAGGGCGTGGTGGTGC
TGTACCGTCCGCTGCACGAAATGAACGGCGAATGGTTCTGGTGGGGCGCCACCGGCTACAACACCCATGACACCA
CGCGGATGAGCCTGTATATCCGCCTGTACCGCGACATCTATACCTATTTCACCCAGACTAAAGGGTTGAACAACCTG
CTGTGGGTGTACGCGCCGGACGCCAACCGTCAGGACAAGACCGGCTTCTACCCCGGTGACGCTTATGTGGATATC
GCCGGGCTGGACATGTATCTGGACAATCCGGCCAATCTCAGCGGTTACGACGAGATGCTGCGGTTGAACAAGCCA
TTCGCCTTAACCGAGGTCGGCCCGTCCACCACCAACCAGCAGTTTGATTACGCCCGTCTGGTCAGCATCATCAAAA
GCAATTTCCCCAAAACCGTCTATTTCCTGCCCTGGAATAACGTATGGGCCCGGTGAAAAATCTGAATGCTTCCGCC
GCCTACAACGACAGCAGCGTCGTTAATCGGGGCGGTATCTGGAACGGCAGCCAGTTGACGCCGATTGTCGAAGCC
AACTGA

图 10-13   DSM18020 甘露聚糖酶（E0SI37）基因的核苷酸序列

酸序列进行在线比对，其结果是：两个菌株的甘露聚糖酶基因之间存在碱基对差异达到或超过 10% 的核苷酸序列有三段：101~150，501~550 和 1 149~1 098（图 10-14）。这些差异有可能导致其表达产物——甘露聚糖酶（E0SI37）的结构和功能发生改变。

上述"DCE01 菌株胞外表达工具酶的定量鉴定"结果表明：DCE01 菌株胞外甘露聚糖酶的催化活性是 DSM18020 菌株的 4.25~5.21 倍。造成两个菌株胞外甘露聚糖酶催化活性差异这么大的原因，除了蛋白质组学研究结果"DCE01 菌株甘露聚糖酶（E0SI37）基因表达蛋白质的量比 DSM18020 菌株上调 1.92 倍"之外，另一个重要根源就在于两个菌株的甘露聚糖酶基因之间存在碱基对差异。当然，胞外酶的催化活性还有可能受到细胞膜通透性的影响。

根据基因组测序注释结果设计引物 Fa1- xyl：5'-CGGGATCCGATGAATGCTATGAATG-3'

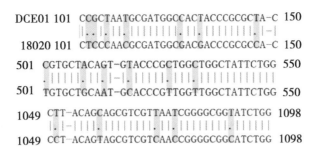

```
DCE01 101  CCGCTAATGCGATGGCCACTACCCGCGCTA-C 150
           |..|.|.|||||||||.|.||.||||||||.|-|
18020 101  CTCCCAACGCGATGGCGACGACCCGCGCCA-C 150

      501  CGTGCTACAGT-GTACCCGCTGGCTGGCTATTCTGG 550
           ||||||.||.||-|.|||||.|.||||||||||||||
      501  TGTGCTGCAAT-GCACCCGTTGGTTGGCTATTCTGG 550

     1049  CTT-ACAGCAGCGTCGTTAATCGGGGCGGTATCTGG 1098
           |.|-|.|||||||||||.|||||.||||||||||||
     1049  CCT-ACAGTAGCGTCGTCAACCGGGGCGGCATCTGG 1098
```

图 10-14 不同菌株间甘露聚糖酶基因碱基对差异达到或超过10%的区段

和 Ra1- xyl：5'-CCCAAGCTTTTATTTACTGACAAAGGTCGTC-3'，以 DCE01 菌株染色体 DNA 为模板，采用 PCR 扩增并通过原核表达验证和测序，获得来自 DCE01 的木聚糖酶基因的核苷酸序列如图 10-15 所示。

```
ATGAATGCTATGAATGGAAATATAGTTTGCTGGGTTCGTCATTGTTTCAGTGCGGCTGTTTTTGTATCAGCCACGGC
AGGTTCGTTCTCTGCCGCTGCTGATACAGTAAAAATTGACGCAAAAATCAATTACCAGACAATTCAAGGGTTTGGT
GGAATGAGTGGGGTTGGTTGGATCAATGATCTGACAACAGAACAAATTAATACTGCATTCGGTAGTGATGTCGACC
AGATAGGGCTATCAATTATGCGAATCAGAATTGATCCAGACTCCAGTAAATGGAATATACAGCTTCCGAGTGCACGT
CAGGCCGTCTCGCTAGGGGCTAAATTAATGGCAACCCCCTGGACACCTCCCGCGTATATGAAAAGCAACAACAGCC
TGATAAACGGCGGGCGTTTGCTGCCGGCATATTATTCCGCCTATACCTCGCACCTGCTGGATTTTTCCAAATACATGC
AGACTAATGGTGCTTCTCTTTATGCCATTTCTATACAAAATGAACCTGACTGGAAACCCGACTATGAATCTTGTGAGT
GGAGTGGTGATGAATTTAAAAGCTATCTTAAATCGCAAGGCTCTAAATTTGGTTCTCTTAAAGTAATTGTCGGAGAG
TCATTAGGATTTAATCCTAAATTAACTGACCCGGTATTGAATGATAGTGACGCATCAAAATACGTTGCAATCGTAGGG
GGACACTTATATGGCACAACGCCTAAAGCGTATCCTTTAGCTCAAAACGCGGGTAAACAGATTTGGATGACCGAGC
ACTATGTTGACTCAAAGCAATCGGCTAATAACTGGACGTCAGCCCTTGAAGTGGGAACTGAGCTGAATGCCAGCAT
GGTGGCAAACTATAATGCTTATGTATGGTGGTATATCCGCCGCTCCTATGGATTGCTTACTGAGGACGGCAAAGTCA
GTAAGCGTGGTTATGTGATGTCTCAATATGCCCGGTTCGTTCGCCCAGGGTTCCAGCGTATTCAGGCTACGGAAAA
CCCCCAGTCAAATGTTCATCTGACAGCCTACAAGAACGCAGATGGAAAAATGGTCATTGTTGCGGTAAACACGAAT
GATTCAGATCAAATGCTGTCGTTGAATATCAGTAATGCCAACGTCGGTAAATTTGAAAAATACAGCACATCCGCGGT
GATGAATGTTGAATATGGCGGAACATATCAGGTCGATAATAGCGGCAAAGCGACGGTATGGCTAAATCCGTTAAGT
GTGACGACCTTTGTCAGTAAATAA
```

图 10-15 DCE01 菌株木聚糖酶基因的核苷酸序列

与此同时，根据基因组测序注释结果设计相同引物，以 DSM18020 菌株染色体 DNA 为模板，采用 PCR 扩增并通过原核表达验证和测序，获得来自 DCE01 的木聚糖酶基因的核苷酸序列如图 10-16 所示。

应用 NCBI 相关软件对图 10-15 和图 10-16 所列木聚糖酶基因的核苷酸序列进行在线比对，其结果是：两个菌株的木聚糖酶基因之间存在碱基对差异达到或超过10%的核苷酸序列有四段：57~200，451~750，751~1 000和1 051~1 200（图 10-17）。这些差异有可能导致其表达产物——木聚糖酶的结构和功能发生改变。

上述"DCE01 菌株胞外表达工具酶的定量鉴定"结果表明：DCE01 菌株胞外木聚糖酶的催化活性为 DSM18020 菌株的 4.51~5.63 倍，蛋白质组学研究结果没有发现两个

```
ATGAATGCTATGAATGGAAATGTAACTTGCTGGGTTCGCCATTGTTTGAGTGCGGCTATTGTGGTTTCAGTCACGGC
AGGAGCGTTTTCTGCCTATGCTGATACAGTGAAGATTGACGCAAAAGTTAATTACCAGACAATTCAAGGTTTTGGC
GGGATGAATGGTGCTGGGTGGATAAATGATCTGACAACAGAGCAAATTAATACTGCATTCGGTAATGATGCTGGCC
AGATAGGGCTATCAATTATGCGAATAAGAATTGATCCCGACTACAATAAATGGAATATACAAGTTCCGAGTGCGCGT
AAGGCCGTCTCGCTGGGGGCTAAATTAATGGCTACCCCCTGGACGCCCACCCGCGTATATGAAAAGCAACAACAGTT
TGATAAACGGTGGGCGTTTGCTTCCGGCACATTACTCTGCCTATACCTCGCACCTGCTGGATTTTTCCAAATACATGC
AGACTAACAGTGCCCCATTTATGCTATTTCTATACAAAACGAGCCCGACTGGAAGCCTGATTATGAATCCTGCGAG
TGGAGTGGTGATGAATTCAAAAACTATCTCAAATCGCAAGGATCTAAATTTGGTTCACTCAAAGTCATTGTCGCGGA
ATCGTTAGGTTTTAACCCTGCATTAACTGATCCGGTATTGAAAGATAGTGACGCATCAAAATATGTGTCAATCATCGG
TGGGCACCTGTATGGAACGACGCCTAAACCGTATCCGTTAGCACAGAATGCAGGTAAGCAACTGTGGATGACCGA
ACACTATGTTGATTCCAAACAATCGGCCAATAACTGGACCTCAGCCCTTGACGTGGGTACTGAACTGAATGCCAGC
ATGGTGTCAAATTATAGCGCCTATGTCTGGTGGTATATCCGTCGCTCGTATGGATTACTGACTGAAGACGGTAAAGTC
AGTAAGCGTGGTTACGTGATGTCGCAATATGCCCGGTTTGTTCGCCCTGGTGCCCTTCGTATTCAGGCTACGGAAA
ATCCCCAGTCAAATGTTCACCTTACAGCCTACAAGAACTCGGATGGAAAAATGGTTATTGTTGCTGTAAACGAAT
GACTCAGACCAAATGTTGTCGCTGAATATCAGTAACGCTAACGTCGGTAAATTTGAAAAAATACAGCACATCAGAAG
TGCTGAATGTTGAATATGGCGGCTCATATCAGGTCGATGACAGCGGCAAGGCGACGGTATGGCTGAATCCGTTAAG
TGTGGCGACCTTTGTCAGTAAATAA
```

图 10-16　DCE01 木聚糖酶基因的核苷酸序列

图 10-17　不同菌株间木聚糖酶基因碱基对差异达到或超过 10% 的区段

菌株之间存在蛋白质表达量方面的差异。这就是说，造成两个菌株胞外木聚糖酶催化活性差异这么大的根本原因在于两个菌株的木聚糖酶基因之间存在碱基对差异。除此之外，DCE01 菌株胞外木聚糖酶催化活性受到细胞膜通透性的影响到底有多大，则有待于进一步研究。

列出上述 5 个编码基因的核苷酸序列及其比对差异，只是为了阐明 DCE01 菌株胞外表达工具酶的催化活性与其编码基因（蛋白质结构）存在十分密切的关系。值得注意的是，核苷酸序列从表面上看起来只是由 A、T、C、G 四个代表性符号组成的字符串

（实际应该说是生物分子），但本质上这 4 个代表性符号排列顺序不同所承载的遗传信息却千差万别，哪怕是 1 个字符不同也有可能造成蛋白质功能出现显著性差异。初步分析，DCE01 果胶酶（P0C1A5）的表达量上调 7.66 倍，或许与其的部分缺失有关。这就是 DCE01 具有独特功能基因组表达系统的第三个特征就是：DCE01 菌株的果胶酶、甘露聚糖酶和木聚糖酶基因在核苷酸序列上存在极显著差异。

（二）工具酶蛋白质的氨基酸序列

将上述相关基因的核苷酸序列登录到 GenBank，利用 NCBI 的 ORF Finder 在线软件对它们进行 ORF 的识别，然后利用 Expasy 的 Translate 在线工具对 ORF 识别后的核酸序列进行翻译，获得果胶酶（P0C1A5）的氨基酸序列为：

MNNTRVSSAGTKSLLAAIIATAMMTSAAHAASLQTTKATEAASTGWATQSNGTTGGAK
ATSAKIYAVKSISEFKAALNGTDTDPKIIQVTGAIDISGGKAYTSFDDQKARSQISIPSNT
TIIGIGSNGKFTNGSLVVKGVSNVILRNLYLETPVDVAPHYETGDGWNAEWDAAVIDN
SDHVWVDHVTISDGSFTDDKYTTKNGEKYVQHDGALDIKKGSDFVTISYSRFELHDKT
ILIGHSDSNGSQDSGKLRVTFHNNVFDRVTERTPRVRFGSIHAYNNVYLGDVKHSVYP
YLYSFGLGTSGSILSEANSFTLSNLKSIDGKNPECSIVKAFNSKVFSDKGSLVNGSSTTNL
DTCGLTAYKPTLPYKYSAQTMTSSLASSINSNAGYGKL。

与 *D. dadantii* 3 937 *Pel* E 比对（图 10-18），DCE01 菌株的 *Pel* 4J4 的氨基酸序列长度，392 AA；一致性，93.6%；相似性，96.7%；存在 13 个氨基酸的缺失和 54 处 67 个氨基酸的差异。

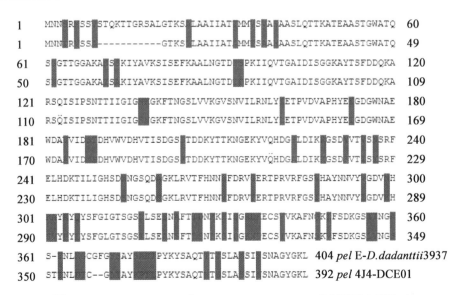

图 10-18　DCE01 *pel* 4J4 与 *D. dadantii* 3 937 *pel* E 的氨基酸序列比对

这些差异来自于编码基因的核苷酸序列。根据 2 次克隆 DCE01 菌株 *Pel* 4J4 基因的测序的结果和 GenBank 有关 *D. dadantii* 3 937 *Pel* E 基因的信息分析，*Pel* 4J4 的核苷酸序列比 *Pel* E 少 33bp，也许这就是 DCE01 菌株 *Pel* E 比 DSM18020 上调 7.66 倍的原因之一。同时，这些差异也影响蛋白质的结构和胞外果胶酶的催化功能。

利用 Expasy 的 Translate 在线工具对 ORF 识别后的核酸序列进行翻译，获得 DCE01 和 DSM18020 菌株甘露聚糖酶（E0SI37）及木聚糖酶的氨基酸序列如图 10-19 所示。由图 10-19 可以看出，DCE01 和 DSM18020 菌株甘露聚糖酶的氨基酸序列存在 7 处差异；木聚糖酶的氨基酸序列存在 35 处 41 个氨基酸的差异。单纯根据存在差异的数量判断，氨基酸序列对木聚糖酶蛋白质结构及其催化活性的影响可能远远大于甘露聚糖酶。

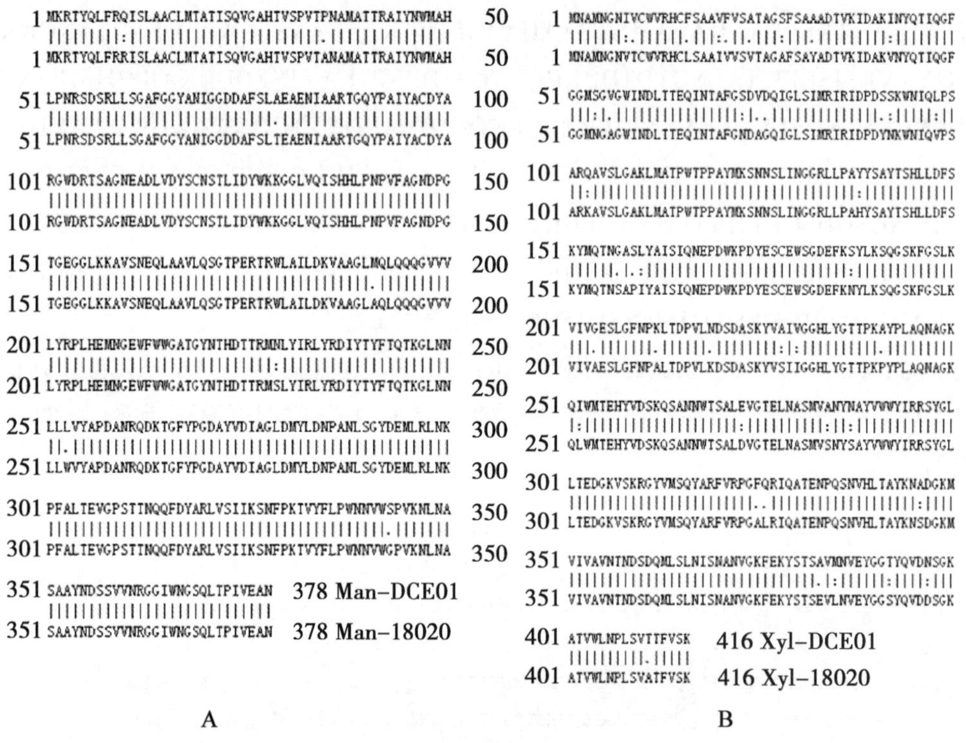

图 10-19　DCE01 与 DSM18020 甘露聚糖酶（A）和木聚糖酶（B）的氨基酸序列差异

（三）工具酶蛋白质的高级结构

利用 expasy 的 Compute pI/Mw 在线工具对甘露聚糖酶和木聚糖酶的蛋白序列分别进行蛋白质分子量 Mr 和等电点 pI 值的预测，利用 NCBI 中的 CD-search 在线蛋白质结构域预测软件对蛋白保守功能结构域进行预测分析，利用 CBS 数据库的 SignalP 4.1 Server 工具进行蛋白跨膜结构的分析结果（表 10-6、表 10-7）表明：甘露聚糖酶基因编码的蛋白质全长为 378 AA，其中 80 个 AA 为 α-螺旋，125 个 AA 为 β-折叠，70 个 AA 为 β-转角，其余 103 个 AA 为无规则卷曲；分子量约为 41.85kDa，等电点为 6.31；属于第 26 家族糖苷水解酶；在氨基酸序列区间 1~27 AA 之间含有一段信号肽。木聚糖酶基因编码的氨基酸序列长为 416 AA，其中 80 个 AA 为 α-螺旋，144 个 AA 为 β-折叠，91 个 AA 为 β-转角，其余 101 个 AA 为无规则卷曲；分子量约为 45.74kDa，等电点为 8.18；在氨基酸序列区间 1~26 AA 之间含有一段信号肽；属于第 2 家族糖苷水解酶。

表 10-6　DCE01 甘露聚糖酶和木聚糖酶蛋白质特征

基因名称	核酸大小（bp）	氨基酸数	分子量（kDa）	等电点	信号肽/位置
β-甘露聚糖酶基因	1 137	378	41.85	6.31	有/1~27
木聚糖酶基因	1 251	416	45.74	8.18	有/1~26

表 10-7　DCE01 甘露聚糖酶和木聚糖酶二级结构特征

名称	α-螺旋	β-折叠	β-转角	无规则卷曲
β-甘露聚糖酶	80/22.1%	125/34.5%	70/19.3%	103/28.5%
木聚糖酶	80/20.0%	144/36.0%	91/22.8%	101/25.2%

利用瑞士生物信息学中心 SIB 的 SWISS-MODEL 工具进行蛋白酶结构的模拟，获得 DCE01 和 DSM18020 菌株甘露聚糖酶的二级结构（图 10-20）。由图 10-20 可以看出，两个菌株甘露聚糖酶二级结构中的 α-螺旋或 β-折叠仅有长度相差 1~2 个氨基酸的区别。换句话说，就是两个菌株甘露聚糖酶的二级结构差别不是很大。

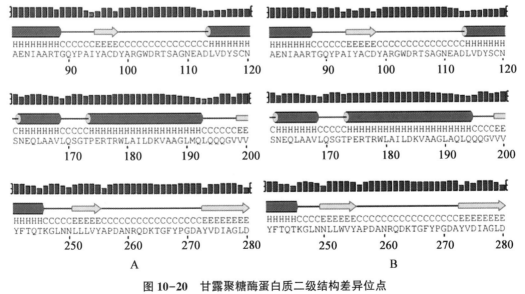

图 10-20　甘露聚糖酶蛋白质二级结构差异位点

（A：DCE01，B：DSM18020）

利用瑞士生物信息学中心 SIB 的 SWISS-MODEL 工具进行蛋白酶结构的模拟，获得 DCE01 和 DSM18020 菌株木聚糖酶的高级结构。由图 10-21 可以看出，两个菌株木聚糖酶基因的核苷酸序列（图 10-21a）在 154~234，850~900 和 1 147~1 200这三个区域所存在的差异导致其所编码的蛋白质高级结构（图 10-21b，c，d 和 e）发生了极为显著的变化，也就是说，DCE01 菌株木聚糖酶的三级结构变得更"简单"一些了。或许就是这种变化导致 DCE01 菌株木聚糖酶与底物的亲和力增强而大幅度提高了该菌株木聚糖酶的催化活性，因为 DCE01 的果胶酶和甘露聚糖酶催化活性比 DSM18020 菌株高 5 倍左右与其基因调控系统存在明显相关性。换句话说，与 DSM18020 菌株比较，DCE01 胞外果胶酶、甘露聚糖酶和木聚糖酶的催化活性都是 5 倍左右，蛋白质组学研究结果证实其果胶酶和甘露聚糖酶基因出现了上调表达，而木聚糖酶基因则没有发现上调表达，因此，木聚糖酶催化活性的提高取决于蛋白质结构差异的可能性更大一些。

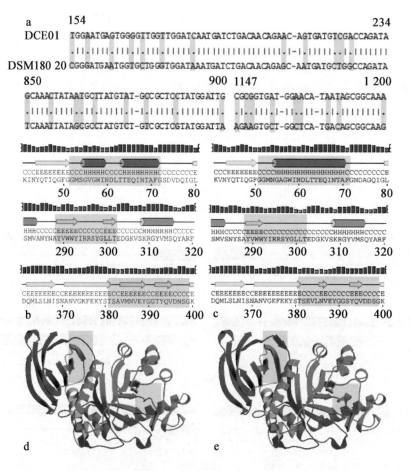

图 10-21　木聚糖酶基因核苷酸系列和蛋白质高级结构的差异

a. 核苷酸系列；b 和 d. DCE01 木聚糖酶的二、三级结构；

c 和 e. DSM18020 木聚糖酶的二、三级结构

第三节　DCE01菌株功能基因组同源共表达

　　根据上述研究结果（确认DCE01菌株功能基因组包括果胶酶、甘露聚糖酶和木聚糖酶基因各一个）设计引物（表10-8），以DCE01菌株染色体DNA为模板采用PCR技术扩增到功能基因组（包括 *pel* E，甘露聚糖酶和木聚糖酶共3个基因）。按照图10-22所示的技术路线将这3个基因依次连接到pET-28a质粒上，构建出功能基因组共表达载体pET-28^PXM。再将功能基因组共表达载体pET-28^PXM转化到克隆宿主菌Top10，筛选出阳性重组子Top10-pET-28^PXM。从阳性重组子Top10-pET-28^PXM中提取质粒，依次选取限制性内切酶 BamH I、Sac I、Hind Ⅲ、Xhol I对质粒进行酶切和电泳验证（图10-23）。从电泳验证照片看，两次重复试验结果高度一致，空载质粒（pET-28a）和3个基因（*pel* E，甘露聚糖酶 *man* 和木聚糖酶 *xyl*）都呈现出清晰的电泳谱带。这一结果证明：我们从DCE01菌株染色体DNA中克隆出 *pel* E、*man* 和 *xyl* 并依次连接到连接到pET-28a质粒上，导入克隆宿主菌Top10，筛选出阳性重组子Top10-pET-28^PXM，然后提取质粒进行双酶切和电泳验证，成功地构建出功能基因组共表达载体pET-28^PXM。

表 10-8　克隆 DCE01 菌株功能基因组 (*pel* E、*man* 和 *xyl*) 的引物设计

目的基因	限制性内切酶	引物序列
pel E	*BamH* I	Fa1：5'-CGGGATCCATGAACAACACTCGTGTGTCTTCTGCAG-3'
	Sac I	Ra1：5'-CGAGCTCTTACAGTTTGCCGTAGCCTGC-3'
man	*Sac* I	Fa1：5'- CGAGCTCATGAATGCTATGAATGGAAATATAGT-3'
	Hind Ⅲ	Ra1：5'- CCCAAGCTTGCTTATTTACTGACAAAGGTCGTC-3'
xyl	*Hind* Ⅲ	Fa1：5'-CCCAAGCTTGCATGAAAAGGACGTATCAG-3'
	Xhol I	Ra1：5'-CCCTCGAGCATCAGTTGGCTTCGAC-3'

　　将验证后的功能基因组（包括 *pel* E、*man* 和 *xyl*）共表达载体 pET-28^PXM 导入表达宿主菌 BL21，形成重组菌 BL21-pET -28^PXM 进行表达验证，包括蛋白质的电泳检测和酶的催化活性测定（鉴于这类数据在上面的章节里描述得太多，而此处列出该数据仅能提供一个佐证，因此，在这里就不再列出相关的检测结果），然后，按照常规程序和方法，将功能基因组共表达载体 pET-28^PXM 转化至 DCE01 菌株（功能基因 *pel* E、*man* 和 *xyl* 的来源菌株），最终，形成基因工程菌株——功能基因组同源共表达菌株 DCE01^PXM。

　　在 DCE01、DCE01^PXM 和 DSM18020 菌株纯培养过程中，从接种后 4.0h 开始每隔 2.0h 采一次样，采用 DNS 法对纯培养液中胞外果胶酶、甘露聚糖酶和木聚糖酶的催化活性进行监测。结果（表10-9）表明：① 3个菌株胞外酶的催化活性都随发酵时间延

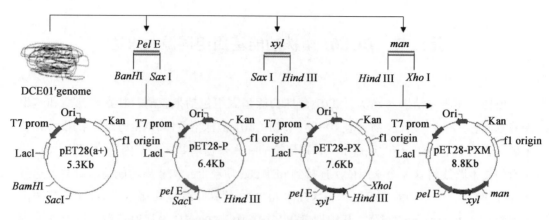

图 10-22　DCE01 菌株功能基因组共表达载体构建技术路线

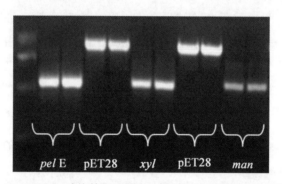

图 10-23　DCE01 功能基因组共表达重组子的双酶切验证电泳图谱

长而提高。②如前所述，无论是实验设计的起点、终点还是实验过程中的任一点，广谱性高效菌株 DCE01 菌株胞外分泌果胶酶、甘露聚糖酶和木聚糖酶的催化活性都比其模式菌株 DSM18020 高很多。③功能基因组同源共表达菌株 DCE01^PXM 胞外分泌果胶酶、甘露聚糖酶和木聚糖酶的催化活性同样比始发菌株 DCE01 高，尤其是连接位点靠近启动子的果胶酶基因表达效果更好。这是值得高度关注的现象。

表 10-9　基因工程菌株及其始发菌株和对照菌株的胞外酶催化活性测定结果

(U/mL)

发酵时间（h）		4	6	8	10	12
果胶酶	18020	26.89	39.47	48.13	75.29	103.56
	DCE01	124.80	128.09	150.58	182.22	222.78
	DCE01^PXM	488.84	595.87	1 057.51	1 476.27	1 559.47
木聚糖酶	18020	1.04	2.76	2.82	3.27	5.84
	DCE01	4.51	6.60	7.67	10.71	12.27
	DCE01^PXM	8.33	9.09	10.38	11.36	14.36

（续表）

发酵时间（h）		4	6	8	10	12
甘露聚糖酶	18020	11.91	15.33	19.04	61.20	95.87
	DCE01	64.04	189.47	343.38	436.18	576.98
	DCE01^{PXM}	318.36	458.04	577.96	554.58	701.78

一般来说，决定细菌胞外酶催化活性的影响因素主要有3个：一是编码胞外酶（蛋白质）的核苷酸序列（ORF），它决定胞外酶蛋白质的结构即组成蛋白质的氨基酸序列（蛋白质一级结构）及其空间结构（蛋白质高级结构）；二是蛋白质编码基因的上下游核苷酸序列即启动子、终止子等蛋白质表达的调控因子，它们决定蛋白质的表达量；三是细胞膜对胞外酶的通透性，它决定胞内表达的蛋白质转移到胞外的速率。我们通过蛋白质组学、基因克隆与表达研究，查明了DCE01菌株胞外果胶酶、甘露聚糖酶和木聚糖酶催化活性的第一二个影响因素。这3个胞外酶催化活性的第三个影响因素，有待于深入研究。

第四节　DCE01 具有工艺成熟标志明显的特点

工艺成熟，一般是指某种生物达到生产工艺要求的生长发育程度。通常以定量检测指标或定性观测标志作为生产管理者判断是否达到工艺成熟的依据。

在草本纤维生物精制工艺过程中，有两道工序，是非常重要而又十分难以把握的"工艺成熟"标志。工艺成熟标志之一就是菌种扩增培养到何种程度才能用于农产品接种以充分发挥微生物处理农产品的作用达到理想效果的目的。在长期研究实践中，形成了此二项工艺成熟的定量检测指标：①将扩培菌液均匀涂布到载玻片上用显微镜观察，每个视野可见单个菌体数量平均达到100个以上，单生、对生菌体数量参半。②将扩培菌液逐级稀释后均匀涂布于普通营养琼脂平板上，35℃培养24h后观测，活菌量可以达到n×10^{9}cfu/mL。第①项指标，只有训练有素的专业人员才能获得相对准确的监测数据；第②项指标，不仅要求质检人员训练有素，而且检测结果严重滞后。也就是说，这2项指标虽然在理论上有一定科学意义但在实践中几乎没有应用价值。与此同时，还总结出另一项定性观测标志：肉眼观看扩培菌液呈蓝绿色（图10-24）。这就是草本纤维生物精制工艺技术适用于生产管理者和挡车工判断"菌种制备"工序是否达到达到生产工艺要求的简单而直观的工艺成熟标志，也是DCE01菌株所具有的独特而明显的工艺成熟标志之一。

工艺成熟标志之二就是把微生物接种到农产品上以后发酵到何种程度才能确定微生

物处理农产品达到了理想效果。在长期研究实践中，采用的2项工艺成熟的定量检测指标是：①纤维分散度，从发酵产品中随机抽取20~30g样品剪切成长度为15~20mm的片段，装入500/mL锥形玻璃瓶中，注入300mL自来水，置于往复式摇床在振荡频率为180r/min条件下振荡10min，倒出废液，再加入等量自来水在振荡频率为180r/min条件下振荡10min，如此"加水、振荡、倒出废液"重复3次，然后，取适量样品和水装入Φ18mm×180mm试管摇匀后，与标准试管样品比对，获得相对准确的纤维分散度。②非纤维素残留量检测，参照《苎麻精干麻》（FZ/T 31001）标准执行。这2种检测指标所存在的缺陷是：不仅要求质检人员训练有素，而且检测结果严重滞后。长期比对发现，肉眼观看发酵产品呈蓝色（图10-25）即可符合上述2项工艺成熟的定量检测指标。这就是草本纤维生物精制工艺技术适用于生产管理者和挡车工判断"发酵"工序是否达到达到生产工艺要求的简单而直观的工艺成熟标志，也是DCE01菌株所具有的独特而明显的工艺成熟标志之二。

图10-24　标志1：成熟培养液呈蓝绿色

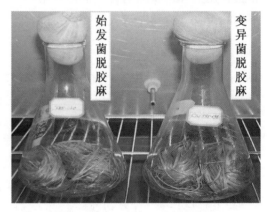

图10-25　标志2：发酵产物呈蓝色

补充说明，这种颜色变化来自对天然菌株T85-260的改良育种：将"ly"菌株质粒转化至天然菌株T85-260时，获得变异菌株CXJZ95-198的变异特征之一就是这种颜色变化。不过，变异菌株CXJZ95-198的这种颜色变化持续时间不长，也不稳定。经过对变异菌株CXJZ95-198进行紫外线辐射诱变，这个特征才得以稳定存在于变异菌株CXJZU-120（后更名为DCE01）中。

DCE01菌株"工艺成熟标志明显"的特征，对于纤维质农产品加工企业的生产应用来说，是非常重要的。它把生产管理过程中十分复杂的质量监测技术简单化、直观化了。也就是说，DCE01菌株的工艺成熟标志明显这一特征可以明显降低草本纤维工厂化生物精制的生产管理成本。

我们把DCE01菌株称为"草本纤维生物精制专用模式菌株"，目的是希望通过将它与同一物种其他菌株进行系统比较，充分阐明该菌株的特征。经过比较，我们认为，

DCE01 菌株具有如下 5 个主要特征：①繁殖速度快——满足提高生产效率要求；②培养条件粗犷——可以大幅度降低生产要素（人力资源、工艺投入等）的成本；③胞外表达关键性工具酶——催化纤维质农产品中非纤维素关键性结果或化学键裂解，使之发生块状崩溃而脱落；④嗜好甘露糖——可消除甘露聚糖酶定位切断纤维素与非纤维素连接的主要桥梁（甘露糖）而形成高浓度产物对生化反应的反馈抑制作用；⑤工艺成熟标志明显——可以通过眼观目测快速判断关键性生产工序的操作是否达到达到生产工艺要求。其中，胞外表达关键性工具酶是草本纤维生物精制专用菌株的核心。换句话说，草本纤维生物精制专用菌株必须完整表达剥离纤维质农产品中非纤维素所需关键酶，否则，不能称为广谱性、高效性草本纤维生物精制专用菌株。因此，上述研究结果重点阐明了 DCE01 菌株具有独特功能基因组表达系统的 3 个特征：一是 DCE01 菌株没有纤维素酶基因，其功能基因组（*pel* E，*man* 和 *xyl*）在胞外高效表达果胶酶、甘露聚糖酶和木聚糖酶；二是与同一物种模式菌株比较，DCE01 菌株的果胶酶和甘露聚糖酶呈现出上调表达；三是与同一物种其他菌株比较，DCE01 菌株的果胶酶、甘露聚糖酶和木聚糖酶基因在核苷酸序列上存在显著性差异即蛋白质结构明显不同。此外，通过基因串联构建功能基因组共表达载体并转化至始发菌株，获得了高效表达基因工程菌株。希望这些研究结果能够为选育更加优秀的菌株、发明更加完美的技术提供一个创新平台。

第十一章　草本纤维生物精制作用机理
——"块状崩溃"学说

国内外有关草本纤维生物精制方法的研究已有 100 多年历史，至今未能形成大规模生产力。究其缘由，关键科学问题在于缺乏功能齐全的高效菌株，没有阐明草本纤维生物精制的技术原理，以至于菌种选育或酶制剂复配找不到科学依据，存在很大的盲目性。

1994 年研究组首次选育到一个完全剥离苎麻非纤维素的高效菌株并于 1996 年获准国家自然科学基金面上项目"红麻微生物脱胶机理研究"资助之后，一直把草本纤维生物精制作用机理——"块状崩溃"研究摆在十分重要的位置。2002 年，在国际学术会议上首次提出了"块状崩溃"假说。通过反复探索和系统研究，而今，已基本上阐明了草本纤维生物精制作用机理——"块状崩溃"学说。

第一节　红麻微生物脱胶机理初探

为了探索红麻生物脱胶作用机理，以红麻干皮、鲜皮和鲜茎为材料，以 T1163 菌株（孙庆祥先生为主选育的专用于红麻脱胶的菌株）为作用物，以当时实验条件可检测的指标为依据，设计了一个红麻生物脱胶作用机理系统研究方案，取得了以下主要研究结果。

一、脱胶过程中胞外可溶性蛋白的动态变化

干皮、鲜皮脱胶过程中胞外可溶性蛋白的测定结果如图 11-1 所示。图 11-1（a）表明：振荡系在前 12h 蛋白量迅速增加，从 32mg/L 增到峰值 148mg/L；在整个脱胶过程中呈"M"形变化趋势。这种变化可能是：前期由于麻中可溶性蛋白快速溶出，导致测定值迅速上升；随后，由于可溶性蛋白溶出量渐少、加之微生物大量繁殖对已有蛋白不断分解利用，因此总的结果是不断减少；到了后期，由于纤维束与束之间柔膜组织的

破坏及部分微生物解体使蛋白浓度再次上升；脱胶快完成（30h）时，同样由于消耗大于溶出，因此又开始下降。静置系在48h前一直增加，这可能是由于镶嵌或包埋于韧皮中的蛋白没有受到振荡冲击作用而溶出较慢的缘故。

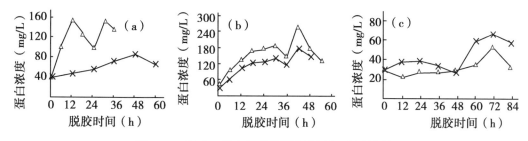

图 11-1　干皮、鲜皮和鲜茎脱胶过程中可溶性蛋白
a. 干皮；b. 鲜皮；c. 鲜茎。△. 振荡系；×，静置系

鲜皮在两体系中胞外蛋白的浓度变化（图 11-1b）均呈"M"形趋势，振荡系较静置系含量高。其最高峰值分别为 265mg/L 和 177mg/L。与干皮相比，鲜皮中可溶性蛋白含量相对较高。

鲜茎脱胶过程中（图 11-1c）胞外蛋白浓度水平在三种实验材料中最低。这一方面是由于麻量相对少（相当于浴比大）、溶出蛋白量少；另一方面则是由于微生物分泌的胞外蛋白酶量亦较另两种材料中的要少。振荡系在72h之前一直呈上升趋势，静置系在前24h略有增多，24~48h减少，48~72h再次增多，脱胶完成后下降，总趋势是呈现"M"型，与鲜皮发酵液中蛋白变化趋势一致。

这就是说，从浸泡红麻材料进行微生物脱胶的液体中取样测定的可溶性蛋白浓度，既包含来自红麻材料的可溶性蛋白质，也包含微生物分泌的胞外酶。其中，微生物分泌的胞外酶肯定是随发酵时间延长而增加的；来自红麻材料的可溶性蛋白质肯定是随发酵时间延长而减少的，因为微生物生长繁殖需要消耗蛋白质。至于我们测定发酵液中可溶性蛋白质浓度的曲线呈现出不同形状，可能是因为材料种类和性质不同所引起的时空变化。

二、脱胶过程中可溶性酶解产物的动态变化

在红麻鲜皮和鲜茎脱胶过程中，定时采取发酵液样品，测定可溶性有机物、还原糖、pH 值和有机酸等酶解产物的浓度，形成了脱胶过程中可溶性酶解产物的动态变化规律（图 11-2，图 11-3）。

鲜皮脱胶过程中可溶性有机物测定结果（图 11-2a）表明：①静置系始终高于振荡系，二者峰值分别为 1 779mg/L 和 958mg/L；②振荡、静置系分别从 6h、12h 开始，一直呈下降趋势。这就是说，鲜皮中含有一定量的可溶性有机物，脱胶前迅速溶出导致溶

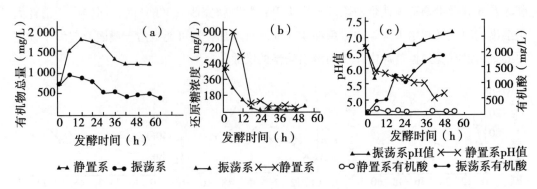

图11-2　红麻鲜皮脱胶过程中可溶性酶解产物的动态变化

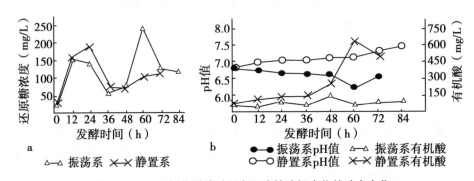

图11-3　红麻鲜茎脱胶过程中可溶性酶解产物的动态变化

液中测定值快速增高，而后，微生物大量繁殖，消耗大于产生；③每一对应时段的可溶性有机物量，静置系为振荡系的2倍以上。这主要是因为有氧条件下微生物繁殖速度快，消耗有机物多于缺氧条件的缘故。这些可溶性有机物几乎都是来自于韧皮，在微生物酶的作用下逐步降解为还原糖和有机酸。它们是脱胶过程中形成的主要酶解产物。

鲜皮发酵液中还原糖测定结果（图11-2b）表明：①振荡系在前24h一直下降，24h以后基本平稳；静置系在0~6h、18~24h有两次升高，峰值为900mg/L，30h以后趋于平稳。②整个脱胶过程中，虽然静置系酶活较振荡系低，但由于前者所含微生物少，体系中糖的消耗量低，故能积累于溶液中的糖较振荡系还是要多。这与干皮中的测定结果明显不同，在干皮的两体系中还原糖总趋势是不断增加，静置系浓度始终高于振荡系，峰值分别为1 267mg/L和979mg/L。

pH虽不属酶解产物，但它是反映发酵体系中复杂多样生化过程的一个综合指标，而且与有机酸的含量变化密切相关。鲜皮发酵液中pH值和有机酸的测定结果（图11-2c）表明：①振荡系pH在经过短时间回落后逐渐上升，终pH值7.2；静置系pH值一直呈下降趋势，终pH值为5.15，脱胶完成后回升。出现这种现象的原因是由于在静置系中除了胶质降解产生半乳糖醛酸等酸性糖类物质外，微生物利用葡萄糖、甘露糖、阿拉伯糖、半乳糖醛酸主要以无氧呼吸方式获取能量的同时产生大量的乙酸、丙酸、丁酸、乳酸及一些酸性中间代谢产物积累于溶液，故酸浓度高、pH 值逐渐降低。在振荡系中，虽然酶系在对胶质分解的过程中同样产生一些酸性水溶物，但由于微生物分解代谢的主渠道是有氧呼吸，避免了大量酸性发酵产物的积累，同时 T1163 分泌的碱性果胶酶量多于静置系，有一定的中和酸性物质的作用，故其 pH 逐渐上升。pH 值的这种变化趋势与干皮发酵液有相似之处，差别在于后者的 pH 值在振荡系中始终维持在碱性条件下（pH 值6.8~7.8），一直到脱胶完成后才开始下降；②有机酸的总变化趋势与 pH 相反，二者呈负相关，静置系的酸量远高于振荡系，峰值分别为 2 370 mg/L 和 236mg/L。

从红麻鲜茎发酵液中还原糖的测定曲线（图 11-3a）可以看出：①两体系变化趋势均呈"M"形即两次升高两次降低，且与酶活测定结果密切相关。②振荡系、静置系峰值分别为 24.5mg/L 和 19mg/L，在 3 种材料中最低，这与外切酶活性低直接相关。③48h 以前静置系较振荡系略高，48h 以后则相反。

从红麻鲜茎发酵液中 pH 和有机酸的测定结果（图 11-3b）可以看出：静置系有机酸较振荡系高得多且逐渐上升，脱胶快结束时才开始下降，振荡系变化不规则。这可能与微生物代谢强度和酸性物质的积累有关，也可能与酶的作用机制发生联系，有待进一步研究。另外，pH 值变化幅度较鲜皮要小。

三、脱胶过程中不溶性酶解产物的动态变化

鲜皮脱胶过程中不溶性有机物测定结果（表 11-1）表明：两体系均呈不断升高趋势。这些不溶性有机物主要是由脱落的表皮组织和内切酶作用使非纤维素物质发生"块状崩溃"形成的，其量的不断增多可能是由于外切酶对其分解程度低而内切酶活性不断升高的缘故。36h 以后振荡系增幅明显大于静止系则是由于游离块状物在振荡力作用下更易从纤维间冲洗脱落。

表 11-1 鲜皮脱胶过程中不溶性有机物变化

脱胶时间（h）		6	12	18	24	30	36	42	48	54
不溶性有机物重量（mg）	O	78	161	174	208	249	251	433	506	542
	S	98	128	197	211	284	301	368	426	—
占鲜皮重（%）	O	0.39	0.80	0.86	1.03	1.23	1.25	2.15	2.50	2.74
	S	0.49	0.64	0.98	1.04	1.41	1.50	1.82	2.11	—

注：O——振荡系　S——静置系，表 3 同。

鲜茎脱胶过程中不溶性有机物测定结果（表 11-2）表明：两体系均呈不断增多的趋势。其中振荡系在 12~24h 增幅大，静止系则在 48h 以后才大幅度增加。由于表皮组

织角质化程度高，脱胶微生物对它们不起直接作用，但在水的张力作用下而与皮层组织分离，振荡条件下易于脱落，故前期振荡系的形成量高于静置系。结合脱胶进程分析，后期静止系内切酶的活性高于振荡系，纤维束之间的非纤维素物质发生"块状崩溃"的量相对较大，因而静置系高于振荡系。完成脱胶所需时间的差异能支持这一推断的正确性。

表 11-2 鲜茎脱胶过程中不溶性有机物变化

脱胶时间（h）		12	24	36	48	60	72	84
不溶性有机	O	65	153	105	122	141	147	158
物重量（mg）	S	85	52	70	82	159	184	–
占鲜皮重（%）	O	0.53	1.26	0.87	1.01	1.17	1.20	1.32
	S	0.70	0.43	0.58	0.69	1.29	1.53	–

上述研究结果虽然不能从真正意义上阐明红麻微生物脱胶机理，但是可以说明，不同材料和处理方法，红麻微生物脱胶过程中所测定的各项指标存在较大差异，也呈现一些可以理解的规律。

第二节 生物制浆机理初探

为了探索生物制浆作用机理，以龙须草为材料、以 T85-260 菌株为作用物、以当时实验条件可检测的指标为依据，设计了一个生物制浆作用机理系统研究方案，取得了以下主要研究结果。

一、不同发酵方式对龙须草生物制浆的影响

经过大量试验，比较湿润发酵和浸泡振荡发酵的结果（表 11-3）可以看出，无论是湿润发酵和浸泡振荡发酵到 12h 左右时，尽管非纤维素物质的结构已被破坏（此时，纤维已经分散），但就脱落物总量而言，实际从龙须草中游离出来的物质仅占脱落物总量的 1/3 左右；12h 到 24h，非纤维素物质脱落的量还在大量增加，说明 12h 时虽然发酵工艺已经结束，但非纤维素物质尚未完全降解并脱离龙须草纤维。浸泡振荡发酵效果不如湿润发酵，前者的非纤维素成分去除率低，而后者高，这主要是因为浸泡振荡发酵接种后，T85-260 虽然也和湿润发酵一样，进行着"胶养菌—菌产酶—酶脱胶"的过程，但由于溶剂的量比较大，T85-260 分泌的胞外酶浓度比较低，很难在短时间内对所有非纤维素物质实施"定向爆破"；相反，湿润发酵时，龙须草只用菌悬液浸泡 20min，

废液就被倒掉，T85-260 附着在龙须草上大量繁殖并分泌胞外酶，由于溶剂少，胞外酶浓度相对较高，故能快速实施"定向爆破"使非纤维素物质发生"块状崩溃"而脱落。

表 11-3　不同发酵方法降解非纤维素效果比较

发酵时间	检测指标	湿润发酵			浸泡振荡发酵		
		I	II	III	I	II	III
12h	粗纤维重（g）	13.3032	13.3793	13.5473	13.9645	14.0742	13.8713
	脱除量（g）	1.6982	1.6300	1.4620	1.0979	1.1411	1.2919
	粗纤维得率（%）	88.68	89.14	90.30	92.10	92.50	91.48
	平均得率（%）		89.38			92.01	
	纤维素含量（%）		60.15			58.40	
24h	粗纤维重（g）	9.9921	10.0887	10.1627	10.6808	10.4791	10.4173
	脱除量（g）	5.0115	4.9998	4.8399	4.3585	4.7362	4.7459
	粗纤维得率（%）	66.60	66.86	67.74	71.02	69.78	69.38
	平均得率（%）		67.07			70.06	
	纤维素含量（%）		80.2			76.6	

脱落物是龙须草发酵过程中不溶于水的较粗的一些物质总称，在"定向爆破"和"块状崩溃"过程中，存在有大量的脱落物，这其中也有较多的龙须草本身所吸附的一些灰尘。湿润发酵法总脱落物平均为 1.4555g，而湿润对照为 1.4735g，但湿润发酵法残渣量平均为 0.1294g，而湿润对照只有 0.0754g，说明湿润发酵过程中，大量的非纤维素物质在块状崩溃过程中，以残渣的形式存在于发酵液中。

在浸泡振荡发酵中，脱落物平均值为 2.0099g，其值明显高于湿润发酵，也高于浸泡振荡不加菌对照，但总残渣平均值为 0.1073g，其值低于湿润发酵法，将总残渣和脱落物总起来比较，浸泡振荡为 2.1172g，湿润发酵为 1.5849g，浸泡振荡发酵高于湿润发酵。

洗涤过程中，湿润发酵法平均脱落物为 3.4668g，浸泡振荡发酵为 2.4767g，说明在湿润发酵过程中，有较多的吸附在纤维上的物质被洗脱下来，在总发酵 24h 过程中，湿润发酵平均去除为 5.0517g，而浸泡振荡发酵平均去除为 4.5939g，去除率分别为 33.68% 和 30.63%，湿润发酵法优于浸泡振荡发酵，无论是湿润对照还是浸泡振荡对照，由于可溶性物质的溶出和吸附的灰尘等的洗脱，也呈现出一些减重效果。

二、龙须草生物制浆过程中有机物总量的变化规律

（一）龙须草生物制浆过程中微生物生长的变化规律

龙须草加菌发酵过程中微生物群体测定结果（图 11-4）如所示。在龙须草接种

T85-260 后 2h 之内，高效菌株 T85-260 的活菌量变化不大，这是龙须草接种液未添加有机营养物质而龙须草中溶出营养物质速率较慢且成分和比例有所不同之故；在 2～8h 内，T85-260 的活菌量快速增长，其增长速率近似于纯培养过程中对数生长期的速率，这应该说是 T85-260 通过适应龙须草发酵的新环境以后，进入了"胶养菌—菌产酶—酶脱胶"的生物大循环阶段；8～10h，高效菌株 T85-260 的活菌量稳定，此时观察龙须草样品，其纤维分散即发酵过程已经完成；10h 以后，T85-260 的活菌量下降，可能是从半纤维素线性聚糖主链及侧链降解的甘露聚糖、甘露糖、葡萄糖、木糖及其低分子聚糖迅速减少的缘故。由此可见，T85-260 在整个发酵过程中的生长曲线符合一般微生物生长规律，没有受到其他因素的影响。

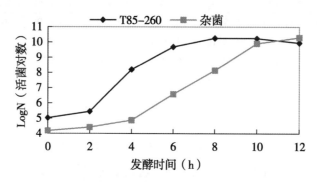

图 11-4　龙须草发酵过程中微生物的生长曲线

图 11-4 还可以看出，来自原料龙须草、设备、空气、自来水的杂菌在龙须草接种 4h 以内，其活菌量基本上没有变化，4h 以后，其活菌量迅速上升，并在 11h 左右超过 T85-260 的数量。这一现象说明，杂菌对龙须草发酵的环境适应期比较长，只有当高效菌株大量繁殖并分泌多种脱胶酶"定向爆破"非纤维素物质即产生大量可被利用的营养物质以后，才能进入快速生长阶段。

比较龙须草发酵过程中高效菌株 T85-260 和杂菌生长曲线图，可以看出，当龙须草发酵到 8h 左右时，高效菌株 T85-260 的活菌量达到 1.835×10^{10} cfu/mL，而杂菌只有 8.75×10^{8} cfu/mL；在 10h（龙须草发酵过程已经完成），T85-260 仍有 1.72×10^{10} cfu/m，杂菌的活菌量还只有 8.05×10^{9} cfu/m，这说明在龙须草发酵期间，T85-260 的数量远比杂菌多。因此，可以肯定，高效菌株 T85-260 对龙须草发酵起主导作用，杂菌可能起到消耗非纤维素降解产物而消除"反馈抑制"的协同作用。因为龙须草发酵周期短，杂菌生长比较慢，对龙须草纤维不造成损伤，同时对 T85-260 的生长不产生明显影响，而且可能起到消除非纤维素降解产物"反馈抑制"的协同作用，所以，应用高效菌株 T85-260 对龙须草发酵，没有必要事先对龙须草原料、自来水以及用于脱胶的设备等进行灭菌处理。

（二）龙须草浸泡振荡发酵过程中残渣变化

从表11-4龙须草浸泡振荡发酵过程中残渣动态变化结果表明，其残渣量稳步上升，同比不加菌对照，残渣也出现了升趋势，总体来说，发酵高于不加菌的对照，但最后两者较为接近，主要是因为浸泡振荡发酵过程中，T85-260和杂菌可能还对崩溃下来的残渣中的部分物质加以利用。

表11-4　龙须草浸泡振荡发酵过程中残渣变化（换算成草15.0000g）

时间（h）	加　菌（g）	不加菌（g）
0	0.0436	0.0425
3	0.054	0.0533
6	0.059	0.0589
9	0.0993	0.0986
12	0.1083	0.1082
15	0.1173	0.1168

（三）龙须草浸泡振荡发酵过程中pH值变化

pH值是T85-260生长环境因子的一个重要参数，尤其是T85-260分泌大量的胞外酶，而这些胞处酶是进行脱胶的关键组分，这些酶有一个最适作用pH值，因而可适当调节pH值，使两者都处于最佳范围之中。实验表明，利用我们研制的发酵添加剂，在龙须草浸泡振荡发酵过程中，只须在起始时加入该添加剂，在随后的发酵过程中，直至脱胶完成，都可保证pH值基本稳定，即略偏酸性，在

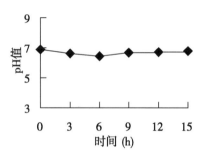

图11-5　龙须草浸泡振荡
发酵过程中pH值变化

6.43~6.88范围内。从图11-5中可知，伴随着发酵的进行，开始T85-260在利用部分水溶物的代谢产物中在一些偏酸性的物质，如乙酸、丁酸等，使pH值降低，故在0~6h时段内，呈下降趋势，随后部分酸性物质转化或分解为乙醇使pH值回升，并且所分泌的胞外酶开始降解非纤维物质，从而pH值稳定在略偏酸性范围内。

（四）龙须草浸泡振荡发酵过程中单糖类含量变化

T85-260在降解非纤维素物质过程中，其代谢产物中含有较多的单糖类物质。测定结果表明，单糖类含量变化趋势（表11-5）如所示，单糖类含量的变化趋势为0~3h时段，总糖含量增加，在3~12h，单糖类含量降低，这与液相色谱分析的发酵液中单糖变化趋势基本一致，这一趋势正好与T85-260的生长节律相吻合，T85-260一方面利用

其所胞外分泌的酶降解非纤维素物质的产物——单糖类进行生长繁殖，另一方面在增殖过程中又进一步分泌胞外酶，更一步地降解非纤维素物质。

表 11-5　蒽酮比色法测龙须草浸泡振荡发酵液糖的含量

时间（h）	葡萄糖浓度（g/L）	参比平均 A 值	稀释 200 倍样品 A 值	样品液糖含量（g/L）
0	0.1004	0.544	0.0235	0.8674
3	0.1004	0.544	0.0390	1.4396
6	0.1004	0.544	0.0317	1.1701
9	0.1004	0.544	0.0317	1.1701
12	0.1004	0.544	0.028	1.0335

（五）龙须草浸泡振荡发酵过程 COD 变化

COD 即化学耗氧量，指易被强氧化剂氧化的还原性物质所消耗的氧化剂的量，结果折算成氧的量（以 mg/L 计），化学耗氧量通常可作为衡量发酵液中有机物相对含量的标准，利用酸性重铬酸钾法，可实现大多数有机物几乎 100% 的氧化，通过所测发酵滤液中 COD 的值，可进一步比较发酵过程中可溶性有机物的变化规律。

从图 11-6 可知，龙须草浸泡振荡发酵过程中，可溶性有机物随时间变化呈现出上升→下降→上升→下降→上升的趋势，而不加菌的浸泡振荡对照，其可溶性有机物在 0~3h 时段内上升，随后就一直持平，这表明 T85-260 是一种很活跃的菌，正是由于它的作用，使得发酵液中可溶性有机物呈现出明显变化，一方面 T85-260 利用部分可溶性有机物，另一方面它又降解龙须草中的非纤维素物质，即部分产物溶于发酵液中，使得发酵液中的可溶性有机物出现上升的趋势，总趋势是发酵液中的可溶性有机物要高于不加菌的对照。

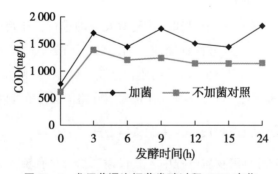

图 11-6　龙须草浸泡振荡发酵过程 COD 变化

虽然发酵液中可溶性有机物不完全是单糖，但根据 COD 值可算出 C 的摩尔数，如果全部折算为葡萄糖的话，从表 11-6 可看出，其变化趋势基本一致，但由 COD 折算值要高于实际值很多。

表 11-6　龙须草浸泡振荡发酵滤液有机物总量与糖含量比较

发酵时间（h）	COD 折算 C（mol/L）	COD 折算为葡萄糖（g/L）	实际含糖量（g/L）
0	0.02389	0.7167	0.8674
3	0.05327	1.598	1.4396
6	0.04523	1.357	1.1701
9	0.05577	1.673	1.1701
12	0.04723	1.417	1.0335

从表 11-7 来看，在湿润发酵过程中，浸泡 25min 的加菌滤液中 COD 比不加菌高，是由于接种的菌悬液带入了部分有机物，使得它稍高，但在发酵 24h 后，加菌的 COD 值高出不加菌对照 73.14%，同样在 24h 处，浸泡振荡发酵仅比对照高出 59.51%，即湿润法在提高发酵液中可溶性有机物的同时，进一步增加了对非纤维物质的去除。同样，在 24h 处，湿润法总 COD 为 2420.32mg/L，而浸泡振荡的只有 8mg/L，高出 31.87%，故在实际生产中，应使用湿润发酵法。

表 11-7　龙须草湿润发酵 COD 比较（滤液）

浸泡时间	加菌（mg/L）			不加菌（mg/L）		
	重复 1	重复 2	平均	重复 1	重复 2	平均
25'	1 151.04	1 151.04	1 151.04	1 005.03	986.35	995.69
24h	1 380.56	1 157.99	1 269.28	738.66	727.53	733.09

三、龙须草生物制浆过程中单糖的变化规律

采用高效液相色谱法（HPLC）分析龙须草接种液及其浸泡振荡 0h 和 3h 发酵液（添加或不添加鼠李糖）的 HPLC 分析结果（图 11-7）来看，无论哪一种溶液中都可以检测到保留时间（8.22min.）的未知峰。通过外标法和内标法对比，除了 0h 溶液检测到微量葡萄糖（16.66min.）和 3h 发酵液检测到较多鼠李糖（16.48min.）以外，都未发现其他单糖，因此可以断定，龙须草原料含有少量游离葡萄糖但几乎没有游离鼠李糖及其他可以被 T58-260 用做碳源的单糖，如甘露糖、木糖等。

应用内标法，即在龙须草浸泡振荡发酵过程中，分别取不同处理的龙须草发酵液，以加入鼠李糖和不加鼠李糖为处理，加入鼠李糖的量将提高各处理的鼠李糖浓度约 0.255g/L。如图 11-10 和图 11-11，从 0~6h 的所有图谱来看，添加鼠李糖比不添加鼠李糖的峰面积显著加大，这就进一步证明，发酵液中的确具有鼠李糖，其峰面积有伴随

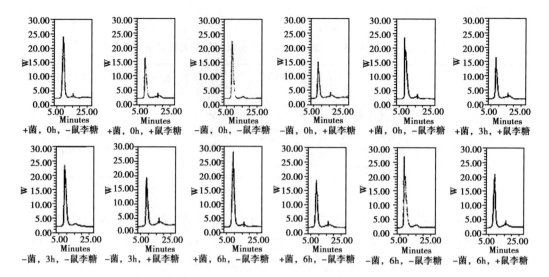

图 11-7　添加鼠李糖对发酵液及未接种溶液 HPLC 图谱

时间延长而加大的趋势；在加菌加糖或不加糖的处理中，在 0h 处可见一个葡萄糖小峰，随后葡萄糖峰在 3h 处已经消失，说明龙须草中有部分葡萄糖溶出，但很快就被微生物消耗了；除此以外，未发现被测单糖如甘露糖、木糖等，这就是说，在 3~6h 内即使有被测单糖如甘露糖、木糖等从龙须草非纤维素物质中降解出来，也被微生物及时消耗了。因此可以断定，鼠李糖不能被 T58-260 用做碳源。

由葡萄糖纯培养实验可知，每升 T85-260 菌悬液从接种到稳定期共需消耗葡萄糖约为 4.365g，同样，每升发酵液从接种到龙须草发酵结束至少要消耗半纤维素降解产物 4.5g，因为龙须草非纤维素降解产物和培养基配方有所区别，T85-260 在龙须草发酵过程尽管菌量差别不大，但从适应期到衰老期的周期比葡萄糖纯培养过程延长 3h 以上（在龙须草发酵液中，T85-260 必须依赖半纤维素降解产物为碳源）。这就是说，当在 9-12h 处（每升发酵液中鼠李糖最高浓度为 0.35g/L）结束龙须草发酵时，整个发酵过程从半纤维素中分解出来的糖类物质至少有 4.5+0.35 = 4.85g，占龙须草原料重量的 9.7%。

龙须草的半纤维素是多聚戊糖和多聚己糖的混合物，其单质成分包括甘露糖、半乳糖、木糖、葡萄糖、鼠李糖等。不管是灭菌龙须草还是未灭菌龙须草的浸泡振荡发酵过程中，除 0h 以外的发酵液都检测到了鼠李糖，这就进一步证明：T85-260 在龙须草发酵过程中，降解了半纤维素，获得了自身用做碳源的甘露糖、木糖等，而留下鼠李糖游离在发酵液里。

根据回归曲线计算，得出灭菌龙须草发酵过程中鼠李糖变化曲线（图 11-8a），未灭菌龙须草发酵过程中鼠李糖变化曲线（图 11-8 b）。从图 11-8 可以看出，灭菌和未灭菌龙须草发酵过程中鼠李糖浓度在龙须草纤维分散（发酵工艺完成）以前总是加大的，其峰值都在0.35g/L左右，只是灭菌龙须草发酵过程适当长一点而已；一旦发酵工艺结束，其浓度则下降，下降幅度的大小可能与发酵液中微生物数量的多少有关，因为灭菌龙须草发酵液中杂菌少而鼠李糖浓度下降慢一些。

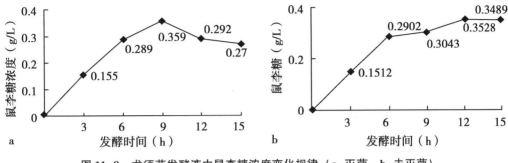

图11-8　龙须草发酵液中鼠李糖浓度变化规律（a-灭菌，b-未灭菌）

上述研究结果表明，针对龙须草生物制浆技术的作用机理做了大量专题研究，尽管受实验条件限制所得出的结论还经不起推敲，但是，它们对于深入研究草本纤维生物精制作用机理具有重要参考价值。

第三节　草本纤维生物精制作用机理

在完成上述有关作用机理的探索性研究并且掌握了草本纤维生物精制专用模式菌株的特征、功能菌株的胞外酶及其酶学性质的基础上，我们设计了一个系统研究草本纤维生物精制作用机理的试验方案。该方案涉及6种纤维质农产品（荨麻科，苎麻；椴树科，黄麻；锦葵科，红麻；大麻科，工业大麻；禾本科龙须草和麦秆）、3种关键性工具酶以及4类酶降解产物，通过实施，获得了重大突破。

一、发酵过程中微生物蛋白质及单糖类物质的变化规律

在苎麻、黄麻、红麻、工业大麻、龙须草和麦秆接种（DCE01——核心作用菌株，DSM18020——同一物种模式菌株，用作阳性对照以及等量自来水——用作阴性对照）以后的发酵过程中，定时采样，分析测定相关数据，初步明确微生物蛋白质及单糖类物质的动态变化规律。

（一）发酵过程中活菌量的动态变化

采用活菌计数方法对苎麻（经前期试验证明，DSM18020拥有剥离部分非纤维素的

功能）发酵液样品进行活菌量监测，结果（图 11-9）显示：无论是 DCE01 还是 DSM18020 和杂菌的活菌量都随发酵时间延长而增加。其中，从 0.5h（开始采样）到 8.5h（发酵结束），活菌量增加幅度最大的是核心作用菌株 DCE01，其次是杂菌，再次是 DSM18020。

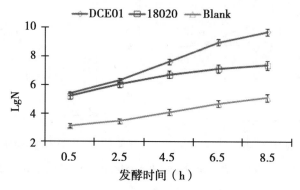

图 11-9　苎麻发酵过程中微生物活菌量的变化

结合植物生长发育规律以及上述 DCE01 菌株的营养特性，可以作出如下分析：（1）农产品中存在可溶性物质。苎麻等农产品收获时，植株还在缓慢生长，除去存在于嫩梢和叶片等组织中的可溶性物质以外，通过维管束运输的可溶性物质以及包裹在成熟细胞内或镶嵌于细胞间的蛋白质、淀粉等可溶性物质都会存在于干燥后的农产品中（据测定，苎麻中的水溶物占农产品重量的 7%左右）。（2）发酵过程中可溶性物质吸水溶胀出来。农产品接种后，存在于干燥后的农产品中的可溶性物质都会通过吸水溶胀作用而释放出来，成为不同来源微生物的天然培养基。

综合试验结果和上述分析，可以作出如下推断：纤维质农产品中含有可溶性物质逐步释放出来供给一定数量的微生物生长繁殖所需的营养。由于杂菌的起始数量很小，其生长繁殖速率不受营养物质供应量的限制，故而呈现持续递增的态势。对于 DCE01 菌株而言，尽管起始数量大而且繁殖速度快，但因它分泌的胞外酶可以剥离纤维质农产品中的非纤维素形成自身必需的酶降解产物，故而其生长繁殖速率也没有受到营养物质供应量的影响。与 DCE01 菌株比较，DSM18020 菌株可能受其胞外酶催化效率或者酶降解产物利用率的影响，以至于后期的活菌量递增速率明显下降。

（二）发酵过程中蛋白质的动态变化

在苎麻和工业大麻发酵过程中，从 0.5h 开始，每隔 2.0h 定时采样，取 1.0mL 混合样品作活菌计数试验外，剩余样品在 8 000r/min（6 953×g），4℃条件下离心 15min.，上清液用于测定蛋白质浓度（还用于其他指标分析或检测）；沉淀用生理盐水洗涤 3 次获得菌体后，用 30.0mL PBS 缓冲液悬浮并以超声波（输出功率 600W，处理/间歇时间

5s/10s，总耗时 50min）破壁获得蛋白质溶液用于 SDS-PAGE 电泳分析。

由图 11-10 a 可见：①苎麻（R）中溶出的蛋白质含量比工业大麻（H）高，依据是起始点（此时微生物分泌的胞外蛋白质相对发酵中后期而言几乎可以忽略不计）的 3 个试验处理样品中蛋白质浓度在两种材料之间存在几乎相同差异；② 3 个试验处理样品中微生物分泌的胞外蛋白质都随发酵时间延长而增加，依据是接种 2.5h 及其以后的任何一点的蛋白质浓度都比起始点高；③发酵液中蛋白质浓度的递增幅度是 DCE01>DSM18020>杂菌，这种现象除了微生物数量（图 11-9）的影响之外，还应该与微生物分泌胞外蛋白质的特性相关。

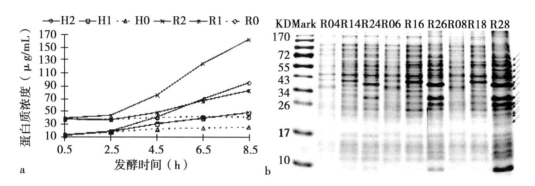

图 11-10　发酵过程中蛋白质浓度（a）和菌体蛋白质（b）的变化

H. 工业大麻，R. 苎麻；0. 空白，1. DSM，2. DCE；4，6，8. 4h，6h，8h

由图 11-10b 可见：①与空白对照比较，无论是接种 DCE01 还是接种 DSM18020 的发酵液样品中都存在菌体蛋白质特异谱带，而且这些菌体蛋白质特异谱带都随发酵时间延长而加浓；②与接种 DSM18020 的发酵液样品比较，接种 DCE01 的发酵液样品中菌体蛋白质特异谱带除了数量和浓度存在正向差异之外，还存在菌体蛋白质特异谱带呈现位置（蛋白质的分子量）不同的差别。虽然菌体蛋白质特异谱带只说明细菌在体内表达蛋白质的真实情况，但不排除部分或大部分（肯定不是全部）菌体蛋白质转移到胞外（包括传输速率）可能带来相应的影响。

综合上述"发酵过程中蛋白质的动态变化"和前面有关章节阐述"胞外酶""蛋白质组学""关键性工具酶基因克隆与表达"等研究结果分析，可以得出结论：DCE01 菌株分泌到胞外的对剥离纤维质农产品中非纤维素起关键性作用的果胶酶、甘露聚糖酶和木聚糖酶，在"质"与"量"上都明显优于其模式菌株 DSM18020。

（三）发酵过程中单糖类物质的动态变化

对上述苎麻发酵过程中混合样品离心后的上清液，采用德国洛维邦得股份有限公司生产的多参数（COD）测定仪进行检测和 HPLC 分析，获得结果如图 11-11 所示。

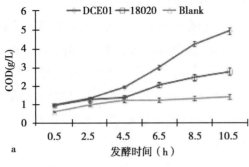
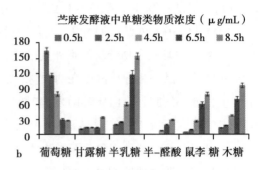

图 11-11　发酵过程中 COD（a）和单糖类物质（b）的变化

　　HPLC 分析采用美国 Thermo 公司出品的由四元泵（LPG-3400 型）、紫外检测器（VWD-3400 型）和海泼斯尔合金 BDS C18 柱（250mm×4.6mm I. D.，5μm）组成的 Dionex 终极 3000 高效液相色谱系统。甘露糖、鼠李糖、半乳糖醛酸、葡萄糖、半乳糖、木糖和阿拉伯糖等 7 种单糖类生物试剂为西格玛奥德里奇（美国生命科学与高科技集团公司，Sigma-Aldrich）商品。1-苯基-3-甲基-5-吡唑酮（PMP）为上海化学试剂国药控股有限公司产品。乙腈为美国 TEDIA 产品。用于 HPLC 分析的样品都经过 PMP 溶液预处理，等离子洗脱流动相由乙腈-0.1mol/L 醋酸铵缓冲液（pH 值 5.5）按 881（v/v）的比例组成，流速为 1.0mL/min，洗脱液经 250nm 波长检测。色谱柱温度恒定为 30℃，进液量为 20mL。流动相和样品预先经过孔径 0.45μm 的膜过滤。7 种单糖类生物试剂的标准曲线方程如表 11-8 所示，其中，y 为吸光度，x 为单糖类物质浓度。样品中单糖类物质的含量（或浓度）按照相应的标准曲线方程及其峰面积计算（必要时，未知成分的含量相近物质的标准曲线方程及其峰面积）。

表 11-8　单糖类物质 HPLC 分析的标准曲线方程

单糖类物质	方程式	相关系数（r）	线性范围（μg/mL）
甘露糖	$y = 1.6677x - 1.3957$	0.9991	2.25~36
鼠李糖	$y = 1.4894x - 1.3815$	0.9995	2.25~36
半乳糖醛酸	$y = 1.0460x - 1.1782$	0.9999	2.25~36
葡萄糖	$y = 1.4062x - 0.9036$	0.9990	2.25~36
半乳糖	$y = 1.6987x - 1.9936$	0.9999	2.25~36
木糖	$y = 1.6463x - 1.8778$	0.9997	2.25~36
阿拉伯糖	$y = 2.1726x - 2.3219$	0.9999	2.25~36

　　在这里，COD 值是以化学方法测量水样中需要被氧化的还原性物质的量，即氧化发酵液中还原性物质所需要消耗氧（O_2）的总量，而不是衡量发酵液中某一种物质含量变化的具体指标。图 11-11a（COD）显示的变化趋势与图 11-9 和图 11-10a 显示的

结果雷同，说明发酵液中还原性物质的含量随发酵时间延长而增加。

由图 11-11b（单糖类物质）可见：①葡萄糖含量随发酵时间延长而下降；②甘露糖含量一直在低水平上徘徊；③半乳糖、半乳糖醛酸、鼠李糖和木糖含量均随发酵时间延长而增加。单糖类物质 HPLC 分析结果可以说明两个重要问题：一是微生物生长繁殖所需要的营养来自纤维质农产品中释放出来的可溶性物质（如葡萄糖含量逐步下降）和微生物分泌的酶催化纤维质农产品中非纤维素物质降解的产物（如甘露糖含量在低水平徘徊，即在一定程度上产生多少就消耗多少）；二是微生物分泌的酶催化纤维质农产品中非纤维素物质降解的产物如果不能或者难以被微生物利用则在发酵液中累积起来（如半乳糖、半乳糖醛酸、鼠李糖和木糖含量均随发酵时间延长而增加）。

二、酶催化农产品中非纤维素剥离的静态观测

通过定位取样，采用现代技术静态观测 DCE01 菌株处理苎麻、黄麻、红麻、工业大麻、龙须草和麦秆前后的重量、状态和相关产品的组成成分及其含量等变化情况，初步明确 DCE01 菌株分泌胞外酶催化作用剥离纤维质农产品中非纤维素的技术原理。

（一）酶催化农产品降解的主体产物——天然纤维

在苎麻、黄麻、红麻、工业大麻、龙须草和麦秆接种 DCE01 菌株进行发酵（8.0h）和灭活处理之后，经过清水洗涤即可获得生物精制纤维。从模拟试验（3000g 规模）获得的生物精制纤维取 50g 样品置于 105℃烘箱中干燥 4.0h 后碾磨成粉。再取 2 000.0mg 粉末用三氟乙酸（trifluoroacetic acid，TFA）溶液抽提，技术参数是：TFA（AR）浓度，99.0%；用量，粉末：TFA = 1，000mg：20.0mL；反应温度，110℃；时间，2.0h。将 TFA 抽提物置于 8，000r/min（6，953×g），4℃条件下离心 15min.，上清液用于 HPLC 分析（图 11-12），收集沉淀置于 105℃烘箱中干燥 4.0h 后称重（TFA-不溶性物质重量），比较不同农产品之间的 TFA-不溶性物质重量差异（表 11-9）。

表 11-9　酶催化农产品降解固态产物 AO/TFA 抽提剩余量　　　　（mg/g）

物料	介质	苎麻	工业大麻	红麻	黄麻	龙须草	麦秆
纤维	TFA	11.3±0.06[F]	30.9±0.10[E]	52.7±0.12[C]	52.5±0.13[D]	79.2±0.13[B]	80.1±0.14[A]
沉淀	AO	601.3±3.11[F]	605.8±3.31[E]	617.7±3.52[D]	620.5±3.42[C]	632.1±3.49[B]	638.4±3.51[A]
沉淀	TFA	6.6±0.02[F]	26.1±0.07[E]	37.5±0.12[C]	37.1±0.13[D]	50.7±0.15[B]	61.5±0.15[A]

从表 11-9 所列数据可以看出，生物精制纤维中 TFA-不溶性物质（木质素等）的重量最低是生物精制纤维（苎麻）重量的 1%，最高达到生物精制纤维（麦秆）重量的 8%；不同农产品之间存在极显著水平（$p < 0.01$）差异。这就是说，生物精制的单细

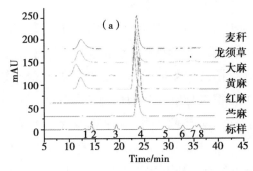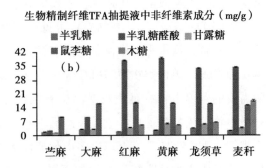

生物精制纤维TFA抽提液中非纤维素成分（mg/g）

图 11-12　HPLC 分析生物精制纤维 TFA 抽提液中非纤维素成分的结果

胞纤维中含有 99% 的单糖类物质，生物精制的多细胞纤维中的单糖类物质只有 92%～97%。

　　从图 11-12 可以看出，①单细胞纤维（苎麻）的 TFA 抽提液中除了少量鼠李糖之外，几乎没有果胶组成成分（半乳糖醛酸）和半纤维素其他组分（半乳糖、甘露糖和木糖）。说明在生物精制过程在，DCE01 菌株胞外表达的关键性工具酶对农产品中非纤维素剥离得很彻底。换句话说，生物精制单细胞纤维的纯度很高。②多细胞纤维 TFA 抽提液中非纤维素成分主要是半乳糖醛酸，它是细胞间的主要粘合剂。③鼠李糖在生物精制纤维中残留量较多，可以肯定，它是化学键直接与纤维素连接除了甘露糖和木糖之外的第三种纤维素与非纤维素连接的"桥梁"。④多细胞纤维中残留比单细胞纤维多得多的甘露糖和木糖，它们应该是以杂分子短链形式连接两个细胞或者镶嵌于果胶分子之中细胞间次要粘合剂。

　　（二）中间及终端产品中观察到"块状脱落物"

　　在苎麻接种 DCE01 菌株后的发酵过程中随机取样，在电子显微镜下观察发现，样品中存在大小不同的块状脱落物（图 11-13）。发酵结束后进行灭活处理，然后进行 3 次清水洗涤。在最后一次洗涤之前，随机取样置于 3D 显微镜下观察发现，纤维上还残留有少量"块状脱落物"。这种现象为我们建立"块状崩溃"学说提供了极为重要的科学依据，也为进一步开展相关研究奠定了坚实基础。

　　（三）发酵液中单糖类物质（酶催化农产品降解的副产物之一）

　　在苎麻、黄麻、红麻、工业大麻、龙须草和麦秆接种 DCE01 菌株进行发酵（8.0h）和灭活处理之后，取液态样品离心后的上清液进行 HPLC 分析。

　　试验所用 6 种农产品的发酵液中可溶性酶降解产物 HPLC 分析结果（图 11-14）显示：①试验选用的 7 种单糖类物质在发酵液中都能检测到，说明我们的实验设计在整体上是比较全面的，也就是说，组成纤维质农产品中非纤维素的单糖类物质几乎都考虑到

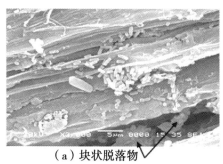
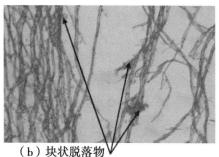

（a）块状脱落物　　　　　　　（b）块状脱落物

图 11-13　苎麻发酵样品和洗涤纤维中观察到块状脱落物

a. 电子显微镜下观察（Bar, 5.0 μm；16 000×），b. 3D 显微镜下观察（Bar, 1 000μm；1 000×）

了，即便是这 7 种组分只在龙须草种都检测到了，其他 5 种材料或缺这少那，也只能证明不同材料中非纤维素的组成成分有区别。②无论哪一种材料的发酵液中甘露糖的含量都不是很高，说明 DCE01 菌株确实具有 "嗜好甘露糖" 的特点，也就是说，该菌株胞外表达甘露聚糖酶的催化活性很高，甘露糖是链接纤维素与非纤维素的主要桥梁，发酵液中应该含有很多甘露糖，但实际检测出来的含量并不高，无非就是作为该菌株的营养物质被消耗掉了。③与 3 种关键性工具酶对照分析，除了甘露聚糖酶的降解产物——甘露糖被微生物生长繁殖用作营养物质消耗以为，其他成分的浓度存在三种情况需要说明，一是发酵液中木糖的浓度相对较高，可能是材料的实际含量与木聚糖酶的催化活性相匹配的结果；二是发酵液中半乳糖醛酸的浓度相对较低，而前面的检测结果表明 DCE01 菌株胞外表达的果胶酶催化活性很高，材料中果胶含量也不低，出现 "发酵液中半乳糖醛酸含量并不高" 的可能性可能是果胶酶催化活性与材料中果胶结构不匹配（该菌株分泌的果胶酶不能将材料中的果胶彻底降解为半乳糖醛酸）；三是发酵液中阿拉伯糖、半乳糖、鼠李糖从何而来，前期的研究结果没有报道相关胞外酶的催化活性，图 11-11b 也显示苎麻发酵液中半乳糖、鼠李糖浓度随发酵时间延长而提高，似乎有些费解。这种现象的合理解释估计还需进一步研究。

（四）洗涤废液中块状脱落物（酶催化农产品降解的副产物之二）

在实验室试验（30.00g 规模）过程中，用大型灭菌锅恒温 105℃对结束发酵的麻瓶处理 30min. 后，将一组（3 瓶）试验麻装入螺旋桨式搅拌器（容积 5 L）并加水到材料重量的 40 倍（W/V），以 2 900±100r/min 的转速搅拌 10 s，再用分样筛（150μm）分离固态样品和液态样品，液态样品搅匀后取 15mL 装入 Φ18×180mm 的试管并标记 "f0" 为灭活（实际上的第一次洗涤）废液样品，分样筛截留物继续以材料重量 40 倍的清水按照 "搅拌→分离" 的程序进行洗涤 2 次，分别采集液态样品并标记 "f1" 和 "f2" 为第一次和第二次洗涤废液样品。同时，收集三次废液中自然沉淀物以及 3 850r/min

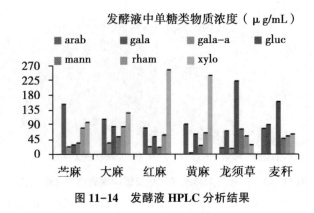

图 11-14　发酵液 HPLC 分析结果

（2 600×g）和 4℃条件下离心 10min 的沉淀物，合并在一起置于 105℃烘箱中干燥 4.0h，在室温下冷却过夜后称重（风干重，块状脱落物重量）；将最后一次分样筛截留的固态样品在同等条件下处理后称重（生物精制产品重量）。采用"材料重量—生物精制产品重量"计算出脱落物总量，以"（脱落物总量—块状脱落重量）/脱落物总量×100%"计算出块状脱落物占脱落物总量的比率。

由图 11-15 可以看出，①苎麻（DSM18020 有剥离部分非纤维素的作用）洗涤废液的代表性样品（f0，f1 和 f2）中沉淀物的多少依次是接种 DCE01 菌株 > 接种 DSM18020 菌株 > 空白对照（未接种）；②黄麻（DSM18020 没有剥离非纤维素的作用）洗涤废液的代表性样品中沉淀物的多少则是接种 DCE01 菌株 > 接种 DSM18020 菌株 = 空白对照（未接种）。这一结果与前面相关章节中论述 DCE01 菌株与 DSM18020 菌株功能差异（如失重率）的结果具有相当高的一致性。

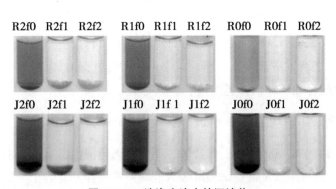

图 11-15　洗涤废液中的沉淀物

R. 苎麻，J. 黄麻；2-DCE01，1-DSM18020，0. 空白；

f0. 灭活废液，f1. 第一次洗涤废液，f2. 第二次洗涤废液

采用重量法测定 DCE01 菌株处理 6 种农产品获得块状脱落物占脱落物总量的比率如图 11-16 所示。由图 11-16 可以看出：采用 DCE01 菌株处理 6 种农产品，存在于工

艺废水中的块状脱落物占 DCE01 菌株分泌胞外酶催化而剥离非纤维素总量（即脱落物总量）的比率因农产品种类不同分布在 61%~67%。其中，苎麻是经过皮骨分离以后再对韧皮进行刮制（去除大量附壳）而获得的农产品，其块状脱落物中几乎不含角质化程度很高的表皮（附壳）等组织型非纤维素，故而块状脱落物占脱落物总量的比率相对较低；工业大麻、红麻和黄麻农产品是经过皮骨分离而获得的韧皮，其块状脱落物中包含角质化程度很高的表皮等组织型非纤维素，故而块状脱落物占脱落物总量的比率相对较高；龙须草和麦秆是没有经过任何初加工处理的农产品，其块状脱落物占脱落物总量的比率更高。除此以外，6 种农产品的纤维素纤维含量以及非纤维素的组成和结构也不尽相同，这些也是导致块状脱落物占脱落物总量比率不同的重要因素。

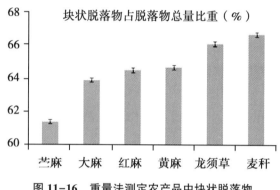

图 11-16　重量法测定农产品中块状脱落物

（五）块状脱落物的组分及其含量

从多次重复试验收集的块状脱落物中取 50g 样品置于 105℃烘箱中干燥 4.0h 后碾磨成粉。再取 2 000.0mg 粉末用草酸铵（ammonium oxalate，AO）溶液抽提，技术参数是：AO（AR）浓度，5.0g/L；用量，粉末：AO=1 000mg：30.0mL；反应温度，105℃；时间，3.0h。将 AO 抽提物置于 8 000r/min（6 953×g），4℃条件下离心 15min.，上清液用于 HPLC 分析，收集沉淀置于 105℃烘箱中干燥 4.0h 后称重（AO-不溶性物质重量）。从多次重复试验收集的 AO-不溶性物质中取 50g 样品置于 105℃烘箱中干燥 4.0h 后碾磨成粉。再取 2 000.0mg 粉末用三氟乙酸（TFA）溶液抽提，技术参数同上述"生物精制纤维 TFA 抽提"。将 TFA 抽提物置于 8 000r/min（6 953×g），4℃条件下离心 15min.，上清液用于 HPLC 分析，收集沉淀置于 105℃烘箱中干燥 4.0h 后称重（TFA-不溶性物质重量）。

块状脱落物先后经过 AO 和 TFA 抽提后，采用 HPLC 分析抽提液的结果如图 11-17 所示，采用重量法测定的固态物质变化数据列如表 11-9（含生物精制纤维）。

根据表 11-9 所列数据和"（块状脱落物重量 - AO-不溶性物质重量）/块状脱落物重量×100%"可以计算出，AO 对块状脱落物的抽提率可以达到 36%（麦秆）至 39%

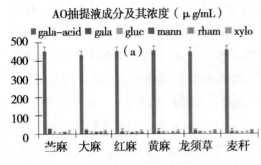
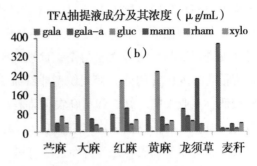

图 11-17 块状脱落物 AO（a）/TFA（b）抽提液 HPLC 分析结果

gala. 半乳糖；gala-acid. 半乳糖醛酸；gluc. 葡萄糖；mann. 甘露糖；rham. 鼠李糖；xklo. 木糖

（苎麻）；TFA 对 AO-不溶性物质的抽提率可以达到 94%（麦秆）至 99%（苎麻）。结合图 11-16 显示结果进行综合分析，可以得出如下结论或推论：①块状脱落物中有 1/3 以上的单糖类物质是果胶的组成成分（半乳糖醛酸），这就对上述"DCE01 菌株胞外表达的果胶酶催化活性很高，材料中果胶的实际也不低，但发酵液中半乳糖醛酸含量并不高"的疑问作出了科学的解释。也就是说，DCE01 菌株胞外表达的果胶酶只能破坏农产品中果胶的结构，不能将其彻底降解为半乳糖醛酸。②块状脱落物中接近 2/3 的单糖类物质是组成半纤维素的各种成分，其中，上述发酵液中含量不高并确认被用作微生物生长繁殖所需营养物质的葡萄糖和甘露糖，在这里所占比重还不小，这种现象与上述"发酵液中阿拉伯糖、半乳糖、鼠李糖的含量随发酵时间延长而增加"一样，要作出科学的解释还需进一步研究，但从总体概念上说，应该是与农产品中半纤维素的组成和空间结构分不开的。③块状脱落物中 TFA-不溶性物质（木质素等）的重量最高不到块状脱落物总量的 4%。也就是说，在草本纤维生物精制过程中，通过 DCE01 菌株胞外表达的关键性工具酶催化作用而剥离出来的块状脱落物中 96% 是果胶和半纤维素，由于它们是天然有机物而不被人体消化吸收，可以分离出来用作膳食纤维。若是这样，我们可以认为，草本纤维生物精制方法不仅可以大幅度减轻工艺废水中有机污染物的处理负荷，而且可以分离出数量可观的功能食品达到"变废为宝"的目的。

三、草本纤维生物精制作用机理模型

根据生物学基础理论，我们通过认真分析上述研究结果，绘制出草本纤维生物精制作用机理模型（图 11-18）。

草本纤维生物精制作用机理的基本描述是：纤维质农产品接种 DCE01 菌株后，该菌株利用农产品释放出来的水溶性物质（尤其是葡萄糖）和酶催化农产品降解产物（主要是甘露糖）为营养生长繁殖，同时分泌果胶酶（破坏胞间层结构）、甘露聚糖酶和木聚糖酶（切断纤维素与非纤维素连接的化学键）定位催化农产品中非纤维素降解，

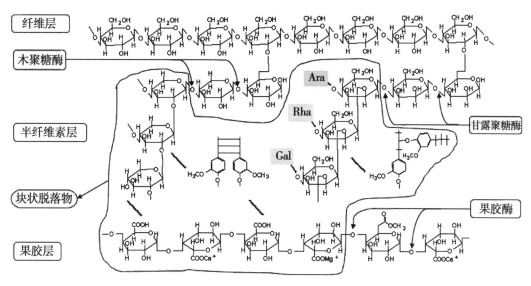

图 11-18 DCE01 菌株胞外表达关键酶催化纤维质农产品降解的作用机理模型

如此螺旋式进行"非纤维素滋长微生物→微生物胞外表达关键性工具酶→工具酶催化非纤维素降解"的螺旋式生化反应进程，导致细胞壁中非纤维素发生块状崩溃而脱落，直至非纤维素完全剥离。

与国内外相关方法综合比较（表 11-10），草本纤维生物精制作用机理填补了国内外草本纤维精制作用机理的空白，为实现生产方式的重大转变奠定了理论基础。

表 11-10 草本纤维精制方法作用机理综合比较

方法	生物精制方法	化学精制方法	生物-化学联合方法	传统沤麻方法
反应机制	关键酶专一性裂解	化学试剂差异化水解	生物和化学作用机制并存	天然菌群随机性降解
作用效果	保留纤维形态结构及特性	水解部分纤维、纤维变性	类似化学精制方法	纤维质量不稳定
附属作用	块状脱落物可提有效成分	脱落物彻底水解变成污染物	类似化学精制方法	脱落物全部进入水体

综上所述，在获得广谱性、高效性草本纤维生物精制专用菌株的基础上，经过为期20 年的探索与创新，首次创立了草本纤维生物精制作用机理（"块状崩溃"学说）——关键酶专一性裂解纤维质农产品中非纤维素，细胞壁发生"块状崩溃"，剥离非纤维素，保留天然纤维。

农业部科技发展中心组织以中国工程院副院长刘旭院士为组长、罗锡文院士为副组长的专家组对技术发明成果——高效节能清洁型麻类工厂化生物脱胶技术进行评价认定：该成果在生物脱胶技术原理、工艺流程、技术参数和工艺装备等方面取得了重大突破，实现了脱胶生产方式的重大转变，从根本上解决了产业发展的技术难题，对于我国以草本纤维为原料的纺织、造纸、生物质材料等产业具有重大推动或借鉴作用；经济、社会、生态效益显著；高效菌株的选育、复合酶催化机理等方面处于同类研究国际领先水平。

下篇　工　程

第十二章　草本纤维生物精制工程设计

　　草本纤维生物质加工业的发展壮大势在必行。这不仅因为纤维是人类生活仅次于食物的第二大必需品，还因为①草本纤维农作物适应性强（利用边际土地种植，既可以恢复植被，起到防止水土流失、减少温室气体排放的作用，又不与粮食作物争资源）；②纤维质农产品来源广（包括以获取韧皮或叶纤维为主的农作物和农作物秸秆等纤维质副产物）、产量高（营养体纤维比子实体纤维更容易获得高产）；③草本纤维种类多、纤维性能各异，能满足人类生活和社会发展对纤维质产品"天然化""多样化"的要求。

　　草本纤维精制方法是制约草本纤维生物质加工业发展壮大的技术瓶颈。古老的天然菌沤制法因为水源短缺（无水沤麻，原有沤麻水源大多用于发展水产养殖业）和农村劳动力匮乏（无人沤麻，现代农民大多不愿意从事沤麻那种又脏又累的农活了），加上天然菌群随机降解作用导致产品质量严重不一致（后续加工很难形成质量一致的终端产品），有可能被历史淘汰。第二次世界大战期间发明的化学试剂蒸煮法以及在此基础上派生出来的耦合方法，因为"逐一水解"剥离非纤维素的作用机制导致污染物处理负荷重的问题，加上"淬火"变性导致纤维使用价值降低的弊端，如果没有替代技术，或许还能持续下去，毕竟"工业化"是社会发展的趋势。

　　我们认为，草本纤维生物精制方法从技术原理这个根本上解决了天然菌沤制法和化学试剂蒸煮法存在的问题，正在朝着"工业化""规模化"方向挺进。谨此，我们将1996年以来在20家企业进行草本纤维生物精制技术生产应用试验和推广的经验，整理成"草本纤维生物精制工程设计"理念，为国内外同行提供参考。

第一节　工程设计总则

　　工程设计是工程建设项目的总体技术方案。《工程设计文件》是一套完整的、由工程建设项目相关学科的专业人员集体编写的、科学严谨的、图文并茂的综合性技术资料。《工程设计文件》由文本材料（一般不少于50页）和图纸（至少20张）组成。例如，图12-1是在"苎麻生物脱胶工艺技术与设备"推广应用过程中，根据某企业厂区地形地貌设计的苎麻生物脱胶车间总体平面布局示意图。

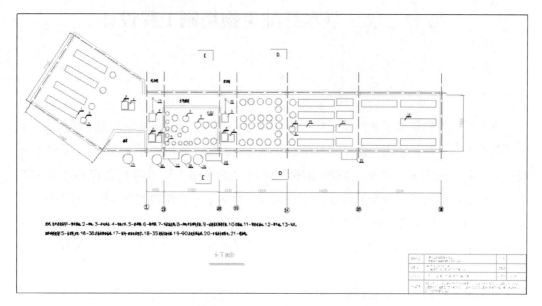

图12-1　某企业苎麻生物脱胶车间平面布局示意

一、工程建设必要条件

（一）企业整体布局

企业整体布局是根据企业发展规划确定的建设规模、建厂地址、占地面积、发展规划等内容，按照生产工艺流程、运输和安全、防火、卫生等要求，结合场地自然条件，经济合理地布置工厂的生产厂房和其他建筑物、构筑物、道路、地上及地下管线、绿化等设施的平面及竖向位置，以组成一个完整统一的总体，充分发挥工厂的效能。总平面设计是否合理，不仅对建厂期间占用场地、建设速度、基建投资影响很大，而且对建成投产后的生产经营管理、经济效益、环境卫生、安全以及交通运输等影响也很大。另外，对需要预留发展用地的项目，能否将近期建设和远期发展计划有机合理地结合起来，也是总平面设计需要解决的问题。企业整体布局设计主要有下列5个方面的内容。

厂区总平面布置　要以主体车间为中心，按照生产使用的要求，布置各建筑物和构筑物等设施，使之功能分区明确，运输管理方便，生产关系协调。它是在建设单位提供厂址地形图（比例为1/500或1/1 000，等高线的等高距0.25~0.5m）和地质资料的基础上，根据厂区各个单项工程的面积、建筑形式主义等，并结合其他有关要求和条件进行的。为了搞好总平面布置，首先应当了解工厂的工艺流程，生产区划和厂区组成。例如，苎麻纺织厂的厂区工程项目可以分为：①主要生产部分，包括脱胶、梳纺、织造三个车间。②辅助生产部分，包括机修、电修、仪修、计量、空压、冷冻、试化验室以及原麻、成品、化工料、机物料、落麻下脚仓库等。③公用工程部分，包括锅炉房、变电站、给水站及污水处理站等。④行政生活部分，包括厂部办公楼、食堂、医务室、浴室、哺乳室等。⑤总图运输部分，包括围墙、大门、传达室、车库、道路、绿化等。

合理组织厂内、外运输系统　包括运输方式的选择，厂区与厂外交通网的衔接，厂内运输系统的布置，以及人流和货流的组织。

厂区竖向布置　竖向布置就是确定厂区场地上的高程关系。在充分掌握厂区地形、地质、水文（包括最高洪水位）等各项有关资料后，以满足生产为前提，充分利用自然地形，合理确定建筑物、构筑物、堆场及道路的标高，并且保证地面排水通畅。同时，平整场地应尽可能减少土石方工程量。

厂区工程管线布置　包括地上、地下工程管线的综合敷设和埋置深度、间距等。苎麻纺织厂的工程管线主要有供水、排水、供电、供热、冷冻等各种管道，汇总综合时要结合具体条件，使管线的走向、标高、间距布置紧凑合理，满足技术规范要求，方便施工和检修。

厂区绿化、美化　苎麻纺织厂应该是文明生产的现代化企业，总平面设计要充分考虑厂区绿化及美化设施的规划布置，并使建筑群体获得必要的艺术效果，以创造良好的劳动、工作环境。

企业整体布局设计的主要任务是满足工厂生产使用功能的要求。但是，这与能否正确结合厂址具体条件有着密切的关系。外界客观条件对总平面设计的影响和制约是很大的，这就要求采取灵活的手法和技巧，以解决两者间的协调问题。企业整体布局的影响因素如图 12-2 所示。

企业整体布置图中，应列出下列各项技术经济指标：①厂区占地面积（按厂区围墙外包尺寸计算）；②建筑物占地面积（按建筑物外包尺寸计算）；③构筑物占地面积（按构筑物外包尺寸计算）；④永久性堆场占地面积；⑤场地利用面积：包括建、构筑物及其散水明沟，永久性堆场，厂区道路（城市型按路面计算，效区型则包括路基及排水边沟的占地），厂内铁路（包括路基及排水明沟的占地），地下管沟（按外径计算），架空管道（按支架宽度计算）的占地面积；⑥建筑系数；⑦利用系数；⑧土石方工程量（不包括建、构筑物基础及管沟等的开挖工作量）。厂区建筑系数和场地利用系数的计算方法如下：

$$建筑系数（\%）=\frac{建、构筑物及永久性堆场面积和}{厂区占地面积}\times100$$

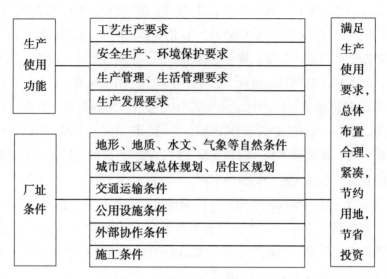

图 12-2　企业整体布局设计影响因素

$$利用系数（\%）= \frac{场地利用面积}{厂区占地面积} \times 100$$

苎麻纺织厂的建筑系数一般为 35%~45%，场地利用系数达 60% 以上。

（二）原料基地

从草本纤维生物质加工业的角度看，应该把原料基地看成是"第一车间"。在这里，我们提醒业主和工艺设计者：在确立有关草本纤维生物质加工业的工程建设工艺设计以前，一定要深入调查研究原料基地，了解纤维质农产品的生产情况，包括收获面积与产量，收获季节（苎麻一年收获三季，不同季节的农产品质量差异很大），气候状况（主要是指温、湿度）对纤维质农产品储存的影响、农户储存纤维质农产品的条件与经验等，尽量满足工程建设项目对原料的产量和质量要求。

（三）工程建设项目选址

草本纤维生物精制是草本纤维生物质加工企业的"主体车间"。对于主体车间选址，至少应该注意到：①与原料基地的距离不宜太远（一般不超过 100km，江河边水运条件好的情况除外），因为自然状态下的纤维质农产品比重都不大而且非纤维素含量大多在 25% 以上，长途运输势必会导致企业原料成本偏高；②与只有物理加工过程的车间不同，草本纤维生物精制车间涉及微生物培养与发酵等复杂的生物化学工程，对供水系统的水量和水质都有一定要求，同时，车间排出的废水也需要经过简单处理后才能回收利用或排放；③草本纤维生物精制车间需要稳定的电力、燃气供应，虽然微生物活化、培养过程用电量不大，但是如果停电时间超过 10min 就有可能导致"倒灌"，可以说这是企业采用生物方法加工与化学方法或物理方法的显著区别之一；④避开城镇闹市区，交通（包括公共交通）要方便；⑤与后续加工车间衔接的距离越短越好，便于业主管理。除此以外，地质、水文资料也有重要参考作用。

二、设计依据

（一）任务依据

主要是指工程建设项目来源，包括委托方已有基础、对工程设计的需求，上级主管部门或地方政府对工程建设的批文等。

（二）技术依据

主要是指工程建设项目所涉及的各类技术性文件，包括核心技术，如发明专利；集成技术——与核心技术匹配成套的常规技术部分，等等。

（三）设计规范依据

主要是指与工程建设项目相关的法律法规文件，如：《中华人民共和国清洁生产促进法》《中华人民共和国节约能源法》《中华人民共和国环境保护法》《建设项目环境保护管理条例》《建设项目环境保护设计规定》《建筑工程设计文件编制深度规定》《建设项目经济评价方法与参数》《建筑给水排水设计规范》《污水综合排放标准》相关产品《质量标准》等。

三、设计范围

（一）工程建设规模

在明确业主现有基础的前提下，提出工程建设规模，即实施草本纤维生物精制技术应该达到的核心生产能力。例如，业主是一家从脱胶到坯布织造的大型苎麻加工企业。原有苎麻脱胶生产采用常规化学脱胶工艺，由于工艺技术落后、基础设施陈旧、产品质量欠佳、环境污染严重等问题，被迫进行工艺改造与升级。拟采用许可方拥有的发明专利技术方案——苎麻生物脱胶技术（不附加化学试剂作用），扩建一个脱胶车间，设计脱胶生产能力为年产精干麻 10 000t（摘自提供给某企业的《工艺设计文件》）。

（二）工艺设计主要内容

工程建设项目的工艺设计内容几乎是包罗万象，凡是与工程建设项目相关的因素，无论是直接的还是间接的，都应该在工艺设计文件中有所体现（委托方有特别说明的因素除外），即使不能提出具体的设计方案也要给出合理的提示。

现将我们提供给某企业的《工艺设计文件》相关描述介绍如下：根据业主与专利技术许可方协商结果以及上述前提，本次脱胶车间工艺升级改造设计主要内容包括：①企业工艺升级改造以后的产能与效益预测；②生物脱胶工艺流程与技术参数设计；③生物脱胶工艺设备配套设计；④脱胶车间生产运营管理设计；⑤脱胶车间工艺废水综合治理方案设计。

事实上，以上描述并非工艺设计的全部内容。因此，我们在提供给某企业的《工艺设计文件》还作了如下补充说明：①许可方（中国农业科学院麻类研究所）并非专业设计机构，而且国内外除了该所的发明专利"苎麻生物脱胶工艺技术与设备"处于大规模生产推广应用阶段以外，至今未见其他人有关苎麻生物脱胶技术大规模生产应用的成功经验可以借鉴，因此，该设计文件难免存在信息不全或者在实施过程中需要调整或变更的地方（凡是补充信息或者调整、变更该设计文件内容均以第一发明人亲笔签名文字依据为准）。②许可方只对该设计文件中"苎麻生物脱胶工艺技术"的技术路线和工艺参数负责，因此，该设计文件中凡是注明有"建议"的信息仅供业主参考。例如：对于生物脱胶相关基础设施与设备的建议、精干麻后续深加工的建议、苎麻生物脱胶工艺废水综合治理方案的建议等。③基于业主本来就是苎麻加工企业（包括脱胶生产），对于苎麻脱胶所需基础设施与条件比较清楚，因此，本次工艺改造设计对于以下与工艺设计相关的工程建设内容不提具体要求：脱胶车间的土建工程和室外给水系统、室内外电力与照明系统、室外供热系统、室内外消防安全系统、通风透光除尘空调系统、噪音及大气污染防控系统。④凡是写入该设计文件的有关生物脱胶工艺技术的信息（包括含有实质内容和技术参数的建议）均属许可方知识产权，望业主注意保密。⑤该设计文件提供的所有附图均为示意图，因为许可方尚未获得相关工程设计资质。如果业主不需聘请专业人员进行施工设计，许可方可以在交接该设计文件后根据业主需要对示意图进行适当解释。⑥如果业主希望获得更加理想的生物脱胶效果，建议聘请1~2家机械加工企业配合生物脱胶工艺完成相关基础设施改造（现代化生物脱胶车间基础设施改造方案另行提供，本设计仅提供保留原有设施的工艺改造方案）。

四、指导思想与基本原则

（一）指导思想

工艺设计应以国家现行法律、法规、法令、政策以及相关标准、规范、规定为准则，根据《专利技术许可实施合同书》规定的任务以及业主提出的具体要求，采用目前国际领先的发明专利技术路线，设计出流程合理、参数可靠、操作方便、管理规范、生产成本低、产品质量稳定的高效节能清洁型苎麻生物脱胶技术生产线，为推动行业技术革命、促进苎麻产业发展、振兴麻区农村经济、增强出口创汇能力的重要作用。

（二）基本原则

工艺设计应该遵循基本原则是：资源节约性，技术原创性，设计科学性，布局合理性，操作可靠性，生产稳定性，运营高效性，环境友好性。

第二节　工艺流程设计

工艺流程设计是针对已经确定生产目标的工程建设项目进行技术路线和工艺参数设计。现以应用发明专利"苎麻生物脱胶工艺技术与设备"对某企业进行脱胶车间工艺升级改造为例，说明当时生产力水平上的工艺流程设计内容。

一、工艺流程

苎麻生物脱胶技术路线如图12-3所示（附：工艺流程设计布局图，图12-4）。

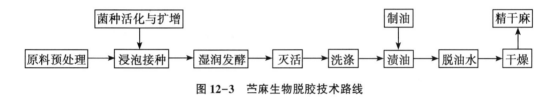

图12-3　苎麻生物脱胶技术路线

（一）原料预处理

该工序是确保苎麻脱胶均匀一致的关键所在。将苎麻从原料仓库运至脱胶车间，采用人工解捆、抖松、剔除霉变麻，按长度将原料苎麻分散成0.4~0.7kg/把的麻把，然后进行装笼。装笼最好是采用传统的平铺式圆柱形麻笼。若采用现有悬挂式圆柱形麻笼（麻笼的高径比为1:1，高度不超过2.0m，底座开孔以保证麻笼通气均匀），以麻把基部紧挨着每一层麻的底部为准将麻把弯折后均匀悬挂于麻笼的挂麻钢条上。密度：110±11kg/m³。按照行业现行生产规模，额定装料量为500~550kg/笼。附注：如果原料苎麻质量达不到《苎麻生物脱胶技术规范》要求，建议对原料苎麻进行搓碾、干燥（杀菌）、抖落麻壳（除杂）处理。

（二）浸泡接种

其目的在于让所有麻把充分吸饱水分并尽可能吸附脱胶菌种，同时避免苎麻中水溶物（脱胶菌种生长繁殖所需营养的唯一来源）流失。用35±1℃温水将活化态菌种稀释成活菌含量至少达到5×10⁷cfu/mL的菌悬液，再将装好的麻笼浸泡于菌悬液中处理13±

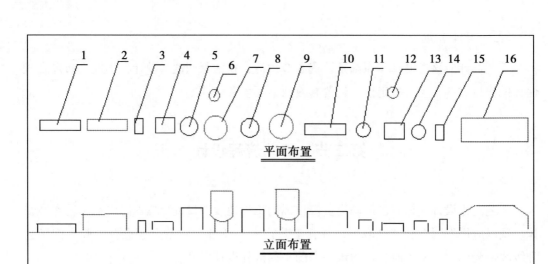

工艺流程代码示意：1.搓碾；2.干燥；3.抖落麻壳；4.扎把；5.装笼；6.菌剂活化；7.接种；8.湿润发酵；9.灭活；10.罗拉式洗麻机洗麻；11.脱水；12.制油；13.渍油；14.脱油水；15.抖麻；16.烘干。

红色表示需要加热工序

图号：JH10-01

图 12-4　某企业苎麻生物脱胶车间（升级改造）工艺流程布局示意

2min，然后，吊起麻笼沥水 3~5min。其中，接种后的余液，通过补充温水和菌种，可以重复使用 2 次，但通气存放时间最多不超过 30min。最后的接种废液必须加热至 90℃、保温 30min 以后方可直接排放。

（三）湿润或浸泡发酵

该工序的目的在于确保吸附在苎麻上的脱胶菌种能够正常生长繁殖并分泌大量关键酶彻底降解胶质。湿润发酵是将接种过的麻笼置于 35℃±2℃、相对湿度在 85% 以上、空气对流的环境中发酵 5~7h，直至苎麻变成蓝色，用水冲洗纤维分散。浸泡发酵是将接种后的麻笼置于原地，持续通气发酵 7~9h。附注：湿润发酵与浸泡发酵比较结果是，前者的时间比后者缩短 0.5~1.0h。该设计文件按照独立温室集中发酵模式布局。温室的构造及其调控措施参考图号 JH10-5（图 12-5）。或者，聘请专业人员进行专门设计。建议业主从上述两种方案中选择其一。

（四）灭活

设置灭活工序的目的有两个：一是杀死发酵麻笼中的各类活菌，以免流失到水体中造成污染，二是溶出被脱胶菌种降解的胶质。具体操作是，将经过发酵工序的麻笼置于带有循环装置的容器（如煮锅）中并按照浴比 1：10 的比例注入 90℃ 温水，循环冲洗

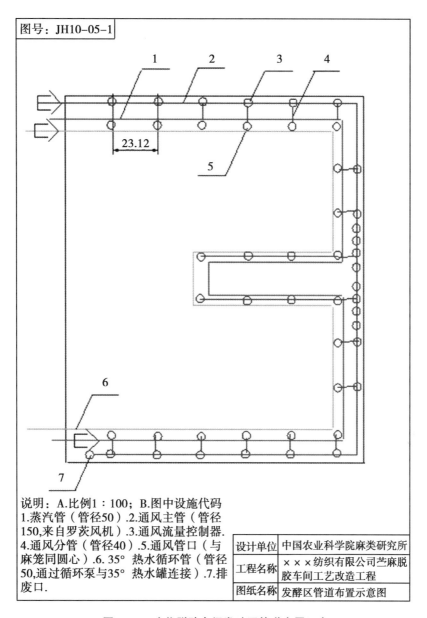

图号：JH10-05-1

23.12

说明：A.比例1：100；B.图中设施代码
1.蒸汽管（管径50）.2.通风主管（管径
150,来自罗茨风机）.3.通风流量控制器.
4.通风分管（管径40）.5.通风管口（与
麻笼同圆心）.6.35°热水循环管（管径
50,通过循环泵与35°热水罐连接）.7.排
废口.

设计单位	中国农业科学院麻类研究所
工程名称	×××纺织有限公司苎麻脱胶车间工艺改造工程
图纸名称	发酵区管道布置示意图

图 12-5 生物脱胶车间发酵区管道布置示意

25~35min，排出废液，再用 60~80℃温水和清水依次循环冲洗 5~10min。

（五）洗涤

该工序旨在利用物理作用将附着在苎麻纤维上的杂物清洗干净（只要清洗干净，纤维就能分散）。如果采用化学脱胶工艺的圆盘式拷麻机，必须降低打击强度、增加水洗力度，拷麻圈数不超过 4 圈。但是，采用圆盘式拷麻机洗涤肯定会影响精干麻的产量、质量和精梳梳成率。附注：建议业主采用罗拉式水理洗麻机洗涤，效果很好。日本、中

国台湾均有定性产品供应，四川纺织机械厂于 20 世纪 90 年代出品过一款机型，近期有专利文献报道新产品。业主可以根据自身条件选择。无论采用何种机型，给水管道的水压不低于 0.35 MPa。

（六）渍油

该工序的意义和作用原理同化学脱胶，唯一的区别在于生物脱胶苎麻纤维的分散度比化学脱胶更好，含油率和含油合格率更高。采用软化水，浴比，1∶8；乳化油，1.2%~1.4%（对苎麻公定重）；温度，80~90℃；时间，1.0~2.0h。附注：建议业主采用化学脱胶工艺自动化程度比较高的快速给油机。

（七）脱油水

采用离心式脱水机，控制含水率在 53% 以下。附注：建议业主采用化学脱胶工艺与漂酸洗联合机配套的轧干机。

（八）干燥

采用烘干机时，温度，80~110℃；时间，14~18min；亦可在阳光下晒干或在阴凉处自然风干。

附加说明：（1）制油工序的技术参数可以按照业主原有工艺执行，此处不再赘述。（2）菌种活化工序的技术参数以许可方工程技术人员提供的技术培训资料为准。（3）如果业主希望生产漂白精干麻，可以按照常规化学脱胶工艺进行漂白、过酸处理，或者，按照许可方工程技术人员提供的技术方案实施。

二、技术要求

（一）给水系统

工艺流程中菌种活化（包括菌种实验室）与浸泡接种工序要求采用生活自来水或地表水，灭活洗涤工序采用回收水调节至工艺要求（表12-1），渍油采用软水，其他同常规工艺用水。给水管道分布及其控制点详见相关附件。其中，主水管的管径设计为 Dg150，给水压强 ≥0.25MPa（罗拉式水理机要求 ≥0.35MPa）。

（二）蒸汽供应

工艺流程中采用蒸汽直接加热的设备是菌种罐、高位 35℃ 热水罐、高位保温水罐、接种锅、低位 90℃ 热水罐、制油槽和烘干机。蒸汽供应管道分布及其控制点详见相关附件图。工艺要求压强 ≥1.0MPa 的过饱和蒸汽供应总量 ≥4.0t/h；分配到直接加热设备的过饱和蒸汽压 ≥0.25MPa。

（三）压缩空气供应

工艺流程中需要供应压缩空气的设备是菌种罐、接种锅，需要鼓风机通风的设备是麻笼。通气管道分布及其控制点详见相关图纸。其中，压强≥0.7MPa 的压缩空气供应总量≥1.5m³/min；用户实际要求压强 0.10~0.20MPa。鼓风机压强≥0.05MPa，送风量≥15m³/h。

表 12-1　苎麻生物脱胶各工序对给水系统要求一览表

序号	名称	工艺技术要求	管径	需求量（M³/d）
1	种子罐内	$[Fe^{3+}]$、$[Cu^{2+}]$、$[Hg^{2+}]$ ≤50mg/kg，35℃	Dg15	0.5
2	种子罐内	水质无特殊要求，水温≤25℃（回收）	Dg15	5
3	发酵罐内	$[Fe^{3+}]$、$[Cu^{2+}]$、$[Hg^{2+}]$ ≤50mg/kg，35℃	Dg25	18
4	罐体降温	水质无特殊要求，水温≤25℃（回收）	Dg25	180
5	罐体保温	水质无特殊要求，水温 36±1℃（回收）	Dg25	50
6	接种锅	$[Fe^{3+}]$、$[Cu^{2+}]$、$[Hg^{2+}]$ ≤50mg/kg，35℃	Dg100	300
7	灭活洗涤	pH 值 9±0.5，水温 90±5℃	Dg100	600
8	水理洗麻	水质无特殊要求，给水压强≥0.35MPa	Dg100	1 500
9	渍油	软水	Dg80	300

（四）原料

基于专门针对生物脱胶方法而制定的苎麻标准尚未出台，对用于生物脱胶的苎麻提出以下特殊要求。

含杂率　苎麻含杂率≤0.5%，其中，附壳率≤0.05%。

霉变情况　用于生物脱胶的苎麻要求无霉变现象。发生霉变的苎麻用于生物脱胶时，必须采取太阳光暴晒等措施处理至无霉变气味。

酸碱度　浴比=1∶10 时，将苎麻置于纯净水中浸泡 30min 后，测定浸泡液体的 pH 值在 5.0~8.5 的范围内。

金属离子　浴比=1∶10 时，将苎麻置于纯净水中浸泡 30min 后，测定浸泡液体二价及其以上的金属离子浓度在 100.0μmol 以下。

杀菌剂　用于生物脱胶的苎麻要求不含杀菌剂。若在存储过程中为防止苎麻霉变而采用药物处理的苎麻，必须在通风、干燥条件下继续存放至该药物半衰期之后才能用于生物脱胶。

（五）培养基组分

菌剂活化质量受培养基组分质量、水质、温度、pH 值、通气量、外来杂菌和污染物等多种因素的影响，其中，挡车工人最难把握的是培养基组分——豆饼粉质量问题。因此，要求：（1）采用熟榨工艺豆饼最好，冷榨工艺豆粕亦可。从进货渠道和储存设施等方面把握，确保没有霉变和添加防腐剂等现象。（2）使用前进行粉碎，颗粒细度≤60目。（3）每批原料随机采样3次进行培养效果检验。

三、技术指标

（一）产能指标

产能指标一般包括原料投入批量、处理周期、有效工作时间、出品率以及总产量等。表12-2所列数据是一个年产10 000t精干麻的生物脱胶车间产能指标。

（二）工艺投入指标

工艺投入指标主要是指整个加工工艺过程中的直接投入或消耗，包括原辅材料、动力能耗、人力资源（一般是指挡车工）等。实际上，固定资产折旧也应该计入工艺投入，基于现行企业管理规则，一般不是将它列入工艺投入而是列为加工成本。表12-3所列数据是一个年产10 000t精干麻的生物脱胶车间工艺投入指标。

表12-2 苎麻生物脱胶车间产能指标一览表

序号	指 标 名 称	单位	数量	备 注
1	苎麻投入批量	t	16	麻笼装料量≥500kg/笼
2	批处理时间	h	8	包括接种、发酵及灭活共3道主体工序
3	正常生产时间	d	306	每日3班次
4	精干麻制成率	%	69	苎麻符合工艺要求为前提
5	年产精干麻	t	10 134	

表12-3 年产10 000t精干麻生物脱胶车间工艺投入指标

序号	名称	单位	消耗量	序号	名称	单位	消耗量
1	苎麻（原料）	t	14 684	6	水	t	3 202 344
2	高效菌剂	L	1 762	7	电力	kWh	3 871 188
3	培养基	kg	66 078	8	原煤	t	6 880
4	油剂	kg	36 710	9	工作日（挡车工）	个	110 160
5	漂白剂	kg	367 100				

四、质量监控

（一）菌剂活化

菌种是降解非纤维素物质的核心作用物。菌剂活化是苎麻生物脱胶工艺的关键工序。菌剂活化质量的好坏直接关系到生物脱胶能否生产出合格的精干麻。因此，菌剂活化质量的把握与监控就是生物脱胶工艺的关键所在。①感观检测：闻活化菌液带有豆奶清香气味，手感活化菌液黏稠，眼看活化菌液呈蓝绿色。②显微镜观察：每个视野可见单个菌体数量在 100 个以上，单生、对生菌体数量参半。③活菌计数：活化菌液经稀释分离、涂于普通营养琼脂平板上，35℃培养24h后观测，活菌量必须达到 1.0×10^9 cfu/mL。事实上，正常生产过程中一般只采用第①项指标评价菌剂活化质量就够了。第②和第③项指标只是第①指标的数据化验证。

（二）发酵苎麻

发酵是一个微生物利用苎麻中水溶物、果胶、半纤维素等非纤维素物质为培养基繁殖自身并分泌胞外酶"定向爆破"非纤维素物质，使之发生"块状崩溃"而脱落的过程。它是生物脱胶工艺的中心环节。如果发酵质量不好，精干麻的质量肯定得不到保证。对发酵麻样的监控实施方案包括

（1）同步进行小样发酵对照　从麻笼中随机抽取苎麻约 30g 并卷曲成麻饼，装入500mL 锥形玻璃瓶中，再取活化菌液 6mL 注入盛有 300mL 自来水的烧杯中，待菌液在烧杯里混匀后将菌悬液倒入装有苎麻的锥形瓶里，浸泡苎麻 10min 后倒出余液，然后将装有苎麻的锥形瓶置于 35℃培养箱中静止发酵 5~6h，尽管麻饼形状未见明显变化，但麻饼颜色已经变成蓝色，用手握住锥形瓶上端，适当用力往复摆动锥形瓶下端即可观察到麻饼形状发生明显变化，而且透过玻璃可见纤维分散。

（2）发酵苎麻观察　正常情况下，观察完对照试验小样再去观察发酵麻样，就可见发酵麻笼里的苎麻变成蓝色了，只要麻笼里的苎麻变成了蓝色，发酵苎麻就达到了工艺要求，可以进行后处理了。如果，接种后 12h 还未见苎麻变成蓝色，不仅要及时终止发酵，而且还要追查发酵条件方面的原因。

（三）精干麻

精干麻是农产品苎麻经过生物脱胶加工处理获得的终端产品，也是业主进行梳理、纺纱、织布等深加工的基础材料。为了保证深加工产品的质量，企业内部可以按照表12-4 所列的指标进行产品质量监控。如果进入市场流通，应该按照国家和行业标准进行全面而系统的检测。但是，必须指出，实践证明，采用针对化学脱胶方法制定的标准来检测生物脱胶方法形成的精干麻，有 3 个指标是不达标的，即"残胶率"偏高，"束纤维断裂强度"和"白度"偏低。反之，如果"残胶率""束纤维断裂强度"和"白度"指标，能够达到 FZ/T 31001 的要求，那么可以肯定，这种精干麻不是采用现代生物方法加工出来的，即便是采用了生物方法处理，也没有摆脱化学方法予以补充（或者说是"精炼"）。

附注：①生物脱胶精干麻"残胶率"偏高是针对化学脱胶方法制订"残胶率"检测标准的本质所决定的。所谓"残胶率"，是指残留在精干麻中的非纤维素物质总量占精干麻重量的百分比。针对化学脱胶方法制定"残胶率"检测标准的本质是在100℃条件下利用20g/L的NaOH溶液对精干麻抽提2.0h而测定的碱溶性物质总量（精干麻抽提前、后的重量差）占精干麻重量的百分比。如前所述，化学脱胶方法获得的精干麻是经过15~17g/L的NaOH溶液蒸煮（蒸气压：0.2 MPa左右）处理的，利用20g/L的NaOH溶液抽提的碱溶性物质总量肯定不会很高。然而，生物脱胶方法获得的精干麻是没有经过NaOH溶液蒸煮处理的，利用20g/L的NaOH溶液抽提的碱溶性物质（主要是结晶度不高或者说低聚合度的纤维素）总量肯定会比化学方法高。因此，我们认为，生物脱胶精干麻的质量不能采用针对化学脱胶方法制定的"残胶率"检测标准来评价。如果一定要用"残胶率"这个指标对生物脱胶精干麻质量进行评价，必须根据生物脱胶技术原理重新制定"残胶率"检测标准。②生物脱胶精干麻"束纤维断裂强度"偏低是天然状态下苎麻纤维的本质所决定的。通俗点说，"束纤维断裂强度"是指拉断一定长度一定重量的一束纤维所需要的力。在生物脱胶过程中，关键酶专一性裂解纤维素与非纤维素连接的化学键而剥离了非纤维素，所获得的苎麻纤维保留了天然状态下苎麻纤维的形态结构（存在大量细胞扭曲和粗细不匀现象）。化学脱胶过程中，高温条件下浓碱液蒸煮不仅水解了低聚合度的纤维素（主要是纤维细胞的末端）而且"规范"了微纤维之间的排列（没有细胞扭曲等现象），所获得的苎麻纤维比较平直。在"束纤维断裂强度"检测过程中，化学脱胶方法获得精干麻样品中纤维细胞平直而且粗细比较均匀，拉断一束纤维所需要的力比较大，生物脱胶方法获得精干麻因存在细胞扭曲和粗细不匀现象，样品中纤维细胞整齐度和均匀度都较差，拉断一束纤维所需要的力比较小。③生物脱胶精干麻"白度"偏低是纤维细胞表面的折光率所引起的。化学脱胶苎麻纤维细胞的微纤维排列整齐、表面平整光滑，生物脱胶苎麻纤维的微纤维排列存在交叉、扭曲现象导致表面凹凸不平。

表12-4　生物脱胶精干麻品质内部控制检测指标

序号	名称	单位	控制要求	备注
1	精干麻长度	mm	≥ 700	
2	束纤维断裂强度	cN/dtex	≥ 3.8	
3	扭曲频率	个/cm	≥ 10.0	
4	白度	度	≥ 50.0	无漂工序的工艺，则无此要求
5	含水（回潮）率	%	≤ 12.00	
6	硬条率	%	≤ 0.40	参照 GB5881-86 样品处理方法
7	纤维平均长度	mm	≥ 80.00	
8	含油率	%	0.8~1.50	
9	感观要求		色泽均匀一致，无异味，手感柔软、松散	

第三节　工艺设备配套设计

一、工艺设备选型与配套

主要工艺设备配置列入表 12-5。辅助仪器设备配置列入表 12-6。表 12-5 和表 12-6 只列出主要的仪器设备，未包括化学脱胶工艺常用工具，如地中衡、平板车、摇头运麻车等。主要工艺设备配置数量的计算依据是：①年产精干麻 10134 t，有效工作日为 306d，即每天处理原料 48t。每天设计 3 班、每班 8h 运行。②苎麻预处理设备、水理机、快速给油机、轧干机、烘干机等附传递装置的设备正常运转时间≥5.5h/班，其他设备按照工艺规定运行时间≥6.5h/班，普通生物显微镜设计为单台的理由是使用频率不高、不容易损坏。附注：表 12-5 和表 12-6 未列出的其他工艺设备，有些设备属于常规化学脱胶工艺定型设备，有些属于专利产品。

表 12-5　年产 10 000t 精干麻生物脱胶车间主要工艺设备配置一览表

序号	设备名称	型号/规格或主要技术参数	数量	备注
1	苎麻预处理设备	线速度 18m/min，效率 400kg/h	8	暂定
2	种子罐	30~50L，自动控制在位灭菌	5	专业单位定制
3	发酵罐	1 000L，工作效率 600L/8h	5	专业单位定制
4	接种/灭活锅	Φ2 000×2 000，3~4 笼/8h	16	原有浸酸锅改装
5	精炼锅（备用）	Φ2 000×2 200，2~3 笼/8h	4	原有高压煮锅
6	麻笼	Φ1 800×1 800，500kg/24h	72	自制
7	水理机	线速度 18m/min	8	购买/自行试制
8	快速给油机	线速度 18m/min	8	购买/自行试制
9	轧干机	线速度 18m/min	8	购买/自行试制
10	烘干机	4.5t/24h	10	购买
11	电瓶叉车	2.0t	4	购买
12	行车	3.0t	5	购买

表 12-6　年产 10 000t 精干麻生物脱胶车间主要工艺设备配置一览表

序号	仪器设备名称	型号/规格或主要技术参数	数量	备注
1	普通生物显微镜	活菌实时检测，1 600×	1	附摄像/电脑观察系统
2	水浴恒温摇床	容量：500mL 瓶 3~5 个	2	
3	磨粉机	粒度：60~180 目，10kg/h	2	

（续表）

序号	仪器设备名称	型号/规格或主要技术参数	数量	备注
4	三角烧瓶	500mL	20	
5	广口瓶	磨口，500mL	20	
6	酒精灯	100mL	4	
7	接种棒	带接种环	2	
8	螺式鼓风机	15m³/h，0.05MPa	2	
9	空气压缩机	0.7MPa，1.5m³/min	2	
10	储气罐	3~5m³，0.3~1.5m³	2	
11	空气油水分离器	0.7MPa，≥0.1m³	2	
12	35℃热水罐	≥40.0m³	2	
13	90℃热水罐	≥80.0m³	2	
14	冷凝水回收罐	≥10.0m³	2	
15	制油锅（自制）	≥0.1m³	2	
16	乳化油储罐	≥30.0m³	2	

二、工艺设备安装

（一）工艺设备布置

主要工艺设备及部分辅助工艺设备涉及许多图纸，如图12-6，图12-7。需要说明的是，如果某些设备尚无定型尺寸或者需要业主自行选择的设备，在工艺设备立面、平面布置示意图中需要注明设备安置相对坐标，常规设备或者经过生产应用定型的设备必须注明准确坐标。业主方可根据工艺设计所提供的工艺设备布局方案组织施工设计和安装。另外，值得注意的是，工艺设计一定要提供相关设备的操作方位和安全操作空间。这是确保挡车工人身安全的必要措施，千万不可忽视。

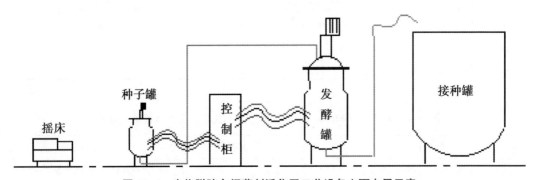

图12-6　生物脱胶车间菌剂活化区工艺设备立面布局示意

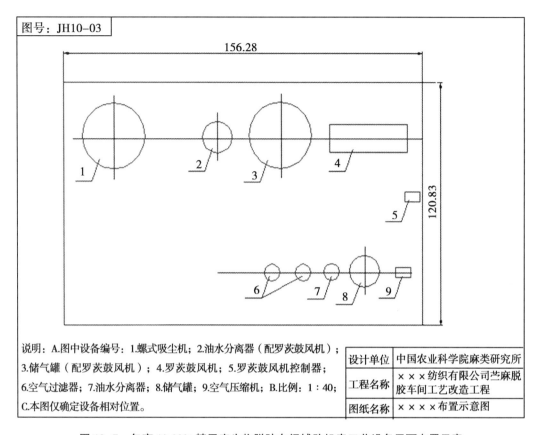

图号：JH10-03

说明：A.图中设备编号：1.螺式吸尘机；2.油水分离器（配罗茨鼓风机）；3.储气罐（配罗茨鼓风机）；4.罗茨鼓风机；5.罗茨鼓风机控制器；6.空气过滤器；7.油水分离器；8.储气罐；9.空气压缩机；B.比例：1：40；C.本图仅确定设备相对位置。

设计单位	中国农业科学院麻类研究所
工程名称	×××纺织有限公司苎麻脱胶车间工艺改造工程
图纸名称	××××布置示意图

图 12-7 年产 10 000t 精干麻生物脱胶车间辅助机房工艺设备平面布置示意

应该强调，在工艺设计过程中，对于特殊工艺设备还必须给出各种工艺管道连接与控制点示意图（图 12-8）。此处所述特定工艺设备主要是指菌种培养罐、接种锅、灭活洗涤锅等生物脱胶不同于化学脱胶的专用设备。

如果业主不能按照示意图进行安装或者是业主及设备安装相关人员对工艺设计图纸看不明白的话，专利技术许可方派出技术人员进行现场指导与沟通。

（二）设备安装配件

工艺设备安装所需配件是工艺设计的重要组成部分。它是根据工艺设计选择的设备及其操作方式而配备的零部件或控制部件。表 12-7 仅列出一些脱胶车间工艺升级改造所需主要配件。

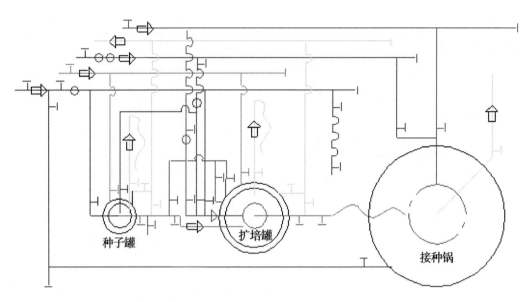

图 12-8　生物脱胶车间菌剂活化区工艺管道及控制点布局示意

表 12-7　工艺设备安装所需主要配件一览表

序号	配件名称	型号规格	单位	数额	备　注
1	耐热抽水泵	4 英寸，扬程≥20m	台	16	发酵锅
2	抽水泵	1 英寸，扬程≥20m	台	4	
3	玻璃转子流量计	LZB-25，$1\sim10m^3/h$	只	6	菌种培养罐
4	玻璃转子流量计	LZB-25，$2.5\sim25m^3/h$	只	16	发酵锅
5	压力表	Y-150，$0\sim0.16MPa$	只	6	菌种培养罐
6	压力表	Y-150，$0\sim1.0MPa$	只	4	压缩空气系统
7	逆止阀	Dg25，$0\sim1.0MPa$	个	6	菌种培养罐
8	逆止阀	Dg80，$0\sim1.0MPa$	个	2	回收水/自来水
9	截止阀	Dg25，$0\sim1.0MPa$	个	50	蒸汽/压缩空气
10	截止阀	Dg50，$0\sim1.0MPa$	个	56	
11	疏水阀	Dg25，$0\sim1.0MPa$	个	6	
12	不锈钢球阀	Dg15，$0\sim1.0MPa$	个	2	
13	不锈钢球阀	Dg25，$0\sim1.0MPa$	个	56	
14	不锈钢球阀	Dg80，$0\sim1.0MPa$	个	100	
15	不锈钢球阀	Dg100，$0\sim1.0MPa$	个	20	

第四节　生产管理设计

生产管理设计是用管理学的方法对草本纤维生物精制生产与经营活动进行合理的布

局，为业主制定生产管理规章制度提供科学依据。

一、生产车间组成

苎麻生物脱胶车间由管理部门、生产部门和保障部门组成（图12-9）。

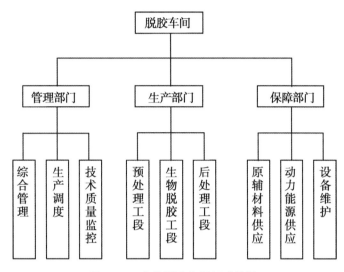

图12-9　生物脱胶车间组成单元

（一）管理部门

苎麻生物脱胶车间管理部门的主要职能包括：①综合管理负责处理政工、行政事务性工作。②生产调度负责原辅材料、人力资源、工艺条件等生产要素的调度，产品质量的计划与管理，产品入库、保管及出库等。③技术质量监控主要负责原辅材料质量鉴别、生产技术方案制订与监控、动力能源质量监测、产品质量检验、工业三废处理质量监控等。

（二）生产部门

原料预处理工段　主要职责是：按照工艺要求完成原料干热灭菌、机械脱壳和除杂，扎把、装笼等任务。

生物脱胶工段　主要职责是：按照工艺要求完成菌剂活化、浸泡接种与湿润发酵以及发酵苎麻的灭活与热水洗涤任务。

后处理工段　主要职责是：按照工艺要求完成罗拉式水理洗麻机洗涤（或者是传统化学脱胶方法所称"拷麻"）、渍油、烘干和精干麻分拣任务。

（三）保障部门

保障部门的职能是：①原辅材料供应主要负责按照生产计划和工艺要求保证原料和培养基、油剂、漂白剂等工艺辅料供应。②动力能源供应主要负责按照生产计划和工艺要求保证自来水、热水、蒸汽、压缩空气和电力正常供应。③设备维护主要负责按照生产计划和工艺要求保证所有工艺设备正常运转。

二、生产车间劳动定员

（一）生产运转工作制

按照《劳动法》及其他有关规定，生物脱胶车间同其他企业生产车间一样，设计为"四班三倒"生产运转工作制，即脱胶车间挡车工人按 4 个班所需总人数配备，每个班工作时间设计为 8h，每天 24h 运转 3 个班。脱胶车间每月连续生产 30~31d，每个班轮流休息时间在 7 个工作日以上，其实际劳动时间不超过 23d。

（二）生产任务定额

脱胶车间生产任务是每天处理原料 48t，出产精干麻约 33t，即每个生产班的任务是处理原料 16t。按照各道工序现有设备的工作效率人员及其所需操作人员核定的挡车工生产任务如表 12-8 所示，每个生产班所需挡车工定额为 120 名，即脱胶车间的挡车工为 480 名。

表 12-8　苎麻生物脱胶车间各道工序生产任务定额指标

序号	工序名称	单位	数额	备注
1	分把喂入预处理机	kg/8h. 3 人	2 500	24 人/班
2	接麻与装笼	kg/8h. 2 人	2 500	16 人/班
3	菌剂活化	批/8h. 人	5	2 人/班
4	接种/叉车运输/发酵	笼/8h. 1 人	16	2 人/班
5	行车运输麻笼	次/8h. 人	64	3 人/班（3 台行车）
6	灭活与洗涤	笼/8h. 人	16	2 人/班
7	水理洗麻机洗麻	kg/8h. 3 人	2 500	24 人/班
8	制乳化油	m³/8h. 人	60~80	1 人/班
9	渍油	kg/8h. 2 人	2 500	16 人/班
10	烘干与分拣	kg/8h. 3 人	1 200~1 500	30 人/班

需要特别强调的是：①预处理工段必须保证分把和装笼均匀一致，苎麻上没有致死脱胶菌种的各类污染。②菌剂活化是苎麻生物脱胶工艺的核心岗位，甚至应该把它看成是关系到整个企业生存与发展（从这个意义上说，岗位的重要性不亚于车间主任）的

核心岗位。其岗位职责就是尽最大可能追求活化菌种的数量。因此，在管理上除了千方百计满足该岗位所需条件、给足该岗位工作人员的待遇以外，还要注重该岗位的职责考核。建议业主把菌剂活化作为特殊岗位看待。

第五节 工艺废水综合治理方案

草本纤维生物精制车间涉及微生物培养与发酵等复杂的生物化学工程，车间排出的工艺废水虽然污染物含量不算高，但是，也需要经过简单处理后才能回收利用或排放。鉴于工业三废治理有专业机构设计与施工，而草本纤维生物精制车间工艺废水的水质与常规化学方法显著不同，我们认为，在工程建成项目《工艺设计文件》中应该提出综合治理技术方案。

一、工艺废水中污染源分析

（一）工艺过程中干物质的变化规律

在苎麻、亚麻原茎生物脱胶和红麻韧皮、龙须草、麦草生物制浆工艺过程中的发酵、洗涤、后处理 3 道工序后采样，应用重量法测定各种草料干物质的变化规律如表 12-9 所示。

表 12-9 草本纤维生物精制工艺过程中干物质的变化规律

处理程序		苎麻	红麻韧皮	亚麻原茎	龙须草	麦草
	原料（g）	1 000.0	1 000.0	1 000.0	1 000.0	1 000.0
发酵	净重（g）	893.0	881.0	887.0	919.0	913.0
	脱除率（%）	10.7	11.9	11.3	8.1	8.7
洗涤	净重（g）	740.0	735.0	727.0	751.0	748.0
	脱除率（%）	15.3	14.6	16.0	16.8	16.5
后处理	净重（g）	740.0	609.0	327.0	557.0	550.0
	脱除率（%）	0	12.6	40.0	19.4	19.8
制成率（%）		74.0	60.9	32.7	55.7	55.0
对照制成率（%）		65.0	55.0	28.0	48.0	48.0

注：苎麻、亚麻原茎、龙须草的制成率为课题组收集工厂化生产试验结果，红麻韧皮和麦草制成率为模拟试验结果；对照制成率取行业通用数值（实际上，同等条件下比较试验结果低于通用数值，如苎麻化学脱胶制成率仅为 62.5%）

由表 12-9 可以看出，加工 1t 苎麻、红麻韧皮、亚麻原茎、龙须草和麦草：①生物精制工艺的脱落物总量依次为 260kg、391kg、673kg、443kg 和 450kg，常规方法的脱落物总量依次为 350kg、450kg、720kg、520kg 和 520kg，前者的污染源分别比后者减少 90kg、59kg、47kg、77kg 和 70kg；②发酵过程中，微生物的生命活动消耗的非纤维素物质至少达到 107kg、119kg、113kg、81kg 和 87kg，占各自脱落物总量的 41.2%、30.4%、16.8%、18.3%和 19.3%，除了亚麻原茎采用温水沤麻可能产生类似效果以外，常规化学方法以及现行酶制剂处理以后还需要化学方法予以补充的方法几乎不可能产生这种效果，因为它们没有微生物生命活动彻底消耗单质有机物的现象；③生物精制工艺实际需要处理的有机污染物排放量依次为 153kg、272kg、160kg、362kg 和 363kg，分别比常规方法减少 197kg、178kg、47kg、158kg 和 157kg，占常规方法需要处理的有机污染物排放量 56.3%、39.6%、29.4%、30.4%和 30.2%。

（二）苎麻和亚麻原茎生物脱胶工艺废水的污染分析

苎麻和亚麻原茎生物脱胶工艺过程各阶段水样中脱落物的组成分析结果如表 12-10 所示。由表 12-10 可知：①苎麻、亚麻生物脱胶工艺过程产生的工业废水由热水洗涤废水（10m³/t、15m³/t 原料）和自来水洗涤废水（100m³/t、15m³/t 原料）组成，进入水体的有机污染物总量（153kg/t、160kg/t 原料）都包含在其中；②热水洗涤废水中可以收集的颗粒分别为 78.9kg/t 苎麻和 107.6kg/t 亚麻，自来水洗涤废水可以收集的颗粒分别为 59.5kg/t 苎麻和 39.6kg/t 亚麻，换句话说，通过物理方法分流处理可以除去的颗粒分别占需要处理有机污染物总量的 90.5%和 92.0%，需要处理的小分子有机污染物总量不到需要处理污染物总量的 10%。③苎麻、亚麻生物脱胶工艺过程中热水洗涤废水的滤过液中化学耗氧量（COD）浓度均在 1 200mg/L 左右，可以直接进入生化处理程序，处理负荷分别为 12.7kg/t、17.3kg/t 原料；自来水洗涤废水的滤过液中 COD 浓度在 100mg/L 以下，符合 GB 8978—1999 规定的一级标准，可以直接排放。

表 12-10　苎麻和亚麻原茎生物脱胶工艺废水中的污染物含量

原料	热水洗涤				自来水洗涤			
	颗粒（g）	体积（L）	COD（mg/L）	COD（g）	颗粒（g）	体积（L）	COD（mg/L）	COD（g）
苎麻	78.9	10	1 274	12.7	59.5	100	72.3	7.2
亚麻	107.6	15	1 182	17.3	39.6	15	57.9	0.8

注：颗粒＝粗滤滤渣+超滤滤渣；所有数据均按 1 000g 原料折算而来

进一步分析苎麻生物脱胶工艺废水滤过液中有机物种类与含量的结果如表 12-11 所示。由表 12-11 可知：①工艺废水滤过液中小分子量（≤10kD）有机物主要是蛋白质，占有机物总量的 80%以上，它们多数可能是微生物分泌的酶（纯培养发酵液中胞外酶蛋白质含量可以高达 0.5mg/mL）及其躯体裂解释放出来的结构蛋白；②还原性物质中不含甘露糖和半乳糖，检测出来的木糖仅占还原性物质总量的50%，其他还原性物质可能是果胶降解产物——半乳糖醛酸等。

表 12-11　苎麻生物脱胶工艺废水滤过液中有机物成分分析结果　　　（mg）

处理程序	有机物总量	蛋白质	总量	还原性物质			
				半乳糖	阿拉伯糖	甘露糖	木糖
热水洗涤	12 700	10 160	979	—	微量		496
自来水洗涤	8 200	6 396	微量	—	—		—
合计	20 900	16 556	~1 000	—	微量		496

（三）龙须草、红麻韧皮和麦草生物制浆工艺的污染分析

龙须草、红麻韧皮和麦草生物制浆/糖化工艺废水由洗涤废水（热水和自来水各洗涤 1 次的混合废水）、稀碱脱壳废水（喷浆后冷却池的滤液）和洗浆及筛浆废水 3 部分组成，分别测定颗粒及其 COD 值如表 12-12 所示。由表 12-12 可知：①洗涤废水中含颗粒分别为龙须草 152.9g、红麻韧皮 136.5g、麦草 150.2g，占此阶段脱落物总量（龙须草 168g、红麻韧皮 146g、麦草 165g）90% 以上，换句话说，洗涤废水中所含小分子有机污染物比较少，COD 值小于或略大于 1 000mg/L，可以直接进入生物氧化处理程序；②脱壳废水中分布的有机污染物总量（颗粒重量+COD 总量）为 112.5g、74.4g 和 115.8g，约占后处理阶段脱落物总量（龙须草 194g、红麻韧皮 126g、麦草 198g）的 58%，洗浆及筛浆废水分布的有机污染物总量约占后处理阶段脱落物总量 46%；③后处理废水中颗粒分别为 38.3g、27.4g 和 40.5g，占后处理阶段脱落物总量的 20% 左右，也就是说，此阶段需要处理的有机污染物有 80% 呈小分子或单质降解产物存在；④洗浆及筛浆废水的 COD 在 425~668mg/L，而且 pH 值合适，可以直接进入生物氧化处理程序，脱壳废水的 pH 值为 12.8、COD 值达到 30 000mg/L 以上（常规方法黑液的 COD 在 140 000~160 000mg/L），必须进行单独处理，但是，处理负荷比常规方法黑液的处理负荷减轻 70% 左右。

表 12-12　龙须草、红麻韧皮和麦草生物制浆工艺废水中的污染物含量

原料	洗涤废水			脱壳废水			洗浆及筛浆废水		
	颗粒（g）	体积（L）	COD（mg/L）	颗粒（g）	体积（L）	COD（mg/L）	颗粒（g）	体积（L）	COD（mg/L）
龙须草	152.9	20	1 008	14.9	2	48 762	23.4	100	655
红麻	136.5	20	496	11.2	2	31 635	15.2	100	425
麦草	150.2	20	990	16.4	2	49 658	24.1	100	668

二、工艺废水综合治理方案

（一）车间内工艺废水回收利用

清水循环利用 高效菌剂活化过程中，种子罐、发酵罐灭菌后都需要通过夹套用冷水降温，将这些用于降温的没有任何污染的废水直接回收至35℃温水槽，为高效菌剂活化、扩增提供培养基配制和保温用水（图12-10）。这是降低水资源消耗的有效措施。

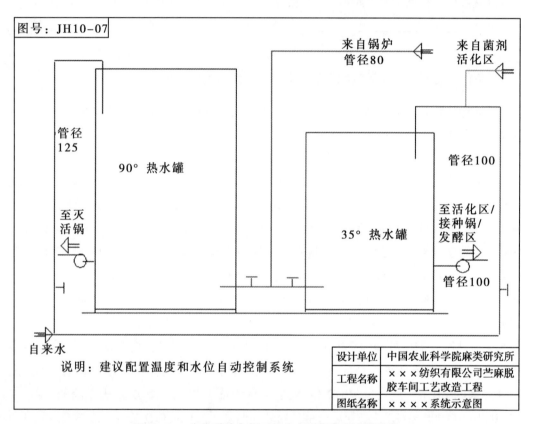

图号：JH10-07

来自锅炉 管径80

来自菌剂 活化区

管径 125

90° 热水罐

管径100

至灭 活锅

35° 热水罐

至活化区/ 接种锅/ 发酵区

管径100

自来水

说明：建议配置温度和水位自动控制系统

设计单位	中国农业科学院麻类研究所
工程名称	×××纺织有限公司苎麻脱胶车间工艺改造工程
图纸名称	××××系统示意图

图12-10　生物脱胶车间工艺废水回收利用流程示意

设备清洗废水回收利用 种子罐、发酵罐排出菌液后都需要进行清洗，将这些清洗废水和接种锅的余液及其清洗废水一并回收至90℃热水槽，用作灭活工序的水源，既消除了生物活体对环境造成次生污染的隐患又可以节省水资源。

软化水回收利用 溃油废液直接回收至制油桶既了节省软化水的消耗又可以减少油剂的用量。

（二）生物降解工段废水分流治理

草本纤维生物提精制技术能够实现清洁生产的优势，除了保证低聚合度的纤维素不被降解和微生物发酵阶段可以消耗部分非纤维素物质以外，还可以通过物理方法——固相与液相分离来大幅度减轻工业废水污染的处理负荷。分离物的处理措施包括：

固相分离物回收利用　固相分离物主要是微生物分泌的关键酶"定向爆破"非纤维素物质使之发生"块状崩溃"而脱落的果胶、半纤维素等，它们都是天然有机物，但都不会被人体胃肠道消化吸收变成热量，可以收集起来稍加处理后用作膳食纤维；当然，也可以直接用作无土栽培基质或者农家有机肥，能带来变废为宝的效果。

液相分离物进入生物氧化处理　液相分离物的 COD 值在 1 200mg/L 以下，可以直接进入"生物转盘"处理而实现达标排放或回收利用。

（三）后处理工段废水综合治理

自来水洗涤废水　以自来水洗涤的后处理工段废水，采用格栅过滤，收集短纤维；滤过的废水中 COD 浓度在 100mg/L 以下（符合 GB 8978—1999 规定的一级排放标准），可以直接排放；或者，收集到附有沉淀排放装置（定期排放自然沉淀物）的储水池，重复利用。

稀碱脱壳废水　目前形成的生物制浆技术存在"稀碱脱壳"工序。该工序利用烧碱作催化剂（不具备"专一性"的特点），既水解了角质化程度高的表皮组织也水解了低聚合度的纤维素，导致脱壳废水中碱性单体成分多（COD 浓度在 3 000~5 000mg/L）。一般需要采用比较复杂的程序进行处理。鉴于工程建设项目必须经过环保专业进行专门设计，此处不做"班门弄斧"的赘述。

附注：上述技术方案仅供业主及相关设计部门参考。

第六节　经济与社会效益预测

采用"苎麻生物脱胶工艺技术与设备"等发明专利进行苎麻脱胶生产，能将不同产地、不同季别的无壳苎麻，加工成为满足各类纺织要求的精干麻，生物脱胶制成率稳定在 69% 以上。在业主提供的脱胶车间基本建设框架尺寸内，若年生产时间为 306d，脱胶车间日处理 48t 苎麻，精干麻生产能力可达 10 134 t/a（48t/d×306d×69%≌10 134t）。

生物制剂作用的专一性很强，既能将非纤维素物质彻底脱除、不损伤纤维，又可以保留苎麻纤维固有的优良纺织性能，以至于精梳梳成率稳定在 60% 以上，长纤维（麻条）可纺 36 Nm、48 Nm、60 Nm 及其以上规格的高支苎麻纱，落麻（开发新产品的潜力很大）可纺 11Nm 以上规格的低支苎麻纱。按照麻条、落麻纺纱制成率分别为 98%、96% 测算，10 134t 生物脱胶精干麻，可生产高支苎麻纱 5 958t，低支苎麻纱 3 892t。

一、经济效益预测

（一）产品销售收入

因为产品销售收入的主要计算依据为市场价格（没有固定数值），同时，还设计企业的商业秘密，此处不体现具体数据。同时，生物脱胶形成的产品——精干麻市场流通比较少，虽然苎麻纱不是终端产品，但市场流通比较广泛，一般计算产品销售收入以苎麻纱的销售收入为基准。

产品销售收入的计算公式是：①高支苎麻纱年销售收入=36Nm 苎麻纱价格×36Nm苎麻纱产量+48Nm 苎麻纱价格×48Nm 苎麻纱产量+60Nm 苎麻纱价格×60Nm 苎麻纱产量；②低支苎麻纱销售收入=低支苎麻纱销售价格×低支苎麻纱产量；③企业年销售收入=高支苎麻纱年销售收入+低支苎麻纱年销售收入。

（二）生产成本

生产成本计算包含的因素至少涉及：原料、工艺投入（应该包括计量式挡车工的酬劳）、工资（一般是指计时式员工）、福利、折旧、管理、财务等。其中，原料、工艺投入成本取决于市场价格；工资（一般是指计时式员工）、福利、折旧、管理、财务等成本受政策的影响比较大。

（三）企业利润

企业利润计算依据包括：①企业销售成本：按照常规，生产成本的5%作为经营成本，那么，企业的销售成本=企业生产总成本+经营成本；②企业工厂成本：按照行业内部计算方法，产品的企业管理和发展成本分别取产品生产成本的5%和7%，那么，企业的工厂成本（全成本）=企业销售成本+企业管理与发展成本；③增值税：苎麻属于农产品，免征税率10%；增值税率为17%。企业年应缴纳增值税额=（企业年销售收入−原辅材料及动力能源成本）×17%−原料成本×10%；④其他税费：按照增值税额的10%计算；⑤企业利润总额：企业利润总额=销售收入−税费总额−工厂成本。

二、社会和生态效益分析

（一）社会效益

按照工厂化生产试验结果测算，与常规方法比较，高效节能清洁型苎麻生物脱胶技术的社会效益主要表现是：

促进产业结构合理调整　业主地处长江中游，按照国家环保政策，采用常规化学脱胶方法进行苎麻加工的企业因为污染严重几乎不可能生存下去，采用该项高技术成果，不仅可以发展劳动密集型苎麻种植业，生产 10 134t 精干麻的原料为 14 686t，农业产值 14 686万元，按照农业产值 7 000元为一个就业岗位计算，相当于提供 20 982个就业岗位；而且因为可以实现清洁生产，企业能够继续生存下去，就地将农产品加工成高附加值的产品，实现工业增加产值 31 746万元（按人均创产值 10 万元计算，同样创造就业岗位 3 174个），为新农村建设建立了高新技术支柱产业。因此，本项目实施符合"三农"发展战略。

节省水资源　生产 1.0 t 精干麻可节省水资源 500m³，业主每年生产 10 134t 精干麻至少可以节省水资源 5 067 000m³。

减少能源消耗　生产 1.0t 精干麻节省原煤 2.0t，业主每年生产 10 134t 精干麻可以节省原煤 20 268t。

提高土地资源生产力　收获 14 686t 苎麻，按照平均产量 3.0t/hm² 计算，需要耕地 4 896hm²。采用该成果加工因多产精干麻（1 028t）和改善精干麻品质（精干麻纺成高支纱至少可以增加收入 5 000元/t）带来的效益 7 120多万元，相当于每公顷耕地增加产值 29 084元。

产品质量大幅度提高可以加速产业发展　产品品质好的主要表现是纤维弯曲疲劳及扭曲频率等内在品质指标提高 15%~225%，苎麻纱的条干匀、毛羽节杂极少、强度高，综合品标提高 200 左右，采用 1 300公支的苎麻可以纺出 48Nm 苎麻纱。这就意味着，生物脱胶工艺可以从根本上纠正"苎麻纱抱合力不强，其织物适着性差"等偏向。实施该项发明专利可以起到推动行业技术革命、促进苎麻产业发展、振兴麻区农村经济、增强出口创汇能力的重要作用。同时，还可以不断开发出新产品，丰富纺织品市场，形成新的经济增长点。

（二）生态效益

实施本项目所带来的生态效益主要表现在以下 3 个方面。

种植苎麻本身具有显著的生态效益　苎麻是一种多年生草本植物，在丘陵山区种植它具有恢复植被、防止水土流失、改良土壤、改善田园小气候的作用。由于它的生物学产量高达 22.5 t/hm² 以上，种植 1hm² 苎麻每年可以吸收消耗 CO_2 的量达 22.5t。

加工过程产生的污染可以减轻 90%以上　一方面，采用常规化学脱胶方法加工 14 684t苎麻至少需投入化工原料（烧碱、硫酸、三聚磷酸钠、次氯酸钠等无机物）近 16 000t，采用生物脱胶工艺，不需要投入这些化工原料，几乎没有无机污染物的排放；另一方面，由于微生物发酵可以彻底消耗部分有机物以及酶的专一性催化作用可以减少纤维流失，同时，生物脱胶对原料含杂率提出了比较高的要求，在原料预处理过程中除去了部分非纤维素物质，因此，生物脱胶工艺可以从源头上减少有机污染物的排放量达 60%（化学脱胶方法产生的有机污染物总量至少 380kg/t 精干麻，生物脱胶工艺产生的有机污染物总量最多 140kg/t）；此外，生物脱胶工艺的原理是利用微生物分泌的胞外酶"定向爆破"非纤维素物质，使之发生"块状崩溃"而脱落，因此，这些少量有机污染物还可以通过离心分流除去颗粒状污染物，实际进入水体的需要处理的小分子有机污染物仅相当于常规化学脱胶方法的9%。

工厂内部环境得到明显改善 该项成果实施还具有改善工作环境、降低劳动强度的作用。一方面，由于脱胶车间没有化工原料作用工序，工人的工作环境实现了清洁生产，人身安全也得到了保障；采用罗拉式水理机替代原有拷麻机，可以使车间内噪音降至 68 分贝以下。另一方面，从梳理到纺纱的生活好做、扬尘少，不仅降低了劳动强度，而且可以大幅度降低纺织工人患职业病的可能性。

总之，草本纤维生物精制工程设计是一个涉及生物学、化学、物理学、机械工程、材料科学与工程、动力工程及工程热物理、土木工程、化学工程与技术、纺织科学与工程、轻工技术与工程、环境科学与工程、工商管理等 10 多个学科数十个专业知识的系统工程。作为从事草本纤维生物精制科学与工程研究的科技人员，要想独立完成其工程设计任务，几乎是不可能的，只需把工艺技术的特征、特性描述清楚，编写成工艺设计文件提供给相关行业工程设计人员参考，应该就算尽职尽责了。相关行业工程设计人员凭借多年积累结合新型工艺技术特点是可以比较完美地完成整体工程设计任务的。

第十三章　草本纤维生物精制关键性工艺装备

工艺装备是实现工艺技术参数而生产合格产品带来理想价值的必要条件。任何一项工艺技术都需要与之匹配的工艺装备。换句话说，没有与之匹配的工艺装备，任何一项新技术都很难转化为大规模生产力。事实上，在人类历史发展长河中，任何一项涉及工业革命的技术性成果（方法）都需要经历如下发展历程：针对传统方法存在的关键性科学技术问题发明创造新型工艺技术→根据工艺技术要求匹配工艺装备→工艺技术与工艺装备同步改进与完善，才能最终成为推动产业发展的新动力。例如，苎麻以烧碱蒸煮为核心的化学脱胶工艺技术发明于"第二次世界大战期间"，与之匹配的化学脱胶工艺设备直到 1980 年前后才基本形成。这种与工艺技术匹配的工艺装备滞后现象是符合科学技术发展规律的。

草本纤维生物精制方法是我国 1995 年（最初发明专利编号为 ZL95112564.8）首创的一项革命性技术成果，由于国际上没有类似的成功先例可以借鉴，国内受产业结构调整以及化学方法污染严重等多重因素的影响而导致草本纤维产业发展处于波动状态，因此，与草本纤维生物精制方法匹配的工艺装备至今还处于探索发展阶段。现将著作者关于草本纤维生物精制关键性工艺装备的认识、实践和发展目标简要介绍如下。

第一节　菌种制备机组

菌种制备机组是指摇床、种子罐、发酵罐等一系列工艺设备，利用它们能够把功能菌株原种活化、扩增至可直接用于处理农产品的活化态菌液。其中，摇床专用于实验室条件下对功能菌株原种进行活化，而且市场上大量存在不同规格型号的成品可供选用，此处不再赘述。同时，草本纤维生物精制方法采用活化态菌液接种到农产品上进行发酵处理，受后续工序规模和活化态菌液保存时间限制，无须使用大型发酵罐（$\geqslant 5m^3$）。因此，这里介绍的内容仅涉及种子罐（实验室仪器设备也称"发酵罐"）和小型发酵罐。

一、现有设备的借用

笔者参与"苎麻细菌化学联合脱胶技术"研究并为主进行该项技术推广应用过程中，通过改进设计、试制和应用实践证明，确认容积为300L的种子罐（图13-1）可适用于以活化态菌液接种到农产品上进行发酵处理的生产工艺。

在"高效节能清洁型草本纤维工厂化生物精制技术"推广应用过程中，我们把容积为300L的种子罐作为定型设备使用，在正常的情况下，可以满足工艺设计要求，定时提供合格的活化态菌液，即8h以内生产一罐活化态菌液，满足加工1.0t农产品对活化态菌液的需求。

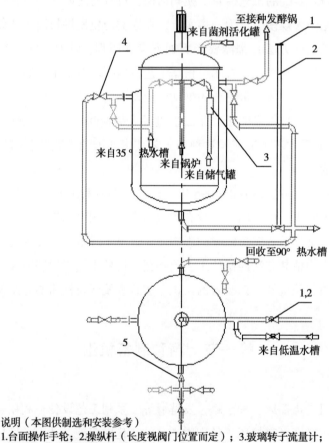

说明（本图供制选和安装参考）
1.台面操作手轮；2.操纵杆（长度视阀门位置而定）；3.玻璃转子流量计；
4.控制阀门；5.单向阀门（止回阀）
操纵杆离锅沿最短距离约300mm，除公共管道外，连接管道孔径以设备自身拥有连接口为准。

图13-1 DCE01扩增培养罐及其管道安装示意图

但是，我们同时也发现，容积为300L的种子罐存在一些不尽如人意的弊端：一是罐体容积显得偏小，对于大规模生产企业而言，培养活化态菌液的扩增量，可能成为生产进度的限制因子。根据生产需要而采取增加种子罐数量的设计思路，结果带来了加大厂房占地面积和设备投资的缺陷（图13-2）。二是无法确保生产稳定性，所有培养条件依赖人工操作很难保证不失误，一旦出现操作失误就有可能导致"倒灌"，进而影响整个车间的生产进程，即便是及时补救，也不能保证在规定时间内提供合格产品。这些弊端，对于小型农产品加工企业而言可以忽略不计，对于大中型企业而言，不能不说是工艺装备上的重大缺陷。

图 13-2 300L 种子罐应用现场

二、新型菌种制备机组的设计制造与应用

针对上述问题，研究团队提出了 2 级扩增培养（种子罐+小型发酵罐）和 2 种规格（30L 种子罐→1 000L 发酵罐或 60L 种子罐→2 000L发酵罐）的新型菌种制备机组设计思路。基于菌种培养罐属于低压容器，专门提供技术参数（表 13-1 和表 13-2），委托具有相关资质的专业制造企业对新型菌种制备机组进行了设计与制造。

表 13-1 种子培养罐的技术性能指标一览表

序号	性能指标名称	单位	数额	备 注
1	设计总容积	L	30 或 60	自动在位灭菌，不锈钢罐体，附时间、温度、通气量调控和溶解氧监测装置。
2	容积使用系数	%	70	
3	搅拌速率	r/min	0~300	
4	高径比		1：1.6	
5	菌种培养周期	h	4~6	生产使用周期（包括准备工作时间）8h
6	终止菌液中菌体密度	cfu	10^9	

表 13-2　发酵罐的技术性能指标一览表

序号	性能指标名称	单位	数额	备　注
1	设计总容积	L	1 000 或 2 000	
2	容积使用系数	%	70	不锈钢罐体，附时间、温度、通气量调控和溶解氧监测装置。
3	搅拌速率	r/min	0~240	
4	高径比		1：1.6	
5	菌种培养周期	h	4~6	生产使用周期（包括准备工作时间）8h
6	终止菌液中菌体密度	cfu	10^9	

　　"高效节能清洁型草本纤维工厂化生物精制技术"示范企业，应用我们委托专业制造企业设计与制造的新型菌种制备机组进行生产（图 13-3）。结果证明：该机组在 8h 以内可轻松完成一个生产周期，种子罐完成一级扩增培养的周期≤4.0h（即细菌对数生长期中段），小型发酵罐完成二级扩增培养的周期≤4.0h；活化态菌液合格率为 100%；一罐（1 000L）菌液可用于处理 3.0t 农产品。除此以外，与原有容积为 300L 的种子罐比较，还有设备占地面积小、实验室摇床用量少、人工成本低等优点。其中，人工成本低就意味着人为影响因素小、整体生产线稳定性好。

图 13-3　自动控制菌种制备机组

第二节　农产品预处理机组

　　由于"草本纤维工厂化生物精制技术"属于从技术原理到生产过程的全新发明专利，国内外没有相关设备可以借鉴。然而，农民通过初加工所获得的纤维质农产品存在残留组织型非纤维素含量比较多、结构破坏程度不一致等现象，有可能导致生物精制产品质量不均一等缺陷。

在"草本纤维工厂化生物精制技术"实施过程中，有些发明专利用户根据发明专利"苎麻生物脱胶工艺技术与设备"所提供的技术原理和工艺要求，利用原有相关设备改装成苎麻预处理机（图13-4）。有些企业根据该发明专利所提供的技术原理和工艺要求，通过设计、试制、试验、改进设计、再试制、再试用，研究形成了相关的产品，如：麻除皮机（ZL200620051715.0，图 13 - 5）、脱胶前预处理消毒设备（ZL200720306083.2）等。但是，实践证明，这些现有产品还是不能满足生物脱胶工艺要求，其存在的主要问题是：组成组件结构不合理、功能不全、效率太低、造价太高。因此，工艺装备业已成为成果转化的制约因子。

图 13-4　苎麻碾压机　　　　　　　　　图 13-5　苎麻碾压机

为解决上述技术问题，我们于2012 年再次研究形成了实用新型专利。该实用新型专利（图13-6）采用以下技术方案：

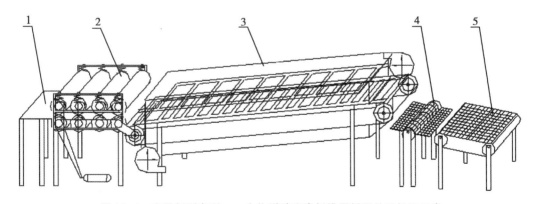

图 13-6　实用新型专利——生物脱胶麻类纤维原料预处理机组示意
1. 进料组件 . 2. 碾压组件，3. 干燥组件，4. 杂物抖落组件，5. 出料组件

一种生物脱胶麻类纤维原料预处理机组，包括进料组件、碾压组件、干燥组件、杂物抖落组件以及出料组件，物料经进料组件送入、再依次经碾压组件、干燥组件、杂物

抖落组件后由出料组件输出。

作为本实用新型的进一步改进：

所述干燥组件包括干燥机架以及安装于干燥机架上的干燥孔网传输部件、蒸汽加热部件、箱体、鼓风机、干燥组件抽风机，所述干燥孔网传输部件的输送面上设有箱体，所述箱体的上端开口处安装有鼓风机，所述箱体的下端开口处安装有干燥组件抽风机，所述蒸汽加热部件安装于箱体内。

所述箱体的内腔分隔成上温室和下温室，所述上温室和下温室以干燥孔网传输部件的输送面为中心对称。

所述蒸汽加热部件与干燥孔网传输部件之间的距离为 40~80mm。

所述杂物抖落组件包括杂物抖落机壳、杂物抖落组件抽风机、杂物抖落机架以及安装于杂物抖落机架上的网格振动筛、偏心振动部件、偏心轮驱动电动机、偏心轮传动部件，所述杂物抖落机架以及杂物抖落机架上的各个部件安装于杂物抖落机壳中，所述杂物抖落组件抽风机安装于杂物抖落机壳的底部开口处，所述网格振动筛固定于偏心振动部件上。

所述偏心振动部件的振荡频率为 1 800~2 000r/min。

所述碾压组件包括碾压机架以及顺着物料输送方向依次布置于碾压机架上的两对以上的碾压罗拉。

每对所述碾压罗拉均包括呈相对布置的主动罗拉和从动罗拉，所述从动罗拉与碾压机架之间设有用来产生令从动罗拉靠拢主动罗拉的预紧力的弹簧，所述弹簧通过弹簧固定部件与碾压机架连接。

所述碾压罗拉为四对，四对碾压罗拉分别为依次布置的一对直齿罗拉、一对左螺旋齿罗拉、一对右螺旋齿罗拉、一对直齿罗拉。

与现有技术相比，本实用新型的优点在于：

①本实用新型的结构合理，整体机组将 5 个不同功能的结构组件组合在一起，结构紧凑，占地面积小；主体功能组件按照碾压组件、干燥组件和杂物抖落组件的顺序排列，不仅可以达到生物脱胶工艺的技术要求，还能确保麻纤维不受损伤。②本实用新型中的碾压组件采用不同齿形的罗拉组合，既可以减少罗拉的数量，大幅度精简设备结构，降低设备造价，又能确保麻把受到全方位碾压。③本实用新型的功能齐全，进料组件不仅可以确保挡车工将麻把均匀送入碾压组件，又能避免挡车工与高危机械直接接触，确保挡车工人生安全；碾压组件可以使麻类纤维原料的组织结构松散或破损，但不损伤麻类纤维；干燥组件既能进一步松散麻类纤维原料中无键合型非纤维素的组织结构，又能均衡麻类纤维原料的含水量；杂物抖落组件能排除附着在麻类纤维原料上的麻壳等无键合型非纤维素物质对生物脱胶工艺及其后续加工或终端产品质量的影响；出料

组件不仅可以确保挡车工匀速从杂物抖落组件取出麻把，又能避免挡车工与高危机械直接接触，确保挡车工人身安全；整体机组不仅可以弥补现有产品的缺陷，又能达到生物脱胶工艺对原料预处理的所有要求。④本实用新型的工作效率高，按照线速度 0.25 ~ 0.35M/s 计算，每小时可以处理麻类纤维原料 400kg，相当于原有化学脱胶工艺扎把、装笼工序挡车工功效的 2 ~ 3 倍。⑤本实用新型的运行成本低，与化学脱胶工艺比较，生物脱胶工艺增添预处理机组虽然加大了局部固定资产和能耗投入，但整体加工成本可以节省 60% ~ 70%，还可以大幅度改善挡车工的劳动环境、降低劳动强度、消除灰尘污染。

经过相关企业试制与应用，本实用新型具有结构紧凑、占地面积小、功能齐全、工作效率高、运行成本低等优点。

第三节　纤维质农产品接种发酵灭活装置

纤维质农产品接种发酵灭活装置是"草本纤维工厂化生物精制技术"中接种、发酵和灭活这 3 道核心工艺过程（工序）的关键设备，利用它们能够把功能菌株活化态菌液均匀接种到农产品上、在适宜温度等环境条件下进行发酵、经过高温处理发酵产品，在微生物分泌的胞外酶作用下使非纤维素从农产品中剥离出来而留下天然纤维素纤维。

在"草本纤维工厂化生物精制技术"推广应用过程中，研究组已根据企业既有厂房面积小的现状，采用增设温室（进行湿润发酵）、压缩原有"煮锅"数量（仅用于接种和灭活出来）的设计理念进行了苎麻脱胶工艺升级改造。经过实施，获得了较为理想的应用结果。

后来，为了减少麻笼运输工作量，基于接种过程仅需 10min，发酵周期 ≤6.5h，灭活工序仅需 30min 的生产效率，我们把 3 道工序合并到一台设备（图 13-7）中运行。实践证明，这 3 道工序利用一台设备"接种发酵灭活装置"在一个生产班（8.0h）的时间内完成一个生产周期；既减少了麻笼从煮锅中吊进吊出以及从温室里推进推出的工作量，也降低这些运输过程带来的其他负面影响。

第四节　罗拉碾压与高压水冲洗麻机组

罗拉碾压与高压水冲洗麻机组是通过拷打、水冲除去微生物分泌胞外酶的催化作用而剥离但依然附着在纤维上的非纤维素的工艺设备。一般"草本纤维工厂化生物精制技

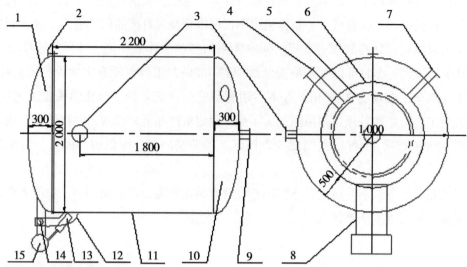

说明（本图供制造商参考）：

1.锅盖（封头高度小于或等于300mm）；2.锅盖固定螺栓；3.热水入口（Ds80）；
4.蒸汽入口（Ds50）；5.蒸汽分气管，均匀分布分气孔；6.压缩空气分气管，均匀
分布分气孔；7.压缩空气入口（Ds25）；8.平衡摇臂；9.排污口（Ds100）；10.锅底
（封头高度小于或等于300mm）；11.锅身（Ds2 000）；12.锅盖开闭支撑臂；13.锅
盖开闭气压装置；14.锅盖开闭支撑轴；15.锅盖平衡轴。

图13-7 草本纤维农产品接种发酵灭活装置示意

术"实施用户利用他们原有化学脱胶工艺设备——拷麻机来完成这道工序。由于拷麻机存在耗水量大、机台故障率高、人工操作劳动强度大而且打击强度过大等突出问题，我们一直想设计一款机器来替代。

在"草本纤维工厂化生物精制技术"实施过程中，有些发明专利用户根据发明专利"苎麻生物脱胶工艺技术与设备"所提供的技术原理和工艺要求，通过设计、试制、试验、改进设计、再试制、再试用，研究形成了相关的产品，如：罗拉式洗麻机（ZL200620051418.6，图13-8）等。

但是，实践证明，上述技术方案还是不能满足生物脱胶工艺要求，其主要存在的问题是：组成组件结构不合理、功能不全、效率太低、造价太高。

为解决上述技术问题，于2012年再次研究形成了实用新型专利。该实用新型专利（图13-9）采用以下技术方案：

一种生物脱胶碾压水冲耦合洗麻机组，包括依次布置的进料组件、碾压水冲耦合组件以及出料组件，所述碾压水冲耦合组件包括机架以及固定于机架上的两个以上罗拉碾压部件，顺着物料的输送方向两个以上所述罗拉碾压部件依次排列布置，相邻所述罗拉碾压部件之间通过至少一组孔网传输部件来进行物料的传送，在与孔网传输部件上物料输送面对应的位置处设置至少一个第一高压水梳部件。

图 13-8　企业试制的罗拉式洗麻机

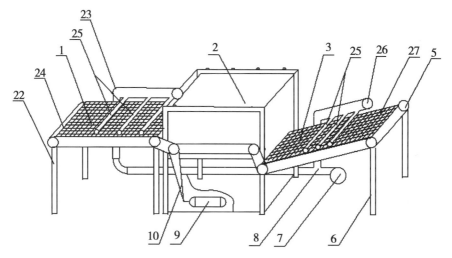

图 13-9　实用新型专利——生物脱胶碾压水冲耦合洗麻机组示意

1. 进料组件；2. 碾压水冲耦合组件；3. 出料组件；4. 第一高压水梳部件；5. 孔网传输部件；
6. 出料支架；7. 增压泵；8. 高压主水管；9. 电动机；10. 传动部件；11. 弹簧；12. 弹簧固定装
置；13. 轴承座；14. 直齿罗拉；15. 第一高压水梳；16. 左螺旋齿罗拉；17. 右螺旋齿罗拉；
18. 从动罗拉；19. 主动罗拉；20. 机架；21. 第二高压水梳部件；22. 进料支架；23. 进料高压水
梳部件；24. 进料孔网传输部件；25. 分水管；26. 出料高压水梳部件；27. 出料孔网传输部件；
28. 第二高压水梳

作为本实用新型的进一步改进：

顺着物料的输送方向在每个孔网传输部件与相邻下一级罗拉碾压部件之间设有朝向
下一级罗拉碾压部件中两个罗拉之间的第二高压水梳部件。

所述罗拉碾压部件包括一对罗拉，这一对罗拉包括主动罗拉和从动罗拉。所述主动罗拉固定于机架上并由电动机驱动，所述从动罗拉通过与主动罗拉的啮合而传动。

所述主动罗拉和从动罗拉中至少一个与机架之间设有弹簧以用来产生预紧力。

所述进料组件包括进料支架以及安装于进料支架上的进料高压水梳部件、进料孔网传输部件，所述进料高压水梳部件包括至少一根分水管，所述分水管上开设有一个以上的喷孔，所述分水管与高压主水管连通，所述高压主水管与增压泵相连并通过增压泵增加水压。

所述出料组件包括出料支架以及安装于出料支架上的出料高压水梳部件、出料孔网传输部件，所述出料高压水梳部件包括至少一根分水管，所述分水管上开设有一个以上的喷孔，所述分水管通过高压主水管连通，所述高压主水管与增压泵相连并通过增压泵增加水压。

与现有技术相比，本实用新型的优点在于：

①本实用新型的结构合理，整体机组由一台电动机驱动、一台增压水泵给水，结构紧凑，占地面积小；核心组件采用不同齿形的罗拉组合，按照碾压—水冲耦合作用原理实施排列，可以大幅度精简设备结构，降低设备造价；同时，在两对罗拉之间设置可调不同角度的高压水梳部件以及孔网传输部件，既有利于充分发挥高压水梳的作用，又能确保麻把在罗拉之间的短距离准确传输。②本实用新型的功能齐全，进料组件安装高压水梳部件可以除去发酵物表面的麻壳等附着物；采用罗拉啮合碾压和高压水梳的交替作用可以完全挤出包含在麻把中的非纤维素物质；出料组件安装高压水梳部件可以除去精洗纤维表面的残留脱落物，既克服了拷麻机因打击力度过大带来的损伤纤维和人工翻把带来的纤维排列紊乱等缺点，又能弥补现有产品的缺陷。③本实用新型的工作效率高，使用生物脱胶碾压水冲耦合洗麻机组，可以获得满足生物脱胶工艺对发酵产物进行充分洗涤并清除非纤维素物质的要求，按照线速度 0.25~0.35M/s 计算，每小时可以处理原料重量为 400kg 的发酵物，相当于 4 台拷麻机的功效。④本实用新型的运行成本低，与拷麻机比较，电耗至少节省 50%、人工节省 75%、水耗节省 60%；同时，可以大幅度改善挡车工的劳动环境、降低劳动强度、消除噪音污染。

经过相关企业试制与应用，本实用新型具有简单紧凑、成本低廉、操作简便、自动化程度高、功能齐全、工作效率高、运行成本低等优点。

除此之外，其他工艺设备几乎都是采用传统方法的工艺设备。

其实，从科技发展规律看，笔者很想把所有工艺设备做成类似于麻类纤维原料预处理机组和碾压水冲耦合洗麻机组的自动化程度高的设备链，最终成为全程智能控制的生产线。可惜限于专业和时间等原因，难以如愿。望有识之士在此基础上深入研发，以形成产业发展的推动力。

第十四章 草本纤维提取专用生物制剂制备工艺

研究草本纤维提取专用生物制剂制备工艺的主要目的，在于降低企业实施草本纤维生物精制方法的技术性风险。生物学理论告诉人们，生物信息的遗传稳定性是相对的，而变异则是绝对的。换句话说，任何一种生物的特征特性伴随繁殖代数的增加，发生变异的几率会越来越大。在长期科研实践中我们发现，DCE01菌株也不例外，伴随继代转接次数的增多，降解非纤维素的功能就会退化。有鉴于此，已针对DCE01菌株创立了一套提纯复壮的方法。然而，这套方法不是一般挡车工可以掌握的，对于从事农产品加工的中小型微利企业而言，聘用一支受过高等教育的专业人才队伍承担一项"不起眼"的基础性工作，恐怕一时难以接受。因此，就把这项"防止功能退化"的基础性工作留给专业从事公益性研究的科研单位，而由技术原创单位把DCE01菌株做成"高效菌剂"提供给企业一次性使用，可以将企业实施草本纤维生物精制方法的技术性风险降低到极致。

经过反复研究，形成了2项发明专利：一种草本纤维脱胶/制浆用高效菌剂制备工艺（ZL02108820.9）和利用欧文氏杆菌提取甘露聚糖酶工艺（ZL200510032497.6）。现将这2项发明专利的技术内容及其实施结果介绍如此。

第一节 固态菌剂制备工艺

该工艺的探索性研究起始于1998年，最初的想法是在孙庆祥先生的团队研究形成"黄麻红麻陆地湿润脱胶技术"的基础上，通过添加孙先生选育并经后期进行紫外诱变的专用菌种T1163-Y15以加速脱胶进程。后来，将CXLZ95-198菌株制成固态"高效菌剂"用于工厂化生物制浆工艺中试和生产应用试验，同样取得了理想的应用效果。

一、技术方案

本发明拟采用的技术路线为：菌（原）种制备→液态培养→接种→固态培养→真

空包装→菌剂（产品）。

（一）菌种制备

取活化态 T1163-Y15 典型菌落一个，在盛 9mL 无菌水的试管中分散后，按 2% 的比例接入 PG 培养液，35℃±1℃恒温条件下振荡（频率为：80~120r/min）培养 12h±2h。PG 培养液的配方：20% 的马铃薯（P）汁 100.0mL + 葡萄糖（G）2.0g + $NH_4H_2PO_4$ 100mg + $MgSO_4.7H_2O$ 50mg，自然 pH 值。

（二）液态扩大培养

按 2% 取振荡培养菌悬液接入糠饼粉培养液，在普通搅拌通气式发酵罐中培养 12h±2h。发酵罐培养条件是：35℃±1℃恒温，通压缩空气 0.05~0.20dm^3/L.min，80~160r/min 搅拌。小批量生产时，用三角烧瓶在 35℃±1℃下振荡（频率为：80~100r/min）培养来替代发酵罐培养。糠饼粉培养液配方：糠饼粉 2.0%，$(NH_4)_2HPO_4$ 0.05%，KH_2PO_4 0.05%，$MgSO_4.7H_2O$ 0.05%，酵母汁 0.05%，自然 pH 值。

（三）固态培养前接种

采用普通和面机将液态扩大培养菌悬液（5%±3%）与固态培养基（95%±3%）充分混匀。固态培养基中统糠（谷壳粉）与添加剂的配比为 6 比 4。添加剂配方为：$(NH_4)_2HPO_4$ 0.05%，KH_2PO_4 0.05%，$MgSO_4.7H_2O$ 0.05%，酵母汁 0.05%，自然 pH 值。

（四）固态培养

将接种后的混合物均匀、分层平铺于具备通气装置的特制容器中，每层物料厚度为 3~8cm，在 35℃±1℃、相对湿度大于 85% 的环境下，按 0.05~0.20m^3/（m^3.min）的比例通入压缩空气进行培养 24h。其活菌总量不低于 10^9cfu/g，芽孢数占活菌总量 30% 以上。

（五）包装

采用普通真空包装机和真空包装塑料袋包装。包装量为 500g 菌剂/包。保质期为 12 个月。其活性降低率小于 20%。

采用上述技术方案试制成固态高效菌剂如图 14-2 所示。

二、特制容器

我们设计试制的特制容器（图 14-1）由①器身，②网筛底支架，③网筛壁，④网筛底，⑤分气斗，⑥通气装置，⑦分气斗支架，⑧提手，⑨分气孔组成。器身内部尺寸

为 φ500mm×（800~1 000）mm。网筛盛料空间尺寸为 φ480mm×（80~100）mm。

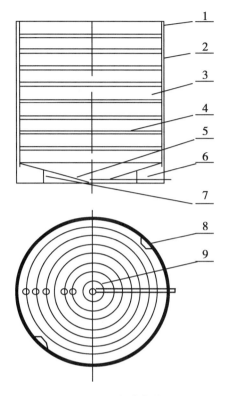

图 14-1　固态培养装置

图 14-2　固态高效菌剂半成品（下）和成品（上）

399

三、实施效果

（一）红麻脱胶生产应用

2000 年 9—10 月，用近 3 000 包"红麻脱胶菌剂"在湖南省西洞庭农场进行了大田应用试验，应用面积达 200 多亩（1 亩 ≈ 667m^2，全书同）。试验结果表明：

脱胶时间缩短 60% 左右。当日平均气温为 20~25℃、接种量达到每亩麻 10 包生物制剂时，3d 时间即可完成红麻脱胶；当日平均气温为 15~20℃ 时，4~5d 时间完成脱胶。对照时间为 7~9d 和 12~14d。

环境污染程度约减轻 80%。一方面，接种到麻上的高效脱胶菌种在陆地湿润条件下进行有氧发酵时，基本上不产生恶臭气体污染空气。另一方面，通过去叶、剥皮可以减少进入水体的有机物，同时，经过生物脱胶以后拆麻堆和整理麻把，麻把上附着的麻壳等杂物大多数脱落在陆地上，因此，洗麻时进入水体的有机污染物就很少了。

熟麻产量约提高 7 个百分点，品质提高 1~2 个等级。红麻生物脱胶过程中接种的高效菌种能大幅度加速脱胶进程，使得脱胶均匀一致而且彻底，同时，还可以削弱杂菌对纤维产生的负作用，减少纤维流失，因此，该项成果的应用可以同时提高产量、改善品质。检测结果表明：生物脱胶的熟麻产量可以达到 228kg/亩，对照只有 213kg；熟麻质量能稳定在二等二级以上水平。

工作量减少 10% 以上，劳动强度有较大幅度降低。据测算，采用生物脱胶方法收获一亩红麻共计用工为 10 个左右，对照至少需要 12 个。此外，生物脱胶整个过程可以在陆地上进行操作。

综上所述，"红麻脱胶菌剂"具有"高产、优质、高效、低污染、劳动强度小、生产过程清洁"等特点，用于红麻脱胶生产不仅可以带来重大的社会、生态效益，而且可以产生显著的经济效益。

（二）龙须草生物制浆工艺中试及生产应用试验

后续章节有详细说明，此处省略相关描述。

第二节　液态菌剂制备工艺

液态菌剂制备工艺涉及同一发酵液通过分流同时制备菌剂和酶制剂的工艺。菌剂主要用于草本纤维的提取与精制，包括纺织行业的麻类生物脱胶、造纸行业的生物制浆以及酒精生产行业的草本纤维原料生物糖化；β-甘露聚糖酶在食品、医药、饲料、造纸、纺织印染、石油开采及生物技术研究等多方面得到广泛运用。

一、技术背景

(一)国内外发展现状与趋势

开发草本纤维资源是全球发展趋势 伴随石油和森林资源的短缺以及人类生活质量的提高,国内外纺织和造纸行业正在兴起草本纤维资源开发利用的热潮。草本纤维除了用作纺织原料以外,近年来开发出了建材、高档纸浆、汽车零部件、装饰材料、可降解农膜等多种新产品,开发利用潜力极大。目前,俄罗斯、埃及等亚麻主产国正在加紧亚麻产业的发展;美国、日本、法国、比利时、意大利等发达国家正在发展红麻产业;印度尼西亚、马来西亚等国纷纷引种苎麻;菲律宾、巴西、新西兰等热带国家正在大力开发龙舌兰麻、菠萝麻等麻类纤维的新用途;印度、孟加拉正在加紧黄麻服饰的研制,基本形成了"以麻补棉"和"以草代木"的态势。

微生物发酵是草本纤维提取与精制的发展方向 国际上正在或可能开发的草本纤维植物涉及 19 科 37 属 200 多个种,其纤维多包裹在植株的茎秆或叶片中。这些天然草本纤维原料不仅包括大量含糖量极低的非键合型物质,如角质化程度很高的表皮,而且含有 20%~30% 的成分复杂并与纤维素键合的非糖类物质,如果胶、木质素等,很难采用简单方法糖化。在提取草本纤维素方面,传统的天然水沤制方法存在周期长、不适宜大规模生产、污染空气、影响水产业发展等问题,常规化学脱胶或制浆方法存在消耗大量化工原料和能源、损伤纤维产量与品质、严重污染环境等问题,制约了草本纤维开发利用产业的发展。为此,国内外正在广泛开展"生物脱胶"和"生物制浆"工艺的研究。由于麻类等草本纤维原料中非纤维素物质的成分复杂、结构牢固,而微生物产酶的种类和数量难尽人意,酶制剂的应用成本太高而且因为降解非纤维素的机制不清楚以至于处理效果不理想,菌制剂的功能不强而且发酵周期偏长,所以,尽管开展生物法提取与精制麻类纤维的研究历史长达 80 年之久,但真正达到生产实用水平的成果,国外的报道还十分罕见。究其原因,就是针对麻类等草本纤维原料非纤维素物质的成分与结构特点而采取基因工程手段定向改良菌种的工作做得太少。

甘露聚糖酶的用途日趋广泛 β-甘露聚糖酶(β-1,4-D-mannanohydrolase),是一类能水解含有 β-1,4-D-甘露糖苷键的甘露聚糖(包括甘露聚糖、半乳甘露聚糖、葡甘聚糖、半乳葡甘聚糖等)的内切酶,属于半纤维素酶类。随着对自然界半纤维素资源的开发和甘露寡糖药用价值的发现,β-甘露聚糖酶的研究和开发已进入了一个新高潮,它已在食品、饲料、医药、造纸、纺织印染、石油开采及生物技术研究等多方面得到广泛运用。微生物是产生 β-甘露聚糖酶的重要来源。已报道提取 β-甘露聚糖酶的常见类群包括细菌中的芽孢杆菌、假单胞菌、弧菌,真菌里的曲霉、木霉、酵母、青霉、梭胞菌、多孔菌、核盘菌和放线菌的链霉菌等。

（二）发明专利形成的技术基础

中国率先突破了生物脱胶与生物制浆的技术难关 中国农业科学院麻类研究所连续35年专业从事麻类生物脱胶与生物制浆技术研究，积累了丰富的经验和资料，造就了一大批专业技术人才，选育出100多株具有特殊功能的菌种，研究形成了14项处于国内外领先水平科技成果，率先突破了麻类生物脱胶和草类生物制浆的技术难关。同时，创建了农业部麻类遗传改良与工程微生物重点开放实验室、国家麻类脱胶与制浆微生物菌种保藏中心、湖南省麻类遗传育种及麻产品生物加工重点实验室、麻类加工生物制剂中试车间等技术创新平台。

发明专利申请前形成的相关专利技术 中国农业科学院麻类研究所作为专利权人，已经获得授权的发明专利包括：①苎麻细菌化学联合脱胶技术，专利号：ZL85103481；②苎麻生物脱胶工艺综合治废方法与设备，专利号：ZL90105510.7；③苎麻生物脱胶工艺技术与设备，专利号：ZL95112564.8；④草本纤维工厂化脱胶或制浆用高效菌剂制备工艺，专利号：ZL02108820.9。

已经申请的发明专利（含在审专利）包括：①一种红麻脱胶生物制剂制备工艺，申请号：01145354.0；②一种高效节能清洁性红麻韧皮生物制浆工艺，申请中国发明专利并已公布，公开号：CN1451815A；③工厂化条件下龙须草/红麻韧皮生物制浆工艺，申请中国发明专利并已公布，公开号：CN1517486A；④高效低耗清洁型麦草生物制浆工艺，申请中国发明专利并已进入实审阶段，申请号：200410046963.1。

基因工程手段改良欧文氏杆菌取得显著进展 在已经获得国家发明专利——苎麻生物脱胶工艺技术与设备的基础上，采用基因工程手段对T85-260菌株进行改良，获得了一个对草本纤维原料中非纤维素降解具有高效性和广谱性的欧文氏杆菌变异菌株CXJZ95-198。

近期研究结果表明，将该菌株制成液态菌剂替代已有专利技术制备的高效菌剂在工厂使用的效果十分理想；测定7.5h发酵液中β-甘露聚糖酶酶活达到99.4 U/mL，将提取CXJZ菌剂时分流出来的发酵液经过超滤→盐析→有机溶剂分离→柱层析纯化等程序处理，获得β-甘露聚糖酶样品，纯化β-甘露聚糖酶样品的活性达到1 490U/mL，因此，形成了采用国际先进的关键性工艺设备将CXJZ菌株发酵液分流，同时制备脱胶与制浆高效菌剂及β-甘露聚糖酶的工艺。该工艺不仅降低了草本纤维原料工厂化脱胶与制浆菌剂的生产成本，而且表明利用同一发酵液制备甘露聚糖酶具有活性高、成本低、来源稳定、提取方便等明显优点。

与国内外同类技术产品的质量性能比较 ①草本纤维原料脱胶或制浆高效液态菌剂，国内外关于麻类脱胶生物制剂的研究报道很少，印度 Bhattacharyya S. K.（1992）报道了用4种细菌混合培养物处理黄麻7天，孟加拉 Mohiuddin G. Shamsul Haque（1998）报道了利用真菌过培养物（粗酶液）处理 hard bark（脱胶不完全的基部）5天可以达到脱胶的目的（表14-1）。草本纤维原料脱胶或制浆高效菌剂只需处理7h即可达到脱胶或制浆的目的，不仅时间短得多，而且处理原料种类也多得多，即本项目产品具有明显的"高效性"和"广谱性"优势。②甘露聚糖酶制剂，国内外关于甘露聚糖酶的研究报道远不及淀粉酶、纤维素酶、木聚糖酶多，尤其是投入工业化生产的报道更少。

我们研制出的甘露聚糖酶制剂不仅活力高，而且发酵周期极短，即生产成本大幅度降低。

拟解决的实际问题 ①集中制备菌剂以降低实施生物脱胶与生物制浆工艺的技术难度。1985年研究形成第一代苎麻生物脱胶技术——苎麻细菌化学联合脱胶技术曾经在5家企业得到推广应用。导致后来停产的原因之一是因为企业难以掌握菌种制备技术，尤其是菌种退化或变异的技术问题难以解决。事实上，国外没有生物脱胶技术用于大规模生产的成功先例可借鉴，国内麻类脱胶与草类制浆企业大多还是采用化学方法，因此，要实施生物脱胶与生物制浆工艺，菌种制备难免不是一个制约因子。本发明采用集中制备菌剂提供给企业应用可以大幅度降低企业实施生物脱胶与生物制浆工艺的技术难度。②同一发酵液提取菌体及其分泌物以降低产品加工成本。国内外选育甘露聚糖酶高产菌株的研究起步比较晚、成效比较少，所以，尽管甘露聚糖酶的市场前景很好，但是由于加工成本比较高以至于产业发展比较慢。同时，相对于纺织、造纸等行业来说，麻类脱胶与草类制浆只是一个从草本纤维原料中提取纤维的初步加工过程，如果高效菌剂生产成本过高，必然导致终产品缺乏市场价格方面的竞争力。本发明根据市场需求和已有珍稀资源，采用国际先进的关键性工艺设备分流同一发酵液提取菌体及其分泌物，可以大幅度降低麻类脱胶与草类制浆专用菌剂和甘露聚糖酶的加工成本。

表 14-1　甘露聚糖酶制剂性能与国内外代表性报道结果比较

序号	甘露聚糖酶来源	发酵周期 （h）	发酵液酶活 （U/mL）	精制酶活 （U/mL）
1	欧文氏杆菌	7	170	2 000
ck-1	毕赤酵母基因工程菌（HBM047）	62	—	1 000
ck-2	嗜碱芽孢杆菌	46	500	—
ck-3	*Aspergillus niger*	96	150	—
ck-4	*Bacilluss. licheniformis*	36	260	—

二、技术内容

（一）整体技术方案

本发明采用国际先进的关键性工艺设备，如自动控制发酵罐、超滤、柱层析装置等，对欧文氏杆菌变异菌株 CXJZ95-198 的发酵液进行分流后，分别精制成高效液态菌剂和甘露聚糖酶。技术方案包括原种活化、一级种子、二级种子、发酵、蛋白酶抑制、粗分离、微滤、超滤、盐析、溶析、层析、洗涤、配方、真空包装工序以及浓缩高效液态菌剂和甘露聚糖酶产品（图 14-3）。

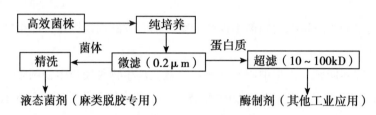

图 14-3 液态生物制剂制备工艺流程

（二）具体发明内容

原种活化 取 CXJZ95-198 典型菌落接种到普通葡萄糖营养肉汤培养基，在 120~180r/min、33~35℃下振荡培养 5.0~5.5h 获得种子菌液。

一级种子培养 将活化 CXJZ95-198 种子菌液接种到实验室用通气搅拌式发酵罐中，培养基以自来水配制，配方是：葡萄糖、魔芋粉、蛋白胨、牛肉膏和 NaCl 的浓度依次为 0.5%、0.2%、0.5%、0.5% 和 0.5%，自然 pH 值，接种量 2%，温度 31~35℃，通气量为 0.2~0.8dm³/L，搅拌速率为 180~260r/min，培养时间 5~7h。

二级种子培养 将一级种子培养液接种到普通通气搅拌式发酵罐中，培养基以自来水配制，配方是：豆饼粉、魔芋粉、$NH_4H_2PO_4$、K_2HPO_4 和 $MgSO_4 \cdot 7H_2O$ 的浓度依次为 1.0%、0.2%、0.05%、0.05% 和 0.05%，自然 pH 值，接种量 2%，温度 31~35℃，通气量为 0.2~0.8dm³/L，搅拌速率为 180~260r/min，培养时间 5~7h。

发酵 将二级种子培养液接种到普通通气搅拌式发酵罐中，培养基以自来水配制，配方是：豆饼粉、魔芋粉、$NH_4H_2PO_4$、K_2HPO_4、$MgSO_4 \cdot 7H_2O$ 的浓度依次为 1.5%、0.3%、0.05%、0.05%、0.05%，自然 pH 值，温度 31~35℃，通气量为 0.4~1.2dm³/L，搅拌速率为 180~220r/min，接种量 5%，发酵 7~8h，发酵液甘露聚糖酶活力 180U/mL 以上。

蛋白酶抑制 发酵结束时向发酵液里添加适量蛋白酶抑制剂，以终止发酵并保护胞外酶活性。

粗分离 成熟的发酵液采用 5μm 粗滤膜进行固液分离，弃去大于 5μm 的固形物。

微滤 以 0.2μm 微滤膜对小于 5μm 的液相分流物进一步分离，并浓缩大于 0.2μm 分流物 10~15 倍。

洗涤 采用适量 8.5g/L 的生理盐水对大于 0.2μm 固形物进行反复洗涤，直至无可溶性糖类物质，获得浓缩高效菌液。

上述步逐合称"浓缩高效菌液精制"，试制初级产品如图 14-4、如图 14-5 所示。

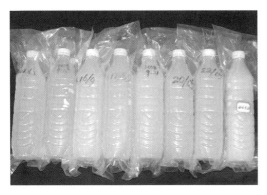

图 14-4　试制高效菌剂样品（裸包装）　　　图 14-5　试制高效菌剂样品（简包装）

超滤　采用不同分子量 100~10kD 的膜包对小于 0.2 μm 的液相分流物进行超滤浓缩，浓缩倍数为 15~25 倍。

盐析　采用硫酸铵分级沉淀法对分子量在 100~10kD 的蛋白质进行分离获得甘露聚糖酶液，硫酸铵饱和度的范围是：45%~70%。

溶析　采用丙酮沉淀法进一步纯化硫酸铵沉淀物，丙酮对甘露聚糖酶液的比例范围是：1.2∶（1~1.8）∶1。

层析　采用 Sephadex G-100 凝胶层析柱进一步纯化丙酮沉淀法获得的甘露聚糖酶液，最终获得层析纯甘露聚糖酶液。

上述超滤至层析合称"甘露聚糖酶液精制"步逐。

配方　添加适量常规防腐剂、添加剂对浓缩高效菌液以及层析纯甘露聚糖酶液予以保护。

真空包装　将配方后的浓缩高效菌液以及层析纯甘露聚糖酶液分装于相应容器，加盖并装入塑料真空包装袋，采用真空包装机抽气、密封。

浓缩高效液态菌剂　浓缩高效液态菌剂呈淡黄绿色液体，无味，活菌量达到 10^{10} cfu/mL，适用于苎麻、红麻、亚麻、罗布麻、黄麻进行生物脱胶和龙须草、红麻韧皮、麦草、烟梗进行生物制浆以及草本纤维原料生产酒精的生物糖化加工工艺。

甘露聚糖酶　浓缩液态甘露聚糖酶呈褐色或棕褐色的液体，具有酸的特殊气味，酶活力在 2 000U/mL 以上，含菌量 ≤10 000cfu/mL，广泛用于食品、医药、饲料、造纸、纺织、石油开采等工业领域。

三、实施概况

(一) 基础设施

在实验室研究和模拟扩大试验阶段，我们从瑞士比欧公司引进了16L自动在位消毒发酵罐和76L自动控制发酵罐用于细菌培养与发酵（图14-6）；从德国赛多利斯公司引进了Vivaflow 200到处理量达到50L的系列超滤装置，用于发酵产物分流（图14-7）。

在系列科技成果推广应用过程中，建成了麻类加工酶制剂中试车间。其中，发酵罐规格达到10.0M³（图14-8），陶瓷膜分离装置与之匹配（图14-9）。

图14-6 76L自动控制发酵罐

图14-7 50L膜分离（超滤）装置

图14-8 中试车间10M³发酵罐系统

图14-9 中试车间陶瓷膜分离系统

(二) 批量生产

在反复验证工艺流程及技术参数之后，利用图14-6和图14-7所示的工艺装备进行了批量为50 L发酵液的高效菌剂生产（图14-10），同时，试制出了甘露聚糖酶和木聚糖酶样品（图14-11）。

经过与国内外同类研究比较（表14-2），已创立防止功能退化的高效菌剂制备方

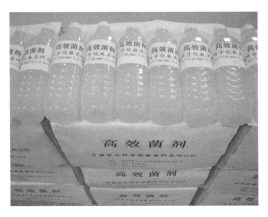

图14-10 工厂化应用DCE01高效菌剂

图14-11 高效菌剂制备的副产物——酶

法，具有生产周期短、一菌两用的特点；所生产的高效菌剂用作新型脱胶剂（麻类加工行业的新材料）提供给企业一次性使用能防止菌种功能退化。

表14-2 生物制剂制备方法综合比较

比较指标	本成果	他人报道
菌种名称	菊果胶杆菌	芽孢杆菌、毕赤酵母等
发酵周期	6~7h	24h以上
产酶特性	胞外酶	胞内酶
发酵液利用	综合利用	单一用途
产品类型	菌制剂和酶制剂	酶制剂或菌制剂

虽然此研究结果很理想，但是，受多方面的因素影响，至今还没有实现麻类加工酶制剂中试车间全日制运转，把DCE01菌株做成大批量一次性"防止功能退化"的"高效菌剂"提供给企业应用，使之成为草本纤维生物精制方法转化成大规模生产力有效促进措施。

第十五章 高效节能清洁型苎麻工厂化
生物脱胶工艺

苎麻起源于我国，盛产于我国，在国外被称为"中国草"（China grass）。我国的苎麻种植、加工和贸易业已形成具有广阔发展前景的民族产业态势。其产业链包括：种植→收获（获得农产品——苎麻，国内贸易）→脱胶（获得精干麻，国内贸易）→梳理（获得麻条和落麻，国内贸易，限制性出口）→纺纱（产品是苎麻纱，国内外贸易）→织布（产品为坯布，国内外贸易）→漂整印染（成品苎麻布，国内外贸易）→服饰制作（苎麻服饰，国内外贸易）。

我国的苎麻种植面积在高峰期达到了 50 多万 hm^2。苎麻加工业的固定资产已突破 100 亿元大关。苎麻纤维制品已发展到 9 大系列 300 多个品种。苎麻纤维制品（含混纺、交织产品）的出口创汇额由 20 世纪 70 年代的 200 多万美元猛增到 2007 年的 20 多亿美元。

孙庆祥（1971）等率先在国内外成功地选育出了苎麻脱胶专用菌株 T66，并于 1973—1974 年在湖南株洲苎麻纺织印染厂进行了粗酶液脱胶或菌脱胶试验，1985 年发明了苎麻细菌化学联合脱胶技术。尔后，湖南师范大学、武汉大学、华中农业大学、山东大学等单位先后展开了苎麻枯草芽孢杆菌脱胶的研究。这些跟踪性研究在学术上进一步丰富了苎麻生物脱胶的研究内容，但是，在技术原理上没有突破孙庆祥率先创立的"生物–化学联合脱胶"技术路线。

在此基础上，通过首次选育一个完全剥离苎麻中非纤维素的高效菌株 T85-260，并于 1995 年发明了苎麻生物脱胶工艺技术与设备（ZL95112564.8）。继而根据生产实际不断改进和完善，不仅发明了欧文氏杆菌发酵快速提取苎麻纤维工艺（ZL200710305340.5）和一种功能菌株用于工厂化发酵快速提取草本纤维方法（ZL201110410078.7），而且在十几家企业对这些发明专利技术进行了生产应用试验和推广实施，起草制定了中华人民共和国农业行业标准——苎麻生物脱胶技术规范（标准号：NY/T 1537—2007）。

本章主要介绍高效菌剂用于苎麻和工业大麻（其结果与苎麻的情况相同，下文仅以苎麻为例予以描述）工厂化脱胶的工艺过程、技术参数、基础设施、操作规程、检验方法及其应用效果。

第一节　工厂化生产应用试验

1997—1999 年，即苎麻生物脱胶工艺技术与设备（ZL95112564.8）获得发明专利授权之后，先后在小、中、大型苎麻纺织厂进行了为期 1~8 个月的工厂化生产应用试验，取得了比预期更好的试验结果。

一、材料与方法

（一）材料

脱胶菌种　"八五"期间经筛选及种内质粒 DNA 分子转化育种而获得的苎麻高效脱胶菌株（欧文氏杆菌属中的一个种，本所编号 T85-260），该菌株已送国家专利菌种保藏中心。

供试生苎麻　生产应用试验所采用的生苎麻为市场商品。生苎麻品种混杂，包括湘苎二号、湘苎三号、芦竹青、黄壳早及沅江市当地农家栽培种；收获季节及刮制质量不一，有刮制优良的无壳麻（高现市场价 2 000元/t 收购），也有库存时间较长的霉变麻，还有普麻。共用生苎麻 204.28t，其中无壳麻 9.48t，霉变麻 9.8t，普麻 185.00t。

工艺辅料　用于制备菌种的培养基除豆饼粉自制以外，其余均为市售商品。化学脱胶所用烧碱、硫酸、水玻璃脱胶助剂等均为市场商品。漂白剂除新购少量双氧水溶液做试验外，其氯漂、过酸溶液按常规生产配制。油剂与常规化学脱胶相同。

（二）菌剂制备与生物脱胶工艺流程

菌种制备工艺　中长期保藏原种稀释涂皿→35℃±1℃，14~20h，活化典型菌落→35℃±1℃，6~8h，锥形瓶菌液→32~38℃，（5.5±1.0）h，菌种罐扩培菌液（生产用种）。

生物脱胶工艺　无壳麻生物脱胶工艺技术路线为：生苎麻扎把→装笼→接种→生物脱胶→洗麻机洗麻（或拷麻）→漂洗→脱水→抖麻→渍油→脱油水→抖麻→烘干。有壳麻的技术路线是在"生物脱胶"与"洗麻机洗麻"之间增加一道"脱壳"工序。①其技术参数为：接种量2%，浴比 1：8~10，温度 35℃±1℃，时间 25~30min。②若浸泡脱胶只需微量通气处理 7~12h（一般 7~9h）。若湿润脱胶恒温 32~37℃，恒湿 90℃±5℃处理 5~9h（一般 5~7h）。③根据试验或生产需要分别采用氯漂工艺或氧漂工艺，有时无漂，即省略工序。氧漂工艺参数为 H_2O_2 0.4~0.7g/L，pH 值 10.5±0.5，90~

100℃，15~20min。其余工艺参数或要求与常规化学脱胶雷同。

常规化学脱胶工艺　用于对照的化学脱胶工艺流程为：生苎麻扎把→浸酸→装笼→一煮→二煮→拷麻→漂酸洗→给油→烘干。

梳理、纺纱、织造工艺　所有试产工艺均采用现行毛纺式苎麻纺织工艺流程及参数。

采用的标准　精干麻测定标准参照 GB 5882—86。苎麻条、球、纱和坯布分别参照 GB 5882—86、GB 5886—86、GB/T 4743—1995、GB/T 3916—1997、GB/T 3292—1992、GBT 4668—1995、GB/T 3923.1—1997、GB/T 3917.2—1997、GB/T 3819—1997、FZ/T 01045—1996。苎麻纤维测试参照 ZJ-31。污染测定：按冶金工业出版的《环境污染物监测》（1986）中的有关方法进行。

二、结果与讨论

（一）生产工艺

1. 菌种制备

苎麻生物脱胶的关键所在。菌种制备不好，生物脱胶无从谈起。经过 18 次试验，确定了菌种活化程序：保藏种经过 2 次转接共 6~8h 静止和振荡培养（温度 35℃±2℃）即可。经过 30 次观察测定，最终确定了菌种活化状态的直观标志：培养液由橘黄色变橙黄色，由清亮变浑浊；镜检菌株对生占 60%~80%。菌种扩大培养就是在脱胶车间直接制备生产用种。为了确保扩培效果，降低生产成本，提高工作效率，针对培养基地配方、扩培温度、pH 值、接种量和通气量等因素，采用 300L 普通发酵罐（微生物生产工艺称种子罐）进行了 15 次扩培工艺参数探索性试验。最终确定的工艺参数为：豆饼粉 1.5%；三种无机盐均为 0.05%，每罐盛液 200L，起始温度 36℃±1℃（培养过程自然下降），自然 pH，微量通气，活化菌种量 1%。扩培周期 5~6h。扩培周期完成的标志是：培养液变兰色，镜检菌株对生 50% 左右。

稳定性试验证明，上述菌种制备工艺具有 3 个优点：一是时间短。由于 T85-260 菌繁殖速度快，在种子罐里扩培只需 5~6h 即可用于苎麻脱胶，加上种子罐及培养基灭菌、降温时间 1.5~1.8h，合计生产一罐菌的周期（包括准备工作）也不足 8h，这对于企业管理来说是十分理想的。同时，扩培时间短还有利于提高设备利用率。二是成本低。由于活化、扩培时间短，脱胶菌种制备所需原料及能源消耗必然不高。再加上一般微生物世代周期较长，对 T85-260 菌的生长不构成大的威胁，因此 T85-260 纯培养的条件相对比较粗犷。这就有可能把菌种制备费用降至极低水平。据测算，每加工一吨生苎麻所需菌种制备费用不足 50 元。三是检测方便。菌种活化和扩培过程均有明显的变色反应，生产管理人员及挡车工人可以凭视觉直观地判断工作成效。这一优点对于连续生产线分工段进行质检是十分难得的。

2. 生物脱胶

该项成果生产应用试验的主体工序。其实质就是把种子罐扩培的菌种接种到生苎麻上在缓和条件下进行一系列"胶养菌、菌产酶、酶脱胶"的生化反应，即微生物利用麻中非纤维素物质（俗称胶质）作为营养进行生长繁殖。同时，由于脱胶工序不添加其他营养物质，微生物必须大量产生脱胶酶，催化降解胶质作为自身的营养，为了满足工艺要求，在不改变形状和大小的前提下，对原有煮麻锅进行了改装，取消了循环泵和锅盖。经试产，确定其接种工序的工艺参数为：浴比 1 :（8~10）、温度 32~37℃、自然 pH 值、接种量 2%，时间 25~30min。浸泡脱胶工艺参数保持接种时的浴比、温度，并微量通气。湿润脱胶工艺参数只需保温 32~37℃、保湿 90%±5%。完成生苎麻脱胶的周期依温度和生苎麻刮制质量品种等浸泡脱胶因素变化于 6~12h 后、湿润脱胶变化于 5~9h。正常情况下，浸泡脱胶 6~7h，湿润脱胶 5~6h 完成生苎麻脱胶。生物脱胶完成的标志是：麻把软化，在水中摆洗纤维分散，浸泡脱胶时，废液变成橙汁样（黄色浑浊），湿润脱胶时麻把变蓝色。经 80 次稳定性生产证明，成功率达 100%。

需要说明的是：试产过程中，遇到停电或设备出故障等特殊情况，接种后的麻笼放置 12~24h 后恢复供电或设备恢复运转，仍能完成脱胶，未见对精干的质量产生明显影响，但脱胶周期相对延长 2~6h 后。生苎麻对接种后遇到微生物的致死因子出现未脱胶现象，待消除致死因子后重新接种亦可以完成脱胶，但脱胶周期相对延长 2~4h。

3. 后处理

对生物脱胶纤维进行清洗整理的工艺过程。经 3 次重复试验说明，无壳麻采用如下 2 条工艺技术路线均可达到目的：①拷麻或开纤机洗麻——热水洗麻——脱水——抖麻——渍油——脱油水——抖麻——烘干；②拷麻或开纤机洗麻——漂酸洗——脱水——抖麻——渍油——脱油水——抖麻——烘干。对于有壳麻来说，生物脱胶后必须经稀碱（2~5g/L）脱壳后才能进入拷麻及其以后工序。

与常规化学化学脱胶相比，由于 T85-260 菌株产脱胶关键醋痛"定向爆破"纤维分子与胶质分子结合最牢固的葡萄糖——甘露糖聚糖之间的糖苷键，使得胶质能彻底崩溃，通过拷麻容易除去，因而拷麻的工作量可比常规化学脱胶减轻 50%（化学脱胶一般 7~8 圈，生物脱胶 3~4 圈）左右。也可以采用罗拉式直型开纤机（已试制出产品，投入市场的产品尚未用于大规模生产），或者洗麻机替代现行生产中普遍采用的圆盘式拷麻机。由于生物脱胶胶质黏附于纤维表面的数量相对较多（未经酸碱水解）；再加上纤比较柔软，麻把强度降低，拷麻过程中容易产生包心麻，这就要求拷麻工艺应轻拷重洗。而开纤机正好是根据这一原则设计制造的，因此，开纤机用于生物脱胶工艺比化学脱胶工艺更合适。此外，生物脱胶纤维表面不及化学脱胶光滑，比表面大，渍油时的上油率相对较高。

4. 深加工

深加工试验就是现有设备和技术人员按常规生产工艺对生物脱胶的精干麻进行梳理、纺纱、织造试验。由于生物脱胶保留了苎麻纤维固有的形态、结构和可纺性能，其精干麻松散、柔软，到梳理、纺纱过程中则表现出明显优势：一是梳理落麻明显减少；二是梳、纺车间灰尘、游纤至少降低 1/3；三是挡车工生活好做。因为精干麻或麻条中硬条、并丝少，机台故障率降低 40%~60%，据梳理车间挡车工反映，"一个人看 6 台精梳机可以遥控"；细纱千锭时断头率降低 60%~80%。

（二）检测指标

脱胶　采用生物脱胶和常规化学脱胶对无壳麻、普麻和霉变麻进行了批量为 2t 生苎麻以上的对比试验。测定了脱胶制成率，精干麻残胶、含油、强力，单纤维物理性能和加工成本核算指标如下。

由表 15-1 可见，无论是刮制质量优良的无壳麻，还是普麻或霉变麻，其生物脱胶制成率均比常规化学脱胶提高 5 个百分点以上。究其原因是因为生物脱胶完全、彻底，减少了拷麻工作量，从而减少了纤维流失；更主要的可能是生物脱胶工艺没有强酸、强碱和高温、高压水下的水解作用，以致于纤维固有的形态和结构得到了完整的保留。

三种脱胶方法纤维长度（表 15-2）结果可以证明这一点。其中生物脱胶纤维平均长度比化学脱胶提高 16.4%。

表 15-1　两种脱胶方法脱胶制成率比较

脱胶方法	生物脱胶（%）	化学脱胶（%）	生物增幅（百分点）
无壳麻	72.5	66.5	6.0
普　麻	69.6	64.0	5.6
霉变麻	66.2	60.5	5.7

表 15-2　不同脱胶方法的苎麻纤维长度　　　　　　　　　　（cm）

供麻品种	I	II	III	平均
化学脱胶	9.29	8.86	9.40	9.39
细菌化学脱胶	9.98	9.53	10.03	9.85
生物脱胶	11.10	10.51	11.17	10.93

注：表中数据系 30 根纤维观测的平均值：I—芦竹青，II—黑皮蔸，III—圆叶青

精干麻品质指标，两种脱胶方法生产精干麻凭手感目测，生物脱胶明显优于化学脱胶。生物脱胶的精干麻更松散、柔软，光泽也柔和得多。

从表 15-3 可以看出，按现精干麻标准检验，生物脱胶精干麻除含油合格率指标优于

化学脱胶外，似乎其余指标（残胶和强力）均弱于化学脱胶。但表 15-1 和表 15-2 所列结果告诉我们，生物脱胶工艺过程中苎麻纤维没有受到强酸、强碱的水解作用而得以保留。如果在脱胶完成以后，再以每升 20g 的浓碱液沸煮 4h，这些结晶度不高的纤维素分子必然被水解掉，留下的纤维重量必然减轻。这就是说，采用碱煮煮称重的办法测定生物脱胶麻的残胶肯定会偏高。事实上，在小试、中试研究过程中，国标分析果胶残留量仅为 0.4%、木质素 0.2%、半纤维残留量高达 4.5%～6.5%，有关专家认为这只能算是碱溶物。

表 15-3　两种脱胶方法精干麻品质比较

脱胶方法	生物脱胶	化学脱胶	生物脱胶增幅（%）
残胶（%）	4.01	2.0	+100.5
含油合格率（%）	100	85	+15
强力（克/旦）	41	48	-14.6

同时，采用液相色谱初步分析生物脱胶麻在 20g/L 和 170g/L 碱液沸煮 4h 的废液组分分析发现废液中组成苎麻胶质的木糖、半乳糖等很少，化学脱胶方法最难脱除的甘露糖（或甘露醇）极微。采用单糖喂养脱胶菌发现，T85-260 对甘露糖特别嗜好，5～6h 即出现明显的产酸现象，对其他糖类发酵的反应表现在 16h 以后。这就进一步说明，生物脱胶过程中，微生物产生的脱胶酶能"定向爆破"苎麻胶质的关键部位，使得其结构彻底崩溃，达到完全分散纤维的目的。所谓"残胶"并非粘连苎麻纤维的物质，而有可能是纤维素分子在碱性条件下水解的产物或者是未洗脱的胶杂质碎片。此外，从精干麻的纤维分散情况来看，粘连纤维的胶质已不复存在，因为生物脱胶精干麻几乎没有硬条并丝。强力降低也有可能是两种脱胶方法本质上的区别所造成的（下方将进行专题讨论）。

单纤维品质，由中国纺织科学研究院测试中心对生物和化学脱胶苎麻纤维测试的结果（表 5-4）可见，生物脱胶苎麻纤维（SW-1）的弹性模量，弯曲疲劳和耐磨分别比化学脱胶（HX）增加 11.8%、211% 和 64.4%。生物脱胶过程中适量加以化学补充（SW）的各项指标则介于二者之间。

表 15-4　脱胶方法的纤维品质测定结果

样　品	HX	SW-1	比 HX 增幅	SW
弹性模量　斜率（CN/mm）	31.23	34.92	+11.8	33.37
弹性模量（CN/dtex）	781	873	+11.8	834
疲劳次数（次）	91	283	+211	185
磨损次数（次）	101	166	+64.4	122
2%定伸长弹性回复率（%）	47.4	44.6	-5.9	47.6
2%定伸长弹性变形率（%）	52.6	55.4	+5.3	52.4

注：HX 表示化学脱胶；SW 表示生物脱胶；中国纺织科学研究院测试中心检测

表 15-5 所列的纤维扭曲频率测定结果表明，生物脱胶苎麻纤维扭曲数比化学脱胶提高 128%，细菌化学联合脱胶的指标同样介于二者之间。

表 15-5　不同脱胶方法纤维扭曲频率

供试品种	I	II	III	平均
化学脱胶	1.09	1.15	1.02	1.09
细菌化学脱胶	1.57	1.65	1.63	1.62
生物脱胶	2.35	2.62	2.48	2.48

注：表中数据系 30 根纤维观测的平均值：I—芦竹青，II—黑皮莬，III—圆叶青

为了探明本质，采用电子显微镜对不同脱胶方法生产的苎麻纤维进行了超微结构分析（图 15-1）。结果表明：生物脱胶苎麻纤维细胞壁的微纤维排列存在大量交叉扭曲现象（图 15-1A），而化学脱胶苎麻纤维细胞壁的微纤维则几乎是平等排列（图 15-1C）。生物——化学联合脱胶（图 15-1B）也介于纯生物和化学两种方法之间。如果说微生物产生的脱胶酶只"定向爆破"苎麻胶质，而保留苎麻纤维固有形态、结构的话，那么，化学脱胶过程中强碱在高温、高压条件就有可能在水解胶质成分的同时破坏结构力不强的化学键和氢键而引起电子云重排，使之趋于稳定状态。换句话说，化学脱胶有可能在水解胶质的同时对纤维起到"淬火"作用，使纤维变硬变脆，即刚性增强，可纺性能变差。在电子显微镜下观察到"生物脱胶与化学脱胶苎麻纤维表面存在微纤维交叉扭曲排列与平行排列的差异"，揭示了两种方法在技术原理上存在的本质区别。

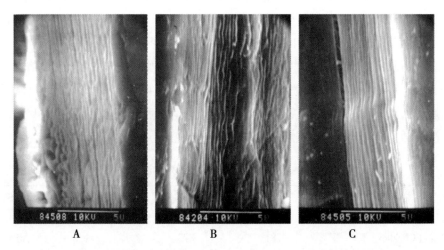

图 15-1　电子显微镜下观察不同脱胶方法获得苎麻纤维表明微纤维排列形态
A. 生物脱胶；B. 细菌化学联合脱胶；C. 化学脱胶。

加工成本（按每加工一吨生苎麻计），由表 15-6 可见，生物脱胶工艺的加工成本

降低 900 元/t，降低幅度达 42.86%，其中能耗（水、电、气）节省 44.38%，工艺辅料（脱胶剂、漂白剂、油剂）节省达 62.5%，固定资产折旧费车间经费也明显降低。

表 15-6　两种脱胶方法加工成本对比 *

脱胶方法	生物脱胶	化学脱胶	生物脱胶增幅（%）
水（t）	175	200	-12.5
电（度）	150	150	—
煤（t）	120	450	-73.33
脱胶剂	100	600	-83.33
漂白剂	100	100	—
油剂	100	100	—
工资福利	200	200	—
固资折旧	80	100	-20
车间费用	25	50	-50
管理费	150	150	—
合计	1 200	2 100	-42.86

注：* 为期 7 个月对比试验的综合平均值

污染分析，生物脱胶可以大幅度减轻环境污染（表 15-7）。首先，由于生物脱胶工艺用煤量减少 73.33%，这就相应对减少了锅炉废渣的排放量。同时，生物脱胶工艺没有强碱煮炼工序，既可以改善操作工人的劳动环境，又可以减少碱性废蒸汽对大气层的污染。其次，脱胶剂投入减少 83.33%，在常规化学脱胶工艺过程中，脱胶剂的投入主要是指无机酸、碱和盐的投入。这些无机物虽然对人、禽无直接毒害作用，但可以通过水质而影响人类生存的环境。其次，生物脱胶工艺可以减少有机污染物的排放量。

表 15-7　苎麻生物脱胶工艺污染分析 *

测定项目	pH 值	SS（g/L）	COD（mg/L）	浴比
脱胶液	6.45	1.786	864	1∶10
脱壳液	10.00	2.144	2 978	1∶10
洗麻水	8.9	1.431	1 120	1∶10
拷麻水	6.50	4.132	119（138）	1∶100
漂白废液	11.50	1.512	56	1∶8
过酸废液	2.60	0.644	29	1∶8
水洗	5.7	0.148	13	1∶200
排放口污水	6.85	1.167	87	

注：脱胶液包括接种、脱胶、洗麻等工艺产生的废水；无壳麻脱胶无脱壳液，但拷麻水 COD 偏高（见括号内数值）

由表 15-7（生物脱胶工艺各工序废水污染物测定结果）可以看出：生物脱胶车间污水排放口水样的 pH 值、悬浮物、COD、SS 值均在国家允许排放标准（GB 8978—88）

规定范围以内。其中，污染物指标最高的水样——脱壳废水中的 COD 等值也仅为常规化学脱胶工艺中二煮废液的 1/3 左右。如果按常规把生物脱胶工艺所有工序的有机污染物累加起来，每吨生苎麻的排放量只有 130kg 左右，不到常规化学脱胶工艺（280kg）的一半。其原因有以下两个方面：一是脱胶制成率提高 5~6 个百分点。这就相当于每吨生苎麻减少有机物排放量 50~60kg；二是生物脱胶过程中，脱胶微生物及来自于水、生苎麻、空气、设备中的杂菌在适宜条件下旺盛的生命活动，消耗了大量有机物。此外，生物脱胶纤维分散彻底，拷麻工作量可以减少 1/2。这也应相应地改善了劳动条件，同时也可以减少拷麻机带来的噪声污染。

深加工 采用常规工艺对生物脱胶和化学脱胶两种精干麻在同等条件下进行对比试验，主要测定了制成率和各种产品的品质指标。其结果如下：

制成率，生物脱胶精梳梳成率比化学脱胶提高 5.51 个百分点是生物脱胶精干麻潜在效益在量上的重要表现（表 15-8），相当于生物脱胶将 12% 的纤维提高警惕了使用价值。根据现行市场价格计算，每加工 1 吨生苎麻至精梳麻条销售，因脱胶制成率和精梳成率的提高而带来的直接经济效益可达 1661.5 元（已扣除落麻减产收入 76 元），包括脱胶阶段节省加工成本 900 元，合计增收节支效益可达 2 561.5 元/t。同时，精梳梳成率成本的提高还从一个侧面证实了生物脱胶苎麻纤维韧性好。

表 15-8 两种脱胶方法梳纺制成率比较   （%）

脱胶方法	生物脱胶	化学脱胶	生物脱胶增幅
头梳	68.16	62.0	6.16
复梳	81.5	80.5	1.0
精梳梳成率	55.56	49.91	5.51
纺纱制成率	98.24	97.0	1.24

麻条及落麻品质指标，株洲苎麻纺织印染厂试用生物脱胶麻条的情况证明（表 15-9，表 15-10）：生物脱胶麻球使用可达部颁标准规定一等一级水平，手感较好，成纱韧性好，各工序断头较常规化学降低。

表 15-9 两种脱胶方法精梳麻条品质指标对比

脱胶方法	生物脱胶	化学脱胶	生物脱胶增幅（%）
硬条（%）	0.15	0.66	−77.3
不匀率（%）	1.15	1.56	−26.3
麻粒（粒/g）	3.0	6.0	−50.0
重量偏差（%）	1.56	1.85	−16.2
平均长度（cm）	10.8	8.8	22.7
短纤率（%）	3.5	4.5	−22.2

表 15-10　两种脱胶方法精梳落麻品质指标对比

脱胶方法		生物脱胶	化学脱胶	生物增幅（%）
超长纤维（%）	头梳	3.85	5.6	-31.25
（80mm 以上）	复梳	6.04	30.7	-80.33
麻粒（粒/g）	头梳	350	450	-22.22
	复梳	196	320	-38.75
硬条（%）	复梳	1.2	3.5	-65.71

　　表 15-9 和表 15-10 所列的测试结果表明，生物脱胶的麻条和落麻品质指标明显优于化学脱胶，纤维长度的增幅及其减幅在 22%~80%。其中硬条率降低 66%~77%，不仅证明生物脱胶纤维分散度好，而且可以大幅改善苎麻和布的品质。

　　长、短纺麻纱品质指标，从表 15-8 还可以看出，用生物脱胶苎麻纤维纺纱的制成率也有提高。这进一步说明生物脱胶苎麻纤维潜在效益不只在梳理阶段，还表现在加工深度上。事实证明，由于生物脱胶苎麻条和落麻品质优良，用于纺纱的成纱质量出有明显提高（表 15-11、表 15-12）。采用 1 348 支生物脱胶麻条纺出 18Nm、21 Nm、36 Nm苎麻纱均比化学脱胶 1 400~1 600 支的麻条提高一个等级（表 15-11），其中单纱断裂强度分别提高 44.5%、27.2% 和 1.7%。这说明生物脱胶精干麻强力适当降低（实际上是保留固有特性的结果）并不影响成纱质量。应用 1 348 支生物脱胶麻条试纺的 48Nm 苎麻纱与 1 850 支化学脱胶麻条纺出的 4 8Nm 苎麻纱比较（图 15-2），前者的条干、麻粒、毛羽等指标明显优于后者，测定其他品质指标，二者相当。这说明生物脱胶苎麻纤维的可纺性能得到明显改善。

表 15-11　两种脱胶方法长纺麻纱品质指标对比

支别	18Nm		21Nm		36Nm	
脱胶方法	HX	SW	HX	SW	HX	SW
重量 CN（%）	2.93	2.87	3.84	0.94	2.21	1.87
重量偏差（±%）	-2.24	-0.08	+2.16	+2.07	-3.06	-1.21
单强 CN（%）	15.99	16.28	19.56	11.55	20.36	19.62
单强（CN/tex）	20.99	30.34	21.56	27.42	21.23	21.59
条干 CN（%）	19.08	18.35	20.36	18.31	24.41	24.23
细节（-50%）（个/km）	90	10	140	35	640	
粗节（+50%）（个/km）	190	85	290	150	775	
结杂（+20%）（个/km）	600	255	635	625	2490	
综合评定	二等一级	一等优级	一等优级	上等优级	二等三级	一等三级

注：湖南省纺织产品质量监督检验授权站测试

　　表 15-12 所列测试结果表明，采用生物脱胶落麻纺出的苎麻纱的品质指标亦明显优

于化学脱胶。

表 15-12　两种脱胶方法短纺苎麻纱品质指标比较

脱胶方法	生物脱胶			化学脱胶		
支别	21S	11S	30S	21S	11S	30S
品质指标	1 450	1 560	1 600	1 300	1 450	1 500
重量不匀率（%）	3.2	3.15	2.0	3.8	3.6	3.2
重量偏差（%）	1.16	1.05	1.01	1.05	1.25	1.35
一克内结杂粒数	130	115	30	170	165	50
粗节（只/10块）	7	6	5	13	11	8
条干匀度评分	90	90	90	70	70	70

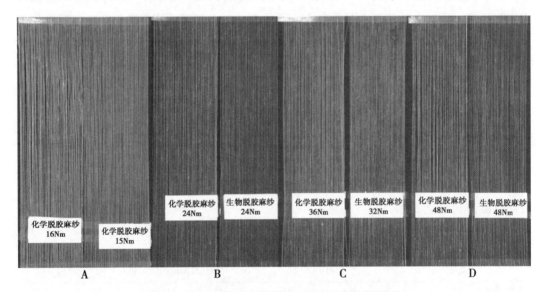

图 15-2　不同脱胶方法获得苎麻纤维纺成系列细纱比较

（A）15Nm，（B）24Nm，（C）36Nm，（D）48Nm

　　长沙苎麻布品质指标，采用生物脱胶苎麻纱在沅江二苎麻纺织厂织成了 850 36Nm×36Nm/52×59 63 "苎麻布 36 Nm/2×36Nm/2）/52×50 64" 提花苎麻布 "60Nm×48Nm/78×72 63" 纯苎麻坯布进行对照检测（表 15-13），生物脱胶的经向断强及经向撕强和纬向撕强分别比化学脱胶的提高 23.75%、26.83% 和 23.33%。株洲苎麻纺织印染厂、株洲荣昌大织布厂、沅江市纺织印染厂使用生物脱胶试验纱织布的情况优良。其中株洲市昌大织布厂评议说：生物脱胶的纱在整经断头、织机断经、断纬及坯布下机织疵和麻粒方面的指标均比化学纱降低 50% 以上，织布阶段的综合效益比化学纱提高 10%。

表 15-13　两种脱胶方法坯布检测结果

检测项目	检测子项目	化学脱胶	生物脱胶
密度（根/10cm）	经向	199.2	200.4
	纬向	227.5	226.0
断裂强力（N/5×20cm）	经向	673.3	832.0
	纬向	766.7	792.5
撕破强力（N）	经向	102.5	130.0
	纬向	108.0	133.2
褶皱弹性（度）	急弹	86.0	84.6
	急弹	95.6	97.2
悬垂系数（%）		71.1	65.9

注：湖南省纺织产品质量监督检验授权站测试；样品型号规格 850 36Nm×36Nm/52×58 63。

综上所述，"苎麻生物脱胶工艺技术与设备"的应用，不仅可以降低脱胶生产成本，简化脱胶工艺过程，减轻劳动强度，改善操作条件下，减轻环境污染，而且从根本上改善了苎麻纤维的可纺性能。从已经开发出的梳纺织品品质指标来看，所有指标均优于常规化学脱胶精干麻的深加工制品。因此，可以肯定，生物脱胶苎麻纤维（精干麻）潜在效益十分显著，有重大开发前景。

（三）经济与社会效益分析

经济效益　根据初步测定结果（表 15-6）及当时市场价格分析，每加工一吨生苎麻至精梳麻条，共计增收节支金额可达 2 561.5 元。其中，节省脱胶加工成本 900 元，将其精干麻加工成精梳麻条可增产麻条 69.5kg，增加收入 1 661.5 元（减去落麻减产收入 76 元）。若考虑生物脱胶苎麻纤维及其细纱品质指标的改善和产品实行优质优价的因素，采用生物脱胶方法加工一吨生苎麻到细纱销售所带来的经济效益达 3 500 元是不成问题的。若深加工到坯布，由于织造费用降低，产品质量提高，每吨生苎麻增收节支效益达到 5 000 元是完全可能的。由此可见，其经济效益十分可观。

社会效益　生产应用试验结果表明，生物脱胶方法可带来以下 6 个方面的重要社会效益：①减少纤维损失，实际上相当于同等土地面积增加 8% 以上的生苎麻产量。②改善纤维品质，增强可纺性能。精干麻、麻条、麻纱均表现出柔软、富有弹性、扭曲度增加等性状。细纱的麻粒和毛羽明显减少及条干均匀一致表明苎麻纤维固的优良特性得以保留。其织物可以减少刺痒感，增强适着性，促进天然纤维纺织品市场繁荣。③降低能源，节省水和煤炭资源。生物脱胶工艺水、电、气总能耗降低 44.38%，其中节水 12.5%，节煤 73.33%。对于我们这样一个人口众多，水和煤资源贫乏的大国来说，其现实和历史意义是重大的。④节省工艺辅料投入。脱胶剂、漂白剂和油剂均属工艺辅料，而且是重要的化工原料。其中脱胶剂减幅达 83.33%，不仅降低精干麻生产成本，还可以缓解化工原料供不应求的矛盾。这些化工原料用于其他工业或许还能为社会创造出更多财富。⑤基本消除对环境的污染。生物脱胶的本质在于"胶养菌、菌产酶、酶脱胶"一系列生化反应。这就意味着生物脱胶过程中微生物的生命活动可以消耗大量胶质，减少麻中脱落物对水体的污染量。据初步分析，脱胶废水中高尝试有机污染物指标（CODcr、BOD、SS等）均降低60%以上。同时，生物脱胶水质单一，只含有机污染物。若将脱胶废水中的残渣沉积起来可成为农家不可多得的有机肥。此外，由于生物脱胶节煤73.33%，节省脱胶剂83.33%，大幅度节省这些物质实际上就相应地减少了污染，这是可想而知的。因此，可以肯定，与原有化学脱胶生产比较，生物脱胶对环境的污染程度可减轻2/3左右。利用现有设施，不必投入污水处理费用，便可基本消除脱胶生产对环境的污染。⑥降低劳动强度、改善工作环境、提高人身安全保障系数。生物脱胶不需浸酸和高温高压条件下的浓碱一煮、二煮等工序，而且拷麻工作量可以减少一半。同时，其精干麻在深加工过程中散发出的灰尘和游离纤维至少降低1/3，纤维抱合力增强，梳纺机台故障率明显下降。这些足以说明，生物脱胶工艺可以降低劳动强度，改善工作环境，加大人身安全保障系数。

（四）小结

经过为期3年的国家发明专利的实施研究（即工厂化条件下的探索性试验和稳定性试验），共用生苎麻207.43t（探索性试验3.15t，稳定性试验204.28t）的"苎麻生物脱胶工艺技术与设备"生产应用试验，不仅证明该发明专利具有"高效""节能""低污染"等特点，新颖性、先进性和适用性突出，而且还试制形成了一批新产品，其中，天然本色苎麻床单等样品（用于展示）引起了包括科技部、农业部等相关部门在内的社会各界高度关注。值得欣慰的是，参加工厂化生产应用试验的企业乐意以高价引进该项高新技术成果。因此，该项成果的名称可以扩展为"高效节能低污染苎麻生物脱胶工艺技术与设备及其纤维制品"。

高新技术成果——高效节能低污染苎麻生物脱胶工艺技术与设备　生产应用实践证明，该项专利技术在工厂化条件下实施成功。它既适宜于原有苎麻化学脱胶企业进行工艺改造，又适宜于苎麻产地兴建乡镇企业，能就地把农产品（生苎麻）加工成具高附加值的工业半制成品或成品。该项成果技术路线成熟，工艺参数可靠。利用高效脱胶菌株T85-260在简陋条件下进行5~6h纯培养的少量菌制剂经过一系列"胶养菌、菌产酶、酶脱胶"的生化应（5~7h），可以把产地、品种、季别和刮制质量不同的生苎麻加工成松散、柔软的精干麻。与常规化学脱胶工艺比较，应用生物脱胶工艺加工生苎麻的加工成本降低42.86%，其中工艺辅料投入节省62.5%，尤其是脱胶剂投入节省83.33%；固定资产折旧费及车间经费均有明显降低；能源减少44.38%，尤其是煤耗节省73.33%。同时脱胶制成率提高5~6个百分点以上，精梳梳成率亦提高 5~6 个百分点。生物脱胶的精干麻松散柔软，不仅反应在提高精梳梳成率上，更主要的意义在于改善纤维可纺性能。精梳纤维（麻条）整齐度、扭曲度、柔软度好，短纤率低，麻粒、硬条少；落麻的麻粒少而且小，长纤率低，硬条少；将其麻条和落麻用于纺纱，各种各样的麻纱的品质指标均有明显提高，条干匀且富有弹性，麻粒少，毛羽少而短、细。若深加工至服装，肯定可以削弱甚至消除目前市场上苎麻服装所存在的刺痒感，提高适着性。此外，生物脱胶过程中微生物的生命活动消耗大量有机物（胶质），以至于高浓度废水中的 CODcr 值降低 2/3 左右。煤耗及脱胶剂投入减少，均可以减轻生物脱胶对环境产生的污染。

1999 年 1 月 29 日，中国农业科学院文献信息中心经过查检相关文献分析，认同本项目新颖性和先进性（与发明专利授权认可的创新点基本一致）如下：（1）苎麻高效脱胶菌种欧文氏杆菌用于苎麻脱胶。（2）欧文氏杆菌种内质粒 DNA 分子杂交育种及其提纯、复壮各纯培养技术（包括工艺流程及技术参数）。（3）采用少量纯培养菌种对生苎麻进行浸泡接种后，以微量通气浸泡发酵或湿润发酵模式完成苎麻脱胶的工艺。（4）不添加酸、碱、氧化剂及表面活性剂等化工原料，应用生物技术从生苎麻中制取纯净苎麻纤维的工艺。（5）采用稀碱常压煮炼去除生物脱胶麻上附壳的工艺。（6）采用齿辊转动挤压加高压水柱冲洗设备来替代传统拷麻机的设备与工艺。（7）采用低浓度 H_2O_2 溶液替代常规次氯酸盐漂白的工艺。以上七项内容未见国内外其他文献报道，本项目的投入产出指标也比国内同类见报项目先进。

高新技术产品——生物脱胶苎麻纤维及其梳纺织品 应用高新技术技术成果——高效节能低污染苎麻生物脱胶工艺技术与设备（专利号：ZL95112564.8）在不添加任何化工原料（如酸、碱、脱胶剂等，表面活性剂，氧化剂如次氯酸钠、过氧化氢等）的前提下，生产出了纯净苎麻纤维及其系列制品，包括麻条、落麻，15Nm、18Nm、21Nm、24Nm、32Nm、36Nm、48Nm 长纺纱，11s、21s、30s 短纺纱，850 36Nm×36Nm/52×58 63 "纯苎麻布、（36Nm/2×36Nm/2）/51×50 63" 提花纯苎麻布、60Nm×48Nm/78×72 63 苎麻涤棉交织布等产品。事实上还可以根据用户要求应用生物脱胶精干麻生产其他品种和规格的产品。根据测试结果，用户意见及实物标本查新报告，可以认为：生物脱胶苎麻纤维（精干麻）及其统纺织品居国内外同行业领先水平。

存在的问题 （1）高效脱胶菌株 T85-260 产生的酶对麻壳和红根不起作用，即不能在脱胶的同时脱险生苎麻中的附壳（角质化的有机物）及红根。（2）生物脱胶机理不同于化学脱胶，两种工艺加工出来的精干麻存在着本质上的差异。利用针对化学脱胶而制定的国标、行标来检验精干麻的品质难以反应真实情况。（3）生物脱胶的苎麻纤维保留了其固有的优良特性，现行梳纺设备和工艺不能挖掘其潜力。

改进建议 （1）采取必要的措施恢复生苎麻的刮制质量。要求生苎麻的刮制质量恢复到 70 年代"头白尾白、中间无壳"的水平。（2）根据生物脱胶苎麻纤维的特点研究、制定相应的检测标准。（3）鼓励苎麻纺织行业大力进行技术改革，根据苎麻纤维固有的特性不断开发新产品，促进天然纤维纺织品市场的繁荣，以振兴国民经济、增强综合国力。

第二节　工艺技术改进与示范工程建立

针对"苎麻生物脱胶工艺技术与设备"生产应用（包括 2001—2005 年继续拓展多家应用企业）过程中发现的问题，进行了涉及该项技术的全方位改进和完善。2006—2008 年，借助承担国家"863"计划目标导向课题的机会，以合作开发高新技术成果的方式（中国农业科学院麻类研究所无偿提供技术使用权及相关技术服务，企业承担相关建设费用及其风险），与企业共同努力，建成了国内外第一个"高效节能清洁型苎麻工厂化生物脱胶工艺"示范工程，并形成了"欧文氏杆菌发酵快速提取苎麻纤维工艺"（ZL200710305340.5）和"一种功能菌株用于工厂化发酵快速提取草本纤维方法"（ZL201110410078.7）。随后，根据各地实际情况，应用不断完善的新工艺相继在湖南、湖北、江西等苎麻主产地建成了 4 个日处理 30t 以上原料的大型"高效节能清洁型苎麻工厂化生物脱胶工艺"示范工程。

一、主要改进内容

苎麻生物脱胶工艺过程包括：**菌剂活化，苎麻预处理→浸泡或喷淋接种→湿润或浸泡发酵→灭活→洗麻机洗麻→**（漂白）→轧干→渍油→脱油水→抖麻→烘干→本色（漂白）苎麻纤维。其中，加粗部分工序属于发明内容。其特征在于：①针对市场流通农产品存在的问题，发明预处理工艺过程，采用光波照射和机械碾压方法处理至苎麻无霉变气味，含杂率 $\leqslant 0.5\%$，附壳率 $\leqslant 0.01\%$；②发明防止功能退化的高效菌剂制备方法以后，形成了菌剂活化技术参数，采用改良营养肉汤和豆粕粉培养基将高效菌剂活化至蓝绿色活化菌液，以自来水将活化菌液注入其中稀释成活菌含量 $\geqslant 5 \times 10^7 \mathrm{cfu/mL}$ 或 $2 \times 10^8 \mathrm{cfu/mL}$ 的菌悬液后，采用浸泡或喷淋方式接种到苎麻上，在 (33 ± 2)℃等条件下湿润或浸泡发酵 5~6h（苎麻变蓝色，用水冲洗纤维分散）；③为了防止发酵过程带来生命活性物质（微生物、蛋白质）对环境造成次生污染，发明了灭活技术，在 90℃热水中浸泡 30min（灭活），既可以对生命活性物质进行灭活，又能加速生物降解产物从发酵产物中溶解出来；④针对拷麻机存在的诸多问题，发明了罗拉碾压洗麻工序，采用带有罗拉装置的洗麻机在水柱压力 $\geqslant 0.35\mathrm{MPa}$，进料厚度 3.0~5.0mm，转动速率 0.3~

0.5m/s 的条件下进行洗麻即可获得天然本色苎麻纤维，其中，洗麻机由传动系统、轧辊洗麻系统和机架等组成，齿辊长度为 250~350mm，齿型为等腰三角形，齿距 2.5~3.0mm，齿高 1.5~2.0mm；滑块上安装弹簧，每个弹簧压力为 0.5~1.5t，弹簧压力由调节螺栓进行调节控制。如果需要，在浴比 1：(6~8)，H_2O_2 0.8~1.8g/L，pH 值 11±0.5，80~100℃的条件下对苎麻纤维漂白。

二、示范工程运行结果

改进完善以后的工艺流程能将不同品种、产地、刮制质量的原料苎麻加工成满足各类纺织要求的漂白或天然本色苎麻纤维。经过 4 个示范工程为期 6 个月至 3 年的满负荷运转（单独计量各类指标），实践证明，该工艺具有节能、减排、降耗、高效利用资源等优点和流程简短、操作方便、安全可靠、监测直观、生产环境友好等特点。

与国内外普遍采用的化学脱胶方法、曾推广或正在改进的过渡型生物-化学联合脱胶（目前没有大规模稳定实施单位）技术比较，该工艺流程的综合效益十分显著：

（一）节能效果突出

化学脱胶、生物-化学联合脱胶以及生物脱胶工艺生产 1t 苎麻纤维的能源消耗指标列入表 15-14。由表 15-14 可见，与化学脱胶方法比较，生物脱胶工艺的煤耗节省76.4%、水耗节省 62.6%、电耗降低 21.6%；与生物-化学方法比较（参考）：生物脱胶的煤耗减少 66%、水、电耗减少 53%、23.6%。以化学脱胶方法的相关数据为基准（100%），对示范工程运行实测结果进行折算，可以获得比较直观的柱状图（图 15-3）。

表 15-14　不同脱胶方法生产 1t 苎麻纤维的能耗比较

比较项目	化学脱胶	联合脱胶	生物脱胶	比化学脱胶降幅（%）	比联合脱胶降幅（%）
煤（kg）	2 878	2 000	679	76.4	66.0
水（M³）	845	815	316	62.6	53.0
电（度）	487	500	382	21.6	23.6

注：①生物脱胶、化学脱胶的工艺消耗量取 4 家企业试产现场测试结果平均值；②联合脱胶数据取自苎麻细菌-化学联合脱胶技术鉴定资料。

（二）工艺辅料消耗明显减少

三种脱胶方法的工艺辅料消耗指标列入表 15-15。由表 15-15 可见，生物脱胶的工艺辅料除了 0.1kg 高效菌剂及其活化培养基之外，就是纤维整理过程中所需的油剂以及需要漂白时所用的漂白剂及其调节酸碱度所用的液态烧碱。生物脱胶工艺辅料用量（81.6kg）比化学脱胶（1 180kg）减少 93.1%。

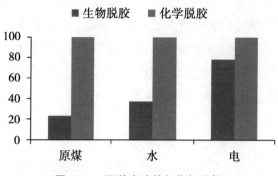

图 15-3　两种方法能耗指标比较

表 15-15　不同脱胶方法生产 1t 苎麻纤维的工艺辅料消耗比较 （kg）

比较项目	浓硫酸	液态烧碱	脱胶助剂	漂白剂	油剂	菌剂	培养基
化学脱胶	100	950	50	50	30	—	—
联合脱胶	30	600	30	50	30	—	4.8
生物脱胶	0	(12)	0	(35)	30	0.1	4.5

（三）从源头上大幅度减少污染物处理负荷

与化学脱胶方法比较（表 15-16），生物脱胶可以从源头上减少锅炉废气废渣处理负荷达 76.4%；减少进入工业废水的无机污染物达 95.9%，有机污染物达 58.3%。其有机脱落物中有 73.6% 呈固体沉淀物，至少可以通过分流收集起来用作农家肥或有机栽培基质。如果实现分流，使固体沉淀物从工艺废水中分流出来，实际进行工艺废水的 COD（有机污染物）处理负荷不足化学脱胶方法的 5%（图 15-4）。

表 15-16　不同脱胶方法加工 1t 苎麻纤维进入工业废水的污染程度比较

比较项目	化学脱胶	生物脱胶	生物脱胶降幅（%）
锅炉废气废渣相对量（%）	100	23.6	76.4
烧碱、硫酸等无机污染物（kg）	1 150	47	95.9
脱落物及工艺投入油剂、培养基等有机物（kg）	564.5	235.4	58.3
废水中颗粒状沉淀、悬浮物占脱落物（%）	9.6	73.6	-64.0

（四）苎麻纤维纺织性能大幅度提高

同等条件下，采用化学脱胶和生物脱胶获得苎麻纤维的检测结果列入表 15-17。由表 15-17 可见，生物脱胶苎麻纤维纺织性能得到明显改善，说明生物脱胶没有"淬火"变性的副作用，保留苎麻纤维固有的形态结构和纺织性能，可以克服"苎麻纤维刚性强、抱合力差"以及"苎麻织物刺痒"等问题，开发许多新产品丰富市场。

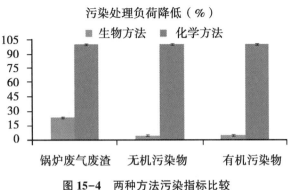

图15-4 两种方法污染指标比较

表15-17 化学脱胶与生物脱胶苎麻纤维纺织性能比较

比较项目	扭曲 （个/cm）	勾结强力 （cN）	疲劳次数	耐磨次数	梳成率 （%）	细纱规格
化学脱胶	1.09	7.02	91	101	54	36Nm
生物脱胶	2.48	12.23	283	166	60	48~60Nm
生物增幅	128%	74.2%	211%	64.4%	11%	2~4挡

注：①详见附件2-6、附件3-1等；②生物-化学联合脱胶没有获得同等条件下的数据

（五）增收节支效益显著

与化学脱胶比较（表15-18），生物脱胶的总能耗节省65.6%，工艺辅料减少50%；1t苎麻纤维的生产成本降低20.5%，加工至细纱的产值提高47.4%（即苎麻纤维原料的资源利用率提高47.4%）。以化学脱胶方法的相关数据为基准（100%），对示范工程运行实测结果进行折算，可以获得比较直观的柱状图（图15-5）。

表15-18 不同脱胶方法加工1t苎麻纤维的生产成本污染程度与产值*比较 （元）

项目	原料	总能耗	工艺辅料	治理费	生产成本	细纱产值
化学脱胶	14 517	2 253	1 200	500	19 820	26 320
生物脱胶	12 933	775	600	100	15 758	38 800
生物脱胶降幅（%）	10.9	65.6	50	80	20.5	-47.4

注：①生物脱胶、化学脱胶的工艺消耗量取4家企业试产现场测试结果平均值；②苎麻纤维生产成本计算依据：原料折中价9 000元/t，煤、水、电为市场价，辅料成本分别为1 200元（化学）、600元（生物），职工工资福利、固定资产折旧、管理费、财务成本均按1 350元/t；③苎麻纤维存在本质区别，只能加工成苎麻纱才有统一的产品质量标准和核算依据，其中细纱规格按照提高2个档次、差价为20 000元/t计算；④生物-化学联合脱胶方法未获得同等条件下的数据

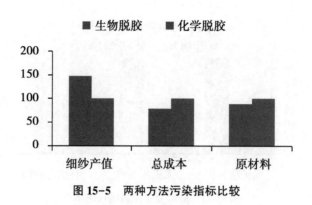

图 15-5 两种方法污染指标比较

（六）新工艺设备安全、廉价，可极大改善工作环境

生物脱胶所需工艺装备包括：高效菌剂活化、扩增设备及其配套的无菌空气供应系统用于高效菌剂活化，含有机械碾压装置的设备实施苎麻预处理，带有循环装置的敞口锅用于接种/灭活（取代危险性大、防腐蚀要求、造价昂贵的浸酸槽和煮锅），附有高压水柱的罗拉碾压式洗麻机（代耗水量大、故障多、劳动强度和噪音大的拷麻机以及防腐蚀要求高、造价昂贵、耗水量大的漂酸洗联合机或设施）。

（七）企业管理与深加工成本显著下降

优点是：①脱胶车间没有恶劣生产环境、安全事故少，职工福利、劳保用品及医疗费用可大幅度降低。②生产过程只要把握高效菌剂活化扩增至蓝绿色、原料发酵至蓝色这 2 个直观的关键性质量监控指标，即可获得分离彻底、松散、柔软的苎麻纤维，企业可以不设立专职质量监督检验员。③生物脱胶苎麻纤维深加工的生活好做，细纱千锭时断头率降低 60%，织机工作效率 1 700m/（台·月）提高至 2 700m/（台·月），提高幅度达 58.9%，也是企业深加工生产成本下降的重要因素。④污水处理设施等固定资产折旧、工艺辅料运输成本都可以导致企业生产管理成本下降。

三、综合比较

截至 2016 年底，高效节能清洁型苎麻工厂化生物脱胶工艺已在 10 家企业推广应用，建成示范工程 4 个，发展势头很好（图 15-6）。应用规模占全国苎麻工厂化脱胶产能 36%。

与国内外同类技术综合比较，苎麻生物脱胶工艺具有流程新、工序少、条件温和、操作方便、参数可靠、监测直观、生产环境友好等特点（表 15-19）。从整体系统上看，苎麻生物脱胶工艺解决了沤麻方法存在的"规模化生产难、与水产养殖业争夺水源、环境污染严重、产品质量不稳定"，化学脱胶方法的"消耗大量化学试剂和能源、环境污

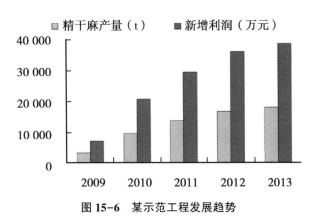

图 15-6　某示范工程发展趋势

染严重、强酸强碱对纤维产生'淬火'变性", 以及生物-化学联合脱胶技术的"两种作用机制并存导致工艺技术复杂"等问题。从苎麻脱胶工艺技术性能指标比较结果 (表 15-20) 可以看出: 苎麻生物脱胶工艺具有节能、减排、降耗、高效利用资源等优点, 其中, 节省煤 76%、水 63%, 减轻污染 95%, 减少工艺辅料 93%, 提高资源利用率 47%。

表 15-19　苎麻脱胶工艺综合比较

方法	工艺过程及技术参数
生物脱胶	预处理及菌剂活化→接种与发酵 (35℃, 5-7h)→灭活 (90℃, 30min)→水理 (→氧漂)→渍油→干燥
化学脱胶	扎把与装笼→浸酸 (硫酸 6.0g/L, 1.5h, 70℃)→一煮 (0.2 MPa, 2.0h)→二煮 (烧碱 16g/L, 2.5h, 0.3MPa)→拷麻→漂白→过酸→水洗→渍油→烘干
生物-化学	扎把与装笼→接种与发酵或酶处理 (30～55℃, 12h 以上或 6h)→精炼 (NaOH 8.0g/L, 0.2～0.3MPa, 2.5h)→拷麻→漂白→过酸→水洗→渍油→烘干

表 15-20　苎麻脱胶工艺技术性能指标综合比较

性能指标	生物脱胶	化学脱胶	生物-化学
总能耗 (元/t)	775	2 253	2 100
无机污染 (kg/t)	47	1 150	710
有机污染 (kg/t)	29	565	423
总成本 (万元/t)	1.58	1.98	2
制成率/精洗率 (%)	>68	<62	<64
产值 (万元/t)	3.88	2.63	2.7

除此以外, 高效节能清洁型苎麻工厂化生物脱胶工艺对产业带动作用十分显著: ①推动传统轻纺工业和新兴生物质产业技术进步。我国率先突破麻类生物脱胶技术, 实

现了麻类脱胶生产方式的重大转变，从根本上解决了产业发展的关键科学技术难题——缺乏高效菌株而没有阐明复合酶催化多底物降解的机理，对于我国以草本纤维为原料的纺织、造纸、生物质材料等产业具有重大推动或借鉴作用。②带动保护自然资源和生态环境等行业健康发展。该成果具有节能、减排、降耗、提高资源利用率等明显优势，尤其是从源头上大幅度减少污染物，不仅体现了新一代工业生物技术具有保护自然资源和生态环境的重要价值，而且可为农民增收提供农产品增值的空间，带动种植业利用边际土地生产天然纤维、提高植被覆盖率、减少林木砍伐、改善生态环境。③提高麻类等草本纤维产品在国民经济中的地位。生物脱胶麻类纤维具有耐磨、抗疲劳等特点，没有"淬火"变性负作用，既可以克服"麻类纤维刚性强、抱合力差"及"麻类织物刺痒"等问题，提升纺织品（包括军用服饰及装备）和纸品质量，又可以用作生物质产业的基础材料，开发草本纤维为基础材料的人类生活和社会发展必需品，对于促进生物质产业持续发展，缓解我国石油、森林和土地资源短缺的矛盾和减少"白色污染"，提高国防能力、保障国家和社会安全、改善人民物质文化生活和健康水平具有重要意义。

第三节　苎麻生物脱胶技术规则

一、规范化名称术语

基于苎麻生物脱胶方法研究进展不同，笔者希望通过制定中华人民共和国农业行业标准对于相关名称术语进行规范化描述如下。

脱胶　采用适当方法除去苎麻等草本纤维原料中非纤维素物质（俗称"胶质"）而获得满足后续加工质量要求的纤维素纤维的加工过程。这些非纤维素物质是指包被在纤维细胞表面或镶嵌于细胞壁中或包裹于细胞壁内且与纤维素分子键合或交错排列的果胶、半纤维素、木质素、蛋白质、淀粉等。不同后续加工工艺要求胶质除去程度不尽相同，如用于纺织夏布的苎麻脱胶、用于编织麻袋或工艺墙纸的红麻脱胶等，实际上只除去了部分胶质（俗称"半脱胶"）。本标准所述脱胶是指获得满足后续加工要求胶质残留总量小于4%（即"纯净纤维"）的加工过程。根据物质变化的主要作用原理，这个非常复杂的加工过程可以通过化学和生物两类方法来实现。

苎麻生物脱胶　以生物降解作用（细菌发酵、真菌发酵或酶催化）为主——除去苎麻中50%以上的胶质，适当辅以机械物理作用甚至包括少许化学作用即可获得满足后续加工要求的苎麻精干麻的加工过程。根据初始态作用物的特征及其作用机理，苎麻生物脱胶方法可以分解为菌脱胶和酶脱胶两个系列的工艺。

苎麻菌脱胶 将少量活化态菌种直接接种到苎麻上，在适宜脱胶菌种生长的条件下利用苎麻中的非纤维素物质为培养基来扩增微生物数量，使之分泌大量复合酶系来催化非纤维素物质降解而实现苎麻脱胶的加工过程。根据微生物分类原则和发酵模式，可以派生出诸如枯草芽孢杆菌浸泡发酵、胡萝卜软腐欧文氏杆菌湿润发酵等具体的苎麻菌脱胶工艺。

苎麻酶脱胶 将少量活化态菌种接种到专用培养基上进行多级发酵并制成酶制剂以后，再将苎麻浸泡于按照各类酶的性质及其合适比例配制成的含有酶制剂的液体中，利用酶制剂在特定条件下催化非纤维素物质降解而实现苎麻脱胶的加工过程。

化学污染 本标准所称化学污染是指苎麻在收获、包装运输、存储以及扎把、装笼过程中来自外界的对微生物生长繁殖和酶促反应产生负作用的化学物质，如酸、碱、金属离子、杀菌剂等。

浴比 苎麻公定重与水（或溶液）的比例，其中，水或溶液的比重按照1.0kg/L计算。

精炼 采用稀碱液蒸煮的办法弥补生物降解作用不足的一道工序，目的在于除去苎麻中通过细菌、真菌发酵或酶处理不能降解或降解不彻底的残留物。

拷麻（打纤或水理） 采用机械物理作用的办法除去那些已经降解但是依然附着在苎麻纤维上而没有游离出来的非纤维素残留物的一道工序。打纤是比较早的叫法，拷麻是比较普及的叫法，它们都是利用木槌击打大部分胶质脱落的含水麻把并适度摆洗的处理过程；水理是比较现代的概念，它是一个利用高压水柱冲洗移动并夹持着的麻把的处理过程。

二、以发酵方式进行生物脱胶方法对苎麻的特殊要求

以发酵方式进行生物脱胶方法，对苎麻的特殊要求主要在于防止农产品附带的物质或成分对微生物生长繁殖产生负作用，同时，防止微生物无法降解的物质对终端产品质量带来影响。

含杂率 苎麻含杂率≤0.5%，其中，附壳率≤0.01%。

霉变情况 用于生物脱胶的苎麻要求无霉变现象。发生霉变的苎麻用于生物脱胶时，必须采取太阳光暴晒等措施处理至无霉变气味。

酸碱度 浴比为1∶10时，将苎麻置于纯净水中浸泡30min后，测定浸泡液体的pH值在5.0~8.5的范围内。

金属离子 浴比为1∶10时，将苎麻置于纯净水中浸泡30min后，测定浸泡液体二价及其以上的金属离子浓度在100.0μmol以下。

杀菌剂 用于生物脱胶的苎麻要求不含杀菌剂。若在存储过程中为防止苎麻霉变而

采用药物处理的苎麻，必须在通风、干燥条件下继续存放至该药物半衰期之后才能用于生物脱胶。

三、生物脱胶苎麻精干麻的客观评价

含有精炼工序的生物脱胶方法生产的苎麻精干麻评价，执行 FZ/T 31001—1998 或类似规定。没有精炼工序的生物脱胶方法生产的苎麻精干麻评价采用下列方案（表 15-21）。

表 15-21　生物脱胶方法（无精炼工序）生产苎麻精干麻的评价指标

	项目	普通品	优级品	特优品
内在品质	纤维线密度，dtex（Nm）	≤7.69（≥1 300）	≤6.25（≥1600）	≤5.56（≥1 800）
	束纤维断裂强度，cN/dtex（g/D）	≥2.6（≥2.95）	≥2.6（≥2.95）	≥2.9（≥3.29）
	白度（度）	≥50	≥55	≥60
	回潮率（%）	≤9.00	≤9.00	≤9.00
	含油率（%）	0.80~1.50	0.80~1.50	0.80~1.50
	精干麻长度（mm）	≥700		
外观品质	色泽、气味、手感	色泽要求一致，无异味，手感柔软、松散		
	疵点	详见 FZ/T 31001—1998 中附录 A		

在此希望加速高效节能清洁型苎麻工厂化生物脱胶工艺的推广应用，尽快制定相关标准，以推进产业发展。

第十六章 高效清洁型红麻和黄麻生物脱胶技术

我国是世界上第三大黄麻/红麻生产国，两种麻用途及加工方法雷同。红麻作为一种传统的纺织原料作物，其韧皮部的化学成分主要包括纤维素以及包理、包被于纤维细胞壁内外或镶嵌于纤维素分子之间的半纤维素、果胶和木质素等非纤维素物质（分别为57%、14%、5%和9%）。生产上历来采用"天然水沤制法"（脱胶）来除去这些非纤维素物质以获得纯净纤维素纤维用做纺织原料。"天然水沤制法"就是将去除麻叶和嫩梢的麻秆或从麻秆上剥下来的鲜（干）皮浸泡在天然水体中进行发酵后提取纤维的过程。该方法存在着如下弊端：①占用大量水面，常发生沤麻与水产养殖争水的矛盾；②环境污染严重，沤制过程中好氧微生物活动消耗水体中的溶解氧导致水生生物窒息而死，厌氧微生物活动产生大量恶臭气体污染水体和空气，同时，麻中脱落物残留在水体中污染水源时间长；③不同水体中的微生物种类和含量千差万别，以至于红麻脱胶周期变化于10~28d，因而脱胶后的纤维产量和品质得不到保证；④沤麻时，农民一般就地取土将麻压入水下浸泡，这就有可能破坏农田基本建设，造成河流、湖泊、池塘、水库的淤积。

为了解决麻类脱胶方法存在的诸多问题，国内外广泛开展了"微生物酶降解非纤维素"的方法研究。孙庆祥等在国内外率先研究形成了"苎麻细菌化学联合脱胶技术"（1985）和"黄麻和红麻陆地湿润脱胶技术"（1990），并在大规模生产应用中获得成功。印度 Bhattacharyya SK 等（1981）研制成了用于处理黄麻的"真菌培养物"。1993年报道的生产应用试验结果表明：采用"真菌培养物"处理农民脱胶不符合质量要求的等外黄麻 2~3d，可以使熟麻品质提高 2~3 个等级。Paul D 等（1987）研制出了"混合细菌培养物"。1993 年报道的生产应用试验结果是：用"混合细菌培养物"处理黄麻2~5d，可以完成脱胶但不损伤纤维。孟加拉 Mohiuddin G 等（1992）采用酶制剂处理脱胶质量不好的黄麻可以使其纺织产品提高 1 个等级。Shamsul Haque 等（1999）采用 *Aspergillus* sp. 在 29~30℃下处理等外黄麻 10~12d，可以使纤维提高 2 个等级。这些研究结果表明，采用纯培养菌剂或从纯培养液中提取酶制剂来降解麻类韧皮中果胶、半纤维素、木质素的方法，不仅可以确保纤维产量和品质，而且可以降低生产成本、减轻环境污染。

在 1995 年发明"苎麻生物脱胶工艺技术与设备"之后，将红麻脱胶专用菌种（T1163）的变异菌株和草本纤维精制高效菌株 CXJZ95-198 研制成"高效菌剂"，分别在大田和工厂化条件下进行了红麻鲜皮和红麻干皮脱胶试验，先后研究形成了"高效清洁型红麻韧皮生物脱胶技术"和发明专利"红麻韧皮工厂化生物脱胶工艺"（ZL200810143762.1）。经过推广应用，获得了十分满意的脱胶效果。黄麻试验结果与红麻大致相似，下文仅以红麻为例予以描述。

第一节　红麻鲜皮大田生物脱胶工艺

2001—2003 年，研究组通过深入红麻产区农户进行生产实验示范、与红麻产区政府部门签订关于"红麻脱胶生物制剂"生产应用示范推广的协议和制作示范现场教学录相、举办培训班、印发技术宣传资料等措施，在湖南、河南、安徽和浙江等 4 省 9 个县（区、场）28 个村进行示范推广，累计推广应用面积为 51 800 亩，除 1 户农民仿效试验因为麻量太少（不足 0.1 亩）导致返工以外，其余示范户都获得理想或比较理想的结果，即成功率达到 99% 以上。最终，形成了"高效清洁型红麻韧皮生物脱胶技术"，简单地说，就是在大田条件下，将"红麻脱胶生物制剂"适度配制后接种到农民通过剥皮而获得的红麻干皮上自然发酵至可洗涤出满足后续加工要求的红麻纤维（熟红麻）的工艺过程（图 16-1）。

图 16-1　生物制剂及脱胶前后红麻样品

一、工艺流程与技术参数

经过反复试验证明，确定生物制剂用于红麻脱胶生产的工艺流程为"砍麻→去叶→剥皮→扎把→杀青→打捆→接种堆麻→覆盖→发酵管理→洗麻→晒麻"，主要技术参数是：①杀青在于将麻把摊开凉晒 2~4h；②控制麻堆宽度以 80~150cm 麻堆、高度为 80~100cm，长度视麻皮的量而定；③接种时将生物制剂溶化于半封闭容器里，必要时添加适量助剂，混匀后将成捆的麻把浸泡在容器里处理 10min 至 1h，然后从容器里取出成捆麻把，少许沥水后逐一、交错堆积；④当日平均气温高于 25℃时，午后揭膜洒水降温加湿；日平均气温低于 15℃，或者麻堆特别小而夜间气温低于 20℃时，麻堆四周添加一层稻草等覆盖物保温。

砍麻　采用镰刀或类似于锄头的工具挖砍。

去叶　采用镰刀、竹竿等工具削打的方法去叶，并将麻叶和嫩梢收集起来做饲料。

剥皮　剥皮的目的在于减轻农民的运输量、减少生物制剂的用量和进入水体的污染物、改善农民生产环境、降低劳动强度等。一般农户可以采用立式双辊红麻剥皮器，男女老少均可以坐在板凳上进行剥皮。这是目前国内外领先水平的剥皮工具之一。每剥 1 亩红麻只需 4 个劳动日，比撕麻用工少而且干净。

扎把　将 4~7 株红麻皮理直，用一在离基部 10~20cm 处扎成小把。其目的在于减少洗麻前分把的麻烦。

杀青　将麻把摊开凉晒 2~4h，但不要晒干。其目的在于去除部分游离水，以便麻把吸水接种，同时还可以减少运输量。

打捆　将杀青过的麻把分别在离基部 1/3~2/3 处不均等对折后，用一株麻皮或一把麻将 5~10 把麻捆成一捆。注意：麻捆箍道离折口 10~20cm 比较合适，麻把基部一定要包裹在麻捆内部。

接种堆麻　选择背风向阳、比较平整的堆麻场地，按南北纵向铺垫一层麻骨或类似物，宽度以 80~150cm 为宜，长度视麻皮的量而定，再将生物制剂溶化于半封闭容器里，必要时添加适量助剂（图 16-2），混匀后将成捆的麻把浸泡在容器里处理 10min 至 1h，然后从容器里取出成捆麻把，少许沥水后逐一、交错堆积，麻堆高度为 80~100cm。麻捆之间尽量不留空隙，麻把基部不要暴露在麻堆外边，麻堆堆成以后应从麻堆顶部浇一些接种余液（图 16-3）。

覆盖　堆麻完成后，用农膜覆盖麻堆（麻堆底部通气），麻堆顶部压以重物，如成捆的玉米秸秆等。

发酵管理　麻堆覆盖好以后，每天不定时塌实麻堆并扎紧覆盖物，一般情况堆置 3~5d 即可完成脱胶。当日平均气温高于 25℃时，应注意在午后揭膜洒水降温加湿；日

图 16-2　浸泡方式接种

图 16-3　喷淋方式接种

平均气温低于 15℃，或者麻堆特别小而夜间气温低于 20℃时，应在麻堆四周添加一层稻草等覆盖物保温。

洗麻　解散、理直并在干净地面适当摔打麻把，抖松，在清水中摆洗几下即可。

二、生物制剂用于红麻韧皮脱胶的效益分析

经济效益　采用常规方法与生物脱胶工艺比较试验结果（表 16-1）表明：红麻脱胶生物制剂在生产应用中，表现出十分明显的优势：完成脱胶周期由原来的 9～10d 缩短至 3～5d（缩短率在 60% 以上）；干皮出麻率由传统方法的 51% 提高到 56%（净提高 5 个百分点）；熟红麻品质比当地传统方法提高 1 个等级；每 1hm² 红麻节省水面 0.2hm²，节省 60 个劳动日/hm²，增收节支综合效益 1 777.50 元/hm²。

表 16-1　两种黄/红麻脱胶生物制剂大田试用结果

比较项目	常规方法	红麻脱胶生物制剂
发酵方式	浸泡（水渠）	湿润
收获用工	180 个劳动日/hm²	120 个劳动日/hm²
收获支出	180 元/亩	170 元/亩（试剂工具费 50 元）
发酵周期	9～10d	3～5d
干皮出麻率	51%	56%
熟麻品质	二等一级	一等一级
销售收入	9 562.50 元/hm²	11 340.00 元/hm²

注：实验时间在 2001 年 10 月；实验材料与规模为红麻韧皮 100kg/次。

生态效益　称 75kg 鲜秆，其中 25kg 去叶剥皮，将叶、皮、骨分别于 105℃烘至恒重，称量得发酵前叶、皮、骨干重；25kg 湿润脱胶；25kg 天然水沤。完成脱胶后，分别剥麻，天然水沤的麻骨于 105℃烘至恒重，称量得发酵后的麻骨干重；剥下的麻皮一半于 105℃烘至恒重，称量的重量乘以 2 即得发酵后的麻皮干重；另一半洗麻后于

105℃烘至恒重，称量的重量乘以 2 即得纤维干重。进而算出，25kg 鲜秆陆地湿润脱胶对水体的污染物量为发酵后麻皮干重与纤维干重之差；25kg 鲜秆天然水区对水体的污染量为发酵前叶、皮、骨干重之和减去发酵后麻骨与纤维干重之和。

取 500kg 红麻鲜秆进行湿润脱胶，发酵结束后用自来水洗麻，洗麻水回收至特制水泥池内，水量为 9m³，然后定期取样进行水质分析；另取 500kg 红麻鲜秆放入特制的水泥池内，加自来水 9m³ 浸沤，发酵过程中定期取水样分析其水质，完成脱胶后，捞出剥洗，洗麻水回收至特制水泥池内贮放，水量为 9m³，同时对沤麻水和洗麻水定期进行水质测定。COD 的测定采用酸性高锰酸钾法。在整个脱胶过程中，采用重量法测定了两种脱胶方法用于红麻脱胶前后的重量变化情况（表 16-2）；同时，采用 GB 8976—1996 规定的方法测定了两种脱胶方法用于红麻脱胶所产生的沤麻水或洗麻水水质（表 16-3）。结果显示：生物制剂脱胶的污染程度比传统方法脱胶减轻幅度高达 90% 以上。其中，生物制剂脱胶进入水体的有机物仅为传统方法的 8%；就水体污染时间而言，前者不仅没有沤麻水（后者污染时间长达 170d），而且洗麻水的污染时间仅为 10d 左右，仅为后者洗麻水的 1/3。

表 16-2　两种脱胶方法污染程度分析结果

脱胶方法	传统方法	生物制剂脱胶
麻田脱落叶（kg/hm²）	750（部分叶片）	4 350
进入发酵前干重（kg/hm²）	25 200	8 250
发酵后干重（kg/hm²）	19 710	6 870
熟麻干重（kg/hm²）	4 200	4 620
陆地上残留物（kg/hm²）	9 705	1 350
在水中脱落物（kg/hm²）	11 295	900

注：浸泡法既有微生物消耗部分又有脱落在水中的成分；而湿润法只是洗麻时进入水体部分。

社会效益综述　与传统方法比较，应用生物制剂进行红麻脱胶所形成的"高效清洁型红麻韧皮生物脱胶技术"具有以下优点：（1）不占用水面。解决了种麻与发展水产业争水的矛盾。（2）减轻劳动强度和改善劳动环境。将原来必须在又脏又冷的深水里操作的扎麻排、压麻排、拆麻排等工作改成了在陆地上操作，而且，这些操作既轻便又简单，节省劳动日 60 个/hm²。（3）效率高。经过纯化的脱胶菌种能在短时间内完成红麻脱胶，通过调节接种量可以控制脱胶时间，使红麻脱胶周期由原来的 9d 左右缩短至 3~5d，效率提高 60% 以上。（4）控制条件可以保证用户得到应有的纤维产量和质量。干皮出麻率由传统方法的 50% 提高到 55%；熟红麻品质比当地传统方法提高 1~2 个等级，增收节支综合效益 1 777.50 元/hm²。（5）污染轻。红麻韧皮中的脱落物大部分留在陆地上，有一部分被微生物消耗了，还有一部分则在洗麻时进入水体，与此同时，微生物在陆地上（有氧）消耗有机物不会像在水中（缺氧）那样产生一些难闻的气体来污染空气。进入水体的污染物比当地传统方法减轻 92%，同时，污染水体的持续时间也可以缩短 90% 以上。（6）农田及其基础设施得以保护。压麻排取石头、泥块等导致水土流失、河床淤积等现象在该项技术实施过程中不会出现。

表 16-3　两种脱胶方法对水体污染持续期测定 （mg/L）

脱胶方法 水样名称 测定项目	传统方法								生物制剂脱胶			
	沤麻水				洗麻水				洗麻水			
	DO	COD	BOD	SS	DO	COD	BOD	SS	DO	COD	BOD	SS
起始值	8.68	1.76	0.81	35	8.68	1.76	0.81	35	8.68	1.76	0.81	35
第1天	0.89	—	—	—	0.21	1 314	612	1 997	1.41	560	254	838
第10天	0	3 338	1 469	5 860	0.70	832	358	1 232	4.53	174	53.3	299
第20天	0	8 857	4 014	14 931	0.61	516	221	762				
第30天	0	—	—	—	3.31	211	71.2	304				
第100天	0.14	3 125	1 491	5 970								
第130天	0.27	1 285	594	1 944								
第170天	4.03	187	61	485								

第二节　红麻干皮工厂化生物脱胶工艺

发明防止功能退化的高效菌剂制备方法并试制出高效菌剂之后，我们先后采用固态菌剂进行工场化红麻干皮生物脱胶生产应用试验和液态菌剂在工厂化条件下进行了红麻干皮生物脱胶生产应用试验，最终形成了发明专利"红麻韧皮工厂化生物脱胶工艺"，彻底改变了"沤麻"这种沿袭数千年之久的落后的生产模式，在国内外率先实现了脱胶生产方式重大转变，建成了世界上第一个"高效清洁型红麻干皮工厂化生物脱胶工艺"示范工程。

一、红麻干皮工场化生物脱胶生产应用试验

2005 年，我们在浙江一工艺墙纸有限公司进行了为期一个月的红麻干皮工场化生物脱胶生产应用试验（图 16-4）。所采用的工艺技术流程是：红麻韧皮→接种→发酵→人工洗麻→晾晒干燥→熟红麻。生产应用试验测算结果表明：

（一）脱胶加工效果良好

将红麻韧皮加工成熟红麻的脱胶制成率稳定在 65% 以上，将熟红麻梳理成生产工艺墙纸用的纤维束的梳成率比市场购买产品的梳成率提高 25%，将纤维束连接成纱线的接

图 16-4　红麻干皮工场化生物脱胶生产应用实施现场

A. 菌剂活化；B. 接种；C. 发酵池（结束发酵）；D. 发酵结束检测；E. 晒干；F. 编制红麻墙纸

头工效提高 30% 以上。

（二）加工成本不算很高

将红麻韧皮加工成熟红麻的加工成本为 495 元/t，其中，劳动工资成本 80~100 元、水电费 115 元。

（三）存在的问题

一是生物制剂活化属于关键技术，难以被普通挡车工所掌握。二是农产品质量不一致对生物脱胶及其后续加工的产品质量影响很大，因此，工艺流程与工艺设备尚需进一步改进和完善。

二、红麻干皮工厂化生物脱胶生产应用试验

2006年9月，根据国家"863"计划目标导向课题要求，与浙江一家工艺墙纸企业签订了"关于合作开发红麻生物脱胶技术的协议"。协议规定：中国农业科学院麻类研究所无偿提供红麻韧皮工厂化生物脱胶工艺与设备的技术方案和必要的技术服务；该企业承担红麻韧皮工厂化生物脱胶技术实施及新产品研发所需人力、物力和财力，在麻类所选派的工程技术人员指导下实施该项发明专利技术方案，通过承担示范工程建设相关风险获得无偿使用该项技术的权利（不享受该项技术的知识产权）。

截至2008年10月，企业共投资198万元，采用麻类所提出"红麻生物脱胶技术"的工艺路线和技术参数，将麻类所试制的"高效菌剂"活化以后接种到红麻上进行生物脱胶生产，率先建成了"高效清洁型红麻韧皮工厂化生物脱胶示范生产线"。该生产线建设及其运行情况简单总结如下。

（一）基础设施建设

企业投资83.8万元用于试制红麻预处理设备、发酵用麻笼、红麻接种/脱胶锅、罗拉式洗麻机等基本配套的工艺设备，并建设一套天然地表水供应系统，基本满足生产规模为1.0t/d熟红麻的工艺要求。

（二）实施技术内容

一是工艺技术——红麻韧皮工厂化生物脱胶工艺。企业按照"红麻韧皮→预处理→接种→发酵→灭活→机械洗麻→干燥→熟红麻"的技术路线及技术参数，将麻类所提供的"高效菌剂"活化后接种到红麻上进行生物脱胶生产。二是关键设备——生物脱胶原料预处理机组、碾压水冲耦合洗麻机组。企业按照麻类所提供的设计方案试制并投入使用。

（三）示范生产线运行情况

在麻类所派出工程技术人员指导下，应用麻类所提供的"红麻生物脱胶技术"方案和"高效菌剂"进行了为期3个月的工厂化生产应用试验（图16-5）。共用红麻韧皮31.5t，生产出合格的熟红麻约13.8t，除去水质、工艺设备等条件没有满足工艺要求的原因造成试验不成功之外，稳定性试验11次（红麻韧皮投入批量为400~500kg）均能生产出合格的熟红麻。

图 16-5 红麻干皮工厂化生物脱胶生产应用实施现场

A. 原料预处理；B. 接种；C. 发酵锅（结束发酵）；

D. 罗拉碾压式洗涤；E. 梳理纤维；F. 红麻墙纸产品

（四）实施效果

产品质量 将红麻韧皮加工成熟红麻的脱胶制成率稳定在 65% 以上，生物脱胶束纤维平均长度和梳成率比市场上收购的熟红麻分别提高15%和28%以上，将纤维束连接成纱线的接头工效提高35%以上；将熟红麻加工成工艺墙纸用无纺布和织物的收缩率小，透气性、织物强度、韧性等品质指标均提高10%以上。

污染分析 污染物产生量比传统方法减少60%以上。其中，预处理过程可收集杂物占原料重量的7%~8%，发酵过程中微生物消耗有机物占8%左右，洗麻过程可收集固形物占5%以上，由于脱胶时间短没有杂菌侵蚀纤维导致脱胶制成率提高7个百分点，即每加工1t原料可从源头上减少进入水体的污染物达270~280kg。

效益测算 以同等价格（8 000元/t）购买红麻韧皮和熟红麻测算，工厂化实施生物脱胶技术生产熟红麻，不仅可以提高农民收入（至少增加产值2 154元/亩，节省劳动力成本1 000元/亩）、减轻劳动强度（无须沤麻），而且给企业所带来增收节支效益5 298元/t（熟红麻）。其中，因脱胶制成率、梳成率及产品质量提高带来的新增销售额为9 982元/t，接头工效提高带来的节支效益为120元/t；新增原料成本4 308元/t，将红麻韧皮制成熟红麻新增加工成本为496元/t。

在此基础上，本公司为了进一步挖掘生物脱胶红麻纤维潜在价值，针对提高梳成率和手工接头工作效率、降低工艺墙纸生产成本等问题，自主研发形成了"工艺墙纸用红麻纤维整理方法"等知识产权，开发出了开发出"GREEN ART"牌的天然纤维工艺墙纸，远销美国、比利时、法国、意大利、日本等发达国家，业已成为我国最大的天然纤维工艺墙纸生产企业和自营出口企业。

三、红麻韧皮工厂化生物脱胶工艺综合评价

（一）实现生产方式重大转变的革命性成果

国内外红麻、黄麻及部分大麻和亚麻至今仍采用沿袭数千年之久的整秆浸泡沤麻方法进行脱胶。该方法存在占用大量水面、不适宜工业化生产、产品质量不稳定、环境污染严重等突出问题，严重制约着相关产业的发展。

早在1902年，Hauman等就试图从浸渍亚麻茎上分离细菌，旨在选育麻类脱胶专用菌株摆脱沤麻这种落后的生产方式。我国则在2008年10月，已与企业合作才建成世界上第一条"高效清洁型红麻韧皮工厂化生物脱胶示范生产线"。

与传统沤麻方法比较（表16-4），红麻韧皮工厂化生物脱胶工艺具有如下革命性意义：①从工艺过程及技术参数看，它属于全新工业化生产工艺，可以实现红麻脱胶生产方式由作坊式向工厂化转变，彻底摆脱了传统方法不适宜工业化生产、占用大量水面、生产环境恶劣、劳动强度大等制约产业发展的根本性问题。②从作用机制看，它体现了"关键酶专一性裂解非纤维素"的现代生物技术原理，为实现生产方式的重大转变提供了科学依据，填补了酶催化非纤维素剥离作用机理的空白，揭示了传统方法存在诸多问

题的本质。③从作用效果看,它不仅能够实现清洁生产而且还能保质保量,也就是说,它可以从根本上解决了传统方法存在的产品质量不稳定、环境污染严重等诸多问题。

表 16-4　红麻脱胶工艺流程综合比较

方法	工艺过程及技术参数	作用机制	作用效果
生物脱胶	田间剥皮→工厂化预处理及菌剂活化→接种与发酵（35℃，5~7h）→灭活（90℃，30min）→水理→干燥	关键酶专一性裂解非纤维素	保留纤维形态结构、特性及产量,块状脱落物可提有效成分,不形成污染
沤麻	打捆及搬运→堆垛与压麻排→天然水域沤制（5d 至 4 个月）→拆麻排→撕麻→洗麻→晒麻	天然菌群随机性降解非纤维素和纤维	纤维产量和质量不稳定,脱落物全部进入水体
比较优势	全新工业化生产工艺	生物技术原理	保质保量,清洁生产

（二）高效清洁型农产品加工新方法

作为一种新型农产品加工方法,与传统沤麻方法比较,红麻韧皮工厂化生物脱胶工艺具有"高效性"和"清洁性"两大特征。

从红麻脱胶工艺技术性能指标综合比较结果（表 16-5）可以看出:①红麻韧皮工厂化生物脱胶工艺的"高效性"主要表现为原料成本（降17%）、劳务成本（降33%）、总成本（降15%）的大幅度降低和精洗率（20%）、总产值（26%）的大幅度提高,导致企业盈利率提高了 3 倍（304%）。②红麻韧皮工厂化生物脱胶工艺"清洁性"的主要特征是进入水体的有机污染物减少96%。这里包括预处理过程通过机械物理作用脱落的组织型非纤维素,物生物在发酵过程中作为营养物质消耗的非纤维素以及物生物分泌的胞外酶催化剥离的块状脱落物,通过分流收集回收利用而不进入水体形成有机污染。

表 16-5　红麻脱胶工艺技术性能指标综合比较（以生产 1.0t 熟红麻为基准,单位:元）

性能指标	精洗率	原料	劳务	总能耗	总成本	产值	盈利	有机污染
生物脱胶	>65%	3 077	200	115	3 392	5 800	2 408	29kg
沤麻	<54%	3 704	300	无	4 004	4 600	596	650kg
比值（%）	20	-17	-33	—	-15	26	304	-96

　　注:红麻韧皮 2 000 元/t,熟红麻一等 5 800 元/t、二等 4 600 元/t,劳务 100 元/人天;能耗为市场价

（三）推动产业持续发展的关键技术

在新中国成立后的经济建设初期,"麻"曾经是种植业"十二字"方针（粮、棉、

油、麻、丝、茶……）中排列第四位的重要产业，其中，红麻的种植面积达到 1 500 万亩以上，属于"麻类"作物的佼佼者。20 世纪 90 年代以来，红麻产业日趋萎缩。这里除了集装箱、化纤编织袋取代了"麻袋"的功能之外，与"沤麻"这种落后的生产方式难以适应社会发展的需求不无关系。

而今，红麻纤维开发汽车配件、环保型购物袋和装饰材料等新功能的研发工作已经全面铺开，红麻韧皮工厂化生物脱胶工艺已经取得工厂化应用的突破性进展，因此，可以肯定，实现生产方式重大转变的革命性成果必将成为红麻产业持续发展的关键技术。

第十七章　高效节能型龙须草生物制浆技术

　　造纸工业是一个与国民经济发展和社会文明建设息息相关的重要产业。在经济发达国家，纸及纸板消费量增长速度与其国内生产总值增长速度同步。在现代经济中所发挥的作用已越来越多地引起世人瞩目，被国际上公认为"永不衰竭"的工业，在美国、加拿大、日本、芬兰、瑞典等经济发达国家，造纸工业已成为其国民经济十大支柱制造业之一。

　　造纸工业产品作为生产资料用于新闻、出版、印刷、商品包装和其他工业领域的有80%以上，用于人们直接消费的不足20%。当今世界各国已将纸及纸板的生产和消费水平，作为衡量一个国家现代化水平和文明程度的重要标志之一。我国1995—1999年纸及纸板生产量年均增长4.8%，消费量年均增长7.4%，进口量年均增长21.1%，国产纸自给率由89%降到82%。近年来，我国业已成为世界第二大纸张消费国，第三大纸张生产国。其纸及纸板的总消费量为3 520万~3 600万t，年进口量650余万t，出口量30万t左右，人均消费量27.8kg；生产量3 000万t左右，产品品种600多种，基本上能够满足现有较低消费水平的需求。但是，产品有效供给与需求失衡，产品品种、质量、档次难以满足纸业市场需求快速增长与品种多样化要求。目前，我国造纸产业存在三个结构不合理的突出问题是：高档纸浆比重低，企业规模小，中高档纸生产能力不足；两个难点问题是：污染治理负担重和建设资金不足。

　　随着人类对纸品需求量的不断增加和森林资源的短缺，开辟新兴造纸原料业已成为一个全世界造纸业面临的重要任务之一。我国早在20世纪80年代就开始了利用龙须草生产纸浆的试验。20年来，龙须草制浆生产仍未形成支柱产业，全国只有3~4家规模不等的企业在进行龙须草制浆生产。究其原因，除了龙须草原料生产技术制约以外，国内外目前普遍采用的常规化学制浆工艺存在的3个主要问题，亦严重制约着龙须草制浆、造纸业的发展。常规化学制浆工艺存在的主要问题：一是成本、能耗高（1 500~2 000元/t纸浆），其用碱量（以 Na_2O 计）14%~25%、最高温度165℃；二是纸浆得率低，因高浓度烧碱的高温作用，在分、降解半纤维素、果胶和木质素的同时，降解了部分纤维素；三是环境污染严重，由于化学原料的大量投入和胶杂物质的脱落，使制浆造纸所排废液和废水量大（约占全国废水排放量的 17%）、COD 排放量高（占总排放量的 60%）。虽已形成了化学凝聚法、秸化工程、碱回收等治废技术，但均因成本、能耗、运行费用高而只有少数大型纸厂投入使用。在当今世界资源、能源短缺、环境污染严重的情况下，研究开发少污染、低能耗、高效率的生物制浆方法，已成为造纸业迫切需要解决的难题。

中国农业科学院麻类研究所持续进行麻类微生物脱胶技术研究已有 30 多年历史。所谓麻类微生物脱胶就是利用微生物分泌的各种酶，催化麻类纤维伴生物（非纤维素物质）——果胶、半纤维素、木质素等高分子化合物的降解，从而提取纤维素纤维用做纺织工业原料的加工过程。鉴于草本植物纤维及其伴生物的组成和结构存在相似之处，而"生物脱胶"和"生物制浆"在原理上没有本质区别，该所 1999 年开始了龙须草生物制浆技术研究，至 2001 年 3 月，取得了实验室阶段的突破性进展。

本章旨在实验室取得突破性进展的基础上，利用现有工厂化条件进行龙须草生物制浆技术中间试验研究和工厂化应用试验，为龙须草制浆造纸形成我国具有民族特色的支柱产业提供关键技术，为生物技术在造纸行业广泛应用提供成功的先例。

第一节　龙须草生物制浆工艺中试

一、材料与方法

龙须草生物制浆技术中试共用原料龙须草 19.8t，包括一年龄草和多年龄草，同时也包括刚从草地上割下来的新鲜草和自然堆放 1~2 年的陈草。全部来自"龙须草产业化关键技术研究与示范"项目所建立的原料基地——花垣县团结乡和茶洞镇。

本次中试所用固态菌剂 800 包（500g/包），由中国农业科学院麻类研究所加工与环保研究室生物制剂中试车间试制。其原菌种编号：CXZJ95-198。固态菌剂采用真空包装，自然环境下保存 7d 至 3 个月。

工艺辅料包括菌种活化与扩增培养基组分和烧碱等。这些物质均为市场商品。

龙须草生物制浆技术中试在花垣县造纸厂进行。该厂始建于 1990 年代，正常生产 6 年之后，因多种缘故导致停产将近 3 年，2001 年重新修复投产。其中，制浆车间工艺设备由中试项目组修复，生物制剂制备车间和发酵车间由中试项目组按中国农业科学院麻类研究所提供的设计方案因陋就简新建而成。尽管中试设施离工艺要求有一段距离，但还能形成生产线，可以承担基本试验。

中试采用中国农业科学院麻类研究所设计、益阳化工机械厂制造的菌种培养罐对固态菌剂进行活化与扩增，接种后在34℃±3℃、微量通气并适当搅拌条件下培养7h左右。

根据现有条件设计龙须草生物制浆技术中试的工艺流程包括"龙须草原料→剪切→装料→接种→发酵→脱壳→打浆（半浆）→筛浆→洗浆→磨浆→制板→成品浆板"等工序。该工艺流程中，从"龙须草原料"到"脱壳"各工序合并称为"生物制浆"阶段。从"打浆"到"成品浆板"各工序合并称为"后处理"阶段。

龙须草生物制浆技术中试分两步进行。第一步是进行探索性试验，龙须草投入批量为300~800kg，试验15批（次）；第二步是进行稳定性实验，龙须草投入批量为700kg，生物制浆实验重复15批（次），后处理实验重复6批（次）。

龙须草生物制浆技术中试所采用的主要工艺设备及其关键性技术性能指标如表17-1所示。

表17-1 龙须草生物制浆技术中试所用工艺设备的性能指标

序号	设备名称	型号规格	生产能力	用途说明
1	刀辊式切草机	ZCQ3 型	8t/h	原料切成 30~40mm 料片
2	草料吊篮	Φ2 000	500kg/篮	装载料片
3	接种发酵池	Φ2 100	500kg/次	降解果胶、半纤维素、木质素等纤维间黏连物
4	蒸球	25m³	4t/球	分解表皮组织，溶解已破碎的非纤维素物质
5	打浆机	ZDC3 型	500kg/缸	分散并切断纤维
6	跳筛	0.9m²	10~30t/d	除去未分散料片和杂质
7	离心机	ZSL3 型	10~30t/d	除去未分散料片和杂质
8	除渣器	606 锥型	500L/min	除去泥沙等超重杂质
9	侧压浓缩机	4.5m²		洗涤并浓缩浆料
10	漂洗机	35m³	2t/缸	洗涤并浓缩浆料
11	双盘磨	450 型	15~20t/d	匀整浆料
12	纸机	ZV4-1575	8t/d	抄片

二、结果与分析

龙须草生物制浆技术中试的探索性试验，龙须草总用量约9.3 t，获得成品纸浆约4.3 t；第二步是进行稳定性实验，龙须草总用量约10.5 t，获得成品纸浆约5.5 t。

稳定性实验结果表明，将保存期未超过3个月的固态菌剂按1%的比例接种到盛有固定配方培养基的菌种培养罐里，在34℃±3℃、微量通气并适当搅拌条件下培养7h±0.5h，即可用于龙须草生物制浆生产。工艺条件满足时，生物制剂制备的成功率为100%。成功的标志可以根据检测方法分为三类：①直观检验法，目测菌液为蓝绿色。

②快速检测法，镜检菌体杆状、对生或单生；当一环菌液均匀涂布成直径为 8mm 斑点时，平均每个视野的菌体数量在 50 个以上。③严格定量法，采用葡萄糖营养琼脂平板稀释分离，35℃培养 24h 计数为 10^9cfu/mL。

采用不同保存期的固态菌剂在同等工艺条件下进行了活化与扩增试验。活菌计数的结果表明，①固态菌剂在菌种培养罐里的适应期与保存期呈正相关，即当保存期由 7d 延长至 3 个月时，固态菌剂在菌种培养罐里的适应期约相应延长了 10min。②固态菌剂在菌种培养罐里的对数生长速率与保存期长短的关系不密切，也就是说，其生长曲线除适应期长短以外没有明显差异。

值得一提的是，①中试形成的"直观检验法"和"快速检测法"对工厂化生产与管理是非常有价值的。②固态菌剂在菌种培养罐里培养的条件粗犷而且周期短，对于生物技术在工业生产中应用来说，的确是十分难得的。③固态菌剂在菌种培养罐里培养的周期可以通过加大接种量和缩短保存期来加以控制，也是完全可能的。

无论是探索性试验还是稳定性实验都证实，采用包括"龙须草原料→剪切→装料→接种→发酵→脱壳→打浆（半浆）→筛浆→洗浆→磨浆→制板→成品浆板"等工序的工艺流程和表 17-1 所列主要工艺设备进行龙须草生物制浆，虽然不是十分理想的但的确是完全可行的。其中"接种→发酵→脱壳"三道工序是整个龙须草生物制浆技术的关键所在。

通过探索性试验确定龙须草生物制浆工艺流程与工艺设备以后，着重研究了"生物制剂活化、装料→接种→发酵→脱壳"等工序的技术参数，同时，根据生物制浆的浆料特性对"打浆（半浆）→筛浆→洗浆→磨浆→制板"等工序的技术参数进行了反复试验。其结果如下：

生物制剂活化 采用中国农业科学院麻类研究所设计、益阳化工机械厂制造的菌种培养罐对固态菌剂进行活化与扩增。将保存期未超过 3 个月的固态菌剂按 1% 的比例接种到盛有固定配方培养基的菌种培养罐里，在 34℃±3℃、微量通气并适当搅拌条件下培养 7h±0.5h，即可用于龙须草生物制浆生产。工艺条件满足时，生物制剂制备的成功率为 100%。成功的标志可以根据检测方法分为三类：①直观检验法，目测菌液为蓝绿色。②快速检测法，镜检菌体杆状、对生或单生；当一环菌液均匀涂布成直径为 8mm 斑点时，平均每个视野的菌体数量在 50 个以上。③严格定量法，采用葡萄糖营养琼脂平板稀释分离，35℃培养 24h 计数为 10^9cfu/mL（图 17-1）。

采用不同保存期的固态菌剂在同等工艺条件下进行了活化与扩增试验。活菌计数的结果表明，①固态菌剂在菌种培养罐里的适应期与保存期呈正相关，即当保存期由 7d 延长至 3 个月时，固态菌剂在菌种培养罐里的适应期约相应延长了 10min。②固态菌剂在菌种培养罐里的对数生长速率与保存期长短的关系不密切，也就是说，其生长曲线除

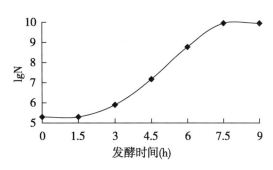

图 17-1 CXZJ95-198 在活化与扩增过程中的生长情况

适应期长短以外没有明显差异。值得一提的是，一则在中试形成的"直观检验法"和"快速检测法"对工厂化生产与管理是非常有价值的。二则固态菌剂在菌种培养罐里培养的条件粗犷而且周期短，对于生物技术在工业生产中应用来说，的确是十分难得的。三则固态菌剂在菌种培养罐里培养的周期可以通过加大接种量和缩短保存期来加以控制，也是完全可能的。

装料 草料吊篮的结构、规格一经设计和制造并通过试用证明可行以后就可以不作变量了，中试主要研究吊篮里装载草料的多少、松紧程度、均匀程度对后续工序特别是"接种"和"发酵"的影响。如果吊篮装载草料过多、草料压得太紧甚至不均匀，那么，"接种"时菌液就不能在短时间里均匀渗透到草料中去，"发酵"时菌种就不能在适宜条件下利用草料中的非纤维素物质进行生长和繁殖并分泌出关键酶来降解粘连纤维的果胶、半纤维素等物质，也就是说，接种不匀、发酵不好。反之，浪费设备资源。实践证明，中试所采用的吊篮均匀装载草料 350kg 是比较理想的。

接种 中试设计为浸泡式接种，即将草料浸泡在菌悬液中，当草料刚好吸足水分时将草料吊出菌悬液。经过反复试验证明，活化与扩增的菌液在接种发酵池中稀释 50~60 倍后，将装载草料的吊篮置于其中浸泡 10~15min，草料吸水量约为自身干重的 75% 左右时即可获得满意的接种效果。若是浸泡时间太短会导致草料吸水不足，浸泡时间过长会导致草料中可溶性物质流失，最终都会影响发酵效果。至于接种菌悬液重复利用次数主要取决于草料干净程度，一般可以重复利用 3~4 次。

发酵 接种后 2h 以内，草料温度几乎没有变化，2~6h 区间内，草料温度几乎呈直线上升，6h 以后草料温度的上升幅度变缓。可以认为，这种草料温度变化规律与 CXZJ95-198 菌代谢活动是十分密切的：前期是该菌株的适应期，中期是其对数生长期，后期尽管该菌株活动趋于平稳，但来自原料、设备及自来水和空气中的杂菌可能利用 CXZJ95-198 降解的产物开始活动，因此草料温度还在继续上升。根据这一规律以及观察草料变化结果，确定"发酵"工序的技术参数为：控制草料温度 35±4℃，采用封闭式容器裹住草料以防止水分大量蒸发。发酵周期一般在 8h 以内。发酵是一个非常复杂的螺旋式生物化学反应过程：即微生物在适宜温、湿度条件下利用草料中可溶性物质作为培养基进行生长和繁殖，同时分泌多种胞外酶"定向爆破"草料中粘连纤维细胞的非纤维素物质，致使一部分非纤维素物质发生"块状崩溃"，而某些关键性结构成分彻底分解，进而为微生物自身的生命活动提供营养，直至龙须草纤维因失去果胶、半纤维素、木质素等物质的粘连作用而分散附着在角质化表皮组织上为止。是时，观察草料变化情况：草料软化，适度揉搓可见淡黄色单纤维。

脱壳 经发酵处理的草料虽然纤维已经分散，但由于 CXZJ95-198 菌对龙须草角质化表皮不起破坏作用，必须经过脱壳处理才能形成纸浆。根据现有条件和实验室研究结果，设计中试的"脱壳"工序采用现行设备——蒸球来完成。中试研究证明，当技术参数为浴比≤1：2.5、NaOH 用量 = 4%±0.5%、蒸汽压≤0.015MPa、蒸煮时间≤2h时，脱壳效果比较好；低于下限时，脱壳不彻底；高于上限时，不仅导致生产成本增高而且造成纸浆品质下降（表 17-2）。

表 17-2　脱壳技术参数与纸浆品质指标的关系

样品编号	脱壳技术参数					纸浆品质指标 *		
	NaOH（%）	蒸汽压（MPa）	蒸煮（h）	定量（g/m²）	紧度（g/m³）	耐破指数（kPa.m²/g）	抗张指数（N.m/g）	撕裂指数（mN.m²/g）
A	4.0	0.015	2.0	60.3	0.43	2.27	41.2	6.63
D	4.5	0.035	3.0	59.7	0.40	1.28	27.9	8.38
F	4.0	0.025	3.0	73.0	0.37	1.61	27.2	8.16

注：纸浆品质指标由湖南省造纸产品质量监督授权检验站检验

打浆 探索性试验确定打浆工序的技术参数为：浆料浓度 = 4%~5%；电流 = 80A。

磨浆 稳定性实验采用浆料浓度 = 4%~5%；电流 = 100A 等技术参数进行磨浆可以获得满意的结果。

龙须草生物制浆工艺监测 由于龙须草生物制浆技术在国内外还没有成功的先例，就连龙须草化学制浆工艺也未形成独立的方法体系，因此，在整个中试过程中，只能借用比较接近的方法体系对龙须草生物制浆技术各工序可检测的指标进行了认真监测。通过监测获得的数据或指标是：接种草料的含水率为 70%~80%；发酵草料的含水率为68%~72%；蒸煮废液残碱量为 1.2~1.6g/L，草料 K 值为 21~23；打浆（半浆）浆料的湿重 13.8~16.4g，叩解度 32~37°SR；磨浆浆料湿重 6.5~8.4g，叩解度 37~39°SR；制板定量 53~80g/m²。从上述数据或指标可以看出两个问题，一是 K 值偏高；二是叩解度偏低。前者可能与整个工艺设计有关，因为现有条件不允许在"发酵"和"脱壳"工序之间增加一道辅助工序——除去发酵过程残留的"块状崩溃"碎片，以至于在高温碱性条件下那些不稳定的物质再度结合。后者除了与原料不一致外，还可能与中试设备选型有关。

产品质量　龙须草生物制浆技术中试过程中，采用常规测试方法测定了3批（次）稳定性实验的纸浆得率（表17-3）。由表17-3可以看出，3次实验的粗浆平均得率为65%，细浆平均得率为53%，分别比参考对照提高7个百分点和5个百分点。生物制浆技术带来纸浆得率的提高应该是生物技术的本质所决定的。酶作为一种生物催化剂具有高度的专一性。高效菌株CXZJ95-198所分泌的胞外酶能专一性破坏粘连龙须草纤维的非纤维素物质的结构，使之发生"块状崩溃"，因而，发酵后的草料一经稀碱液处理就能使纤维游离出来。常规化学制浆是利用纤维素和非纤维素对高温及浓碱的稳定性差异来实现提纯纤维目的的。由于有机高分子化合物对高温及浓碱的稳定性差异是相对的，这就是说，化学制浆方法在除去非纤维素物质的同时，也可能水解了部分结晶度不高纤维素分子，因此，化学制浆方法的纸浆得率相对比较低。

表17-3　龙须草生物制浆得率测试结果 *

类别	生物制浆得率（%）				参考得率（%）	相对提高（百分点）
	第一批	第二批	第三批	平均		
粗浆	60	70	65	65	58	7
细浆	52	50	58	53	48	5

注：本表结果由花垣县造纸厂协助完成

　　生物制浆技术带来纸浆得率的提高应该是生物技术的本质所决定的。酶作为一种生物催化剂具有高度的专一性。高效菌株CXZJ95-198所分泌的胞外酶能专一性破坏粘连龙须草纤维的非纤维素物质的结构，使之发生"块状崩溃"，因而，发酵后的草料一经稀碱液处理就能使纤维游离出来。常规化学制浆是利用纤维素和非纤维素对高温及浓碱的稳定性差异来实现提纯纤维目的的。由于有机高分子化合物对高温及浓碱的稳定性差异是相对的，这就是说，化学制浆方法在除去非纤维素物质的同时，也可能水解了部分结晶度不高纤维素分子，因此，化学制浆方法的纸浆得率相对比较低。

三、问题讨论与小结

中试的工艺流程与设备　如前所述，中试所设计的工艺流程存在一定缺陷，现有工艺设备的选型和布局不算理想。此外，中试新增的发酵设施规模偏小而且自动化程度不高。尽管这些问题没有对中试的成功产生重大影响，但都是"龙须草生物制浆技术"产业化过程中必须改进的要素，也是中试场地和资金等因素限制的必然结果。

固态菌剂的制备与保存　"龙须草生物制浆技术"产业化过程中必须解决的另一个问题是固态菌剂的制备与保存。这次中试所用的固态菌剂量小而且保存期短，供应上没有出现问题，但是，一旦进行大规模生产，就必须建设固态菌剂制备车间，扩大生产批量；加强固态菌剂保存、运输方法及活化条件研究，延长其存放时间。

小结 通过中试，可以作出如下结论。

（1）龙须草生物制浆技术 是一项利用微生物胞外酶降解草本植物非纤维素物质（果胶、半纤维素等）的高新技术成果。该项成果在国内外造纸行业中居领先地位。

（2）该项成果的工艺流程 包括"龙须草原料→剪切→装料→接种→发酵→脱壳→打浆（半浆）→筛浆→洗浆→磨浆→制板→成品浆板"等工序。其主要技术参数是：①固态菌剂活化与扩增的温度为 34℃±3℃、时间为 7h±0.5h；②浸泡接种时间为 10~15min；③发酵的温度为 35℃±4℃、时间≤8h；④脱壳时浴比为≤1:2.5、NaOH 用量为 4%±0.5%、蒸汽压≤0.015MPa、蒸煮时间≤2h 时。

（3）成果效益 该项成果能将不同等级的原料龙须草加工成品质指标介于针叶木浆与阔叶木浆之间的高档纸浆，并且适用于工厂化生产。

（4）该项成果具有低耗、节能、高产、优质、污染轻等特点 与常规化学制浆工艺比较，①工艺辅料减少 54.55%；②动力能耗节省 33.80%；③细浆得率提高 5 个百分点；④工业综合废水工业废水水量为 100m³/t，SS、COD_{cr} 和 $BOD5$ 的浓度 694mg/L、1 181mg/L 和 317mg/L，可直接进入生物氧化处理且易于达标，废气、废渣和废汽排放量减少 41.67%，机械噪音降低 28.57%。

（5）工艺流程与设备及固态菌剂的制备与保存有待改进

第二节　龙须草生物制浆工艺生产应用

一、工艺设备

尽管国内外提出生物制浆的概念已经有了几十年的历史，但是，用于工厂化生产的成果还为数不多，即使有一些关于生物制浆的研究报道，也只涉及到漂白工段的改进，真正涉及核心工艺变革的成果几乎没有发现他人报道。由于国内外没有关于生物制浆工艺的成功先例，因此，龙须草生物制浆工艺的生产实施还只能利用现有条件，即使有个别工艺设备不能满足工艺要求，也只能适当进行改造。龙须草生物制浆工艺生产应用所用工艺装备为湖南西渡造纸厂现有设备。

此外，生物制剂活化所需要的特定设备是由笔者根据菌种特性自行设计、湖南益阳化工机械厂制造的（图17-2）。它是一个体积小（300 L）、带有搅拌和通气装置的不锈钢内胆发酵罐，由搅拌机、双层罐体和支架组成。草料发酵专用非标设备也是笔者根据发酵原理设计、应用单位试制或利用现有类似设备改造而成的。大规模生产多采用旧蒸球改造的装置。

图 17-2　生物制剂活化装置

二、工艺流程

根据现有条件设计并通过实践证明获得成功的龙须草生物制浆工艺过程如图 17-3 所示。在图 17-3 所列工艺过程中，"接种→发酵→脱壳"三道工序是整个龙须草生物制浆技术的关键所在。稳定性生产实验证实，采用该工艺流程和相应工艺设备进行龙须草生物制浆，虽然不是十分理想的，但是可行的，能够将不同产地、不同收获时期、不同贮存时间的龙须草加工成品质指标优于阔叶木浆的成品纸浆。

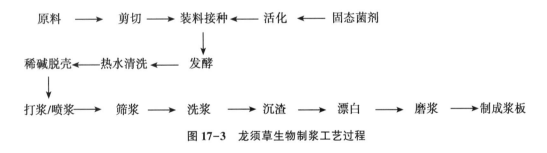

图 17-3　龙须草生物制浆工艺过程

必须指出的是，要实施规模化生产，必须进一步完善工艺流程及技术参数，并根据工艺要求设计制造相应的工艺装备。

1. 原料

原料龙须草包括一年龄草和多年龄草，同时也包括刚从草地上割下来的新鲜草和自然堆放 1~2 年的陈草。

固态菌剂　中试和生产应用试验均采用中国农业科学院麻类研究所加工与环保研究

室生物制剂中试车间试制固态菌剂（500g/包）。其原菌种编号：CXZJ95-198。固态菌剂采用真空包装，自然环境下保存7d至3个月。

工艺辅料 龙须草生物制浆工艺涉及的工艺辅料包括菌种活化与扩增培养基组分和烧碱等。这些物质均为市场商品。

2. 装料

草料吊篮或蒸球改装的结构、规格一经设计和制造并通过试用证明可行以后就可以不作变量了。这里主要讨论装载草料的多少、松紧程度、均匀程度对后续工序特别是"接种"和"发酵"的影响。如果装载草料过多、草料压得太紧甚至不均匀，那么，"接种"时菌液就不能在短时间里均匀渗透到草料中去，"发酵"时菌种就不能在适宜条件下利用草料中的非纤维素物质进行生长和繁殖并分泌出关键酶来降解粘连纤维的果胶、半纤维素等物质，甚至有可能导致局部温度升高而致使微生物无法生长繁殖。简单地说就是：接种不匀、发酵不好。反之，设备利用率低、浪费各类资源。实践证明，原有蒸球均匀装载草料 $100 \sim 120kg/m^3$ 是比较理想的。

3. 接种

采用浸泡或喷洒方式进行接种，即将草料浸泡在菌悬液中，当草料刚好吸足水分时将草料吊出菌悬液，或者，将菌悬液直接喷洒到草料上（在预浸机中将草料与菌悬液混合，图17-4）。经过反复试验证明，浸泡接种时，活化与扩增的菌液在接种发酵池中稀释 $50 \sim 60$ 倍后，将装载草料的吊篮置于其中浸泡 $10 \sim 15min$；喷洒接种时，菌液稀释 $5 \sim 10$ 倍后直接与草料混合，即可满足草料吸水量约为自身干重的75%左右的要求，获得满意的接种效果。若是浸泡时间太短会导致草料吸水不足，浸泡时间过长会导致草料中可溶性物质流失，最终都会影响发酵效果。至于接种菌悬液重复利用次数主要取决于草料干净程度，一般可以重复利用 $3 \sim 4$ 次。喷洒接种可能是更好的接种方式，但是，接种时要求设备运转正常，万一设备连动性比较差导致接种时间延长的话，菌悬液的活性将会受到影响。

4. 发酵

从图17-5可以看出，接种后2h以内，草料温度几乎没有变化，$2 \sim 6h$ 区间内，草料温度几乎呈直线上升，6h以后草料温度的上升幅度变缓。可以认为，这种草料温度变化规律与CXZJ95-198菌代谢活动是十分密切的：前期是该菌株的适应期，中期是其对数生长期，后期尽管该菌株活动趋于平稳，但来自原料、设备及自来水和空气中的杂菌可能利用CXZJ95-198降解的产物开始活动，因此草料温度还在继续上升。根据这一规律以及观察草料变化结果，确定"发酵"工序的技术参数为：控制草料温度35℃±4℃，采用封闭式容器裹住草料以防止水分大量蒸发。发酵周期一般在8h以内。发酵是一个非常复杂的螺旋式生物化学反应过程：即微生物在适宜温、湿度条件下利用草料中

图 17-4 喷淋接种生产现场

可溶性物质作为培养基进行生长和繁殖，同时分泌多种胞外酶"定向爆破"草料中粘连纤维细胞的非纤维素物质，致使一部分非纤维素物质发生"块状崩溃"，而某些关键性结构成分彻底分解，进而为微生物自身的生命活动提供营养，直至龙须草纤维因失去果胶、半纤维素、木质素等物质的粘连作用而分散附着在角质化表皮组织上为止。是时，发酵草料的含水率为 68%~72%；观察草料变化情况：草料软化，适度揉搓可见淡黄色单纤维。

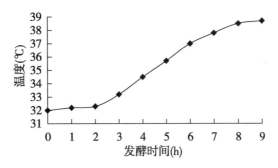

图 17-5 发酵过程中草料温度变化规律

5. 脱壳

经发酵处理的草料虽然纤维已经分散，但由于 CXZJ95-198 菌对龙须草角质化表皮不起破坏作用，必须经过脱壳处理才能形成纸浆。根据现有条件和实验室研究结果，设计中试的"脱壳"工序采用现行设备——蒸球来完成。中试研究证明，当技术参数为浴比 ≤1∶2.5、NaOH 用量 4%±0.5%、蒸汽压 ≤0.015MPa、蒸煮时间 ≤2h，脱壳效果比较好；低于下限时，脱壳不彻底；高于上限时，不仅导致生产成本增高而且造成纸浆品质下降。

6. 打浆

经过试验确定打浆工序的技术参数为：浆料浓度 4%~5%；电流 80A。

7. 漂白

采用常规方法氯漂工艺（图17-6），可以获得白度80%左右的效果。

图17-6　龙须草生物制浆漂白过程

8. 磨浆

稳定性实验采用浆料浓度为4%～5%；电流100A等技术参数进行磨浆可以获得满意的结果。

三、产品质量

按照上述工艺流程及技术参数，利用某造纸厂现有工艺设备进行龙须草工厂化生物制浆工艺生产试验获得了圆满成功。从稳定性生产试验中取3批生物法生产的龙须草纸浆（图17-7）样品送湖南省造纸产品质量监督检验授权站检测指标列如表17-4。表17-4所列数据可以看出，采用生物法生产龙须草纸浆的各项品质指标接近或超过进口混合木浆。这就是说，如果开发得当，以龙须草为原料，采用生物法进行制浆可以生产出高档纸浆。这对于依赖于进口木浆满足国内生产和生活需要的泱泱大国来说，利用本国资源开发出能替代进口的新产品无疑是值得庆幸的好事。

值得注意的是，采用常规化学方法生产的龙须草纸浆，其品质指标是达不到混合木浆水平的。利用现有工艺设备进行龙须草工厂化生物制浆工艺生产试验获得的龙须草纸浆，其耐破指数、抗张指数和撕裂指数分别比混合木浆提高24.34%、11.62%和22.99%。如果通过进一步完善工艺流程及技术参数，并根据工艺要求设计制造相关工艺装备，其规模化生产的龙须草纸浆品质指标肯定还会有较大幅度的提高。也就是说，龙须草生物制浆工艺在规模化生产应用中还有潜力可挖。

图 17-7　龙须草生物制浆的成品

表 17-4　生物法试制龙须草纸浆品质检验结果 *

样品编号	定量 （g/m²）	紧度 （g/m³）	耐破指数 （kPa. m²/g）	抗张指数 （N. m/g）	撕裂指数 （mN. m²/g）
A-1	55.0	0.38	2.22	40.2	7.27
A-2	61.1	0.44	2.55	42.5	6.32
A-3	60.3	0.43	2.27	41.2	6.63
平均	58.8	0.42	2.35	41.3	6.74
混合木浆	60.5	0.41	1.89	37.0	5.48

　　注：A-1 至 A-3 号样品品质指标由湖南省造纸产品质量监督检验授权站检验；混合木浆品质指标由湖南省花垣县造纸厂提供。

四、效益分析

（一）经济效益

　　众所周知，衡量一项工业应用技术经济效益的要素主要由生产成本和产品质量组成。初步测算结果（表 17-5）表明，采用生物法生产龙须草纸浆可以节省生产成本 23.45%，包括降低能耗表 33.80%，节省工艺辅料 54.55%，节省原料费 9.44%。其中，水资源节省 33.33%，电力节省 28.57%，原煤节省 41.67%，烧碱和硫化钠节省率高达 63.64% 和 100%。按现行市场价格计算，采用生物法生产 1t 龙须草纸浆可比常规化学制浆工艺节省生产成本 754 元。如果我国黄河以南的荒山以及 15°以上的坡地发展 100 万 hm² 龙须草的话，每年产原料龙须草 1 500 万 t，若采用生物法进行龙须草制浆，就节省生产成本一项指标所带来的直接经济效益可以达到 60.32 亿元。采用生物法生产龙须草纸浆的品质指标介于针叶木浆和阔叶木浆之间，属于高档纸浆。按 4 000 元/t 的市场价格计算，采用常规化学制浆工艺生产 1t 龙须草纸浆只能获得利税 784 元，而采用生物制浆技术则可获得利税 1 538 元。后者的盈利额为前者的 196.17%。按全国年产 1 500 万 t 原料草计算，采用生物制浆技术所获得利税额可达 123.04 亿元。

表 17-5　两种制浆方法生产一吨龙须草纸浆的生产成本比较 *

序号	比较科目名称		化学法（元）	生物法（元）	生物法降低（%）
1	原料	龙须草（600 元/t）	1 250.00	1 132.00	9.44
2		水（0.80 元/m³）	120.00	80.00	33.33
3	动力能耗	电（0.50 元/W）	350.00	250.00	28.57
4		原煤（200 元/t）	240.00	140.00	41.67
5		菌种（50 元/t 原料）	0	100.00	—
6	工艺辅料	烧碱（3.50 元/kg）	770.00	280.00	63.64
7		硫化钠（2.0 元/kg）	66.00	0	100.00
8	工资福利	工资	200.00	200.00	0
9		福利	50.00	50.00	0
10	车间经费	劳保	40.00	40.00	0
11		维修	100.00	80.00	20.00
12	折旧	固定资产折旧	100.00	100.00	0
13	其他	其他直接成本	50.00	10.00	80.00
14	合计		3 216.00	2 462.00	23.45

注：本表所列数据为中试项目组和花垣县造纸厂工程技术人员共同测试结果。

（二）社会效益

龙须草是一种须根型多年生草本植物，适应性强，可作为荒山绿化的先行植物种植，因为它的成活不要求很深的土层。从生态意义上讲，龙须草更适合称为"环保型"植物。与用高档做造纸原料的真叶林和阔叶林比较，龙须草具有"速生""高产"等特点。龙须草生物制浆技术中试获得成功以后，其社会效益更为显著。这不仅因为龙须草不同于其他草类，可以生产出高档纸浆，而且因为生物制浆技术在龙须草制浆中率先应用获得成功以后，充分表现出生物技术的优越性，即采用生物法进行龙须草制浆具有"低耗"、"节能"、"高产"、"优质"和"污染轻"等特点。"低耗"突出表现为化工原料的大幅度减少。"节能"体现在水、电和原煤消耗方面。如果将节省的水、电、原煤和化工原料用于其他工农业生产，可以给社会创造更多财富。"高产"与"优质"所带来的社会效益是显而易见的，主要表现为同样的土地面积可以生产出更多、更高档次的产品。在西部地区种植龙须草，可充分利用山区的自然资源和人力资源，把当地丰富的龙须草资源加工为高附加值的高新技术产品，有助于从产业化开发高度协调西部地区种草的生态效益和经济效益，从而将造纸行业无污染高效持续发展与山区水土流失治理和农民脱贫致富有机结合，实现经济、社会和生态环境效益三者的有机统一，符合国家有关西部大开发的发展生态产业的战略思路。

同时，龙须草生物制浆工艺获得成功实施有利于推动产业结构调整，加速西部人民脱贫致富，因为它能解决制约制浆造纸产业发展的关键技术问题，作为中、高档造纸原料生产的龙须草、红麻种植业必然得到大力发展，农村种植结构将更趋合理，农民经济收入将会得到更快的提高。如按 10 万户农民利用荒山坡地从事原料生产计，每户可增加经济收入 2 800 元左右。此外，龙须草生物制浆工艺获得成功实施有利于保护生态环境，促进我国农业可持续发展，因为龙须草属于多年生草本植物，具有提高常年植被覆盖率、防止水土流失、改善气候等优点。至于"污染轻"的社会效益集中反映在环境保护方面，其内涵将在下面再做详细讨论。

五、工业污染

（一）工业污染分析

龙须草生物制浆过程中各相关工序的排污量和污染指标列于表 17-6。

表 17-6　龙须草生物制浆工艺废水及其污染指标 *

废水名称	废水量（m^3/t）	污染指标			
		pH 值	SS（mg/L）	COD_{cr}（mg/L）	BOD_5（mg/L）
接种废液	12	6.85	248	2 040	860
脱壳废液	0.5	9.00	35 400	114 800	36 200
洗浆废水	27	8.46	1 860	1 340	121
综合废水	100	—	694	1 181	317
综合排放	—	7.0	—	30	—
GB 8978—1996	300	6~9	100	100	30

注：表中综合废水为接种、脱壳和洗浆 3 项废水加权平均值，其他数据由花垣县环境保护监督检验授权站在中试现场取样测定值。综合排放指标为氧化塘出口水样指标

从表 17-6 和表 17-7 所列数据可以看出，龙须草生物制浆工艺污染物排放负荷明显低于所有草本植物化学制浆工艺。其综合废水水量为 $100m^3$/t，SS、CODcr 和 BOD_5 的浓度 694mg/L、1181mg/L 和 317mg/L，比纸浆得率接近的碱法麦草浆分别降低 7.5%、66.1% 和 42.4%。同时，从综合废水的水质来看，生物制浆工艺的综合废水可直接进入生物氧化处理，而且处理负荷轻，正常生产按中试设计流程，经氧化塘处理后综合排放废水的污染指标完全可以达到国家二类污染物允许排放一级标准（GB8978-1996）。

龙须草生物制浆其他工业污染是指锅炉产生的废气和废渣、机械噪音、蒸球排放的废汽。从表 5 所列的数据可以看出，生物制浆工艺所用锅炉产生的废气和废渣以及蒸球

废汽排放量至少比常规化学制浆工艺减少 41.67%，因为"制板"工序排放的废汽不含杂质；由于生物酶的作用减少了电力消耗，因此机械噪音也就相应减少了 28.57%。

表 17-7 我国某些常规化学制浆造纸厂污染物排放负荷 *

品种	排水量（m³/t）	SS（kg/t）	COD$_{cr}$（kg/t）	BOD$_5$（kg/t）
硫酸盐本色木浆	141.8	38.0	40.9	13.3
纸带纸	154.6	17.7	9.5	3.1
碱法漂白麦草浆	197.0	75.0	348.7	55.0
印刷纸	48.0	41.2	70.0	1.1
碱法漂白蔗渣浆	262.3	267.2	1 849.0	251.6
纸及纸板	193.3	74.7	112.3	15.3
碱法漂白麦草浆及纸	650.0	278.0	169.0	48.3
亚硫酸镁盐苇浆	—	—	—	201.0
石灰法稻草黄板纸浆	—	—	300~380	143~181

注：本表数据摘自《中华环保实用手册》

（二）环境影响评估

经国家环境保护总局长沙环境保护学校对龙须草生物制浆工艺的环境影响评估，得出如下结论：①龙须草生物制浆工艺产生的工业废水中无机污染物比常规方法减少了70%左右，有机污染物 COD$_{cr}$和 BOD$_5$ 比麦草碱法制浆分别降低 66.1% 和 42.4%；生物制浆工艺的综合废水水质单一，可直接进入生物氧化处理，而且处理负荷轻。②龙须草生物制浆工艺产生的锅炉废气和废渣以及蒸球废汽排放量至少减少 41.67%，生物酶的作用减少了能耗和水耗。③龙须草生物制浆工艺废水适宜经过"接种废液、脱壳残留废液及其冲洗废水、洗浆废水→沉渣池→综合池→氧化塘→排放"等流程处理，处理后的综合废水既可以重复利用也可以直接排放，其污染指标符合 GB 8978—1996 规定的二类污染物允许排放一级标准。

总之，随着人类对纸品需求量的不断增加和森林资源的短缺，开辟新兴造纸原料业已成为一个全世界造纸业面临的重要任务之一。龙须草是一种须根型多年生草本植物，适应性强，可作为荒山绿化的先行植物种植，同时又是一种高档造纸原料植物，具有广阔的开发前景。中国农业科学院麻类研究所通过质粒 DNA 转化获得一个降解草本植物非纤维素物质的高效菌株 CXZJ95-198。该菌株在适宜温、湿度条件下利用草料中可溶性物质作为培养基进行生长和繁殖，同时分泌多种胞外酶"定向爆破"草料中粘连纤维细胞的非纤维素物质，致使一部分非纤维素物质发生"块状崩溃"，而某些关键性结构成分彻底分解，进而为微生物自身的生命活动提供营养，直至龙须草纤维因失去果胶、半纤维素、木质素等物质的粘连作用而分散附着在角质化表皮组织上为止，然后采用稀碱液处理即可达到制浆的目的。由此形成"高效节能型龙须草生物制浆技术"。经过中试和生产应用研究以及查新，进一步证明：①龙须草生物制浆技术是一项利用微生物胞外酶降解草本植物非纤维素物质（果胶、半纤维素等）的高新技术成果。该项成果在国内外造纸行业中居领先地位。②该项成果的工艺流程包括"龙须草原料→剪切→装料→接种→发酵→脱壳→打浆（喷浆）→筛浆→洗浆→磨浆→制板→成品浆板"等工序。③该项成果能将不同等级的原料龙须草加工成品质指标介于针叶木浆与阔叶木浆之间的高档纸浆，并且适用于工厂化生产。④该项成果具有低耗、节能、高产、优质、污染轻等特点。与常规化学制浆工艺比较，a. 工艺辅料减少 54.55%；b. 动力能耗节省 33.80%；c. 细浆得率提高 5 个百分点；d. 工业废水水量为 $100m^3/t$，SS 、COD_{cr} 和 BOD_5 的浓度 694mg/L、1181mg/L 和 317mg/L，可直接进入生物氧化处理且易于达标，废气、废渣和废水排放量减少 41.67%，机械噪音降低 28.57%。⑤工艺流程与设备及固态菌剂的制备与保存有待改进。

龙须草［*Eulaliopsis binata*（Retz）（*E.Hubb*）］，又名蓑草，拟金茅或羊胡子草，系多年生禾本科拟金茅属草本植物。龙须草作为一种野生植物资源，其经济、生态和社会综合开发价值很高。龙须草草长而且没有节，木素含量低、纤维含量高。龙须草纤维细长柔软、质韧、匀整、杂细胞含量少、长宽比值大（平均超过 200 倍），用做造纸原料易成浆、易漂白、得率高，所抄成的纸张有较好的物理性能，因而它是制造高档纸的优质原料，其纤维含量和品质是草本纤维原料的佼佼者，并优于湿地松、杨树、桦木和毛竹等，故利用它来造纸可节省大量木材，同时，龙须草产量高，对气候、水土条件要求不高，能在荒山荒坡上生长，因此种植龙须草，利用龙须草制浆造纸将有利于山区经济发展，保持水土，实现经济效益、生态效益和社会效益的统一。

正如以范云六院士为组长的专家组对"高效节能型龙须草生物制浆技术"进行成果鉴定所述：①龙须草生物制浆技术是一项利用微生物胞外酶降解草本植物非纤维素物质（果胶、半纤维素等）的高新技术成果，国内外尚无报道，有重要创新。该项成果在利用生物酶降解龙须草非纤维素生物制浆技术中试方面处于国内外领先地位。②该项成果建立了实用的工艺技术流程，确定了相关的技术参数。③与常规化学制浆工艺比较，该项成果具有低耗、节能、污染负荷轻等特点，并具有利用龙须草作原料生产高档纸浆的潜力。④该成果在推动龙须草产业的发展、振兴地方经济方面具有良好的经济和生态效益。专家组建议：一是工艺流程与设备及固态菌剂的制备与保存需进一步改进。二是应加强生物制浆工艺流程中关键成分、酶活以及生物安全的动态监控和检测工作，建立和完善相关生产技术和产品质量的检测指标，为进一步的产业化奠定基础。

第十八章　其他草本纤维生物精制工艺

前面的章节已经介绍，在率先获得一个专用于草本纤维生物精制的广谱性高效菌株 DCE01（后期正式编号）以后，研究形成了一系列有关高效菌剂制备方法、草本纤维生物精制工艺的发明专利或鉴定成果。根据高效菌剂制备方法，把广谱性高效菌株 DCE01 制备成一种产业用新材料——提供给企业一次性使用可有效防止菌种功能退化的"高效菌剂"，在不同类型的企业现有工厂化条件下适当活化扩增后，接种到苎麻、工业大麻、红麻、黄麻、龙须草等纤维质农产品上发酵 6~7h，然后经过灭活、洗涤等后处理，即可获取天然纤维。通过合作，在 17 家相关企业完成了苎麻、工业大麻、红麻、黄麻生物脱胶和龙须草生物制浆工厂化应用试验，并建成了 5 个"高效节能清洁型草本纤维工厂化生物精制技术"示范工程。

本章以罗布麻、红麻韧皮、麦秆、苎麻骨为代表，概括性描述该菌株用于其他草本纤维生物精制（包括生物脱胶、生物制浆、生物糖化）工艺的研究进展，进一步阐明该菌株用于草本纤维生物精制的广谱性和高效性，为 DCE01 菌株被视为草本纤维生物精制专用菌株的模式菌株提供更加充分的科学依据。

第一节　罗布麻生物脱胶工艺

罗布麻（*Apocynum venetum* Linn）属于夹竹桃科茶叶花属的一种半灌木型植物，多野生在盐碱、沙漠地区，分布于新疆维吾尔自治区、甘肃、吉林、内蒙古自治区、青海、辽宁、河南、江苏、山西、陕西等十几个省（市）、自治区。据不完全统计，罗布麻野生面积现有 2 000 多万亩（新疆维吾尔自治区约有 800 多万亩）。罗布麻的茎秆和叶片、子实可分别用于提取纤维和药物。据日本及我国上海、江苏、天津、西北等地的科研机构研究发现，罗布麻纤维是一种高档纺织原料，其纺织品具有棉的舒适、麻的凉爽、水晶般的光泽和丝的柔韧性，兼有透气性和抗菌性好、远红外和保健作用等特点，受到纺织界的关注。中国科学院西北植物研究所、南京药物研究所等单位研究结果表明，罗布麻叶片和子实富含强心苷、槲皮苷、鞣质、酚类、黄酮、丹桂酸、甾醇、三萜等药用成分。现已开发出治疗心脏病、高血压、哮喘、感冒等多种疾病的成药和中老年保健饮料。新疆石河子大学等单位研究说明，罗布麻在我国还是处于驯化为栽培植物的过渡阶段。事实上，罗布麻属于深根型植物，而且具有耐盐碱、抗干旱等特性，是西部防沙、治沙不可多得的经济植物。

现用罗布麻作为提取药物和纤维的原料均为野生材料。据不完全统计，全国野生罗布麻韧皮纤维产量预计可达 20 万 t/a。分析测定结果表明，罗布麻韧皮部的主要成分及所占比例为：纤维素 62%～72%，半纤维素 8%～10%，木质素 3.6%～4.5%，果胶 19%～20%，另有部分脂腊质和水溶物，但罗布麻在不同土壤、环境下生长，其成分的分布、含量各异。人们为了开发野生罗布麻纤维，在脱胶方法上作了大量研究工作，参考苎麻脱胶方法研究形成了以下罗布麻脱胶工艺：①浸麻→碱煮→水洗→漂白→浸酸→水洗→去氯→水洗→干燥。②浸麻→碱煮→水洗→浸酸→水洗→干燥。③碱煮→水洗→漂白→酸洗→水洗→去氯→水洗→重复上述过程一次→浸油→脱水→烘干。这些工艺与苎麻化学脱胶工艺大致相似，存在着水的用量较大、能耗高、污染严重、过程烦琐、时间长、劳动消耗大等诸弊端。

一、材料与方法

（一）材料

菌种 中国农业科学院麻类研究所加工与环保室通过分离、筛选和改良育种而选育并保藏的广谱性高效菌株 DCE01。

罗布麻原料 用于本研究的罗布麻原料包括机械剥制、手工剥制的罗布麻韧皮，由新疆库尔勒尉犁县罗布麻厂提供。

其他材料 试验所需其他材料均为市场商品。

主要仪器与设备 KUBOTA6800 高速冷冻离心机（日本）；WATERS600E 高效液相色谱仪（美国）；HA-180M 电子天平（日本）。

（二）方法

菌悬液制备 取真空保藏菌种，活化，挑取典型菌落一环接种于 5mL 葡萄糖肉汤培养液中，35℃静止培养 6h 即为一级培养菌悬液，吸一级培养菌悬液 3mL 于盛有 150mL 不同碳源营养肉汤培养液的 500mL 三角瓶中，35℃、120r/min 振荡培养 6h 即为二级培养菌悬液。

罗布麻接种与脱胶 罗布麻接种与脱胶在 500mL 锥形瓶中进行，罗布麻韧皮 15g/瓶，罗布麻及其生物脱胶接种液的比例为 1∶20，在 35℃水浴摇床上振荡（120r/min）至脱胶完成。灭菌罗布麻脱胶，就是在添加二级培养菌悬液之前，将装有 K_2HPO_4 0.05% +

461

MgSO₄. 7H₂O 0.05% + NH₄H₂PO₄ 0.05% + 酵母汁 0.05%的水溶液和罗布麻韧皮的锥形瓶一并置于 0.06~0.07 Mpa 压力下灭菌，其余均同未灭菌罗布麻脱胶。

取样及样品处理 在纯培养或罗布麻生物脱胶过程中，从 0h 开始，每 2~3h 取样一次，每次随机取 3 瓶发酵液并混匀，用于①取 1.0mL 测定活菌数量；②取 10mL 纯培养或发酵液 $1.11×10^4$g 冷冻离心 15min，上清液用于蛋白质、脱落物总量、COD 等测定。其中，胞外酶蛋白质浓度测定，按蛋白质浓度为 $1.45A_{280}$ 至 $0.74A_{260}$ 计算；发酵液采用考马斯亮蓝法测定，波长为 595nm，以牛血清白蛋白（BSA）为标准曲线。不溶性有机物测定，发酵液经 3 000g 离心 20min 所得沉淀烘干后称重测得不溶性有机物含量。

二、结果与分析

（一）不同碳源对 DCE01 细胞外蛋白质总量的影响

一般来说，在微生物纯培养过程中，尽管微生物生长可能消耗培养液中游离的蛋白质，但培养液所含游离蛋白质（微生物分泌的胞外酶等）总量总是增加的，因为一方面微生物细胞在代谢过程中分泌胞外酶蛋白质总量伴随微生物数量的增加而增加；另一方面，自溶酶或有害代谢物作用导致菌体死亡并自溶后，部分胞内酶蛋白质或结构蛋白质不断游离出来。图 18-1 显示，甘露聚糖培养液中的蛋白质总量增长最快，10h 达 5.289g/L；甘露糖、葡萄糖和木糖培养液中蛋白质总量的增长幅度依次变小，10h 分别达到 4.273g/L、4.102g/L、3.980g/L；10h 后，上述 4 种培养液中蛋白质总量的增长趋势不断减弱，这可能是由于微生物繁殖速率下降（图 18-1 所示）以及部分菌体死亡、自溶所致。对于果胶培养液来说，虽然培养液中蛋白质总量增长极为缓慢，但总的趋势一直在增加，到实验结束时，可达 3.371g/L，仅为甘露聚糖培养液此时蛋白含量（5.343g/L）的 63%。由此可见，不同碳源对 DCE01 分泌胞外酶蛋白质总量的影响趋势，与甘露聚糖、甘露糖、葡萄糖、木糖等碳源对 DCE01 生长的影响基本一致。

（二）罗布麻脱胶过程中微生物生长的变化规律

罗布麻加菌振荡脱胶过程中微生物群体测定结果如图 18-2 所示。在罗布麻韧皮接种后 2h 之内，高效菌株 DCE01 的活菌量变化不大，这是罗布麻生物脱胶接种液未添加有机营养物质而罗布麻韧皮中溶出营养物质速率较慢且成分和比例有所不同之故；在 2~8h 内，DCE01 的活菌量快速增长，其增长速率近似于纯培养过程中对数生长期的速率，这应该说是 DCE01 通过适应罗布麻生物脱胶的新环境以后，进入了"胶养菌-菌产酶-酶脱胶"的生物大循环阶段；8~10h，高效菌株 DCE01 的活菌量稳定，此时观察罗布麻样品，其纤维分散即脱胶已经完成；10h 以后，DCE01 的活菌量下降，可能是从半纤维素线性聚糖主链及侧链降解的甘露聚糖、甘露糖、葡萄糖、木糖及其低分子聚糖迅

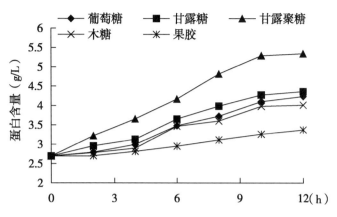

图 18-1 不同碳源对 DCE01 细胞外蛋白质总量的影响

速减少的缘故。由此可见，DCE01 在整个脱胶过程中的生长曲线符合一般微生物生长规律，没有受到其他因素的影响。

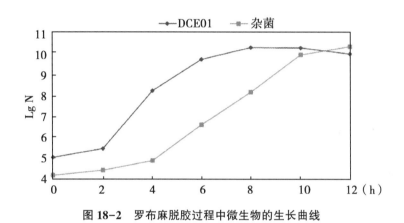

图 18-2 罗布麻脱胶过程中微生物的生长曲线

图 18-2 还可以看出，来自原料罗布麻、设备、空气、自来水的杂菌在罗布麻韧皮接种 4h 以内，其活菌量基本上没有变化，4h 以后，其活菌量迅速上升，并在 11h 左右超过 DCE01 的数量。这一现象说明，杂菌对罗布麻发酵脱胶的环境适应期比较长，只有当高效脱胶菌株大量繁殖并分泌多种脱胶酶"定向爆破"非纤维素物质即产生大量可被利用的营养物质以后，才能进入快速生长阶段。

比较罗布麻脱胶过程中高效菌株 DCE01 和杂菌生长曲线图，可以看出，当罗布麻发酵到 8h 左右时，高效菌株 DCE01 的活菌量达到 1.835×10^{10} cfu/mL，而杂菌只有 8.75×10^{8} cfu/mL；在 10h（罗布麻生物脱胶过程已经完成），脱胶菌仍有 1.72×10^{10} cfu/m，杂菌的活菌量还只有 8.05×10^{9} cfu/m，这说明在罗布麻生物脱胶期间，脱胶菌的数量远比杂菌多。因此，可以肯定，高效菌株 DCE01 对罗布麻脱胶起主导作用，杂菌可能起到消耗非纤维素降解产物而消除"反馈抑制"的协同作用。因为罗布麻生物脱胶周期短，杂菌生长比较慢，对罗布麻纤维不造成损伤，同时对脱胶菌的生长不产生明显影响，而且可能起到消除非纤维素降解产物"反馈抑制"的协同作用，所以，应用高效菌株 DCE01 对罗布麻韧皮脱胶，没有必要事先对罗布麻原料、自来水以及用于脱胶的设备等进行灭菌处理。

（三）罗布麻脱胶过程中 pH 值和有机酸总量的变化规律

罗布麻生物脱胶过程中，pH 值的变化如图 18-3 所示，罗布麻原料接种 T85-26 条件下，pH 值从 5.52 降为 5.40，在 6h 以后缓慢上升，实验结束时 pH 值为 5.91，整个过程中 pH 值变化幅度不大。

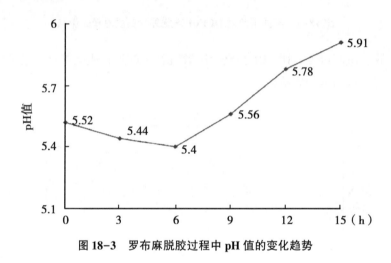

图 18-3　罗布麻脱胶过程中 pH 值的变化趋势

有机酸总量的变化（图 18-4）与 pH 变化趋势一致（即有机酸总量增加导致 pH 值下降），均以 6h 为转折点。在 0~6h 内，有机酸总量从 1 080mg/L 上升到峰值 1 215mg/L，6h 以后开始下降，实验结束时达到 945mg/L。

产生这种现象的原因，可能是多方面的。就罗布麻韧皮脱落物而言，在脱胶前期，有一部分游离蛋白质、核酸、糖类等有机物和无机盐不断溶出，中、后期，在脱胶酶作用下，比较容易脱落的果胶率先解体，接着就是半纤维素物质的降解；就微生物代谢活动而言，首先是脱胶菌利用罗布麻韧皮中溶出物质为营养和能源进行大量繁殖，同时分泌出大量脱胶酶催化非纤维素物质不断降解，为自身增殖和杂菌的生长提供营养和能源物质，进而使胞外酶的数量迅速增加，接着就是死亡菌体在自溶酶作用下而解体，溶出大量细胞壁结构物及其内含物。至于本实验测定出的 pH 值与有机酸总量变化幅度上表现出差异的现象，可以认为是相关物质所处状态不同而产生的，因为 pH 值仅反映溶液的游离物质的酸碱度，而有机酸总量反映的则是溶液中游离态和结合态有机酸之和。

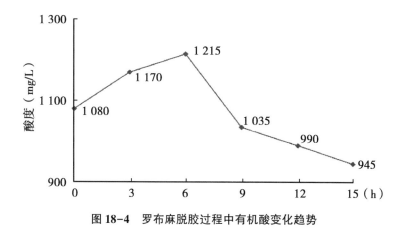

图 18-4　罗布麻脱胶过程中有机酸变化趋势

（四）罗布麻脱胶过程中还原糖总量的变化规律

罗布麻脱胶过程中的还原糖总量测定结果表明（图 18-5），在接种后 3h 内，还原糖总量从 820.7mg/L 下降至 728.1mg/L，然后缓慢上升至 9h，在 9~12h 内，发酵液中还原糖总量迅速上升，峰值达 1 015.6mg/L，12h 以后又逐步下降。导致这种变化的原因是罗布麻原料溶出物和微生物代谢活动的综合结果，即开始是罗布麻原料中溶出可溶性糖数量相对较多而微生物数量相对较少，一旦 DCE01 适应了发酵脱胶的环境以后，就进行大量繁殖，因而消耗溶液中的可溶性糖导致还原性糖总量下降；接着是伴随 DCE01 数量的增加产生大量脱胶酶，催化非纤维素物质（尤其是半纤维素）不断降解，由于脱胶菌和杂菌同时进行大量繁殖，消耗发酵液中的还原糖，因此，在 3~9h 这段时间内，还原糖总量变化不大；在 9~12h 之内，尽管 DCE01 因为自身需要的营养不足而限制了繁殖速度，但溶液中脱胶酶的总量已经达到了高峰，半纤维素物质的降解产物生成的速率也达到了高峰，此外，杂菌也可能因为前期营养供应不足而诱导产生了进一步分解 DCE01 降解产物的胞外酶，一并参与还原糖产生的代谢活动，以至于溶液中还原糖总量远远超过了微生物生长的需求量，进而导致溶液中还原糖总量迅速上升；12h 以后，可能是绝大部分脱落物已被降解，虽然 DCE01 已进入死亡期，但杂菌还在继续生长，消耗溶液中的还原糖，因此，还原糖总量在 12h 以后呈下降趋势。

（五）罗布麻脱胶过程中 COD 的变化规律

COD 即化学耗氧量，是指水体中易被氧化剂氧化的还原性物质所消耗的氧化剂的量。COD 值是评价水体受有机物污染程度的一个重要参考指标。对罗布麻生物脱胶过程中的 COD 值测定结果（图 18-6）表明，罗布麻生物脱胶发酵液中 COD 值由 0h 的 820mg/L 逐渐上升至 9h 的峰值 1 550mg/L，9~12h 迅速下降，12h 以后，出现先快后慢

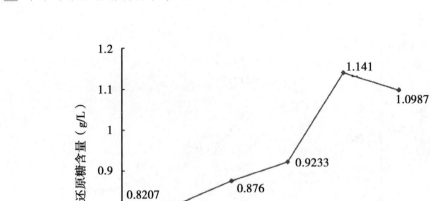

图18-5 罗布麻脱胶过程中还原糖变化趋势

下降趋势，实验结束时 COD 值降至 1 210mg/L。

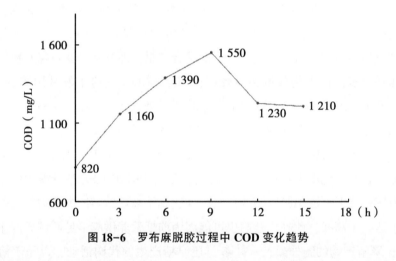

图18-6 罗布麻脱胶过程中 COD 变化趋势

　　这种结果表明，脱胶前期，因脱胶过程中，大量的非纤维物质从罗布麻纤维上脱落下来，被降解产生很多有机物，同时，菌体分泌大量的和自溶的有机质及生物氧化过程中产生的有机分子，使得 COD 值不断上升；在脱胶后期，由于非纤维脱落物减少，微生物繁殖需要利用降解的脱落物以及脱落物被微生物分泌的多酶体系复合体降解成小分子有机物，进入有氧循环代谢以 CO_2 的形式释放，因而，COD 值不断下降。在脱胶完成后，一方面剩余的脱胶菌和大量繁殖的杂菌继续要消耗大量有机物，使 COD 值下降；另一方面，脱胶菌加速死亡与自溶及杂菌死亡与自溶，加上微生物的分泌物，使 COD 值上升，在微生物总的趋势是需要有机物的情况下，COD 值是下降的。与传统的麻类化学脱胶的 COD 值相比，生物脱胶过程可以大幅度减轻污染。

（六）罗布麻脱胶过程中脱落物总量的变化规律

罗布麻生物脱胶过程中脱落物测定结果如表18-1所示。由表18-1可以看出，在生物脱胶过程中，罗布麻韧皮脱落的有机物总量（占罗布麻韧皮干重的%）呈抛物线形状变化，即罗布麻生物脱胶前期因非纤维素物质的结构未遭到破坏，只有贮藏物质溶解出来；伴随脱胶菌的生长并分泌大量胞外酶，包括对罗布麻脱胶起关键作用的关键酶"定向爆破"非纤维素物质，使之发生"块状崩溃"，因此在6~9h（脱胶完成期）脱落物的变化幅度最大；脱胶完成后，仅有少量残留在纤维上的非纤维物质游离出来，所以脱落物减少。

表 18-1　罗布麻发酵过程中脱落物总量测定结果　　　　　　　　　　（g）

脱胶时间（h）	0	3	6	8	12	15
脱胶前干重（g）	15.0623	15.0386	15.0300	15.0183	15.0860	15.0429
脱胶后干重（g）	14.5728	14.3919	13.3316	12.3616	12.2619	12.0870
脱落物干重（g）	0.4890	0.6467	1.6984	2.6567	2.8241	2.9559
脱除率（%）	3.25	4.30	11.30	17.69	18.72	19.65
变幅（%）	—	1.05	7.0	6.39	1.03	0.93

参考前期发明专利——苎麻生物脱胶工艺技术与设备，根据上述测定结果，确定罗布麻生物脱胶工艺过程包括：菌种制备→浸泡或喷淋接种→湿润或浸泡发酵→灭活→洗麻→轧干→渍油→脱油水→抖麻→烘干→本色罗布麻纤维。

按照上述罗布麻生物脱胶工艺过程反复进行不同方式接种、发酵（统一发酵时间为8h）试验，均可获得比较理想的试验结果，即无论是浸泡接种还是喷淋接种，无论是浸泡发酵还是湿润发酵，统一在接

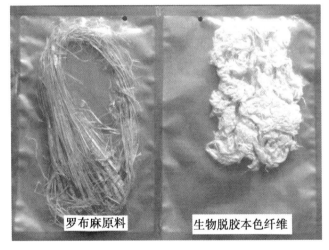

罗布麻原料　　　　生物脱胶本色纤维

图 18-7　罗布麻生物脱胶样品

种后8h结束发酵，再经灭活和洗涤处理，然后予以干燥，都可以获得满足后续加工要求的天然本色生物脱胶罗布麻纤维（图18-7）。

第二节　红麻干皮生物制浆工艺

人类对植被的不合理开发利用，导致水土流失已成为世界各国政府和人民十分关注的大事。尽管国内外通过植树种草、封山育林（恢复植被）和坡改梯等工程措施来治理和防止水土流失，终因工程投入大，难度高而未能在短期内达到预期目标。因此，破坏生态的"罪魁祸首"——造纸工业不得不选择新的造纸原料、寻求新的制浆工艺。鉴于红麻单位面积的纤维产量比木材高，纤维品质比较好，再生速度比较快，因而，被国际黄麻组织（IJO）推荐为21世纪最具竞争力的、可持续发展的造纸工业纤维资源。

20世纪60年代，美国科学家就开展了利用红麻纤维进行制浆造纸的研究。在70年代，美国的红麻造纸进入了工厂化生产阶段。80年代，泰国的凤凰造纸厂利用红麻造纸获得成功；澳大利亚、中国等也相继开展了红麻造纸试验和研究。由于红麻纤维包裹于植物的韧皮部，伴生有大量果胶、半纤维素、木质素等非纤维素物质，包埋、包被在纤维细胞壁内外或镶嵌于纤维素分子之间，很难采用简单方法予除去，工厂化制浆生产只得借用其他草本纤维制浆采用的以化学试剂蒸煮为中心的"化学试剂蒸煮法"，来除去这些非纤维素物质以获得纯净纤维素纤维用做造纸原料。"化学试剂蒸煮法"是将化学试剂（氢氧化钠、亚硫酸盐等）配成一定浓度的溶液，然后把草本植物材料（芦苇、龙须草等）浸泡其中并加热蒸煮数小时，用以除去非纤维素而提取纯净纤维的过程。其工艺流程为备料→装料→添加化工原料→蒸煮→冲洗→打浆→洗浆（漂白）→磨浆→制板（产品）。该方法不仅消耗大量化工原料和能源，而且损伤纤维产量和品质、严重污染环境。

在中国农业科学院麻类研究所利用现行造纸厂已有工艺设备进行工厂化条件下的中试和生产应用试验，解决采用CXJZ95-198高效菌剂进行龙须草生物制浆的核心技术问题：如草料接种、湿润发酵、脱壳等，研究形成"高效节能型龙须草生物制浆技术"用于生产实践，为生物制浆方法在造纸行业广泛应用打开缺口，构建深入开展生物制浆技术研究的技术创新平台。

一、技术方案

参考龙须草生物制浆工艺技术，以DCE01菌株为核心作用物、红麻韧皮为原料，通过实验室试验和模拟生产试验，研究形成了红麻干皮生物制浆工艺技术方案。该技术方案包括：备料、配液、草料接种、湿润发酵、洗涤、轧干、脱壳、喷浆（半浆）、筛浆（粗、细）、沉渣、漂白、磨浆、制板等工序。

（一）备料

将草本材料除杂、理直后剪切成 3.5cm±0.5cm 的片段，备用。采用浸泡接种方式时，应将草料装载于一个可以快速沥水的吊篮（特制）中。

（二）配液与浸泡接种

按草料对液体为 1：10~15 的比例灌自来水到配液桶并用蒸汽调节水温到 36℃±1℃，再添加 $NH_4H_2PO_4$ 0.01%（对水而言）和 $MgSO_4 \cdot 7H_2O$ 0.01%（对水而言），一边搅拌一边添加"高效菌剂"稀释，使其活菌含量在 $8.0×10^6$ cfu/mL 以上，再把装载草本材料的吊篮浸泡于其中处理 10~15min，排出余液，吊篮装料密度 100kg±10kg/m^3。

（三）配液与喷洒接种

按草料对液体为 1：2.3±0.3 的比例灌自来水到配液桶并用蒸汽调节水温到 36℃±1℃，再添加 $NH_4H_2PO_4$ 0.02%±0.01%（对水而言）和 $MgSO_4 \cdot 7H_2O$ 0.02%±0.01%（对水而言），一边搅拌一边添加"高效菌剂"稀释，使其活菌含量在 $5.0×10^7$ cfu/mL 以上。在切草机至蒸球的转运过程（预浸机）中将配好的液体喷洒到草料上，待蒸球装满草料后加盖密封并转动蒸球 20min±5min，蒸球装料密度为 110kg±30kg/m^3，草料含水率达到 70%±3%，然后换成带孔的球盖沥去余液。

（四）浸泡接种后的湿润发酵

将沥去余液的吊篮置于相对湿度 85%~90%、温度 35℃±4℃ 条件下，适当通气发酵 7.5h±0.5h，草料表面呈蓝色，用水冲洗分散为单纤维。

（五）喷洒接种后的湿润发酵

当蒸球换成带孔的球盖以后，间歇或连续转动球体 5.5~7.5h，其中，间歇转动球体的停止转动时间一般不超过 15min，即可完成发酵。发酵完成的标志是草料软化、表面呈蓝色，用水冲洗分散为单纤维。

（六）吊篮发酵草料的洗涤与轧干

按 1：6~8 的比例（草料干重对水的重量）加 70℃±10℃ 的温水于水池中，把经过发酵的吊篮浸没在温水中处理 0.5h，并利用循环水冲洗 15min，再将草料置于传输带上喂入轧干机轧干，使草料含水率≤73%。草料干重洗脱率 15%~20%。

（七）蒸球发酵草料的洗涤与轧干

按 1：2~3 的比例（草料干重对水的重量）向蒸球里注入 70℃±10℃ 的温水并换成密封

球盖，转动球体5~10min后换成带孔的球盖，当球盖朝下时通入蒸汽，使球内压强达到0.2MPa，待球内压强降到"0"为止。必要时重复1次。草料干重洗脱率15%~20%。

（八）脱壳

按草料干重3.5%±0.5%的比例对轧干后的草料喷洒工业纯NaOH溶液，在球内蒸汽压≤0.2MPa条件下，蒸煮1.5h±0.5h（适合于半浆工艺）；或者，在球内蒸汽压≥0.5MPa条件下，蒸煮2.5h±0.5h（适合于喷浆工艺）。

（九）喷浆（半浆）

在球内蒸汽压≥0.5MPa条件下脱壳完成后，直接利用球内气压把浆料喷出，浆料细度达到经过半浆处理的水平，残碱浓度在1.6~3.6g/L，K值在11.2~16.4。半浆工艺参数：打浆机下刀的砣重8.0~9.0kg，打浆时间40~60min。

（十）筛浆

粗筛孔径为6mm，除渣率≤0.5%；细筛孔径为2.2mm，除渣率≤5.0%。

（十一）漂白

浆料量≥800kg/槽，漂液用量10%~12%，白度69.2%~74.8%。

（十二）磨浆

时间35min，叩解度55以上。

二、实施效果

（一）生物法试制红麻韧皮纸浆品质

经湖南省造纸产品质量监督检验授权站检测，采用上述技术方案生产的红麻韧皮纸浆的品质指标优于针叶木浆，当定量为40g/m² 左右时，裂断长在9km以上、耐破指数在7.0kPa·m²/g左右、撕裂指数在7.5MN·m²/g左右。该产品的品质指标在国内外造纸行业中均居领先地位（表18-2）。

表18-2 生物法试制红麻韧皮纸浆品质检验结果 *

No.	定量（g/m²）	裂断长（km）	耐破指数（kPa.m²/g）	撕裂指数（MN.m²/g）
I	39.9	9.38	6.94	7.49
II	41.2	9.86	7.11	8.1
III	40.6	9.63	7.05	7.89
平均	40.6	9.62	7.03	7.83

注：本表所列品质指标由湖南省造纸产品质量监督检验授权站检验

（二）生物法试制红麻韧皮纸浆开发新产品试验结果

为了拓展生物制浆工艺获得的红麻韧皮纸浆的用途，按照红麻干皮生物制浆工艺技术方案，利用本团队建立的中试生产线（图18-8A，B），试制成本色（未经漂白）生物精制红麻韧皮浆粕（图18-8C）。在浙江某复合材料生产企业进行了开发新产品试验。试验利用该企业现有设备（图18-8D，E）和相关工艺技术，以10%的红麻韧皮浆粕替代原有配方中的木粉，试制成复合板材（图18-8F）。

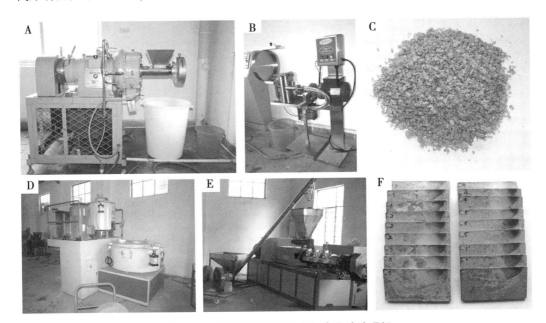

图18-8 红麻韧皮纸浆开发新产品试验现场

A. 高浓度盘磨机；B. 循环热疏解机；C. 生物精制红麻韧皮浆粕；D. 混料机；E. 造粒机；F. 复合板材样品

表18-3 生物精制红麻韧皮浆粕复合材料品质检验结果 *

样品名称	静曲强度（Mpa）	最大破坏载荷	弹性模量
CK	21. 15	785	2 014.9
替代量10%	31. 03	1 152	2 334. 8
替代量6%	26. 21	973	2 216.9

湖南省产商品质量监督检验院检测，样品名称：麻塑复合材料，产品规格：150×87×8

经检测（表18-3），生物精制红麻韧皮浆粕替代木粉的复合材料品质指标（静曲强度、最大破坏载荷、弹性模量）比对照均有较大幅度提高，其提高幅度随替代量增加而加大。其中，替代量为10%样品的静曲强度、最大破坏载荷和弹性模量提高幅度依次达到46.7%、46.7%和15.9%。

第三节　麦秆生物制浆工艺

我国造纸工业中非木材浆占纸浆总量的 80% 以上，草浆的生产，仍以碱法（包括硫酸盐法）为主。目前，我国造纸产业存在诸多问题，主要是污染治理负担重、高档纸浆比重低、中高档纸生产能力不足、企业规模小以及建设投资不足。传统的化学试剂蒸煮法是将化学试剂配成一定浓度的溶液，然后把麦草浸泡其中并加热蒸煮数小时，用以除去非纤维素而提取纯净纤维的过程。该方法不仅消耗大量化工原料和能源，而且损伤纤维产量和品质、严重污染环境。

随着生物技术的发展，人们应用微生物对麦草的制浆工艺进行了广泛研究。研究表明，具有降解草本纤维原料中非纤维素物质能力的微生物广泛存在于自然界，真菌中以镰刀菌、根霉菌、曲霉以及一些担子菌为主，细菌有鼓槌状芽孢杆菌、淀粉芽孢杆菌、柯氏芽孢杆菌、假单孢杆菌、枯草芽孢杆菌、欧文氏芽孢杆菌等。但迄今为止，利用微生物降解草本纤维原料中 50% 以上非纤维素物质，即真正达到生物制浆实用水平的研究报道，除了中国农业科学院麻类研究所以外，几乎未见国内外其他单位或个人发表过相关报道。

一、拟解决的问题

研究目的在于以微生物分泌的酶催化麦草中果胶、半纤维素、木质素等非纤维素物质降解的作用替代以烧碱蒸煮为中心的化学反应，解决传统制浆方法存在的消耗大量化工原料和能源、损伤纤维产量和品质、严重污染环境等突出问题，为进一步构建草本纤维生物制浆工艺研究的技术创新平台，推动我国制浆造纸行业的技术革命奠定坚实基础。本研究拟解决的关键性技术涉及以下 2 个方面、6 项内容。

（一）怎样利用高效菌剂快速除去草料中 50% 以上的非纤维素物质

第一，采用活菌发酵方式有利于降低生产成本。将"高效菌剂"活化以后直接接种到草料上进行发酵，既可以增强生物制剂对草料中非纤维素物质的"攻击性"（经过"非纤维素物质培养菌—菌分泌酶—酶降解非纤维素物质"的螺旋式生化反应，能"定向爆破"果胶、半纤维素及部分木质素等非纤维素物质分子结构，使之发生"块状崩溃"），而且可以实现 2 个目标：一是消耗部分非纤维素物质（减轻污染），二是减少进一步制备复合酶制剂的费用。

第二，高效菌剂活化应该尽可能实现时间短效率高的目标。采用活菌发酵方式降解草料中的非纤维素物质，当菌株的功能一定时，活菌数量越高发酵效果越好，这是毫无疑问的。那么，在高效菌剂的活化过程中，应该尽可能满足缩短微生物适应期、保证微生物快速生长所必需的工艺条件。由此可见，选择合适的培养基配方、调节微生物生长所需要的温度、供氧量、pH 值等因素就显得格外重要了。

第三，活菌发酵周期要控制在 8h 以内需要保证工艺条件。活菌发酵周期长于 8h，不利于工厂化生产管理。从理论上分析，假定每个细菌重量为 10^{-12}g、每千克草料吸附 10^{10} 个菌体（即 10mg 菌体）经过 4~6h 发酵，消耗 200g 以上的非纤维素物质是有可能的。在麦草活菌发酵过程中的分解速率能否达到这个水平，必须同时满足微生物的生长繁殖需要的温度、湿度、pH 值、营养等以及酶促反应需要的温度、pH 值、金属离子等活性剂。

第四，清除发酵草料附着的"块状崩溃"残留物有利于减少后续工序的化工原料消耗。活菌发酵过程中，CXJZ95-198 菌株分泌的各类酶可以"定向爆破"果胶、半纤维素及部分木质素等非纤维素物质分子结构，但这些物质并没有被微生物全部消耗，尤其是"块状崩溃"残留物附着在发酵草料上，它们可以通过洗涤清除。如果不清除，肯定会导致后续工序化工原料消耗的增加。

（二）如何使经过发酵处理的草料变成质量优于常规化学方法生产的麦草浆

第五，采用"稀碱脱壳"可以弥补活菌发酵的不足。CXJZ95-198 菌株分泌的各类酶可以高效降解果胶、半纤维素及部分木质素等非纤维素物质，但是，对于角质化程度很高的麦草表皮组织（拟称之为"壳"）几乎没有作用。根据常规化学制浆原理，探索在碱性条件下进行"脱壳"的工艺，作为麦草生物制浆工艺的补充应该是可行的。

第六，降低打浆强度有利于改善草浆品质。通过草本纤维原料化学制浆原理与生物制浆原理的比较研究发现，化学制浆方法需要用 17.5% 的 NaOH+4% 的 HBF_4 处理才能抽提出来的甘露糖在生物制浆工艺中全部被微生物彻底消耗了。这就是说，经过活菌发酵处理的草料，其纤维的分散度特别好，因此，在打浆工序里适度降低打浆强度对于改善草浆品质肯定有好处。

二、实施技术方案

拟采用的技术方案涉及麦草生物制浆整个工艺，工艺过程包括高效菌剂活化、草料准备、配液接种、湿润发酵、发酵草料的洗涤与脱水、稀碱脱壳、打浆、筛浆、漂白、磨浆等工序。

（一）高效菌剂活化

取真空包装保存的 CXJZ95—198 高效菌剂，按 500mL/t 草料的接种量接入盛有魔芋-豆饼培养基的通气搅拌发酵罐中，在 35℃±1℃、搅拌频率 200~380r/min、通气量 30~

300L/（m³·min）、罐内压力 0.05Mpa 的条件下培养 5~6h，获得活化菌悬液；魔芋-豆饼培养基的配方为过 200 目的魔芋粉和豆饼粉分别为 0.5% 和 1.5%，酵母汁 0.05%~0.10%。

（二）草料准备

将麦草原料进行除杂去渣、理齐后，剪切成 3~5cm 长的小段，以利于微生物的吸附、侵染。

（三）配液接种

按草料对菌悬液为 1:2±0.2 的比例加自来水到配液桶并用蒸汽调节水温到 34℃±1℃，再添加 0.1% 的农用复合肥，在添加活化菌悬液的同时搅拌混匀，然后将配好的菌悬液均匀喷洒到草料上，发酵容器装料密度为 100±20kg/m³，草料含水率达到 69%±1%、含菌量为 10^{10}cfu/kg，最后，沥去余液。

（四）湿润发酵

将接种后的草料置于温度 34℃±3℃、相对湿度 85%±5% 的条件下发酵 7.0h±0.5h；发酵完成的标志是草料软化、表面呈蓝色，用手揉搓分散为单纤维。

（五）发酵草料的洗涤与脱水

按草料干重 2~3 倍的比例向装有草料的容器里注入 80℃±5℃ 的温水并循环冲洗草料 15~30min，然后，采用脱水机进行脱水，或者使用 0.2MPa 的气压挤出草料游离水，使发酵草料含水率为 60%±5%，草料干重得率为 80%±2%。

（六）脱壳

按草料干重 3.0%±0.3% 的比例对脱水后的草料喷洒浓度为 2% 的 NaOH 溶液，使草料含水率达到 210%~230%，在容器内蒸汽压≤0.15MPa 条件下，蒸煮 2.0±0.5h，或者在容器内蒸汽压≥0.55MPa 条件下，蒸煮 1.5±0.5h，最终使浆料残碱浓度在 0.6~2.0g/L，K 值在 10.5~13.8。

（七）喷浆或半浆

喷浆工艺是在容器内蒸汽压≥0.55MPa 条件下脱壳完成后，直接利用容器内气压把浆料喷出；半浆工艺参数为打浆机下刀的砣重 8.0~9.0kg，打浆时间 40±10min。

（八）筛浆

粗筛孔径为 6mm，除渣率≤0.5%；细筛孔径为 2.2mm，除渣率≤5.0%。

（九）漂白

浆料量≥800kg/槽，漂液用量10%～12%，白度69.2%～74.8%。

（十）磨浆

时间35min，叩解度55以上。

三、实施效果

实践证明，麦秆生物制浆工艺具有高产、优质、低耗、低污染等特点。与常规化学制浆工艺比较，①烧碱用量减少70%以上；②动力能耗节省20%以上；③细浆得率提高5个百分点；④工业综合废水水质单一，直接进入生物氧化处理且易于达标，污水处理成本节省约60%。

经湖南省造纸产品质量监督检验授权站检测，采用麦秆生物制浆工艺技术方案生产的麦草纸浆的品质指标接近阔叶木浆品质，优于传统化学方法制浆品质。定量47.4g/m^2的纸张指标为：紧度为0.48g/cm^3、耐破指数为3.69（kPa. m^2）/g、撕裂指数为3.16（MN. m^2）/g、断裂长为7.1km。

第四节　苎麻骨生物糖化工艺

在生物质能源领域，把成分复杂、结构牢固的生物质降解为单糖溶液以便直接利用酵母发酵生成燃料乙醇的加工过程称为糖化。比较成熟的糖化方法是酸法，即利用无机酸作催化剂，水解淀粉、纤维素等高分子多糖，生成中间产物糊精、麦芽糖等类似低聚糖或寡糖，最终生成葡萄糖等单糖。正在研究尚未进入规模化生产应用的酶法是采用淀粉酶、纤维素酶进行水解，先生成糊精等中间产物，再经糖化酶糖化生成麦芽糖以至葡萄糖。还有酸-酶结合法，它是一种把酶降解和酸水解结合起来，使生物质变成单糖的方法（表18-9）。

在这里，我们所探索的苎麻骨生物糖化工艺实际上还没有达到真正意义上单糖化，可以认为是一种利用微生物发酵方法剥离生物质中非糖类物质，使之变成以纤维素等高分子多糖为主体物质的加工方法。

试验方法非常简单：将活化态DCE01菌液（以等量自来水为对照）以浸泡方式接种到苎麻骨上，在前述适宜温度条件下进行湿润发酵7h，再进行105℃消毒锅灭活15min，在105℃烘箱干燥后称重，计算失重率。然后，以72%的浓硫酸溶液对灭活产物进行水解，或者，加适量纯净水进行磨浆，按照前述还原糖检测方法同时测定水解

图18-9　苎麻骨生物糖化样品

液、磨浆液中还原糖浓度。

　　试验结果是：①试验和对照的失重率分别为16.26%和14.33%，说明试验处理因为接种了DCE01菌株，在发酵过程中多消耗了一些可溶性营养物质，使得失重率高出近2个百分点。②试验和对照的磨浆液中还原糖浓度分别为53.11mg/L和49.15mg/L；水解液中还原糖浓度分别为677.53mg/L和386.56mg/L。这就说明，通过DCE01菌株胞外酶的催化作用，使得苎麻骨的结构遭到了破坏，多糖类物质更容易被浓硫酸水解。

　　综合工程篇所述内容，我们在率先获得草本纤维生物精制专用广谱性高效菌株DCE01并阐明草本纤维生物精制工艺技术原理——"块状崩溃"学说的基础上，通过将该菌株制备成"高效菌剂"并用于纤维质农产品（包括苎麻、工业大麻、红麻、黄麻、龙须草、罗布麻、麦秆、苎麻骨等）生物精制工艺的系统研究，可以总结成整体技术路线（图18-10）。草本纤维生物精制工艺整体技术路线，不仅描述了处国际领先水平的高效节能清洁型草本纤维工厂化生物精制技术的工艺过程及其创新点，而且涵盖了生物精制纤维的后续加工领域及其发展方向，此外，还可以从工业废水中分流出块状脱落物提取类似于膳食纤维的天然有机物（不进入水体污染环境）。虽然目前还只是一个新兴产业的雏形，但是，我们有理由相信，在不久的将来，这个技术路线图必定会变成在国民经济中占有重要地位的支柱产业。我们的理由归纳起来就是：①草本纤维质农产品具有种类多、来源广、种植适应性和生态安全性强、增产潜力大、可持续发展等农作物特性；②草本纤维生物精制方法具有节能、减排、降耗、高效利用资源等优点和流程简短、操作方便、安全可靠、监测直观、生产环境友好等特点。③生物精制草本纤维能保留固有形态结构，具有耐磨、抗疲劳等特点，没有"淬火"变性负作用，既可以克服"麻类纤维刚性强、抱合力差"及"麻类织物刺痒"等问题，提升纺织品（包括军用服饰及装备）和纸品质量，又可以用作生物质产业的基础材料，开发草本纤维为基础材料的人类生活和社会发展必需品，对于促进生物质产业持续发展，缓解我国石油、森林和土地资源短缺的矛盾和减少"白色污染"，提高国防能力、保障国家和社会安全、改善人民物质文化生活和健康水平具有重要意义。

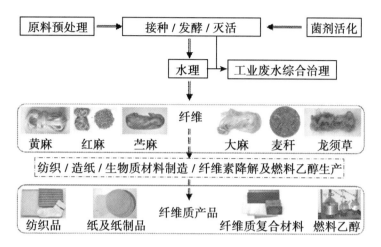

图 18-10　草本纤维生物精制工艺整体技术路线

附录一

成果汇总

一、发表的论文*

[1]　刘正初，罗才安.苎麻生物脱胶新技术应用研究 [J].纺织学报，1991，13（10）：18-20，27.

[2]　刘正初.黄麻脱胶与微生物研究.FAO/IJO 改良黄麻脱胶与剥制论文集，1993 年 12 月.

[3]　刘正初，彭源德.苎麻细菌化学联合脱胶废水污染机理研究 [J].中国环境科学，1994，14（6）：456-459.

[4]　刘正初，彭源德，冯湘沅.苎麻纤维形态超微结构物理性能与脱胶方法的关系 [J].纺织学报，1994，15（12）：31-34.

[5]　刘正初，彭源德，孙庆祥.黄麻和红麻脱胶影响因素研究 [J].中国农业科学，1995，28（3）：28-34.

[6]　彭源德，冯湘沅，刘正初*，等.苎麻脱胶菌种的特性研究 [J].中国麻业，1995，17（2）：32-35.

[7]　冯湘沅，刘正初*，彭源德，等.苎麻高效脱胶菌株 T85-260 培养技术研究 [J].中国麻业，1995，17（3）：30-33.

[8]　刘正初，彭源德，孙庆祥，等.黄麻红麻陆地湿润脱胶技术的推广应用 [J].中国麻业，1995，17（4）：24-26.

[9]　彭源德，刘正初*，冯湘沅，等.红麻天然水浸脱胶过程中微生物群体，COD 和 pH 值测定 [J].中国麻业，1996，18（4）：33-35.

[10]　孙庆祥，刘正初.苎麻微生物脱胶 [J].中国农业科学，1997，专辑：130-134.

＊　此处及以下仅列出刘正初为主发表的与本专著直接相关的论文

[11]　彭源德，刘正初*，冯湘沅，等.红麻干皮加菌脱胶过程中静止发酵液成分分析［J］.中国麻业，1997，19（3）：34-37.

[12]　冯湘沅，刘正初*，彭源德.红麻干皮加菌振荡脱胶过程中发酵液成分的变化规律［J］.中国麻业，1997，19（4）：39-42.

[13]　彭源德，刘正初*，冯湘沅.红麻鲜皮加菌脱胶过程中有机物动态变化规律［J］.中国麻业，1999，21（4）：26-30.

[14]　彭源德，刘正初*，冯湘沅.红麻鲜茎加菌脱胶过程中有机物动态变化规律［J］.中国麻业，2000，22（1）：35-38.

[15]　张运雄，刘正初*.苎麻高效脱胶菌 T85-260 纯培养过程中的胞外酶系研究［J］.中国麻业，2000，22（4）：23-27.

[16]　刘正初，彭源德，冯湘沅，等.苎麻生物脱胶工艺技术与设备生产应用研究［J］.中国农业科学，2000，33（4）：68-74.

[17]　刘正初，彭源德，罗才安，等.苎麻生物脱胶新技术工业化生产应用研究［J］.纺织学报，2001，22（2）：27-29.

[18]　杨礼富，刘正初*，彭源德，等.多黏芽孢杆菌 Tl163 在红麻发酵过程中分泌脱胶酶种类的初步研究［J］.中国麻业，2001，23（1）：11-18.

[19]　张运雄，刘正初*.高效菌株 T85-260 在苎麻脱胶过程中的胞外酶系研究［J］.中国麻业，2001，23（1）：19-21.

[20]　张运雄，刘正初*.不同脱胶菌株胞外酶系研究［J］.中国麻业，2001，23（2）：27-30.

[21]　刘正初，周裔彬.罗布麻韧皮非纤维素生物降解的工艺基础［J］.中国麻业，2002，24（1）：30-33.

[22]　周裔彬，刘正初*.罗布麻生物脱胶过程中的发酵液的色谱分析［J］.中国麻业，2002，24（3）：29-33.

[23]　Aziz Ahmed，张运雄译，刘正初校.红麻生物-硫酸盐纸浆及漂白性能［J］.中国麻业，2003，25（1）：45-48.

[24]　周裔彬，刘正初*，彭源德，等.罗布麻脱胶时有机物总量变化规律的研究［J］.纺织学报，2003，24（4）：21-23.

[25]　Liu Zhengchu*, Peng Yuande. Study on techniques of bio-pulping based on kenaf bark/*Eulaliopsis binala*. In：*International Development of Kenaf and Allied Fibers*. Minneapolis：CCG International，2004：311-315.

[26]　Liu Zhengchu*, Peng Yuande. Trial Use Studies on Fast Bio-retting of Kenaf. In：*International Development of Kenaf and Allied Fibers*. Minneapolis：

CCG International，2004.

[27] 彭源德，刘正初*，邹冬生，等．龙须草生物化学制浆的中试研究［J］．中国造纸学报，2004，19（2）：121-123.

[28] 刘向华，刘正初*，邹冬生．龙须草生物制浆过程中单糖浓度变化规律［J］．中国农业科学，2004，37（6）：933-935.

[29] 刘向华，邹冬生，刘正初*．灭菌与未灭菌龙须草生物制浆比较研究［J］．中国生态农业研究，2004，12（2）：183-184.

[30] 张运雄，刘正初*．红麻生物制浆研究进展［J］．中国造纸学报，2005，2：180-183.

[31] 李宝坤，刘正初*，冯湘沅，等．CXJZ95-198菌株在不同碳源中产β-甘露聚糖酶的规律研究［J］．中国麻业，2005，27（1）：37-40.

[32] 张运雄，刘正初*．欧文氏杆菌CXJZ95-198基因组文库的构建［J］．中国麻业科学，2006，28（4）：176-180.

[33] 顾佳佳，刘正初*，张运雄，等．CXJZ95-198菌株果胶酶活力检测方法研究［J］．中国麻业科学，2006，28（6）：309-312.

[34] 李宝坤，刘正初*，冯湘沅，等．CXJZ95-198菌株β-甘露聚糖酶的纯化条件研究［J］．新疆农业科学．2007，44（4）：529-533.

[35] 徐君飞，顾佳佳，刘正初*，等．木聚糖酶酶活测定条件的优化［J］．农产品加工，2007，7：7-10.

[36] 顾佳佳，徐君飞，刘正初*，等．金属离子对CXJZU-120菌株果胶酶活力的影响［J］．农产品加工，2007，8：75-77.

[37] 徐君飞，刘正初*，冯湘沅，等．木聚糖酶高产菌株的筛选及其产酶规律研究［J］．中国麻业科学，2007，29（2）：92-97.

[38] 段盛文，刘正初*，冯湘沅，等．草本植物纤维生物提取菌种资源整理与整合［J］．中国麻业科学，2007，29（3）：130-134.

[39] 成莉凤，刘正初*，张运雄，等．CXJZ11-01菌株分泌中性β-甘露聚糖酶的研究［J］．中国麻业科学，2007，29（5）：264-268.

[40] 段盛文，刘正初*，冯湘沅，等．草本纤维提取菌种资源多样性研究［J］．中国麻业科学．2007，29（6）：330-333.

[41] 刘正初．用科学发展观看我国草本纤维产业前景［J］．中国麻业科学，2007，29（S1）：68-71.

[42] Yunxiong Zhang，Zhengchu Liu，Xinbo Chen. Cloning and expression of a mannanase gene from *Erwinia carotovora* CXJZ95-198. *Annals of Microbiology*，

2007，57（4）：623-628.

[43]　段盛文，刘正初*，冯湘沅，等．草本纤维提取典型菌种 RAPD 分子标记
　　　 [J]．中国麻业科学，2008，30（2）：94-98.

[44]　石君，刘正初*，成莉凤，等．欧文氏杆菌 CXJZ11-01 基因组文库的构建
　　　 [J]．湖北农业科学．2008，47（6）：619-621.

[45]　刘正初．苎麻生物脱胶工艺．农村新技术．2008，20：69.

[46]　刘正初，张运雄，冯湘沅，等．清洁型草本纤维生物提取工艺的污染机理
　　　 研究 [J]．中国农业科学，2008，41（2）：546-551.

[47]　王溪森，刘正初*，李斌，等．甘露聚糖酶基因 3′端缺失研究 [J]．安徽
　　　 农业科学，2009，37（8）：3 496-3 497，3 579.

[48]　刘正初．麻类纤维生物提取与工程研究进展 [J]．中国麻业科学，2009，
　　　 31（S1）：93-97，66.

[49]　王溪森，刘正初*，李斌，等．草本纤维提取专用复合酶工程菌株的构建
　　　 [J]．安徽农业科学，2009，37（9）：3 928-3 930，3 935.

[50]　王溪森，刘正初*，李斌，等．甘露聚糖酶 3′序列缺失与酶功能间的关系
　　　 初探 [J]．湖北农业科学，2009，48（3）：524-526.

[51]　李琦，谢达平，戴小阳，等．高产果胶酶细菌的筛选及其 Pel 基因克隆
　　　 [J]．湖南农业科学，2009（3）：1-3，6.

[52]　殷莹莹，谢达平，戴晓阳，等．β-甘露聚糖酶高产基因工程菌株发酵条件
　　　 优化 [J]．湖南农业科学，2009（4）：5-7，10.

[53]　李琦，戴小阳，刘正初*，等．欧文氏菌 T85-166 果胶酶基因克隆与序列分
　　　 析 [J]．湖南农业科学，2009（7）：8-10.

[54]　段盛文，刘正初，冯湘沅，等．草本纤维提取用产芽孢菌株的 PCR-16S rD-
　　　 NA 及 ITS-RFLP 分析 [J]．湖北农业科学，2009，48（9）：2 052-
　　　 2 054，2 098.

[55]　 Shengwen Duan，Zhengchu Liu，Xiangyuan Feng，et al. *Sphingobacterium
　　　 bambusae* sp. nov.，isolated from soil of bamboo plantation. *Journal of Microbiol-
　　　 ogy*. 2009，47（6）：693-698.

[56]　徐君飞，刘正初*，张居作，等．欧文氏杆菌变异菌株木聚糖酶纯化及其
　　　 酶学性质 [J]．农业生物技术学报，2009，17（6）：1 096-1 102.

[57]　徐君飞，刘正初*，张居作，等．木聚糖酶高产菌株 BE-91 发酵工艺的优
　　　 化 [J]．华北农学报，2009，24（增刊）：247-251.

[58]　李斌，刘正初*，王溪森，等．β-甘露聚糖酶基因高效表达体系的构建

　　　　　　[J]. 湖北农业科学，2009，48（8）：1 807-1 810.

[59]　李炫，彭克勤，刘正初*. 欧文氏杆菌 CXJZ95-198 甘露聚糖酶基因 N 端缺失表达 [J]. 湖南农业科学，2010（11）：16-18.

[60]　石岩，刘正初*，徐君飞，等. Mini-Tn10 转座子构建欧文氏杆菌突变体的研究 [J]. 湖北农业科学，2010，49（1）：12-16.

[61]　张居作，徐君飞，陈汉忠，等. BE-91 菌株木聚糖酶活力测定条件的优化 [J]. 湖北农业科学，2010，49（4）：950-953.

[62]　张居作，徐君飞，陈汉忠，等. 枯草芽孢杆菌 BE-91 菌株木聚糖酶对小鼠的免疫原性试验 [J]. 中国兽医科学，2010，40（2）：180-184.

[63]　郑科，刘正初*. 草本纤维提取技术中的 β-甘露聚糖酶研究 [J]. 生物技术通报，2011，11：33-39.

[64]　郑科，段盛文（并列第一作者），刘正初*，等. 胡萝卜软腐欧文氏菌 CXJZU-120 的选育及其脱胶性能研究 [J]. 中国农业科技导报，2011，13（6）：72-77.

[65]　冯湘沅，刘正初*，段盛文，等. 苎麻脱胶高效菌剂活化技术研究 [J]. 湖北农业科学，2011，50（15）：3 136-3 138.

[66]　冯湘沅，刘正初*，段盛文，等. 高效菌株 CXJZU-120 与 T66 的苎麻脱胶性能 [J]. 纺织学报，2011，32（12）：76-80.

[67]　Zhengchu Liu，Xiaoyang Dai，Juzuo Zhang，et al. Screening of a xylanase high-producing strain and its rapid separation and purification. Ann Microbiol，2011，61：901-906.

[68]　高海有，刘正初*，段盛文，等. β-甘露聚糖酶和木聚糖酶基因在大肠杆菌中共表达 [J]. 微生物学通报，2012，39（3）：344-352.

[69]　Gang Guo，Zhengchu Liu，Junfei Xu，et al. Purification and characterization of a xylanase from Bacillus subtilis isolated from the degumming line. Journal of Basic Microbiology，2012，52：419-428.

[70]　Shengwen Duan，Zhengchu Liu，Xiangyuan Feng，et al. Diversity and characterization of ramie-degumming strains. Scientia Agricola，2012，69：119-125.

[71]　Zhengchu Liu，Shengwen Duan，Qingxiang Sun，et al. A rapid process of ramie bio-degumming by Pectobacterium sp. CXJZU-120. Textile Research Journal，2012，82（15）：1 553-1 559.

[72]　郑科，刘正初*，段盛文，等. 果胶酶在麻类脱胶中的应用及其作用机理 [J]. 生物技术进展，2012，2（6）：404-410.

[73]　李琦，刘伍生，刘正初 *. 不同地点筛选纤维素酶产生菌的研究进展 [J].
中国农学通报，2012，33：194-198.

[74]　成莉凤，刘正初 *，段盛文，等 . 一种果胶裂解酶基因（pel）表达体系构
建及其表达产物的酶学性质 [J]. 农业生物技术学报，2013，05：546-
553.

[75]　成莉凤，刘正初 *，段盛文，等 . 麻类脱胶高效菌株果胶裂解酶基因克隆
与表达 [J]. 微生物学通报，2013，08：1 403-1 413.

[76]　成莉凤，李琦，刘正初 *，等 . DCE-01 菌株果胶酯酶基因克隆与表达 [J].
食品工业科技，2013，15：162-165.

[77]　刘正初 . 生物制剂在草本纤维质农产品加工业中的应用进展 [J]. 中国农
业科技导报，2013，05：17-23.

[78]　段盛文，刘正初 *，郑科，等 . *Sphingobacterium bambusaue* 及其紫外诱变菌
株的石油降解功能 [J]. 微生物学通报，2013，12：2 336-2 341.

[79]　Zhengchu Liu，Junfei Xu，Shenwen Duan，et al. Expression of modified xynA
gene fragments from *Bacillus subtilis* BE-91. Ann Microbiol. 2014，64：139-
145.

[80]　成莉凤，刘正初 *，冯湘沅，等 . 草本纤维生物提取菌株分泌的关键酶研
究 [J]. 中国农学通报，2014（30）：255-258.

[81]　成莉凤，冯湘沅，刘正初 *，等 . 草本纤维生物提取菌株产果胶酶的组分
研究 [J]. 中国麻业科学，2014（05）：238-242.

[82]　李琦，李国高，刘绍，等 . 果胶酶应用的研究进展 [J]. 中国农学通报，
2014（21）：258-262.

[83]　段盛文，刘正初 *，郑科，等 . 从富集液中发掘麻类脱胶果胶酶基因的技
术 [J]. 中国生物工程杂志，2014，34（1）：86-89.

[84]　成莉凤，戴小阳，冯湘沅，等 . *Bacillus subtilis* BE-91 生长及其胞外表达 β-
甘露聚糖酶的发酵条件优化 [J]. 微生物学通报，2015（12）：
2 300-2 307.

[85]　成莉凤，冯湘沅，段盛文，等 . 一种耐热偏酸性 β-甘露聚糖酶基因克隆与
高效表达 [J]. 微生物学通报，2015（11）：2 143-2 150.

[86]　李琦，成莉凤，曾洁，等 . 麻类脱胶高效菌株 DCE01 的 Pel4I8 基因克隆与
表达 [J]. 中国麻业科学，2015（04）：206-210.

[87]　李琦，成莉凤，曾洁，等 . 麻类脱胶高效菌株 DCE01 的 Pel325 基因克隆
与表达 [J]. 中国麻业科学，2015（03）：157-161.

[88] 成莉凤, 冯湘沅, 段盛文, 等. 来源于欧文氏杆菌 CXJZ95-198 的 β-甘露聚糖酶基因高效表达体系构建 [J]. 中国农学通报, 2015 (10): 240-245.

[89] 冯湘沅, 成莉凤, 段盛文, 等. 苎麻水解液中单糖类组分的柱前衍生-高效液相色谱法检测 [J]. 纺织学报, 2015 (12): 16-19.

[90] 冯湘沅, 成莉凤, 段盛文, 等. DCE01 菌株降解大麻韧皮的发酵液成分变化规律 [J]. 中国麻业科学, 2016 (05): 202-206.

[91] 成莉凤, 冯湘沅, 段盛文, 等. 新型 β-甘露聚糖酶制备葡甘寡糖工艺优化 [J]. 食品科学, 2016 (06): 34-38.

[92] Lifeng Cheng, Shengwen Duan, Xiangyuan Feng, et al. Purification and characterization of a thermostable β-Mannanase from Bacillus subtilis BE-91: potential application in inflammatory diseases. BioMed Research International, 2016, Article ID 6380147, 7.

[93] Shengwen Duan, Xiangyuan Feng, Lifeng Cheng, et al. Biodegumming technology of jute bast by *Pectobacterium* sp. DCE-01. AMB Express. 2016, 6: DOI 10.1186/s13568-016-0255-3.

[94] Shengwen Duan, Lifeng Cheng, Xiangyuan Feng, et al. Bio-degumming technology of Apocynum venetum bast by *Pectobacterium* sp. DCE-01. Textile Research Journal, 2017, DOI: 10.1177/0040517517700019.

二、奖励成果

[1] 刘正初, 彭源德, 冯湘沅, 段盛文, 郑科, 孙庆祥, 胡镇修, 成莉凤, 吕江南, 郑霞, 严理, 杨瑞林, 邓硕苹, 马兰, 龙超海. 高效节能清洁型麻类工厂化生物脱胶技术, 中国农业科学院, 杰出科技创新奖, 2016.

[2] 刘正初, 彭源德, 冯湘沅, 郑科, 段盛文, 胡镇修. 欧文氏杆菌工厂化发酵快速提取苎麻纤维工艺, 中国知识产权局, 第十五届中国专利奖, 优秀奖, 2013.

[3] 刘正初, 孙庆祥, 彭源德, 冯湘沅, 段盛文, 郑科. 高效清洁型苎麻生物脱胶技术, 湖南省政府, 湖南省科技发明奖, 三等奖, 2009.

[4] 刘正初, 孙庆祥, 彭源德, 冯湘沅, 段盛文, 郑科. 高效节能清洁型苎麻生物脱胶技术研究与应用, 中国农科院, 中国农科院科技进步奖, 二等奖, 2009.

[5] 刘正初, 孙庆祥, 彭源德, 冯湘沅, 邓硕苹, 段盛文, 郑科. 高效清洁型红

麻韧皮生物脱胶技术，中国农科院，中国农科院科技进步奖，二等奖，2005.

[6]　邹冬生，刘正初*，彭源德，黄宇，夏远收，刘向华，冯湘沅，阳树英，喻夜兰．龙须草高效利用关键技术，湖南省科技进步奖，二等奖，2004.

[7]　刘正初，罗才安，彭源德，孙庆祥，杨瑞林．苎麻生物脱胶综合治废技术研究与应用，农业部科技进步奖，三等奖，1998.

[8]　刘正初，罗才安，杨瑞林，孙庆祥，彭源德．苎麻生物脱胶综合治废方法与设备，中国专利局，中国专利奖，二等奖，1995.

[9]　孙庆祥，刘正初*，罗才安，彭源德，杨瑞林．黄麻/红麻陆地湿润脱胶技术，中国农科院，科技成果奖，二等奖，1994.

[10]　孙庆祥，王敏裳，郭有铭，秦翠颜，刘正初*，罗才安．苎麻细菌化学联合脱胶技术，国务院，国家技术发明奖，三等奖，1990.

三、专利

[1]　刘正初，段盛文，成莉凤，郑科，冯湘沅，郑霞．一种全功能菌株用于工厂化发酵快速提取草本纤维的方法［P］．湖南：CN102559541A，2012-07-11.

[2]　刘正初，郑科，段盛文，冯湘沅，成莉凤，郭刚，胡镇修，张运雄．红麻韧皮工厂化生物脱胶工艺［P］．湖南：CN101503829，2009-08-12.

[3]　刘正初，彭源德，冯湘沅，郑科，段盛文，胡镇修．欧文氏杆菌工厂化发酵快速提取苎麻纤维工艺［P］．湖南：CN101235357，2008-08-06.

[4]　刘正初，胡镇修，冯湘沅，彭源德，张运雄，段盛文，郑科．一种利用欧文氏杆菌提取β-甘露聚糖酶的工艺［P］．湖南：CN1978636，2007-06-13.

[5]　刘正初，段盛文，胡镇修，冯湘沅，彭源德，郑科．一种高效低耗清洁型麦草生物制浆工艺［P］．湖南：CN1779068，2006-05-31.

[6]　刘正初，彭源德，冯湘沅，邓硕苹，段盛文，郑科．一种工厂化条件下龙须草/红麻韧皮生物制浆工艺［P］．湖南：CN1517486，2004-08-04.

[7]　刘正初，彭源德，冯湘沅，周文春，邓硕苹．一种高效节能清洁型红麻韧皮生物制浆工艺［P］．湖南：CN1451815，2003-10-29.

[8]　刘正初，彭源德，冯湘沅，邓硕苹，段盛文．一种草本纤维工厂化脱胶或制浆用高效菌剂制备方法［P］．湖南：CN1450209，2003-10-22.

[9]　刘正初，彭德源，孙庆祥，冯湘沅，吕江南．苎麻生物脱胶工艺技术与设备［P］．湖南：CN1130216，1996-09-04.

[10] 刘正初，罗才安，杨瑞林，孙庆祥，彭源德．苎麻生物脱胶综合治废方法及设备［P］．湖南：CN1058624，1992-02-12.

[11] 刘正初，段盛文，马兰，郑科，成莉凤，冯湘沅，郑霞，龙超海．生物脱胶麻类纤维原料预处理机组［P］．湖南：CN202730313U，2013-02-13.

[12] 刘正初，段盛文，吕江南，郑科，成莉凤，冯湘沅，郑霞，马兰．生物脱胶碾压水冲耦合洗麻机组［P］．湖南：CN202730314U，2013-02-13.

[13] 刘正初，杨政．罗拉式洗麻机［P］．湖南：CN200943109，2007-09-05.

[14] 刘正初，杨政．麻除皮机［P］．湖南：CN2926267，2007-07-25.

[15] 刘正初，杨政．苎麻生物脱胶连续发酵设备［P］．湖南：CN2885871，2007-04-04.

[16] 刘正初，杨政．麻除皮方法及实施该方法的麻除皮机［P］．湖南：CN1888149，2007-01-03.

[17] 张运雄，刘正初*．一种苎麻的脱胶方法［P］．湖南：CN105568397A，2016-05-11.

[18] 段盛文，刘正初*，冯湘沅，郑科，成莉凤．一种麻类纤维晾晒装置［P］．湖南：CN204401151U，2015-06-17.

[19] 段盛文，刘正初*．一种细菌菌体收集装置［P］．湖南：CN204281751U，2015-04-22.

[20] 段盛文，刘正初*，郑科，冯湘沅，成莉凤．一种麻类纤维解离装置［P］．湖南：CN204281899U，2015-04-22.

[21] 段盛文，刘正初*，成莉凤，郑科，冯湘沅．一种麻类纤维原料仓储装置［P］．湖南：CN204280395U，2015-04-22.

[22] 孙庆祥，刘正初*，罗才安，杨瑞林，宋贻则，王绍文，龙超海．苎麻细菌脱胶锅［P］．湖南：CN2057419，1990-05-23.

附录二

刘正初主持承担/主笔申请承担科研任务汇总（1988—2015）

序号	项目名称	任务来源级别与类别	项目编号	起止时间	主持人及职称	主要参加人员	主要参加人员（包括在读研究生）
1	苎麻生物脱胶综合治疗方法与设备	企业委托项目		198804—199412	刘正初/副研究员	孙庆祥 罗才安 冯湘沅	杨瑞林 彭源德
2	苎麻纤维生物加工技术研究	农业部重点科研计划课题	农05-01-05-04	199101—199512	孙庆祥/研究员 刘正初/副研究员	罗才安 彭源德	冯湘沅 吕江南
3	黄麻和红麻陆地湿润脱胶技术的推广应用	农业部重点推广计划项目		199101—199312	孙庆祥/研究员 刘正初/副研究员	罗才安 彭源德	冯湘沅 段玉华
4	Improved Retting and Extraction of Jute and Kenaf	国际黄麻组织（IJO）合作研究项目	RAS/122/1	199201—199412	孙庆祥/研究员 刘正初/副研究员	彭源德 冯湘沅	
5	苎麻生物脱胶新技术研究	农业部重点科研计划项目	农05-01-03-02	199601—199812	刘正初/研究员	彭源德 冯湘沅	杨喜爱
6	红麻微生物脱胶机理研究	国家自然科学基金项目	29576267	199601—199812	刘正初/研究员	彭源德 冯湘沅	杨喜爱 杨礼富
7	苎麻生物脱胶新工艺新设备研究	原湖南省计委主持国家计委重大攻关项目	湘计科[1997]454号	199707—199912	刘正初/研究员	彭源德 冯湘沅	杨喜爱 杨礼富

（续表）

序号	项目名称	任务来源级别与类别	项目编号	起止时间	主持人及职称	主要参加人员（包括在读研究生）
8	黄麻和红麻快速脱胶技术引进与消化	国家"948"重大专项项目	971039	199707—200112	刘正初/研究员	彭源德 郑科 冯湘沅 邓硕莘 段盛文 张运雄 杨喜爱 张波
9	高效节能清洁型苎麻生物脱胶技术研究	中国农业科学院重点之重项目		199804—199912	刘正初/研究员	彭源德 冯湘沅 段盛文 杨喜爱
10	苎麻生物脱胶工艺技术与设备推广示范	农业部重点推广计划项目		199804—200012	刘正初/研究员	彭源德 冯湘沅 段盛文 杨喜爱
11	红麻快速生物脱胶技术的消化与示范	国家外国专家管理局引智项目		199904—200012	刘正初/研究员	彭源德 冯湘沅 段盛文
12	Investigation of retting and post harvest practices of jute and allied fibre	国际合作项目（IJO）		199804—199912	刘正初/研究员	彭源德 冯湘沅 段盛文 郑科
13	Study on Existing Harvest and Post Harvest Practices of Jute and Allied Fibre and Their Utilization in JAF Producing Countries	IJO合作研究项目		199904—200112	刘正初/研究员	彭源德 冯湘沅 段盛文 郑科
14	Biotechnological Application of Enzymes for Making Paper Pulp from Green Jute/Kenaf	联合国工业开发组织（UNIDO）合作研究项目		200004—200212	王朝云/研究员	刘正初为申请书原始文本起草人
15	罗布麻生物脱胶技术研究	中国农业科学院重点科研计划项目	2000-33	200104—200312	刘正初/研究员	彭源德 冯湘沅 段盛文 周裔彬 邓硕莘 郑科
16	龙须草产业化关键技术研究与示范	湖南省西部开发重大项目	01NKY2005	200104—200312	邹冬生/教授 刘正初/研究员	彭源德 冯湘沅 段盛文 刘向华 邓硕莘 郑科

（续表）

序号	项目名称	任务来源级别与类别	项目编号	起止时间	主持人及职称	主要参加人员（包括在读研究生）
17	高效节能清洁性红麻韧皮生物制浆技术研究	国家"863"计划课题	2001AA214181	200107—200312	刘正初/研究员 彭源德/副研究员	冯湘沅 段盛文 郑 科 周奋彬 邓硕苹 周文春 谭秀山 李宝坤
18	黄红麻无污染生物脱胶制剂研究与产业化	国家"十五"攻关计划专题	2001BA502B06-2	200107—200312	刘正初/研究员	彭源德 冯湘沅 段盛文 邓硕苹 胡镇修等 郑 科
19	苎麻生物脱胶工艺技术与设备示范生产线建设	科技部农业科技成果转化资金项目	02EFN216900733	200112—200412	刘正初/研究员 贺德意/副所长	彭源德 吕江南 段盛文 郑 科 邓硕苹 冯湘沅 胡镇修等
20	高效节能清洁型草本纤维生物制浆技术研究	国家"863"计划课题	2004AA214112	200401—200512	刘正初/研究员	胡镇修 彭源德 张运雄 冯湘沅 段盛文 郑 科 成莉凤 顾佳 佳等
21	麻类制酶制剂制备工艺及其应用示范	国家"十五"攻关计划专题	2004BA502B06-2	200401—200512	刘正初/研究员	彭源德 冯湘沅 段盛文 郑 科 胡镇修等
22	苎麻生物脱胶技术规范	农业行业标准制（修）订项目	06078	200410—200512	刘正初/研究员	彭源德 冯湘沅 段盛文 郑 科 胡镇修
23	麻类脱胶与草类制浆微生物资源整理整合与共享	国家自然资源平台建设项目	2004DKA30560-7	200410—200512	刘正初/研究员	胡镇修 张运雄 冯湘沅 段盛文 郑 科
24	超临界酶催化麻纤维提取与变性基础研究	国家"973"前期项目	2004CCA00700	200501—200612	熊和平/研究员	刘正初排名第五 冯湘沅
25	天然可降解草本纤维生物提取及其新产品开发技术研究	国家"863"目标导向课题	2006AA02Z249	200601—200912	刘正初/研究员	胡镇修 张运雄 冯湘沅 段盛文 郑 科
26	中性甘露聚糖酶分子改造及其表达技术研究	国家"863"课题自选	2006AA02Z155	200601—200812	刘正初/研究员 张运雄/副研究员	胡镇修 张运雄 冯湘沅 段盛文 郑 科
27	麻类生物脱胶酶制剂研制与开发利用	国家"十一五"科技支撑计划	2006BAD06B03-02	200601—200812	刘正初/研究员	胡镇修 张运雄 冯湘沅 段盛文 郑 科

（续表）

序号	项目名称	任务来源级别与类别	项目编号	起止时间	主持人及职称	主要参加人员	（包括在读研究生）
28	麻类加工微生物菌种资源整理与整合	国家自然资源菌种资源平台建设项目	2006DKA21201-9	200601—201012	刘正初/研究员	胡镇修 郑科	张运雄 冯湘沅 段盛文
29	麻类生物加工技术研究与示范	国家公益性（农业）行业专项计划	nyhyzx07-018-07	200701—201012	刘正初/研究员	胡镇修	冯湘沅 段盛文 郑科
30	甘露聚糖酶基因高效表达体系构建	湖南省科技专项计划	06FJ3014	200701—201012	刘正初/研究员 张运雄/副研究员	胡镇修	冯湘沅 段盛文 郑科
31	麻类纤维生物提取岗位	现代农业产业技术体系专项	nycytx-19-E21	200810—201012	刘正初/研究员	胡镇修 郑霞	冯湘沅 段盛文 郑科
32	红麻产业转型关键技术引进与消化	国家"948"专项计划	2010C05	201010—201012	刘正初/研究员	胡镇修 郑霞 成莉凤	冯湘沅 段盛文 郑科
33	脱胶工艺与技术岗位	现代农业产业技术体系专项	CARS-19-E24	201101—201512	刘正初/研究员	段盛文 郑科 成莉凤	冯湘沅 郑霞
34	年产1200t生物酶及10000t苎麻生物脱胶产业化工程	国家高技术产业化专项计划		201101—201312	刘正初/研究员	段盛文 郑科 成莉凤	冯湘沅 郑霞
35	复合酶用于麻类生物脱胶的工艺研究	国家"863"专题计划课题	2012AA022209D	201201—201512	刘正初/研究员	段盛文 郑科 成莉凤	冯湘沅 郑霞
36	农产品加工微生物遗传改良与应用	国家农业科技创新工程	ASTIP-IBFC 08	201407—201512	刘正初/研究员	彭源德 戴小阳 朱作华	郑科 冯湘沅 尹志远 张运雄 成莉凤 李峤

附录三

刘正初培养研究生汇总 （1996—2017）

一、硕士研究生

序号	姓名	类别	所学专业	培养单位/合作导师	入学时间	毕业时间	论文题目
1	杨礼富	理学	微生物学	中国农业科学院研究生院、麻类研究所	199709	199906	红麻微生物脱胶过程中酶及酶解产物的研究
2	张运雄	理学	微生物学	中国农业科学院研究生院、麻类研究所	199907	200106	苎麻脱胶高效菌株的酶系研究
3	周裔彬	工学	食品科学	新疆农业大学、中国农业科学院麻类研究所/陈发河副教授	199907	200206	高效菌株产酶特性及罗布麻生物脱胶机理的研究
4	谭秀山	工学	食品科学	新疆农业大学、中国农业科学院麻类研究所/冯作山副教授	200109	200406	CXJZ95-198 菌株分泌果胶酶和半纤维素酶的活性研究及果胶酶的分离纯化
5	李宝坤	工学	食品科学	新疆农业大学、中国农业科学院麻类研究所/傅力副教授	200209	200506	CXJZ 菌株分泌 β-甘露聚糖酶的分离纯化及其酶学性质研究
6	段盛文	理学	微生物学	中国农业科学院研究生院、麻类研究所	200409	200706	草本纤维提取菌种资源整理、整合及多样性研究

（续表）

序号	姓名	类别	所学专业	培养单位/合作导师	入学时间	毕业时间	论文题目
7	成莉凤	理学	生物化学与分子生物学	中国农业科学院研究生院、麻类研究所	200409	200706	欧文氏杆菌变异菌株 CXJZ11-01β-甘露聚糖酶纯化及酶学性质研究
8	顾佳佳	工学	食品科学	新疆农业大学、中国农业科学院麻类研究所/王忠民副教授	200409	200706	欧文氏杆菌突变菌株 CXJZU120 果胶酶纯化及其酶学基础研究
9	徐君飞	工学	食品科学	新疆农业大学、中国农业科学院麻类研究所/王忠民副教授	200409	200706	欧文氏杆菌变异株 CXJZ11-01 木聚糖酶的分离纯化及其酶学性质研究
10	石 君	理学	微生物学	中国农业科学院研究生院、麻类研究所	200509	200806	欧文氏杆菌 CXJZ11-01 基因组文库构建及木聚糖酶基因克隆
11	李 斌	理学	微生物学	中国农业科学院研究生院、麻类研究所	200609	200906	基因串联与 β-甘露聚糖酶高效表达体系构建
12	李 炫	理学	生物信息学	湖南农业大学、中国农业科学院麻类研究所/彭克勤教授	200609	200906	β-甘露聚糖酶高产基因工程菌株的发酵条件及酶的纯化与性质研究
13	李 蔚	理学	微生物学	湖南农业大学、中国农业科学院麻类研究所/谢达平教授	200609	200906	果胶酶高产菌株的筛选及其 Pectate Lyase 基因克隆
14	殷莹莹	理学	微生物学	湖南农业大学、中国农业科学院麻类研究所/谢达平教授	200609	200906	基因工程菌株麻类脱胶关键酶的催化活性及其酶学性质研究
15	石 岩	理学	微生物学	中国农业科学院研究生院、麻类研究所	200609	200906	欧文氏杆菌突变体库的构建及单基因突变体的筛选研究
16	张居作	农学	兽医学	广西农业大学、中国农业科学院麻类研究所/陈汉忠教授	200709	201006	欧文氏杆菌变异菌株 CXJZ11-01 木聚糖酶分离纯化及其性质研究
17	高海友	理学	微生物学	中国农业科学院研究生院、麻类研究所	200909	201206	β-甘露聚糖酶和木聚糖酶基因共表达体系构建
18	郑 科	理学	微生物学	中国农业科学院研究生院、麻类研究所	201309	201906	草本纤维生物精制工艺技术研究与改良

（续表）

序号	姓名	类别	所学专业	培养单位/合作导师	入学时间	毕业时间	论文题目
19	曾 洁	理学	微生物学	中国农业科学院研究生院、麻类研究所	201509	201806	麻类脱胶高效菌株关键酶基因共表达体系构建

二、博士研究生

序号	姓名	类别	所学专业	培养单位/合作导师	入学时间	毕业时间	论文题目
1	刘向华	农学	生态学	湖南农业大学、中国农业科学院麻类研究所/邹冬生教授	199907	200206	龙须草生物制浆机理研究及工厂化应用
2	张运雄	理学	生物化学与分子生物学	中国农业科学院研究生院、麻类研究所	200309	200606	欧文氏杆菌 CXJZ95-198 非纤维素解特性及 manA 基因的克隆研究
3	王谟森	理学	生物化学与分子生物学	中国农业科学院研究生院、麻类研究所	200609	200906	草本纤维生物提取关键酶基因克隆与表达研究
4	徐君飞	理学	微生物学	湖南农业大学、中国农业科学院麻类研究所/戴良良教授	200709	201006	枯草芽孢杆菌 BE-91 菌株木聚糖基因多样性及其克隆与表达研究
5	李 琦	理学	微生物学	湖南农业大学、中国农业科学院麻类研究所/戴良良教授	200909	201406	麻类脱胶高效菌株 DCE01 的果胶酶基因克隆与表达
6	成莉凤	理学	生物化学与分子生物学	中国农业科学院研究生院、麻类研究所	201009	201306	DCE-01 菌株果胶酶基因克隆与表达及其多样性研究
7	程 毅	理学	生物化学与分子生物学	中国农业科学院研究生院、麻类研究所	201109	201506	生物脱胶关键酶基因的克隆和串联表达
8	王瑞君	理学	微生物学	湖南农业大学、中国农业科学院麻类研究所/戴良良教授	201309	201706	麻类脱胶高效菌株木聚糖酶基因改良与表达
9	段盛文	理学	生物化学与分子生物学	中国农业科学院研究生院、麻类研究所	201409	201806	麻类脱胶基因工程菌株构建与表达

附录四

参考文献

一、中文专著

陈石根，周润琦．2001．酶学［M］．上海：复旦大学出版社．

东秀株，蔡妙英．2001．常见细菌系统鉴定手册（第二版）［M］．北京：北京科学出版社．

郭尧君．1999．蛋白质实验技术［M］．北京：科学出版社：123-157．

郭勇．2004．酶工程（第二版）［M］．北京：科学出版社，8：254-304．

何忠效，张树政．1990．电泳［M］．北京：科学出版社：12-74，143-155．

江汉湖．2004．食品微生物学［M］．北京：中国农业出版社：107-174．

姜瑞波，顾金刚，张晓霞，等．2005．模式菌目录［M］．北京：中国农业科学技术出版社．

姜瑞波，叶强，顾金刚，等．2005．微生物菌种资源描述规范（第一卷）［M］．北京：中国农业科学技术出版社．

姜瑞波，张晓霞，顾金刚，等．2005．中国农业菌种目录［M］．北京：中国农业科学技术出版社．

李建武，萧能赓，余瑞元，等．1999．生物化学实验原理与方法［M］．北京：北京大学出版社：53-55，216-223．

林加涵，魏文铃，彭宣宪．2001．现代生物学实验（下册）［M］．北京：高等教育出版社．

凌关庭，王亦芸，唐述潮．1998．食品添加剂手册（上册）［M］．北京：化学工业出版社：398-360．

凌宏志．2005．沤麻微生物多样性及果胶酶产生菌酶学基础的研究［硕士学位论文］［D］．哈尔滨：黑龙江大学．

刘如林．1995．微生物工程概论［M］．天津：南开大学出版社：283-469．

孙儒泳，李庆芬，牛翠娟，等.2002. 基础生态学 ［M］. 北京：高等教育出版社.

陶慰孙，等.2002. 蛋白质分子基础（第二版） ［M］. 北京：高等教育出版社：2-84.

汪家政，范明.2001. 蛋白质技术手册 ［M］. 北京：科学出版社.

王镜岩，朱圣庚，徐长法.2002. 生物化学（上册）［M］. 北京：高等教育出版社：263-264.

王镜岩，朱圣庚，徐长法.2002. 生物化学 ［M］. 北京：高等教育出版社.

吴冠芸，潘华珍，吴翠.1999. 生物化学与分子生物学实验常用数据手册 ［M］. 北京：科学出版社：74-75.

吴金鹏.1996. 食品微生物学 ［M］. 北京：农业出版社：77-90.

徐凤彩等.2000. 酶工程 ［M］. 北京：中国农业出版社.

严希康.1996. 生化分离技术 ［M］. 上海：华东理工大学出版社：100-108.

杨洁彬，等.1995. 食品微生物学（第二版）［M］. 北京：北京农业大学出版社.

余冰宾.2004. 生物化学试验指导 ［M］. 北京：清华大学出版社.

张龙翔，张廷芳，李令媛.1997. 生化试验方法与技术 ［M］. 北京：高等教育出版社.

张树政.1984. 酶制剂工业（下册）［M］. 北京：科学出版社：625-634.

张惟杰.1987. 复合多糖生化研究技术 ［M］. 上海：科学技术出版社：1-5.

赵永芳.2002. 生物化学技术原理及应用 ［M］. 北京：科学出版社：388-389.

中国农业科学院麻类研究所.1999. 中国麻类作物栽培学 ［M］. 北京：农业出版社.

周德庆.2002. 微生物学教程 ［M］. 北京：高等教育出版社：99-214.

二、中文期刊及专利文献

艾尼瓦尔，付时雨，詹怀宁.2002. 白腐菌预处理芦苇制浆的研究 ［J］. 造纸科学与技术，21（5）：4-9.

包怡红，刘伟，毛爱军，等.2005. 耐碱性木聚糖酶高产菌株的筛选、产酶优化及其在麦草浆生物漂白中的应用 ［J］. 农业生物技术学报，13（2）：235-240.

毕瑞明，孙迅，任少亭，等.2000. 黑曲霉产木聚糖酶发酵条件的研究 ［J］. 工业微生物，30（1）：53.

车玉伶，王慧，胡洪营，等.2005. 微生物群落结构和多样性解析技术研究进展 ［J］. 生态环境，14（1）：127-133.

陈灿，孙焕良，彭源德，等.2000. 南方亚麻微生物脱胶技术研究 2. 麻茎特性对亚麻脱胶的影响 ［J］. 中国麻业，22（2）：37-40.

陈国斌 . 2003. 酶制剂在谷物食品加工中的应用 [J]. 食品科技，4：47-51.

陈惠忠，等 . 1991. 黑曲霉 An-76 木聚糖酶系的酶学研究 [J]. 微生物学报，31
　（2）：100-107.

陈惠忠，高培基，王祖农 . 1991. 黑曲霉 An-76 木聚糖酶系的酶学研究 [J]. 微生
　物学报（2）：100-107.

陈晶 . 2005. 微生物多样性的研究方法概况 [J]. 生物技术，15（4）：85-87.

陈小兵，丁宏标，乔宇 . 1997. β-甘露聚糖酶的酶学性质、工农业应用及基因工程
　研究 [J]. 中国生物工程杂志，增刊：156-159.

陈晓倩，殷浩文，胡洪营，等 . 2003. 微生物群落多样性分析方法的进展 [J]. 上
　海环境科学，12（3）：213-217.

陈杨栋，等 . 2010. 苎麻微生物脱胶菌株筛选及脱胶效果评价 [J]. 纺织学报，5：
　69-73.

陈一平，龙健儿，廖连华，等 . 1999. β-甘露聚糖酶产生菌的筛选和发酵条件的初
　步研究 [J]. 天然产物研究与开发，10（3）：24-29.

陈一平，龙健儿，廖连华，等 . 2000. 芽孢杆菌 M50 产生 β-甘露聚糖酶的条件研究
　[J]. 微生物学报，40（1）：62-68.

程池，乐锡林，熊涛，等 . 2004. 对里氏木霉 RutC-30 所产非淀粉多糖酶系的分析
　[J]. 食品与发酵工业（5）：64.

程立忠，张理珉，沙涛，等 . 2000. 丙酮沉淀法提取中性 β-甘露聚糖酶的条件研究
　[J]. 云南大学学报，22（4）：318-320.

储卫华，陆承平 . 2001. 嗜水气单胞菌胞外蛋白酶的化学修饰 [J]. 中国生物化学
　与分子生物学报，17（3）：372-375.

崔福绵，石家骥，鲁茁壮 . 1999. 枯草芽孢杆菌中性 β-甘露聚糖酶的产生及性质
　[J]. 微生物学报，39（1）：60-63

崔立，等 . 1999. 饲料中的抗营养因子及酶法技术研究 [J]. 中国禽业导刊.

邓伟，李秀婷，江正强 . 2005. 橄榄绿链霉菌木聚糖酶组对面包品质的改善 [J].
　中国粮油学报，20（1）：1-5.

董彬，郑学玲，王凤成 . 2005. 酶对面粉烘焙质量的影响 [J]. 粮食与油脂，1：3-
　5.

董亚敏，殷幼平，曹月青 . 2002. 星天牛幼虫肠道木聚糖酶的纯化和性质 [J]. 昆
　虫学报，45（2）：165-169.

董云舟，堵国成，陈坚 . 2005. 芽孢杆菌发酵产碱性果胶酶温度控制策略 [J]. 应
　用与环境生物学报（3）：359-362.

杜先锋，李平．2000．，四川白魔芋球茎中甘露聚糖酶部分酶学性质［J］．合肥大学学报，23（5）：679．

范西玉，等．1991．红麻细菌脱胶研究初报（一）［J］．河南农业科学（2）：11-12；1991（3）：8-10．

方宏，曾健智，等．2000．高效液相色谱法检测蔗渣半纤维素水解物中的单糖［J］．广西科学院学报，16（3）：124-126．

方积年，魏远安．1991．高效液相谱法在糖类研究中应用［J］．色谱，9（2）：103-107．

江浩，刘晓兰．1998．亚麻脱胶菌种的选育及脱胶过程的初步研究［J］．微生物通报，25（3）：150-155．

高必达．2000．真菌果胶酶的分子生物学研究进展［J］．生物工程进展（6）：14-18．

高庆义，王效忠，毕瑞明，等．2001．链霉菌发酵麦草产木聚糖酶的实验研究［J］．工业微生物，31（3）：36．

葛欣，董微，康艳红．2006．金属离子对果胶酶的协同作用研究［J］．微量元素与健康（6）：12-13．

顾红燕，齐鸿雁，张洪勋．2002．高大毛霉制取果胶酶发酵条件实验［J］．过程工程学报（3）：252-256．

顾燕松．2002．纺织生物助剂果胶酶酶活的测定方法［J］．纺织科学研究（3）：29-35．

郭爱莲，张红莲，冯琛．2001．某些物质对细菌 Xg-02 果胶酶活性的影响［J］．西北轻工业学院学报，19（1）：18-21．

郭清泉，胡日生，孙焕良，等．2001．苎麻胶质的基因型差异与成因及育种中利用的研究 I．苎麻胶质含量及其组分与过氧化物酶同工酶的关系［J］．湖南农业大学学报，27（4）：268-272．

郭净，张根旺．2003．脂肪酶的结构特征和化学修饰［J］．中国油脂，28（7）：5-10．

韩晓芳，郑连爽．2004．嗜碱芽孢杆菌木聚糖酶在苇浆漂白中的应用初探［J］．农业环境科学学报，23（6）：1 144-1 146．

郝利民．1983．国内外苎麻微生物脱胶研究概述［J］．中国麻作（3）：28-32．

何成新，张厚瑞．1998．木聚糖水解酶的研究进展［J］．广西轻工业，4：12-15．

何绍江，等．1989．红麻脱胶废水水质分析［J］．华中农业大学学报，8（2）：186-188．

何绍江, 冯新梅, 刘勇, 等.1997. 苎麻厌氧脱胶菌研究: Ⅲ. 脱胶菌种的鉴定 [J]. 中国麻作, 19 (1): 33-35.

何绍江, 刘勇, 冯新梅, 等.1995. 苎麻厌氧脱胶菌研究: Ⅰ. 脱胶菌的筛选和产酶条件实验 [J]. 中国麻作, 17 (3): 34-38.

何为, 詹怀宇.2004. 木聚糖酶活性影响因素的研究 [J]. 中国造纸学报 (1): 163-166.

贺文明编译.2003. 木聚糖酶在美国 PK 厂的应用 [J]. 国际造纸, 22 (5): 32-34.

洪枫, 陈牧, 勇强.1998. 里氏木霉制备木聚糖酶的产酶历程 [J]. 南京林业大学学报, 22 (1): 31-36.

洪枫, 余世袁.1999. 木聚糖成分对木聚糖酶合成的影响 [J]. 纤维素科学与技术 (6): 42-47.

洪新.2005. 黑根霉产木聚糖酶的条件优化 [J]. 中国畜牧兽医, 32 (7): 15-17.

侯炳炎.2002. 木聚糖酶及其应用 [J]. 动物科学与动物医学, 4 (19) 4: 52-53.

胡国全, 张辉.2003. 苎麻的厌氧微生物脱胶条件实验 [J]. 中国沼气, 221 (4): 10-12.

胡立勇.1995. 中国的黄麻红麻沤洗现状及技术改进 [J]. 华中农业大学学报, 14 (2): 198-206.

胡良文.2004. 饲用酶制剂的研究和应用 [J]. 广东饲料 (5): 30-32.

胡乾镇. 等.1997. 酶学研究中的关键事项与进展 [J]. 武汉教育学院学报, 16 (3): 79-82.

胡瑞林, 等.1998. 罗布麻生长发育规律的探讨 [J]. 中国野生植物资源, 17 (3): 35-49.

黄峰, 陈嘉翔.1997. 纸浆造纸工业中的微生物及其酶 [J]. 中国造纸学报, 12: 109-115.

黄惠莉, 林文銮.1993. 果胶酶超滤工艺参数的测算 [J]. 福建化工 (4): 16-18.

黄家骥, 许正宏, 杜宏利, 等.2003. Bacillus pumilus WL-11 产生木聚糖酶的生物机制 [J]. 食品技术, 5: 13-15.

黄俊丽, 李常军, 王贵学.2006. 微生物果胶酶的分子生物学及其应用研究进展 [J]. 生物技术通讯 (6): 992-994.

黄立新, 高群玉.2000. 米粉液化过程糖组分变化的研究 [J]. 郑州粮食学院学报, 21 (3): 21-24.

黄小龙, 孙焕良, 孟桂元, 等.2004. 南方亚麻微生物脱胶技术及其理论研究 V [J]. 湖南农业大学学报 (自然科学版) (3): 227-229.

黄小文，刘雪山，徐凤芹．2003. 甘露寡糖酶对大猪生长性能的影响［J］. 饲料研究，6：29-31.

黄振鹏．2001. 用β-甘露聚糖酶改善单胃动物对大豆的利用［J］. 国际饲料（12），22-26.

惠东威，受宜．1990. RAPD 技术及应用［J］. 生物工程进展，12（6）：1-4.

计成，蔡青，胥传来，等．2003. 木聚糖酶与白腐真菌［J］. 粮食与饲料工业，12：51-52.

贾月，弓爱君，邱丽娜，等．2005. 果胶酶分离纯化及分析方法的研究进展［J］. 工业微生物（1）：55-58.

江洁，刘晓兰，等．1998. 果胶酶活性分光光度测定方法的研究［J］. 齐齐哈尔大学学报（1）：63-66.

江均平，等．1995. 海枣曲霉木聚糖酶的纯化及未端序列研究［J］. 生物化学与生物物理学报，27（2）：159-163.

江均平，等．1995. 海枣曲霉木聚糖酶降解寡聚木糖的特性［J］. 生物化学与生物物理学报，27（3）：287-291.

江均平．1995. 木聚糖酶的研究进展及应用前景［J］. 生物化学与分子生物学动向，1（1）：45-47.

江正强，李里特，柴萍萍．2005. 芽孢杆菌 WY45 产β-甘露聚糖酶发酵条件的优化［J］. 中国农业大学学报，10（3）：77-80.

江正强，李里特，柴萍萍．2006. 枯草芽孢杆菌产β-甘露聚糖酶固体发酵条件的优化［J］. 微生物学报，33（1）：84-89.

江正强，李里特．2003. 酶制剂在面条加工中的应用［J］. 粮食与饲料工业，8：1-3.

江正强．2005. 微生物木聚糖酶的生产及其在食品工业中应用的研究进展［J］. 中国食品学报，5（1）：1-7.

蒋建新，张卫明，朱莉伟，等．2005. 半乳甘露聚糖型植物胶的研究进展［J］. 中国野生资源，20（4）：1-5.

蒋建雄，李宗道，赵文魁．1991. 麻类作物微生物工程研究进展［J］. 作物研究（1）：45-48.

蒋世琼．1995. 果胶酶活力的简便测定方法［J］. 化学世界（10）：553-555.

蒋艳军，程立忠．1998. 枯草芽孢杆菌β-甘露聚糖酶的三种纯化方法研究［J］. 云南大学学报（自然科学版），20（3）：200-202.

金鹏辉，等．2011. 生物酶脱胶工艺在制备桑皮纤维中的应用［J］. 纺织学报，32：

55-58.

金卫根.等.2002. 微生物技术在现代农业上的应用综述 [J]. 江西农业科技 (5)：43-44.

居乃琥.2000. 酶工程研究和酶工程产业的新进展 (I) [J]. 食品与发酵工业, 26 (3)：54-62.

孔晓英, 马隆龙, 吴创之, 等.2003. 麦草与蔗渣基本热解特性的比较 [J]. 可再生能源 (6)：12-14.

乐易林, 熊涛, 曾哲灵, 等.2005. 紫外诱变里氏木霉 Rut C230 提高木聚糖酶活力及发酵条件的研究 [J]. 食品与发酵工业, 1 (1)：74-76.

李渤南, 等.2002. 饲用酶制剂的国内外研究进展 [J]. 研究动态 (4)：3.

李彩霞, 房桂干, 刘书钗.2001. 木聚糖酶活的具体测定方法 [J]. 林产化工通讯, 35 (1)：20-23.

李德舜, 谭晓明.2010. 大麻微生物脱胶菌种选育及脱胶工艺研究 [D]. 山东大学, 硕士学位论文.

李德舜, 颜涛, 宗雪梅, 等.2006, . 芽孢杆菌 (Bacillus sp. No. 16A) 苎麻脱胶研究 [J]. 山东大学学报, 41 (5)：151-154.

李海宁.2003. 饲料酶制剂种类及应用前景 [J]. 四川畜牧兽医 (9)：31-33.

李佳.2005. 低聚木糖的生产及应用研究综述 [J]. 食品科技, 11 (6)：33-35.

李坚.2005. 葡甘露聚糖的制备 [J]. 石油化工, 34 (增刊)：274-275.

李建军, 郭清泉, 陈建荣.2006., 21 份不同木质素含量的苎麻的 RAPD 聚类分析 [J]. 中国麻业, 28 (3)：12-122.

李剑芳, 马丽萍, 邬敏辰.2006. 宇佐美曲霉酸性 β-甘露聚糖酶纯化及性质研究 [J]. 食品与发酵, 32 (9)：5-9.

李剑芳, 王斌林, 邬敏辰.2002. 黑曲霉酸性 β-甘露聚糖酶的发酵工艺 [J]. 食品与发酵工业, 28 (9)：19-22.

李剑芳, 张静娟, 邬敏辰, 等.2006. 酸性 β-甘露聚糖酶固态发酵工艺与粗酶性质 [J]. 食品科学, 27 (5)：143-147.

李江华, 房俊.2004. 半纤维素酶高产菌株的选育及产酶条件 [J]. 无锡轻工业大学学报, 23 (5)：48-57.

李江华, 房峻.2002. 黑曲霉酸性 β-甘露聚糖酶的发酵工艺研究 [J]. 江苏食品与发酵 (4)：16-18.

李江华, 邬敏辰, 房峻, 等.2002. 黑曲霉固态发酵生产酸性 β-甘露聚糖酶 [J]. 生物技术, 12 (1)：26-28

李平作，章克昌．2000．灵芝胞外多糖的分离纯化及生物活性［J］．微生物学报，40（2）：217-220．

李万涛．1998．开发亚麻/罗布麻保健型纺织产品的探讨［J］．黑龙江纺织，75（4）：6-7．

李卫芬，孙建义．2002．木聚糖酶的特性研究［J］．浙江大学学报（农业与生命科学版），27（1）：103-106．

李文玉，董志扬，崔福绵．2000．枯草芽孢杆菌中性内切β-甘露聚糖酶的纯化及性质［J］．微生物学报，40（4）：420-424．

李希明，陈勇，潭云贤，等．2006．生物破胶酶研究及应用［J］．石油钻采工艺，28（2）：52-54．

李孝辉．1999．木聚糖酶在食品及饲料工业上的应用［J］．粮食与饲料工业（12）：12．

李兴鸣，徐长明．2006．法夫酵母的酶法破壁研究［J］．粮食与饲料工业（6）：38．

李学红，马庆一，张昱，等．2003．果胶酶解液抑菌性能的研究［J］．食品工业科技（1）：51-53．

李云龙，等．1996．微生物技术在农业和环保中的应用［J］．东北农业大学学报（27）：406-413．

李志键，张志杰，张素凤．2001．生物技术在制浆造纸工业的应用与研究进展［J］．中国造纸（1）：51-55．

李忠福，许建国．2002．分光光度法测定果胶酶活力方法的研究［J］．黑龙江医药（6）：428-430．

李忠正．2006．合理利用禾草类纤维造纸的理论与实践［J］．上海造纸，37（5）：3-8．

连惠芗，汪世华．2006．木聚糖酶的研究与应用［J］．武汉工业学院学报，25（1）：42-46．

林建城．2005．酶在食品工业、轻工业和环境保护上的应用分析［J］．莆田学院学报（2）：18-20．

林耀辉，刘新民，等．1995．果胶酶生产菌细胞固定化及其产酶研究［J］．食品科学，16（11）：38-41．

凌代文．1994．厌氧微生物中重要类群研究的新进展［J］．微生物科技信息，21（4）：9-11．

刘长茹．2005．应用中空纤维超滤膜分离纯化甘露醇［J］．齐鲁渔业，22（1）：31-34．

刘超纲, 勇强, 余世袁.1999. 里氏木霉诱导合成木聚糖酶的调控 [J]. 南京林业大学学报, 23 (3): 29-32.

刘芳, 潘晓亮.2006. 外源酶提高反当动物饲料利用率的研究进展 [J]. 饲料工业, 27 (23): 46-48.

刘宏波, 杨昌柱等.2006. 中空超滤在酶纯化浓缩中的应用 [J]. 膜科学与技术, 26 (5): 81-85.

刘洪灿, 周培瑾.2000. 罗耳阿太菌酸性 β-甘露聚糖酶纯化与性质的研究 [J]. 中国科技成果 (15): 36-38.

刘焕明, 梁运祥, 彭定祥.2006. 苎麻酶法脱胶的研究 [J]. 中国麻业, 28 (2): 87-90.

刘建军.2001. 酶制剂 GXC 对生长猪稻谷型饲料粮消化率的影响 [J]. 浙江大学学报, 22 (7): 491-494.

刘进国.2004. 一种新型饲料添加剂 [J]. 兽药与饲料添加剂, 9 (3): 18-20.

刘兰英, 等.1989. 果胶酶的分离提纯及某些性质研究 [J]. 吉林大学自然科学学报 (2): 96-100.

刘亮伟, 张革新, 贺铁明, 等.2005. F/10 和 G/11 木聚糖酶家族的不同热稳定性机制 [J]. 无锡轻工大学学报, 24 (1): 54-58.

刘荣忠, 等.1981. 苎麻酶法脱胶 [J]. 微生物学通报 (5), 209-212.

刘瑞田, 曲音波.1997. 木聚糖酶基因克隆、表达及序列分析研究 [J]. 微生物学通报, 24 (5): 293-296.

刘瑞田, 曲音波.1998. 木聚糖酶分子的结构区域 [J]. 生物工程进展, 18 (6): 26-27.

刘世昌, 葛绍荣.1994. 川西北退化草地土壤微生物数量与区系研究 [J]. 草业学报, 3 (4): 70-75.

刘同军, 张玉臻.1999. 半纤维素酶的应用进展 [J]. 食品与发酵工业, 24 (6): 58-61.

刘同军.1998. 半纤维素酶的应用进展 [J]. 食品与发酵工业, 24 (6): 59-61.

刘伟雄.2001. 游离果胶酶和固定化果胶酶酶学性质 [J]. 食品研究与开发 (4): 5-7.

刘翔, 何国庆.2003. 纤维素酶及相关酶在食品生物技术中的应用 [J]. 粮油加工与食品机械 (6): 61-63.

刘彦群, 鲁成, 向仲怀, 2006. 利用 RAPD 标记分析柞蚕品种资源的亲缘关系 [J]. 中国农业科学, 39 (12): 2608-2614.

刘燕，刘钟栋，潘珂，等 . 2006. 甘露聚糖酶水解烟草胶质的研究 ［J］. 河南工业大学学报，27（6）：69-72.

刘正初，彭源德，孙庆祥，等 . 1995. 黄麻红麻陆地湿润脱胶技术的推广应用 ［J］. 中国麻业，17（4）：24-26.

刘正初，彭源德 . 1994. 苎麻细菌化学联合脱胶废水污染机理研究 ［J］. 中国环境科学（6）：456-459.

刘正初 . 1993. 黄麻脱胶与微生物研究 ［J］. FAO/IJO 改良黄麻脱胶与剥制论文集 .

刘自溶，邹卫明，姜炳宪 . 1987. 黑曲霉果胶酶的研究菌种选育 ［J］. 食品与发酵工业（6）：16-22.

刘自镕，程海，任健平 . 2001. 大麻酶法脱胶的机理初探 ［J］. 纺织学报（6）：87-90.

刘自镕，等 . 2002. 苎麻脱胶果胶酶的生产及其在苎麻脱胶工艺中的应用 ［J］. 中国专利，CN 1366043A.

龙德清，刘传银，朱圣平 . 2003. 魔芋开发利用与研究进展 ［J］. 食品科技（11）：18-20.

龙健儿，陈一平 . 1998. β-甘露聚糖酶的研究现状 ［J］. 微生物学杂志，18（3）：44.

卢江 . 1993. 随机引物放大多态性 DNA（RAPD）一种新的分子遗传标记技术 ［J］. 植物学报，357（增刊）：119-127.

陆健，曹钰等 . 2001. 木聚糖酶的产生、性质和应用 ［J］. 酿酒，28（6）：30-34.

陆健 . 2001. 耐酸性木聚糖酶在清酒酿造中的作用 ［J］. 食品与发酵工业，28（1）：27-30.

吕松乔，李德发，邢建军 . 2004. β-甘露聚糖酶对断奶仔猪的生产性能的影响 ［J］. 中国畜牧报（002）.

罗福庚 . 1995. 酶制剂在面粉工业中的应用 ［J］. 粮食与饲料工业（4）：11-13.

罗强，孙启玲，张兴宇，等 . 2003. β-甘露聚糖酶菌株的复合诱变选育及发酵条件优化 ［J］. 四川大学学报（自然科学版），40（1）：131-134.

罗强，孙启玲 . 2002. 发酵法生产 β-甘露聚糖酶的研究现状 ［J］. 四川食品与发酵（1）：17-20.

马冰洁，唐洪播，马玲 . 2006. 马铃薯淀粉糊的黏度性质 ［J］. 东北林业大学学报，34（4）：73-75.

马建华，高扬，牛秀田，等 . 1999. 枯草芽孢杆菌中性 β-甘露聚糖酶的纯化及性质研究 ［J］. 中国生物化学与分子生物学报，13（1）：79-82.

马俊，齐颖.2006.魔芋的功能及应用［J］.中国食品与营养（5）：48，49.

马延和，田新玉，周培瑾.1991.碱性β-甘露聚糖酶的产生条件及一般特性［J］.微生物学报，31（6）：443-448.

马延和，田新玉，周培瑾.1992.碱性β-甘露聚糖酶发酵工艺研究［J］.微生物通报，19（1）：13.

马延和.2002.酶法生产低聚糖［J］.精细与专用化学品，5：12-14.

毛连山，宋向阳，勇强，等.2002.碳氮比对里氏木霉合成木聚糖酶的影响［J］.林产化学与工业，22（3）：41-44.

毛连山，勇强，宋向阳，等.2005.超滤分离里氏木霉木聚糖酶的研究［J］.纤维素科学与技术（1）：1-5.

毛连山，勇强，宋向阳.2006.内切木聚糖酶的选择性纯化及酶解制备低聚木糖的研究［J］.林产化学与工程，26（1）：124-126.

毛绍名，章怀云.2006.β-甘露聚糖酶分子生物学进展［J］.生物技术通讯，17（6）：995-997.

蒙海林，张云开，凌敏，等.2006.β-甘露聚糖酶产生菌的选育［J］.现代食品科技，22（2）：73-75.

闵乃同.1983.苎麻微生物及化学混合脱胶工艺研究［J］.纺织学报，（4）：226-228.

明红，刘涌涛，杜习翔.2006.木聚糖酶对尼罗罗非鱼生长及血脂血糖水平的影响［J］.新乡医学院学报，23（6）：556-558.

莫湘涛，张梅芬，李敏艳.1998.生物法提取魔芋中葡甘露聚糖［J］.湖南师范大学自然科学学报，21（1）：85-88.

穆小民，等.1995.酶的开发利用与酶工程［J］.生物技术，5（4）：5-8.

倪鸿静，张晓梅，胡恒先.1991.固态法生产果胶酶及其应用的研究［J］.云南化工（4）：18-20.

聂国兴，李春喜.2000.鱼用谷物饲料中抗营养因子及其降解方法［J］.水利渔业，20（6）：9-10.

聂国兴，张建新，丽娜，等.2003.用正交法探讨木聚糖酶活性的最佳测定条件［J］.粮食与饲料工业，5：44-46.

聂国兴.2002.底物浓度、DNS量对木聚糖酶活性测定结果的影响［J］.饲料工业，23（11）：24-25.

彭爱铭，谷春涛，佟建明.2004.不同培养条件对芽孢杆菌酶系的影响研究［J］.饲料工业，25（3）：45，46.

彭霞薇，张洪勋，白志辉.2004.草酸青霉菌果胶酶诱导黄瓜抗黑性病研究 [J].
　　植物病理学报（1）：69-74.

彭源德，刘正初*，冯湘沅，等.1996.红麻天然水浸脱胶过程中微生物群体、COD
　　和 pH 值测定 [J].中国麻业，18（4）：33-35.

彭源德，刘正初*，孙庆祥.1994.黄麻红麻陆地湿润脱胶的污染分析 [J].中国麻
　　业，16（4）：25-28.

彭源德，刘正初，孙焕良，等.1997.南方亚麻微生物脱胶技术研究 I. 外界因子对
　　亚麻天然水浸沤麻的影响 [J].中国麻业，19（2）：37-40.

皮雄娥，费笛波，王龙英.2000.黑曲霉 AS6034 酸性 β-甘露聚糖酶的性质研究
　　[J].饲料研究（2）：50-52.

齐军茹，廖劲松，彭志英.2002.β-甘露聚糖酶的制备及其应用研究进展 [J].中国
　　食品添加剂（6）：12-16.

祁为民，周东新，吴为人，等.2003.应用 RAPD 指纹探讨黄麻属种间遗传多样性
　　及其亲缘关系 [J].遗传学报，30（10）：926-932.

乔新君，邹晓庭.2006.β-甘露聚糖酶的营养功能及在动物生产中的应用 [J].饲料
　　研究（2）：53-55.

邱伟芬.2002.酶制剂在面粉改良中的应用 [J].食品科技，3：28-31.

秋生，郭蔼光，王建林，邵建宁，晁开，刘海森.2004.果胶酶 G5512 菌株深层液
　　体发酵中试及提取工艺研究 [J].西北农林科技大学学报（自然科学版）（5）：
　　85-88.

曲增君，姜修敏，于忠东，等.2003.果胶酶治疗胃石症的临床研究曲 [J].医师
　　进修杂志（2）：37.

屈慧鸽，等.2005.果胶酶对红葡萄酒主要成分的影响 [J].酿酒科技（8）：71-
　　73.

屈野，杨文博，冯耀芋，等.2000.地衣芽孢杆菌产 β-甘露聚糖酶摇瓶发酵条件
　　[J]，9（2）：80-82.

任兰.1991.如何提高红麻沤洗质量 [J].农林科学试验（9）：40-41.

任玉岭，等.2002.应大力开展微生物在环境治理和生态农业方面的应用 [J].中
　　国科技产业技术，153（3）：11-13.

商澎，梅其炳、曹之宪.1998.当归多糖组分的高效液相色谱分析 [J].中国药学
　　杂志，35（5）：332-335.

邵松生，等.2000.麻类纺织品的功能验证 [J].江苏纺织（12）：17-18.

佘章银梅，李心治，等.2000.枯草杆菌产果胶酶的研究菌种选育、鉴定及其酶学

特征分析 [J]. 工业微生物, 30 (1).

石军, 陈安国 . 2001. 木聚糖酶生产与应用研究进展 [J]. 饲料工业, 9：40-43.

史益敏, 沈曾佑, 张志良, 等 . 1990. 魔芋球茎中的 β-甘露聚糖酶 [J]. 植物生理
学报, 16 (3)：306-310.

宋波, 邓晓皋 . 2003. 纤维素酶的研究进展 [J]. 上海环境科学, 22 (7)：
491-494.

宋朝霞, 张颖, 钱鼎, 等 . 2005. 聚乙烯醇降解酶产生菌的筛选及生物多样性初探
[J]. 食品与生物技术学报, 24 (4)：100-103.

苏红文, 等 . 1997. 罗布麻和白麻不同居群植物的比较解剖学研究 [J]. 西北植物
学报, 17 (3)：348-354.

粟建光, 龚友才, 关凤芝, 等 . 2003. 麻类种质资源的收集、保存、更新与利用
[J]. 中国麻业, 25 (1)：4-8.

孙雷, 朱孝霖, 李环, 等 . 2005. 木聚糖酶分离纯化技术 [J]. 生物技术通报, 5：
51-54.

孙庆祥, 刘正初*, 彭源德, 等 . 1992. 黄麻和红麻微生物脱胶研究Ⅳ. 鲜皮和鲜秆
陆地湿润脱胶技术研究 [J]. 中国麻业 (1)：29-32.

孙庆祥, 罗才安, 刘正初*, 等 . 1991. 黄麻和红麻微生物脱胶研究Ⅱ. 多粘芽孢杆
菌 (B. polymyxa) Tl163 的扩大培养及人工接种脱胶试验 [J]. 中国麻业 (1)：
42-46.

孙庆祥, 罗才安, 刘正初*, 等 . 1991. 黄麻和红麻微生物脱胶研究Ⅲ. 陆地湿润脱
胶技术研究 [J]. 中国麻业 (2)：29-32.

孙庆祥, 秦翠颜 . 1986. 黄麻和红麻脱胶细菌的分离和初步鉴定 [J]. 中国麻业
(2)：6-10.

孙庆祥, 秦翠颜 . 1988. 黄麻和红麻微生物脱胶研究 I. 多黏芽孢杆菌 (Bacilluspoly-
myxa) Tl163 的分离、鉴定和脱胶试验 [J]. 中国麻业 (3)：1-6.

孙庆祥, 王敏裳, 寻民传, 等 . 1979. 应用枯草芽孢杆菌 T66 进行苎麻脱胶的研究
[J]. 中国麻业 (4)：31-35.

孙庆祥, 王敏裳 . 1979. 苎麻细菌脱胶菌种的选育和鉴定 [J]. 中国麻业 (3)：
29-32.

孙庆祥, 王敏裳 . 1987. 以苎麻作底物测定脱胶酶活力方法的研究 [J]. 中国麻业
(3)：4-8.

孙庆祥 . 1981. 麻类作物的微生物脱胶 (综述) [J]. 中国麻业 (1)：38-41.

孙庆祥等 . 1987. 苎麻微生物脱胶技术研究 [J]. 中国农业科学, 专辑：130-134.

孙沈鲁, 陈虹, 庞杰, 等.2003. 多糖结构及其保健功能 [J]. 中国食品学报 (增刊): 496-503.

孙晓霞, 谢响明.2005. 白色链霉菌产木聚糖酶规律及其耐热耐碱性的初步研究 [J]. 北京林业大学学报, 27 (3): 72-75.

孙元琳, 汤坚.2004. 果胶类多糖的研究进展 [J]. 食品与机械 (6): 60-63.

孙越.1997. 果胶酶活性的测定方法 [J]. 食品科技 (3): 37-38.

谭兴和, 王仁才等.1996. 果品蔬菜中果胶酶活性测定方法的探讨 [J]. 中国果品研究 (4): 28-29.

谭秀华, 武玉永, 马立新, 等.2005. 耐碱性甘露聚糖酶基因的克隆及其在必赤酵母中的表达 [J]. 微生物学报, 45: 543-546.

汤鸣强, 谢必峰.2004. 果胶酶不同组分的酶学性质研究 [J]. 福建化工 (1): 13-15.

唐胜球, 邹晓庭, 许梓荣.2004. 木聚糖酶的祠开究及其在动物饲料中的应用 [J]. 中国畜牧杂志, 40 (2): 42-44.

唐志燕, 龚国淑, 刘萍, 等.2005. 成都市郊区土壤芽孢杆菌的初步研究 [J]. 西南农业大学学报 (自然科学版), 27 (2): 188-192.

陶乐平.2000. 南欧紫荆种子中甘露聚糖酶的分离纯化及其动力学性质 [J]. 安徽大学学报 (3): 81-86.

田三德, 任红涛.2003. 果胶生产技术工艺现状及发展前景 [J]. 食品科技 (1): 53-55.

田新玉, 徐毅, 马延和, 等.1999. 嗜碱芽孢杆菌 N16-5β-甘露聚糖酶的纯化与性质研究 [J]. 微生物学报, 33 (2): 115-121.

田亚平, 金其荣.1998. β-甘露聚糖酶产生菌黑曲霉产酶酶系的研究 [J]. 药物生物技术, 5 (4): 210-213.

田亚平, 金其荣.1998. 黑曲霉酸性 β-甘露聚糖酶酶学性质及化学组成 [J]. 无锡轻工业大学学报, 17 (3): 31-35.

汪观清.2013. 苎麻复配生物酶脱胶方法 [J]. 中国发明专利. 公开号: CN 102747434 A.

汪虹, 瞿传菁.2002. 酶法提取金耳多糖的研究简报 [J]. 食用菌 (2): 7-8.

汪世华, 胡开辉.2005. 木聚糖酶高产菌株的诱变育种及产酶条件研究 [J]. 江西农业大学学报, 27 (4): 496-500.

汪水平, 王文娟.2006. 瘤胃纤维降解相关酶活性的测定 [J]. 中国饲料, 11: 31-32.

汪涛，曾庆祝，叶于明 . 2002. 采用超滤技术分离扇贝边酶解液 [J]. 中国水产科学，9（3）：255-259.

王傲雪，张丙秀，李景富 . 2006. β-1，4-甘露聚糖内切酶在番茄发育中的作用 [J]. 园艺学报，33（5）：1 157-1 161.

王成华 . 1996. Aspergyzae S-48 果胶酶的性质和组分 [J]. 山东化工（1）：23-26.

王和平，王龙，文静，等 . 2006. 转 β-甘露聚糖酶基因大肠杆菌在猪肠道内的外泌型表达 [J]. 内蒙古大学学报，37（1）：58-64.

王红梅，等 . 1995. 两种类型聚半乳糖醛酸酶的提纯及性质 [J]. 微生物学报，33（5）：346-352.

王鸿飞，李和生，庄荣玉 . 2002. 用果胶酶澄清桑椹果汁的工艺研究 [J]. 蚕业科学（2）：138-140.

王鸿飞，李元瑞，师俊玲 . 1999. 果胶酶在猕猴桃果汁澄清中的应用研究 [J]. 西北农业大学学报（3）：107-10.

王金英，马中国，宗灿华 . 2005. 果胶的提取与应用 [J]. 中国林副特产（2）：17.

王敬文 . 1986. 普通油茶炭疽病菌体内外产生的果胶酶 [J]. 林业科技通讯（5）：15-18.

王立群，关风芝 . 1995. 亚麻微生物脱胶技术的研究 [J]. 东北农业大学学报，25（2）：182-186.

王双飞 . 1998. 白腐菌在造纸工业中的潜在用途 [J]. 纸和造纸，（2）：55.

王晓，李林波，马小来 . 2002. 酶法提取山楂叶中总黄酮的研究 [J]. 食品工业科技（3）：37-39.

王宜磊，等 . 1998. 木素生物降解研究进展 [J]. 微生物学杂志，18（1）：48-51.

邬敏辰 . 2001. β-甘露聚糖酶及其水解产物的应用研究 [J]. 江苏调味副食品（69）：5-8.

邬敏辰 . 2003. 酸性 β-甘露聚糖酶的固体发酵和一般特性 [J]. 生物技术，13（2）：30-32.

吴海寰，叶明亮，李晓娣 . 2003. 细菌随机引物聚合酶链反应分析中随机引物的筛选与反应体系的优化 [J]. 中华医院感染学杂志，13（2）：1104-1106.

吴建忠，李绿雄 . 2005. 木聚糖酶在畜禽营养中的研究及应用 [J]. 农业与技术，25（2）73-76.

吴襟，何秉旺 . 1999. 微生物 β-甘露聚糖酶 [J]. 微生物学通报，26（2）：134-136.

吴襟，何秉旺 . 2000. 诺卡氏菌形放线菌 β-甘露聚糖酶的纯化和性质 [J]. 微生物学报，40（1）：69-74.

吴克，蔡敬民，刘斌，等.1998.宛氏拟青霉菌木聚糖酶的分离纯化［J］.工业微
　　生物，28（2）：31-34.

吴克，蔡敬民，潘仁瑞.1997.黑曲霉 A3 菌株木聚糖酶粗酶制剂的制备和性质
　　［J］.微生物学通报，24（6）：337-340.

吴琼，刘自溶.1996.放线菌果胶酶的分离纯化及酶学性质研究［J］.山东轻工业
　　学院学报，10（4）：53-58.

夏涵，府伟灵，陈鸣，等.2003.快速提取细菌 DNA 方法的研究［J］.现代预防医
　　学，32（5）：571-573.

向进乐，陈文品，刘勤香.2004.魔芋低聚糖的研究进展［J］.中国食品添加剂
　　（1）：20-23.

肖丽，王贵学，陈国娟.2004.苎麻脱胶过程中木聚糖酶最佳作用条件探讨［J］.
　　重庆大学学报，27（6）：48-50.

熊郐，干信.2004.β-甘露聚糖酶产生菌 R10 发酵条件研究［J］.湖北工学院学报，
　　19（1）：17-20.

徐的来.2013.一种用生物酶从亚麻废料中提取亚麻纤维的方法［J］.中国发明专
　　利.公开号：CN 102677189 A.

徐勇，余世袁，江华，等.2001.培养条件对低聚木糖增殖青春双歧杆菌的影响
　　［J］.林产化学与工业，21（3）：34-38.

许红恩.2004.生物酶技术在纺织品加工中的应用［J］.纺织信息周刊（43）：19.

许丽，杨应周，谭卫国，等.2006.RAPD 扩增分枝杆菌 DNA 优化条件及菌型分型
　　的诊断应用［J］.中国热带医学，6（5）：752-758.

许民强，徐国武.1999.β-葡聚糖酶和木聚糖酶应用研究［J］.中国饲料，22：6-8.

许牡丹，柯蕾.2005.甘露低聚糖的酶法制备与研究进展［J］.食品研究与开发，
　　26（4）：163-166.

许正宏，白云玲，孙微.陶文沂，等.2000.细菌木聚糖酶高产菌的选育及产酶条
　　件［J］.微生物学报（8）：440-442.

许梓荣，卢建军，杨英，等.2002.饲粮中添加半纤维素酶对生长猪的促生长作用
　　及其内分泌机制［J］.中国兽医学报，22（2）：201-202.

薛长湖，等.2005.果胶及果胶酶研究进展［J］.食品与生物技术学报（6）：94-
　　99.

薛枫，欧仕益，刘子立，等.2005.超滤法浓缩阿魏酸酯酶和阿拉伯木聚糖酶混合
　　酶制剂的研究［J］.食品科技（11）：6-9.

薛枫，欧仕益，刘子立等.2005.超滤法浓缩阿魏酸酯酶和阿拉伯木聚糖酶混合酶制剂的研究 [J].食品科技，11：7-9.

寻民权.1989.苎麻脱胶技术发展的趋势 [J].苎麻纺织科技 (2)：9-11.

阎章才，东秀株.2001.微生物的生物多样性及应用前景 [J].生物学通报，28 (1)：96-102.

杨本宏，刘斌，昊克，等.2000.酶法制备低聚木糖中木二糖的提纯与色谱鉴定 [J].工业微生物，30 (4)：11-14.

杨富国，方正，陈牧，等.2002.木聚糖酶解反应与膜分离技术研究 [J].林产化学与工业，22 (3)：19-22.

杨辉，张娟，王旭.2005.果胶酶活力测定中酶活力与稀释倍数的研究 [J].食品研究与开发 (9)：96-98.

杨慧荣，江世贵.2006.用 RAPD 技术探讨 5 种鲷科鱼类的亲缘关系 [J].水产学报，30 (4)：469-475.

杨礼富，刘正初*，彭源德，等.2001.多粘芽孢杆菌 Tl163 在红麻发酵过程中分泌脱胶酶种类的初步研究 [J].中国麻业，23 (1)：11-18.

杨清香，曹军卫.1998.嗜碱芽孢杆菌 NTT33β-甘露聚糖酶的纯化与性质研究 [J].武汉大学学报，44 (6)：761-764.

杨清香，曹军卫.1998.嗜碱芽孢杆菌 NTT33 产碱性 β-甘露聚糖酶发酵条件的研究及高产菌株选育 [J].氨基酸和生物资源，20 (4)：14-18.

杨清香，李学梅，李用芳.1999.嗜碱芽孢杆菌 NTT33β-甘露聚糖酶的特性研究 [J].河南师范大学学报（自然科学版），27 (3)：70-74.

杨瑞鹏，邓岑华.1991.红麻微生物快速酶法脱胶研究：Ⅱ.酶反应条件与脱胶实验 [J].中国麻作 (4)：38-40.

杨文博，佟树敏，沈庆.1995.β-甘露聚糖酶地衣芽孢杆菌的分离筛选及发酵条件 [J].微生物学通报，22 (3)：154-157.

杨文博，佟树敏，时薇，等.1996.β-甘露聚糖酶水解植物胶条件的研究 [J].食品与发酵工业 (1)：14-18.

杨文博.1995.β-甘露聚糖酶酶解植物胶及其产物对双歧杆菌的促生长作用 [J].微生物学通报，22 (4)：204-207.

杨先芹，孙丹，杨文博，等.2002.地衣芽孢杆菌 NK-27 菌株 β-甘露聚糖酶的产酶条件及粗酶性质 [J].南开大学学报，35 (2)：117-120.

杨新建，徐福洲，王金洛.2006.环状芽孢杆菌产 β-甘露聚糖酶的产酶条件及粗酶性质研究 [J].华北农学报，21 (3)：1-3.

杨性坤 . 1996. 红麻脱胶研究概述 [J]. 信阳师范学院学报, 9 (1): 106-108.

杨幼惠 . 2001. β-甘露聚糖酶的产酶菌种、条件及部分性质研究 [J]. 华南农业大学学报, 22 (2): 86-88.

杨玉玲 . 1998. 酶技术在果蔬汁饮料中的应用 [J]. 江苏食品与发酵 (2): 25-29.

姚斌, 钱晓刚, 于成志, 等 . 2005. 土壤微生物多样性的表征方法 [J]. 贵州农业科学, 33 (3): 91-92.

姚光裕 . 2002. 红麻纤维形态、化学组分和制浆性能 [J]. 西南造纸 (2): 16-18.

叶盛权 . 1996. 酶在食品中的应用 [J]. 湛江水产学院学报 (6): 87-90.

尤华, 陆兆新, 冯红霞 . 2002. 微生物原果胶酶的研究进展 [J]. 工业微生物 (1): 51-53.

于红, 秦梦华, 卢雪梅, 等 . 2004. 微生物预处理对麦草微观结构和化学成分的影响 [J]. 中国造纸学报, 19 (1): 19-23.

余冬生, 纪卫辛 . 2001. 酶法提取香菇多糖 [J]. 江苏食品与发酵 (4): 10-11.

余红英, 孙远明, 杨幼慧, 等 . 2003. β-甘露聚糖酶作用魔芋胶条件的研究 [J]. 食品工业科技, 24 (7): 33-35.

余红英, 孙远明, 杨幼慧, 等 . 2003. 活性炭对枯草芽孢杆菌 β-甘露聚糖酶的作用 [J]. 食品科学, 24 (9): 106-108.

余红英, 孙远明, 杨幼慧, 等 . 2003. 枯草芽孢杆菌 SA-22β-甘露聚糖酶的纯化及其特性 [J]. 生物工程学报, 19 (3): 327-331.

余红英, 孙远明, 杨幼慧, 等 . 2003. 双水相萃取法直接从枯草芽孢杆菌发酵液中提取 β-甘露聚糖酶 [J]. 化学世界 (11): 569-571.

余红英, 杨幼惠, 杨跃生 . 2002. 枯草芽孢杆菌 β-甘露聚糖酶补料发酵及其特性研究 [J]. 微生物学通报, 29 (5): 25-29.

余惠生 . 1989. 白腐菌对稻草的生物降解规律及在生物制浆上的潜在应用 [J]. 中国造纸 (1): 16-20.

余小红, 李里特, 江正强, 等 . 2004. 海栖热袍菌极耐高温木聚糖酶的化学修饰和活性中心 [J]. 应用与环境生物学报, 10 (3): 349-353.

远方, 等 . 2004. 一株新的胡萝卜软腐欧文氏菌的分离和鉴定 [J]. 微生物学报, 44: 136-138.

岳强, 等 . 2005. 不同果胶酶对干红葡萄酒颜色的影响研究 [J]. 酿酒 (5): 11-12.

曾莹, 钟晓凌, 夏服宝 . 2002. 木聚糖酶活力测定条件研究 [J]. 生物技术, 13 (5): 21-22.

曾宇成，张树政.1987.海枣曲霉木聚糖酶的提纯和性质［J］.微生物学报，27（4）：343-349.

翟秋梅，等.2010.枯草芽孢杆菌FM208849产果胶酶发酵条件的优化［J］.大连工业大学学报，4：93-97.

张斌，温桂清.2002.酶制剂在麻纺原料加工中的应用［J］.四川纺织科技（3）：14-18.

张彩，杨文博，佟树敏.1996.地衣芽孢杆菌β-甘露聚糖酶发酵液的絮凝试验［J］.食品科学，17（12）：32-37.

张海燕，吴天祥.2006.微生物果胶酶的研究进展［J］.酿酒科技（9）：82-85.

张红霞，江晓路，牟海津，等.2005.微生物果胶酶的研究进展［J］.生物技术（5）：92-95.

张红印，郑晓东，等.2002.酶技术及其在食品工业中的应用［J］.粮油加工与食品机械（6）：31-33.

张虎，杜昱光，虞里炬.1999.几丁寡糖与壳寡糖的制备和功能［J］.中国生化药物杂志（2）：99.

张吉宇，袁庆华，王彦荣，等.2006.胡枝子属植物野生居群遗传多样性RAPD分析［J］.草地学报，14（3）：214-218.

张菊，薛永常.2011.细菌果胶酶的研究进展［J］.生物技术通报，2：56-60.

张峻，何志敏，胡鲲.2000.地衣芽孢杆菌β-甘露聚糖酶的制备［J］.食品与发酵工业，27（2）：5-7.

张木祥，等.1990.麻类作物副产物综合利用概述［J］.中国麻作，12（4）：36-39.

张盆，胡惠仁，刘延志.2005.生物制浆的探讨［J］.黑龙江造纸（3）：26-28.

张升晖，吴绍艳，颜益智.2005.魔芋葡甘露聚糖纯化及性能研究［J］.食品科学，26（9）：275-278.

张小华，黄晓萍，刘夏忠.2005.功能性低聚糖研究进展［J］.食品科技，6：17-19.

张晓娟，许正宏.2006.氮源对嗜碱芽孢杆菌2B83产β-甘露聚糖酶的影响［J］.徐州工程学报，21（9）：1-3.

张晓军，王浩，孙新宇，等.2005.饲用半纤维素酶的研究进展［J］.饲料博览（12）：8-10.

张新赞，段静华.1991.新疆野生罗布麻的开发利用［J］.中国麻作（2）：35-36.

张秀云，余有本，唐应芬.2001.天然防腐剂综述［J］.饮料工业（4）：1-5.

张一青, 陆兆新, 尤华 . 2005. 原果胶酶提取桔柚皮中果胶的研究 [J]. 食品科学 (1)：150-153.

张毅, 等 . 1995. 罗布麻纤维理化性能探讨 [J]. 纺织学报, 16 (2)：80-82.

张应玖, 等 . 1998. 乙醇对聚半乳糖醛酸酶的活力及荧光光谱、CD 光谱的影响 [J]. 微生物学通报, 25 (2)：85-87.

张应硕, 等 . 1998. 乙醇对聚半乳糖醛酸酶的活力及萤光光谱、CD 光谱的影响 [J]. 微生物学通报, 25 (2)：85-87.

章家恩, 蔡燕飞, 高爱霞, 等 . 2004. 土壤微生物多样性实验研究方法概述 [J]. 土壤, 36 (4)：346-350.

章中, 徐桂花 . 2003. 关于低聚木糖的浅谈 [J]. 宁夏农学院学报, 24 (3)：75-78.

赵德英, 等 . 1999. 饲用微生物酶制剂的生产和应用 [J]. 中国饲料 (8)：13-16.

赵国琦, 王志跃, 丁健 . 2002. β-甘露聚糖酶对蛋鸡后期产蛋性能的影响 [J]. 中国饲料 (5)：14, 15.

赵国志, 王锡忠, 温继发, 等 . 1998. 低聚木糖的制取及应用 [J]. 粮油食品, 5：18-20.

赵利, 王杉 . 1999. 果胶的制备及其在食品工业的应用综述 [J]. 食品科技 (5)：32-34.

赵林果, 陈牧, 余世袁 . 2000. 调控酶解底物初始 pH 制备低聚木糖 [J]. 南京林业大学学报, 24 (4)：7-10.

赵瑞香, 王大红, 牛生洋, 等 . 2006. 超声波细胞破碎法检测嗜酸乳杆菌 β-半乳糖苷酶活力的研究 [J]. 食品科学, 27 (1)：47-50.

郑国展 . 1999. 利用瘤胃微生物酶类增进畜牧业的生产能力 [J]. 动物营养学报, 11：61-64.

郑华, 欧阳志方, 方志国, 等 . 2004. BIOLOG 在土壤微生物群落功能多样性研究中的应用 [J]. 土壤学报, 41 (3)：456-460.

钟安华, 谭远友, 王成国 . 2004. 苎麻嗜碱细菌酶脱胶工艺研究 [J]. 印染助剂, 21 (3)：24-26.

周晨妍, 邬敏辰 . 2005. 木聚糖酶的酶学特性与分子生物学 [J]. 生物技术, 15 (3)：89-92.

周立, 李建吾, 郑远旗, 陈竞春 . 1995. 商品果胶酶中 endo-PG 的分离纯化及其部分性质研究 [J]. 生物化学杂志, 11 (4)：446-451.

周文美, 胡晓瑜, 黄永光 . 2006. 木聚糖酶的性质及其在酿酒方面的应用 [J]. 酿酒科技，11（149）：68-70.

周响艳，潭会泽，冯定远，等.2006.β-甘露聚糖酶在饲料中的应用研究［J］.养殖与饲料（4）：21-24.

朱劼，李剑芳，邬敏辰.2005.酸性β-甘露聚糖酶固态发酵工艺研究［J］.西北农林科技大学（自然科学版），33（8）：139-143.

朱劼，邬敏辰.2003.酸性β-甘露聚糖酶的固体发酵工艺和一般特性［J］.生物技术，13（2）：30-32.

朱静，等.1996.微生物产生的木聚糖酶的功能和应用［J］.生物工程学报，12（4）：375-378.

朱乾浩.1993.DNA随机扩增多态性及其应用［J］.世界农业（11）：27-29.

竺国芳，赵鲁杭.2000.几丁寡糖和壳寡糖的研究进展［J］.中国海洋药物（1）：43-46.

邹永龙，等.1999.木聚糖降解酶系统［J］.植物生理学通讯（5）：404-410.

邹永龙，等.1999.内切木聚糖酶的分离纯化及其性质［J］.植物学报，41（11）：1212-1216.

三、外文期刊及专利文献

Akhtar M. *et al.* 1998. Environmentally friendly technologies for the pulp and paper industry. John Wiley& Sons, inc；309-340.

Akhtar M. *et al.* 1998. Overview of biomechanical and biochemical pulping research. Enzyme Alication in Fiber Proceeding, American Chemical Society；15-26.

Alan Collmer, Jeffrey L. Ried and Mark S. Mount. 1988. Assay Methods for Pectic Enzymes. Methods in Enzymology（161）：329-335.

Alberto Araujo, Owenp. Ward. 1990. Mannanase Components from Bacillus pumilus. Alied and Environmental Microbiology, 56（6）：1 954-1 956.

Allison R. Kermode. 2000. An Increase in Pectin Methyl Esterase Activity Accompanies Dormancey Breakage and Germination of Yellow Cedar Seeds. Plant Physiology（124）：231-242.

Alois Sachslehner, Bernd Nidetzky, *et al.* 1998. Induction of Mannanase, Xylanase, and Endoglucanase Activity in Sclerotium rolfsii, Alied and Environmental Microbiology, 64（2）：594-600.

Alois Sachslehner, Bernd Nidetzky, Klausd Kulbe. etc. 1998. Induction of Mannansase, Xylanase, and Endoglucanase Activity in Sclerotium rolfsii. Alied and Environmental

Microbiology，64（2）：594-600.

Anwar Sunna，Moreland D. Gibbs，Charles W J，Chiin. 2000. A Gene Encoding a Novel Multidomain β-1，4-Mannanase from aldibacillus Cellulovorans and Action of the Recombinant Enzyme on Kraft Pulp. Alied and Environmental Microbiology，66（2）：664-667.

Arcand N，Kluepfel D，Paradis F W，*et al.* 1993. Beta-mannanase of Streptomyces lividans 66：Cloning and DNA sequence of the manA gene and characterization of the Enzyme. Biochem J，290（3）：857-863.

Babic J，Pavko A. 2007. Production of ligninolytic enzymes by Ceriporiopsis subvermispora for decolourization of synthetic dyes. Acta. Chim. Slov，54：730-734.

Bacis A P，Harris P J，Stone B A. 1988. Structure and function of plant cell walls. In：J. Preiss，The biochemistry of plants：a comprehensive treatise. New York，N. Y. Academic Press：114，279-371.

Basu S，*et al.* 2009. Large-scale Degumming of Ramie Fibre Using a Newly Isolated Bacillus pumilus DKS1 with High Pectate Lyase Activity. J. Ind. Microbiol Biot，36：239-245.

Basu S，*et al.* 2011. Arg235 is an essential catalytic residue of Bacillus pumilusDKS1 pectate lyase to degum ramie fibre. Biodegradation，22：153-161.

Beki E. 2003. Cloning and heterologous experession of a D-mannosidase（EC 3. 2. 1. 25）-encoding gene from Thermobifida fusca TM51. Al & Eniron Microbio，69：1 944-1 952.

Bewley D，Moleclar J. 1997. cloning of a cDNA encoding a（1-4）-mannan endohydrolase from theseeds of germinated tomato（Lycopesicon esculentum）. Planta，203：454-459.

Bhat M K. 2000. Cellulases and Related Enzymes in Biotechnology. Biotechnology Advances（18）：355-383.

Buchert J，Kantelinen A，Ratta M，*et al.* 1992. Xylanases and mannanase in the treatment of pulp. In：M. Kuwahara and M. Shimada（ed）. The Fifth International Conference on Biotechnology in the Pulp and Paper Industry. Tokyo，Uni Publishers，139-143.

Buchert J，Siika-Aho M，Ranua M，*et al.* 1993. Xylanases and mannanases in the treatment of kraft pulp prior to bleaching. The Seventh Internatinal Symposium of Wood Pulping Chemistry. Beijing，67-69.

Chan K, Hui W. 2008. Methord converting herbaceous plant fibers into fuel alcohol. United States Patent US 20110003354A1, US20080153144A1.

Chatterjee A. 1991. Nucleotide sequence and molecular characterization of pnlA, the structural gene for damage-inducible pectin lyase of Erwinia carotovora subsp. Carotovora, 71, 173: 1 765–1 769.

Christgau S, Kauinen S, Vind J, et al. 1994. Expression cloning, purification and characterization of a beta-1, 4-mannanase from Asoereillus aculeatus. Biochem Mol Biol Int, 33 (5): 917–925.

Clark T A, . Mcdonald A G, Senior DJ, Mayers P R. 1990. Mannanase and xylanases treatment of softwood chemical pulps: effects on pulp properties and bleachability. In: T. K. Kirt and H. M. Chang (ed) . Biotechnology in Pulp and Paper Manufacture. Toronto, Butterworth-Heine-man: 153–167.

Coughlan M P. 1992. Towards an understanding of the mechanism of action of main-hydrolyzingxylanases. In: visser J, Beldman G, Kustervan someren et al (eds) xylans and xylanase. Amsterdam: Elsevier, 111–139.

Courtin C. Delcour M, et al. 2002. Arabinoxylans and endoxylanases in wheat flour bread making. J. Ceral Sci., 35: 225–243.

C. M. Tang, L. D. Waterman, M. H. Smith, C. F. Thurston. 2001. The cel4 Gene of Agaricus bisporus Encodes a β-Mannanase. Alied and Environmental Microbiology, 67 (5): 2 298–2 303.

Daniel D, Morris, et al. 1995. Correction of the mannanase domain of the celC pseudogene from Caldocellulosiruptor saccharolyticus and activity of the gene product on kraft pulp. Al & Eniron Microbio, 61: 2 262–2 269.

Daniel D. Morris, Rosalind A, Reeves, Morelangd D, Gibbs, et al. 1995. Correction of the β-Mannanase Domain of the celC Pseudogeng from Caldocellulosiruptor saccharolyticus and Activity of the Gene Product on Kraft Pulp. Alied and Environmental Microbiology, 65 (6): 2 262–2 269.

Daniel D. Morris, Rosalind A. 1995. Reeves, Moreland D, Gibbs, David J, Saul, Peter L, Bergquist. Correction of theβ-Mannanase Domain of the celC Pseudogene from Caldocellulosiruptor saccharolyticus and Activity of the Gene Product on Kraft Pulp. Alied and Environmental Microbiology, 61 (6): 2 262–2 269.

Darcand N. 1993. Mannanase of Streptomyces lividans 66: cloning and DNA sequence of the manA gene and characterixation of the enzyme. Bichem. J, 357: 857–863.

Das N N, *et al.* 1984. lignin-Xylan Ester Linkage in Mesta Fiber（Hibiscus cannabinus）. Carbohydrate Research, 29: 197−207.

David W. Stil, Kent J, Bradford. 1991. Endo-β -Mannanase Activity from Individual Tomato Endosperm Caps and Radicle Tips in Relation to Germination Rates. Plant Physiol, 13: 21−29.

Davin-Regli A, Abed Y, Charrel R N, etc. 1995. Variations in DNA concentrations significantly affect the reproducibility of RAPD fingerprint patterns. Res Microbiol, 146（7）: 561−568.

DespHander M V. 1984. Etal, An assay for selective dertermination of endo-and exo-β - 1. 4-glucanase, Anal. Biochem, 138: 481−487.

Ding Fengping, Hidetaka Noritomi, Kunio Nagahama. 2001. Concentration of Alkal- ine Pectic Lyase with Ultrafiltration Process. Membrane Science and Technology（6）: 53−58.

Doerrer K C, White B A. 1990. Detection of glycoprotein separated by nondenaturing polyacrylamide gel electrophoresis using the periodic acid-Schiff stain. Anal Biochem, 187: 147−150.

Dominik Stoll, Henrik Stalbrand, R. Aantony, *et al.* 1999. Mannan-Degrading Enzymes from Cellulomonas fimi. Alied and Environmental Microbiology, 65（6）: 2 598−2 605.

DosanjhNS, Hoondal GS. 1996. Production of Constitutive, Thermostable, Hype-ractive Exopectinase from Bacillus GK-8. Biotechnol Lett（18）: 1 435−1 438.

Downie B. etc. 1994. A new assay for quantifying endo-d-mannanase activity using Congo red dye. Phytochemistry, 36: 829−835.

Duckart L, *et al.* 1988. The Structure of A" Xylan" from Kenaf. Cellulose Chem, Technol, 22: 29−37.

Duffaud G. 1997. Purification and characterzation of extremely thetmostable mannaase, mannaosidase, and galactosidase from the hyperthetmophilic eubacterium Thetmotoga neapolitana 5068. Al & Eniron Microbio, 63: 169−177.

Eliznalaing I S. Pretorius. 1993. A note on the primary structure and expression of an Erwinia carotovora polygalacturonase-encoding gene（peh1）in Escherichia coli and Saccharomyces cervisiae.J.Biotechnol, 75: 149−158.

Erke K H. 1976. Light Microscopy of Basidia, Basidiospores and Nuclei: in spores and Hyphane of Filobasidrella neoformans（Cryptococcus neoformans）, J. of, Bacteriol,

128 (1): 445-455.

Ernst luthi, Nila bhana jasmat, Rowan A. Grayling, *et al.* 1991. Cloning, Squennce A-nalysis, and Expression in Escherichia coli of a Gene Coding for a β-Mannanase from the Extremely Thermophilic Bacterium "Caldocellum saccharolyticum". Alied and Environmental Microbiology, 57 (3): 694-700.

Ethier N, *et al.* 1998. Gene cloning, DNA sequencing and expression of thermostable β-mannanase from Bacillus stearthermophils. Al Environ Microb, 64: 4 428-4 432.

Fraaije B A. 1997. Analysis of conductance responses during depolymerization of pectate by soft rot Erwinia s. and other pectolytic bacteria isolated from potato tubers. J. Bacteriology, 83: 17-24.

Frank C, Gherardini, Abigail A. 1987. Salyers Purification and Characterization of a Cell-Associated, Soluble Mannanase from Bacteroides ovatus. Journal of bacteriology, 169, (5): 2 038-2 043.

Gallagher H P, Hill N F, Koster C P. Cassidy R F. 2002. Process for production of chemical pulp from herbaceous plants. United States Patent US006348127B1.

Gao D, *et al.* 2010. Strategy for identification of novel fungal and bacterial glycosyl hydrolase hybrid mixtures that can efficiently saccharify pretreated lignocellulosic biomass. Bioenerg. Res, 3: 67-81.

Gerber P J. 1997. Purification and characterization of xylanases from Trichoderma. Bioresource tech, (161): 127-140.

Gibbs M D. 1992. The mannanase from "Caldocellum saccharoharolyticum" is part of a multidomain enzyme. Al & Eniron Microbio, 58: 3 864-3 867.

Gibbs M D. 1999. Sequencing and expression of a mannanase gene from the extreme thermophile Dictyoglomus thermophilum Rt46B. 1, and characteristics of the recombinant enzyme. Curremt Microbiology, 39: 51-357.

Graham J E. 2011. Identification and characterization of a multidomain hyperthermophilic cellulase from an archaeal enrichment. Nature Commun, 2: 375.

Grant Eeid J S. 1995. Enzyme specificity in galactomannan biosynthesis. Planta, 195: 489-495.

Gummadi S N, Panda T. 2003. Purification and Biochemical Properties of Microbial Pectinases: a Review. Process Biochemistry (38): 987-996.

Guneet Kaur, Sanjeev Kumar, T Satyanarayana. 2004. Production, Characterizati-on and Alication of a Thermostable Polygalacturonase of a Thermophilic mould Sporotrichum thermophile Apinis. Bioresource Technology (3): 239-243.

Guo W J. 1995. Cloning of a novel constitutively expressed petate lyase gene pelB from Fusarium solani and characterization of the gene product expressed in Pichia pastoris. J. Biotechnol, 177: 7 070-7 077.

Gupta S, Kapoor M, Sharma K K., Nair L M, Kuhad R C. 2008. Production and recovery of an alkaline exo-polygalacturonase from Bacillus subtilis RCK under solid-state fermentation using statistical approach. Bioresource. Technol, 99: 937-945.

Guy D. Duffaud, Carol M. 1997. Mccutchen, Pascal Leduc, Kimberley N. Parker, Robert M, Kelly. Purification and Characterization of Extremely Thermostable β-Mannanase, β-Mannosidase, and α-Galactosidase from the Hyperthermophilic Eubacterium Thermotoga neapolitana 5068. Alied and Environmental Microbiology, 63 (1): 169-177.

Hadj-Taieb Noomen, Ayadi Malika, Trigui Samah, *et al*. 2002. Hyperproduction of Pectinase Activities by a Fully Constitutive Mutant (CT1) of Penicilliumoccitanis. Enzyme and Microbial Technology (30): 662-666.

Halstead J R, *et al*. 1999. A family 26 mannanase produced by Clostridium thermocellum as a component of the cellulosome contains a domain which is conserved in mannanases from anaerobic fungi. Microbiology, 145: 3 101-3 108.

Haros. M., Rosell, *et al*. 2002. Effect of different carbohydrases on fresh bread texture and breadstaling. Eur. Food Res. Technol, 2 (15): 425-430.

Hasunuma T, Fukusaki EI, Kobayashi A. 2003. Methanol Production is Enhanced by Expression of an Aspergillus niger Pectin Methylesterase in Tobacco Cells. Biotechnol (106): 45-52.

Hauman P M L. 1992. Etude microbiologique et chimique du rouissage aerobe dulin. Ann. Inst. Pasteur, 16: 379-385.

Hazlewood (GP). 1993. Gilbert HJ Molecular biology of hemicellulases In: Conglan MP, Hazelwood GP (eds) Hemicellulose and Hemicellulases London: Portland Press: 103-126.

Hemila H. 1992. Expresion of the Erwinia carotovora polygalacturonase-encoding gene in Bacillus subtilis: role of signal peptide fusions on production of a heterologous protein. Gene, 116: 27-33.

Hemissat A B. 1991. Classification of glycosyI hydrolases based on amino acid sequence similarities. Biochem J., 280: 309-316.

Henrissat B A. 1990. classification of glycosyl hydrolases based on amino acid sequence similarities. Biochem. J, 280: 309–316.

Henrissat B, Bairoch A. 1993. New families in the classification of glycosyl hydrolases based on amino acid sequence similarities. Biochem J, 293: 781–788.

Henrissat B. 1995. Funcitional implications of structure-based sequence alignment of proteins in the extracellular pectate lyase super family. Plant Physiol, 107: 963–976.

Hilhorst H W, Bewley J D. 1994. A new assay for quantifying endo-β-D-mannanase activity using Congo red dye. Phytochenaistry, 36 (4): 829–835.

Hiroyuki Nonogaki, Oliver H, Gee, Kent J. Bradford. 2000. A Germination-Specific Endo-β-Mannanase Gene Is Expressed in the Micropylar Endosperm Cap of Tomato Seeds. Plant Physiology, 123: 1 235–1 245.

Hiroyuki Nonogaki, Yukio Morohashi. 1996. An Endo-β-Mannanase Develops Exclusively in the Micropylar Endosperm of Tomato Seeds Prior to Rad icle Emergence. Plant Physiol, 110: 555–559.

Hogg D, *et al*. 2003. The molecular architecture of Cellvibrio japonicus mannanase in goycoside hydrolase families 5 and 26 points to differences in their role in mannandegradation. Biochem J, 371: 1 027–1 043.

Hosne Ara, *et al*. 1988. Production of biogas from jute retting and retting effludnt.Bgngladesh J. Jute and Fib Res. (13): 65–68.

Ilya Gelfand, Ritvik Sahajpal, Xuesong Zhang R. 2013. Ce'sar Izaurralde, Katherine L. Gross & G. Philip Robertson. Sustainable bioenergy production from marginal lands in the US Midwest. Nature, 493: 514–517.

Issac K O, *et al*. 1999. Molacular cloning, sequencing, and expression of a novel multidomain mannanase from Thermoanaeroterium polysaccharolyticum. J. of Microbiology, 181: 1 643–1 651.

Johnson K G, Ross N W. 1990. Enzymic properties of β-mannanase from Polyporus versicolor. Enzyme and Microbial Technology, 12: 960–964.

Jones J. K. N. 1950. The structure of the mannan present in porphyra umbilicalis. Soc: 3292–3295.

Jong won Yun. 1996. Enzyme and Microbial Technology, 19: 114.

Joseleau J P, comtat J, Ruel K. 1992. Chemistry structure of xylans and their interaction in the plant cell wall, in: visser J, Beldman G, Kustersvan Someren *et al* (eds) xylans and xylanase. Amsterdam: Elsevier: 1–15.

Joseleau JP, etc. 1992. chemistry structure of xylans and their interaction in the plant cell wall. Amesterdam: Elsevier: 1-15.

Kashyap D R, Vohra P K, Chopra S, etc. 2001. Alications of Pectinases in the Commercial Sector: a Review. Bioresource Technology (77): 215-227.

Keen N T. 1984. Molecular cloning of pectate lyase genes from Erwinia chrasanthemi and their expression in Escherichia coli. J. Bacteriology, 159: 825-83.

Keen NT. 1986. Structure of two pectate lyase genes from Erwinia chrysanthemi EC16 and theirhigh-level expression in Escherichia coli, J. Biotechnology, 168: 595-606.

Khanongnuch C, Ooi T, klinoshita S. 1999. Cloning and nucleotice sequence of β-mannanase and cellulase genes from Bacillus sp 5H. Word J of Microbiol Biotech, 15: 249-258.

Kinberly N, Parker, et al. 1984. Galactomannanases Man5 and Man2 from Thermotoga Species: growth physiology on galactomannans, gene squence analysis and biochemical properties of recombinant enzymes, Biotech Bioengineering, 75: 322-333.

Kiran L Kadam, William J Keutzer. 1995. Enhancement in cellulose production by Trichoderma reesei RUT C230 due to citricacid [J]. Biotechnol Lett, 17 (10): 1 111-1 114.

Kobayashi T, et al. 2003. Bifunctional pectinolytic enzyme with separate pectate lysase and pectin methylesterase domains from an alkaliphilic Bacillus, World J. Microbiol Biotech, 19: 269-277.

Koichiro Murashima, Akihiko Kosugi, and Roy H. Doi. 2002. Determination of Subunit Composition of Clostridium Cellulovororans That Degrade Plant Cells. Alied and Environment Microbiology, 68 (4): 1 610-1 615.

Kurakaka M, Komaki T. 2000. Production of beta-mannanase and beta-mannosidase from Aspergillus awamon K4 and their properties. Curr Microbiol, 42 (6): 377-380.

Kvavadze E. et al. 2009. 30 000-year-old wild flax fibers. Science, 325: 1 359.

Kyostio S M. 1991. Erwinia carotovora subsp. Carotovora extracellular protease: characterization and nucleotide sequence of the gene. J. Biotechnol, 173: 6 537-6 546.

Laurent F. 1993. Characterization and overexpression of the pem gene encoding pectin methylesterase of Erwinia chryasmthemi strain 3937. Gene, 131: 17-25.

Lavrenchenko L A, Potapov S G, Lebedev V S. 2001. The phylogeny and systematics of the endemic Ethiopian Lophuromys flavopunctatus species complex based upon random amplified polymorphic DNA (RAPD) analysis. Bioch Syst Ecol, 29 (11):

1 139—1 151.

Lei S P. 1985. Cloning of the pectate lyase genes from Erwinia carotovora and their expression in Escherichia coli Gene, 63: 63–70.

Lei S P. 1988. Characterization of the Erwinia-carotovora pelA and its product pectate lyase A, Gene, 62: 159–164.

Lei S P. 1992. Characterization of the Erwinia carotovora peh gene and its product polygalacturonaes. Gene, 117: 119–124.

Lemus R, Parrish D J. 2009. Herbaceous crops with potential for biofuel production in the USA. CAB Reviews: Perspectives in Agriculture, Veterinary Science, Nutrition and Natural Resources, 057: 1–23.

Liao C S. 1991. Cloning of pectate lyase gene pel from Pseudomonas fluorescens and detection of Sequences Homologous to pel in Pseudomonas viridiflava and Pseudomonas putida. J. Biotechnol, 173: 4 386–4 393.

Lindergerg. 1992. Analysis of eight out genes in a cluster required for pectic enzyme secretion by Erwinia chrysanthemi: sequence comparison with secretion genes from other Gram-negative bacteria. M. , J. Biotechnol, 174: 7 385–7 397.

Lisa N. Hall. 1993. Antisense inhibition of pectin esterase gene expression in transgenic tomatoes. The Plant Journal, 3 (1): 121–129.

Liu Y, Chatterjee A, Chatterjee A K. 1994. Nucleotide sequence and expression of a novel pectate lyase gene (pel-3) and a closely linked endopolygalacturonase gene (peh-1) of Erwinia carotovora subsp. carotovora 71. Al Environ Microbiol, 60 (7): 2 545–2 552.

Liu Y. 1994. Nucleotide Sequence and Expression of a Novel Pectate Lyase Gene (pel-3) and a Closely Linked Endopolygalacturonase Gene (peh-1) of Erwinia cartotovra subsp. carotovora 71, Al & Eniron Microbio, 60: 2 545–2 552.

Liu Y. 1999. kdg negatively regulates genes for pectinases, cellulae, protease, harpin, and a global RNA regulator in Erwinia carotovora subsp. Carotovora. J. Biotechnol, 181: 2 411–2 422.

Love J. Percival E. 1998. The polysaccharides of green seaweed Codium fragile. Part Ⅲ. A Manulis, S. Molecular cloning and sequencing of a pectate lyase gene from Yersinia pseudotuberculosis. J. Biotechnol, 170: 1 825–1 830.

Luthi E, Jasmat N B, Grayling R A, et al. 1991. Cloning, sequence analysis, and expression in Escherichia coli of a gene coding for a beta-mannanase from the extremely thermophilic bacterium "Caldocellum saccharolyticum". Al. Envir. Microbiol, 57 (3): 694-700.

Lynnette M A, Dirk, et al. 1995. Multiple isozymes of endo-_ d-mannanase in dry and imbibed seed. Phytochemistry, 40: 1 045-1 056.

Mark Hilge, Anastassis Perrakis, Jan Pieter Abrahams, Kaspar Winterhalter. 2001. Klaus Pionteka and Sergio M. Gloor. Structure elucidation of β-mannanase: from the electron-density map to the DNA sequence. Acta Cryst: 57, 37-43.

Mark Hilge, Anastassis Perrakis, Jan Pieter Abrahams. 2001. Structure elucidation of β-Mannanase from the electron-density map to the DNA sequence. Acta Cryst (57): 37-43.

Marraccini P. 2001. Molecular and biochemical characterization of endo-mannanases from germinating coffee (Coffea arabica) grains. Planta, 213: 296-308.

Mcevoy J L, Biotechnol J. 1992. Genetic Evidence for an Activator Required for Induction of Pectin Lyase in Erwinia carotovora subsp. Carotovora by DNA-Damaging Agents, 174: 5 471-5 474.

Mcevoy J L. 1990. Molecular cloning and characterization of an Erwinia caroovora subsp. Carotovora pectin lyase gene that responds to DNA-damaging agents. J. Biotechnol, 172: 3 284-3 289.

Meija Tenkanen, et al. Emzy Microbiol Technol, 1995, 17: 499-505.

Mo B, Derek Bewley J. 1986. Mannosidase (EC 3.2.1.25) activity during and followyng germination of tomato (Lycopersicon esculentum Mill.) seeds. Purification, cloning Moniol, C. and Beckwith, J. A genetic aroach to analyzing menbrane protein topology. Science, 233: 1 403-1 408.

Murthy P S, et al. 2010. Production and Application of Xylanase from Penicillium sp. Utilizing Coffee By-products. Food Bioprocess Technol, 28: 1-8.

M. D. GIBBS, D. J. SAUL, E. LUTHI, et al. 1992. The β-Mannanase from "Caldocellum saccharolyticum" is Part of a Multidomain Enzyme. Alied and Environmental Microbiology, 58 (12): 3 864-3 867.

Nagarajan N, Yona G. 2004. Automatic prediction of protein domains from sequence information using a hybrid learning system. Bioinformatics, 20: 1 335-1 360.

Nathalie Ethier, Guylaine Talboi Jurgen Sygusch. 1998. Gene Cloning, DNA Ssequencing, and Expression of Thermostable β-Mannanase from Bacillus stearothermophilus. Alied andEnvironmetal Microbiology, 64 (11): 4 428-4 432.

Nati S. *et al.* 1995. Cloning and sequencing of β -mannanase gene from Bacillus subtilis NM-39. Biochimica et biophysica Acta, 1 243: 552-554.

Neto C P, *et al.* 1996. Chemical Composition Structural Features of the Macromolecular Components of H. cannabinvs Grown in Portugal. Induxtrial Crops and Products, (5): 189-196.

Nicole Hugouvieux-Cotte-Pattat. 1992. Environmental conditions affect transcription of the pectinase genes of Erwinia chryasnthemi 3937. J. Biotechnol, 174: 7 807-7 818.

Nicole Hugouvieux-Cotte-Pattat. 2002. PehN, a polygalacturonase homologue with a low hydrolase activity, is coregulated with the other Erwinia chrysanthemi polygalacturonases.J.Biotechnol, 184: 2 664-2 673.

Nomura N. 1996. Genetic organization of a DNA-processing region required for mobilization of a non-self-transmissible plasmid, Pec3, isolated from Erwinia carotovora subsp.Carotovora.Gene, 170: 57-62.

Nonogaki H. 2000. Germination-specific endo-mannanse gene is expressed in the micropylar endosperm cap of tomato seeds. Plant Physiology, 123: 1 235-1 245.

Ohnishi H, *et al.* 1996. Nucleotide sequence of pnl gene from Erwinia carotovora Er. Biochemical and Biophysical, 176: 321-327.

Ovos D R. 1990. Genetically engineered Erwinia carotovora: survial, intraspecific competition, and effects upon selected bacterial genera. Al & Eniron Microbio, 56: 1 689-1 694.

Park C O. 2007. Grass (herbaceous plant) fiber. World Intellectual Property Organization WO2007105878.

Park C O. 2010. Method for producing paper using vegetable fiber and the paper produced thereby. World Intellectual Property Organization WO2010047476.

ParkG G K, Komatsu Y, *et al.* 1987. Purification and Some Properties of β -Mannanase from penicillinm purpurogenum. Agric boil chem, 51 (10): 2 709-2 716.

Parlman D, and Nalvorson H O. 1983. A putative signal peptidase recognition site and sequence in erkaryotic and prokaryotic siganal peptides, 167: 391-401.

Patrícia Gonçalves Baptista De Carvalho, Fabian Borhetti, Marcos Silveira Buckeridge, Lauro Morhy, Edivaldo Ximenes Ferreira Filho. 2001. Temperture-dependent Germination and Endo-β -Mannanase Activity in Sesame Seeds, R. Bras. Fisiol. Veg, 13 (2): 139-148.

Paul J. 1997. Chemistry and biochemistry of semicellulose relationship between semicellulose structure and enzymes required for hydrolysis. Macromol. Symp, 120: 183-196.

Peetambar Dahal, Donald J, Nevins, Kent J. Bradfor. 1997. Relationship of Endo-β -D-Mannanase Activity and Cell Wall Hydrolysis in Tomato Endosperm to Germination Rates. Plant Physiol, 113: 1 243-1 252.

Pel H J, et al. 2007. Genome sequencing and analysis of the versatile cell factory Aspergillus niger CBS 513. 88. Nat. Biotechnol, 25: 221-231.

Pericin D. 1996. Separation of endo- I and endo- II polygalacturonase produced by A. niger in eubmerge culture, Acta Biologica Lugos Lavica, Series B: Mikrobiologijca (13): 93-100.

Petev Biely. 1993. Biochemical aspect of the production of microbial hemicellulases. London: Potland Press, 29-51.

Politz 0, Krah M, Thomsen K, et al. 2000. A highly thermostable endo- (1, 4) -beta-mannanase from the marine bacterium Rhodothermus marinus. Al Microbiol Biotechnol, 53 (6): 715-721.

Poonam Nigam, Dalel singh. 1995. Proceases for fermentative production of xylitoloa sugar substitute. Process Biochemistry, 30 (2): 117-124.

Prade RA, Zohan D, Ayoubi P, Mort AJ. 1999. Pectins, pectinases and plant-microbe interactions. Biotechnol Genetic Eng Rev (16): 361-391.

Puls J, etc. 1993. Chemistry of hemicelluloses: ralationshiph between hemicellulose structure and enzymes vequired for hyolysis. Lodon: Portland Press, 1-27.

Pérez S, Rodríguez-Carvajal M A, Doco T. 2003. A Complex Plant Cell Wall Polysaccharide: Rhamnogalacturonan II. A structurein quest of a function. Biochimie (85): 109-121.

Q K Beg, M Kapoor. et al. 2001. Microbial xylanase and their Industrial alications. Allied Microbial Biotechnology, 56: 326-338.

Reid I, Ricard M. 2000. Pectinase in Papermaking: Solving Retention Problems in Mechanical Pulps Bleached with Hydrogen Peroxide. Enzyme and Microbial Technology (26): 115-123.

Rodriguez H. 2000. Expression of a mineral phosphate solubilizing gene from Erwinia herbicola in two rhizobacterial strains. J. Biotechnol, 84: 155-161.

Rouanet C. 1999. Regulation of pelD and pelE, encoding major alkaline pectate lyases in Erwinia chryanthemi: involvement of the main transcriptional factors. J. Biotechnol,

181: 5 948-5 957.

Saac K O, Cann, Svetlana Kocherginskaya, Michael R. King, Bryan A, White, Roderick I. Mackie. 2000. Molecular Cloning, Sequencing, and Expression of a Novel Multidomain Mannanase Gene from Thermoanaerobacterium polysaccharolyticum. Journal of Bacteriology, 181 (5): 1 643-1 651.

Saake B, Clark T A, Puls J. 1993. Fundamental investigations on the reaction of xylanases and mannanases on sprucewood chemical pulps. In: The Seventh International Syposium of Wood Pulping Chemistry, Beijing: 605-613.

Sabini E, Wilson K S, etc. 2000. Digestion of single crystals of mannan by an endo-mannanase from Triehodemm reesei. Eur. J, Bioehem, 267: 2 340-2 345.

Sambrook, J., Fritsch, E. F., and Maniatis, T. 2000. Molecular Cloning: a Laboratory Manual, ColdSpringHarbor Laboratory Press, New York.

San Carrington C. M. 2002. Characterisation of an endo- (1, 4) -mannanase (Le M AN4) expressed in ripening tomato fruit. Plant Science, 163: 599-606.

Sanghi A, et al. 2008. Optimization of xylanase production using inexpensive agro-residues by alkalophilic Bacillus subtilis ASH in solid-state fermentation. World. J. Microbiol. Biotechnol, 24: 633-640.

Sapuan S M, et al. 2011. Development of biocomposite wall cladding from kenaf fibre by extrusion molding process. Key. Eng. Mater, 471: 239-244 (2011).

Schombug D, Salmann M. 1991. Eyzyme bamdbook (4) springer-verlay Berlin Heildeberg: 1-5.

Serge Pérez, Karim Mazeau, Catherine Herv du Penhoat. 2000. The Three-dimensional Structures of the Pectic Polysaccharides. Plant Physiol. Biochem, 38 (1/2): 37-55.

Shevchik V E. 1997. Pectate Lyase Pell of Erwinia chrysanthemi 3937 belongs to a new family. J. Biotechnol, 179: 7 321-7 330.

Silver S H. 2009. Composite regenerated cotton and bast fiber yarn and method for making the same. United States Patent US 20090293443A1 (2009).

Slavikova E, 1996. Production of extracellular β -mannanase by yeast and yeast-like microoranisms, Folia Mircobiologica (141): 43-47.

Snyder L R, Kirkland J J, Glajch J L. 1997. Practical HPLC method Development 2nded, New York: Wiley: 396-397.

Speijer H. , Savelkoul P H, Bonten M J, et al. 1999. Alication of different genotyping methods for Pseudomonas aeruginosa in a setting of endemicity in an intensive care unit. Clin Microbiol, 37 (11): 3 654-3 661.

Stalbrand H. 1995. Cloning and experession in Saccharomyces cervisiae of a Trichoderma reesei mannanase gene containing a cellulose binding domain. Al & Eniron Microbio, 61: 1 090-1 097.

Subramaniyan S, Prema P. 2002. Biotechnology of microbial xylanuses: Erengy, molecular biology and alication. Crit Bey Bioteelmol, 22 (1): 33-64.

Sunil Dutta, Kent J, Nevins. 1997. Endo-β-D-mannanase Activity Present in Cell Wall Extracts of Lettuce Endosperm prior to Radicle Emergence. Plant Physiol (113): 155-161.

Sunil Dutta, Kent J. Bradford, Donald J. Nevins. 1997. Endo-β-Mannanase Activity Present in Cell Wall Extracts of Lettuce Endosperm prior to Radicle Emergence. Plant Physiol, 113: 155-161.

Sunna A. 2000. A gene encoding a novel multidomain 1, 4 -mannanases from Caldibacillus cellulovorans and action of the recombinant enzyme on kraft pulp. Al & Eniron Microbio, 66: 664-670.

Swapnil R. Chhabra, Keith R. Shockley, Donald E. Ward, Robert M. Kelly Regulation of Endo-Acting Glycosyl Hydrolases in the Hyperthermophilic Bacterium Thermotoga maritima Grown on Glucan- and Mannan-Based Polysaccharides. Alied and Environmental Microbiology, 68 (2): 545-554.

Talbot G, Sygusch J. 1996. Purification and Characterization of Thermostable β-Mannanase and α-Galactosidase from Bacillus Stearothermophilus. Alied and Environmental Microbiology, 56 (11): 3 505-3 510.

Tamaki S J. 1988. Structure and organization of the pel genes from Erwinia chrysanthemi EC16. J. Biotechnol, 170: 3 468-3 478.

Tamaru Y. et al. 1997. Cloning, DNA sequencing, and expression of the β- mannanase gene from a marine bacterium, Vibrio sp. strain MA-138. J. FermentBioeng, 83: 201-205.

Tamaru Y, Araki T. 1995. Purification and Characterization of an Extracellular Mannanase from a Manne Bacterium. Environment Microbe, 61 (12): 4 454-4 458.

Tardy F. 1997. Comparative analysis of the five major Erwinia chrysanthemi pectate lyases: enzymecharacteristics and potential inhibitors. J. Biotechnol, 179: 503-2511.

Tetsuo K, Wakako K. 2007. Method of imparting water repellency and oil resistance with use of cellulose nanofiber. International Patent of Japan WO2007088974.

Thomas C H. 1997. Chracterization of the Agrobacterium vitis pehA gene and comparison of the encoded polygalacturonaes with the homologous enzymes from Erwinia carotovora and Ralstoia solamacearum. Al & Eniron Microbio, 63: 338-346.

Utten R L. 1997. Xylan degradation: A glimpse of mircobial diversity, J. Of Indus. Microbio and Biotech（19）: 1-6.

Valladares Juárez A G, et al. 2009. Characterisation of a new thermoalkaliphilic bacterium for the production of high-quality hemp fibres, Geobacillus thermoglucosidasius strain PB94A. Appl Microbiol Biotechnol, 83: 521-527.

Veljo Kisand, Johan Wikner. 2003. Combing culture dependent and indepent methodologies for estimation of richness of esturine bacterioplankton consuming. Al. Envion. Microbiol, 69: 3 607-3 616.

Viikari L, In Kuwahara, Shimada M, Eds M. 1992. Biotechnology in Pulp and Paper Industry. Uni Publishers Co. Ltd, Tokyo, Japan: 101-113.

Viikari L, Kantelinen A. Buchert J. Puls J. 1994. Enzymatic accessibility of xylans inligno-cellulosic materials. Al. Microbiol. Biotechnl, 41: 124-129.

Viikari L, Kantelinen A. Ratto M., et al. 1991. Enzyme in Biomass coversation: American Chemical Society: 11-21.

Vladimir E S, PaeX. 2003. a Second Pectin Acetylesterase of Erwinia chrysanthemi 3937. J. Biotechnol, 185: 3 091-3 100.

Vladimir E. 1999. The Exopolygalacturonate Lyase PelW and the Oligogalacturonate Lyase Ogl, Two cytoplasmic enzymes of pectin catabolism in Erwinia chryasnthemi 3937. J. Biotechnol, 181: 3 912-3 919.

Vlandimir E. Shevchik. 1999. Characterization of the Exopolygalacuronate Lyase PelX of Erwinia chrysanthemi 3937. J. Bacteriology, 181: 1 652-1 663.

Volker Mai, Juergen Wiegel. 2000. Advances in Development of a Genetic System for Thermoanaerobacteriums: Expression of Genes Encoding Hydrolytic Enzymes, Development of a Second Shuttle Vector, and Integration of Genes into the Chromosome. Alied and Environmental Microbiology, 66（11）: 4 817-4 821.

Williams J G K, Kubelik A R, Livak K J, et al. 1990. DNA polymorphisms amplified by arbitrary primers are useful as genetics markers. Nucleic Acids Research, 18: 6 531-6 535.

Wood P J. 1983. The interaction of direct dyes with water soluble substituted celluloses ans cereal β-glucans. Ind. Eng. Chem. Prod. Res. Dev, 19: 19-23.

Xu B. Sellos D, Janson, jan-Christer. 2002. Cloning and expression in Pichia pastoris of a blue mussel (Mytilus edulis) β-mannanase gene. Eur. J. Biochem, 269: 1 753-1 760.

Yague E. *et al.* 1997. Expression of cel 1 and cel 2, two proteins from Agarucus bisporus with similarity to fungal edllobiohydrolase I and β-mannanase, respectively, is regulated by the carbon source. Microbiology (143): 239-244.

Yamada H. 1994. Pectic Polysaccharides From Chinese Herbs: Structure and Biolo-gical Activity Carbohydr Polym (25): 269-276.

YANG R C, BOYLE T B J. POPGENE. 1997. the user-friendly shareware for population genetic analysis. Edmontion: Molecular Biology and Biotechnology Center, University of Alberta.

Yun J W, Jang K H, *et al.* 1990. Alied Biochemistry and Biotechnology, 24/25: 299.

Yuriy Roman-Leshkov, Christopher J, Barrett, Zhen Y, Liu, James A.2007. Dumesic. Production of dimethylfuran for liquid fuels frombiomass-derived carbohydrates. Nature, 447: 982-985.

Zhai C. 2003. Cloning and expression of a pectate lyase gene from Bacillus alkalophillus NTT33. Enzyme and Microbial Technol, 33: 173-175.